Elektrotechnik für Maschinenbauer

Von Professor Dipl.-Ing. Hermann Linse
Bearbeitet von Professor Dr.-Ing. Rolf Fischer
Fachhochschule Esslingen
Hochschule für Technik

10., überarbeitete Auflage
Mit 413 Bildern

B. G. Teubner Stuttgart · Leipzig · Wiesbaden

Die Deutsche Bibliothek – CIP-Einheitsaufnahme
Ein Titeldatensatz für diese Publikation ist bei
Der Deutschen Bibliothek erhältlich.

10. Auflage September 2000

Der Verlag Teubner ist ein Unternehmen der Fachverlagsgruppe BertelsmannSpringer.

www.teubner.de

Gedruckt auf säurefreiem Papier
Satz und Umschlaggestaltung: pp typo & grafik Peter Pfitz, Stuttgart
Druck und buchbinderische Verarbeitung: Lengericher Handelsdruckerei, Lengerich
Printed in Germany

ISBN 3-519-26325-4

Vorwort

Das neue Format und die jetzt einheitliche Schriftart ohne Sperrungen einzelner Begriffe zeigen schon an, daß mit dieser 10. Auflage ein Neusatz des Buches vorliegt. Auch das geänderte Titelbild mit einem Beispiel modernster Antriebstechnik im Maschinenbau soll die Überarbeitung zeigen.

Die Entwicklung des Fachgebietes Elektrotechnik und die Vielzahl der zu berücksichtigenden neuen Entwicklungen machten eine Straffung des Inhalts unumgänglich. Diesem Zwang mußte leider der seitherige Abschnitt zur Energie- und Elektrizitätswirtschaft geopfert werden. Dabei wird von der Annahme ausgegangen, daß dieser Bereich im Vergleich mit den übrigen Themen des Inhalts am ehesten entbehrlich ist.

Das Buch gliedert sich jetzt in fünf Hauptabschnitte. Die Grundlagen der Elektrotechnik als Basis aller Anwendungsgebiete mit ihrer klassischen Gliederung wurden in einer Reihe von Teilgebieten wie Spannungsteiler, Erzeugung elektrischer Energie, Ersatzspannungsquelle, Influenz und andere vertieft oder abgerundet. Der Abschnitt Elektronik enthält jetzt auch das Teilgebiet Leistungselektronik, das seither der Steuerungstechnik angegliedert war. Auch hier wurden Teilbereiche vertieft.

Die Abschnitte 3 und 4 erfuhren die erforderliche Aktualisierung, die auch den Ersatz der bewährten Begriffe Nennleistung, Nennspannung usw. durch die Angaben Bemessungsleistung, Bemessungsspannung umfaßt. Weitgehend neugestaltet wurde im Abschnitt 5 der Teil Elektronische Steuerungen mit Aussagen zu den Themen SPS und Mikrocomputertechnik. Beides ist Inhalt ganzer Lehrbücher, so daß dem Leser hier nur ein fundierter erster Einblick in die Prinzipien dieser heute sehr bedeutenden Fachgebiete geboten werden kann.

Der Abschnitt 6 ist aus erwähnten Gründen auf die in DIN VDE 0100 festgelegten Schutzmaßnahmen in elektrischen Anlagen geschrumpft. Der Schutz vor gefährlichen Körperströmen ist von so grundlegender Bedeutung für den Einsatz jedweder Elektrotechnik, daß auf die einschlägigen Vorschriften nicht verzichtet werden kann.

Prof. Hermann Linse konnte an der Gestaltung dieser 10. Auflage seines Werkes nicht mehr mitwirken. Er ist Ende 1999 im Alter von 85 Jahren verstorben. Seine Schaffenskraft galt jahrzehntelang in Hochschule, Gremien und Verbänden dem Wohle der Ingenieurausbildung. Der Name Linse bleibt daher nicht nur im Titel dieses Buches unvergessen.

Der Verfasser dankt allen, die an der Gestaltung dieser neuen Auflage mitgewirkt haben. Möge auch diese 10. Auflage den Studenten der Ingenieurwissenschaften eine nützliche Hilfe sein, sowie dem Praktiker aus dem Gewerbe und der Industrie die immer wichtigere Weiterbildung erleichtern. Verlag und Autor sind auch künftig allen Lesern für Anregungen und auch Kritik sehr dankbar.

Esslingen, Frühjahr 2000 — Rolf Fischer

Inhalt

1 Grundlagen der Elektrotechnik

1.1 Gleichstrom ... 13
1.1.1 Elektrische Größen und Grundgesetze ... 13
1.1.1.1 Physikalische Grundlagen ... 13
1.1.1.2 Stromkreis, Wirkungen des elektrischen Stromes ... 18
1.1.1.3 Elektrischer Widerstand ... 19
1.1.1.4 Kirchhoffsche Regeln ... 24
1.1.1.5 Zahlenbeispiele ... 27
1.1.2 Gleichstromkreise ... 28
1.1.2.1 Widerstandsschaltungen ... 28
1.1.2.2 Elektrische Spannungsquellen ... 32
1.1.2.3 Berechnung von Gleichstrom-Netzwerken ... 35
1.1.2.4 Messungen im elektrischen Stromkreis ... 39
1.1.2.5 Zahlenbeispiele ... 41

1.2 Elektrisches und magnetisches Feld ... 45
1.2.1 Elektrisches Feld ... 45
1.2.1.1 Größen des elektrischen Feldes, Kondensator ... 45
1.2.1.2 Influenz und Polarisation ... 47
1.2.1.3 Schaltung von Kondensatoren ... 48
1.2.1.4 Ladung von Kondensatoren, Energie des elektrischen Feldes ... 49
1.2.1.5 Zahlenbeispiele ... 52
1.2.2 Magnetisches Feld ... 53
1.2.2.1 Wirkungen im magnetischen Feld ... 53
1.2.2.2 Magnetische Feldstärke ... 54
1.2.2.3 Magnetische Flußdichte (Induktion) ... 56
1.2.2.4 Magnetischer Fluß, Durchflutungsgesetz ... 58
1.2.2.5 Magnetische Hysterese, Energie des Magnetfeldes ... 60
1.2.2.6 Zahlenbeispiele ... 62
1.2.3 Kräfte und Spannungserzeugung im magnetischen Feld ... 64
1.2.3.1 Kräfte im Magnetfeld ... 64
1.2.3.2 Lenzsche Regel, Induktionsgesetz ... 66
1.2.3.3 Spannungserzeugung durch Selbstinduktion, Induktivität ... 68
1.2.3.4 Transformatorische und rotatorische Spannungserzeugung ... 70
1.2.3.5 Wirbelströme ... 72
1.2.3.6 Elektromagnetisches Feld ... 73
1.2.3.7 Zahlenbeispiele ... 75

1.3 Wechsel- und Drehstrom ... 77
1.3.1 Wechselgrößen und Grundgesetze ... 77
1.3.1.1 Sinusförmige Wechselgrößen (Sinusgrößen) ... 77
1.3.1.2 Belastungsarten im Wechselstromkreis ... 78
1.3.1.3 Darstellung von Wechselgrößen im Zeigerbild ... 82
1.3.1.4 Leistung, Leistungsfaktor, Arbeit ... 84

1.3.2 Wechselstromkreise ... 87
1.3.2.1 Kirchhoffsche Regeln bei Wechselstrom ... 87
1.3.2.2 Wechselstromschaltungen mit R, L und C ... 88
1.3.2.3 Schwingkreise ... 92
1.3.2.4 Komplexe Berechnung von Wechselstromschaltungen ... 95
1.3.2.5 Messungen bei Wechselstrom ... 100
1.3.2.6 Zahlenbeispiele ... 101
1.3.3 Drehstrom ... 106
1.3.3.1 Drehstromsysteme ... 106
1.3.3.2 Elektrische Größen bei Stern- und Dreieckschaltung ... 108
1.3.3.3 Messungen im Drehstromnetz ... 113
1.3.3.4 Zahlenbeispiele ... 114

2 Elektronik

2.1 Grundlagen und Bauelemente der Elektronik ... 119
2.1.1 Allgemeine elektrische Bauelemente ... 119
2.1.1.1 Widerstände ... 119
2.1.1.2 Spulen ... 120
2.1.1.3 Kondensatoren ... 121
2.1.2 Grundbegriffe der Halbleitertechnik ... 123
2.1.2.1 Trägerbewegung in Halbleitern ... 123
2.1.2.2 Störstellenleitfähigkeit ... 123
2.1.2.3 PN-Übergang ... 124
2.1.2.4 Eigenschaften des PN-Übergangs ... 125
2.1.3 Halbleiterbauelemente ohne Sperrschicht ... 126
2.1.3.1 Thermistoren ... 126
2.1.3.2 Varistoren ... 127
2.1.3.3 Fotowiderstände ... 128
2.1.3.4 Magnetfeldabhängige Bauelemente ... 129
2.1.3.5 Flüssigkristallzellen ... 130
2.1.4 Halbleiterbauelemente mit Sperrschichten ... 131
2.1.4.1 Dioden ... 131
2.1.4.2 Bipolare Transistoren ... 134
2.1.4.3 Feldeffekttransistoren ... 138
2.1.4.4 Optoelektronische Bauelemente ... 140
2.1.4.5 Thyristoren ... 140
2.1.5 Elektronen- und Gasentladungsröhren ... 144
2.1.5.1 Elektronenröhren ... 144
2.1.5.2 Gasentladungsröhren ... 147
2.1.6 Kühlung und Schutzmaßnahmen bei Halbleiterbauelementen ... 148
2.1.6.1 Verluste und Erwärmung ... 148
2.1.6.2 Kühlkörper ... 149
2.1.6.3 Schutzmaßnahmen für Halbleiter ... 150

2.2 Baugruppen der Elektronik ... 151
2.2.1 Gleichrichterschaltungen ... 151
2.2.1.1 Wechselstromschaltungen ... 151
2.2.1.2 Drehstromschaltungen ... 153
2.2.1.3 Glättungs- und Siebglieder ... 154
2.2.1.4 Netzteile ... 157

2.2.2 Spannungsumformung mit RC-Gliedern 158
2.2.2.1 Differenzierglied 158
2.2.2.2 Integrierglied 159
2.2.2.3 Weitwinkelphasenschieber 159
2.2.3 Verstärker 160
2.2.3.1 Transistorgrundschaltungen 160
2.2.3.2 Emitterschaltung 161
2.2.3.3 Mehrstufige Verstärker 163
2.2.3.4 Differenzverstärker 164
2.2.3.5 Steuerschaltungen mit Transistoren 165
2.2.4 Generator- und Kippschaltungen 166
2.2.4.1 Schalterbetrieb des Transistors 166
2.2.4.2 Kippschaltungen 168
2.2.4.3 Sinusgeneratoren 169
2.2.5 Integrierte Schaltungen 171
2.2.5.1 Aufbau elektronischer Schaltungen 171
2.2.5.2 Operationsverstärker 173
2.2.5.3 Beschaltung von Operationsverstärkern 175
2.2.5.4 Einsatz einer integrierten Schaltung 178
2.3 Leistungselektronik 180
2.3.1 Stromrichterschaltungen für Gleichstromantriebe 181
2.3.1.1 Netzgeführte Stromrichter 181
2.3.1.2 Gleichstromsteller 185
2.3.1.3 Zahlenbeispiele 186
2.3.2 Stromrichterschaltungen für Wechsel- und Drehstromantriebe 187
2.3.2.1 Wechsel- und Drehstromsteller 188
2.3.2.2 Untersynchrone Stromrichterkaskade 189
2.3.2.3 Frequenzumrichter 190
2.3.3 Netzrückwirkungen von Stromrichteranlagen 191
2.3.3.1 Steuerblindleistung 191
2.3.3.2 Oberschwingungen 192
2.3.3.3 Störspannungen und EMV 194
2.3.4.4 Zahlenbeispiele 195

3 Elektrische Meßtechnik

3.1 Grundlagen der elektrischen Meßtechnik 197
3.1.1 Allgemeine Angaben 197
3.1.1.1 Meßwerterfassung 197
3.1.1.2 Betriebsdaten von Meßgeräten 198
3.1.1.3 Übersicht der wichtigsten Meßwerke 199
3.1.2 Einsatz elektrischer Meßgeräte 199
3.1.2.1 Strom- und spannungsrichtige Messung 199
3.1.2.2 Innenwiderstände von Meßgeräten 200
3.1.2.3 Meßbereichserweiterung 201
3.2 Elektrische Meßwerke und Meßgeräte 203
3.2.1 Elektrische Meßwerke 203
3.2.1.1 Elektronenstrahlröhren 203
3.2.1.2 Dreheisenmeßwerke 203
3.2.1.3 Drehspulmeßwerke 204

3.2.1.4 Elektrodynamische Meßwerke 206
3.2.1.5 Induktions-(Ferraris-)Meßwerk 207
3.2.2 Elektrische Meßgeräte 208
3.2.2.1 Widerstandsmeßgeräte 208
3.2.2.2 Zangenstrommesser 208
3.2.2.3 Vielfachinstrumente 209
3.2.2.4 Schreibende Meßgeräte 209
3.2.2.5 Oszilloskope 210
3.2.2.6 Meßwandler 212
3.3 Digital-Meßtechnik 213
3.3.1 Baugruppen digitaler Meßgeräte 213
3.3.1.1 Analog/Digital-Umsetzer 213
3.3.1.2 Codierung 214
3.3.1.3 Speicher- und Zählschaltungen 215
3.3.2 Digitale Meßgeräte 216
3.3.2.1 Zähler 216
3.3.2.2 Multimeter 217
3.3.2.3 Transientenspeicher 218
3.4 Elektrische Messung nichtelektrischer Größen 219
3.4.1 Meßwertaufnehmer für mechanische Beanspruchungen 220
3.4.1.1 Verfahren der Drehzahlmessung 220
3.4.1.2 Verfahren der Drehmomentbestimmung 221
3.4.1.3 Bestimmung von Kraft, Druck und Schwingungen 223
3.4.2 Meßwertaufnehmer für nichtmechanische Größen 225
3.4.2.1 Bestimmung der Beleuchtungsstärke 225
3.4.2.2 Bestimmung von Temperaturen 225
3.4.2.3 Zeitmessung 226
3.4.2.4 Bestimmung von Geräuschen 227

4 Elektrische Maschinen

4.1 Gleichstrommaschinen 229
4.1.1 Aufbau und Wirkungsweise 229
4.1.1.1 Aufbau 229
4.1.1.2 Motor- und Generatorbetrieb 233
4.1.1.3 Leistungsbilanz 234
4.1.1.4 Anschlußbezeichnungen und Schaltungen 235
4.1.2 Betriebsverhalten und Drehzahlsteuerung 236
4.1.2.1 Gleichstromgeneratoren 236
4.1.2.2 Gleichstrommotoren mit Fremderregung 237
4.1.2.3 Verfahren der Drehzahlsteuerung 239
4.1.2.4 Gleichstrom-Reihenschlußmotoren 244
4.1.2.5 Zahlenbeispiele 245
4.2 Transformatoren 248
4.2.1 Wechselstromtransformatoren 248
4.2.1.1 Aufbau 248
4.2.1.2 Kenngrößen und Ersatzschaltbild 249
4.2.1.3 Betriebsverhalten 251
4.2.1.4 Sondertransformatoren 254
4.2.1.5 Zahlenbeispiele 255

4.2.2 Drehstromtransformatoren 257
4.2.2.1 Bauart und Schaltung 257
4.2.2.2 Kenngrößen und Betriebsverhalten 259
4.2.2.3 Zahlenbeispiele 261
4.3 Drehstrom-Asynchronmaschinen 262
4.3.1 Aufbau und Wirkungsweise 262
4.3.1.1 Ständer und Drehstromwicklung 262
4.3.1.2 Läufer 265
4.3.1.3 Asynchrones Drehmoment 266
4.3.1.4 Linearmotoren 267
4.3.2 Betriebsverhalten und Drehzahlsteuerung 268
4.3.2.1 Kennlinien und Kenngrößen 268
4.3.2.2 Anlassen 274
4.3.2.3 Drehzahlsteuerung 277
4.3.2.4 Zahlenbeispiele 279
4.4 Drehstrom-Synchronmaschinen 282
4.4.1 Aufbau und Wirkungsweise 282
4.4.1.1 Ständer und Läufer 282
4.4.1.2 Kennlinien und Ersatzschaltung 283
4.4.2 Betriebsverhalten im Netzbetrieb 285
4.4.2.1 Synchronisation 285
4.4.2.2 Wirk- und Blindlaststeuerung 286
4.4.2.3 Drehzahlsteuerung 288
4.4.2.4 Positionierantriebe 288
4.5 Wechselstrommotoren 290
4.5.1 Universalmotoren 290
4.5.1.1 Schaltung und Einsatz 290
4.5.1.2 Betriebsverhalten 291
4.5.2 Wechselstrommotoren mit Hilfswicklung 291
4.5.2.1 Spaltpolmotoren 291
4.5.2.2 Kondensatormotoren 292
4.5.3 Schrittmotoren 293
4.5.3.1 Aufbau und Wirkungsweise 293
4.5.3.2 Betriebsdaten 295

5 Elektrische Antriebe und Steuerungen

5.1 Standardisierung und Normvorschriften 296
5.1.1 Äußere Gestaltung 296
5.1.1.1 Baugrößen 296
5.1.1.2 Bauformen 297
5.1.1.3 Schutzarten 297
5.1.2 Betriebsbedingungen 298
5.1.2.1 Betriebsarten 298
5.1.2.2 Leistungsschild 299
5.1.2.3 Prüfung elektrischer Maschinen 300
5.2 Planung und Berechnung von Antrieben 301
5.2.1 Stationärer Betrieb 301
5.2.1.1 Momentengleichung des elektrischen Antriebs 301
5.2.1.2 Betriebskennlinien von Elektromotoren 303

5.2.1.3 Betriebskennlinien von Arbeitsmaschinen ... 304
5.2.1.4 Schwungmassen von Motor und Arbeitsmaschine ... 308
5.2.2 Dynamik des Antriebs ... 310
5.2.2.1 Anlauf ... 310
5.2.2.2 Bremsen ... 312
5.2.2.3 Umsteuern ... 316
5.2.3 Bemessung des Motors ... 317
5.2.3.1 Zulässiges Motormoment ... 317
5.2.3.2 Berechnung der Erwärmung ... 317
5.2.3.3 Zahlenbeispiele ... 321
5.3 Steuerungstechnik ... 325
5.3.1 Schaltgeräte und Kontaktsteuerungen ... 325
5.3.1.1 Schalter, Schütze und Sicherungen ... 325
5.3.1.2 Schaltpläne ... 328
5.3.1.3 Festverdrahtete Steuerungen ... 330
5.3.2 Grundlagen elektronischer Steuerungen ... 332
5.3.2.1 Logische Grundverknüpfungen ... 332
5.3.2.2 Kombinationen der Grundverknüpfungen ... 334
5.3.2.3 Speicherschaltungen ... 334
5.3.2.4 Schaltungstechnik ... 336
5.3.3 Grundlagen speicherprogrammierbarer Steuerungen ... 337
5.3.3.1 Aufbau einer SPS ... 338
5.3.3.2 Einführung in die Programmiertechnik ... 339
5.3.3.3 Drehrichtungsumkehr eines Motors mit SPS ... 343
5.3.3.4 Feldbussysteme ... 345
5.4 Mikrocomputertechnik ... 346
5.4.1 Informationsdarstellung und Speicherarten ... 346
5.4.1.1 Informationseinheiten und Zahlensysteme ... 346
5.4.1.2 Klassifizierung von Halbleiterspeichern ... 348
5.4.1.3 Aufbau eines Mikrocomputers ... 349
5.4.2 Mikroprozessoren ... 350
5.4.2.1 Struktur eines Mikroprozessors ... 350
5.4.2.2 Ausführung von Mikroprozessoren ... 351
5.4.2.3 Programmierung eines Mikroprozessors ... 352

6 Schutzmaßnahmen in elektrischen Anlagen
6.1 Allgemeine Grundsätze ... 355
6.2 Schutzmaßnahmen gegen gefährliche Körperströme ... 356
6.3 Betrieb von Starkstromanlagen, Unfallverhütungsvorschriften ... 360

Physikalische Größen, Gesetzliche Einheiten, Schreibweise von Gleichungen ... 362

Formelzeichen ... 365

Literatur ... 367

Sachverzeichnis ... 368

1 Grundlagen der Elektrotechnik

In diesem ersten Abschnitt des Buches werden die allgemeinen Grundlagen der Elektrotechnik behandelt, auf deren Erkenntnisse alle speziellen Fachgebiete wie z.B. die Meßtechnik, Elektronik oder Antriebstechnik aufbauen. Sie stehen damit zwingend am Beginn jeder Ausbildung in elektronischen Fächern.

Die Grundlagen der Elektrotechnik sind eine für Ingenieurwissenschaften geeignete Darstellung der klassischen Elektrizitätslehre der Physik, die sich aus den Erkenntnissen vor allem im 18. und 19. Jahrhundert gebildet hat. An diesem Werk haben eine Vielzahl von Wissenschaftlern ihren Anteil, denen wir in der Bezeichnung fast aller Einheiten der elektrotechnischen Grundgrößen begegnen. Beispielhaft seien hier nur die Physiker André-Marie Ampère (1775–1836), Georg Simon Ohm (1789–1854) und schließlich Alessandro Volta (1745–1827) genannt, deren Namen in den Einheiten des wichtigsten Grundgesetzes – des Ohmschen Gesetzes – miteinander verbunden sind.

1.1 Gleichstrom

1.1.1 Elektrische Größen und Grundgesetze

1.1.1.1 Physikalische Grundlagen

Elektrische Ladung. Alle elektrischen Erscheinungen haben als Grundlage die Wirkung elektrischer Ladungen, die in den Bausteinen der Atome ihren Sitz haben. Nach dem Bohrschen Atommodell kann man sich die Atome der chemischen Grundstoffe oder Elemente vereinfacht als aus einem Atomkern und einer diesen umgebenden Atomhülle aufgebaut vorstellen. Bausteine der Materie genannt Elementarteilchen sind

- im Kern die Protonen als Träger der willkürlich positiv festgelegten, kleinstmöglichen elektrischen Ladung (positive Elementarladung *e*) und die unelektrischen Neutronen,
- in der Hülle die Elektronen als Träger der negativen, kleinstmöglichen elektrischen Ladung (negative Elementarladung $-e$).

Das Formelzeichen der elektrischen Ladung ist Q, ihre Einheit ist 1 Coulomb (1 C), das ist die elektrische Ladung von $6{,}25 \cdot 10^{18}$ Protonen. Somit beträgt

$$\begin{aligned} &\text{die Elementarladung des Protons} \quad \boldsymbol{Q_P = \quad e = +\,0{,}16 \cdot 10^{-18}\,\mathrm{C}}, \\ &\text{die Elementarladung des Elektrons} \quad \boldsymbol{Q_E = -e = -\,0{,}16 \cdot 10^{-18}\,\mathrm{C}}, \end{aligned} \qquad (1.1)$$

wobei die Formelzeichen *e* bzw. $-e$ aus historischen Gründen auch heute noch verwendet werden.

Für die Zusammensetzung aller Atome gilt vereinfacht

$$z \text{ Elementarteilchen} = x \text{ Neutronen} + y \text{ Protonen} + y \text{ Elektronen}$$

wobei x die Zahlenwerte 0 bis 146 und y die Werte 1 bis 92 haben können.

Die Atome aller Grundstoffe sind elektrisch neutral (unelektrisch), da sich die Wirkung der y positiven und y negativen Elementarladungen nach außen aufheben, damit gilt also auch rechnerisch für neutrale Atome $\Sigma Q = 0$.

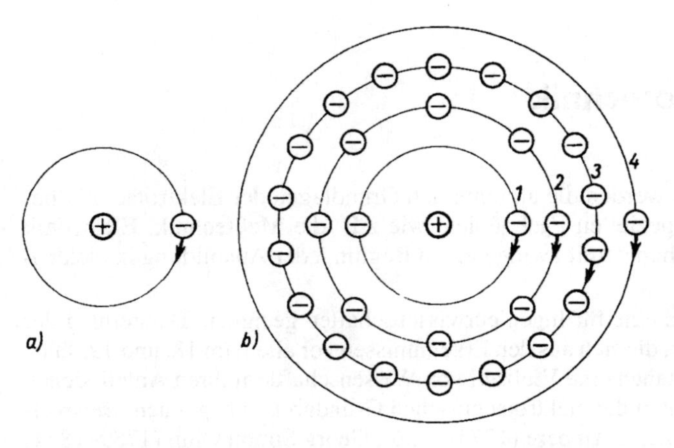

Bild 1.1
Aufbau neutraler Atome (schematisch)
a) H^1-Atom
(Hülle mit 1 Schale und 1 Elektron)
b) Cu-Atom
(Hülle mit 4 Schalen und
2 + 8 + 18 + 1 = 29 Elektronen)

Im Atomkern sind die Neutronen und Protonen fest aneinander gebunden. In der Hülle bewegen sich die Elektronen auf bis zu 7 verschiedenen, für jede Atomart charakteristischen Bahnen (Schalen) mit großer Geschwindigkeit um den Atomkern (Bild 1.1). Der Zusammenhalt des Atoms ist gewährleistet, weil durch die ungleichnamigen Ladungen des Kerns und der Elektronen anziehende Kräfte auftreten, die mit den durch die Bewegung der Elektronen hervorgerufenen Zentrifugalkräften im Gleichgewicht stehen.

Beispiel 1.1 Zusammensetzung der neutralen Atome von Elementen

Wasserstoff H^1	0 Neutronen + 1 Proton + 1 Elektron	(s. Bild 1.1a)
Deuterium H^2	1 Neutron + 1 Proton + 1 Elektron	
Aluminium Al	14 Neutronen + 13 Protonen + 13 Elektronen	
Kupfer Cu	34 Neutronen + 29 Protonen + 29 Elektronen	(s. Bild 1.1b)
Uran ^{235}U	143 Neutronen + 92 Protonen + 92 Elektronen	
Uran ^{238}U	146 Neutronen + 92 Protonen + 92 Elektronen	

Atome mit gleich großer Protonen- und Elektronenzahl haben gleiche chemische Eigenschaften, z.B. H^1 und H^2 oder ^{235}U und ^{238}U. Sind dabei aber die Neutronenzahlen verschieden wie in Beispiel 1.1 bei H^1 und H^2 oder bei ^{235}U und ^{238}U, so sind auch die Massen der Elemente verschieden. Solche Elemente nennt man Isotope.

Leiter, Nichtleiter, Halbleiter. Die elektrische Strömung in den Stromkreisen vollzieht sich vorwiegend in festen Leitern (z.B. Kupfer, Aluminium), als Isolierstoffe dienen dagegen Nichtleiter (z.B. Gummi, Papier, Porzellan).

Leiter haben einen kristallinen Aufbau, gekennzeichnet durch regelmäßige Anordnung der Bausteine im sogenannten Kristallgitter. Diese Bausteine sind aber keine vollständigen neutralen Atome, sondern positiv geladene Atomreste, die man positive Ionen nennt. Diese entstehen dadurch, daß sich aus der äußersten Schale jeder Atomhülle je ein Elektron vom Kern lostrennt. Die so entstandenen freien Elektronen oder Leitungselektronen befinden sich zwischen den Ionen in völlig regelloser Bewegung, deren Geschwindigkeit von der Temperatur des Leiters abhängt. Man spricht daher vom Elektronengas im Kristallgitter. Im unelektrischen Zustand sind also in metallischen Leitern als Ladungsträger fest angeordnete, positiv geladene Ionen und ebenso viele frei bewegliche Elektronen – ungefähr $10^{23}/cm^3$ – bereits vorhanden, sie werden also nicht etwa „erzeugt".

Nichtleiter gibt es nicht in idealer Form. Sie sind fast vollständig aus neutralen Atomen aufgebaut und haben daher vergleichsweise wenig freie Elektronen. Mit steigender Temperatur werden immer mehr Atome ionisiert und damit Elektronen freigemacht, so daß die Dichte des Elektronengases ansteigt. Bei Halbleitern, die zu großer technischer Bedeutung gelangt sind, ist diese Erscheinung besonders ausgeprägt. Sie sind bei völlig regelmäßigem, nicht durch Verunreinigungen gestörtem Aufbau ihres Kristallgitters in der Nähe des absoluten Nullpunktes der

Temperatur fast ideale Nichtleiter. Mit steigender Temperatur wird die Zahl der freien Leitungselektronen größer, so daß sie sich dann immer mehr wie die Leiter verhalten.

Elektrisch geladene Körper. Im unelektrischen Zustand ist die Gesamtladung des Körpers $Q = 0$. Elektrisch geladen wird ein Körper (Leiter, Nichtleiter, Halbleiter), wenn ihm entweder Elektronen entzogen oder zugeführt werden. Im ersten Fall wird er positiv ($Q > 0$), im zweiten Fall negativ ($Q < 0$) geladen. Der elektrisch geladene Körper hat demnach entweder zu wenig oder zu viel freie Elektronen, während sein positiver Ladungsanteil (Protonen) an die Atomkerne gebunden ist und unveränderlich bleibt.

Beispiel 1.2 Ein Körper mit der Ladung $Q = 6$ C hat einen Überschuß von $6 \cdot 6{,}25 \cdot 10^{18} = 37{,}5 \cdot 10^{18}$ positiven Elementarladungen, also einen Mangel von $37{,}5 \cdot 10^{18}$ Elektronen. Ein Körper mit der Ladung $Q = -2$ C hat einen Überschuß von $2 \cdot 6{,}25 \cdot 10^{18} = 12{,}5 \cdot 10^{18}$ Elektronen.

Krafteinwirkung auf elektrische Ladungen im elektrischen Feld. Aus der Mechanik ist bekannt, daß im Gravitationsfeld der Erde auf die Masse m die Gewichtskraft

$$\vec{F} = m\,\vec{g} \quad \text{mit dem Betrag} \quad F = m\,g$$

ausgeübt wird (Bild 1.2 a), wobei $\vec{g}$ die Feldstärke des Gravitationsfeldes (Betrag $g \approx 9{,}81$ m/s²) ist. Masse m und Erdmasse ziehen sich an. $\vec{F}$ und $\vec{g}$ sind Vektoren gleicher Richtung und senkrecht zur Erde hin gerichtet (homogenes Feld, Darstellung durch Feldlinien).

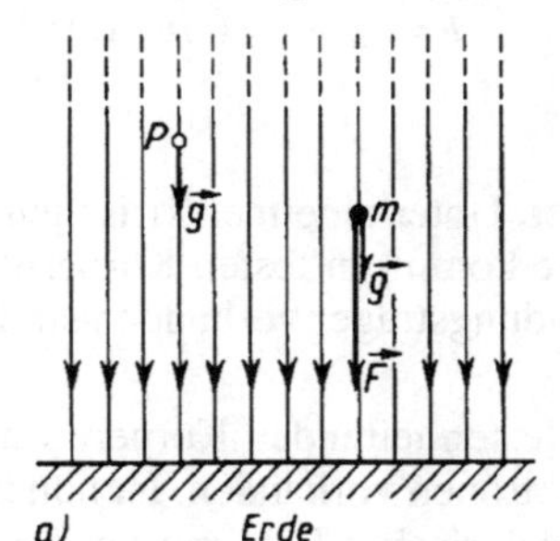

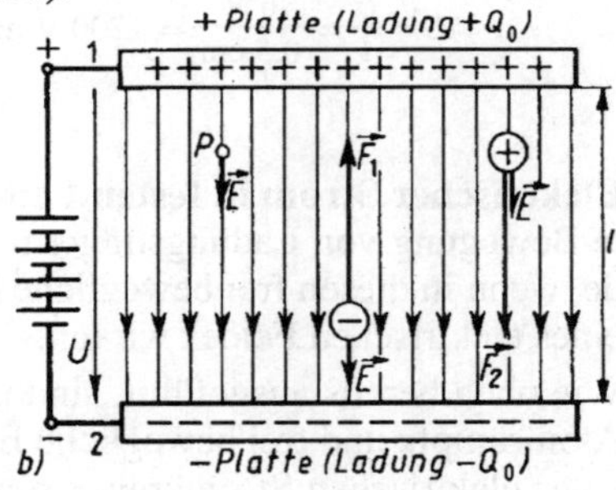

Bild 1.2
a) Gravitationsfeld mit Feldlinien, Feldvektor $\vec{g}$ an einem beliebigen Punkt P, Kraft $\vec{F}$ auf Masse m
b) elektrisches Feld in einem Nichtleiter mit Feldlinien, Feldvektor $\vec{E}$ an einem beliebigen Punkt P, Kraft $\vec{F}_1$ auf eine negative, Kraft $\vec{F}_2$ auf eine positive Punktladung; Spannungspfeil U

Als elektrisches Feld bezeichnet man den Zustand eines Raumes, in dem auf elektrische Ladungen Kräfte ausgeübt werden. Befindet sich an irgend einer Stelle eines elektrischen Feldes eine elektrische Ladung Q, so wird auf diese die Kraft

$$\vec{F} = Q\,\vec{E} \quad \text{mit dem Betrag} \quad F = |Q\,E| \tag{1.2}$$

ausgeübt (Bild 1.2b), wobei $\vec{E}$ die Feldstärke des elektrischen Feldes – kurz elektrische Feldstärke genannt – am Ort der Ladung Q bedeutet.

In Bild 1.2b wird z.B. ein elektrisches Feld von den ungleichnamigen Ladungen $+Q_0$ und $-Q_0$ hervorgerufen, die sich auf den beiden gleich großen, parallel im Abstand l angeordneten Platten befinden, wenn diese an eine Spannungsquelle, z.B. Batterie, angeschlossen werden. Wenn nun in den Luftraum zwischen den Platten auf einem Körper der Reihe nach verschieden große positive und negative Ladungen Q gebracht werden, dann ergibt sich aus den Messungen der auftretenden Kräfte und der Ladungen, daß die Feldstärke $\vec{E} = \vec{F}/Q$ an jeder Stelle dieses Luftraumes gleich groß ist und von der Plus- zur Minus-Platte gerichtet ist. Auf eine positive Ladung wirkt demnach $\vec{F}$ in Richtung von $\vec{E}$, also zur Minus-Platte, auf eine negative Ladung entgegengesetzt von $\vec{E}$ zur Plus-Platte. Hieraus folgt:

Ungleichnamige Ladungen ziehen sich an, gleichnamige Ladungen stoßen sich ab.

Das in Bild 1.2b im Luftraum zwischen den Platten vorhandene elektrische Feld (Feldvektor $\vec{E}$) ist – wie das Gravitationsfeld (Feldvektor $\vec{g}$) – homogen, d.h. an jeder Stelle nach Betrag und Richtung gleich. Von den Wirkungen am Plattenrand sei hier abgesehen. Das elektrische Feld wird durch parallele elektrische Feldlinien gleichen Abstandes, die an der Plus-Platte beginnen und an der Minus-Platte enden, dargestellt.

Elektrische Spannung. Allgemein errechnet sich die elektrische Spannung U_{12} zwischen den Punkten 1 und 2 eines elektrischen Feldes durch das Linienintegral der elektrischen Feldstärke

$$U_{12} = \int_1^2 \vec{E}\, d\vec{l} \tag{1.3a}$$

Das Formelzeichen der elektrischen Spannung ist U, ihre Einheit 1 Volt (1 V), somit folgt 1 V/m für die SI-Einheit der elektrischen Feldstärke E. Im Falle eines homogenen Feldes (Bild 1.2b) vereinfacht sich die Berechnung der Spannung U zwischen der Plus-Platte (1) und der Minus-Platte (2) auf das Produkt der konstanten Feldstärke E und der Länge l der Feldlinie zwischen den Platten zu

$$U = El \tag{1.3b}$$

Im Schaltplan wird die Spannung U (Bild 1.2b) durch einen Spannungspfeil (Einfachpfeil, kein Maßpfeil), entsprechend Gl. (1.3a) von 1 nach 2 gerichtet, dargestellt und nach Gl. (1.3b) mit positivem Betrag berechnet. Bei umgekehrter Pfeilrichtung von 2 nach 1 würde sich nach Gl. (1.3a) $U_{21} = -U_{12} = -U$, also ein negativer Betrag ergeben.

Beispiel 1.3 Die Spannung U zwischen den Platten in Bild 1.2b beträgt 6 V, ihr Abstand 0,5 cm. Nach Gl. (1.3b) ist dann die elektrische Feldstärke und nach Gl. (1.2) die Kraft auf ein Elektron

$$E = \frac{U}{l} = \frac{6\ \text{V}}{0{,}5\ \text{cm}} = 1200\ \text{V/m} \qquad F = |QE| = 0{,}16 \cdot 10^{18}\ \text{As} \cdot 1200\ \text{V/m} = 192 \cdot 10^{-18}\ \text{N}$$

Elektrischer Strom in festen Leitern. Unter einem elektrischen Strom versteht man die gerichtete Bewegung von Ladungsträgern. Sie kommt in festen Körpern, Flüssigkeiten und Gasen zustande, wenn in diesen frei bewegliche Ladungsträger vorhanden sind, auf die nach Gl. (1.2) die Kräfte eines elektrischen Feldes wirken.

Wie oben bereits ausgeführt, sind in festen leitenden Körpern im unelektrischen Zustand ortsfeste Atomrümpfe und frei bewegliche Elektronen vorhanden. Ist nun z.B. in einem Kupferdraht als Teil eines elektrischen Stromkreises ein elektrisches Feld mit der Feldstärke $\vec{E}$ (Bild 1.3a) vorhanden, dann wirken nach Gl. (1.2) auf die freien Elektronen Kräfte. Dadurch wird eine gerichtete Bewegung hervorgerufen, die sich der unregelmäßigen Wärmebewegung überlagert. Die Elektronen bewegen sich längs der elektrischen Feldlinien in axialer Richtung von 2 nach 1, entgegen der Feldstärke $\vec{E}$. Bei einem elektrischen Strom in festen Körpern handelt es sich also immer um eine reine Elektronenleitung, die nicht mit dem Transport von Materie verbunden ist.

Elektrische Stromstärke. Als Stromstärke oder verkürzt als „Strom" mit dem Formelzeichen I bezeichnet man die infolge der Feldstärke $\vec{E}$ in der Zeiteinheit t durch einen Leiterquerschnitt tretende Ladung Q. Es gilt damit die Beziehung

$$I = Q/t \tag{1.4}$$

Die Einheit der Stromstärke ist 1 Ampere (1 A) mit der Einheitengleichung 1 A = 1 C/s.

Nach Bild 1.3a entstehen, je nachdem ob es sich um negative oder positive Ladungsträger handelt, zwei Bewegungsrichtungen. Um für die Berechnungen einen einheitlichen Bezug zu erhalten, wird nach DIN 5489 ein Strom von 1 nach 2 dann als positiv gezählt, wenn sich positive Ladungsträger von 1 nach 2 bewegen. Man bezeichnet diese Festlegung als den konventionellen Richtungssinn eines Stromes. In Metallen bewegen sich damit die Elektronen wegen ihrer negativen Elementarladung gerade entgegengesetzt zur vereinbarten positiven Stromrichtung. Da die Spannung nach Gl. (1.3) in Richtung der Feldstärke zu zählen ist, erhalten nach Bild 1.3b Strom- und Spannungspfeil an einem Verbraucher R den gleichen Richtungssinn.

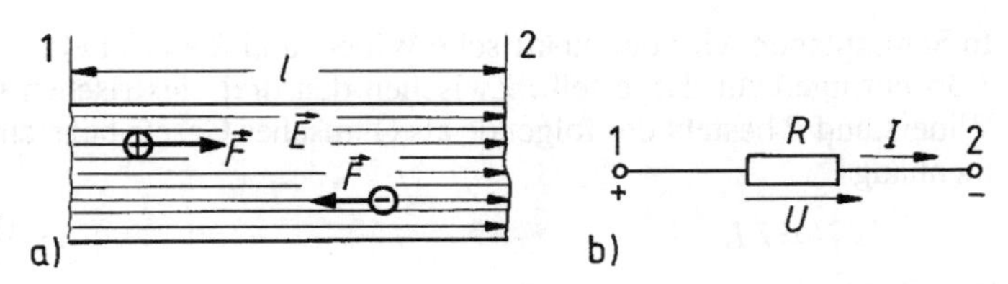

Bild 1.3
a) Leiterstück mit elektrischem Feld E und beweglichen positiven ⊕ und negativen ⊖ Ladungen
b) konventioneller Richtungssinn für Strom I und Spannung U

Nachstehende Angaben sollen eine Vorstellung von der Stromstärke in Geräten und Anlagen geben.

10^{-9} A – Ansteuerstrom eines Feldeffekttransistors
10^{-6} A – Kontaktstrom einer Sensortaste
10^{-3} A – Reizschwelle beim Menschen
10 A – Heizlüfter mit 2,3 kW Leistung
10^{+3} A – Drehstromgenerator für 10 kV, 17 MVA
10^{+5} A – Blitzstromspitze, Alu-Schmelze

Elektrischer Strom in Flüssigkeiten und Gasen. Flüssige Leiter oder Elektrolyte erhält man durch Lösen von Salzen, Laugen oder Säuren in einem geeigneten Lösungsmittel, z. B. Wasser. Durch einen die Moleküle des gelösten Stoffes treffenden Zerfallsprozeß, Dissoziation genannt, treten frei bewegliche Ladungsträger in Form von positiv und negativ geladenen Ionen auf. Die Stromleitung in Elektrolyten ist also eine reine Ionenleitung, die naturgemäß mit dem Transport von Materie verbunden ist.

Bei einem Gas, zwischen dessen Atomen keinerlei Zusammenhänge bestehen, kann nur das einzelne Atom elektrisch werden, indem entweder von ihm Elektronen abgespalten oder ihm Elektronen zugeführt werden. Beide Vorgänge nennt man Ionisation, das elektrisch geladene Atom ein positives oder negatives Ion. Das ionisierte Gas kann also neutrale Atome oder Moleküle, daneben als frei bewegliche Ladungsträger aber auch Elektronen und Ionen enthalten. Die Stromleitung in Gasen tritt daher als Elektronen- und Ionenleitung auf.

In Flüssigkeiten und Gasen gelten die obigen Ausführungen für die elektrische Stromstärke I unverändert.

Elektrische Arbeit und Leistung. Wirkt längs der Wegstrecke l die konstante Kraft F, so wird nach den Gesetzen der Mechanik die Arbeit $W = F\,l$ geleistet. Überträgt man diese Beziehung auf das Leiterstück in Bild 1.3a, so ergibt sich zunächst aus den Gl. (1.2) bis (1.4) für die Kraft die Beziehung

$$F = Q\,E = (I\,t) \cdot (U/l)$$

Die Feldkräfte leisten damit in der Zeit t die elektrische Arbeit W nach

$$\boldsymbol{W = U\,I\,t} \tag{1.5}$$

Für die Einheit der elektrischen Arbeit erhält man 1 V · 1 A · 1 s = 1 Ws (Wattsekunde) = 1 J (Joule). Da dieser Wert sehr klein ist, verwendet die Praxis z.B. für Abrechnungen die Einheit 1 kWh = 10^3 W · 3600 s = 3,6 · 10^6 J.

Für die elektrische Leistung P als Arbeit pro Zeiteinheit erhält man nach Gl. (1.5)

$$\boldsymbol{P = U\,I} \tag{1.6}$$

Elektrischer Widerstand, Ohmsches Gesetz. Die von den elektrischen Feldkräften in dem Leiterstück 1–2 (Bild 1.3a) geleistete elektrische Arbeit W nach Gl. (1.5) wird vollständig in Wärme umgesetzt. Man kann sich dies grob vereinfacht – ohne auf die Energieschalen des Bohrschen Atommodells oder gar die abstrakten Modelle der Quantenphysik einzugehen – so vorstellen, wie wenn in Bild 1.3a an den Elektronen Reibungskräfte $\vec{F}_r = -\vec{F}$, also entgegengesetzt zum Geschwindigkeitsvektor $\vec{v}$ auftreten würden und sich demnach die freien Elektronen durch das Metallgefüge mit Reibung bewegen, dem Fließen des Stromes also Widerstand entgegengesetzt wird.

In Schaltplänen wird der elektrische Widerstand R eines Leiters durch ein Schaltzeichen nach Bild 1.3b normgerecht dargestellt. Zwischen den drei elektrischen Größen Spannung U, Strom I und Widerstand R besteht der folgende als Ohmsches Gesetz bezeichnete fundamental wichtige Zusammenhang

$$U = I\,R \tag{1.7}$$

Die Einheit des elektrischen Widerstandes ist nach Gl. (1.7) 1 V/1 A = 1 Ohm (Ω). Widerstände sind in Leitungen und Wicklungen unerwünschter Bestandteil, in der Heiztechnik (Kochplatte, Heizlüfter, Glühlampe) dagegen für die Funktion erforderlich.

1.1.1.2 Stromkreis, Wirkungen des elektrischen Stroms

Elektrischer Stromkreis. In Bild 1.4a ist der Schaltplan eines einfachen, unverzweigten elektrischen Stromkreises dargestellt, der sich aus mehreren Schaltelementen mit jeweils zwei Anschlüssen (Klemmen, Pole), die man daher allgemein Zweipole nennt, zusammengesetzt. Als Spannungsquelle oder Erzeuger dient z.B. ein elektrischer Generator; Schalter sowie Hin- und Rückleitung ermöglichen die Verbindung mit dem Verbraucher, z.B. einer Glühlampe. In den Schaltplänen werden die genormten Schaltzeichen nach DIN 40700 bis 40717 für elektrische Maschinen, Geräte, Leitungen usw. verwendet.

In der Spannungsquelle wird die Quellenspannung U_q erzeugt, z.B. bei einem Generator, wenn seine Läuferwicklung in einem Magnetfeld gedreht wird. Die Spannung U_q wird nach Bild 1.2b durch den Spannungspfeil, der von Plus nach Minus weist, im Schaltplan (Bild 1.4a) dargestellt. Bei geöffnetem Schalter kann keine Strömung der freien Elektronen bewirkt werden, es tritt lediglich durch den Spannungszustand im Generator an einer Klemme Elektronenüberschuß (Minusklemme), an der anderen Klemme Elektronenmangel (Plusklemme) auf.

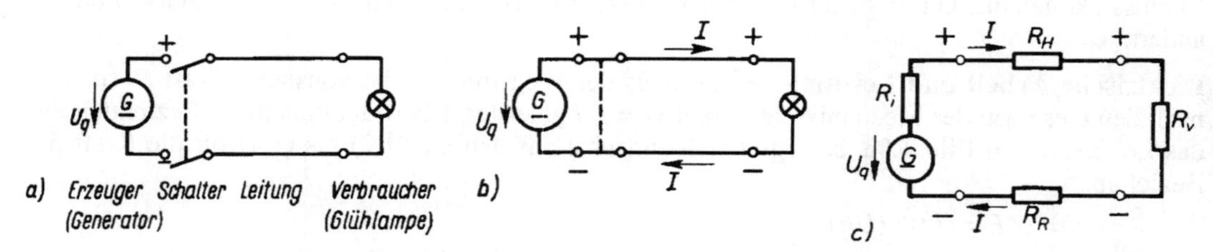

Bild 1.4 Elektrischer Stromkreis
a) offener Stromkreis, b) geschlossener Stromkreis, c) Schaltplan mit Darstellung der Widerstände

Wenn der Schalter betätigt wird (Bild 1.4b), setzt im ganzen, nun geschlossenen Stromkreis nahezu gleichzeitig eine Elektronenbewegung in Richtung des Spannungspfeils U_q ein. Die Wandergeschwindigkeit der Elektronen beträgt nach dem Ergebnis in Beispiel 1.6 weniger als 1 mm/s.

Der Strompfeil I ist in Bild 1.4 im konventionellen Richtungssinn eingetragen, also entgegen der Bewegung der Elektronen als negative Ladungsträger. Ein positiver Strom fließt demnach im Erzeuger (aktiver Zweipol) von Minus nach Plus, im Verbraucher (passiver Zweipol) von Plus nach Minus (Bild 1.4b).

Der Betrag des Stromes I richtet sich, abgesehen vom Einfluß der Spannung U_q, nur nach den im Stromkreis vorhandenen elektrischen Widerständen, die in den Strombahnen die Elektronenbewegung erschweren. In der Schaltung nach Bild 1.4c ergibt sich der Gesamtwiderstand R des Stromkreises aus der Summe der Widerstände des Generators (R_i). der Hinleitung (R_H), der Glühlampe (R_V) und der Rückleitung (R_R), somit $R = \Sigma R_n$. Je größer R ist, um so kleiner ist der Strom und umgekehrt. Nach dem Ohmschen Gesetz Gl. (1.7) gilt

$$I = \frac{U_q}{R}$$

Wirkungen des elektrischen Stroms. In den Verbrauchsgeräten werden vor allem folgende Stromwirkungen technisch ausgenützt:

1. Magnetische Wirkung zur Erzeugung von Kräften, Drehmomenten und mechanischer Energie, angewandt z.B. in Magneten, Meßinstrumenten, elektroakustischen Geräten und Motoren.
2. Wärmewirkung zur Erzeugung hoher Temperaturen und zur Ausstrahlung von Wärme und Licht. Hierauf beruhen z.B. die elektrischen Heiz- und Beleuchtungsgeräte, die Glühkathodenemission und das elektrische Schweißen.
3. Chemische Wirkung in Elektrolyten wird z. B. zur Speicherung chemischer Energie in Akkumulatoren und in der Elektrochemie ausgenutzt.

Energieumwandlungen. Erzeuger und Verbraucher sind insgesamt an einer Energiewandlung beteiligt. Im Kraftwerk wird z.B. die aus der Natur stammende Energie der Kohle, in erheblichem Maß auch des Kernbrennstoffs Uran, letztlich in mechanische Energie umgeformt und von der Kraftmaschine (Turbine) an die Generatorwelle abgegeben. Im Generator wird die mechanische Energie in elektrische Energie umgeformt. Die elektrischen Leitungen und Netze dienen der Fortleitung und Verteilung der elektrischen Energie bis zu den Verbrauchsgeräten, in denen diese wieder in eine andere Energieform nämlich die Nutzenergie umgewandelt wird.

Energieverluste, Wirkungsgrad. Alle Energieumwandlungen in der Technik sind mit Energieverlusten verbunden. Diese Bezeichnung ist im Sprachgebrauch üblich, aber nicht korrekt, weil nach dem Gesetz von der Erhaltung der Energie keine Energie verloren oder abhanden kommen kann. Letztlich handelt es sich um „Verlustwärme", d.h. nicht mehr weiter nutzbare, umgebungsgebundene Wärme. Auch bei den Energieumwandlungen in elektrischen Stromkreisen mit Erzeuger und Verbraucher sowie beim Energietransport mit Leitungen ist dies der Fall.

Durch den Wirkungsgrad eines Gerätes oder einer Anlage wird das Verhältnis der abgegebenen zur zugeführten Energie angegeben:

$$\eta = W_{ab}/W_{zu}$$

Erfolgt die Energiezufuhr und -abgabe in derselben Zeitspanne t, dann gilt nach $P = W/t$ auch für den Wirkungsgrad der entsprechenden Leistungen

$$\eta = P_{ab}/P_{zu} \qquad (1.8)$$

Die früher übliche Unterteilung der Elektrotechnik in Starkstrom- und Schwachstromtechnik berücksichtigt nicht den wesentlichen Gesichtspunkt der Größenordnung der umgesetzten Energie. Man unterscheidet deshalb besser Energie- und Nachrichtentechnik. Auf den Gebieten der Energietechnik (ihre Grenzen können nicht scharf gezogen werden) ist der Energieumsatz erheblich größer, so daß Energieverluste und Wirkungsgrad im Gegensatz zur Nachrichtentechnik vorrangige Bedeutung haben.

1.1.1.3 Elektrischer Widerstand

Die Erfahrung lehrt, daß sich nach Schließen eines Stromkreises alle vom Strom I durchflossenen Leiter des Stromkreises mehr oder weniger erwärmen. In der Generatorwicklung und in den Leitungsdrähten der Anordnung nach Bild 1.4 ist die Erwärmung z.B. verhältnismäßig gering. In dem dünnen Wolframdraht der Glühlampe entsteht aber so viel Wärme, daß der Glühfaden bei Temperaturen über 2000 °C zum Weißglühen kommt und Licht ausstrahlt.

Widerstandsformel. Der elektrische Widerstand R für drahtförmige Leiter mit Länge l und Querschnitt A, wie sie bei elektrischen Leitungen, Wicklungen in Generatoren und Motoren, Heizspulen in Elektrowärmegeräten, Magnetspulen usw. immer verwendet werden, läßt sich mit dem spezifischen elektrischen Widerstand ρ nach der Widerstandsformel errechnen

$$\boldsymbol{R = \rho \frac{l}{A}} \tag{1.9}$$

Die sich hieraus ergebende SI-Einheit für ρ ist 1 Ω m²/m = 1 Ωm. Zweckmäßig und in der Praxis üblich ist, daß man die Leiterlänge l in Meter (m) und den Leiterquerschnitt A in mm² einsetzt, sodaß sich der spezifische Widerstand des Leiters $\rho = RA/l$ in Ω mm²/m nach Tabelle 1.6 ergibt.

Elektrischer Leitwert und elektrische Leitfähigkeit. Anstelle von R und ρ kann man auch die reziproken Größen verwenden. Definiert sind der elektrische Leitwert

$$\boldsymbol{G = \frac{1}{R}} \tag{1.10}$$

mit der Einheit 1/Ω = 1 S (Siemens) und die elektrische Leitfähigkeit

$$\boldsymbol{\gamma = \frac{1}{\rho}} \tag{1.11}$$

mit der reziproken Einheit von ρ.

Temperaturabhängigkeit des elektrischen Widerstands. Der spezifische Widerstand ρ hängt allgemein vom Leiterwerkstoff und von der Leitertemperatur ϑ ab. Bei Metallen und den meisten Legierungen nimmt ρ mit der Leitertemperatur zu. Allgemein gilt somit für den Widerstand R_ϑ eines drahtförmigen Leiters bei der Leitertemperatur ϑ nach Gl. (1.9)

$$R_\vartheta = \rho_\vartheta \frac{l}{A}$$

Innerhalb des praktisch ausnutzbaren Temperaturbereichs kann man für die meisten Leiterwerkstoffe den Wert ρ_ϑ bei der Leitertemperatur ϑ (Celsiustemperatur) genügend genau nach der linearen Beziehung

$$\rho_\vartheta = \rho_{20}(1 + \alpha_{20}\Delta\vartheta_{20})$$

ermitteln. Die Werte ρ_{20} bei 20 °C und die Temperaturkoeffizienten, auch Temperaturbeiwerte genannt, α_{20} bei 20°C der Leitermaterialien sind in Tabelle 1.6 angegeben. $\Delta\vartheta_{20}$ ist der Temperaturunterschied gegen 20 °C, somit $\Delta\vartheta_{20} = \vartheta - 20$ °C. Setzt man ρ_ϑ aus obiger Gleichung ein, so ist

$$R_\vartheta = \rho_{20} \frac{l}{A}(1 + \alpha_{20}\Delta\vartheta_{20})$$

Da der Widerstand bei 20 °C

$$R_{20} = \rho_{20} \frac{l}{A}$$

ist, wird

$$\boldsymbol{R_\vartheta = R_{20}(1 + \alpha_{20}\Delta\vartheta_{20})} \tag{1.12}$$

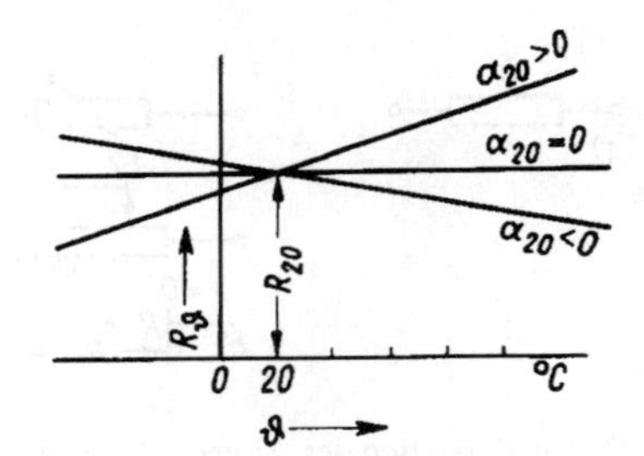

Bild 1.5
Temperaturabhängigkeit von Widerständen
$\alpha_{20} > 0$ Widerstand steigt mit der Temperatur
$\alpha_{20} = 0$ temperaturunabhängiger Widerstand
$\alpha_{20} < 0$ Widerstand sinkt mit der Temperatur

Gl. (1.2) und Bild 1.5 zeigen, daß sich innerhalb eines bestimmten Temperaturbereichs der Widerstand linear mit der Leitertemperatur ändert, sofern α_{20} nicht Null ist. Bei Kupfer und Aluminium liegt α_{20} bei 0,004/°C, sodaß der Widerstand je °C Temperaturzunahme etwa um das 0,004fache oder um etwa 0,4 % seines Wertes bei 20 °C zunimmt.

Technische Anwendungen. Bei elektrischen Maschinen sind im Betrieb in den Wicklungen Leitertemperaturen von 100 °C und mehr, je nach der Isolierstoffklasse des Isoliermaterials, zugelassen. Die sich hieraus ergebenden Widerstandsänderungen gegenüber dem „kalten Zustand" der Wicklungen bei Raumtemperatur sind also beträchtlich.

In der elektrischen Meßtechnik benötigt man für genaue Messungen als Bauteile hochkonstante Widerstände[1]), sog. Normalwiderstände, deren elektrische Widerstandswerte sich bei Temperaturänderungen nur sehr wenig ändern. Sie werden aus geeigneten Metallegierungen, z.B. Konstantan, Manganin, Nickelin, Novokonstant usw. hergestellt, deren Temperaturkoeffizient α_{20} nahezu Null ist. Andererseits können die von Temperaturänderungen hervorgerufenen Widerstandsänderungen zur elektrischen Messung von Temperaturen ausgenützt werden (s. Widerstandsthermometer).

Der Widerstand von Kohle nimmt mit steigender Temperatur ab, der Temperaturkoeffizient α_{20} ist also negativ. Die von Edison erstmals hergestellte Kohlefadenlampe hatte einen Glühfaden aus verkohlter Bambusfaser.

Tabelle 1.6 Stoffkonstanten zur Berechnung des elektrischen Widerstands von Bauteilen aus Metallen und Legierungen

Metalle	ρ_{20} $\frac{\Omega\,mm^2}{m}$	γ_{20} $\frac{S\,m}{mm^2}$	α_{20} 1/°C	Legierungen	ρ_{20} $\frac{\Omega\,mm^2}{m}$	γ_{20} $\frac{S\,m}{mm^2}$	α_{20} 1/°C
Silber	0,016	62,5	0,0038	Aldrey	0,033	30	0,0036
Kupfer	0,01786	56	0,0039	Bronze	0,036	28	0,0040
Aluminium	0,02857	35	0,0038	Messing	0,08	12,5	0,0015
Wolfram	0,055	18	0,0041	Stahldraht	0,13	7,7	0,005
Zink	0,063	16	0,0037	Neusilber	0,30	3,33	0,00035
Nickel	0,10	10	0,0048	Nickelin	0,43	2,3	0,0002
Zinn	0,11	9	0,0042	Manganin	0,43	2,3	0,00001
Eisendraht	0,12	8,3	0,0052	Konstantan	0,50	2	0,00001
Platin	0,13	7,7	0,0025	Nickel-Chrom	1,1	0,91	0,0002
Blei	0,21	4,8	0,0042				
Quecksilber	0,96	1,04	0,00092				
Wismut	1,2	0,83	0,0042				

Darstellung von Widerständen in Schaltplänen. Elektrische Widerstände als Bauteile werden in Schaltplänen durch ein Schaltzeichen nach DIN 40712 dargestellt. Bild 1.7 zeigt das allgemeine Schaltzeichen für einen Festwiderstand (a) und zwei Schaltzeichen (b) für einen stetig veränderbaren Widerstand (Schiebewiderstand).

[1]) Man beachte, daß das Wort Widerstand sowohl für die elektrische Größe mit der Einheit Ω wie auch für die Bauteile z.B. einen Heizwiderstand verwendet wird.

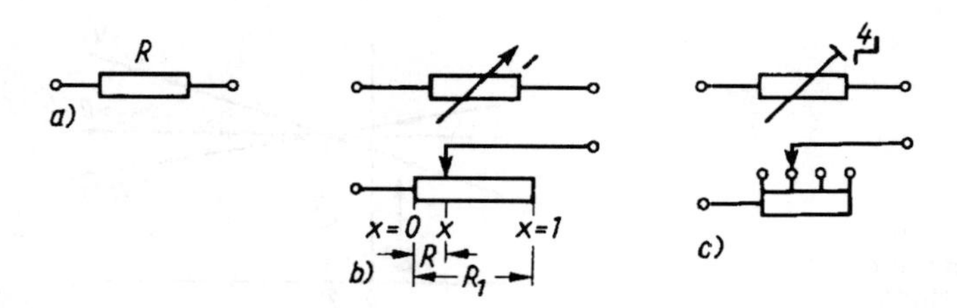

Bild 1.7
Schaltzeichen für Widerstände

Durch Verstellen des Abgriffs längs des Bauteils kann der wirksame Widerstand vom Wert Null in Stellung $x = 0$ bis zum Maximalwert R_1 in Stellung $x = 1$ stufenlos verändert werden; hierbei ist x der Zahlenwert einer Skala für den Abgriff. Bei linearer Skala ist in jeder beliebigen Stellung x der wirksame Widerstand $R = x\,R_1$.

Bei einem stufig einstellbaren Widerstand (Bild 1.7c) kann der Widerstand in Stufen, je nach Anzahl der vorhandenen Anzapfungen, eingestellt werden, z.B. bei Anlasser für Motoren.

Beispiel 1.4 Zur Herstellung der Erregerwicklung einer elektrischen Maschine sind 2850 m Kupferdraht von 1,2 mm Durchmesser erforderlich.

a) Man berechne den Widerstand der Wicklung bei 20 °C.

Nach Gl. (1.9) ergibt sich mit $\rho_{20} = 0{,}01786\ \Omega\ \text{mm}^2/\text{m}$ (Tabelle 1.6) und $A = \pi\, d^2/4 = \pi \cdot 1{,}2^2\ \text{mm}^2/4 = 1{,}13\ \text{mm}^2$

$$R_{20} = 0{,}01786\,\frac{\Omega\ \text{mm}^2}{\text{m}} \cdot \frac{2850\ \text{m}}{1{,}13\ \text{mm}^2} = 45\ \Omega$$

b) Wie groß ist der Widerstand der Wicklung bei 75 °C, wie groß bei 5 °C?

Nach Gl. (1.12) ist mit $a_{20} = 0{,}0039/°\text{C}$ (Tabelle 1.6)

$$\text{bei 75 °C}\quad R_{75} = 45\ \Omega\left(1 + \frac{0{,}0039}{°\text{C}} \cdot (75-20)\ °\text{C}\right) = 45\ \Omega(1 + 0{,}0039 \cdot 55) = 54{,}7\ \Omega$$

$$\text{bei 5 °C}\quad R_{5} = 45\ \Omega\left(1 + \frac{0{,}0039}{°\text{C}} \cdot (5-20)\ °\text{C}\right) = 45\ \Omega(1 - 0{,}0039 \cdot 15) = 42{,}4\ \Omega$$

c) Welche allgemeine Beziehung besteht zwischen den Widerstandswerten und den zugehörigen Temperaturen im warmen (R_w, ϑ_w) bzw. im kalten Zustand (R_k, ϑ_k) eines Leiters?

Nach Gl. (1.12) gilt

$$R_w = R_{20}(1 + \alpha_{20}\,\Delta\vartheta_w) \quad \text{und} \quad R_k = R_{20}(1 + \alpha_{20}\,\Delta\vartheta_k)$$

Hieraus erhält man durch Dividieren

$$\frac{R_w}{R_k} = \frac{1 + \alpha_{20}\,\Delta\vartheta_w}{1 + \alpha_{20}\,\Delta\vartheta_k} = \frac{\dfrac{1}{\alpha_{20}} + \Delta\vartheta_w}{\dfrac{1}{\alpha} + \Delta\vartheta_k} = \frac{\tau + \Delta\vartheta_w}{\tau + \Delta\vartheta_k} \quad \text{mit } \tau = \frac{1}{\alpha_{20}}$$

Für Kupfer wird $\tau = 1 : 0{,}0039/°\text{C} = 256\ °\text{C}$.

d) Man ermittle mit der hergeleiteten Gleichung die Temperatur ϑ_w der Wicklung für den Widerstandswert 58,5 Ω (indirekte Temperaturmessung).

Aus der genannten Gleichung erhält man $\Delta\vartheta_w = \dfrac{R_w}{R_k}(\tau + \Delta\vartheta_k) - \tau$. Wählt man z.B. $\vartheta_k = 20\ °\text{C}$, somit $\Delta\vartheta_k = 0$ und $R_k = R_{20} = 45\ \Omega$, so wird

$$\Delta\vartheta_w = \frac{58{,}5\ \Omega}{45\ \Omega} \cdot 256\ °\text{C} - 256\ °\text{C} = 0{,}3 \cdot 256\ °\text{C} = 77\ °\text{C} \qquad \vartheta_w = 97\ °\text{C}$$

Stromwärme. Die von den hier betrachteten elektrischen Widerständen, auch Ohmsche Widerstände genannt, dem Stromkreis entnommene elektrische Energie wird entweder vollständig in Wärme umgewandelt z.B. in Elektrowärmegeräten, wie Heizöfen, Kochplatten, Bügeleisen, Tauchsiedern, Glüh-, Härte- und Trockenöfen usw. oder auch wie bei den Glühlampen zu einem Teil in Licht. Von der in der Glühlampe entwickelten Wärme können aber nur etwa 3 bis 5 % als sichtbare Strahlung genutzt werden. Unerwünschte Wärme tritt auch in den Widerständen von Maschinen und Leitungen auf und ist daher den Energieverlusten zuzurechnen.

Nimmt man R = konstant an, dann besteht nach dem bereits bekannten Ohmschen Gesetz $U = I\,R$ ein linearer Zusammenhang zwischen der an einem Widerstand liegenden Spannung U und dem durch ihn fließenden Strom I (Bild 1.8b, c). Für die elektrische Leistung gilt nach Gl. (1.6) allgemein $P = U\,I$. Durch Verknüpfung mit den Beziehungen $U = I\,R$ bzw. $I = U/R$ erhält man für die von einem Widerstand R aufgenommene elektrische Leistung auch die Gleichungen

$$\boldsymbol{P = I^2 R} \quad \text{oder} \quad \boldsymbol{P = U^2/R} \tag{1.13a, b}$$

Die Leistung steigt demnach in einem konstanten Widerstand R quadratisch mit dem Strom I bzw. mit der Spannung U an und die Leistungskurven in Bild 1.8b, c sind Parabeln.

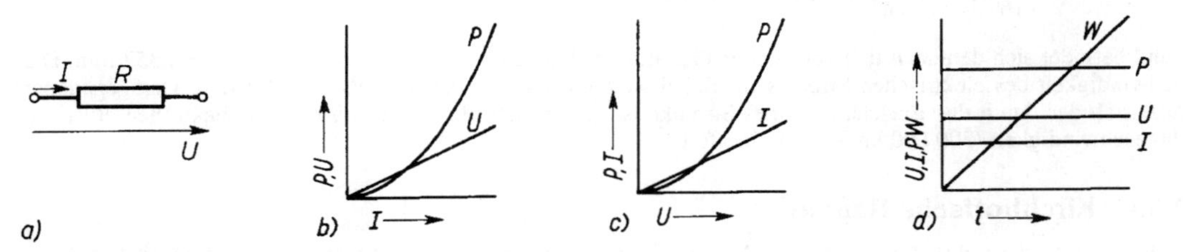

Bild 1.8 a) Schaltplan eines Widerstandes R mit Spannungs- und Strompfeil
b) Ohmsches Gesetz $U = I\,R$ und Leistung $P = U\,I$ in Abhängigkeit vom Strom (c) und von der Spannung; d) zeitlicher Verlauf der Größen U, I, P und $W = P \cdot t$ bei Gleichstrom

Beispiel 1.5 Es sind Strom I und Widerstand R einer Glühlampe mit den Daten 60 W, 230 V zu bestimmen.

Nach Gl. (1.6) ist $I = P/U = 60\ \text{W}/230\ \text{V} = 0{,}261\ \text{A}$ und nach Gl. (1.7) folgt $R = U/I = 230\ \text{V}/0{,}261\ \text{A} = 882\ \Omega$. Dasselbe Ergebnis erhält man über Gl. (1.13b) mit $R = U^2/P = (230\ \text{V})^2/60\ \text{W} = 882\ \Omega$.

Stromdichte und elektrische Feldstärke. Fließt ein elektrischer Strom I durch einen Leiter mit dem Querschnitt A, so ist die im Draht vorhandene Stromdichte

$$J = \frac{I}{A} \tag{1.14}$$

mit der SI-Einheit 1 A/m².

Fließt Gleichstrom durch drahtförmige Leiter wie Wicklungen, Freileitungsdrähte, Kabeladern, dann bewegen sich nach Bild 1.3a die Elektronen entgegengesetzt zu den elektrischen Feldlinien, gleichmäßig verteilt im gesamten Leiterquerschnitt.

Zwischen der Stromdichte J und der elektrischen Feldstärke E besteht an jedem Punkt eines Leiters ein einfacher Zusammenhang. Mit Gl. (1.9) und (1.14) lautet das Ohmsche Gesetz nämlich auch

$$U = I\,R = J\,A\,\frac{\rho\,l}{A} = \rho\,J\,l$$

Anderseits gilt nach Gl. (1.3) $U = E\,l$, so daß aus beiden Gleichungen auch das Ohmsche Gesetz in allgemeiner Form folgt:

$$\boldsymbol{E = \rho\,J} \tag{1.15}$$

Beispiel 1.6 Durch ein einadriges Kabel (Einleiterkabel) aus Kupfer mit dem Normquerschnitt 35 mm², das mit 235 A belastbar ist, fließt der Strom $I = 200$ A.

a) Welche Elektrizitätsmenge und wieviel freie Elektronen fließen in 5 s durch den Leiterquerschnitt? Wie groß sind die Stromdichte und die elektrische Feldstärke im metallischen Leiter des Kabels? Nach Gl. (1.4) ist

$$Q = I\,t = 200\ \text{A} \cdot 5\ \text{s} = 1000\ \text{As} = 1000\ \text{C}$$

Da die Ladung von $6{,}25 \cdot 10^{18}$ Elektronen gleich -1 C ist, fließen $1000 \cdot 6{,}25 \cdot 10^{18} = 6{,}25 \cdot 10^{21}$ Elektronen (in der dem Strompfeil I entgegengesetzten Richtung) in 5 s durch den Leiterquerschnitt.

Nach Gl. (1.14) und (1.15) sind Stromdichte und elektrische Feldstärke im Kabelleiter

$$J = \frac{I}{A} = \frac{200\ \text{A}}{35\ \text{mm}^2} = \frac{5{,}71\ \text{A}}{\text{mm}^2} \qquad E = \rho\,J = \frac{1 \cdot \Omega\ \text{mm}^2 \cdot 5{,}71\ \text{A}}{56 \cdot \text{m} \cdot \text{mm}^2} = 0{,}102\ \text{V/m}$$

b) Mit welcher Geschwindigkeit fließt der elektrische Strom im Kabel?

Nach Abschn. 1.1.1.1 befinden sich in 1 cm^3 Kupfer etwa 10^{23} freie Elektronen mit der Ladung $-0{,}16 \cdot 10^{-18} \cdot 10^{23}$ C $= -16 \cdot 10^3$ C. Die in 1 s durch den Leiterquerschnitt fließende Ladung -200 C nimmt das Volumen

$$V = \frac{-200\ \text{C}}{-16 \cdot 10^3\ \text{C/cm}^3} = 0{,}0125\ \text{cm}^3 = 12{,}5\ \text{mm}^3$$

ein und befindet sich demnach in einem Leiterstück mit der Länge $l = V/A = 12{,}5\ \text{mm}^3/35\ \text{mm}^2 = 0{,}357$ mm. Die Geschwindigkeit des elektrischen Stromes im Kabel ist somit nur $v = 0{,}357$ mm/s oder 1,3 m/h. Demgegenüber pflanzt sich der durch das Einschalten eines Stromkreises ausgelöste Bewegungsimpuls der Elektronen etwa mit Lichtgeschwindigkeit (300 000 km/s) im Leiter fort.

1.1.1.4 Kirchhoffsche Regeln

Knotenregel. Bild 1.9 zeigt einen verzweigten Stromkreis mit drei Verbrauchern: Glühlampe L, Motor M, Widerstand R. Sie sind an die von den Polen + und – des Generators ausgehenden Versorgungsleitungen geschlossen. Jeder Verbraucher kann durch einen besonderen Schalter zu- oder abgeschaltet werden, ohne daß dadurch die Stromzweige der übrigen Verbraucher beeinflußt werden. Sind alle drei Schalter geschlossen, so fließen durch die Stromzweige der Verbraucher die Ströme I_1, I_2 und I_3, deren Strombahnen in Bild 1.9 eingezeichnet sind. Somit können die in jedem der 6 Stromzweige fließenden Ströme angegeben werden, z. B. ergibt sich für den Generatorstrom $\Sigma I = I_1 + I_2 + I_3$.

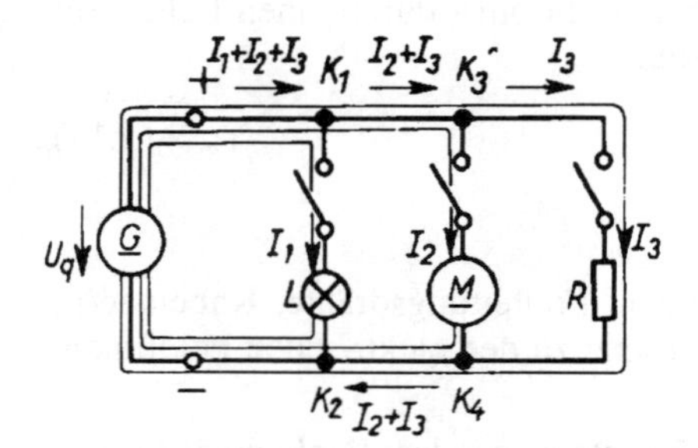

Bild 1.9 Schaltplan mit 3 Verbrauchern in Parallelschaltung, 4 Knotenpunkten und 6 Stromzweigen

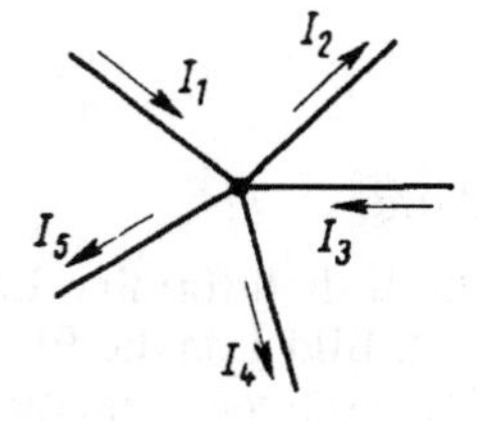

Bild 1.10 Beispiel zur Knotenregel

An jedem der vier Knotenpunkte (Stromverzweigungspunkte) K_1 bis K_4 und allgemein an jedem Knotenpunkt einer elektrischen Schaltung gilt die Knotenregel

$$\Sigma I_{zu} = \Sigma I_{ab} \tag{1.16}$$

In Worten: **An jedem Knotenpunkt einer elektrischen Schaltung ist die Summe der zufließenden Ströme ΣI_{zu} gleich der Summe der abfließenden Ströme ΣI_{ab}.**

Beispiel 1.7 a) Welcher Zusammenhang besteht zwischen den Strömen des Knotenpunktes (Bild 1.10)? Nach der Knotenregel, Gl. (1.16), gilt

$$I_1 + I_3 = I_2 + I_4 + I_5$$

b) Gemessen wurden die Ströme $I_1 = 8$ A, $I_2 = 1$ A, $I_3 = 3$ A, $I_5 = 6$ A. Wie groß ist I_4?

$$I_4 = I_1 + I_3 - I_2 - I_5 = (8 + 3 - 1 - 6)\text{A} = 4\text{ A}$$

c) Bei einem anderen Belastungsfall wurden die Ströme $I_1 = 12$ A, $I_2 = 2$ A, $I_4 = 1$ A, $I_5 = 4$ A in den Richtungen von Bild 1.10 gemessen. Wie groß ist I_3?

$$I_3 = I_2 + I_4 + I_5 - I_1 = (2 + 1 + 4 - 12)\text{A} = -5\text{ A}.$$

Negativer Betrag eines Stromes bedeutet, daß die tatsächliche Stromrichtung entgegen der Richtung des angesetzten Strompfeils ist. Es fließt also in Bild 1.10 ein Strom von 5 A vom Knotenpunkt nach rechts ab.

Maschenregel. Nach den Ausführungen über elektrische Widerstände (Abschn. 1.1.1.3) ist der unverzweigte Stromkreis bereits in Bild 1.4c ergänzt worden durch Einfügen genormter Schaltzeichen für die vier Widerstände (Bild 1.11). Hervorgerufen durch die Spannung U_q des Generators fließt in der eingezeichneten Richtung der Strom I durch den Stromkreis, dessen Gesamtwiderstand R sich aus der Summe der Einzelwiderstände zusammensetzt

$$R = \Sigma R_n = R_i + R_H + R_V + R_R$$

Nach Gl. (1.7) ergibt sich dann für die Spannung

$$U_q = I\,R_i + I\,R_H + I\,R_V + I\,R_R \quad \text{oder} \quad U_q = U_i + U_H + U_V + U_R$$

Man erhält demnach die an den Widerständen des Stromkreises auftretenden Teilspannungen U_i, U_H, U_V und U_R, wenn man den Strom jeweils mit den betreffenden Teilwiderständen multipliziert. Die Teilspannungen werden in den Schaltplan nach Bild 1.11 eingezeichnet, wobei zu beachten ist, daß Spannungspfeile an Widerständen nach Bild 1.8a stets in Richtung der Strompfeile einzutragen sind.

Für diesen unverzweigten Stromkreis und allgemein erhält man den Zusammenhang zwischen den Teilspannungen eines Stromkreises durch die Maschenregel

$$\mathbf{\Sigma U = 0} \tag{1.17}$$

In Worten: **Die Summe aller Spannungen längs eines beliebig geschlossenen Stromkreises, einer Masche, ist gleich Null.**

Die Maschenregel bedarf noch einer wichtigen praktischen Erläuterung. Bei der rechnerischen Zusammensetzung der Teilspannungen ΣU ist die Richtung der eingezeichneten Spannungspfeile genau zu beachten:

Man wählt eine beliebige Umlaufrichtung (Bild 1.11) in der Masche und legt fest, daß die Beträge von Spannungen U, $U_2 \dots U_n$ in der Umlaufrichtung positiv, entgegen der Umlaufrichtung negativ in die linke Seite von Gl. (1.17) einzusetzen sind. Dann gilt

$$U_1 + U_2 + \dots U_n = 0$$

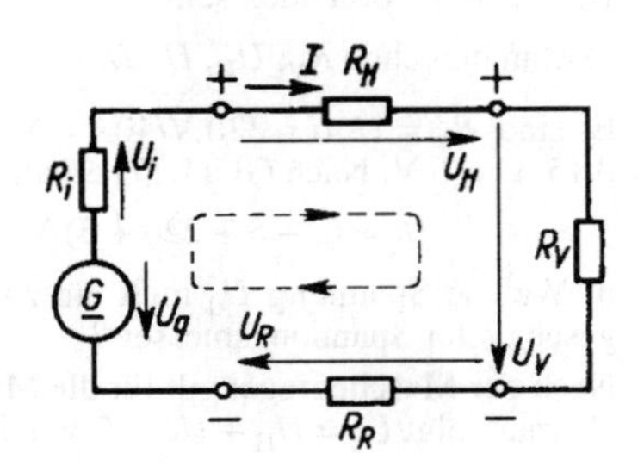

Bild 1.11
Vollständiger Schaltplan zur Berechnung des Stromkreises nach Bild 1.4
Für Beispiel 1.8 ist die gewählte Umlaufrichtung für die Anwendung der Maschenregel eingezeichnet

Beispiel 1.8 Wählt man in Bild 1.11 die eingezeichnete Umlaufrichtung im Uhrzeigersinn und beginnt, z.B. bei der Plusklemme des Generators mit dem Zusammensetzen der Spannungen, dann erhält man nach Gl. (1.17)

$$U_H + U_V + U_R - U_q + U_i = 0 \quad \text{oder} \quad U_q = U_i + U_H + U_V + U_R$$

Würde man als Umlaufrichtung den Gegenuhrzeigersinn wählen und z.B. an der Minusklemme des Verbrauchers beginnen, dann erhielte man

$$-U_V - U_H - U_i + U_q - U_R = 0 \quad \text{oder} \quad U_q = U_i + U_H + U_V + U_R$$

also wiederum dasselbe Ergebnis.

Die Maschenregel kann auch zur Ermittlung beliebiger anderer Teilspannungen im Stromkreis nach Bild 1.11 angewendet werden, die dann ebenfalls durch ihren Spannungspfeil in den Schaltplan einzutragen sind, wie im folgenden Beispiel gezeigt wird.

Beispiel 1.9 Nach Bild 1.12a ist die durch den Spannungspfeil U eingetragene Spannung zwischen der Plus- und Minusklemme des Generators zu ermitteln.

Mit einer im Uhrzeigersinn positiv gewählten Umlaufrichtung erhält man, beginnend bei der Plusklemme des Generators, nach Gl. (1.17) für die Masche 1

$$U - U_q + U_i = 0 \quad \text{hieraus} \quad U = U_q - U_i, \quad \text{somit} \quad U = U_q - I R_i$$

Obige Beziehung stellt die Spannungsgleichung des Generators dar. In Richtung des Stromes I und damit entgegen der Spannung U_q tritt die Spannung U_i, der innere Spannungsverlust des Generators auf, so daß die an seinen Klemmen meßbare Spannung U, die Klemmenspannung, um den inneren Spannungsverlust U_i kleiner als U_q ist. Wird speziell $I = 0$ (Generator liefert also keinen Strom, Leerlauf), so wird $U = U_0 = U_q$. Die Spannung U_0 heißt deshalb auch Leerlaufspannung.

In Bild 1.12b sind durch Gl. (1.17) gegebene Zusammenhänge für den Stromkreis Bild 1.12a graphisch dargestellt.

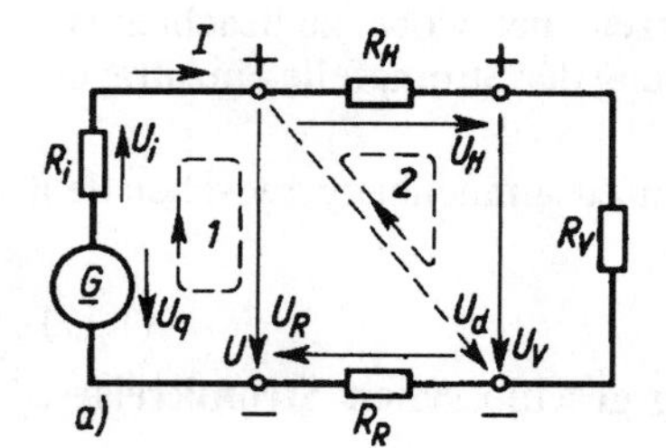

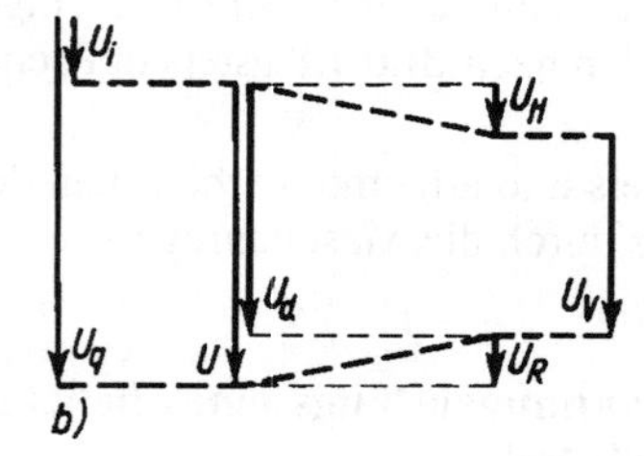

Bild 1.12
a) Stromkreis mit eingetragener positiver Umlaufrichtung in den Maschen
b) graphische Darstellung der Teilspannungen

Zusammenfassung. Die Knotenregel Gl. (1.16) und Maschenregel Gl. (1.17) bilden die Grundlage für das Berechnen von Spannungen und Strömen in elektrischen Stromkreisen. Diese Regeln können aber nur dann sinnvoll angewandt werden, wenn durch in die Schaltpläne einzuzeichnende Spannungs- und Strompfeile (keine Doppelpfeile!) die Richtungen und damit die Vorzeichen der auftretenden Teilspannungen und -ströme eindeutig bezeichnet sind.

Beispiel 1.10 Im Stromkreis nach Bild 1.12a fließt der Strom $I = 40$ A. Die Widerstände R_H und R_R der Hin- und Rückleitung sind je 0,125 Ω, der Generatoreninnenwiderstand $R_i = 0{,}15\ \Omega$. Am Verbraucher soll die Spannung $U_V = 220$ V vorhanden sein.

a) Man berechne R_V, U_H, U_i, U_q, U.

Es sind $R_V = U_V/I = 220\ \text{V}/40\text{A} = 5{,}5\ \Omega$; $U_H = I R_H = 40\text{A} \cdot 0{,}125\ \Omega = 5$ V; $U_R = U_H = 5$ V; $U_i = I R_i = 40\ \text{A} \cdot 0{,}15\ \Omega = 6$ V. Nach Gl. (1.17) erhält man

$$U_q = (6 + 5 + 220 + 5)\ \text{V} = 236\ \text{V} \quad \text{und} \quad U = (236 - 6)\ \text{V} = 230\ \text{V}.$$

b) Welche Spannung U_d mißt ein zwischen Plusklemme des Generators und Minusklemme des Verbrauchers geschalteter Spannungsmesser ?

Nach der Maschenregel gilt für die Masche 2 die in Bild 1.12a eingezeichnete Umlaufrichtung $U_H + U_V - U_d = 0$. Hieraus folgt $U_d = U_H + U_V = 5\ \text{V} + 220\ \text{V} = 225$ V.

c) Wie groß sind Wirkungsgrad und Verluste?

$$\eta = \frac{P_{ab}}{P_{zu}} = \frac{U\,I}{U_q\,I} = \frac{220\text{ V}\cdot 40\text{ A}}{236\text{ V}\cdot 40\text{ A}} = \frac{8{,}80\text{ kW}}{9{,}44\text{ kW}} = 0{,}932 = 93{,}2\ \% \qquad P_v = 0{,}64\text{ kW}$$

d) Wie groß sind die Stromkosten bei 8h täglicher Betriebszeit (Tarif 18 Pf/kWh)?

$$W = P\cdot t = 8{,}8\text{ kW}\cdot 8\text{ h} = 70{,}4\text{ kWh}$$

$$K = W\cdot k = 70{,}4\text{ kWh}\cdot 0{,}18\text{ DM/kWh} = 12{,}67\text{ DM}$$

e) Man berechne die Kurzschlußströme bei einem Kurzschluß am Verbraucher und am Generator (Kurzschlußwiderstand jeweils gleich 0 annehmen).

Kurzschluß am Verbraucher ($R_V = 0$):

$$I_k = \frac{U_q}{R_i + R_H + R_R} = \frac{236\text{ V}}{0{,}4\ \Omega} = 590\text{ A}$$

Kurzschluß am Generator ($U = 0$):

$$I_k = \frac{U_q}{R_i} = \frac{236\text{ V}}{0{,}15\ \Omega} = 1570\text{ A}$$

1.1.1.5 Zahlenbeispiele

Beispiel 1.11 Ein Gleichstrommotor trägt die folgenden Angaben auf seinem Leistungsschild
3,7 kW 1500 min^{-1} 220 V 20,5 A

a) Es sind die Verluste P_{vN}, der Wirkungsgrad η_N und das Drehmoment M_N des Motors zu bestimmen.
Sämtliche Angaben auf dem Leistungsschild gelten für den sogenannten Bemessungsbetrieb und erhalten den Index N. Zentrale Größe ist die Bemessungsleistung P_N, die der Motor an der Welle abgeben kann, ohne das die zulässige Wicklungserwärmung überschritten wird. Die Spannung U_N muß durch die Energieversorgung – bei Gleichstrommotoren heute eine Stromrichterschaltung – realisiert werden, während der Bemessungsstrom I_N die Wahl der Leiterquerschnitte und der Schutzmaßnahmen bestimmt.
Die Aufnahmeleistung P_{1N} des Motors und seine Verluste P_{vN} ergeben sich zu

$$P_{1N} = U_N\,I_N = 220\text{ V}\cdot 20{,}5\text{ A} = 4510\text{ W} = 4{,}51\text{ kW}$$

$$P_{vN} = P_{1N} - P_{2N} = (4{,}51 - 3{,}7)\text{kW} = 0{,}81\text{ kW}$$

Der Wirkungsgrad wird

$$\eta_N = P_{2N}/P_{1N} = 3{,}7\text{ kW}/4{,}51\text{ kW} = 0{,}82 = 82\ \%.$$

b) Das Drehmoment des Motors ist zu berechnen.

Für die mechanische Leistung bei Drehbewegungen gilt die Größengleichung

$$\boldsymbol{P = M\,\omega = M\,2\pi\,n} \tag{1.18}$$

Das Drehmoment des Motors im Bemessungsbetrieb ergibt sich zu

$$M_N = \frac{P_{2N}}{2\,\pi\,n_N} = \frac{3700\text{ W}}{2\,\pi\,\frac{1500}{60}\,\text{s}^{-1}} = \frac{3700}{2\,\pi\cdot 2{,}5}\text{Ws} = 23{,}6\text{ Nm}$$

mit 1 kW = 1000 W, 1 min = 60 s und 1 Ws = 1 J = 1 Nm

c) Man leite aus der Größengleichung (1.18) eine zugeschnittene Größengleichung zur Berechnung des Drehmoments her.

Da $1\text{ W} = 1\frac{\text{Nm}}{\text{s}} = 60\text{ Nm min}^{-1}$ ist, folgt Gl. (1.18)

$$\frac{P}{W} = \frac{M}{\text{Nm}}\cdot\frac{2\,\pi}{60}\cdot\frac{n}{\text{min}^{-1}}$$

und hieraus die zugeschnittene Größengleichung

$$\boldsymbol{M/\text{Nm} = \frac{P/\text{W}}{0{,}1047\cdot n/\text{min}^{-1}}} \tag{1.19}$$

Für den Bemessungsbetrieb ergibt sich die oft benutzte Gleichung

$$M_N/\text{Nm} = \frac{P_{2N}/\text{W}}{0{,}1047 \cdot n_N/\text{min}^{-1}}$$

Für das vorstehende Beispiel ergibt sich hieraus wie unter b)

$$M_N/\text{Nm} = \frac{3700}{0{,}1047 \cdot 1500} = 23{,}6 \quad \text{somit} \quad M_N = 23{,}6 \text{ Nm}$$

d) Der vorstehende Elektromotor treibt eine Pumpe an, die Wasser in einen 15 m höher gelegenen Kanal fördert. Welchen Wasserstrom fördert die Pumpe bei Volllast des Motors, wenn der Wirkungsgrad der Pumpe $\eta_P = 60$ % beträgt und die Verluste in den Rohrleitungen einer Vergrößerung der Förderhöhe um 0,5 m entsprechen?

Die abgegebene mechanische Leitung des Motors ist $P_{2N} = 3{,}7$ kW; die abgegebene mechanische Leistung der Pumpe wird somit $P_p = \eta_p P_{1N} = 0{,}6 \cdot 3{,}7 \text{ kW} = 2{,}22$ kW. Nun ist 1 N = 1 kgm/s² somit 1 W = 1 Nm/s = 1 kgm²/s³, also $P_p = 2220 \text{ kgm}^2/\text{s}^3$.

Für die mechanische Leistung gilt $P_P = \frac{G \cdot h}{t} = \frac{m\,g\,h}{t}$, so daß sich der Wasserstrom ergibt zu

$$\frac{m}{t} = \frac{P_P}{g \cdot h} = \frac{2220 \text{ kgm}^2}{9{,}81 \frac{\text{m}}{\text{s}^2} \cdot \text{s}^3 \cdot 15{,}5 \text{ m}} = \frac{2220}{9{,}81 \cdot 15{,}5} \cdot \frac{\text{kg}}{\text{s}} = 14{,}6 \frac{\text{kg}}{\text{s}} \text{ bzw. } \frac{14{,}6 \text{ l}}{\text{s}}$$

e) Welche Leistung und welchen Strom nimmt der Motor auf, wenn bei einem geringeren Wasserstrom als 14,6 l/s am Zähler für 20 Umdrehungen der Zählerscheibe eine Zeit von 34 s gestoppt wurde und wenn das Zählerschild die Angabe 800 Umdr./kWh trägt?

Die Angabe 800 Umdr./kWh auf dem Zählerschild besagt, daß die Zählerscheibe für 1 kWh entnommene elektrische Energie 800 Umdrehungen macht. Wenn 34 s für 20 Umdrehungen gemessen wurden, macht die Zählerscheibe entsprechend in einer Stunde 20 · 3600/34 Umdr. = 2120 Umdr. Dies entspricht einer bezogenen elektrischen Energie von (2120/800) kWh = 2,65 kWh und damit einer Leistung $P_1 = 2{,}65$ kW. Der Motorstrom ist $I = P_1/U_N = 2650 \text{ W}/220 \text{ V} = 12$ A.

f) Wie groß sind die täglichen Kosten für die gelieferte elektrische Energie bei einem Tarifpreis von 15 Pf/kWh, wenn der Motor 8 h bei Vollast und 16 h mit der Leistung bei e) in Betrieb ist?

Die bezogene elektrische Energie ist

$$W = 4{,}51 \text{ kW} \cdot 8 \text{ h} + 2{,}65 \text{ kW} \cdot 16 \text{ h} = (36{,}1 + 42{,}4)\text{kWh} = 78{,}5 \text{ kWh}$$

und die Kosten

$$K = 78{,}5 \text{ kWh} \cdot 0{,}15 \text{ DM/kWh} = 11{,}77 \text{ DM.}$$

1.1.2 Gleichstromkreise

1.1.2.1 Widerstandsschaltungen

Stromkreise, in denen nur elektrische Widerstände vorkommen, werden mit Hilfe von Formeln, die aus den Kirchhoffschen Regeln hergeleitet werden, auf einfache Weise berechnet.

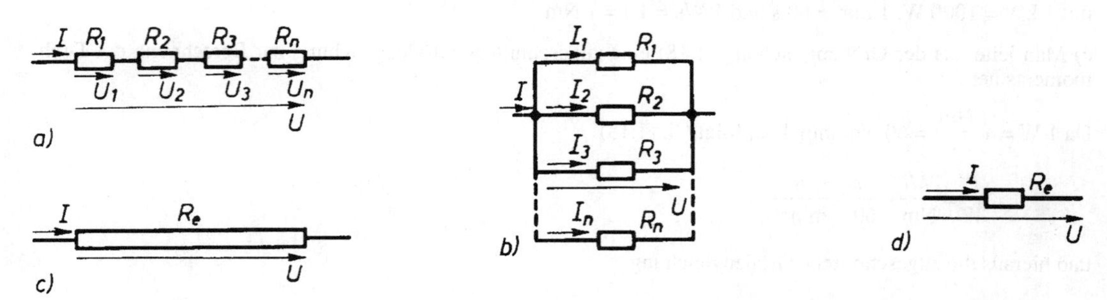

Bild 1.13 Reihenschaltung (a) und Parallelschaltung (b) von Widerständen sowie Ersatzschaltungen (c und d)

Reihenschaltung. Alle Widerstände werden von demselben Strom I durchflossen (Bild 1.13a). An den Widerständen der Schaltung treten nach dem Ohmschen Gesetz die Spannungen auf:

$$U_1 = I R_1 \quad U_2 = I R_2 \quad U_3 = I R_3 \ldots U_n = I R_n$$

Nach der Maschenregel $\Sigma U = 0$ gilt

$$U = U_1 + U_2 + U_3 + \ldots + U_n$$

oder $U = I (R_1 + R_2 + R_3 + \ldots R_n)$

oder $U = I R_e$

wobei $R_e = R_1 + R_2 + R_3 + \ldots + R_n$

oder $\boldsymbol{R_e = \Sigma R}$ (1.20)

ist. Die Schaltung nach Bild 1.13a kann demnach zu der Ersatzschaltung mit nur einem Widerstand, dem Ersatzwiderstand R_e der Reihenschaltung, vereinfacht werden.

Die Teilspannungen verhalten sich wie die zugehörigen Widerstände, z.B.

$$\frac{U_1}{U_2} = \frac{I R_1}{I R_2} = \frac{R_1}{R_2} \qquad \frac{U_3}{U} = \frac{I R_3}{I R_e} = \frac{R_3}{R_e}$$

Parallelschaltung. Alle Widerstände liegen an derselben Spannung U (Bild 1.13b). Durch die Widerstände der Schaltung fließen nach dem Ohmschen Gesetz die Ströme

$$I_1 = \frac{U}{R_1} \quad I_2 = \frac{U}{R_2} \quad I_3 = \frac{U}{R_3} \ldots I_n = \frac{U}{R_n}$$

Nach der Knotenregel $\Sigma I_{zu} = \Sigma I_{ab}$ gilt

$$I = I_1 + I_2 + I_3 + \ldots + I_n$$

oder $I = U \left(\frac{1}{R_1} + \frac{1}{R_2} + \frac{1}{R_3} + \ldots + \frac{1}{R_n}\right)$

oder $I = U \frac{1}{R_e}$

wobei $\frac{1}{R_e} = \frac{1}{R_1} + \frac{1}{R_2} + \frac{1}{R_3} + \ldots + \frac{1}{R_n}$

oder $\boldsymbol{R_e = \frac{1}{\Sigma 1/R}}$ (1.21)

ist. Die Schaltung nach Bild 1.13b kann demnach zu der Ersatzschaltung mit nur einem Widerstand, dem Ersatzwiderstand R_e der Parallelschaltung, vereinfacht werden.

Die Teilströme verhalten sich umgekehrt wie die zugehörigen Widerstände, z.B.

$$\frac{I_1}{I_2} = \frac{U/R_1}{U/R_2} = \frac{R_2}{R_1} \qquad \frac{I_3}{I} = \frac{U/R_3}{U/R_e} = \frac{R_e}{R_3}$$

Die Ersatzschaltungen nehmen bei Anschluß an die Spannung U den gleichen Strom I und damit die gleiche Leistung P und in der gleichen Zeit die gleiche Arbeit W auf wie die ursprüngliche Schaltung mit mehreren Widerständen.

Beispiel 1.12 Drei gleiche Widerstände von je 100 Ω werden zuerst in Reihe, dann parallel an die Netzspannung 230 V angeschlossen. Man berechne die Ersatzwiderstände, die Netzströme und Netzleistungen für beide Schaltungen.

Reihenschaltung

$$R_e = 3 \cdot 100\ \Omega = 300\ \Omega$$

$$I = U/R_e = 230\ \text{V}/300\ \Omega = 0{,}767\ \text{A}$$

$$P = U I = 230\ \text{V} \cdot 0{,}767\ \text{A} = 176{,}3\ \text{W}$$

Parallellschaltung

$$R_e = \frac{1}{3/100\ \Omega} = 33^1/_3\ \Omega$$

$$I = U/R_e = \frac{230\ \text{V} \cdot 3}{100\ \Omega} = 6{,}9\ \text{A}$$

$$P = U I = 230\ \text{V} \cdot 6{,}9\ \text{A} = 1587\ \text{W}$$

Das Verhältnis der Ströme und Leistungen ist hier 1 : 9, da sich die Ersatzwiderstände der beiden Schaltungen wie 9 : 1 verhalten.

Zusammengesetzte Schaltungen. Außer reinen Reihen- und Parallelschaltungen elektrischer Widerstände kommen zusammengesetzte Schaltungen (Schaltungskombinationen) vor. In einfacheren Fällen können mit Hilfe der vorstehenden Ausführungen auch solche Schaltungen berechnet werden. Für die sehr häufig vorkommende Parallelschaltung zweier Widerstände R_1 und R_2 läßt sich aus Gl. (1.21) eine eigene Beziehung angeben. Es gilt

$$\frac{1}{R_{12}} = \frac{1}{R_1} + \frac{1}{R_2} = \frac{R_2 + R_1}{R_1 \cdot R_2}$$

und damit

$$\boldsymbol{R_{12} = \frac{R_1 \cdot R_2}{R_1 + R_2}} \tag{1.22}$$

Beispiel 1.13 Für die Widerstandschaltung in Bild 1.14 a soll der Ersatzwiderstand R_e berechnet werden. Man faßt zunächst die parallelgeschalteten Widerstände R_1 und R_2 zu einem Widerstand R_{12} zusammen und erhält mit Gl. (1.22)

$$R_{12} = \frac{R_1 \cdot R_2}{R_1 + R_2}$$

Somit ist die Schaltung bereits in die reine Reihenschaltung nach Bild 1.14b überführt. Nun faßt man die in Reihe geschalteten Widerstände R_{12} und R_3 zu einem Widerstand, dem Ersatzwiderstand R_e der Schaltung zusammen (Bild 1.14c). Nach Gl. (1.20) findet man $R_e = R_{12} + R_3$ und somit

$$R_e = \frac{R_1 \cdot R_2}{R_1 + R_2} + R_3$$

Dieses Beispiel wird in Abschn. 1.1.2.5 mit Zahlenwerten weitergeführt.

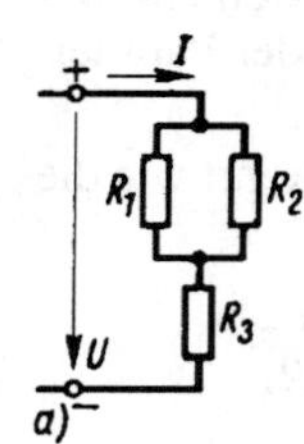

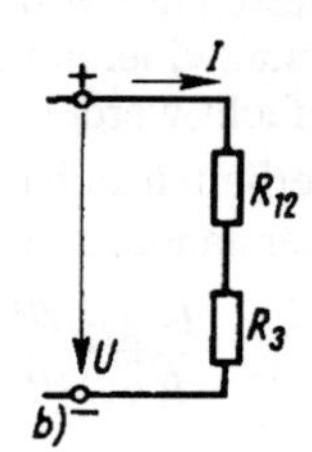

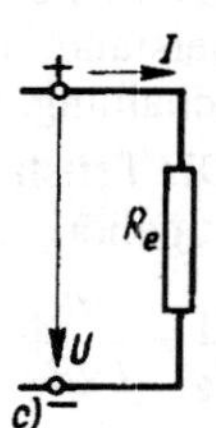

Bild 1.14
Ermittlung des Ersatzwiderstandes R_e

Netzumwandlung für Stern- und Dreieckschaltung. Bei der Berechnung des Ersatzwiderstandes einer Schaltung – allgemein Netzwerk genannt – kann die äquivalente Umwandlung eines Widerstandsterns (Bild 1.15a) in ein Widerstandsdreieck (Bild 1.15b) und umgekehrt erforderlich werden. Es müssen also jeweils gleiche Widerstände zwischen den Punkten 1–2, 2–3 und 3–1 in beiden Schaltungen vorhanden sein, so daß gilt

$$R_{10} + R_{20} = \frac{R_{12}(R_{23} + R_{31})}{R_{12} + R_{23} + R_{31}} \qquad R_{20} + R_{30} = \frac{R_{23}(R_{31} + R_{12})}{R_{12} + R_{23} + R_{31}} \qquad R_{30} + R_{10} = \frac{R_{31}(R_{12} + R_{23})}{R_{12} + R_{23} + R_{31}}$$

Hieraus ergeben sich die Gleichungen für die Umwandlung von

Sternschaltung in Dreieckschaltung — Dreieckschaltung in Sternschaltung

$$\boldsymbol{R_{12} = R_{10} + R_{20} + \frac{R_{10} \cdot R_{20}}{R_{30}}} \qquad \boldsymbol{R_{10} = \frac{R_{12} \cdot R_{31}}{R_{12} + R_{23} + R_{31}}}$$

$$\boldsymbol{R_{23} = R_{20} + R_{30} + \frac{R_{20} \cdot R_{30}}{R_{10}}} \qquad \boldsymbol{R_{20} = \frac{R_{23} \cdot R_{12}}{R_{12} + R_{23} + R_{31}}} \tag{1.23}$$

$$\boldsymbol{R_{31} = R_{30} + R_{10} + \frac{R_{30} \cdot R_{10}}{R_{20}}} \qquad \boldsymbol{R_{30} = \frac{R_{31} \cdot R_{23}}{R_{12} + R_{23} + R_{31}}}$$

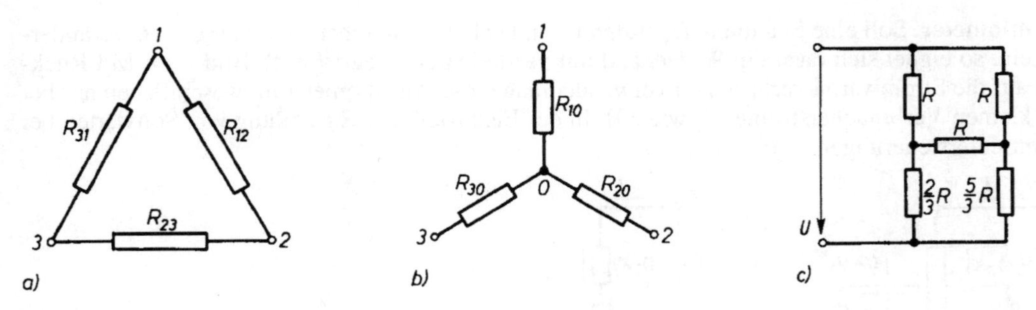

Bild 1.15 Netzumwandlung
a) Widerstandsdreieck, b) Widerstandsstern, c) Schaltung für Beispiel 1.15

Beispiel 1.14 Gegeben ist die Schaltung nach Bild 1.15 c.
a) Man zeige, daß sich bei allen vier Möglichkeiten der Netzumwandlung als Ersatzwiderstand $R_e = R$ ergibt.
b) Man berechne sämtliche in der Schaltung auftretenden Spannungen, Ströme und Leistungen, wenn $U = 30$ V und $R = 60\ \Omega$ ist und führe die Kontrolle durch.

Spannungsteiler. Vor allem in der Elektronik besteht vielfach die Aufgabe, für Teile der Schaltung gegenüber der Versorgungsspannung U reduzierte Wert U_v zu erzeugen. Dies geschieht über eine Spannungsteiler genannte Reihenschaltung von zwei Widerständen R_1 und R_2 nach Bild 1.16, die an die Spannung U angeschlossen sind. Die gewünschte Teilspannung U_v wird an R_2 abgenommen und kann durch das Verhältnis R_1/R_2 beliebig gewählt werden.
Nach Bild 1.16 b gilt $U_v = I\,R_p$

mit $\quad I = \dfrac{U}{R_1 + R_p}$ und $R_p = \dfrac{R_2 \cdot R_v}{R_2 + R_v}$ nach Gl. (1.22)

Kombiniert man obige Beziehung, so erhält man für die Ausgangsspannung des Teilers

$$U_v = \frac{U}{1 + \dfrac{R_1}{R_2}\left(1 + \dfrac{R_2}{R_v}\right)} \tag{1.24a}$$

Der Wert von U_v ist außer vom Teilerverhältnis R_1/R_2 also auch vom Verbraucherwiderstand R_v abhängig. Im Leerlauf mit $R_v = \infty$ ergibt sich die etwas höhere Spannung

$$U_{v0} = \frac{U}{1 + R_1/R_2} \tag{1.24b}$$

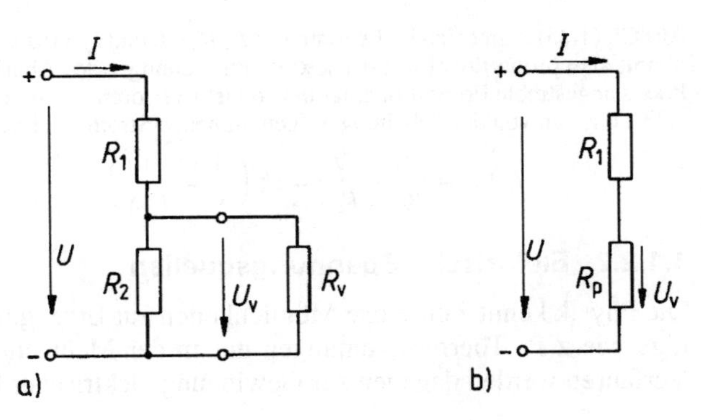

Bild 1.16
Spannungsteiler mit zwei Widerständen R_1 und R_2
a) Schaltung mit Verbraucher R_v
b) Ersatzschaltung

Potentiometer. Soll eine Spannung U_v stufenlos und beliebig zwischen Null und $U_v = U$ veränderbar sein, so eignet sich dazu ein Widerstand mit verstellbarem Abgriff nach Bild 1.17. Mit Rücksicht auf die Stromwärmeverluste $I^2 R$ verwendet man diese Potentiometer im wesentlichen nur bei sehr kleinen Verbraucherströmen I_v wie z.B. in der Elektronik zur Einstellung von Sollwerten bei Stromrichtersteuerungen.

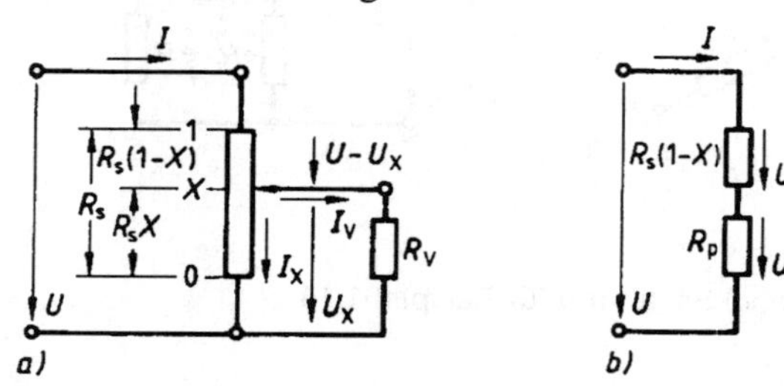

Bild 1.17 Potentiometer
a) Schaltung
b) Vereinfachung zur Berechnung

Es soll nun gezeigt werden, nach welcher Funktion $U_x = f(x)$ sich die Spannung U_x beim Verschieben des Abgriffs x ändert. Der Netzstrom I teilt sich am Abgriff oder Knotenpunkt in den Strom I_v durch den Verbraucherwiderstand R_v und den Strom $I_x = I - I_v$ durch den unteren Teil $R_s x$ des Spannungsteilers. Der Widerstand R_v des Verbrauchers ist $R_v = U_x / I_v$.

Nach der Maschenregel liegt am oberen Teil $R_s(1-x)$ des Spannungsteilers die Spannung $U - U_x$. Faßt man nun die parallelgeschalteten Widerstände $R_s x$ und R_v nach Gl. (1.22) zu einem Widerstand $R_p = R_s x\, R_v/(R_s x + R_v)$ zusammen, so erhält man die Ersatzschaltung nach Bild 1.17b. Da sich bei einer Reihenschaltung die Spannungen wie die zugehörigen Widerstände verhalten, gilt

$$\frac{U_x}{U} = \frac{R_s x R_v}{(R_s x + R_v)\left[\dfrac{R_s x R_v}{R_s x + R_v} + R_s(1-x)\right]} = \frac{R_s x R_v}{R_s x R_v + (R_s x + R_v)\, R_s(1-x)}$$

$$= \frac{x R_v}{x R_v + R_s x + R_v - R_s x^2 - x R_v} = \frac{x R_v}{R_v + R_s x(1-x)}$$

$$\frac{U_x}{U} = \frac{x}{1 + \dfrac{R_s}{R_v}\, x(1-x)} \tag{1.25}$$

Setzt man $R_v = U_x / I_v$ in Gl. (1.25) ein, so erhält man

$$\frac{U_x}{U} = \frac{x}{1 + \dfrac{I_v R_s}{U_x}(1-x)x} = \frac{x\, U_x}{U_x + I_v R_s\, x(1-x)}$$

und hieraus

$$U_x = x\, U - I_v R_s x(1-x)$$

Aus Gl. (1.25) ergibt sich im Leerlauf mit $R_s/R_v = 0$ und $I_v = 0$ die abgegriffene Spannung $U_x = x\, U$. Diese Spannung nimmt also proportional mit der jeweiligen Stellung x des Abgriffes zu oder ab. Bei Belastung geht diese in der Praxis angestrebte Proportionalität um so mehr verloren, je größer R_s/R_v bzw. $I_v R_s$ wird (s. Beispiel 1.19 und Bild 1.33). Für den von der Schaltung aufgenommenen Strom I gilt nach Bild 1.17a

$$I = I_v + I_x = \frac{U_x}{R_v} + \frac{U_x}{R_s x} = U_x\left(\frac{1}{R_v} + \frac{1}{R_s x}\right)$$

1.1.2.2 Elektrische Spannungsquellen

Die Physik kennt zahlreiche Möglichkeiten zur Erzeugung elektrischer Spannungen, von denen einige wie z.B. Thermospannungen nur in der Meßtechnik eine Bedeutung haben. Die folgenden Verfahren werden dagegen zur Gewinnung elektrischer Energie verwendet.

Elektrodynamische Spannungserzeugung. Fast die gesamte elektrische Energie für die öffentliche Versorgung, die Industrie und das Verkehrswesen wird in rotierenden Generatoren erzeugt. Sie werden als elektromechanische Energiewandler von Turbinen oder Verbrennungsmotoren angetrieben und liefern Wechselspannungen. Grundlage ist das im Jahre 1831 von dem Engländer M. Faraday beschriebene Induktionsgesetz als Wirkung eines Magnetfeldes auf Wicklungen.
In Bild 1.18 treibt eine Turbine T einen Generator G mit der Drehzahl n und dem Drehmoment M an. An den Generatorklemmen besteht die Spannung U und an das Netz wird die elektrische Leistung nach

$$P_{el} = \eta \, 2\pi \, n \, M$$

abgegeben.
Der Wirkungsgrad η reicht von etwa 50 % bei einer 12 V-Lichtmaschine im Auto bis ca. 98 % bei einem Großgenerator in einem Kraftwerk. Die höchsten Generatorspannungen liegen bei 27 kV.

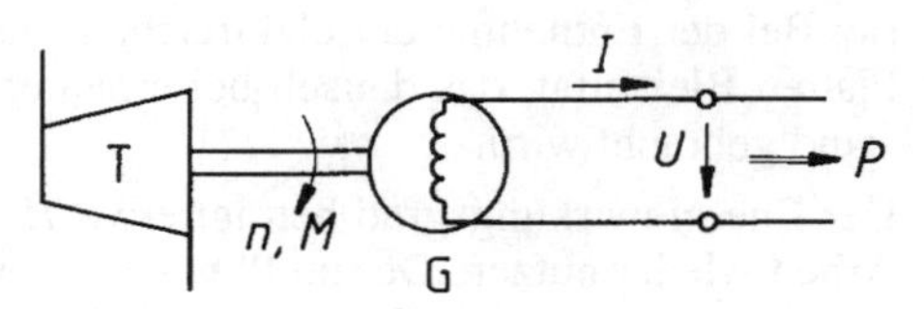

Bild 1.18
Elektrodynamische Spannungserzeugung
T Turbine G Generator

Elektrochemische Spannungserzeugung. Taucht man zwei Elektroden aus unterschiedlichen Metallen in eine leitfähige Flüssigkeit, Elektrolyt genannt, so entsteht zwischen den beiden Metallen eine Spannungsdifferenz U. Grundlage ist die jeweilige elektrochemische Reaktion des Metalls mit dem Elektrolyten, die zu einer Spannungsreihe nach Tabelle 1.19 führt. Die negativen Zahlen darin bedeuten, daß die betreffenden Metalle positive Ionen an den Elektrolyten abgeben und damit selbst durch den verbleibenden Elektronenüberschuß eine negative Ladung tragen.

Tabelle 1.19 Elektrochemische Spannungsreihe der Metalle, Werte in Volt

Lithium	Aluminium	Zink	Nickel	Kupfer	Kohle	Silber	Gold
–3,0	–1,66	–0,76	–0,25	0,34	0,74	0,80	1,50

Galvanische Elemente. Auf der Basis obiger Metallkombinationen werden seit den Anfängen der Elektrotechnik sogenannte galvanische Elemente hergestellt, die wir heute als Trockenbatterien vielfältig nutzen. Die wohl bekannteste Ausführung ist die Zink-Kohle-(Braunstein-)Batterie mit dem prinzipiellen Aufbau nach Bild 1.20a und der Spannung $U = U_{Kohle} - U_{Zink} = 0{,}74\ \text{V} - (-0{,}76\ \text{V}) = 1{,}5\ \text{V}$. In der dicken Ausführung für z.B. Stabtaschenlampen enthalten diese Batterien eine Ladung bis etwa $Q = 8$ Ah und damit eine Energie von $W = U\,I\,t = U\,Q = 1{,}5\ \text{V} \cdot 8\ \text{Ah} = 12$ Wh.
Für Armbanduhren, Fotogeräte usw. werden meist flache Knopfzellen verwendet, von denen in Bild 1.20b das Beispiel einer Quecksilberoxid-Zink-Zelle gezeigt ist. Die Ladung dieser Ausführung beträgt etwa $Q = 5$ mAh bei $U = 1{,}35$ V.

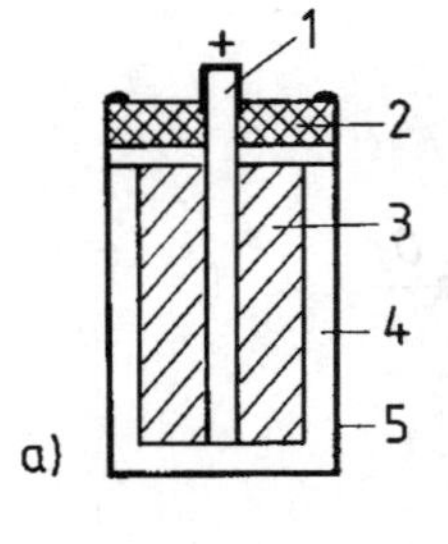

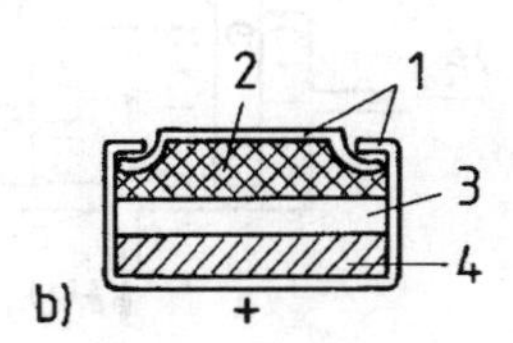

Bild 1.20
Schematischer Aufbau galvanischer Elemente
a) Zink-Kohle-(Braunstein-)Element
1 Kohlestab 2 Vergußmasse
3 Braunstein 4 Elektrolyt 5 Zinkbecher
b) Knopfzelle
1 Stahlmantel 2 Zinkpulver 3 Elektrolyt
4 Quecksilberoxid

Galvanische Elemente werden auch Primärelemente genannt, da sie ohne vorherige Aufladung allein durch ihren Aufbau eine elektrische Spannung und Ladung besitzen. Nach Abgabe ihrer Energie sind sie unbrauchbar und teilweise sogar Sondermüll!

Akkumulatoren. Dies sind sogenannte Sekundärelemente, die vor dem Einsatz erst durch Anschluß an eine Gleichstromquelle aufgeladen werden müssen. Während dieses Vorgangs in der Ladezeit t_e nimmt der Akku die Ladung

$$Q = \int_0^{t_e} i \, dt$$

auf und an den Elektroden findet eine chemische Reaktion statt.

Am bekanntesten ist der Blei-Akkumulator, bei dem sich im geladenen Zustand eine Blei- und eine Bleioxidplatte in verdünnter Schwefelsäure gegenüberstehen. Diese Kombination hat eine Leerlaufspannung von ca. 2 V und ist in der Reihenschaltung von sechs Zellen die bekannte Autobatterie. Bei der Entnahme der elektrischen Energie entsteht durch den chemischen Prozeß auf beiden Platten Bleisulfat, das danach bei erneuter Ladung des Akkus wieder in den oben genannten Zustand gebracht wird.

Der Energiewirkungsgrad beträgt etwa 75 %, d.h. man kann $^3/_4$ der zur Aufladung erforderlichen Arbeit wieder nutzen. Der im Pkw gerne verwendete Blei-Akku mit $U = 12$ V und $Q = 54$ Ah wiegt ca. 20 kg, woraus sich eine Energiedichte von $w = 12 \text{ V} \cdot 54 \text{ Ah}/20 \text{ kg} = 32{,}4 \text{ Wh/kg}$ ergibt. Dies ist ein im Vergleich zum Energieinhalt von z.B. Benzin mit einem Heizwert von 12,8 kWh/kg sehr geringer Wert. Er erklärt auch die geringe Reichweite und Leistung von batterieversorgten Elektroautos.

Neben dem Blei-Akku ist vor allem der Nickel-Cadmium-Akkumulator im Einsatz. Er ist etwas leichter und erreicht eine Leerlaufspannung von 1,2 V pro Zelle.

Brennstoffzellen. Bei diesen Primärelementen wird in der wichtigsten Kombination Wasserstoff (H_2) und Sauerstoff (O_2) zu einer „kalten Reaktion“ gebracht. Dabei entsteht nicht wie beim Abbrennen einer H_2-Flamme Wärme, sondern es werden elektrische Ladungen frei, die zwischen den Elektroden eine Potentialdifferenz aufbauen.

Nach Bild 1.21 werden zwei Nickelelektroden in einer Kalilauge kontinuierlich Wasser- und Sauerstoff zugeführt. Dabei kommt es an den porösen Nickelschichten, die als Katalysator wirken zu den nachstehenden vereinfacht dargestellten Reaktionen:

Wasserstoffseitig: $H_2 + 2OH^- = 2H_20 + 2e$

Sauerstoffseitig $^1/_2\, O_2 + H_2O + 2e = 2HO^-$

Das Wasserstoffgas wird mit Hilfe der Nickelelektrode oxidiert, wobei jeweils neben zwei Wassermolekülen $2H_2O$ auch zwei freie Elektronen entstehen. Diese wandern unter Energieabgabe über den äußeren Stromkreis, der in Bild 1.21 durch einen ohmschen Widerstand dargestellt ist, zur Sauerstoffseite. Dort werden sie wieder in die Reaktion aufgenommen.

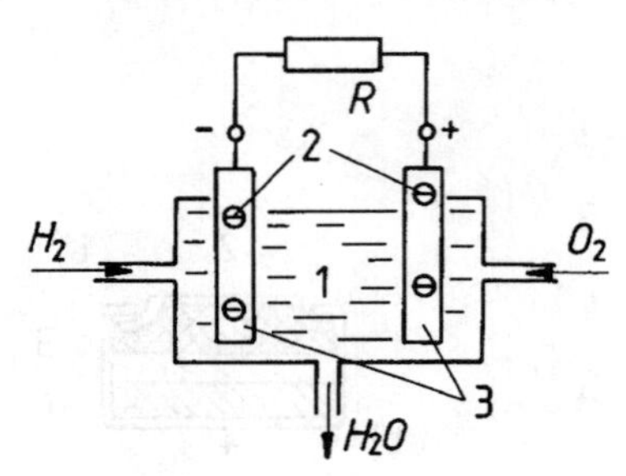

Bild 1.21
Schema einer Wasserstoff/Sauerstoff-Brennstoffzelle
1 Elektrolyt 2 Elektronen 3 Elektroden

Das Reaktionsprodukt ist also neben der elektrischen Energie nur Wasser, das abgeführt werden muß. Pro Zelle erhält man eine Spannung von ca. 1,2 V. Der Wirkungsgrad der Umwandlung beträgt ca. 70%. Brennstoffzellen sind seit vielen Jahren in der technischen Entwicklung und werden auch für spezielle Anwendungen z.B. Energieversorgung in der Raumfahrt eingesetzt. In der Autoindustrie gibt es derzeit große Anstrengungen, die Brennstoffzelle für die Versorgung des Elektroautos marktreif zu machen.

Fotovoltaik. Wie in Abschn. 2.1.4.4 gezeigt wird, können sich in der Grenzschicht von Dioden bei Lichteinfall, d.h. Energiezufuhr durch Photonen freie Ladungsträgerpaare bilden. Sie werden im elektrischen Feld der PN-Zone getrennt und bilden pro Einheit eine Leerlaufspannung von ca. 0,6 V.

Großflächig werden diese Fotodioden als Solarzellen bezeichnet (Bild 1.22) und sind vielfältig im Einsatz. Im Bereich kleinster Leistungen seien Armbanduhren und Taschenrechner genannt, ferner größere Module mit Flächen bis zu 1 m² für Notrufsäulen, Parkautomaten und Sendeanlagen.

Der Einsatz zur regenerativen Energieerzeugung wird seit langem erforscht und politisch gefordert. Dem Durchbruch stehen die geringe Energiedichte, der schlechte Wirkungsgrad und die tageszeitliche Schwankung der Ausbeute entgegen. Als Richtwerte für die Bewertung der Fotovoltaik seien folgende Daten genannt:

Leistung des Solarmoduls $p = 100\ \text{W/m}^2$ (max. Sonneneinstrahlung)
Energieausbeute pro Jahr $w = 100\ \text{kWh/m}^2$
Wirkungsgrad $\eta = 10\ \%$
Kosten incl. Elektronik $k = 2000\ \text{DM/m}^2$

Die Energieversorgung durch Fotovoltaik beschränkt sich noch weitgehend auf Pilotanlagen in Musterhäusern oder auf spezielle Einsätze fern von der öffentlichen Stromversorgung. Wegen des sofortigen Einbruchs der Energielieferung auch schon durch eine vorüberziehende dunkle Wolke benötigt die Solaranlage eine Stützung durch einen genügend großen Akkumulator oder den parallelen Netzanschluß.

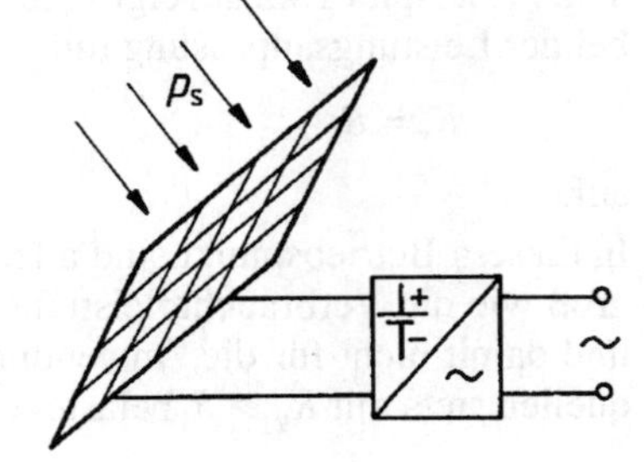

Bild 1.22
Solarmodul mit Wechselrichter (batteriegepuffert)
Sonneneinstrahlung $p_s \leq 1\ \text{kW/m}^2$

1.1.2.3 Berechnung von Gleichstrom-Netzwerken

Als Netzwerke bezeichnet man umfangreiche, verzweigte Stromkreise, wie sie z.B. in elektronischen Schaltungen oder der Energieversorgung auftreten. Mit Gleichstrombetrieb findet man sie nur noch bei Nahverkehrsbahnen, in einzelnen Industrieanlagen und der Elektronik. Die nachstehenden Rechenverfahren und Angaben sind aber darüberhinaus von grundsätzlicher Art.

Anpassung. Die im vorigen Abschnitt vorgestellten Spannungsquellen können alle beim Anschluß eines Verbrauchers die im unbelasteten Zustand vorhandene Leerlaufspannung nicht halten. Der Grund ist die Wirkung des jeweiligen Innenwiderstandes R_i, der sich bei einem Generator nach Gl. (1.9) aus der Drahtlänge und dem Querschnitt der Kupferwicklung ergibt. Zusammen mit dem Leitungswiderstand R_L bis zum Verbraucher mit R_v erhält man dann den Stromkreis nach Bild 1.23. Nach der Maschenregel in Gl. (1.17) berechnet sich die Spannung U des Generators an den äußeren

Klemmen durch Abzug des inneren Spannungsverlustes $I\,R_i$. Damit beträgt die Klemmenspannung nur noch $U = U_q - I\,R_i$. Bis zum Verbraucher tritt der weitere Verlust $I\,R_L$ auf, womit sich die Verbraucherspannung zu

$$U_v = U_q - I(R_i + R_L)$$

berechnet.

In Abhängigkeit vom Verbraucherwiderstand R_v gibt es nun für die Quelle mehrere spezielle Belastungszustände:

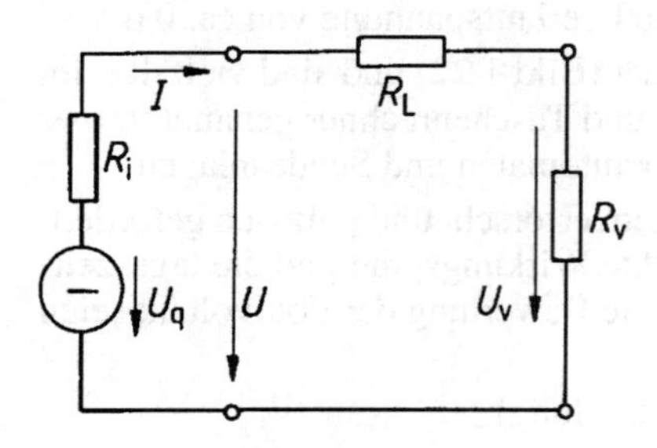

Bild 1.23
Elektrischer Stromkreis einer belasteten Spannungsquelle

Im Leerlauf mit $R_v = \infty$ ist $I = 0$ und man erhält die maximale Ausgangsspannung

$$U_0 = U_q$$

Im Kurzschluß mit $R_v + R_L = 0$ ist $U = 0$ und es fließt der Kurzschlußstrom

$$I_k = U_q/R_i$$

In beiden Fällen ist mit $P = U\,I$ die abgegebene Leistung gleich Null.

Wie in Beispiel 1.22 gezeigt wird, tritt mit der Vereinfachung $R_L = 0$ die maximale Abgabeleistung bei der Leistungsanpassung mit

$$R_v = R_i$$

auf.

In diesem Betriebspunkt sind allerdings mit $I^2 R_i = I^2 R_v$ die Stromwärmeverluste im Generator so groß wie die Verbraucherleistung. Der Wirkungsgrad ist in diesem Betriebspunkt damit nur 50 % und damit nicht für die Anwendung in der Energieversorgung geeignet. Hier werden Spannungsquellen stets mit $R_v \gg R_i$ belastet und ein möglichst hoher Wirkungsgrad angestrebt.

Maschengleichungen. Die Berechnung von Stromkreisen erfolgt anhand des vollständigen Schaltplans, in den alle Quellen, Leitungen und Verbraucher eingetragen und bezeichnet sind. Danach werden die Quellenspannungen mit der Pfeilrichtung vom Plus- zum Minuspol eingetragen und für alle Ströme Zählrichtungen festgelegt. Über die beiden Kirchhoffschen Regeln sind dann so viele voneinander unabhängige Gleichungen aufzustellen wie unbekannte Ströme vorhanden sind. Ein Beispiel für diese Vorgehensweise zeigt die folgende Berechnung nach Bild 1.24.

Beispiel 1.15 Nach Bild 1.24 speist ein Generator (Quellenspannung U_{qG}, innerer Widerstand R_{iG}) einen an seine Klemmen angeschlossenen Heizkörper (Widerstand R_1) und über eine Leitung (Widerstand der Hin- und Rückleitung je R_L) einen Elektromotor (Quellenspannung U_{qM}, innerer Widerstand R_{iM}). Gesucht sind die in diesem Stromkreis auftretenden Ströme, Spannungen und Leistungen.

Nach Bild 1.24 werden die in Abschn. 1.1.2.1 bis 1.1.2.3 angegebenen Ersatzbilder baukastenförmig an den vier Klemmen von Erzeuger und Verbraucher aneinandergesetzt und zunächst die zu berücksichtigenden Widerstände bezeichnet. Dann werden die vorgegebenen inneren Spannungen (Generator U_{qG}, Motor U_{qM}) durch ihre Zählpfeile

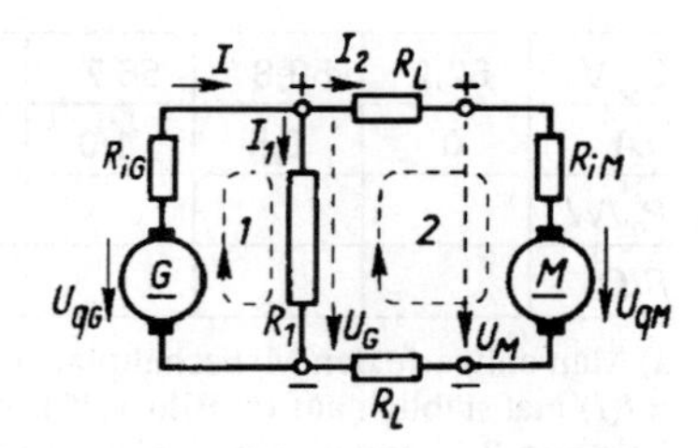

Bild 1.24
Ersatzschaltbild eines Gleichstromkreises

eingetragen, so daß nunmehr auch die Polarität im Stromkreis festliegt. (Die gestrichelt eingetragenen Spannungspfeile U_G und U_M sind vorläufig wegzudenken.)

In dem verzweigten Schaltplan treten die drei unbekannten Ströme I, I_1 und I_2 auf, die durch ihre Strompfeile eingetragen werden. Um diese drei Ströme berechnen zu können, benötigt man drei Gleichungen. Nach der Knotenregel, Gl. (1.16), angewandt auf die Plusklemme des Generators, gilt

$$I = I_1 + I_2 \quad (1)$$

Die Maschenregel Gl. (1.17), muß also noch zwei weitere Gleichungen liefern. Insgesamt erhält der Schaltplan drei Maschen; es muß deshalb noch auf zwei beliebig ausgewählte Maschen die Maschenregel angewandt werden. Wählt man die Maschen Generator-Heizkörper (Masche 1) sowie die Hinleitung-Motor-Rückleitung-Heizkörper (Masche 2) und legt für beide Maschen die Umlaufrichtung im Uhrzeigersinn fest, dann ergibt sich für

Masche 1 $I_1 R_1 - U_{qG} + I R_{iG} = 0 \quad (2)$

Masche 2 $I_2 R_L + I_2 R_{iM} + U_{qM} + I_2 R_L - I_1 R_1 = 0$ oder $U_{qM} + I_2(2R_L + R_{iM}) - I_1 R_1 = 0 \quad (3)$

Für die nicht eingezeichnete Masche 3 Generator-Hinleitung-Motor-Rückleitung gilt bei Umlaufrichtung im Uhrzeigersinn die Gleichung

$$I_2(2R_L + R_{iM}) + U_{qM} - U_{qG} + I R_{iG} = 0,$$

die bereits in den beiden vorstehenden Maschengleichungen (2) und (3) enthalten ist, also mathematisch nichts Neues aussagt.

Aus den Gl. (1), (2) und (3) lassen sich die drei unbekannten Ströme I, I_1 und I_2 errechnen. Mit Gl. (2) erhält man

$$I_1 = \frac{U_{qG} - I R_{iG}}{R_1} \quad \text{und hiermit aus Gl. (3)} \quad I_2 = \frac{U_{qG} - I R_{iG} - U_{qM}}{2 R_L + R_{iM}}$$

Setzt man I_1 und I_2 in Gl. (1) ein, so erhält man

$$I = U_{qG}/R_1 - I R_{iG}/R_1 + \frac{U_{qG} - U_{qM}}{2 R_L + R_{iM}} - \frac{I R_{iG}}{2 R_L + R_{iM}}$$

und hieraus

$$I = \frac{U_{qG}/R_1 + (U_{qG} - U_{qM})/(2 R_L + R_{iM})}{1 + R_{iG}\left(\dfrac{1}{R_i} + \dfrac{1}{2 R_L + R_{iM}}\right)}$$

Mit der nunmehr bekannten Größe I läßt sich I_1 mit Hilfe von Gl.(2) und dann auch I_2 mit den Gl. (1) oder (3) errechnen.

Nachdem so die Ströme ermittelt sind, können nun auch die in der Schaltung auftretenden Spannungen und Leistungen angegeben werden. So wird z.B. die Klemmenspannung des Generators, die mit der Spannung am Heizkörper identisch ist, $U_G = I_1 R_1$ und die Klemmenspannung des Motors $U_M = U_{qM} + I_2 R_{iM}$. ($U_G$ und U_M sind in Bild 1.24 durch gestrichelte Spannungspfeile dargestellt.) Weiter erhält man nun

Klemmenleistung des Generators $P_G = U_G I$ Leistung des Heizkörpers $P_{R1} = U_G I_1$

Klemmenleistung des Motors $P_M = U_M I_2$ Leistungsverlust der Leitung $P_v = 2 I_2^2 R_L$

Zahlenbeispiele zur Berechnung von Gleichstromkreisen s. Abschn. 1.1.2.5

Beispiel 1.16 An einer Solaranlage mit 120 in Reihe geschalteten Solarzellen, je Zelle mit den Abmessungen 10 cm × 10 cm, wird bei voller Sonneneinstrahlung (in Mitteleuropa etwa 1 kW/m²) die Kennlinie $U_B = f(I)$ bei Belastung mit einem veränderlichen Widerstand R von Leerlauf bis Kurzschluß gemessen:

U_B/V	62,2	59,8	56,7	53,2	52,1	50,8	47,7	43,5	37,8	18,2	0
I/A	0	0,5	1,0	1,5	1,6	1,7	1,8	1,9	2,0	2,1	2,15
P_{el}/W											
R/Ω											

a) Man entwerfe den Meßschaltplan, ergänze die vorstehende Tabelle und zeichne die Kennlinien $U_B = f(I)$ und $P_{el} = f(I)$ maßstäblich auf (s. Bild 1.25). Wie groß ist pro Zelle: Quellenspannung U_q, Kurzschlußstrom I_K, maximale Leistung P_{max} und maximaler Wirkungsgrad η_{max}?

$P_{el} = U_B\, I$; $R = U_B/I$: Es folgt pro Zelle: $U_q = 62{,}2\ \text{V}/120 = 0{,}52\ \text{V}$; $I_K = 2{,}15\ \text{A}$; $P_{max} = 50{,}8\ \text{V} \cdot 1{,}7\ \text{A}/120 = 0{,}72\ \text{W}$; $\eta_{max} = 0{,}72\ \text{W}/10\text{W} = 7{,}2\ \%$.

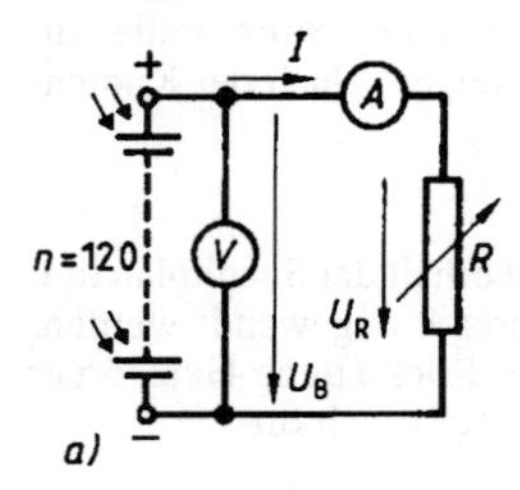

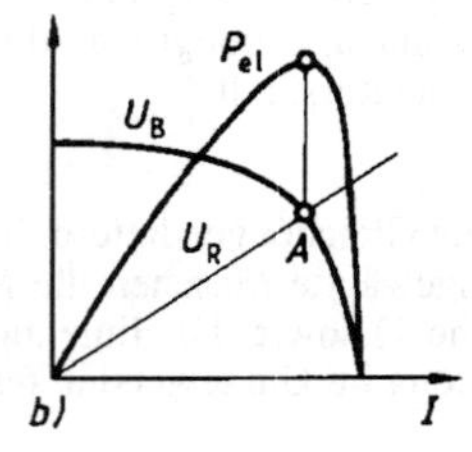

Bild 1.25
Solarzelle. Meßschaltung (a) zur Aufnahme der Kennlinien, Kennlinienbild (b)

b) Wie groß muß R gewählt werden, damit die Batterie im Arbeitspunkt (A) maximaler Leistung betrieben wird (Anpassung)? Man zeichne die Widerstandskennlinie $U_R = f(I)$ in das Schaubild ein und erläutere, warum dieser und auch jeder andere Arbeitspunkt stabil ist.

$R = 50{,}8\ \text{V}/1{,}7\ \text{A} = 29{,}9\ \Omega$. Bei einer Abweichung des Stroms I links vom Arbeitspunkt A ist $U_B > U_R$, d.h. der Strom steigt in Richtung A. Bei einer Abweichung des Stroms rechts von A ist $U_B < U_R$, der Strom sinkt in Richtung A. Der Arbeitspunkt A ist stabil, wie auch alle anderen Schnittpunkte der Kennlinien bei variablem R.

c) Bei 0,5 kW/m² liegt der günstigste Arbeitspunkt bei $U_B = 46$ V, $I = 0{,}88$ A. Wie groß ist nun P_{el}, η und R?

$$P_{el} = \frac{46\ \text{V} \cdot 0{,}88\ \text{A}}{120} = 0{,}34\ \text{W};\ \eta = 0{,}34\ \text{W}/5\ \text{W} = 6{,}8\%;\ R = 46\ \text{V}/0{,}88\ \text{A} = 52{,}3\ \Omega.$$

Ersatzspannungsquelle. Interessiert in einer Schaltung wie in Bild 1.26a nicht jeder Leitungsstrom, sondern z.B. nur die Abhängigkeit des Stromes I_3 von seinem Widerstand R_3, so muß man nicht die gesamte Schaltung mehrfach durchrechnen. In diesem Falle ist die Technik der Ersatzspannungsquelle von Vorteil, die den gesamten linken Teil der Schaltung zwischen den Klemmen 1–2 durch Bild 1.26b ersetzt. Es besteht aus:

1. Der Ersatzspannung U_0, welche der Leerlaufspannung der Orginalschaltung bei $R_3 = \infty$ also $I_3 = 0$ entspricht.
2. Dem Innenwiderstand R_i, der sich bei kurzgeschlossenen Quellen als resultierender Widerstand aus Sicht der Klemmen 1–2 ergibt.

Berechnung von U_0 und R_i. Im Leerlauf bei $I_3 = 0$ treibt die Spannung U_{q1} den Strom $I_1 = I_2$ über den Gesamtwiderstand $R_1 + R_2 = 20\ \Omega$, womit sich $I_1 = 28\ \text{V}/20\ \Omega = 1{,}4\ \text{A}$ ergibt. Am Widerstand R_2 tritt so die Spannung $U_2 = I_2 R_2 = 1{,}4\ \text{A}\ 16\ \Omega = 22{,}4\ \text{V}$ auf. Die Leerlaufspannung zwischen den Klemmen 1–2 ist dann $U_{12} = U_2 + U_{q2} =$

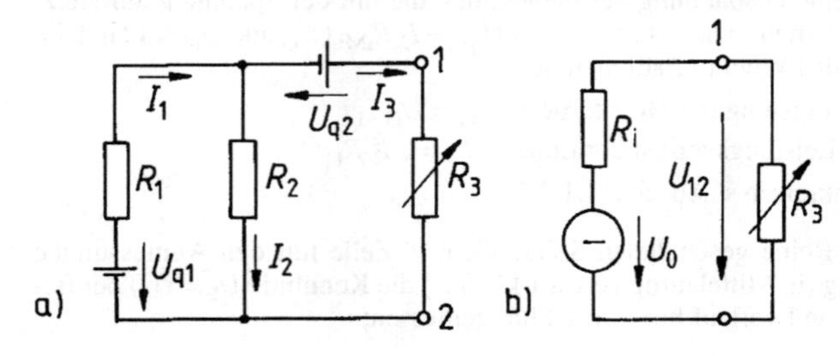

Bild 1.26
Beispiel für eine Netzwerksberechnung
a) Schaltung mit $U_{q1} = 28$ V $U_{q2} = 14$ V $R_1 = 4\ \Omega$ $R_2 = 16\ \Omega$ $R_3 = 15\ \Omega$
b) Ersatzspannungsquelle zu Bild a) mit $U_0 = 36{,}4$ V $R_i = 3{,}2\ \Omega$

22,4 V + 14 V = 36,4 V. Die Ersatzspannung für Bild 1.24b ist also U_0 = 36,4 V. Aus Sicht der Klemmen 1–2 sind die Widerstände R_1 und R_2 parallelgeschaltet. Es gilt also nach Gl. (1.22) $R_i = 4\ \Omega \cdot 16\ \Omega/20\ \Omega = 3{,}2\ \Omega$.

Simulations-Software. Zur Berechnung umfangreicher Schaltungen, vor allem auch mit Bauelementen der Elektronik, verwendet man seit langem EDV-Programme. So kann man mit der sehr bekannten Software SPICE die zu untersuchende Schaltung aus Symbolzeichen für Quellen, Widerstände usw. direkt am Bildschirm aufbauen. Dort wo Ströme zu bestimmen sind, wird ein Strommesser eingezeichnet und ein gewünschter Spannungswert durch Kennzeichnung der betreffenden Stelle markiert.

Bild 1.27 zeigt ein einfaches Beispiel auf der Basis der Schaltung in Bild 1.26a. Gesucht werden die drei Teilströme und das Potential an der gekennzeichneten Stelle bezogen auf einen willkürlich gewählten Massepunkt.

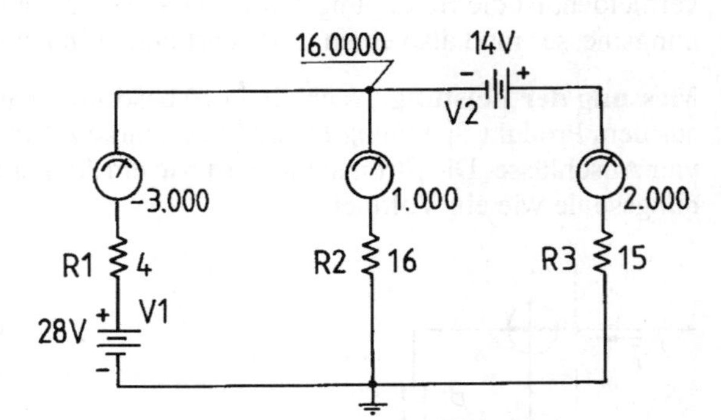

Bild 1.27
Berechnung der Schaltung von Bild 1.26 mit dem Simulationsprogramm SPICE

Trägt man die Strommesser wie in Bild 1.27 ein, so nimmt das Programm einen von oben ankommenden Strom mit positiver Richtung an. Der Strom I_1 aus Bild 1.26, der nach oben fließt, wird also mit – 3.000 Exponent 0 = – 3 A bestimmt. Die Widerstände sind mit dem in der USA üblichen Symbol eingetragen, die Zahlen verstehen sich als Ohmwerte.

1.1.2.4 Messungen im elektrischen Stromkreis

Aufbau und Wirkungsweise der in der elektrischen Meßtechnik verwendeten Geräte sind Inhalt von Abschn. 3. Nachstehend soll nur die grundsätzliche Zuordnung der Meßgeräte im Stromkreis behandelt werden. Dabei gilt stets die Forderung, daß durch das Einbringen eines Meßgerätes die elektrischen Größen nicht verändert werden.

Messung der Stromstärke. Zur Bestimmung des Stromes I in einem Verbraucher R muß der Stromkreis nach Bild 1.28a aufgetrennt und ein Strommesser (Amperemeter) in den Leitungsweg eingefügt werden. Durch den Innenwiderstand R_{iA} des Meßgerätes entsteht dann eine Reihenschaltung mit dem Verbraucher R und anstelle des ursprünglichen Stromes $I = U/R$ wird der Strom

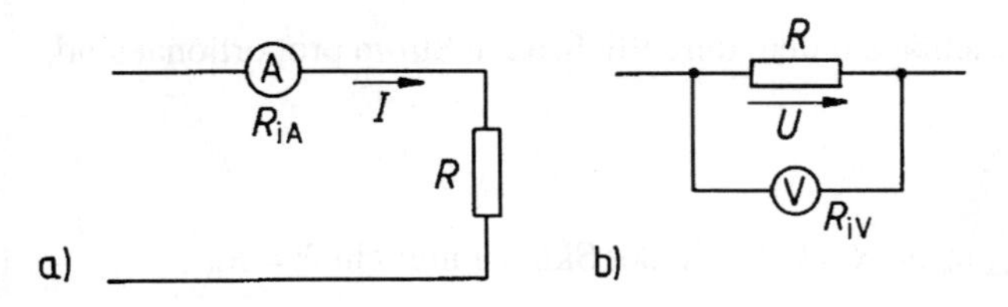

Bild 1.28
Messung elektrischer Größen
a) Messung eines Stromes I
b) Messung einer Spannung U

$$I = \frac{U}{R + R_{iA}} = \frac{U}{R(1 + R_{iA}/R)}$$

gemessen. Der Verbraucherstrom wird also nur dann richtig erfaßt, wenn $R_{iA}/R \to 0$ gilt, oder etwa $R_{iA}/R < 10^{-3}$ ist. Ein Strommesser muß also einen möglichst geringen Innenwiderstand besitzen.

Messung der Spannung. Zur Bestimmung der Spannung an einem Verbraucher R wird der Spannungsmesser (Voltmeter) nach Bild 1.28b parallelgeschaltet. Durch den Innenwiderstand R_{iV} entsteht jetzt nach Gl. (1.22) der Wert

$$R_p = \frac{R \cdot R_{iv}}{R_{iv} + R} = \frac{R}{1 + R/R_{iv}}$$

Der Gesamtwiderstand des Stromkreises hat sich durch den Spannungsmesser geändert. Um dies zu vermeiden, ist die Bedingung $R/R_{iV} \to 0$ einzuhalten und etwa $R/R_{iV} \leq 10^{-3}$ anzustreben. Ein Spannungsmesser muß also einen möglichst hohen Innenwiderstand besitzen.

Messung der Leistung. Nach Gl. (1.6) bestimmt man die elektrische Leistung eines Verbrauchers aus dem Produkt Spannung U und Stromstärke I. Ein Leistungsmesser besitzt daher nach Bild 1.29 vier Anschlüsse. Die Stromspule wird wie ein Amperemeter in den Stromkreis geschaltet, die Spannungsspule wie ein Voltmeter.

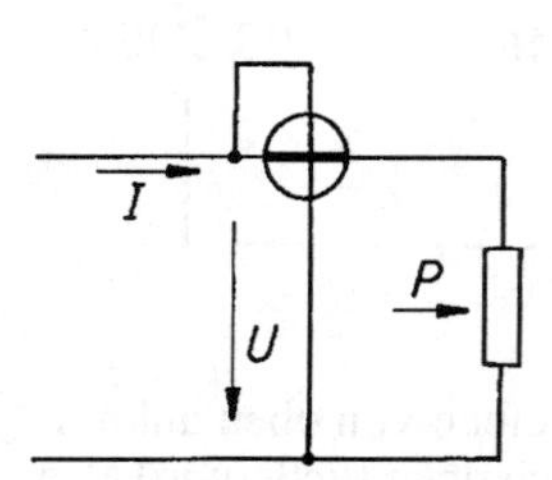

Bild 1.29 Messung der elektrischen Leistung $P = U\,I$

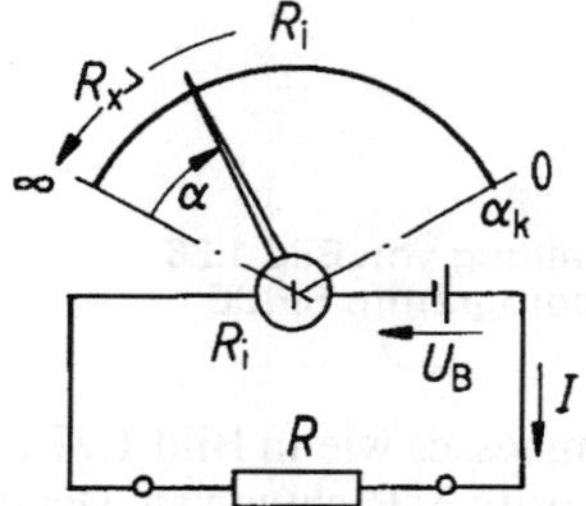

Bild 1.30 Verwendung eines Drehspulgerätes als Ohmmeter

Messung von Widerständen. Ein ohmscher Widerstand kann zunächst immer über eine Strom- und Spannungsmessung und das ohmsche Gesetz $R = U/I$ berechnet werden. Um Meßfehler zu vermeiden, sind die Angaben in Abschn. 3.1.2 zu beachten.

Häufig bieten Gleichstrom-Meßgeräte auch die Möglichkeit der Widerstandsmessung mit einer eigenen Skala. Für dieses Ohmmeter benötigt man eine Spannungsquelle in Form einer Batterie mit der Spannung U_B.

Wie in Bild 1.30 skizziert, arbeitet ein Ohmmeter eigentlich als Strommesser und zeigt den durch die Reihenschaltung von Meßgerätewiderstand R_i und unbekannten Widerstand R fließenden Strom $I = U_B/(R_i + R)$ an. Schließt man den Widerstand kurz, so ergibt sich der Strom $I_k = U/R_i$. Durch Dividieren der beiden vorstehenden Gleichungen erhält man

$$\frac{I_k}{I} = \frac{U(R + R_i)}{U \cdot R_i} = \frac{R}{R_i} + 1 \quad \text{oder} \quad R = R_i\left(\frac{I_k}{I} - 1\right)$$

Verwendet man ein Meßgerät, dessen Ausschläge α dem durchfließenden Strom proportional sind, dann gilt

$$R = R_i\left(\frac{\alpha_k}{\alpha} - 1\right)$$

Für $\alpha = 0$ ist $R = \infty$, für den Endausschlag α_k ist $R = 0$ und in der Skalenmitte gilt $R = R_i$.

Wheatstonesche Brückenschaltung. Diese Schaltung erlaubt, den Wert eines Widerstandes mit verhältnismäßig sehr kleinem Fehler zu bestimmen. Der unbekannte Widerstand R wird nach Bild 1.31 mit den bekannten, praktisch temperaturunabhängigen Widerständen R_N (bestehend aus dekadisch einstellbaren, geeichten Meßwiderständen, sog. Normalwiderständen) sowie R_a und R_b verglichen. Die Widerstände R_a und R_b werden meist durch einen kalibrierten Meßdraht dargestellt, der durch den Abgriff A in eben diese Widerstände R_a und R_b unterteilt wird. An der Skala des Meßdrahts können die Strecken a und b oder auch direkt das Verhältnis $a/b = R_a/R_b$ abgelesen werden.

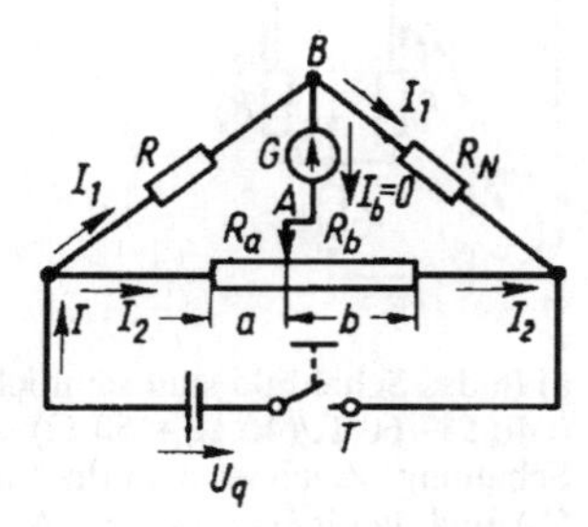

Bild 1.31
Wheatstonesche Meßbrücke

Beim Schließen des Stromkreises durch die Taste T ruft die Quellenspannung U_q der Spannungsquelle (meist Trockenbatterie) je nach Stellung von A eine bestimmte Stromverteilung in den einzelnen Stromzweigen der Brückenschaltung hervor. Der Strom I_b im Brückenzweig, angezeigt durch einen empfindlichen Strommesser (Galvanometer G) mit Nullpunkt in der Skalenmitte, kann durch Verstellen des Abgriffes A auf dem Meßdraht verändert werden. Verstellt man so lange, bis das Galvanometer keinen Ausschlag mehr zeigt ($I_b = 0$), dann ist die Meßbrücke abgeglichen. Bei abgeglichener Meßbrücke werden R und R_N vom Strom I_1, die Widerstände R_a und R_b vom Strom I_2 durchflossen. Nach der Maschenregel gilt, da mit $I_b = 0$ auch die Brückenspannung $U_{BA} = 0$ wird, für die beiden Maschen der Brückenschaltung

$$I_1 R - I_2 R_a = 0 \quad \text{und} \quad I_1 R_N - I_2 R_b = 0$$

hieraus $I_1 R = I_2 R_a$ und $I_1 R_N = I_2 R_b$

Durch Dividieren der beiden Gleichungen erhält man die Bedingungen für den Abgleich der Brücke

$$R = R_N R_a/R_b \quad \text{bzw.} \quad R = R_N a/b$$

Man beachte, daß diese Bedingungen unabhängig von der Quellenspannung gelten.

1.1.2.5 Zahlenbeispiele

Beispiel 1.17 Ein elektrischer Durchlauferhitzer erwärmt 0,1 l Wasser je Sekunde von 15 °C auf 45 °C bei einem Wirkungsgrad von 80%. Man berechne die Leistung und den Strom bei 230 V Netzspannung sowie die Stromkosten in 3 min bei einem Tarifpreis von 15 Pf/kWh.

Mit der spezifischen Wärmekapazität $c = 4187$ J/(°C kg) des Wassers ergibt sich bei einer Erwärmung um 30 °C ein Wärmestrom

$$\Phi = \frac{m c \Delta\vartheta}{t} = 0{,}1\ \frac{\text{kg}}{\text{s}} \cdot 4187\ \frac{\text{J}}{^\circ\text{C kg}} \cdot 30\ ^\circ\text{C} = 12560\ \frac{\text{J}}{\text{s}} = 12{,}56\ \text{kW}$$

Bei einem Wirkungsgrad von 80% ist somit eine elektrische Heizleistung $P = 12{,}56$ kW/0,8 = 15,7 kW erforderlich. Der Heizstrom I und der Widerstand R des Heizkörpers werden

$$I = P/U = 15\,700\ \text{W}/230\ \text{V} = 68{,}3\ \text{A} \qquad R = 230\ \text{V}/68{,}3\ \text{A} = 3{,}37\ \Omega$$

Stromkosten

$$K = 15{,}7\ \text{kW} \cdot \frac{3}{60}\ \text{h} \cdot \frac{15\ \text{Pf}}{\text{kWh}} = 11{,}8\ \text{Pf}$$

Beispiel 1.18 Die Schaltung nach Bild 1.32 mit den Widerständen $R_1 = 40\ \Omega$, $R_2 = 60\ \Omega$, $R_3 = 20\ \Omega$ ist an ein Gleichstromnetz mit der Spannung $U = 220$ V angeschlossen.

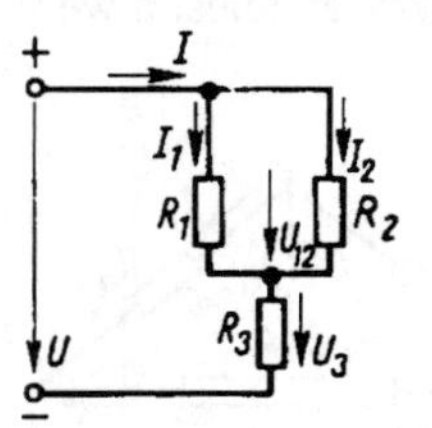

Bild 1.32 Schaltung zu Beispiel 1.18

a) In das Schaltbild sind sämtliche auftretende Spannungen und Ströme einzuzeichnen und zu berechnen. Es ist $R_e = 40\ \Omega \cdot 60\ \Omega/(40\ \Omega + 60\ \Omega) + 20\ \Omega = (24 + 20)\ \Omega = 44\ \Omega$ der Ersatzwiderstand für die auf S. 30 behandelte Schaltung. Zeichnet man die Strom- und Spannungspfeile wie in Bild 1.32 ein, so wird $I = U/R_e = 220\ \text{V}/44\ \Omega = 5$ A und damit $U_3 = I\,R_3 = 5\ \text{A} \cdot 20\ \Omega = 100$ V. Nach der Maschenregel ist $U_{12} = U - U_3 = (220 - 100)\text{V} = 120$ V. Somit wird $I_1 = U_{12}/R_1 = 120\ \text{V}/40\ \Omega = 3$ A und $I_2 = U_{12}/R_2 = 120\ \text{V}/60\ \Omega = 2$ A. Kontrolle nach der Knotenregel: $I = I_1 + I_2 = (3 + 2)\ \text{A} = 5$ A

b) Man berechne die Teilleistung in den drei Widerständen und kontrolliere das Ergebnis.

Leistung im Widerstand R_1 $\quad P_1 = U_{12}\,I_1 = 120\ \text{V} \cdot 3\ \text{A} = 360$ W
oder nach Gl. (1.13a) $\quad P_1 = I_1^2\,R_1 = (3\ \text{A})^2 \cdot 40\ \Omega = 360\ \text{A}^2\,\Omega = 360$ W
oder nach Gl. (1.13b) $\quad P_1 = U_{12}^2/R_1 = (120\ \text{V})^2/40\ \Omega = 360\ \text{V}^2/\Omega = 360$ W
Leistung im Widerstand R_2 $\quad P_2 = U_{12}\,I_2 = 120\ \text{V} \cdot 2\ \text{A} = 240$ W
Leistung im Widerstand R_3 $\quad P_3 = U_3\,I = 100\ \text{V} \cdot 5\ \text{A} = 500$ W
hieraus Summe der Teilleistungen $P_1 + P_2 + P_3 = 1100$ W
Kontrolle: Netzleistung $\quad P = U\,I = 220\ \text{V} \cdot 5\ \text{A} = 1100$ W

c) Auf welchen Wert muß der Widerstand R_3 geändert werden, damit der Netzstrom halb so groß, nämlich $I = 2{,}5$ A wird?

Der Ersatzwiderstand der Schaltung muß jetzt $R_e = U/I = 220\ \text{V}/2{,}5\ \text{A} = 88\ \Omega$ betragen, also doppelt so groß wie oben unter a) sein (halber Netzstrom erfordert doppelten Ersatzwiderstand!). Damit wird

$$R_3 = R_e - \frac{R_1\,R_2}{R_1 + R_2} = (88 - 24)\ \Omega = 64\ \Omega$$

d) Bei welchem Wert von R_3 fließt der maximale Netzstrom?

Für $R_3 = 0$ ist der Ersatzwiderstand $R_e = 24\ \Omega$ am kleinsten. Dann ist der maximale Netzstrom $I_{max} = U/R_e = 220\ \text{V}/24\ \Omega = 9{,}17$ A.

e) Auf welchen Wert muß R_3 verändert werden, damit die in R_2 auftretende Leistung gegenüber b) verdoppelt wird?

Kennzeichnet man die veränderten Spannungen und Ströme durch gestrichene Formelzeichen, z.B. I', so muß gelten

$$\frac{U_{12}'^2}{R_2} = 2\,\frac{U_{12}^2}{R_2} \quad \text{hieraus} \quad U_{12}' = \sqrt{2}\,U_{12} = \sqrt{2} \cdot 120\ \text{V} = 169{,}7\ \text{V}$$

Damit wird auch der von der Parallelschaltung von R_1 und R_2 aufgenommene Netzstrom $\sqrt{2}$ mal so groß

$$I' = \sqrt{2}\,I = \sqrt{2} \cdot 5\ \text{A} = 7{,}07\ \text{A}$$

Nach der Maschenregel ist

$$U_3' = U - U_{12}' = (220 - 169{,}7)\ \text{V} = 50{,}3\ \text{V} \quad \text{und somit} \quad R_3' = U_3/I' = 50{,}3\ \text{V}/7{,}07\ \text{A} = 7{,}1\ \Omega$$

Die in den Widerständen auftretenden Leistungen können wie bei b) bestimmt und kontrolliert werden.

f) Welche täglichen Kosten für die elektrische Arbeit entstehen, wenn die Schaltung nach a) 3 Stunden, die unter e) 8 Stunden in Betrieb ist (15 Pf/kWh)?

Aufgenommene elektrische Energie der Schaltung a)

$$W_1 = P\,t_1 = 1100\ \text{W} \cdot 3\ \text{h} = 1{,}1\ \text{kW} \cdot 3\ \text{h} = 3{,}3\ \text{kWh}$$

Aufgenommene elektrische Energie der Schaltung unter e)

$$W_2 = U\,I'\,t_2 = 220\ \text{V} \cdot 7{,}07\ \text{A} \cdot 8\ \text{h} = 12440\ \text{Wh} = 12{,}44\ \text{kWh}$$

Die tägliche Abnahme von (3,3 + 12,44) kWh = 15,74 kWh kostet also 15,74 kWh · 15 Pf/kWh = 2,36 DM.

Beispiel 1.19 Um den Strom durch die Erregerwicklung mit einem Widerstand von 200 Ω eines Generators stufenlos von Null bis zu einem Höchstwert verstellen zu können, wird diese an einen Spannungsteiler mit dem Widerstand 100 Ω angeschlossen, der an einem Gleichstromnetz von 110 V liegt.

a) Man entwerfe das Schaltbild, berechne und zeichne in einem Schaubild die Spannung U_x an der Erregerwicklung in Abhängigkeit von der Stellung x des Abgriffs am Spannungsteiler.

Der Spannungsteiler ist oben in Abschn. 1.1.2.1 behandelt. Der hier verlangte Spannungsteiler entspricht dort Bild 1.17; somit gilt auch Gl. (1.25). Mit $U = 110$ V, $R_v = 200\ \Omega$, $R_s = 100\ \Omega$, somit $R_s/R_v = 100\ \Omega/200\ \Omega = 0{,}5$ wird

$$U_x = \frac{110\ \text{V} \cdot x}{1 + 0{,}5\,x\,(1 - x)}$$

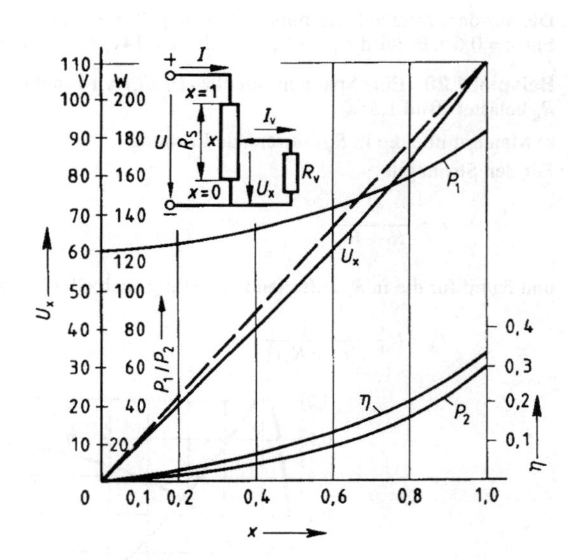

Bild 1.33
Spannungsteilerschaltung und-kennlinien

Tabelle 1.34 Berechnung der Spannungsteilerschaltung in Bild 1.33

x	U_x in V	I_v in A	P_2 in W	I in A	P_1 in W	η
0	0	0	0	1,1	1,21	0
0,2	20,4	0,122	2,98	1,12	123	0,017
0,4	39,3	0,196	7,72	1,18	130	0,059
0,6	58,9	0,294	17,3	1,28	141	0,123
0,8	81,5	0,407	33,2	1,43	157	0,211
1,0	110	0,55	60,5	1,65	181	0,333

In der zweiten Zeile von Tabelle 1.34 ist U_x für $x = 0$; 0,2; 0,4; 0,6; 0,8; 1,0 nach vorstehender Gleichung ermittelt und in Bild 1.33 dargestellt; z.B. wird für $x = 0{,}6$

$$U_x = \frac{110 \cdot 0{,}6}{1 + 0{,}5 \cdot 0{,}6(1 - 0{,}6)}\ \text{V} = \frac{66}{1 + 0{,}3 \cdot 0{,}4}\ \text{V} = \frac{66}{1{,}12}\ \text{V} = 58{,}9\ \text{V}$$

Der Erregerstrom $I_v = U_x/R_v$ ist ebenfalls in Tabelle 1.34 eingetragen und hat den entsprechenden Verlauf wie U_x. Beispiel: Für $x = 0{,}6$ wird $I_v = 58{,}9\ \text{V}/200\ \Omega = 0{,}294$ A.

b) Man berechne die aus dem Netz und die von der Erregerwicklung aufgenommenen Leistungen sowie den Wirkungsgrad der Schaltung und zeichne in das Schaubild den Wirkungsgradverlauf ein.

Die von der Erregerwicklung aufgenommene Leistung $P_2 = U_x\, I_v$ erhält man aus der 2. und 3. Zeile von Tabelle 1.34. Für $x = 0{,}6$ z.B. wird $P_2 = 58{,}9\ \text{V} \cdot 0{,}294\ \text{A} = 17{,}3\ \text{W}$.

Den von der Schaltung aufgenommenen Netzstrom errechnet man nach den Angaben zu Gl. (1.25)

$$I = U_x \left(\frac{1}{200} + \frac{1}{100x}\right) \frac{1}{\Omega} = \frac{U_x}{100\ \Omega}\left(0{,}5 + \frac{1}{x}\right)$$

Aus dem Schaltbild ergibt sich

für $x = 0$

$$I = U/R_S = 110\ \text{V}/100\ \Omega = 1{,}1\ \text{A}$$

für $x = 0{,}6$

$$I = \frac{58{,}9\ \text{V}}{100\ \Omega}\left(0{,}5 + \frac{1}{0{,}6}\right) = 0{,}598\ \text{A} \cdot 2{,}17 = 1{,}28\ \text{A}$$

Die aus dem Netz aufgenommene Leistung $P_1 = U\,I$ und der Wirkungsgrad $\eta = P_2/P_1$ lassen sich damit berechnen. Für $x = 0{,}6$ z.B. wird $P_1 = 110\ \text{V} \cdot 1{,}28\ \text{A} = 141\ \text{W}$, somit $\eta = 17{,}3\ \text{W}/141\ \text{W} = 0{,}123 = 12{,}3\ \%$.

Beispiel 1.20 Eine Spannungsquelle (U_q, R_i) wird an ihren Klemmen mit einem veränderlichen Außenwiderstand R_a belastet (Bild 1.35a).

a) Man ermittle die in R_a auftretende Leistung.

Für den Strom gilt

$$I = \frac{U_q}{R_i + R_a}$$

und damit für die in R_a auftretende Leistung nach Gl. (1.13b)

$$P_a = U_q^2 \,\frac{R_a}{(R_i + R_a)^2}$$

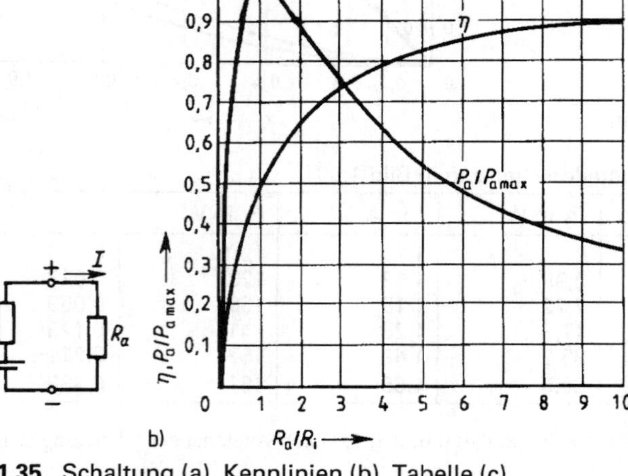

Das Schaubild 1.35b wurde mit den Werten der Tabelle 1.35c gezeichnet:

R_a/R_i	$P_a/P_{a\,max}$	η
0	0	0
0,5	0,889	0,333
1	1	0,5
2	0,889	0,667
5	0,556	0,833
10	0,331	0,909

c)

Bild 1.35 Schaltung (a), Kennlinien (b), Tabelle (c)

b) Bei welchem Wert von R_a tritt in R_a die maximale Leistung $P_{a\,max}$ auf und wie groß ist diese?

Durch Differenzieren von $P_a = f\,(R_a)$ erhält man

$$\frac{dP_a}{dR_a} = U_q^2 \,\frac{(R_i + R_a)^2 - R_a \cdot 2(R_i + R_a)}{(R_i + R_a)^4}$$

Beim Leistungsmaximum wird in vorstehender Gleichung der Zähler gleich Null, somit $R_i + R_a - 2\,R_a = 0$ oder

$$\boldsymbol{R_a = R_i}$$

Das Leistungsmaximum ergibt sich damit zu

$$P_{a\,max} = \frac{U_q^2}{4\,R_i}$$

Ist also in einem Stromkreis der Belastungswiderstand (R_a) gleich dem Innenwiderstand (R_i) der Spannungsquelle, so wird dem Verbraucher die maximale Leistung zugeführt. Die Anpassungsbedingung $R_a = R_i$ spielt besonders in der Nachrichtentechnik eine bedeutende Rolle. Der Zahlenwert R_a/R_i heißt Anpassung.

c) Man ermittle rechnerisch $P_a/P_{a\,max} = f(R_a/R_i)$ sowie den Wirkungsgrad $\eta = f(R_a/R_i)$ und stelle die beiden Kurven in einem Schaubild dar.

Allgemein gelten die Gleichungen

$$\frac{P_a}{P_{a\,max}} = \frac{U_q^2\,R_a\,4\,R_i}{(R_i + R_a)^2\,U_q^2} = \frac{4\,R_a\,R_i}{(R_i + R_a)^2} = \frac{4\,R_a\,R_i}{(1 + R_a/R_i)^2}$$

$$\eta = \frac{P_a}{U_q I} = \frac{U_q^2\,R_a(R_i + R_a)}{(R_i + R_a)^2\,U_q^2} = \frac{R_a}{R_i + R_a} = \frac{1}{1 + 1/(R_a/R_i)}$$

Beispiel 1.21 Auslegung und Kapazität von Batterien und Akkumulatoren

a) Für eine Stabtaschenlampe sind vier Trockenbatterien mit jeweils 1,5 V, 6 Ah vorgesehen und eine Glühlampe 6 V, 1,2 W.

Wieviel Stunden t_E kann die Lampe bei voller Entladung betrieben werden?

Die Lampe benötigt nach Gl. (1.6) den Strom $I = P/U = 1{,}2$ W/6 V = 0,2 A.

Um die Lampenspannung von 6 V zu erreichen, sind alle vier Zellen in Reihe zu schalten. Die verfügbare Ladung bleibt dann $Q = 6$ Ah und nach Gl. (1.4) reicht sie für

$$t_E = Q/I = 6 \text{ Ah}/0{,}2 \text{ A} = 30 \text{ Stunden.}$$

b) Für ein abseits gelegenes Wochenendhaus ist eine Solaranlage vorgesehen. Um bei schlechtem Wetter den Energiebedarf von 8,4 kWh für drei Tage zu decken, wird eine Blei-Akkumulator-Anlage vorgesehen. Wieviel z Einheiten zu 12 V, 70 Ah sind erforderlich?

Nach Gl. (1.5) gilt mit $W = U\,I\,t$ für die 8,4 kWh die Beziehung

$$W = 8{,}4\;10^3 \text{ Wh} = z\;12 \text{ V} \cdot 70 \text{ Ah} \quad \text{und damit} \quad z = 10 \text{ Einheiten.}$$

1.2 Elektrisches Feld und magnetisches Feld

1.2.1 Elektrisches Feld

1.2.1.1 Größen des elektrischen Feldes, Kondensator

Schon in Abschn. 1.1.1.1 wurde das elektrische Feld erwähnt, das sich im Raum zwischen zwei parallelen Metallplatten mit elektrischen Ladungen ausbildet (Bild 1.2b). Auch das in einem stromdurchflossenen Leiter für den Elektronentransport erforderliche elektrische Feld (Bild 1.3a) wurde schon betrachtet. In allen diesen Feldern werden Kräfte F auf elektrische Ladungen Q ausgeübt. Diese Kräfte ermöglichen die Darstellung des elektrischen Feldes durch elektrische Feldlinien. Zwischen der elektrischen Feldstärke E, der elektrischen Spannung U und den anderen Einflußgrößen bestehen nach Gl. (1.2) und (1.3) die Beziehungen

$$\boldsymbol{F = Q\,E} \qquad \boldsymbol{U = E\,l} \tag{1.26}$$

Kondensator. Zwei Körper mit den Ladungen $+Q$ und $-Q$ bilden einen elektrischen Kondensator, bei der Anordnung nach Bild 1.36a Plattenkondensator genannt. Der Isolator (Nichtleiter) im Raum zwischen den Platten wird als Dielektrikum bezeichnet und ist hier von einem homogenen elektrischen Feld durchsetzt. In Bild 1.2b ist Luft als Dielektrikum angenommen.

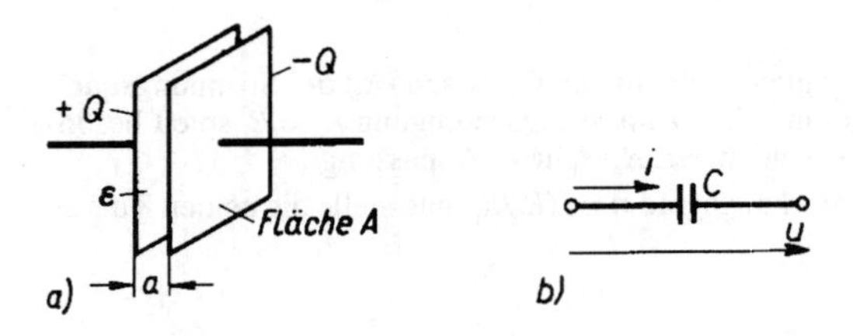

Bild 1.36
a) Plattenkondensator
b) Schaltzeichen eines Kondensators mit der Kapazität C mit Zuordnung von Spannungspfeil u und Strompfeil i

Experimentell kann man nachweisen, daß Ladung Q und Spannung U zwischen den Platten zueinander proportional sind. Es gilt demnach

$$Q = C\,U \tag{1.27}$$

Hierin nennt man C die Kapazität des Kondensators, da $C = Q/U$ um so größer ist, je größer das Fassungsvermögen des Kondensators für elektrische Ladungen bei einer bestimmten Spannung ist.

Aus Gl. (1.27) folgt $C = Q/U$ und damit die Einheit 1 Farad (1 F) für die Kapazität. Es gilt die Einheitengleichung

$$1\,\mathrm{F} = 1\,\frac{\mathrm{C}}{\mathrm{V}} = 1\,\frac{\mathrm{As}}{\mathrm{V}} = 1\,\frac{\mathrm{s}}{\Omega}$$

Die Kapazität C eines Kondensators ist nur von den geometrischen Abmessungen sowie der Art seines Dielektrikums (Luft, Papier, Porzellan usw.) abhängig und damit die wichtigste Kenngröße des Kondensators. Für den idealen Plattenkondensator mit den Abmessungen nach Bild 1.36a gilt z.B.

$$C = \frac{\varepsilon A}{a} \tag{1.28}$$

Tabelle 1.37 Elektrische Isolierstoffe. Richtwerte für die Permittivitätszahl ε_r

Isolierstoff	Bezeichnung	ε_r	Anwendungsgebiete (Beispiele)
Naturstoffe	Glimmer	4 bis 8	Trägerkörper für Heizwiderstände
	Quarzglas	4 bis 4,2	Isolatoren, Lampen, Röhren
Keramische Stoffe	Hartporzellan	5 bis 6,5	Hochspannungsisolatoren
	Steatit	5,5 bis 6,5	Schaltereinsätze
	Sonderstoffe	bis 10 000	Hochfrequenzkondensatoren
Organische Stoffe	Hartgummi	3 bis 3,5	Platten, Griffe, Formteile
	Weichgummi	2,2 bis 2,8	Leiterisolation, Isoliermatten
Papier	Hartpapier	4 bis 6	Isolation von Transformatoren
	Hartgewebe	5 bis 8	Leiterisolation von Kabeln
Isolieröle	Transformatorenöl	2 bis 2,5	Isolation und Kühlung
Kunststoffe	Polyvinylchlorid (PVC)	5 bis 5,8	Hart-PVC für Rohre, Gehäuse Weich-PVC für Kabelisolation
Thermoplaste	Polyäthylen (PE)	2,3	Preßteile, HF-Kabel, Folien
	Polypropylen (PP)	2,25	dto.
	Polystyrol (PS)	2,5	HF-Spulenkörper, Kondensatoren
	Styropor		aufgeschäumt (Wärmedämmung)

wobei A die Fläche, über die sich das homogene elektrische Feld erstreckt, und a der Abstand der Platten bedeuten. Die Materialgröße ε wird Permittivität genannt und in das Produkt

$$\varepsilon = \varepsilon_0 \, \varepsilon_r \tag{1.29}$$

geteilt. Die Faktoren sind die elektrische Feldkonstante

$$\varepsilon_0 = \mathbf{8{,}85 \cdot 10^{-12}\ F/m} \tag{1.30}$$

und die relative Permittivität oder die Permittivitätszahl ε_r als Wert ohne Einheit. Für Vakuum und angenähert auch Luft ist $\varepsilon_r = 1$. Für alle übrigen Isolierstoffe gelten die Angaben in Tabelle 1.37.

Ladungsdichte. Bezieht man die auf den Kondensatorplatten in Bild 1.36 vorhandene Ladung Q auf die Plattenfläche A, so erhält man die Ladungs- oder Verschiebungsdichte D in As/m². Mit $D = Q/A$ ergibt sich aus den Gl. (1.27) und Gl. (1.28) mit $a = l$ als Feldlinienlänge die Beziehung

$$\boldsymbol{D = \varepsilon E} \tag{1.31}$$

Die Größe D wird in der Feldtheorie als elektrische Ladungsdichte bezeichnet.

Beispiel 1.22 Zwei Metallplatten stehen sich im Abstand $a = l = 1$ mm in Luft gegenüber und sind an die Batteriespannung $U = 12$ V angeschlossen.
Wie groß ist die Anzahl der durch das elektrische Feld gebundenen Elektronen pro cm² auf der Minusplatte?
Aus der Feldstärke $E = U/l = 12\ \text{V}/10^{-3}\ \text{m} = 12\ \text{kV/m}$ und den Gl. (1.30) und (1.31) erhält man die Flächendichte

$$D = 8{,}85 \cdot 10^{-12}\ \text{As/Vm} \cdot 12\ \text{kV/m} = 10{,}62\ 10^{-8}\ \text{As/m}^2 = 10{,}62 \cdot 10^{-12}\ \text{As/cm}^2$$

Nach Gl. (1.1) beträgt die Ladung eines Elektrons $Q_E = -e$, womit sich die Anzahl der Elektronen zu

$$Z_E = \frac{D}{e} = \frac{10{,}62 \cdot 10^{-12}\ \text{As/cm}^2}{0{,}16 \cdot 10^{-18}\ \text{As}} = 66 \cdot 10^6\ \text{Elektronen/cm}^2 \text{ ergibt.}$$

1.2.1.2 Influenz und Polarisation

Influenz. In Bild 1.38 besteht zwischen den beiden positiv bzw. negativ aufgeladenen großen Platten ein elektrisches Feld $\vec{E}$. Zwei aneinanderliegende und ungeladene kleine metallische Platten 1 und 2 befinden sich zunächst außerhalb des Feldes (Stellung a). Sobald die Doppelplatte nun innerhalb des Feldes gerät (Stellung b), wirken auf die freien Elektronen im Metall nach Gl. (1.26) Kräfte, die sie entgegen der Feldrichtung an die Oberfläche der Platte 1 bewegen. Die Gegenplatte wird dann durch das Überwiegen der Kernladung gleichstark positiv. Trennt man nun die Doppelplatte P_{12} noch im elektrischen Feld (Stellung c), so erhält man zwei elektrisch geladene Platten. Man bezeichnet diese Art der Aufladung als Influenz und spricht von influenzierten Ladungen. Werden die Platten getrennt aus dem Feld genommen (Stellung d), so bleibt der Ladungszustand erhalten.

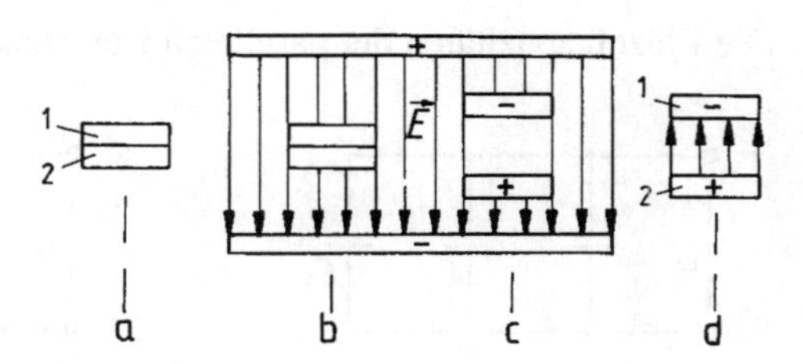

Bild 1.38
Influenzierte Ladungen auf einem Plattenpaar P_{12}

Abschirmung. In Stellung c von Bild 1.38 entsteht zwischen den Platten P_1 und P_2 ein feldfreier Raum, da die an den äußeren Platten 1 und 2 endenden Feldlinien bereits an der Oberfläche der inneren Metallflächen P_1 und P_2 ihre Gegenladung finden. Diese Erscheinung wird zur Abschirmung elektrischer Felder z.B. bei empfindlicher Elektronik genützt.

Nach Bild 1.39a befindet sich eine durch das Diodenzeichen gekennzeichnete Elektronik in einem elektrischen Feld und wird dadurch eventuell in seiner Funktion beeinflußt. Umgibt man nun die Elektronik mit einer Metallhülle M nach Bild 1.39b, so werden dort Gegenladungen influenziert und das Innere wird feldfrei. Man bezeichnet ein derartiges Metallgehäuse allgemein als Faradayschen Käfig.

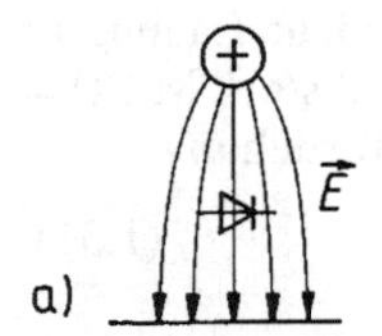

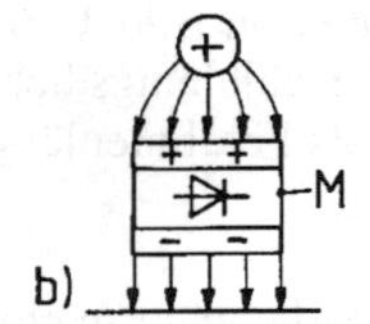

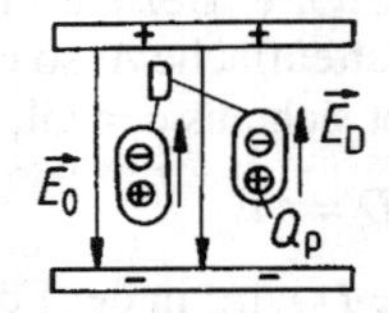

Bild 1.39 Abschirmung eines elektrischen Feldes
a) Ungeschützte Elektronik im elektrischen Feld
b) Feldfreier Raum durch eine Metallhülle M

Bild 1.40 Dipole D in einem Dielektrikum

Polarisation. Die als Dielektrikum zwischen die beiden Platten eines Kondensators gebrachten Isolierstoffe bestehen aus Molekülen, in denen die resultierenden Ladungen $Q_P{}^+$ und $Q_P{}^-$ keinen gemeinsamen Schwerpunkt haben (Bild 1.40). Man bezeichnet ein derartiges Molekül als Dipol.

Im elektrischen Feld E_0 eines Kondensators richten sich diese Dipole entsprechend der nach $F = Q\,E$ auf sie wirkenden Kräfte in Feldrichtung aus und bilden so ein Eigenfeld E_D entgegen der Richtung von E_0. Bei vorgegebener Ladungsdichte D auf den Kondensatorplatten kommt es damit zu einer Verringerung der elektrischen Feldstärke, was nach Gl. (1.31) einer Vergrößerung der Permittivität ε gleichkommt. Entsprechend ihrer feldschwächenden Wirkung muß man daher wie in Tabelle 1.37 aufgeführt, allen als Dielektrikum eingesetzten Isolierstoffe eine eigene Permittivitätszahl ε_r zuordnen.

1.2.1.3 Schaltung von Kondensatoren

Parallelschaltung. In Bild 1.41 sind eine Anzahl von Kondensatoren parallelgeschaltet und damit an die gleiche Spannung U angeschlossen. Der Ersatzkondensator C_e soll nun die Parallelschaltung voll ersetzen, muß also die Gesamtladung $Q = Q_1 + Q_2 + Q_3$ besitzen. Nach Gl. (1.27) gilt die Beziehung

$$C_e\,U = C_1\,U + C_2\,U + C_3\,U$$

und nach Division durch die Spannung U erhält man die Beziehung

$$C_e = C_1 + C_2 + C_3 + \dots \tag{1.32}$$

Die Einzelkapazitäten der parallelen Kondensatoren wird also einfach zu addieren.

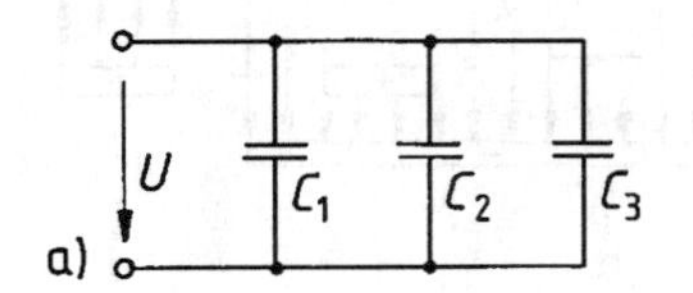

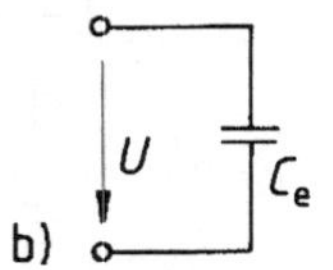

Bild 1.41
Schaltung von Kondensatoren
a) Parallelschaltung
b) Ersatzschaltung

Reihenschaltung. In Bild 1.42 sind eine Anzahl Kondensatoren in Reihe geschaltet. Für die einzelnen Teilspannungen gilt dann die Maschenregel nach Gl. (1.17) mit

$$U = U_1 + U_2 + U_3$$

Alle Kondensatoren wurden durch denselben Strom aufgeladen und tragen damit die gleiche Ladung Q. Damit erhält man mit Gl. (1.27) die Beziehung

$$\frac{Q}{C_e} = \frac{Q}{C_1} + \frac{Q}{C_2} + \frac{Q}{C_3}$$

Für die Reihenschaltung gilt damit die Beziehung

$$\mathbf{\frac{1}{C_e} = \frac{1}{C_1} + \frac{1}{C_2} + \frac{1}{C_3}} \qquad (1.33)$$

Die beiden Gleichungen für den Ersatzkondensator C_e haben den genau umgekehrten Aufbau wie die für den Ersatzwiderstand R_e bei Reihen- oder Parallelschaltung von Widerständen.

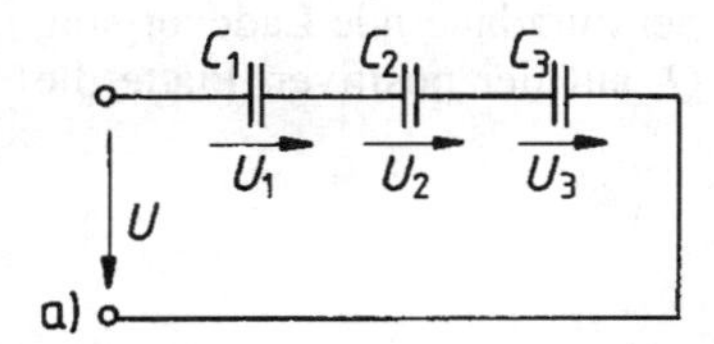

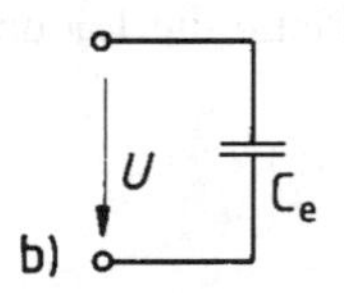

Bild 1.42 Schaltung von Kondensatoren
a) Reihenschaltung
b) Ersatzschaltung

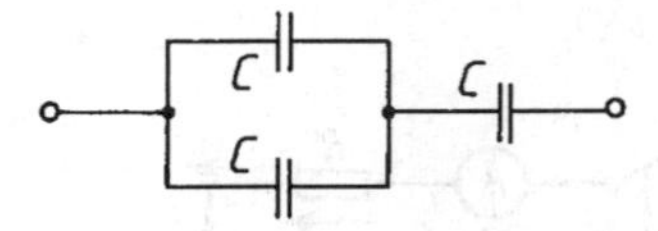

Bild 1.43 Schaltung nach Beispiel 1.23

Beispiel 1.23 Welche Kapazität C_e erhält man, wenn man zu zwei parallelen Kondensatoren von jeweils $C = 1\ \mu F$ einen dritten von ebenfalls $C = 1\ \mu F$ in Reihe schaltet?

Die Parallelschaltung ergibt nach Gl. (1.32) den Wert $C_p = 1\ \mu F + 1\ \mu F = 2\ \mu F$. Die anschließende Reihenschaltung nach Gl. (1.33) dann

$$1/C_e = 1\ C_p + 1/C = 1/(2\ \mu F) + 1/(1\ \mu F) = 3/(2\ \mu F) \text{ und damit } C_e = 2/3\ \mu F$$

1.2.1.4 Ladung von Kondensatoren, Energie des elektrischen Feldes

Spannung und Strom des Kondensators. Die bei der Gleichspannung U auf den Platten des Kondensators befindliche Ladung Q errechnet man nach Gl. (1.27). Diese Gleichung stellt eine spezielle Form der allgemein gültigen Gleichung

$$q = C\,u$$

dar, wobei q die auf den Platten vorhandene Ladung bei dem Augenblickswert u der Spannung ist. Ändert sich die Spannung u um du, so muß sich die Ladung um $\mathrm{d}q = C\,\mathrm{d}u$ ändern.

Die Änderung der Ladung um dq in der Zeit dt wird in der allgemein gültigen Form durch einen Strom mit dem Augenblickswert

$$i = \mathrm{d}q/\mathrm{d}t$$

– anstelle der speziellen Form bei Gleichstrom nach Gl. (1.4) – hervorgerufen. Kombiniert man obige Gleichungen, so erhält man die allgemeine Kondensatorgleichung für den Strom

$$\mathbf{i = C\,\mathrm{d}u/\mathrm{d}t} \qquad (1.34a)$$

oder durch Integration für die Spannung

$$u = \frac{1}{C}\int i\,dt \tag{1.34b}$$

In Bild 1.36b ist das genormte Schaltzeichen des Kondensators mit Zählpfeilen für Strom und Spannung dargestellt.

Ladung des Kondensators. In den Stromkreisen der Elektrotechnik werden die Kondensatorplatten durch einen elektrischen Strom geladen, der der Minus-Platte Elektronen zuführt und von der Plus-Platte Elektronen abführt. Verbindet man in der Schaltung nach Bild 1.44 den Kondensator *C* über einen Widerstand *R* und einen Schalter (mittlere Schaltstellung) mit der Gleichspannungsquelle *U*, so fließt nach Schließen kurzzeitig ein Strom, der durch einen vorübergehenden Ausschlag an dem empfindlichen Strommesser nachgewiesen werden kann. Da Elektronen nicht durch den Isolator zwischen den Platten, hier Luft, hindurchströmen können, sammeln sie sich an der mit dem negativen Pol der Spannungsquelle verbundenen Platte an. Eine entsprechende, gleiche Zahl von Elektronen fließt während des Stromstoßes von der anderen Platte in Richtung zum positiven Pol der Spannungsquelle ab. Dadurch entsteht der Eindruck, als fließe der Strom – Ladestrom *i* genannt – durch den Luftraum zwischen den Platten hindurch. Wenn der kurzdauernde Ladevorgang beendet ist, befindet sich auf der negativen Platte die Ladung – *Q*, auf der positiven Platte die Ladung + *Q*.

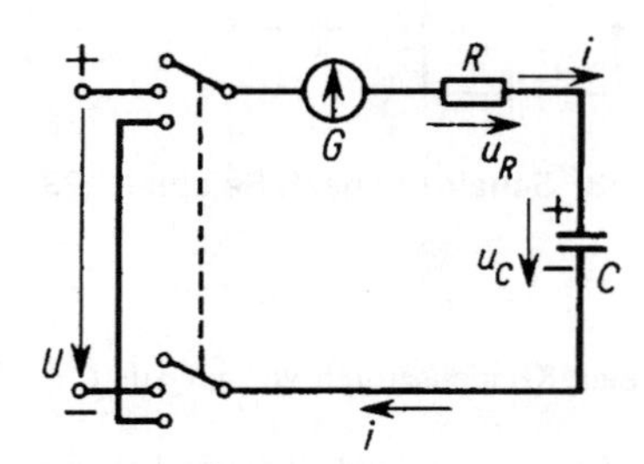

Bild 1.44
Schaltung für Ladung und Entladung eines Kondensators

Zur Berechnung des Ladestroms *i* im Stromkreis nach Bild 1.44 benutzt man die Maschenregel $\Sigma u = 0$, also

$$u_R + u_C - U = 0 \quad \text{oder} \quad U = u_R + u_C = i\,R + u_C$$

Gl. (1.34) lautet nun

$$i = C\frac{du_C}{dt}$$

Somit erhält man die Spannungsgleichung

$$U = RC\frac{du_C}{dt} + u_C = \tau\frac{du_C}{dt} + u_C$$

Das Produkt *R C* hat die Dimension einer Zeit und wird als Zeitkonstante des Ladevorgangs bezeichnet

$$\tau = RC \tag{1.35}$$

Die obige Differentialgleichung hat für die Klemmenspannung des Kondensators die mathematische Lösung

$$u_c = U(1 - e^{-t/\tau}) \tag{1.36}$$

Somit ergibt sich durch Differenzieren für den Ladestrom des Kondensators

$$i = C\left(-U\,\frac{-1}{RC}\,\mathrm{e}^{-t/\tau}\right) \quad \text{oder} \quad \boldsymbol{i} = \frac{\boldsymbol{U}}{\boldsymbol{R}}\mathbf{e}^{-t/\tau} \tag{1.37}$$

Für $t = 0$ wird $u_c = 0$ und $i = U/R$; für $t = \infty$ wird $u_c = U$ und $i = 0$. Dies bedeutet, daß im Augenblick des Einschaltens die Stromspitze nicht durch die Kapazität des Kondensators bestimmt wird, daß sich vielmehr der Kondensator zunächst wie ein Kurzschluß verhält. Die Kondensatorspannung steigt nach einer Exponentialfunktion mit der Zeitkonstanten τ auf die Gleichspannung U an, der Ladestrom i fällt ebenfalls nach einer Exponentialfunktion mit derselben Zeitkonstanten auf Null ab (s. Bild 1.46a).

Tabelle 1.45 Rechenwerte zu Bild 1.46

t in s	$e^{-t/s}$	$1 - e^{-t/s}$	Laden		Entladen	
			u_C in V	i in µA	u_C in V	i in µA
0	1	0	0	100	100	– 100
0,2	0,819	0,181	18,1	81,9	81,9	– 81,9
0,5	0,607	0,393	39,3	60,7	60,7	– 60,7
1	0,368	0,632	63,2	36,8	36,8	– 36,8
2	0,135	0,865	86,5	13,5	13,5	– 13,5
3	0,050	0,950	95,0	5,0	5,0	– 5,0
4	0,018	0,982	98,2	1,8	1,8	– 1,8
5	0,007	0,993	99,3	0,7	0,7	– 0,7
∞	0	1	100	0	0	0

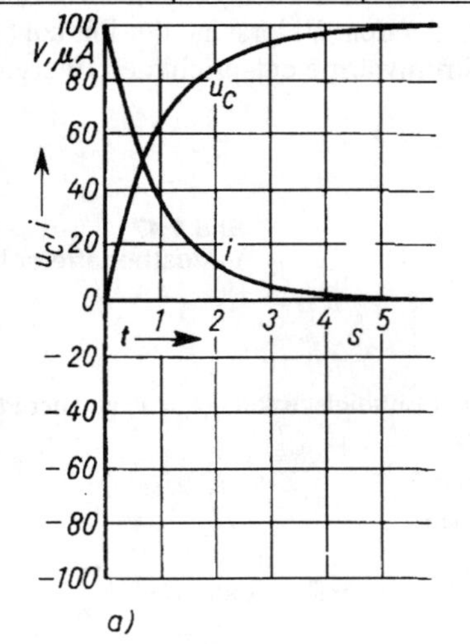

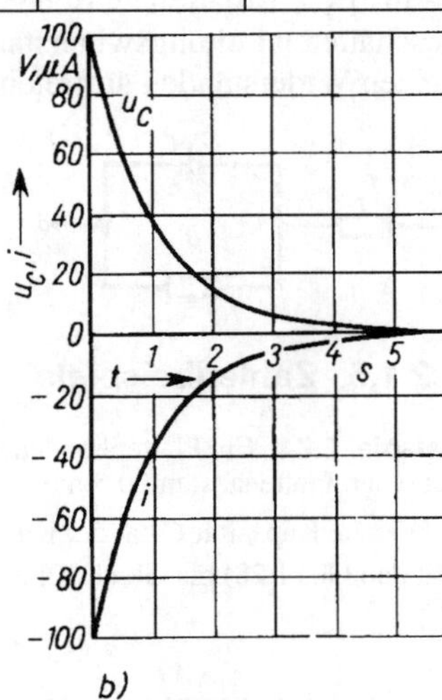

Bild 1.46
Kondensator an Gleichspannung
a) Strom und Spannung beim Aufladen
b) Entladung

Energie des elektrischen Feldes. Nun läßt sich auch die im elektrischen Feld eines Kondensators gespeicherte elektrische Energie W_e errechnen. Sie ist gleich der elektrischen Energie $W = \int u\, i\, dt$, die dem Kondensator von der Spannungsquelle beim Ladevorgang zugeführt wird. Mit Gl. (1.34) wird diese Energie

$$\boldsymbol{W}_\mathrm{e} = \boldsymbol{C}\int \boldsymbol{u}\,\mathbf{d}\boldsymbol{u} = \frac{\mathbf{1}}{\mathbf{2}}\boldsymbol{C}\boldsymbol{u}^2 \tag{1.38}$$

Entladung des Kondensators. Bringt man nach Beendigung des Ladevorgangs in Bild 1.44 den Schalter in die untere Schaltstellung, dann wird der auf die Spannung U aufgeladene Kondensator über den Widerstand R entladen. Unter Beibehaltung der in Bild 1.44 eingezeichneten Spannungs- und Stromzählpfeile gilt nun

$$\Sigma u = 0 \quad \text{d.h.} \quad u_R + u_C = 0$$

oder nach der Ableitung für den Ladevorgang

$$\tau \frac{du_C}{dt} + u_C = 0$$

Diese Differentialgleichung hat für die Klemmenspannung des Kondensators die Lösung

$$\boldsymbol{u_C = U e^{-t/\tau}} \tag{1.39a}$$

und für den Entladestrom des Kondensators

$$i = C \frac{-U}{\tau} e^{-t/\tau} \quad \text{oder} \quad \boldsymbol{i = -\frac{U}{R} e^{-t/\tau}} \tag{1.39b}$$

Der Entladestrom hat also denselben Funktionsverlauf wie der Ladestrom, aber die entgegengesetzte Richtung. Die Kondensatorspannung klingt nach einer Exponentialfunktion mit der Zeitkonstanten τ auf Null ab (s. Bild 1.46b). Die im Kondensator gespeicherte elektrische Energie $W_e = {}^1/_2\, CU^2$ wird während des Entladevorgangs im Widerstand R restlos in Wärme umgesetzt.

Verlustbehafteter Kondensator. Das Ersatzschaltbild des verlustbehafteten Kondensators (Bild 1.47) enthält außer der Kapazität C einen parallel zu C geschalteten Widerstand R_p, der die nicht verlustfreie Isolation zwischen den Kondensatorbelegungen berücksichtigt und einen in Reihe zu C geschalteten Leitungswiderstand R_r, der den Widerstand der Platten („Belege") darstellt. Die in den beiden Widerständen auftretende Stromwärme entspricht den Energieverlusten des Kondensators.

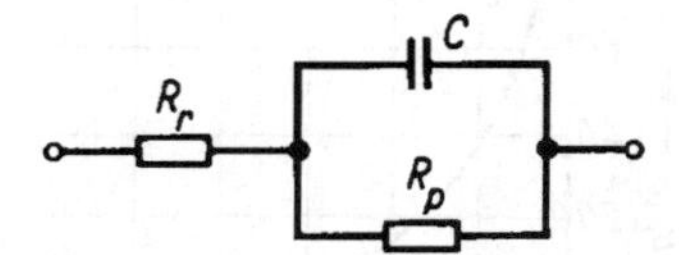

Bild 1.47
Verlustbehafteter Kondensator

1.2.1.5 Zahlenbeispiele

Beispiel 1.24 Ein Plattenkondensator mit Luftdielektrikum ($\varepsilon_r = 1$) und der Plattenfläche 5 cm x 4 cm = 20 cm² hat einen Plattenabstand 0,5 mm.

a) Welche Kapazität C hat der Kondensator?

Mit den Gl. (1.28) bis Gl. (1.30) erhält man

$$C = \frac{\varepsilon_0 \varepsilon_r A}{a} = \frac{8{,}85 \cdot 10^{-12} \frac{\text{F}}{\text{m}} \cdot 1 \cdot 20\,\text{cm}^2}{0{,}5\,\text{mm}} = \frac{8{,}85 \cdot 10^{-14} \frac{\text{F}}{\text{cm}} \cdot 20\,\text{cm}^2}{0{,}05\,\text{cm}} = 35{,}4 \cdot 10^{-12}\,\text{F} = 35{,}4\,\text{pF}$$

b) Welche Ladung Q ist auf den Platten vorhanden, wenn der Kondensator an die Gleichspannung 220 V gelegt wird? Wie groß ist die elektrische Feldstärke?

Nach Gl. (1.27) und Gl. (1.26) sind

$$Q = C\,U = 35{,}4 \cdot 10^{-12}\,\text{F} \cdot 220\,\text{V} = 7{,}79 \cdot 10^{-9}\,\text{C} \quad E = U/l = 220\,\text{V}/0{,}5\,\text{mm} = 4{,}4\,\text{kV/cm}$$

c) Welche elektrische Energie ist im elektrischen Feld zwischen den Platten gespeichert?

Die Energie folgt aus Gl. (1.38)

$$W_e = \frac{1}{2} CU^2 = 0{,}5 \cdot 35{,}4 \cdot 10^{-12}\,\text{F} \cdot 220^2\,\text{V}^2 = 0{,}857 \cdot 10^{-16}\,\text{J}$$

d) Wie ändern sich C, Q und W_e, wenn der Kondensator statt Luft Kondensatorpapier ($\varepsilon_r = 5$) als Dielektrikum hat?

Nach vorstehendem Rechnungsgang beträgt die Kapazität C des Papierkondensators das Fünffache des Luftkondensators; entsprechend erhöhen sich die Werte von Q und W_e. Man erhält somit

$$C = 177 \text{ pF} \quad Q = 39 \cdot 10^{-9} \text{ C} \quad W_e = 4{,}28 \cdot 10^{-6} \text{ J}$$

e) Welche elektrische Leistung gibt dieser Kondensator beim Entladen innerhalb einer Entladezeit von 0,002 s im Mittel ab?

$$P = \frac{W_e}{t} = \frac{4{,}28 \cdot 10^{-6} \text{ Ws}}{2 \cdot 10^{-3} \text{ s}} = 2{,}14 \text{ mW}$$

Beispiel 1.25 Ein Kondensator (1 µF) wird nach Bild 1.44 über einen Widerstand (1 MΩ) von einer Gleichspannungsquelle (100 V) aufgeladen und dann über diesen Widerstand entladen. Man berechne und zeichne den zeitlichen Verlauf des Stromes i und der Kondensatorspannung u_c.

Nach Gl. (1.35) ist $\tau = R\,C = 10^6\ \Omega \cdot 10^{-6}\ \text{s}/\Omega = 1$ s. Somit wird nach Gl. (1.36) und (1.37) bei Ladung

$$u_c = 100 \text{ V} \, (1 - e^{-t/s}) \qquad i = \frac{100 \text{ V}}{10^6 \, \Omega} e^{-t/s} = 100 \, \mu\text{A} \cdot e^{-t/s}$$

Entsprechend ergibt sich mit den Gl. (1.38) und (1.39) bei Entladung

$$u_c = 100 \text{ V} \cdot e^{-t/s} \qquad i = -100 \, \mu\text{A} \cdot e^{-t/s}$$

Die Zahlenwerte sind in Tafel 1.45 berechnet; Bild 1.46 zeigt den zeitlichen Verlauf der beiden elektrischen Größen bei Ladung (a) und bei Entladung (b).

1.2.2 Magnetisches Feld

1.2.2.1 Wirkungen im magnetischen Feld

Natürliches Magnetfeld. Ein magnetisches Feld ist der Raum, in dem die allgemein bekannten magnetischen Erscheinungen auftreten. Durch magnetische Kräfte des Feldes um einen Hufeisenmagnet (Bild 1.48) aus Stahl werden z.B. in dessen Nähe befindliche Eisenteile angezogen und festgehalten, eine im Magnetfeld der Erde befindliche Magnetnadel (Kompaß) wird in die geographische Nord-Süd-Richtung ausgerichtet. Die relativ schwachen Felder solcher natürlichen Magnete spielen in der Technik fast keine Rolle. Das magnetische Feld stellt man mit Hilfe von Feldlinien in Feldbildern dar.

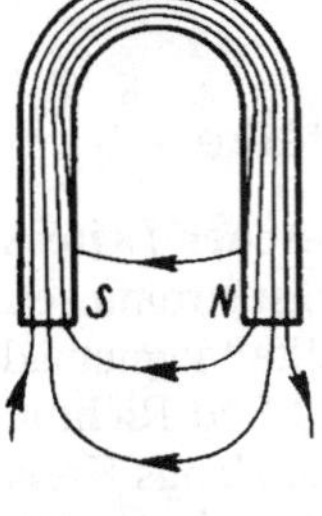

Bild 1.48
Feldbild eines Dauermagneten (Hufeisenmagnet)

Erzeugung starker Magnetfelder. Zur Erzeugung von Kräften bzw. Drehmomenten und von elektrischen Spannungen in elektrischen Maschinen, Transformatoren, Elektromagneten usw. benötigt man starke Magnetfelder, die etwa vier Zehnerpotenzen stärker als das Magnetfeld der Erde sind. Diese Felder werden von den in den Wicklungen dieser Geräte fließenden elektrischen Strömen hervorgerufen. Die Ursache für das Entstehen der in der Technik benutzten Magnetfelder sind also die in den Wicklungen transportierten elektrischen Ladungen.

Der Ausbildung starker Magnetfelder in Luft mit einfachen gestreckten Leitern sind Grenzen gesetzt. Das um einen solchen Leiterdraht sich ausbildende Magnetfeld (Bild 1.49a) kann aber verstärkt werden, wenn man den Draht zu Windungen formt und viele solcher Windungen neben- und übereinander legt, d.h. eine Wicklung, Magnetspule oder Erregerspule fertigt (Bild 1.49b). Eine weitere wesentliche Verstärkung des Magnetfeldes erhält man, wenn aus dieser Luftspule eine Eisenspule gemacht wird. Hierzu schiebt man die Spule über eine möglichst in sich geschlossene Anordnung aus magnetisierbarem Eisen und gestaltet diese so, daß sich das Magnetfeld soweit wie möglich statt in Luft nunmehr in Eisen ausbildet (Bild 1.49c). Bei elektrischen Maschinen ist in dieser Anordnung zwischen rotierendem Läufer und Ständer, bei Elektromagneten zwischen Anker und Joch ein Luftspalt erforderlich, während bei Transformatoren der Eisenkern aus Schenkeln und Jochen zusammengesetzt völlig eisengeschlossen, also ohne Luftspalt ausgeführt werden kann.

Durch Vergrößern oder Verkleinern des Stroms in den Erregerspulen kann das Magnetfeld verändert (verstärkt oder geschwächt) werden. Dies wird besonders bei elektrischen Maschinen ausgenutzt, bei Gleichstrommotoren z.B. zur Drehzahlsteuerung.

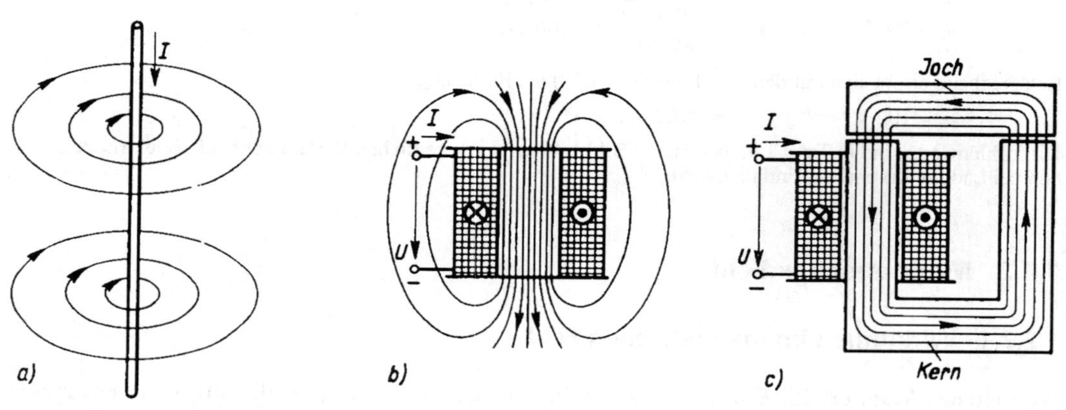

Bild 1.49 Magnetische Felder, Erzeugung und Darstellung

Nach dem Aufwand, um die Richtung des Magnetfeldes im Eisen zu wechseln, unterscheidet man zwischen weich- und hartmagnetischen Materialien. Ersteres sind alle Elektrobleche für Maschinen und Transformatoren. Hier genügt ein geringer negativer Strom, um den Magnetismus aufzuheben. Bei hartmagnetischen Werkstoffen für Dauer- oder Permanentmagnete ist dazu eine starke Gegenerregung nötig.

1.2.2.2 Magnetische Feldstärke

Magnetfeld des stromdurchflossenen Leiters. In einem Versuch nach Bild 1.50a werden auf eine Ebene senkrecht zu einem zunächst stromlosen, gestreckten Leiter Eisenfeilspäne gestreut. Mehrere gleiche auf der Ebene aufgestellte Magnetnadeln stellen sich dann unter dem Einfluß des magnetischen Erdfeldes zunächst in Nord-Süd-Richtung ein. Leitet man nun durch den Leiter einen Strom I, so richten sich die Eisenfeilspäne längs Kreisen um den Mittelpunkt des Leiters aus, und die Magnetnadeln stellen sich tangential zu diesen Kreisen ein.

In der Umgebung des Leiters wird durch den elektrischen Strom also ein Magnetfeld hervorgerufen, dessen Feldlinien konzentrische Kreise um den Mittelpunkt des Leiters darstellen. So wie das Schwerefeld der Erde durch Gravitationslinien und die Feldstärke $\vec{g}$, das elektrische Feld durch elektrische Feldlinien und die elektrische Feldstärke $\vec{E}$, wird das magnetische Feld durch magnetische Feldlinien dargestellt und durch den Vektor der magnetischen Feldstärke $\vec{H}$ beschrieben.

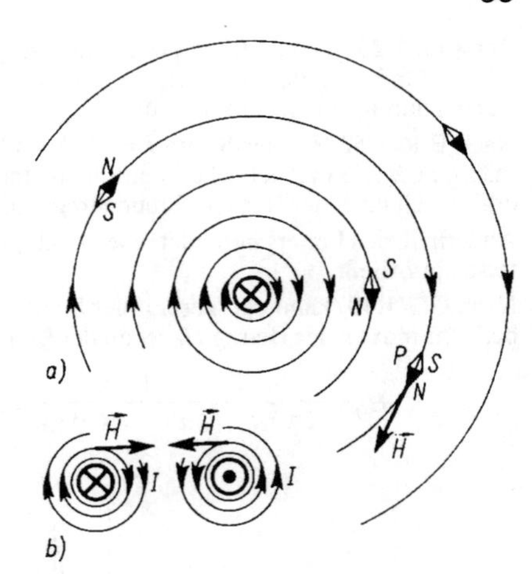

Bild 1.50
Magnetfeld des stromdurchflossenen Leiters
⊗Strom tritt senkrecht in die Zeichenebene ein
⊙Strom tritt senkrecht aus der Zeichenebene aus

Vektor der magnetischen Feldstärke $\vec{H}$. Allgemein ist die Richtung von $\vec{H}$ in einem beliebigen Punkt P durch die Tangente an die durch P gehende Feldlinie so vereinbart, daß in P der Nordpol einer Magnetnadel in die Richtung $\vec{H}$ weist. Im Fall des stromdurchflossenen Leiters kann die Feldrichtung aus der Stromrichtung nach der Rechtsschraubenregel bestimmt werden: Eine in Richtung des Stromes I vorgetriebene rechtsgängige Schraube gibt durch ihren Drehsinn die Richtung von $\vec{H}$ an (Bild 1.50). Hieraus folgt, daß sich bei der Umkehr der Stromrichtung auch die Richtung von $\vec{H}$ umkehrt (Bild 1.50b); im Versuch nach Bild 1.50a drehen sich die Magnetnadeln dann also um 180°.

Um den Betrag H der magnetischen Feldstärke an beliebigen Punkten P angeben zu können, kann man beispielsweise experimentell ermitteln, welches Drehmoment M erforderlich ist, um die Magnetnadel aus ihrer natürlichen tangentialen Lage herauszudrehen. Messungen in verschiedenen Punkten ergeben, daß das Drehmoment M proportional dem Leiterstrom I und umgekehrt proportional dem Abstand r der Punkte von der Leiterachse ist

$$M \sim H = c\frac{I}{r}$$

Setzt man $c = {}^1/_2\,\pi$, so steht im Nenner $l = 2\,\pi\,r$, wobei l die Länge einer Feldlinie mit dem Radius r ist. Somit ergibt sich für den Betrag H der magnetischen Feldstärke

$$\boldsymbol{H = \frac{I}{2\pi\,r}} \tag{1.40}$$

Der Strom durch die von einer beliebigen magnetischen Feldlinie berandeten Fläche ist also gleich dem Produkt aus dem längs der Feldlinie konstanten Betrag H der magnetischen Feldstärke und der Länge l der betreffenden Feldlinie (Bild 1.51). Diese für das Magnetfeld des stromdurchflossenen Leiters gültige Aussage ist ein spezieller Fall des in Abschn. 1.2.2.4 noch allgemein zu besprechenden Durchflutungsgesetzes. Die Einheit der magnetischen Feldstärke ist 1 A/m. In der Praxis wird H häufig in A/cm angegeben; es gilt 1 A/m = 0,01 A/cm.

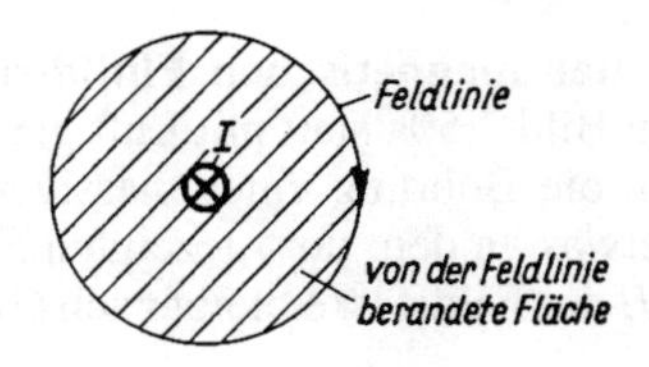

Bild 1.51
Zur Erläuterung des Durchflutungsgesetzes

Beispiel 1.26 Durch einen gestreckten Kupferdraht von 20 m Länge und 2 mm Durchmesser fließt der Strom 15 A. Man berechne und zeichne die magnetische Feldstärke $\vec{H}$ außerhalb und innerhalb des Leiters längs eines Strahls durch den Leitermittelpunkt.

Nach Bild 1.52 tritt der Strom $I = 15$ A senkrecht aus der Zeichenebene und füllt den Leiterquerschnitt gleichmäßig aus. Die magnetischen Feldlinien sind konzentrische Kreise um den Leitermittelpunkt und ihre Richtung ergibt sich nach der Rechtsschraubenregel im Gegensinn des Uhrzeigers.

Außerhalb des Leiters berandet jede beliebige Feldlinie mit dem Radius $r \geq r_0$ eine Kreisfläche, durch die der Leiterstrom I fließt.

Nach Gl. (1.40) kann der Verlauf der Feldstärke $\vec{H}$ außerhalb des Leiters in Bild 1.52 gezeichnet werden (Hyperbel). Ihr maximaler Betrag H_0 ist an der Leiteroberfläche ($r = r_0$) vorhanden:

$$H_0 = \frac{I}{2\pi\, r_0} = \frac{15\text{ A}}{2\pi \cdot 1 \cdot 10^{-3}\text{ m}} = 2390\text{ A/m} = 23{,}9\text{ A/cm}$$

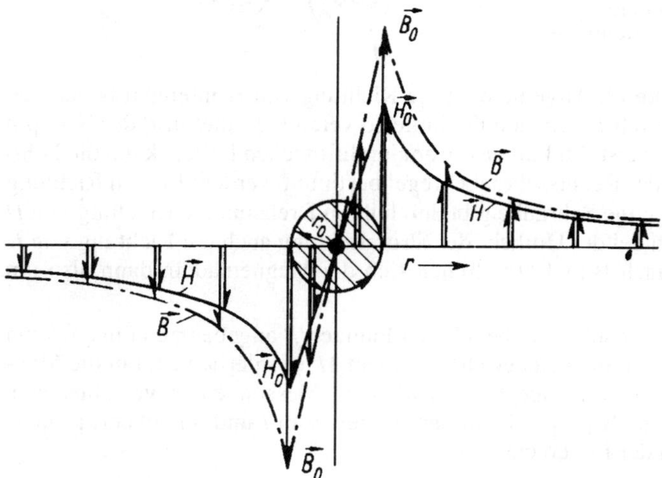

Bild 1.52
Feldverlauf des geraden stromdurchflossenen Leiters

Innerhalb des Leiters sind die Feldlinien ebenfalls Kreise um den Leitermittelpunkt. Eine beliebige Feldlinie mit dem Radius $r \leq r_0$ berandet eine Kreisfläche $\pi\, r^2$, durch die der Strom $I\,\pi\, r^2/\pi\, r_0^2 = I\, r^2/r_0^2$ fließt, da die Stromdichte im Leiter $J = I/(\pi\, r_0^2)$ ist. Somit ist

$$\frac{I\, r^2}{r_0^2} = H \cdot 2\pi\, r \quad \text{und hieraus} \quad H = \frac{I}{2\pi\, r_0^2}\, r$$

Im Leiter steigt die Feldstärke also nach Bild 1.52 linear an (Ursprungsgerade).
An der Leiteroberfläche ($r = r_0$) ergibt sich wieder derselbe Wert wie oben

$$H_0 = \frac{I}{2\pi\, r_0} = 2390\text{ A/m} = 23{,}9\text{ A/cm}.$$

1.2.2.3 Magnetische Flußdichte (Induktion)

Vektor der magnetischen Flußdichte $\vec{B}$. Wenn man den Raum um den stromdurchflossenen Leiter in Bild 1.50a statt mit Luft ganz mit Eisen ausfüllt, den isolierten Leiter demnach beispielsweise in die Bohrung eines massiven Eisenzylinders einführt, ändert sich bei gleichem Strom I weder etwas an dem dort gezeigten Feldlinienverlauf noch an der Richtung von $\vec{H}$. Aber auch der Betrag H der Feldstärke bleibt nach Gl. (1.40) unbeeinflußt, da Strom I und Feldlinienlänge l gleichbleiben. Andererseits wurde der allgemein bekannte Einfluß vor allem des Eisens auf das Verhalten magnetischer Felder in der Einleitung von Abschn. 1.2.2 schon erwähnt. Demnach genügt es also offenbar nicht, ein Magnetfeld allein mit der magnetischen Feldstärke $\vec{H}$ zu beschreiben, vielmehr ist die Einführung einer zweiten magnetischen Feldgröße erforderlich, die den Unterschied zwischen Anordnungen mit Luft und mit Eisen erfaßt.

Diese zweite magnetische Feldgröße ist der Vektor der magnetischen Flußdichte $\vec{B}$, auch magnetische Induktion genannt.

Die Einheit der magnetischen Flußdichte (Induktion) ist 1 Tesla (1 T). Es gilt

$$1\ \text{T} = 1\ \text{Vs/m}^2$$

Die Richtung von $\vec{B}$ ist an jedem Punkt dieselbe wie die von $\vec{H}$. Sie kann z.B. in Bild 1.50 an jedem Punkt einer magnetischen Feldlinie durch die dort vorhandene Tangente nach der Rechtschraubenregel angegeben werden.

Der Betrag B richtet sich nach dem magnetischen Verhalten des Materials, in dem sich das Magnetfeld ausbildet. Es wird durch dessen Permeabilität μ (magnetische Durchlässigkeit) ausgedrückt. Allgemein gilt für den Zusammenhang der beiden magnetischen Feldgrößen $\vec{B}$ und $\vec{H}$

$$\boldsymbol{\vec{B} = \mu \vec{H}} \quad \text{und} \quad \boldsymbol{B = \mu H} \tag{1.41}$$

Die Permeabilität $\mu = B/H$ hat nach den vorstehenden Größengleichungen die Einheit

$$1\ \frac{\text{Vs/m}^2}{\text{A/m}} = 1\ \Omega\ \text{s/m}.$$

Die Zusammensetzung mehrerer magnetischer Felder zu einem resultierenden Feld erfolgt für die Vektoren $\vec{B}$ und $\vec{H}$ an jedem Punkt nach den Gesetzen der Vektorenrechnung, also geometrisch, wie z.B. bei Kräften in der Mechanik.

Unmagnetische und magnetische Stoffe. Im Vakuum und mit großer Annäherung auch in allen unmagnetischen Stoffen kann $\mu = \mu_0$ gesetzt werden, so daß nach Gl. (1.41) gilt

$$\boldsymbol{\vec{B} = \mu_0 \vec{H}} \quad \text{mit den Beträgen} \quad \boldsymbol{B = \mu_0 H} \tag{1.42}$$

Für die Permeabilität des Vakuums, die magnetische Feldkonstante, gilt

$$\boldsymbol{\mu_0 = 0{,}4\ \pi \cdot 10^{-6}\ \Omega\ \text{s/m} \approx 1{,}25 \cdot 10^{-6}\ \Omega\ \text{s/m}} \tag{1.43}$$

Bei magnetischen Stoffen ist die Permeabilität μ bis ca. 10^4fach größer als bei unmagnetischen Stoffen. Dieselbe magnetische Feldstärke H ergibt also nach Gl. (1.41) eine weit größere Flußdichte B im Eisen als in Luft, wenn der gesamte Feldraum einmal ganz mit Eisen und dann ganz mit Luft ausgefüllt gedacht wird. Es bilden sich demnach in Eisen gewissermaßen weit mehr Feldlinien als in Luft aus. Die Permeabilität μ ist aber für einen magnetischen Werkstoff keine feste Größe, sondern selbst wieder von der Feldstärke H abhängig. Der Zusammenhang wird durch die sog.

$$\textbf{Magnetisierungskennlinie}\ \boldsymbol{B = f(H)} \tag{1.44}$$

des magnetischen Werkstoffes dargestellt. In Bild 1.53 sind solche Magnetisierungskennlinien für einige besonders im Elektromaschinenbau verwendete Werkstoffe wiedergegeben.

Gelegentlich ist es zweckmäßig, als dimensionslose Größe die Permeabilitätszahl

$$\boldsymbol{\mu_r = \mu / \mu_0} \tag{1.45}$$

zu verwenden, so daß anstelle von Gl. (1.41) auch

$$\vec{B} = \mu_r \mu_0 \vec{H} \quad \text{und} \quad B = \mu_r \mu_0 H$$

gesetzt werden kann. Für unmagnetische Stoffe gilt $\mu_r = 1$ nach Gl. (1.42), für magnetische Stoffe ist $\mu_r \gg 1$.

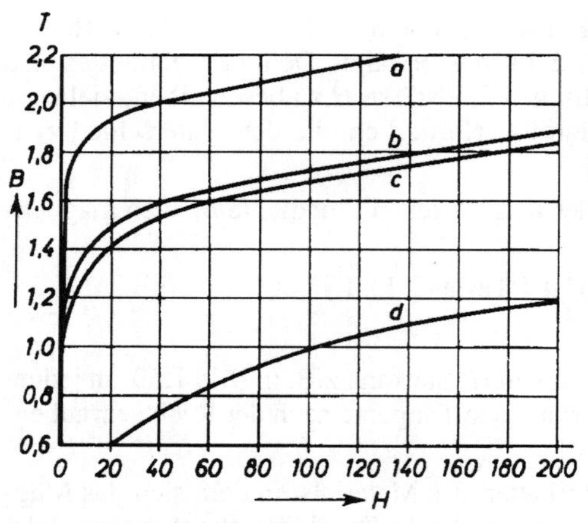

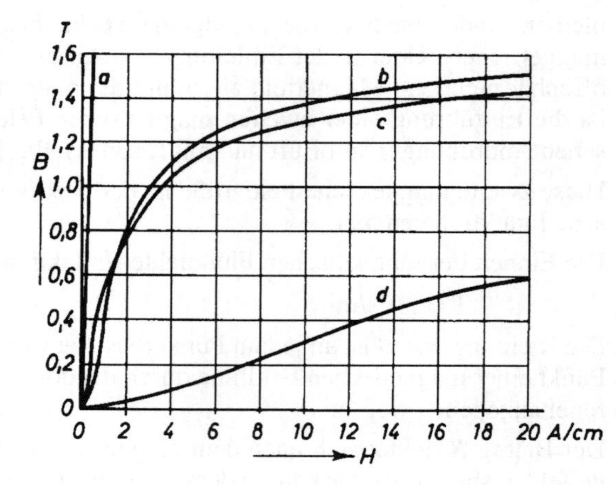

Bild 1.53 Magnetisierungskennlinien $B = f(H)$
a Elektroblech, kornorientiert, in Walzrichtung magnetisiert
b Elektroblech und Stahlguß
c Legiertes Blech
d Gußeisen

Beispiel 1.27 Man berechne und zeichne für das Magnetfeld des in Beispiel 1.26 behandelten stromdurchflossenen Leiters (Durchmesser $2\,r_0 = 2$ mm) die magnetische Flußdichte $\vec{B}$ außerhalb und innerhalb des Leiters längs eines Strahls durch den Leitermittelpunkt.

Da sich das Magnetfeld außerhalb und innerhalb des Leiters in unmagnetischen Stoffen (Luft bzw. Kupfer) ausbildet, gilt in den beiden Fällen Gl. (1.42). Man erhält mit Gl. (1.40)

außerhalb des Leiters ($r \geq r_0$)

$$B_0 = \mu_0\, H = \frac{\mu_0\, I}{2\pi\, r} \text{ (Hyperbel)},$$

an der Leiteroberfläche ($r = r_0$) den Wert

$$B_0 = \frac{\mu_0\, I}{2\pi\, r_0} = \frac{0{,}4\pi \cdot 10^{-6}\,(\Omega\text{s/m}) \cdot 15\text{ A}}{2\pi \cdot 1 \cdot 10^{-3}\text{ m}} = 3 \cdot 10^{-3}\,\text{T};$$

innerhalb des Leiters ($r \leq r_0$) ergibt sich

$$B = \mu_0\, H = \frac{\mu_0\, I}{2\pi\, r_0^2}\, r \text{ (Ursprungsgerade)},$$

an der Leiteroberfläche ($r = r_0$) derselbe Wert wie oben

$$B_0 = \frac{\mu_0\, I}{2\pi\, r_0} = 3 \cdot 10^{-3}\,\text{T}.$$

Nun kann nach Bild 1.52 auch die magnetische Flußdichte $\vec{B}$ längs des Strahls durch den Mittelpunkt des Leiters und damit für jeden beliebigen Wert von r errechnet und aufgetragen werden.

1.2.2.4 Magnetischer Fluß, Durchflutungsgesetz

Magnetischer Fluß. In Abschn. 1.2.2.2 wurde gezeigt, daß an jedem Punkt eines Magnetfeldes die Feldvektoren $\vec{H}$ und $\vec{B}$ gleiche Richtung haben. Die Bezeichnung magnetische Flußdichte für $\vec{B}$ und ihre Einheit 1 T = 1 Vs/m² deuten bereits darauf hin, daß sich der magnetische Fluß Φ eines homogenen Magnetfeldes, der die Fläche A senkrecht durchsetzt, aus dem Produkt von Flußdichte B und Fläche A ergibt. Dann gilt für den magnetischen Fluß

$$\Phi = B\,A \tag{1.46}$$

Die Einheit des magnetischen Flusses ist 1 Vs = 1 Wb (Weber); nach Gl. (1.46) ist

$$1\ \text{T} \cdot 1\ \text{m}^2 = \frac{1\ \text{Vs}}{\text{m}^2}\ \text{m}^2 = 1\ \text{Vs} = 1\ \text{Wb}.$$

Bei inhomogenem Magnetfeld und beliebiger Lage der Fläche $\vec{A}$ zu den Feldlinien gilt allgemein

$$\Phi = \int \vec{B}\, d\vec{A} \tag{1.47}$$

Das Magnetfeld des stromdurchflossenen Leiters in Bild 1.50a ist ein Beispiel für ein nicht homogenes Feld.

Beispiel 1.28 a) Man berechne den magnetischen Fluß Φ im Innern des stromdurchflossenen Leiters nach Beispiel 1.26, also durch eine Fläche, die von der Leiterachse und einer dazu parallelen Geraden im Abstand $r = r_0 = 1$ mm längs der Oberfläche des Leiters von der Leiterlänge $l = 20$ m gebildet wird.
Die mittlere Flußdichte im Leiterinnern ist nach Beispiel 1.27 $B_0/2 = 1{,}5 \cdot 10^{-3}$ T. Durch die Fläche $A = l\,r_0 = 20\ \text{m} \cdot 1 \cdot 10^{-3}\ \text{m} = 20 \cdot 10^{-3}\ \text{m}^2$ im Leiterinnern tritt nach Gl. (1.46) ein magnetischer Fluß mit dem folgenden Betrag hindurch

$$\Phi = B\,A = 1{,}5 \cdot 10^{-3}\ \text{T} \cdot 20 \cdot 10^{-3}\ \text{m}^2 = 30 \cdot 10^{-6}\ \text{Vs}.$$

b) Man berechne den magnetischen Fluß außerhalb des Leiters durch Flächen, die von der Leiteroberfläche ($r = r_0 = 1$ mm) und von zur Leiterachse parallelen Geraden ($r = r_1$) gebildet werden. Die Rechnung ist für die folgenden Werte von r_1 durchzuführen: 1 cm, 10 cm, 1 m, 10 m.
Da das Magnetfeld außerhalb des Leiters inhomogen ist, muß der magnetische Fluß nach Gl. (1.47) ermittelt werden. Für das Flächenelement $dA = l\,dr$ ist $d\Phi = B\,dA$, somit

$$\Phi = \int B\,dA = \int_{r_0}^{r_1} \frac{\mu_0 I}{2\pi\,r}\,l\,dr = \frac{\mu_0 I\,l}{2\pi}\int_{r_0}^{r_1} \frac{dr}{r} = \mu_0 \frac{I\,l}{2\pi} \ln \frac{r_1}{r_0}$$

$$= 0{,}4\pi \cdot \frac{10^{-6}}{2\pi}\frac{\Omega\text{s}}{\text{m}}\ 15\ \text{A} \cdot 20\ \text{m} \cdot \ln \frac{r_1}{r_0} = 60 \left(\ln \frac{r_1}{r_0}\right) 10^{-6}\ \text{Vs}$$

Für $r_1 = 1$ cm, 10 cm, 1 m und 10 m ergeben sich jetzt mit $r_0 = 1$ mm die folgenden Werte für den magnetischen Fluß, der vom Leiterstrom $I = 15$ A herrührt

$138 \cdot 10^{-6}$ Vs $\quad 276 \cdot 10^{-6}$ Vs $\quad 414 \cdot 10^{-6}$ Vs $\quad 552 \cdot 10^{-6}$ Vs

Durchflutungsgesetz. Nun kann das in Abschn. 1.2.2.2 schon speziell für das Magnetfeld eines stromdurchflossenen Leiters angewandte Durchflutungsgesetz $I = H\,l$ auch in der allgemein gültigen Form $\Sigma I = \Sigma H\,l$ erläutert werden, wie es zur Berechnung der magnetischen Kreise von elektrischen Maschinen, Elektromagneten, Magnetkupplungen usw. benötigt wird.

Als Beispiel dient ein Elektromagnet, wie er in Bild 1.54a gezeichnet ist. Auf Grund des konstruktiven Aufbaus läßt sich leicht der Verlauf der in sich geschlossenen magnetischen Feldlinien in Anker und Joch angeben: Der in den Mittelschenkeln vorhandene magnetische Fluß Φ teilt sich aus

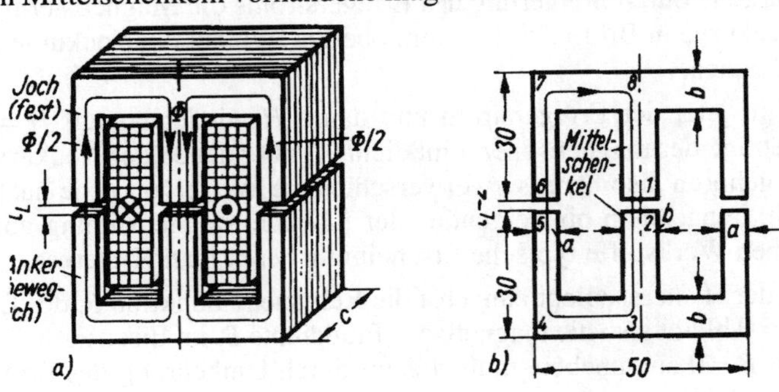

Bild 1.54
Elektromagnet (a) und Abmessungen der Blechteile (b)

Symmetriegründen in zwei gleiche Hälften auf die beiden Außenschenkel auf. Die eingezeichnete Richtung des Magnetfeldes ergibt sich aus der Richtung des Spulenstroms I nach der Rechtsschraubenregel.

Für die linke Hälfte des Elektromagneten ist in Bild 1.54b eine der vielen Feldlinien, die mittlere Feldlinie, stellvertretend für den magnetischen Fluß $\Phi/2$, eingezeichnet. Damit ist nun auch hier wieder die von dieser Feldlinie berandete Fläche gegeben. Die Durchflutung ΣI durch diese Fläche ist durch die Summe der Ströme bestimmt, die unter Berücksichtigung ihrer Richtung durch die betrachtete Fläche fließen. Hat z.B. die Spule N in Reihe geschaltete Windungen, so wird Nmal der Spulenstrom I in gleicher Richtung durch die Fläche geführt, und zwar tritt er hier entsprechend dem Symbol × von vorn in die Zeichenebene ein. Für die Durchflutung gilt dann

$$\Sigma I = I\,N$$

Würde der magnetische Fluß $\Phi/2$ in dem betrachteten Magnetteil an jeder Stelle längs der Feldlinie mit der Gesamtlänge l stets denselben Eisenquerschnitt A zur Verfügung haben, dann wären nach Gl. (1.46) die Flußdichte B und damit auch die Feldstärke H konstant und es würde $I = H\,l$ gelten. In dem betrachteten Fall ist aber H nicht konstant, da sowohl jede Querschnittsänderung die magnetische Flußdichte B ändert als auch das magnetische Material aus Eisen und Luft besteht, also nicht homogen ist.

Im allgemeinen Fall ist also die Feldstärke H längs der mittleren Feldlinie nicht konstant, sondern ändert sich in derselben Weise, wie sich die Fläche oder das Material, die dem magnetischen Fluß zur Verfügung stehen, ändern. Dann zerlegt man die mittlere Feldlinie durch die Teillängen l_1, l_2, l_3 ... in einzelne Abschnitte, z.B. die Punkte 1 bis 8 in Bild 1.54b, innerhalb denen Fläche und Material gleich sind. Innerhalb dieser Abschnitte sind dann auch die jeweiligen Beträge H_1, H_2, H_3 ... der magnetischen Feldstärke konstant. Anstelle des Produktes $H\,l$ tritt dann

$$\Sigma H\,l = H_1 l_1 + H_2 l_2 + H_3 l_3 + \dots$$

Das Durchflutungsgesetz lautet somit in der allgemeinen Form

$$\boldsymbol{\Sigma I = \Sigma H\,l} \quad \text{bzw.} \quad \Sigma I = \oint \vec{H} \cdot \mathrm{d}\,\vec{l} \tag{1.48}$$

Die Durchflutung ΣI durch die von einer Feldlinie berandete Fläche ist also gleich der Summe der Produkte aus magnetischer Feldstärke und Teillängen der Feldlinie in den Teilabschnitten bzw. gleich dem Randintegral der magnetischen Feldstärke.

1.2.2.5 Magnetische Hysterese, Energie des Magnetfeldes

Hysterese, Remanenzinduktion, Koerzitivfeldstärke. Untersucht man meßtechnisch den in Bild 1.53 dargestellten Zusammenhang $B = f(H)$ für magnetische Werkstoffe genauer, dann erhält man, ausgehend vom unmagnetischen Zustand des Werkstoffes, bei Steigerung der magnetischen Feldstärke H durch Steigerung des Erregerstroms die Magnetisierung durch die gestrichelt gezeichnete Neukurve in Bild 1.55. In ihrem oberen Teil läßt die Neukurve deutlich die magnetische Sättigung erkennen.

Wird jetzt der Erregerstrom und damit H wieder bis auf $H = 0$ verringert, dann liegen nun die Beträge der magnetischen Flußdichte B über denen der Neukurve. Zu einem bestimmten Wert von H gehören also bereits zwei verschiedene Werte von B, je nach der „Vorgeschichte" des Eisens, d.h. je nachdem ob steigende oder fallende Magnetisierung vorliegt. Diese für alle ferromagnetischen Werkstoffe typische Erscheinung nennt man Hysterese.

In der Hysterese liegt zunächst die Remanenzinduktion B_r des Eisens begründet, bei der Feldstärke $H = 0$ bleibt also die magnetische Flußdichte B_r im Eisen zurück. Um den remanenten Magnetismus mit $B = 0$ aufzuheben, muß sodann durch Umkehrung des Erregerstroms eine der ursprünglichen

Feldstärke entgegengerichtete magnetische Feldstärke, die Koerzitivfeldstärke H_K aufgebracht werden. Steigert man nun den Erregerstrom weiter bis zur Sättigung, senkt ihn anschließend wieder auf Null und steigert ihn schließlich wieder in der ursprünglichen Richtung, so durchläuft man entsprechend den eingezeichneten Pfeilen den ausgezogenen Kurvenzug, die Hystereseschleife.

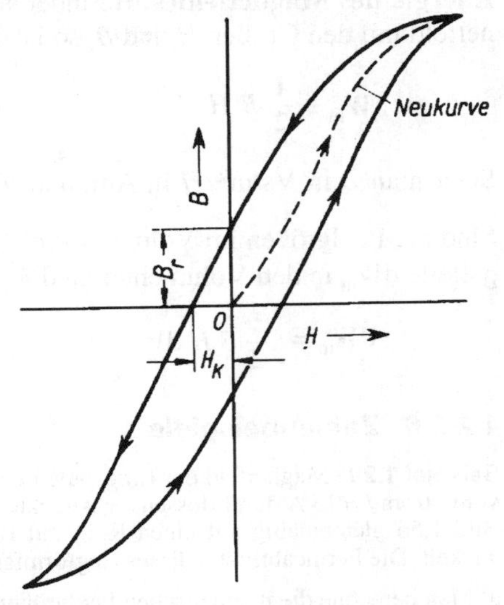

Bild 1.55
Magnetisierung einer Eisenlegierung mit Neukurve und Hystereseschleife

Elementarmagnete. Die beschriebenen magnetischen Erscheinungen können hinreichend erklärt werden, wenn man sich die Atome eines magnetischen Werkstoffes als kleine Dauermagnete mit je einem Nord- und Südpol vorstellt. Im unmagnetischen Zustand sind diese Elementarmagnete ungeordnet. Die Magnetisierung längs der Neu-kurve bedeutet dann eine allmähliche Ausrichtung der Magnetchen in die Feldrichtung von $\vec{H}$. Bei Sättigung sind nahezu alle Elementarmagnete ausgerichtet. Bei abnehmender Erregung „klappen" infolge der inneren Reibung nicht alle wieder in den ungeordneten Anfangszustand „zurück", eine Restmagnetisierung bleibt bestehen. Bei abgeschalteter Erregung sind demnach immer noch ausgerichtete Elementarmagnete vorhanden, d.h. es besteht eine Remanenz. Erst durch eine Erregung in umgekehrter Richtung wird der ungeordnete Zustand wiederhergestellt, hierzu benötigt man die Koerzitivkraft.

Einige technische Anwendungen. Die oben beschriebene Ummagnetisierung des Eisens zwischen positiven und negativen Maximalwerten der Strom- und Feldgrößen findet bei Wechselstromerregung fortwährend in schneller Folge statt. Bedingt durch die Reibung der Elementarmagnete im Eisen entsteht hierbei Wärme. Es läßt sich zeigen, daß diese Wärmeverluste proportional mit dem Flächeninhalt der Hystereseschleife ansteigen, man nennt sie deshalb Hystereseverluste.

Zur Herabsetzung der Verlustwärme und damit der durch sie bedingten höheren Betriebstemperatur der elektrischen Maschinen und Geräte, die magnetischen Wechselfeldern ausgesetzt sind, stellt man den Magnetkreis aus Werkstoffen mit möglichst schmaler Hystereseschleife her. Es werden daher Werkstoffe z.B. nach Bild 1.53 verwendet; hier fallen die Äste der Hystereseschleife mit der Magnetisierungskurve fast zusammen.

Eine besondere technische Bedeutung erhielt die auch noch so geringe Remanenz dieser Werkstoffe für die Selbsterregung elektrischer Maschinen (Werner v. Siemens, 1876), worauf in Abschn. 4.1.2.2 näher eingegangen wird. Auch Elektromagnete, z.B. in Relais oder Hubmagneten, werden aus solchen weichen magnetischen Werkstoffen hergestellt.

Permanent- oder Dauermagnete werden aus Materialien gefertigt, die eine möglichst breite Hystereseschleife besitzen. Neben hoher Remanenz ist vor allem eine große Koerzitivfeldstärke erwünscht, womit der Magnet unempfindlich gegen äußere Einflüsse wie Fremdfelder oder offenen magnetischen Rückschluß wird. Als Werkstoffe werden vor allem Erdalkali- und Eisenoxidverbindungen eingesetzt, die Ferrite genannt werden und auch als Möbelmagnete bekannt sind. In neuerer Zeit nutzt man zunehmend Legierungen aus der Gruppe der Seltenen Erden wie Samarium oder Neodym und erreicht Remanenzwerte von $B_r \leq 1{,}2$ T bei gleichzeitig sehr hoher Koerzitivfeldstärke.

Energie des Magnetfeldes. Befindet sich in dem Volumen V eines Stoffes ein homogenes Magnetfeld mit den Größen H und B, so ist die magnetische Energie W_m im Volumen V

$$\boldsymbol{W_m = \frac{1}{2} B\,H\,V} \tag{1.49}$$

Setzt man B in Vs/m², H in A/m und V in m³ ein, so ergibt sich W_m in $\frac{\text{Vs}}{\text{m}^2} \cdot \frac{\text{A}}{\text{m}}\,\text{m}^3 = \text{VAs} = \text{J}$.

Sind die Feldgrößen im Volumen V nicht homogen, so ergibt sich W_m durch Summieren der Energieteile dW_m in den Volumenteilen dV

$$dW_m = \frac{1}{2} B\,H\,dV \qquad \boldsymbol{W_m = \int dW_m = \frac{1}{2}\int B\,H\,dV} \tag{1.49a}$$

1.2.2.6 Zahlenbeispiele

Beispiel 1.29 Magnetfeld der Ringspule in Form der Luftspule. Der in den Beispielen 1.26 bis 1.28 betrachtete, vom Strom $I = 15$ A durchflossene, gestreckte Kupferleiter mit 20 m Länge und $2r_0 = 2$ mm Durchmesser ist nach Bild 1.56 gleichmäßig auf einen Ring mit Kreisquerschnitt aus einem unmagnetischen Isoliermaterial aufgewickelt. Die Permeabilität μ dieses ringförmigen Spulenkörpers ist praktisch gleich der Permeabilität μ_0 der Luft.

a) Man berechne die magnetischen Feldgrößen H und B sowie den Fluß Φ im Inneren der Ringspule.

Aus der in Bild 1.56b gewählten Richtung des Stromes I durch die Windungen der Luftspule ergibt sich nach der Rechtsschraubenregel die Richtung des Magnetfeldes im Innern der Ringspule im Uhrzeigersinn. Das Magnetfeld bildet sich im Innern der Spule praktisch homogen aus, die magnetischen Feldlinien sind Kreise. Der mittlere Durchmesser einer Drahtwindung ist, wenn $d_a = 180$ mm und $d_i = 110$ mm ist

$$d_m = \frac{d_a - d_i}{2} + 2\,r_0 = \frac{(180 - 110)}{2}\,\text{mm} + 2 \cdot 1\,\text{mm} = 37\,\text{mm}$$

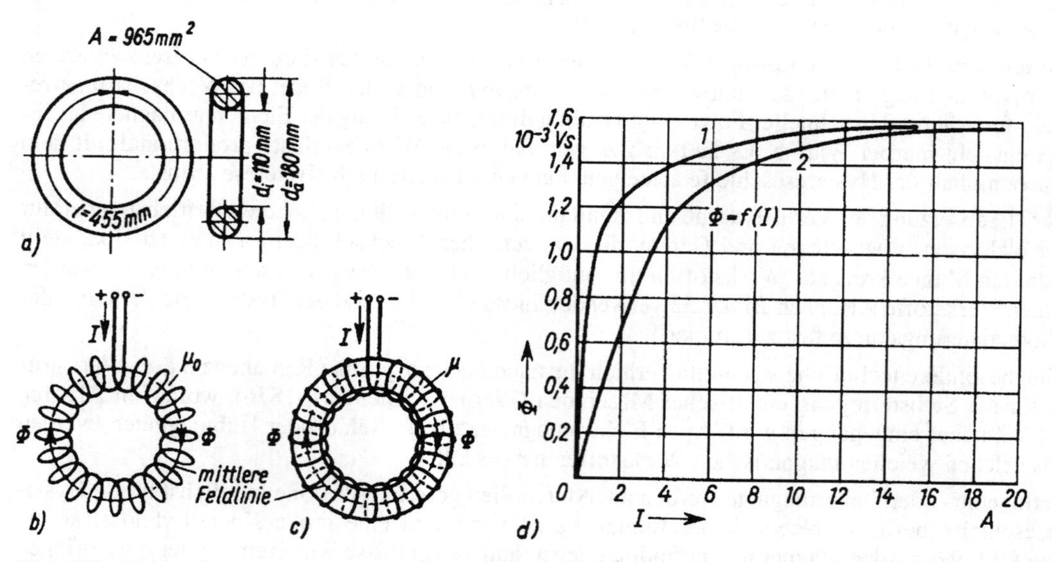

Bild 1.56 Ringspule, a) Abmessungen, b) Luftspule, c) Eisenspule, d) Magnetisierungskurven $\Phi = f(I)$ der Eisenspule ohne Luftspalt (*1*) und mit Luftspalt (*2*)

Damit ergeben sich aus 20 m Leiterlänge $N = 20 \cdot 10^3\,\text{mm}/(\pi \cdot 37\,\text{mm}) = 172$ Windungen. Die mittlere Länge einer Feldlinie im Innern des Kreisringes beträgt

$$l = \frac{\pi(d_a + d_i)}{2} = \pi \cdot 145\,\text{mm} = 0{,}455\,\text{m}$$

Durch die von der mittleren Feldlinie berandete Kreisfläche mit dem Durchmesser $(d_a + d_i)/2$ tritt Nmal der Strom I hindurch. Damit gilt nach Gl. (1.48)

$$H = \frac{I\,N}{l} = \frac{15\,\text{A} \cdot 172}{0{,}455\,\text{m}} = 5670\,\text{A/m}$$

Nach Gl. (1.42) und (1.43) wird damit

$$B = \mu_0 H = 0{,}4\,\pi \cdot 10^{-6} \frac{\Omega\text{s}}{\text{m}}\, 5670 \frac{\text{A}}{\text{m}} = 7{,}1 \cdot 10^{-3}\,\text{T}$$

Der magnetische Fluß Φ nimmt die Fläche $A = (\pi \cdot 35^2\,\text{mm}^2)/4 = 0{,}965 \cdot 10^{-3}\,\text{m}^2$ ein; damit wird nach Gl. (1.46) der Fluß

$$\Phi = B\,A = 7{,}1 \cdot 10^{-3}\,\text{T} \cdot 0{,}965 \cdot 10^{-3}\,\text{m}^2 = 6{,}85 \cdot 10^{-6}\,\text{Vs}$$

b) Wie kann der Betrag des magnetischen Flusses Φ im Innern der Luftspule gesteigert werden? Aus den Gl. (1.42), (1.46) und (1.48) folgt für die Luftspule

$$\Phi = B\,A = \mu_0\,H\,A = \mu_0 \frac{I\,N}{l}\,A$$

Da A und l festliegen, wächst der Fluß in der Spule proportional mit dem Produkt $I\,N$, der Durchflutung an. Eine Verstärkung des Magnetfeldes ist demnach bei der Luftspule nur durch Vergrößern des Spulenstromes I und Erhöhen der Windungszahl N (Spule mit mehreren Windungslagen übereinander) möglich.

Beispiel 1.30 Magnetfeld der Ringspule in Form der Eisenspule. Die Ringspule des vorstehenden Beispiels wird nun auf einen geschlossenen Ringkern aus Stahlguß gewickelt (Bild 1.56c).

a) Wie ändern sich die Werte von H, B, und Φ gegenüber der Luftspule, wenn, wie dies hier angenommen werden darf, der gesamte Fluß im Stahlgußkern verläuft?

Aus Gl. (1.48) folgt wieder

$$H = \frac{I\,N}{l} = 5670\,\text{A/m} = 56{,}7\,\text{A/cm}$$

Aus der Magnetisierungskennlinie $B = f(H)$ für den Stahlguß (Bild 1.53) ergibt sich für $H = 56{,}7\,\text{A/cm}$ die Flußdichte $B = 1{,}65\,\text{T}$. Nach Gl. (1.46) erhält man

$$\Phi = B\,A = 1{,}65\,\text{T} \cdot 0{,}965 \cdot 10^{-3}\,\text{m}^2 = 1{,}59 \cdot 10^{-3}\,\text{Vs}$$

B und Φ sind somit bei der Eisenspule 232mal so groß wie bei der Luftspule, d.h. es ist $\mu_r = 232$.

b) Man berechne die magnetischen Größen H, B und Φ im Innern des Eisenkerns in Abhängigkeit vom Spulenstrom I und stelle $\Phi = f(I)$ in einem Schaubild dar.

Tabelle 1.57 Berechnung der magnetischen Größen einer Eisenspule ohne und mit Luftspalt

ohne Luftspalt				mit Luftspalt				
I A	H A/cm	B T	Φ 10^{-3} Vs	$H_{Fe}\,L_{Fe}$ A	H_L A/cm	$H_L\,l_L$ A	$I\,N$ A	I A
0	0	0	0	0	0	0	0	0
0,5	1,89	0,80	0,77	86	6400	320	406	2,36
2	7,56	1,30	1,25	344	10400	520	864	5,02
5	18,9	1,50	1,45	860	12000	600	1460	8,49
7,5	28,3	1,54	1,49	1290	12320	616	1906	11,08
10	37,8	1,58	1,52	1720	12640	632	2352	13,67
12,5	47,2	1,61	1,56	2150	12960	648	2798	16,27
15	56,7	1,65	1,59	2580	13200	660	3240	18,84

In Tabelle 1.57 sind zunächst die Zahlenwerte der magnetischen Feldstärke $H = I\,N/l$ in Abhängigkeit vom Spulenstrom errechnet. Aus der Magnetisierungskennlinie für Stahlguß ergeben sich dann die zugehörigen Werte von B und damit schließlich $\Phi = BA$; die Funktionskurve $\Phi = f(I)$ ist in Bild 1.56d dargestellt (Kurve 1).

Man erkennt, daß – entsprechend dem Verlauf der Magnetisierungskennlinie für Stahlguß – die Flußdichte bis zu Werten von $B \leq 0{,}8$ T etwa proportional mit dem Spulenstrom ansteigt. Dann macht sich am Beginn des Knies der Magnetisierungskennlinie die sogenannte Sättigung des Eisens bemerkbar: die Kurve steigt weiterhin nur noch flacher an. Dies bedeutet, daß zur weiteren Steigerung des Magnetfeldes erheblich mehr Zuwachs an Durchflutung erforderlich wird als im unteren Teil der Kurve.

Bei elektrischen Maschinen werden anstatt massiver Stahlgußteile aus Elektroblech geschichtete Kerne verwendet. Man wählt die Flußdichte im Luftspalt der Maschinen etwa 0,8 T bis 1,2 T. Für Transformatoren wird kornorientiertes Elektroblech mit Flußdichten in den Kernen bis etwa 1,5 T verwendet.

Es ist zeichnerisch schwerlich möglich, die in Beispiel 1.29a erhaltene Magnetisierungsgerade $\Phi = f(I)$ für die Luftspule im Bild 1.56d einzutragen, da diese Gerade unmittelbar über der Abszisse liegt. Man erkennt auch hieraus, wie stark Eisen magnetisierbar ist.

c) Nun wird der Ringkern an einer Stelle aufgeschnitten, so daß dort ein Luftspalt mit der Länge $l_L = 0{,}5$ mm entsteht. Man berechne und zeichne wieder den funktionalen Zusammenhang zwischen dem Fluß Φ und dem Spulenstrom I.

Der magnetische Kreis besteht nun aus einem Eisen- und einem Luftabschnitt. Sieht man davon ab, daß sich die magnetischen Feldlinien zu einem geringen Teil auch außerhalb des Luftquerschnittes ausbreiten, dann steht in beiden Abschnitten dem Fluß Φ derselbe Querschnitt zur Verfügung, d.h. in beiden Abschnitten ist B gleich groß: $B = B_{Fe} = B_L$. Das Durchflutungsgesetz Gl. (1.48) lautet nun

$$\Sigma I = \Sigma H\,L \quad \text{oder} \quad I\,N = H_{Fe}\,l_{Fe} + H_L\,l_L$$

Bei der Berechnung des magnetischen Kreises geht man zweckmäßig so vor, daß man für einen bestimmten magnetischen Fluß (4. Spalte der Tabelle 1.57) aus der 2. Spalte $H = H_{Fe}$ entnimmt und den Durchflutungsanteil $H_{Fe} \cdot l_{Fe}$ im Eisen berechnet. Aus Gl.(1.42) ergibt sich $H_L = B/\mu_0$ und damit auch der Durchflutungsanteil $H_L\,l_L$ für den Luftspalt. Mit Gl. (1.48) läßt sich die notwendige Gesamtdurchflutung $I\,N$ und hieraus der erforderliche Spulenstrom I ermitteln. In Bild 1.56d ist $\Phi = \mathrm{f}(I)$ eingetragen, s. Kurve 2.

Beispielsweise ergibt sich in Tabelle 1.57 für die Eisenspule mit Luftspalt in der zweiten Zeile für $\Phi = 0{,}77 \cdot 10^{-3}$ Vs, $B = 0{,}8$ T der folgende Berechnungsgang:

$$H_{Fe}\,l_{Fe} = 1{,}89\ (\mathrm{A/cm}) \cdot 45{,}45\ \mathrm{cm} = 86\ \mathrm{A}$$

$$H_L = \frac{0{,}8\ \mathrm{Vs/m^2}}{1{,}25 \cdot 10^{-6}\ \Omega\mathrm{s/m}} = 0{,}64 \cdot 10^{-6}\ \frac{\mathrm{A}}{\mathrm{m}} = 6400\ \frac{\mathrm{A}}{\mathrm{cm}} \qquad H_L\,l_L = 6400\ \frac{\mathrm{A}}{\mathrm{cm}} \cdot 0{,}05\ \mathrm{cm} = 320\ \mathrm{A}$$

$$I\,N = (86 + 320)\ \mathrm{A} = 406\ \mathrm{A} \qquad I = 406\ \mathrm{A}/172 = 2{,}36\ \mathrm{A}$$

1.2.3 Kräfte und Spannungserzeugung im magnetischen Feld

1.2.3.1 Kräfte im Magnetfeld

Kräfte zwischen den Magnetpolen. An den senkrecht zur magnetischen Flußrichtung gelegenen Trennflächen verschiedener Stoffe in einem magnetischen Kreis, z.B. zwischen Eisen und Luft, treten magnetische Kräfte auf, die bei Elektromagneten, magnetischen Aufspannplatten, Bremslüftmagneten, elektromagnetischen Kupplungen, Schaltschützen, Relais usw. ausgenutzt werden. Den Betrag der dabei auftretenden Kraft kann man aus einer Energiebetrachtung herleiten.

Im Luftraum zwischen dem feststehenden Joch und dem beweglichen Anker eines Elektromagneten (Bild 1.58) ist ein homogenes Magnetfeld mit den Feldgrößen $\vec{H}$ und $\vec{B}$ vorhanden. Das Magnetfeld füllt das durch die Polfläche A und den Luftspalt l_L gebildete Volumen $V = A\ l_L$ gleichmäßig aus, so daß in ihm nach Gl. (1.49) die magnetische Energie

$$W_m = \frac{1}{2}\,B\,H\,A\,l_L$$

gespeichert ist. Da in Luft nach Gl. (1.42) $B = \mu_0 H$ gilt, wird

$$W_m = \frac{1}{2} \cdot \frac{B^2}{\mu_0} A\, l_L$$

Nähert sich der bewegliche Anker unter dem Einfluß der Kraft $\vec{F}_m$ um ein Stück dl dem Joch, so muß nach dem Energieprinzip die von $\vec{F}_m$ längs des Weges dl verrichtete Arbeit gleich der Abnahme der magnetischen Energie im Luftraum sein. Es gilt demnach

$$F_m \, dl = \frac{1}{2} \cdot \frac{B^2}{\mu_0} A \, dl$$

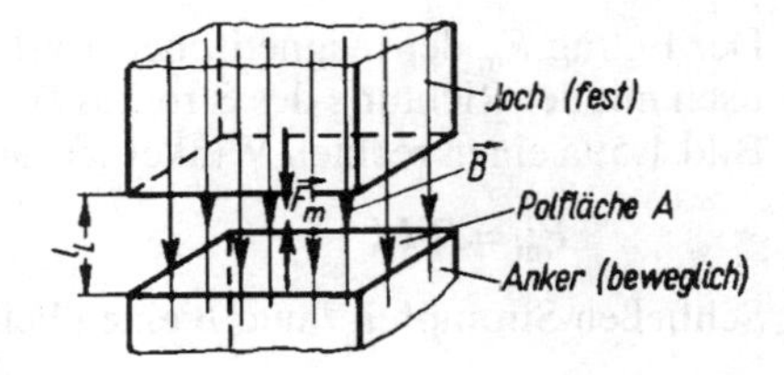

Bild 1.58
Kraft F_m zwischen Magnetpolen

Hieraus erhält man den Betrag dieser Kraft, die Zugkraftformel

$$\boldsymbol{F_m = \frac{1}{2} \cdot \frac{B^2 A}{\mu_0}} \tag{1.50}$$

oder als zugeschnittene Größengleichung

$$\boldsymbol{\frac{F_m}{A} \approx 40 \left(\frac{B}{T}\right)^2 \frac{N}{cm^2}} \tag{1.50a}$$

Hieraus ergibt sich z.B. für $B = 1$ T (Tesla) eine Zugkraft von 40 N/cm².

Die magnetische Zugkraft eines Elektromagneten mit gegebener Polfläche A ist also nur von der Flußdichte B im Luftraum abhängig. Bei konstanter Erregung mit Gleichstrom steigt während des Anzugs des Ankers die Zugkraft an, da mit kleiner werdendem Luftspalt die Flußdichte B größer wird. Die Haltekraft, das ist die Kraft bei am Joch anliegendem Anker, beträgt meist ein Vielfaches der Anzugskraft bei größtem Luftspalt des Magneten.

Die Richtung der magnetischen Kraft $\vec{F}_m$ an den Trennflächen zwischen zwei Stoffen zeigt stets zum Stoff mit der kleineren Permeabilität hin, an den beiden Trennflächen des Magneten in Bild 1.58 also in den Luftraum hinein. Diese Richtung ist unabhängig von der Feld- und damit auch der Stromrichtung in der Erregerspule des Magneten.

Kräfte auf stromdurchflossene Leiter im Magnetfeld. Ein vom Strom I durchflossener Leiter, dessen kreisförmigen Querschnitt Bild 1.59 zeigt, befindet sich in einem homogenen Magnetfeld mit der Flußdichte $\vec{B}$. Nach Abschn. 1.2.2.1 ruft der Strom I ein Magnetfeld mit kreisförmigen Feldlinien hervor, deren Richtung sich nach der Rechtsschraubenregel ergibt. Beide Magnetfelder überlagern sich zu einem resultierenden Magnetfeld. Man erkennt unmittelbar aus der Richtung der Feldlinien, daß das ursprüngliche Magnetfeld in Bild 1.59a rechts vom Leiter verstärkt, links aber geschwächt wird. Dabei wird auf den stromdurchflossenen Leiter eine magnetische Kraft $\vec{F}_m$ ausgeübt.

Die Richtung dieser Kraft $\vec{F}_m$ ergibt sich in Richtung des geschwächten Magnetfeldes (Bild 1.59a), $\vec{F}_m$ wirkt senkrecht zur Richtung des Stromes I und zur Richtung von $\vec{B}$.

Man kann die Richtung von $\vec{F}_m$ auch nach Bild 1.59b ermitteln. Dreht man den Strompfeil I in Bild 1.59b auf dem kürzesten Weg in Richtung von $\vec{B}$, so erhält man den Drehsinn einer rechtsgängigen Schraube, die sich in Richtung von $\vec{F}_m$ bewegt.

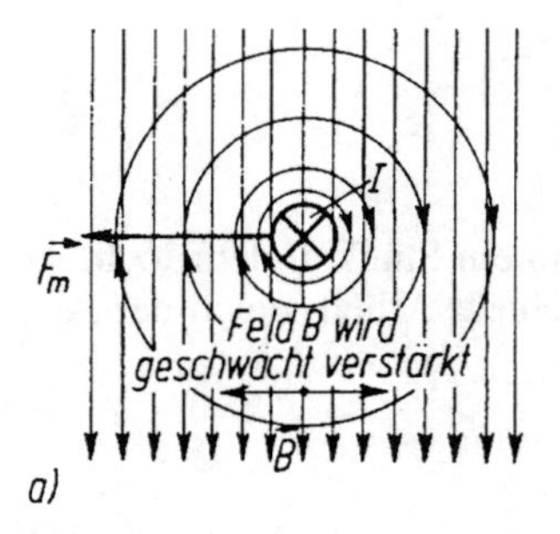

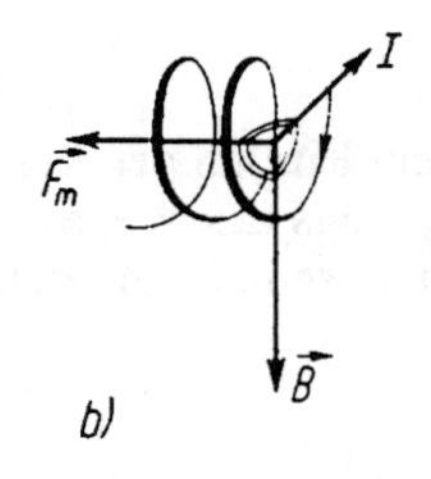

Bild 1.59
Magnetische Kraft $\vec{F}_m$ auf einen stromdurchflossenen Leiter im Magnetfeld (a) und Bestimmung der Richtung der magnetischen Kraft $\vec{F}_m$ nach der Rechtsschraubenregel (b)

Der Betrag F_m der magnetischen Kraft ist, wenn die Richtung des Leiters mit der Länge l (identisch mit der Richtung des Stromes I) und den Feldlinien (identisch mit der Richtung von $\vec{B}$) wie in Bild 1.59a einen rechten Winkel $\alpha = 90°$ bilden

$$F_m = B\,I\,l \tag{1.51}$$

Schließen Strompfeil I und $\vec{B}$ einen beliebigen Winkel α ein, so ist allgemein

$$F_m = B\,I\,l\sin\alpha \tag{1.51a}$$

Kraftwirkung zwischen parallelen stromdurchflossenen Leitern. Diese Wirkung kommt nach Bild 1.60 ebenfalls durch die Überlagerung zweier Magnetfelder zustande und bewirkt, wie das Feldlinienbild unmittelbar erkennen läßt, zwischen den Leitern Feldverstärkung, außerhalb der Leiter Feldschwächung. Verlaufen die beiden Leiter mit dem Abstand a auf der Länge l parallel zueinander, so ruft der Strom I_1 des Leiters 1 am Leiter 2 nach Beispiel 1.27 die Flußdichte

$$B_1 = \mu_0 H_1 = \frac{\mu_0 I_1}{2\pi a}$$

hervor, so daß auf den vom Strom I_2 durchflossenen Leiter 2 nach Gl. (1.51) die magnetische Kraft

$$F_m = B_1 I_2 l = \frac{\mu_0 l}{2\pi a} I_1 I_2 \tag{1.52}$$

ausgeübt wird. Entsprechend ruft auch das Magnetfeld des Leiters 2 zusammen mit dem Magnetfeld des Leiters 1 an diesem dieselben magnetische Kraft F_m hervor. Nach der Rechtsschraubenregel (Bild 1.59b) folgt, daß sich die beiden Leiter bei gleicher Stromrichtung mit der Kraft F_m anziehen, bei entgegengesetzter Stromrichtung (Bild 1.60) mit der Kraft F_m abstoßen.

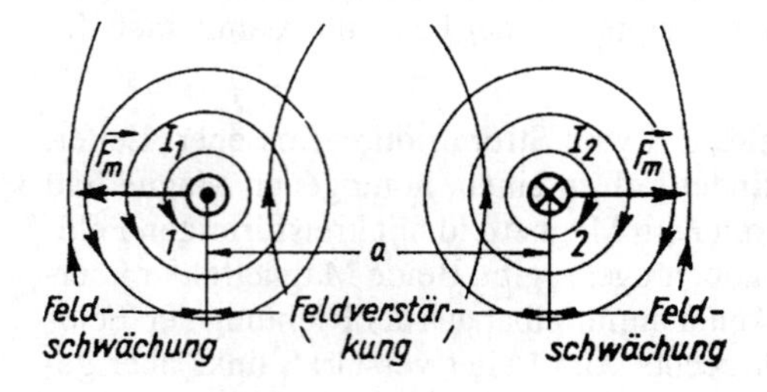

Bild 1.60
Magnetische Kräfte zwischen zwei parallelen Leitern bei entgegengesetzter Stromrichtung

1.2.3.2 Lenzsche Regel, Induktionsgesetz

Physikalischer Versuch. Nach Bild 1.61 ist an die Klemmen einer Luftspule mit N Windungen ein Widerstand R_a über einen Schalter angeschlossen. Zur Messung von Spannung u und Strom i dienen die eingezeichneten Meßinstrumente mit Nullpunkt in der Skalenmitte oder oszilloskopische Messung. Die von jeder Drahtwindung berandete Fläche umfaßt denselben magnetischen Fluß Φ, der durch die eingezeichneten magnetischen Feldlinien dargestellt wird. Die Herkunft des Magnetfeldes, das z.B. von einem nicht gezeichneten Elektromagneten stammen könnte, ist belanglos. Der Fluß Φ wird durch einen nicht gezeichneten Flußmesser gemessen und soll positiv gezählt werden, wenn die Feldlinien die Windungsflächen in der eingezeichneten Richtung von unten nach oben durchsetzen. Die positiven Zählrichtungen von u und i sind ebenfalls in Bild 1.61a durch die eingezeichneten Zählpfeile festgelegt.

Die Auswertung der durchgeführten Versuche liefert folgende Erkenntnisse:

Solange der Fluß Φ zeitlich konstant ist, sind $u = 0$ und $i = 0$. Wenn sich aber der Fluß zeitlich ändert, d.h. solange er größer ($\mathrm{d}\Phi/\mathrm{d}t > 0$) oder er kleiner ($\mathrm{d}\Phi/\mathrm{d}t < 0$) wird, tritt an den Klemmen eine Spannung u auf und fließt durch den geschlossenen Stromkreis ein Strom i. Da Größe und Richtung von u und i durch die Messungen bei verschiedenen Versuchsbedingungen bekannt sind, ist der Nachweis der beiden folgenden wichtigen Gesetze möglich:

Lenzsche Regel. Solange z.B. der Fluß ansteigt ($\mathrm{d}\Phi/\mathrm{d}t > 0$), z. B. wenn Φ in Bild 1.61a von unten nach oben größer wird, ist auch der Strom $i > 0$, fließt somit in Richtung des Stromzählpfeils und erzeugt durch die Drahtwindungsflächen selbst einen Fluß, der nach der Rechtsschraubenregel von oben nach unten gerichtet ist, also entgegen der ihn auslösenden Flußänderung wirkt. Umgekehrt stellt sich bei abnehmendem Fluß ($\mathrm{d}\Phi/\mathrm{d}t < 0$) auch ein Strom $i < 0$ ein, der entgegen dem Stromzählpfeil fließt, so daß der von ihm erzeugte Fluß wiederum der ihn auslösenden Flußänderung entgegenwirkt. Somit gilt die Lenzsche Regel:

Der induzierte Strom *i* wirkt immer der ihn hervorrufenden Flußänderung entgegen.

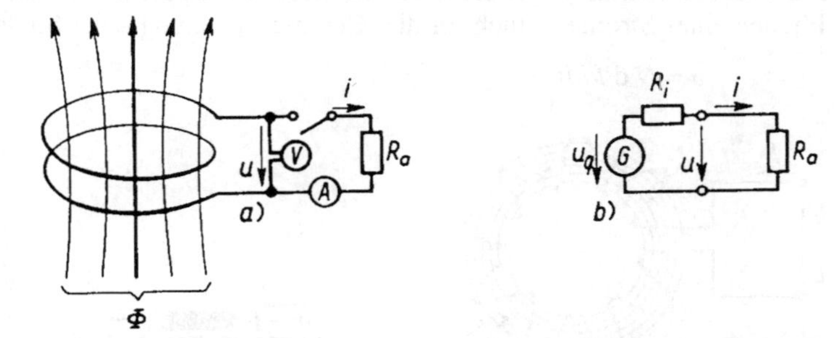

Bild 1.61
a) Versuchsanordnung
b) Ersatzschaltbild

Induktionsgesetz. Die Ursache für den induzierten Strom i ist eine in den Drahtwindungen induzierte Spannung, die Quellenspannung u_q. Sie kann bei Leerlauf, also geöffnetem Schalter, im obigen Versuch ebenfalls meßtechnisch bei verschiedenen Bedingungen ermittelt werden.

Mit den vereinbarten Zählrichtungen lautet das wichtige Induktionsgesetz

$$\boldsymbol{u_q = N\, \mathrm{d}\Phi/\mathrm{d}t} \qquad (1.53)$$

Die induzierte Spannung u_q ist proportional der Windungszahl N der Spule und proportional der zeitlichen Flußänderung $\mathrm{d}\Phi/\mathrm{d}t$. Dabei ist vorausgesetzt, daß durch alle N in Reihe geschalteten Windungen derselbe magnetische Fluß Φ hindurchtritt.

Bild 1.61b zeigt das Ersatzschaltbild der Anordnung, wobei R_i der innere Widerstand der Spule und R_a der Widerstand des äußeren Stromkreises bedeuten. Nach der Maschenregel gilt für einen Umlauf $u_q = u + i\,R_i$. Bei Leerlauf mit $i = 0$ wird $u = u_0 = u_q$. Man bezeichnet deshalb u_q auch als Leerlaufspannung der Zweipolquelle. Setzt man noch $u = i\,R_a$, erhält man für den gesamten Stromkreis

$$i = \frac{u_q}{R_i + R_a}$$

Mit Hilfe des Induktionsgesetzes können die an den Wicklungen von elektrischen Maschinen, Transformatoren usw. auftretenden Spannungen berechnet werden. Die geometrische Form der Wicklung kann beliebig sein. Insbesondere macht das Induktionsgesetz auch keine Voraussetzung darüber, wie der magnetische Fluß erzeugt wird und auf welche Art die Flußänderung in der Windungsfläche zustande kommt.

Beispiel 1.31 Nimmt der magnetische Fluß in einer Spule mit 20 Windungen in 0,5 s gleichmäßig von 4 Vs auf 7 Vs zu, dann ist in jeder Windung die Flußänderung $d\Phi = (7-4)$ Vs = 3 Vs und die zeitliche Flußänderung $d\Phi/dt$ = 3 Vs/0,5 s = 6 V. Somit ist während der Dauer der Flußänderung nach Gl. (1.53) die Spannung an der Spule $u_q = N\,d\Phi/dt = 20 \cdot 6\text{ V} = 120\text{ V}$.

1.2.3.3 Spannungserzeugung durch Selbstinduktion, Induktivität

Selbstinduktion. Eine einfache Möglichkeit, Flußänderungen in der Windungsfläche einer Spule zu bewirken, besteht darin, durch diese Spule aus einer Spannungsquelle u einen zeitlich sich ändernden Strom i zu schicken (Bild 1.62a). Die hierdurch bedingten Flußänderungen $d\Phi/dt$ induzieren ihrerseits in den einzelnen Windungen der Spule selbst Spannungen. Diese Erscheinung nennt man Selbstinduktion, weil die induzierte Spannung durch den Spulenstrom selbst, also ohne ein fremdes Magnetfeld hervorgebracht wird. Legt man die Zählpfeile von i und u wieder wie in Bild 1.61a fest, so ruft ein positiver Strom ($i > 0$) nach Abschn. 1.2.3.2 einen in Bild 1.62a im Uhrzeigersinn gerichteten Fluß im Innern der Spule ($\Phi > 0$) hervor. Fließt der Strom entgegen dem dort eingezeichneten Strompfeil ($i < 0$), so entsteht ein Fluß im Gegenuhrzeigersinn ($\Phi < 0$).

Ideale Spule. An einer Spule mit N Windungen tritt nach Gl. (1.53) die Quellenspannung $u_q = N d\Phi/dt$ auf. Nimmt man eine widerstandslose Luftspule also ideale Spule mit $R = 0$ an, so gilt beim Fließen eines Stromes i auch für die Klemmenspannung u der Spule

$$u = N\,d\Phi/dt$$

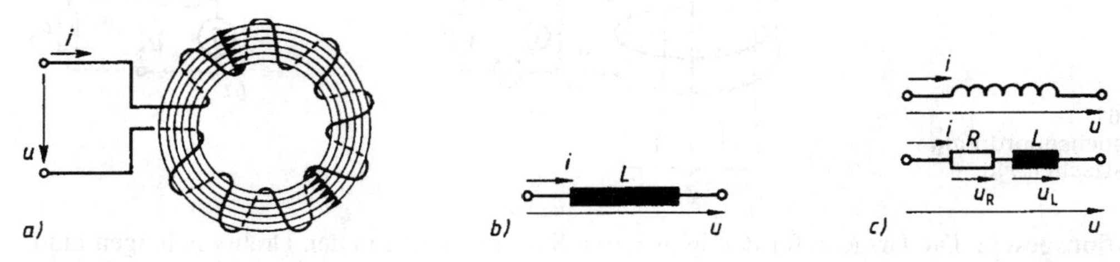

Bild 1.62 a) Selbstinduktion in einer Ringspule (Luftspule)
b) ideale Spule, Induktivität L
c) wirkliche Spule und Ersatzschaltung (Reihenschaltung von R und L)

Bei allen ausschließlich in Luft sich ausbildenden Magnetfeldern ist nach Abschn. 1.2.2.3 der Fluß proportional dem ihn erregenden Strom i. Mit den oben hergeleiteten magnetischen Gesetzen

$$\Phi = B\,A \qquad B = \mu_0 H \qquad i\,N = H\,l$$

erhält man

$$\Phi = B\,A = \mu_0 H\,A = \mu_0 \frac{N\,A}{l} i$$

Somit ergibt sich

$$u = N\frac{d\Phi}{dt} = \mu_0 \frac{N^2 A}{l}\frac{di}{dt} \quad \text{oder} \quad \boldsymbol{u = L\frac{di}{dt}} \tag{1.54}$$

Diese Gleichung gibt den allgemein gültigen Zusammenhang zwischen den Augenblickswerten der Spannung u und des Stromes i einer idealen Spule an.

Induktivität. Die Größe L heißt Induktivität der Spule. Nach Gl. (1.54) folgt aus

$$L = \frac{u}{\mathrm{d}i/\mathrm{d}t} \quad \text{ihre Einheit} \quad \frac{1\ \mathrm{V}}{\mathrm{A/s}} = 1\ \Omega\mathrm{s} = 1\ \mathrm{H}\ \text{(Henry)}$$

Eine ideale Spule hat demnach die Induktivität 1 H, wenn bei einer zeitlichen Stromänderung von 1 A/s an den Klemmen der Spule die Spannung 1 V herrscht. Bild 1.62b zeigt das genormte Schaltzeichen für eine Induktivität L.

Für eine Ringspule in Form der Luftspule gilt nach der obigen Herleitung

$$L = \mu_0 \frac{N^2 A}{l} \tag{1.55}$$

In diesem Fall ist L eine feste Größe, die allein von der geometrischen Form (A, l) und der Windungszahl N der Spule abhängt. Bei Eisenspulen sind die Verhältnisse verwickelter. In Gl. (1.55) tritt anstelle von μ_0 die Permeabilität μ des Eisens, die nach der Magnetisierungskennlinie von der Durchflutung und somit vom Strom abhängt.

Beispiel 1.32 Man berechne die Induktivitäten der 3 Spulenanordnungen in Abschn. 1.2.2.6 jeweils bei einem Spulenstrom $I = 15$ A.

Für die Luftspule in Beispiel 1.29 ergibt sich nach Gl. (1.55):

$$L_1 = \frac{\mu_0 N^2 A}{l} = 1{,}256 \cdot 10^{-6} \frac{\Omega\mathrm{s}}{\mathrm{m}} \cdot \frac{172^2 \cdot 0{,}965 \cdot 10^{-3}\ \mathrm{m}^2}{0{,}455\ \mathrm{m}} = 0{,}0788\ \mathrm{mH}$$

Für die geschlossene Eisenspule in Beispiel 1.30a ergab sich bei $I = 15$ A der Wert $\mu_r = 232$. Somit

$$L_2 = \mu_r L_1 = 232 \cdot 0{,}0788\ \mathrm{mH} = 18{,}28\ \mathrm{mH}$$

Für die Eisenspule mit Luftspalt entnimmt man Bild 1.56d, Kurve 2, bei $I = 15$ A den Wert $\Phi = 1{,}54 \cdot 10^{-3}$ Vs und damit $B = 1{,}60$ T. Durch Vergleich mit L_2 bei 1,65 T wird somit

$$L_3 = (1{,}60\ \mathrm{T}/1{,}65\ \mathrm{T})\ 18{,}28\ \mathrm{mH} = 17{,}73\ \mathrm{mH}$$

Magnetische Energie. Nimmt eine Induktivität L in der Zeit $\mathrm{d}t$ die elektrische Energie $\mathrm{d}W = u\, i\, \mathrm{d}t$ auf, so muß nach dem Energieprinzip in derselben Zeit die magnetische Energie in der Spule um einen gleich großen Betrag $\mathrm{d}W_m$ zunehmen: $\mathrm{d}W_m = \mathrm{d}W$.

Nach Gl. (1.54) erhält man somit

$$\mathrm{d}W_m = u\, i\, \mathrm{d}t = L \frac{\mathrm{d}i}{\mathrm{d}t}\, i\, \mathrm{d}t = L\, i\, \mathrm{d}i$$

Durch Integration ergibt sich die magnetische Energie in einer Spule mit der Induktivität L beim Spulenstrom i

$$W_m = \frac{1}{2} L i^2 \tag{1.56}$$

Reale Spule. In einer realen, also nicht widerstandslosen Spule nach Bild 1.62c tritt an der Induktivität L die Spannung $u_L = L\, \mathrm{d}i/\mathrm{d}t$ Gl. (1.54) auf. Außerdem ist am Widerstand R der Spule nach dem Ohmschen Gesetz die Spannung $u_R = i\, R$ erforderlich, so daß nach der Maschenregel für die Klemmenspannung gilt

$$u = u_R + u_L \quad \text{oder} \quad u = i\, R + L\, \mathrm{d}i/\mathrm{d}t$$

Das Ersatzschaltbild einer Luftspule mit Widerstand R besteht demnach aus einer Reihenschaltung von R und L.

1.2.3.4 Transformatorische und rotatorische Spannungserzeugung

In ruhenden Spulen werden elektrische Spannungen durch Änderungen des magnetischen Flusses induziert. Die Flußänderungen werden ihrerseits durch veränderliche Ströme in den Wicklungen von Transformatoren hervorgerufen. Am Beispiel des idealen Transformators soll hier die transformatorische Spannungserzeugung erläutert werden.

Idealer Transformator. Ein geschlossener Eisenkern, aus geschichteten Elektroblechen zusammengesetzt, trägt zwei Spulen, die Primärspule mit N_1 Windungen und die Sekundärspule mit N_2 Windungen (Bild 1.63). Die Primärspule wird an die veränderliche Spannung u_1 angeschlossen.

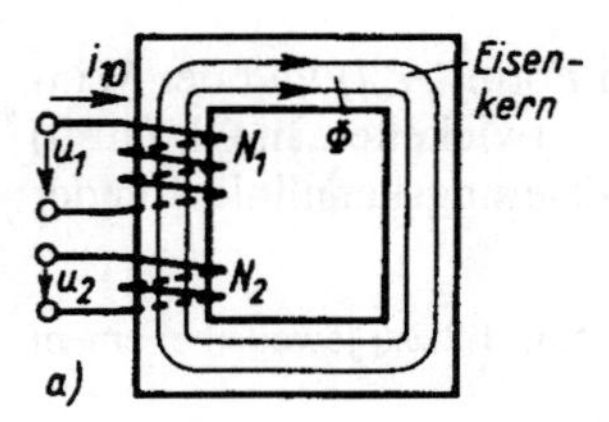

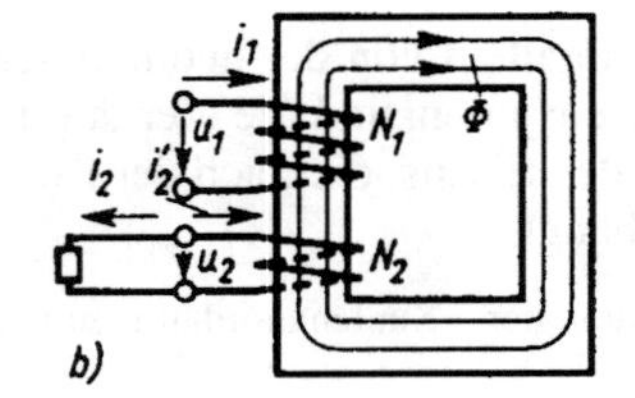

Bild 1.63
Transformator mit Eisenkern
a) bei Leerlauf, $i_2 = 0$
b) bei Belastung, $i_2 \neq 0$

Bei Leerlauf (Bild 1.63a) ist der Stromkreis der Sekundärspule offen. Die veränderliche Spannung u_1 ruft einen veränderlichen Leerlauf- oder Magnetisierungsstrom hervor, so daß die Durchflutung $i_{10}\, N_1$ im Eisenkern den veränderlichen magnetischen Fluß Φ erzeugt. Die beiden Spulen sind widerstandslos angenommen und es wird weiter vorausgesetzt, daß beide Spulen von demselben Fluß durchsetzt werden, daß somit keine Feldlinien als sogenannte Streufeldlinien ihren Weg durch die den Eisenkern umgebende Luft nehmen. Unter diesen Voraussetzungen sind nach dem Induktionsgesetz die an den Spulen auftretenden Spannungen u_{q1} bzw. u_{q2} den Klemmenspannungen u_1 bzw. u_2 gleich. Es gilt somit nach Gl. (1.53)

$$u_1 = u_{q1} = N_1 \mathrm{d}\Phi/\mathrm{d}t \quad \text{und} \quad u_2 = u_{q2} = N_2 \mathrm{d}\Phi/\mathrm{d}t$$

Hieraus folgt

$$\frac{u_1}{u_2} = \frac{N_1}{N_2} \tag{1.57}$$

Beim unbelasteten Transformator verhalten sich also die Primär- und Sekundärspannungen wie die entsprechenden Windungszahlen.

Bei Belastung ist der Stromkreis der Sekundärspule über den Verbraucher geschlossen (Bild 1.63b) und darin fließt der Strom i_2'. Auch hier gilt

$$u_1 = N_1 \mathrm{d}\Phi/\mathrm{d}t$$

Es tritt also dieselbe Flußänderung $\mathrm{d}\Phi/\mathrm{d}t$ und damit auch derselbe zeitliche Verlauf des Flusses wie bei Leerlauf auf. Der magnetische Fluß Φ im Eisenkern wird aber nun von den Durchflutungen $i_1\, N_1$ und $i_2'\, N_2$ hervorgerufen, also

$$i_1\, N_1 + i_2'\, N_2 = i_{10}\, N_1$$

Legt man i_2 in umgekehrter Richtung wie i_2' fest, setzt also $i_2 = -\, i_2'$ nach Bild 1.63b, so wird

$$i_1\, N_1 - i_2\, N_2 = i_{10}\, N_1 \quad \text{oder} \quad (i_1 - i_{10}) N_1 = i_2\, N_2$$

Vernachlässigt man den sehr kleinen Leerlaufstrom i_{10} des Transformators gegenüber dem Belastungsstrom i_1, dann ist

$$\frac{i_1}{i_2} = \frac{N_2}{N_1} \tag{1.58}$$

Durch Zusammenfassung der Gl. (1.57) und (1.58) erhält man beim idealen Transformator für das Übersetzungsverhältnis

$$\ddot{u} = \frac{N_1}{N_2} = \frac{u_1}{u_2} = \frac{i_2}{i_1} \tag{1.59}$$

Die Spannungen verhalten sich also wie die Windungszahlen, die Ströme umgekehrt wie die Windungszahlen der Spulen. Die Spule mit der größten Spannung besteht demnach aus vielen Windungen dünnen Drahtes (kleiner Strom), die Spule mit der kleineren Spannung aus vergleichsweise wenig Windungen dicken Drahtes (großer Strom). Aus Gl. (1.59) folgt auch

$$u_i\, i_1 = u_2\, i_2 \quad \text{und deshalb} \quad \boldsymbol{P_{t1} = P_{t2}}$$

Beim idealen Transformator ist also in jedem Augenblick die primär aufgenommene Leistung gleich der sekundär abgegebenen Leistung.

Nichtidealer Transformator. Der wirkliche Transformator in der Praxis unterscheidet sich in seinem Verhalten nur wenig vom idealen Transformator. In Abschn. 4.2 wird gezeigt, welche Einflüsse die Berücksichtigung der Widerstände der Spulen, des Leerlaufstroms, der Streufeldlinien und der Eisenverluste auf Wirkungsweise und Betrieb ausgeführter Transformatoren haben.

Rotatorische Spannungserzeugung. In rotierenden elektrischen Maschinen (Generatoren, Motoren) erfolgt der Induktionsvorgang meist dadurch, daß zwischen einem Magnetfeld Φ mit örtlich unterschiedlicher Flußdichte B_x, z.B. Sinusform und der induzierten Spule eine Relativbewegung besteht. In diesem Fall verwendet man gerne den Begriff der rotatorischen Spannungserzeugung oder der Bewegungsspannung, die sich ebenfalls aus Gl. (1.53) berechnen läßt. Mit

$$u_q = N \cdot \frac{d\Phi_{x,t}}{dt} = N \cdot \frac{d\Phi}{dx} \cdot \frac{dx}{dt}$$

wird die variable Flußverkettung über die örtliche Feldänderung $d\Phi/dx$ und die Relativgeschwindigkeit dx/dt zwischen Feld und Spule erfaßt.

In der Praxis liegt die örtlich unterschiedliche Feldverteilung fast immer in Form eines Verlaufs der Flußdichte B_x mit abwechselnd gleichen positiven und negativen Halbwellen (Nord- und Südpolen) entsprechend Bild 1.64 vor. Der mit der rotierenden Läuferspule verkettete Fluß ist dann zu einem beliebigen Zeitpunkt

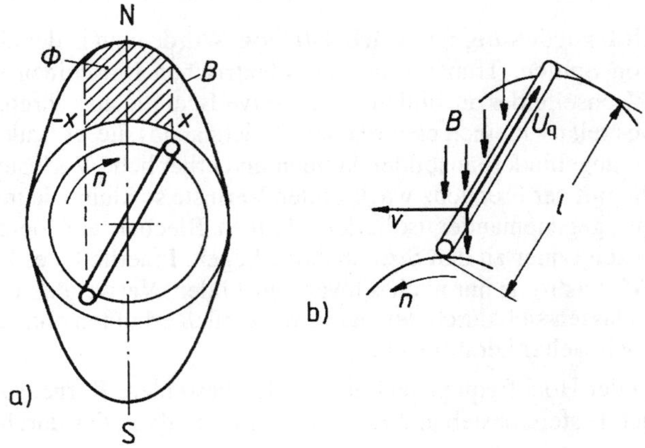

Bild 1.64
Rotatorische Spannungserzeugung
a) Rotation einer Spule im Sinusfeld B_x
b) Bewegungsspannung in einem Leiter

$$\Phi = l \cdot \int_{-x}^{x} B_x \, dx$$

wenn $x = 0$ in die Symmetrieachse des Feldverlaufs $B_x = f(x)$ gelegt wird. Die Differentiation obiger Gleichung ergibt $d\Phi/dx = 2\, l \cdot B_x$ und man erhält mit der Geschwindigkeit $v = dx/dt$ der rotierenden Spule der Windungszahl N die induzierte Quellenspannung zu

$$u_q = 2 \cdot N \cdot B_x \cdot l \cdot v$$

Bezieht man die Bewegungsspannung auf nur einen Leiter der Spule, so erhält man die allgemeine Gleichung

$$\boldsymbol{u_q = B \cdot l \cdot v} \tag{1.60}$$

Danach ist die in einem Stab der Länge l induzierte Spannung bei konstanter Geschwindigkeit v in jedem Augenblick der an der Leiterstelle vorhandenen Flußdichte B im Luftspalt proportional (Bild 1.64b). Für Gl. (1.60) ist Voraussetzung, daß die drei Größen B, l und v senkrecht aufeinander stehen, was durch die Konstruktion sichergestellt ist.

Bei der Auslegung von Generatoren bemüht man sich immer, den räumlichen Verlauf der Flußdichte B längs des Luftspalts sinusförmig zu gestalten. Bewegt sich dieses Magnetfeld dann mit konstanter Geschwindigkeit v relativ zur Spule mit der wirksamen Windungszahl N, so wird in ihr eine zeitlich sinusförmige Wechselspannung nach der Gleichung

$$u = \hat{u} \sin \omega t$$

erzeugt. Diese Wechselspannung ist die Grundlage der öffentlichen Energieversorgung. Für ihren Maximalwert gilt nach Gl. (1.60)

$$\hat{u} = 2\, N \cdot l \cdot B_{max} \cdot v$$

1.2.3.5 Wirbelströme

Entstehung der Wirbelströme. Wird ein Magnetfeld Φ in einem massiven Eisenkern geführt, so kann man sich den Querschnitt nach Bild 1.65a in viele in sich geschlossene Windungen mit der Leitfähigkeit des Eisens aufgeteilt denken. Die Windungen haben alle untereinander Kontakt und bilden in der Summe eine leitende Fläche.

Nach dem Induktionsgesetz entstehen nun bei jeder Feldänderung in den gedachten Windungen mit der Windungszahl $N = 1$ nach $u_w = d\Phi/dt$ Spannungen, die entsprechend dem Widerstand r_w der Windung Ströme $i_w = u_w/r_w$ hervorrufen. In der Querschnittsfläche fließen also bei jeder Feldänderung flächenhafte Ströme i_w, die man Wirbelströme nennt.

Unterdrückung der Wirbelströme. Würde man in der elektrischen Energietechnik die Eisenkerne von Spulen, Transformatoren, elektrischen Maschinen und Geräten, in denen sich magnetische Wechselfelder ausbilden, als massive Bauteile ausführen, so würden sich die Wirbelströme wegen des relativ kleinen elektrischen Widerstandes dieser Bauteile mit ihren großen Querschnitten nahezu ungehindert ausbilden können und erhebliche Verluste und Erwärmungen wären die Folge. Um die mit der Frequenz wachsenden Verluste so klein wie möglich zu halten, baut man die Eisenkerne aus gegeneinander isolierten, dünnen Blechen auf, deren Berührungsflächen wie in Bild 1.65b gezeigt quer zu den Strombahnen liegen. Innerhalb des kleinen Blechquerschnitts können sich die Wirbelströme nur noch schwach ausbilden. Verwendet man außerdem mit Silizium legierte Bleche, so lassen sich durch den damit wesentlich erhöhten ohmschen Widerstand die Wirbelstromverluste noch weiter herabsetzen.

In der Hochfrequenztechnik werden besondere Kerne, sog. Massekerne oder Ferritkerne, verwendet. Erstere bestehen aus feinstem Eisenpulver, das durch einen thermoplastischen Kunststoff iso-

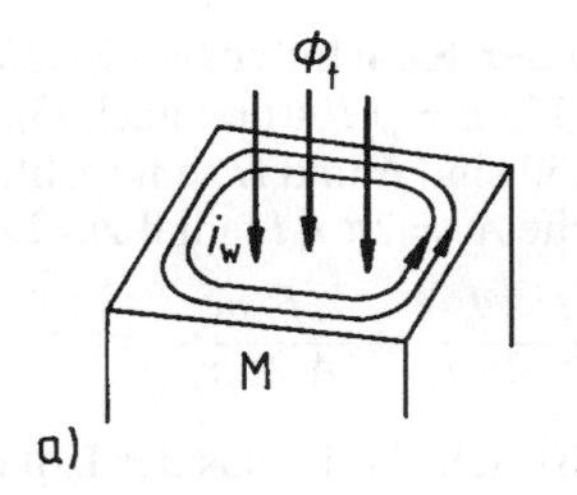

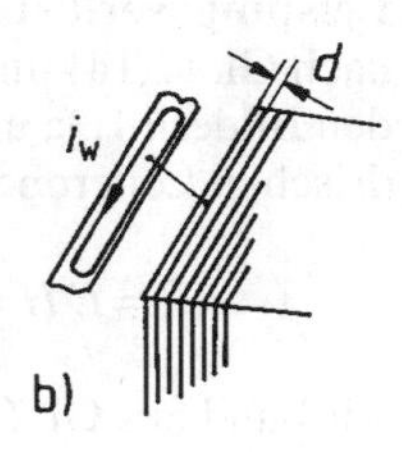

Bild 1.65
Wirbelströme in einem Eisenkern
a) freie Bahnen der Ströme i_w in Massivmaterial M
b) Kern aus isolierten Elektroblechen der Stärke d

lierend gebunden wird. Die Ferritkerne bestehen aus sehr schlecht leitenden Eisenoxydgemischen, so daß dadurch die Bildung von Wirbelströmen unmöglich ist.

Ausnutzung der Wirbelströme. Mit dem Auftreten von Wirbelströmen ist immer eine Umwandlung von mechanischer oder elektrischer Energie in Wärme verbunden. Diese ist nicht immer unerwünscht, sie wird vielmehr in der Technik auch vielseitig ausgenutzt.

Die bekannteste Anwendung für die Umwandlung mechanischer Energie in Wärme ist die Wirbelstrombremse. Ihr Grundelement ist ein metallischer Körper, der im Magnetfeld eines Dauermagneten oder Elektromagneten bewegt wird. Beispiele hierfür sind:

- Bremsscheibe im Luftspalt des Dauermagneten eines elektrischen Zählers,
- Dämpferscheibe des beweglichen Meßwerkes im Luftspalt des Dauermagneten eines elektrischen Meßinstrumentes,
- Rotationskörper (z.B. Stahlzylinder) in einem durch einen Elektromagneten erregten Magnetfeld einer Wirbelstrombremse (s. Abschn. 4.4.2).

Die Umwandlung elektrischer Energie in Wärme wird immer mehr bei der induktiven Erwärmung von Werkstücken beim Schmieden, Löten oder Härten ausgenutzt. Im Inneren einer Spule befindet sich das elektrisch leitende Werkstück. Die Spule wird mit Wechselstrom möglichst hoher Frequenz erregt, um ein rasch sich änderndes Magnetfeld und damit durch die entstehenden Wirbelströme eine hohe Wärmekonzentration im Werkstück zu bekommen.

1.2.3.6 Elektromagnetisches Feld

Ein elektromagnetisches Feld ist der Raum, in dem sowohl ein elektrisches Feld mit der elektrischen Feldstärke $\vec{E}$ als auch ein magnetisches Feld mit der magnetischen Feldstärke $\vec{H}$ vorhanden ist. Bildet man an einem Feldpunkt das von dem britischen Physiker John Henry Poynting 1884 angegebene und nach ihm benannte Vektorprodukt

$$\textbf{Poynting-Vektor} \quad \vec{S} = \vec{E} \times \vec{H} \tag{1.61a}$$

dann ergibt sich die elektrische Leistung P als Fluß der Leistungsdichte $\vec{S}$ durch die Fläche $\vec{A}$ des elektromagnetischen Feldes, allgemein durch Integration des skalaren Produkts

$$\textbf{elektrische Leistung} \quad P = \int_A \vec{S}\, d\vec{A} \tag{1.61b}$$

Hieraus folgen für die elektrische Energieübertragung zwei immer wieder überraschende Tatsachen:

1. Elektrische Energie wird nicht durch die in den Leitern fließenden Ströme, also durch Elektronen übertragen, sondern über die isolierende Umgebung der Leiter, z.B. über die Luft um die Leiterteile einer Freileitung oder über die Isolierschicht um die Leiteradern eines Kabels.

2. Ein meist geringer Energieanteil fließt von der isolierenden Umgebung in den Leiter, verursacht seine Erwärmung und wird deshalb zurecht als Energieverlust bzw. Leistungsverlust bezeichnet.

Beide „Behauptungen“ werden nun am Beispiel der Energieübertragung mit einem Einleiterkabel bewiesen (s. auch Beispiel 1.33).

Leistungsverlust P_v in der Kabelader (Bild 1.66a). In dem vom Strom I durchflossenen Leiter ist nach Gl. (1.14) und (1.15) $E = \rho\, I/A$ und nach Gl. (1.40) an der Leiteroberfläche $H = I/2\pi\, r_i$. Nach den Bildern 1.3a und 1.52 sind $\vec{E}$ und $\vec{H}$ senkrecht, somit ist nach Gl. (1.61a) $\vec{S}$ auf der ganzen zylindrischen Leiteroberfläche $A_z = 2\pi\, r_i\, l$ radial zur Leiterachse hin gerichtet, so daß aus Gl. (1.61a)

$$S = E\,H = \frac{\rho\, I}{A}\,\frac{I}{2\pi\, r_i} = \frac{I^2\,\rho}{A\;2\pi\, r_i}$$

wird und aus Gl. (1.61b) sich für die aus der Isolationsschicht in die Kabelader fließende Leistung ergibt

$$P_v = S\,A_z = \frac{I^2\,\rho}{A\;2\pi\, r_i}\;2\pi\, r_i\, l = \frac{I^2\,\rho\, l}{A} = I^2 R$$

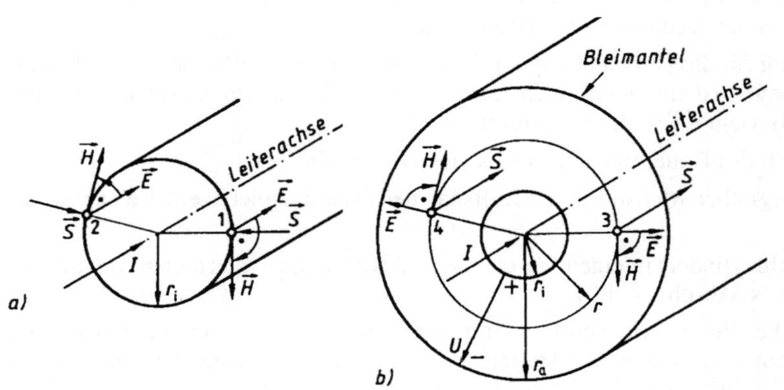

Bild 1.66
Einleiterkabel zur Übertragung elektrischer Energie
a) Kabelader vom Strom I durchflossen.
Feldvektoren $\vec{E}$ und $\vec{H}$ sowie $\vec{S}$ an den Punkten 1 und 2 der Leiteroberfläche
b) Isolierschicht mit Spannung U zwischen Kabelader und Bleimantel.
Feldvektoren $\vec{E}$ und $\vec{H}$ sowie $\vec{S}$ an den Punkten 3 und 4 im Abstand r von der Leiterachse

Energietransport in der Isolierschicht des Kabels (Bild 1.66b). Kabelader und Bleimantel bilden die beiden Elektroden eines Zylinderkondensators. Bei Anlegen der Spannung U bildet sich durch ihre elektrischen Ladungen $+Q$ und $-Q$ in dessen Isolierschicht ($r_i < r < r_a$) ein inhomogenes elektrisches Feld mit radialen Feldlinien und der elektrischen Feldstärke $E = U/r \ln r_a/r_i$ aus. Das vom Leiterstrom I hervorgerufene Magnetfeld setzt sich in der Isolierschicht bis zum Bleimantel mit der magnetischen Feldstärke $H = I/2\pi\, r$ fort. $\vec{E}$ und $\vec{H}$ sind senkrecht, nach Gl. (1.61a) liegt $\vec{S}$ in Achsrichtung (Stromrichtung) und hat den Betrag

$$S = E\,H = \frac{U\,I}{r \ln (r_a/r_i) \cdot 2\pi\, r} = \frac{U\,I}{r^2\, 2\pi \ln r_a/r_i}$$

Bei Zerlegung der Isolationsfläche A_{is} in infinitesimale Kreisringe mit dem Umfang $2\pi\, r$ und der Stärke dr wird d$A_{is} = 2\pi\, r\, \mathrm{d}r$ und man erhält durch Integration der Gl. (1.61b) die elektrische Leistung in der Isolationsschicht

$$P = \int_{A_{is}} S\, \mathrm{d}A_{is} = \int_{r_i}^{r_a} \frac{U\,I\, 2\pi\, r\, \mathrm{d}r}{r^2\, 2\pi \ln r_a/r_i} = \frac{U\,I}{\ln r_a/r_i} \int_{r_i}^{r_a} \frac{\mathrm{d}r}{r} = U\,I$$

Beispiel 1.33 Das 200 km lange 400 kV-Einleiter-Unterwasserkabel der Hochspannungs-Gleichstrom-Übertragung (HGÜ), das 1989 im Bottnischen Meerbusen (Fenno-Skam) verlegt wurde, kann eine Leistung von 500 MW in beiden Richtungen übertragen, wobei jeweils das Seewasser als Rückleitung dient. Zwischen dem Cu-Leiter (1200 mm²) und dem Bleimantel des Kabels befindet sich eine 17,5 mm starke Isolierschicht aus ölimprägniertem Zellulosepapier.

a) Man ermittle zunächst auf konventionelle Art und dann mit Vektoren den Leistungsverlust P_v im Kabel.
Es ist

$$I = P/U = 500\ \text{MW}/400\ \text{kV} = 1250\ \text{A}$$

$$R = \frac{\rho\, l}{A} = \frac{200 \cdot 10^3}{56 \cdot 1200}\,\Omega = 2{,}976\ \Omega$$

$$P_v = I^2 R = (1250\ \text{A})^2 \cdot 2{,}976\ \Omega = 4{,}65 \cdot 10^6\ \text{W};\ p_v = \frac{4{,}65\ \text{MW}}{500\ \text{MW}} \mathrel{\hat{=}} 0{,}93\ \%$$

oder $$U_v = I R = 1250\ \text{A} \cdot 2{,}976\ \Omega = 3720\ \text{V};\qquad u_v = \frac{3{,}72\ \text{kV}}{400\ \text{kV}} \mathrel{\hat{=}} 0{,}93\ \%$$

Andererseits ist

$$E = \frac{\rho\, I}{A} = \frac{1250}{56 \cdot 1200}\,\frac{\text{V}}{\text{m}} = 0{,}0186\ \text{V/m}$$

$$H = \frac{I}{2\pi\, r_i} = \frac{1250}{2\pi \cdot 19{,}54}\,\frac{\text{A}}{\text{mm}} = 10{,}20\ \text{A/mm}$$

$$S = E\,H = 0{,}0186 \cdot 10{,}2 \cdot 10^3\ \text{W/m}^2 = 0{,}19\ \text{kW/m}^2$$

mit $A_z = 2\,\pi\, r_i\, l = 2\,\pi \cdot 19{,}54 \cdot 10^{-3} \cdot 200 \cdot 10^3\ \text{m}^2 = 24555\ \text{m}^2$ wird

$$P_v = S \cdot A_z = 0{,}19 \cdot 24555\ \text{kW} = 4{,}66\ \text{MW}$$

b) Man vergleiche die mittlere elektrische Leistungsdichte in der Isolierschicht des Seekabels mit der mechanischen Leistungsdichte in der aus einem Monoblock geschmiedeten Antriebswelle von 0,8 m Durchmesser eines 1300 MW-Drehstromgenerators in einem Kernkraftwerk.

Seekabel:

$$A_{is} = \pi\, r_a^2 - A_{Cu} = \pi \cdot 47{,}05^2\ \text{mm}^2 - 1200\ \text{mm}^2 = 3101\ \text{mm}^2$$
$$S_k = P/A_{is} = 500 \cdot 10^3\ \text{kW}/3101\ \text{mm}^2 = 161{,}2\ \text{kW/mm}^2$$

Generatorwelle:

$$A_W = \pi \cdot 0{,}4^2\ \text{m}^2 = 0{,}503\ \text{m}^2 = 0{,}503 \cdot 10^6\ \text{mm}^2$$
$$S_W = P/A_W = 1{,}3 \cdot 10^6\ \text{kW}/0{,}503 \cdot 10^6\ \text{mm}^2 = 2{,}584\ \text{kW/mm}^2$$

Die Leistungsdichte in der Isolierschicht des Kabels ist das $S_k/S_w = 161{,}2/2{,}584 = 62{,}4$fache der Leistungsdichte im Stahl der Generatorwelle.

1.2.3.7 Zahlenbeispiele

Beispiel 1.34 Gegeben ist der in Bild 1.54 gezeigte Magnet eines Schaltschützes (a=6 mm, b=9 mm, c=25 mm); die Magnetspule hat $N = 4200$ Windungen.

a) Wie groß ist die Anzugskraft des Magneten (also die Kraft in der Ausgangsstellung für $l_L = 2$ mm), wenn im Mittelschenkel die Flußdichte $B_b = 0{,}3$ T beträgt?
Die gesamte Anzugskraft $F_m = F_b + 2\,F_a$ ergibt sich aus Gl. (1.50a) zu

$$\frac{F_m}{\text{N}} \approx 40\left[\left(\frac{B_b}{\text{T}}\right)^2 \frac{A_b}{\text{cm}^2} + 2\left(\frac{B_a}{\text{T}}\right)^2 \frac{A_a}{\text{cm}^2}\right]$$

Die Flußdichten in den Luftspalten der beiden Außenschenkel betragen je

$$B_a = B_b \cdot \frac{b}{2\,a} = 0{,}3\ \text{T}\,\frac{9\ \text{mm}}{12\ \text{mm}} = 0{,}225\ \text{T}$$

Weiter wird

$$A_a = a\,c = 0{,}6\ \text{cm} \cdot 2{,}5\ \text{cm} = 1{,}5\ \text{cm}^2 \qquad A_b = b\,c = 0{,}9\ \text{cm} \cdot 2{,}5\ \text{cm} = 2{,}25\ \text{cm}^2$$

somit $$\frac{F_m}{\text{N}} \approx 40\,[0{,}3^2 \cdot 2{,}25 + 2 \cdot (0{,}225)^2\, 1{,}5] = 40[0{,}2025 + 0{,}1519] \approx 14{,}2 \text{ oder } F_m \approx 14{,}2\ \text{N}.$$

b) Bei angezogenem Anker ist praktisch ein geschlossener Eisenkreis vorhanden. Durch den Wegfall der Luftspalte erhöht sich bei gleichem Spulenstrom der magnetische Fluß auf das Dreifache. Wie groß ist dann die Haltekraft des Magneten?

Nach Gl. (1.50a) ist $F_m \sim B^2$. Somit beträgt die Haltekraft 128 N, die neunfache Anzugskraft.

Beispiel 1.35 Auf dem Umfang des Ankers einer Gleichstrommaschine sind $N = 150$ Windungen der Ankerwicklungen untergebracht. Das Magnetfeld mit der Flußdichte $B = 0{,}9$ T durchsetzt von jedem Leiter die wirksame Drahtlänge $l = 35$ cm; der mittlere Windungsdurchmesser beträgt $d = 25$ cm.

a) Man berechne die Kraft F_m auf jeden Leiter und das im Innern der Maschine erzeugte Drehmoment M_i, wenn der Leiterstrom 10 A beträgt.

Nach Gl. (1.51) wird auf jeden Leiter die Kraft F_m ausgeübt.

$$F_m = B\,I\,l = 0{,}9\,\frac{\text{Vs}}{\text{m}^2} \cdot 10\text{ A} \cdot 0{,}35\text{ m} = 3{,}15\,\frac{\text{J}}{\text{m}} = 3{,}15\text{ N}$$

Insgesamt befinden sich $z = 2\,N = 300$ Leiter im Magnetfeld. Somit wird die gesamte Umfangskraft $F = 300 \cdot 3{,}15$ N $= 945$ N und das im Innern der Maschine erzeugte Drehmoment

$$M_i = F\,\frac{d}{2} = 945\text{ N} \cdot 0{,}125\text{ m} = 118{,}1\text{ Nm}$$

b) Die Ankerwicklung besteht aus einem Ankerzweigpaar, d.h. aus zwei parallelgeschalteten Stromzweigen mit je 75 Windungen. Der Betrag des durch eine Windungsfläche hindurchtretenden magnetischen Flusses ändert sich bei einer Verschiebung des Ankers (Bild 1.67) aus der Stellung *1 – 1* in die Stellung *2 – 2*, also um das Wegstück Δs, um $\Delta\Phi = 2 \cdot B\,l\,\Delta s$. Somit gilt nach dem Induktionsgesetz für die in einer Windung erzeugte Spannung u_q und für die erzeugte Gesamtspannung U_q.

$$u_q = \frac{\Delta\Phi}{\Delta t} = 2\,B\,l\,\frac{\Delta s}{\Delta t} = 2\,B\,l\,v, \qquad U_q = 2N\,B\,l\,v.$$

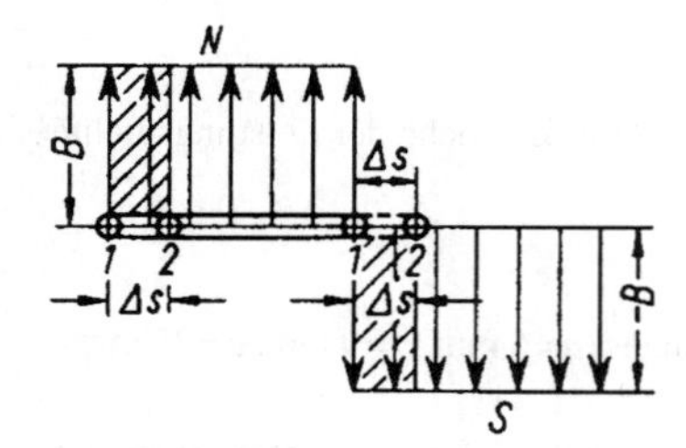

Bild 1.67
Bestimmung der Flußänderung $\Delta\Phi$ durch die bewegte Spule

c) Man berechne nun die Spannung u_q und die Gesamtspannung U_q, wenn die Maschine mit der Drehzahl $n = 750\text{ min}^{-1}$ umläuft.

Die Ankerumfangsgeschwindigkeit und damit die Geschwindigkeit der Leiter im Magnetfeld ist

$$v = r\omega = r\,2\pi n = 0{,}125\text{ m} \cdot 2\pi \cdot \frac{750}{60\text{ s}} = 9{,}81\,\frac{\text{m}}{\text{s}}$$

Somit wird die Spannung u_q je Windung und die Gesamtspannung U_q

$$u_q = \frac{\Delta\Phi}{\Delta t} = 2 \cdot 0{,}9\,\frac{\text{Vs}}{\text{m}^2} \cdot 0{,}35\text{ m} \cdot 9{,}81\,\frac{\text{m}}{\text{s}} = 6{,}18\text{ V}$$

$$U_q = 75 \cdot 6{,}18\text{ V} = 463{,}5\text{ V}.$$

1.3 Wechselstrom und Drehstrom

In der elektrischen Energietechnik unterscheidet man Gleichstromsysteme, in Abschn. 1.1 kurz „Gleichstrom“ genannt, und Wechselstromsysteme, bei diesen das Einphasensystem – hier kurz „Wechselstrom“ genannt (Abschn. 1.3.1 und 1.3.2) – und die Mehrphasensysteme, unter denen das dreiphasige Wechselstromsystem oder Drehstromsystem – hier kurz „Drehstrom“ genannt (Abschn. 1.3.3) – die größte praktische Bedeutung hat.

1.3.1 Wechselgrößen und Grundgesetze

1.3.1.1 Sinusförmige Wechselgrößen (Sinusgrößen)

In Abschn. 1.2.3.4 wird gezeigt, daß bei rotatorischer Spannungserzeugung in einem Generator eine zeitlich sinusförmig verlaufende, sich periodisch wiederholende Wechselspannung (Bild 1.68a) mit dem Augenblickswert

$$u = \hat{u} \sin \alpha = \hat{u} \sin \omega t$$

erzeugt wird, wobei $\hat{u}$ die Amplitude oder der Scheitelwert der Sinuswechselspannung und $\alpha = \omega t$ der Phasenwinkel oder das Argument der Sinusfunktion ist. Im Folgenden wird eine sinusförmige elektrische Wechselgröße (Sinusgröße) kurz Wechselgröße, z.B. Wechselspannung, Wechselstrom genannt.

Periodendauer, Frequenz, Kreisfrequenz. Unter der Periodendauer T einer Wechselgröße (Wechselspannung u, Wechselstrom i) versteht man die Zeit für eine volle Periode, unter ihrer Frequenz $f = z/t$ den Quotienten aus der Zahl z der Perioden in der Zeitspanne t. Somit gilt auch

$$f = \frac{1}{T} \tag{1.62}$$

Zur Zeit $t = T$ ist $\omega T = 2\,\pi$ (Bild 1.68a), hieraus folgt $\omega = 2\,\pi/T$. Somit ist die Kreisfrequenz einer Wechselgröße

$$\omega = 2\pi f \tag{1.63}$$

Die Einheit der Frequenz f ist 1/s = 1 Hertz = 1 Hz, die Einheit der Kreisfrequenz ω ist 1/s.

Beispiel 1.36 Die Wechselspannungen in den Netzen der Kraftwerke haben in Deutschland einheitlich die mit höchster Genauigkeit konstant gehaltene Frequenz 50 Hz, also 50 Perioden pro Sekunde. Die Wechselspannung der Deutschen Bundesbahn hat die Frequenz (50/3) Hz = $16^2/_3$ Hz. Somit gelten für die vorkommenden „technischen“ Wechselspannungen folgende Werte:

Öffentliche Versorgungsnetze	$f = 50$ Hz	$T = (1/50)$ s = 0,02 s	$\omega = 314\ s^{-1}$
Bahnetz der DB	$f = 16^2/_3$ Hz	$T = (3/50)$ s = 0,06 s	$\omega = 104{,}7\ s^{-1}$

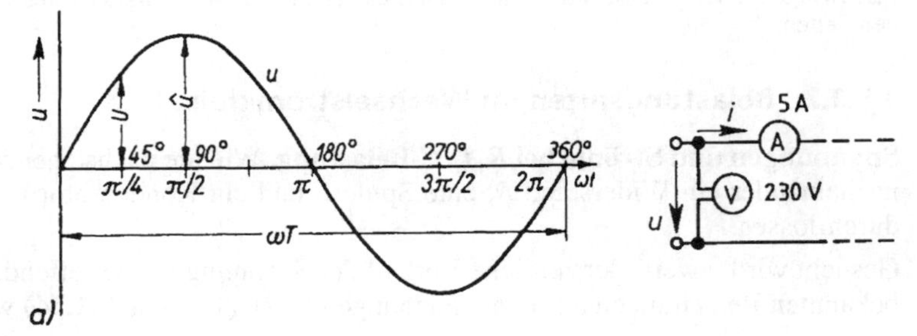

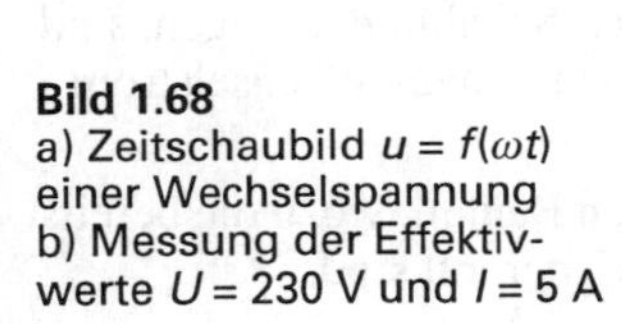
Bild 1.68
a) Zeitschaubild $u = f(\omega t)$ einer Wechselspannung
b) Messung der Effektivwerte $U = 230$ V und $I = 5$ A

Effektivwert. Hierunter versteht man den über eine Periodendauer T gebildeten quadratischen Mittelwert einer Wechselgröße. Liegt also z.B. eine Wechselspannung u bzw. ein Wechselstrom i mit den gegebenen Zeitfunktionen

$$u = \hat{u} \sin \omega t \qquad i = \hat{\imath} \sin \omega t$$

vor, dann gilt für den Effektivwert U der Wechselspannung u bzw. den Effektivwert I des Wechselstroms i

$$\boldsymbol{U = \sqrt{\frac{1}{T}\int_0^T u^2\,\mathrm{d}t} \qquad I = \sqrt{\frac{1}{T}\int_0^T i^2\,\mathrm{d}t}} \tag{1.64}$$

Mathematisch erhält man durch Einsetzen von u und i aus obigen Gleichungen bei sinusförmigen Wechselgrößen allgemein die Effektivwerte

$$\boldsymbol{U = \frac{\hat{u}}{\sqrt{2}} = 0{,}707\,\hat{u} \qquad I = \frac{\hat{\imath}}{\sqrt{2}} = 0{,}707\,\hat{\imath}} \tag{1.65}$$

Wechselgrößen werden nach den Effektivwerten benannt, Spannungs- und Strommesser messen die Effektivwerte (Bild 1.68b). Die Augenblickswerte u bzw i in den Zeitschaubildern können mit dem Oszilloskop dargestellt werden.

Nullphasenwinkel, allgemeine Gleichungen. Mit den Gln. (1.65) lauten die Zeitfunktionen nun

$$u = \sqrt{2}\,U \sin \omega t \qquad i = \sqrt{2}\,I \sin \omega t$$

Bei der bisherigen Betrachtung war vorausgesetzt, daß die Zeitrechnung $t = 0$ jeweils beim positiven Nulldurchgang der Wechselgrößen beginnt. Wenn dies nicht der Fall ist, d.h. wenn bei $t = 0$ bei der Wechselspannung u ein Nullphasenwinkel φ_u, beim Wechselstrom i ein Nullphasenwinkel φ_i vorhanden ist, lauten die allgemeinen Gleichungen der Wechselgrößen

$$\boldsymbol{u = \sqrt{2}\,U \sin(\omega t + \varphi_u) \qquad i = \sqrt{2}\,I \sin(\omega t + \varphi_i)} \tag{1.66}$$

Beispiel 1.37 a) Wenn an den beiden Klemmen einer Steckdose (Bild 1.68b) eine Wechselspannung 230 V, 50 Hz vorhanden ist, dann ist damit der Effektivwert $U = 230$ V und die Frequenz $f = 50$ Hz dieser Wechselspannung gemeint. Der Effektivwert entspricht dem Augenblickswert bei $t = T/8$ bzw. $\omega t = \pi/4 = 45°$ (Bild 1.68a), während die Amplitude bei $t = T/4 = 0{,}005$ s bzw. $\omega t = \pi/2 = 90°$ den weit größeren Wert $\hat{u} = \sqrt{2}\,U = \sqrt{2} \cdot 230$ V $= 325$ V erreicht; es gilt dann $u = 325$ V $\sin \omega t$.

Entsprechend hat z.B. ein Wechselstrom von 5 A den Effektivwert $I = 5$ A, somit den Scheitelwert $\hat{\imath} = \sqrt{2}\,I = 7{,}07$ A. Die Meßinstrumente in Bild 1.68b zeigen die Effektivwerte 230 V bzw. 5 A an.

b) Die Zählpfeile für u und i (Bild 1.68b) geben jeweils die positiven Zählrichtungen dieser Größen an. Bei positivem u (zwischen 0 und $T/2$ bzw. 0 und π in Bild 1.68a) ist an der oberen Klemme Plus, an der unteren Klemme Minus; von $T/2$ bis T bzw. von π bis $2\,\pi$ ist die Polarität vertauscht (unten Plus, oben Minus) usw. Betrag und Richtung der Spannung ändern sich zeitlich (wechseln) nach einer Sinusfunktion: Wechselspannung.

Entsprechend fließt ein Wechselstrom bei positivem i in der eingezeichneten Zählrichtung, bei negativem i entgegen dieser Richtung. Da diese Richtungsänderung bereits nach der kurzen Zeitspanne $T/2$ erfolgt, bewegen sich („schwingen") bei Wechselstrom die freien Elektronen im Leiter lediglich um ihre Ruhelage periodisch nach beiden Seiten.

1.3.1.2 Belastungsarten im Wechselstromkreis

Spannungen und Ströme bei *R*, *L*, *C*-Belastung. Wie die nachstehenden Schaltbilder zeigen, sind nacheinander ein Widerstand R, eine Spule L und ein Kondensator C von einem Wechselstrom i durchflossen.

Gesucht wird jeweils der zeitliche Verlauf der Spannung am betreffenden Bauteil, wozu die bereits bekannten Beziehungen aus den Gleichungen (1.7), (1.34) und (1.54) wiederholt sind.

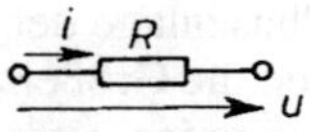

Bild 1.69a

Bild 1.69b

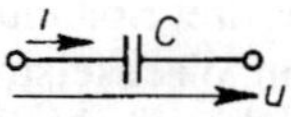

Bild 1.69c

$$\boldsymbol{u = i\,R} \qquad \boldsymbol{u = L\,\mathrm{d}i/\mathrm{d}t} \qquad \boldsymbol{u = (1/C)\int i\,\mathrm{d}t} \tag{1.67}$$

Fließt durch jedes der 3 Bauelemente der Strom

$$i = \sqrt{2}\,I \sin \omega t$$

wobei in Gl. (1.66) $\varphi_i = 0$ gesetzt wird, dann erhält man aus den 3 obigen Grundgleichungen durch Einsetzen von i

$$u = i\,R$$

$$u = L\,\mathrm{d}i/\mathrm{d}t = \sqrt{2}\,I\,L\,\mathrm{d}(\sin \omega t)/\mathrm{d}/t = \sqrt{2}\,I\,\omega\,L\,\mathrm{d}(\sin \omega t)/\mathrm{d}\,\omega t$$

$$u = (1/C)\int i\,\mathrm{d}t = \sqrt{2}\,I\,(1/C)\int \sin \omega t\,\mathrm{d}t = \sqrt{2}\,I\,(1/\omega\,C)\int \sin \omega t\,\mathrm{d}\,\omega t$$

$$\boldsymbol{u = \sqrt{2}\,I\,R \sin \omega t} \qquad \boldsymbol{u = \sqrt{2}\,I\,\omega\,L \cos \omega t} \qquad \boldsymbol{u = \sqrt{2}\,I(1/\omega\,C)\,(-\cos \omega t)} \tag{1.68}$$

Da $\cos \alpha = \sin(\alpha + \pi/2)$ gilt auch

Da $-\cos \alpha = \sin(\alpha - \pi/2)$ gilt auch

$$\boldsymbol{u = \sqrt{2}\,U \sin \omega t} \qquad \boldsymbol{u = \sqrt{2}\,U\ \sin(\omega t + \pi/2)} \qquad \boldsymbol{u = \sqrt{2}\,U \sin(\omega t - \pi/2)} \tag{1.69}$$

Für die gesuchten Spannungen erhält man somit in den 3 Fällen die allgemeine Form

$$u = \sqrt{2}\,U \sin(\omega\,t + \varphi)$$

Ergebnisse

1. Für die Effektivwerte der auftretenden Wechselspannungen und -ströme ergeben sich die wichtigen Grundgesetze für Wechselstrom:

$$\boldsymbol{U = I\,R} \qquad \boldsymbol{U = I\,\omega\,L = I\,X_L} \qquad \boldsymbol{U = I\,\frac{1}{\omega\,C} = I\,X_C} \tag{1.70}$$

mit den Widerständen

$$\boldsymbol{R} \qquad \boldsymbol{X_L = \omega\,L} \qquad \boldsymbol{X_C = 1/\omega\,C} \tag{1.71}$$

oder in anderer Form die Gleichungen

$$I = U\,G \qquad I = U\,\frac{1}{\omega L} = U\,B_L \qquad I = U\,\omega\,C = U\,B_C$$

mit den Leitwerten

$$G = 1/R \qquad B_L = \frac{1}{X_L} = \frac{1}{\omega L} \qquad B_C = \frac{1}{X_C} = \omega\,C$$

Für die in den Normen festgelegten Formelzeichen und Namen gilt:

R elektrischer Widerstand oder Wirkwiderstand
X_L induktiver Blindwiderstand
X_C kapazitiver Blindwiderstand
G elektrischer Leitwert oder Wirkleitwert
B_L induktiver Blindleitwert
B_C kapazitiver Blindleitwert

Das Ohmsche Gesetz gilt demnach in gleicher Form wie bei Gleichstrom auch für die Effektivwerte von Wechselspannung und Wechselstrom. Im Gegensatz zu R und G sind aber die Blindwiderstände X_L bzw. X_C und die Blindleitwerte B_L bzw. B_C von Spule und Kondensator frequenzabhängig.

2. Die Darstellung der drei Spannungen in Bild 1.70a zeigt, daß in allen Fällen die Phasenlage der Wechselspannung zum Wechselstrom verschieden ist. Bei einem Widerstand R werden die Größen $u_{(R)}$ und i immer gleichzeitig Null und erreichen ihre positiven und negativen Amplitudenwerte gleichzeitig, man sagt, sie sind phasengleich oder in Phase. Im Gegensatz dazu sind sowohl bei der Spule $u_{(L)}$ und i als auch beim Kondensator $u_{(C)}$ und i nicht mehr in Phase, sondern phasenverschoben. Während zur Zeit $t = 0$ der Strom $i = 0$ ist, hat bei der Spule die Spannung $u_{(L)}$ bereits ihren positiven Maximalwert erreicht, die Spannung $u_{(C)}$ am Kondensator ist aber erst beim negativen Maximalwert angelangt.

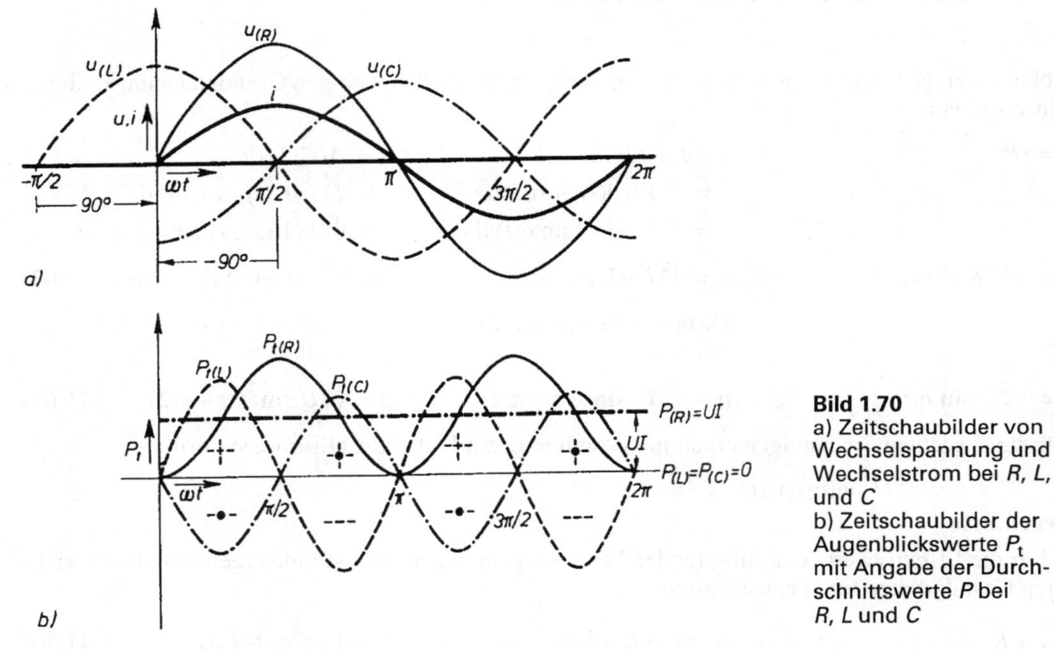

Bild 1.70
a) Zeitschaubilder von Wechselspannung und Wechselstrom bei *R*, *L*, und *C*
b) Zeitschaubilder der Augenblickswerte P_t mit Angabe der Durchschnittswerte *P* bei *R*, *L* und *C*

Die Phasenlage wird durch den Phasenverschiebungswinkel φ ausgedrückt, er ist als Winkel der Spannung gegen den Strom festgelegt:

$$\varphi = \varphi_u - \varphi_i$$

Im Vergleich der Gl. (1.68) ergeben sich die Phasenwinkel:

R	*L*	*C*	
$\varphi = 0°$	$\varphi = 90° = \frac{\pi}{2}$	$\varphi = -90° = -\frac{\pi}{2}$	(1.72)
Spannung und Strom in Phase	Spannung eilt Strom um 90° vor	Spannung eilt Strom um 90° nach	

Bei der vorstehenden Herleitung wurden idealisierte („reine“) Zweipole sowohl als Spule (Induktivität *L* ohne *R*) und als Kondensator (Kapazität *C* ohne *R*) vorausgesetzt. Somit erhält man jeweils getrennt bei *R* die Wirkung des Strömungsfeldes, bei *L* die Wirkung des Magnetfeldes und bei *C* die Wirkung des elektrischen Feldes bei Wechselstrom.

Zahlenbeispiele

Beispiel 1.38 Ein Widerstand $R = 200\ \Omega$ wird an die sinusförmige Wechselspannung 230 V, 50 Hz angeschlossen (Bild 1.71). Man gebe die Wechselgrößen im Stromkreis an.

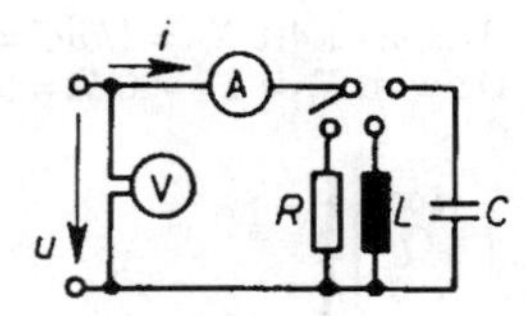

Bild 1.71
Messung der Effektivwerte *U* und *I* bei Anschluß von *R*, *L* und *C*

Für den Effektivwert des Wechselstromes ist nach Gl. (1.70)

$$I = U/R = 230\ \text{V}/200\ \Omega = 1{,}15\ \text{A}$$

Für die Amplituden der Wechselspannung und des Wechselstromes erhält man aus Gl. (1.65)

$$\hat{u} = \sqrt{2}U = \sqrt{2} \cdot 230\ \text{V} = 325\ \text{V} \qquad \hat{\imath} = \sqrt{2}I = \sqrt{2} \cdot 1{,}15\ \text{A} = 1{,}63\ \text{A}$$

Somit gelten als Zeitfunktionen der Wechselspannung Gl. (1.69) und des Wechselstroms dieses Stromkreises

$$u = 325\ \text{V} \sin \omega t \qquad i = 1{,}63\ \text{A} \sin \omega t$$

Prinzipielle (nicht maßstäbliche) Darstellung durch die Kurven $u_{(R)}$ und i in Bild 1.70a..

Beispiel 1.39 Eine Spule ($R = 0$) wird an ein Wechselspannungsnetz 230 V, 50 Hz angeschlossen und ein Wechselstrommeßgerät zeigt einen Strom von 2 A an. Welche Wechselgrößen treten im Stromkreis auf?
Nach Gl. (1.70) ergibt sich für die Induktivität L der Spule

$$L = U/I\omega = 230\ \text{V}/(2\ \text{A} \cdot 314\ \text{s}^{-1}) = 0{,}366\ \Omega\text{s} = 0{,}366\ \text{H}$$

Der Blindwiderstand X_L beträgt

$$X_L = U/I = 230\ \text{V}/2\ \text{A} = 115\ \Omega$$

Für die Amplituden von Wechselspannung und Wechselstrom ergeben sich $\hat{u} = 325$ V und $\hat{\imath} = \sqrt{2} \cdot 2\ \text{A} = 2{,}83$ A.
Somit gelten folgende Zeitfunktionen für Wechselspannung Gl. (1.69) und Wechselstrom

$$u = 325\ \text{V} \sin(\omega t + \pi/2) \qquad i = 2{,}83\ \text{A} \sin \omega t$$

Prinzipielle (nicht maßstäbliche) Darstellung durch die Kurven $u_{(L)}$ und i in Bild 1.70a.

Beispiel 1.40 Ein Kondensator wird an ein Wechselstromnetz 230 V, 50 Hz angeschlossen und ein Strom von 0,5 A gemessen. Wie groß sind Kapazität und kapazitiver Blindwiderstand, welchen Betrag haben die Amplituden von Spannung und Strom?
Nach Gl. (1.70) ergibt sich für die Kapazität des Kondensators

$$C = \frac{I}{U\omega} = \frac{0{,}5\ \text{A}}{230\ \text{V} \cdot 314\ \text{s}^{-1}} = 6{,}92 \cdot 10^{-6}\ \text{s}/\Omega = 6{,}92\ \mu\text{F}$$

Der kapazitive Blindwiderstand beträgt

$$X_C = \frac{U}{I} = \frac{230\ \text{V}}{0{,}5\ \text{A}} = 460\ \Omega$$

Die Amplituden der Wechselspannung und des Wechselstroms sind $\hat{u} = 325$ V und $\hat{\imath} = \sqrt{2} \cdot 0{,}5\ \text{A} = 0{,}707$ A. Somit gelten die folgenden Zeitfunktionen für Wechselspannung Gl. (1.69) und Wechselstrom

$$u = 325\ \text{V} \sin(\omega t - \pi/2) \qquad i = 0{,}707\ \text{A} \sin \omega t$$

Prinzipielle (nicht maßstäbliche) Darstellung durch die Kurven $u_{(c)}$ und i in Bild 1.70a.

Beispiel 1.41 In der elektrischen Nachrichtentechnik spielt die Abhängigkeit der Wechselstromwiderstände von der Frequenz eine wichtige Rolle.

a) Man berechne und stelle die Größen R, X_L und X_C aus den Beispielen 1.38 bis 1.40 abhängig von der Frequenz (bis 500 Hz) in einem Schaubild (Bild 1.72) maßstäblich dar.

Beispiel 1.38: $R = 200\ \Omega$ = konstant, also unabhängig von der Frequenz

Beispiel 1.39: $X_L = \omega L = 115\ \Omega$ bei 50 Hz; $X_L = 2\pi f L$ steigt proportional mit f an (Ursprungsgerade), also z.B. $X_L = 1150\ \Omega$ bei 500 Hz

Beispiel 1.40: $X_C = 1/\omega C = 460\ \Omega$ bei 50 Hz; $X_C = 1/2\ \pi f C$ verläuft umgekehrt proportional f (Hyperbel); für 25 Hz wird $X_C = 2 \cdot 460\ \Omega = 920\ \Omega$, für 250 Hz wird $X_C = {}^1/_5 \cdot 460\ \Omega = 92\ \Omega$, für 500 Hz wird $X_C = 46\ \Omega$.

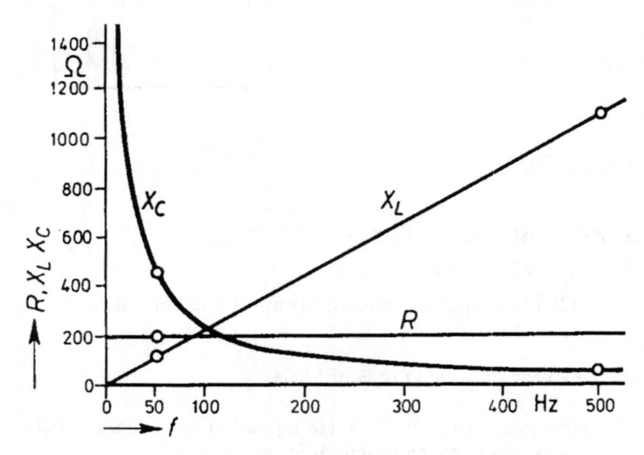

Bild 1.72 Frequenzverhalten von Wechselstromwiderständen

b) Welche Folgerungen können aus dem Ergebnis gezogen werden? Im Gegensatz zum frequenzunabhängigen, also konstanten Widerstand R sind X_L und X_C frequenzabhängig. Während die Spule bei Gleichstrom ($f = 0$) widerstandslos ist ($X_L = 0$) und damit wie ein Kurzschluß wirkt, wird X_L mit steigender Frequenz immer größer, der Strom der Spule demnach immer kleiner, also gedrosselt (Drosselspule); bei sehr hohen Frequenzen ($f \to \infty$) fließt fast kein Strom mehr ($I \to 0$). Umgekehrtes Frequenzverhalten wie die Spule zeigt der Kondensator: bei $f = 0$ wird $X_C \to \infty$, d.h. der Kondensator sperrt den Gleichstrom ($I = 0$), während bei sehr hohen Frequenzen X_C immer kleiner und damit der Stromdurchgang immer mehr erleichtert wird.

c) Die Ströme der 3 Bauelemente sind bei gleichem Effektivwert $U = 230$ V der Wechselspannung, aber den Frequenzen 10 Hz und 250 Hz zu ermitteln.

	10 Hz	50 Hz	250 Hz	
R	1,15 A	1,15 A	1,15 A	$I = U/R =$ konstant
L	10 A	2 A	0,4 A	$I = U/\omega L \sim 1/f$
C	0,10 A	0,5 A	2,5 A	$I = U\ \omega C \sim f$

1.3.1.3 Darstellung von Wechselgrößen im Zeigerbild

Herleitung der Zeigerbilder. Eine weitere, in der Wechselstromtechnik viel verwendete und besonders einfache Darstellung sinusförmiger Wechselspannungen und -ströme geschieht mit Hilfe der nun zu besprechenden Zeigerbilder.

Der Augenblickswert $u = \sqrt{2}\,U \sin \omega t$ einer sinusförmigen Wechselspannung kann nach Bild 1.73a nämlich durch die Projektion eines Spannungszeigers dargestellt werden, dessen Betrag gleich der Amplitude $\sqrt{2}\,U$ der Spannung ist und der mit der Kreisfrequenz ω vereinbarungsgemäß entgegengesetzt zum Uhrzeigersinn rotiert. Nach Bild 1.73a gilt mit $\alpha = \omega t$ in jedem Augenblick

$$u = \sqrt{2}U \sin \alpha = \sqrt{2}U \sin \omega t \qquad (1.73)$$

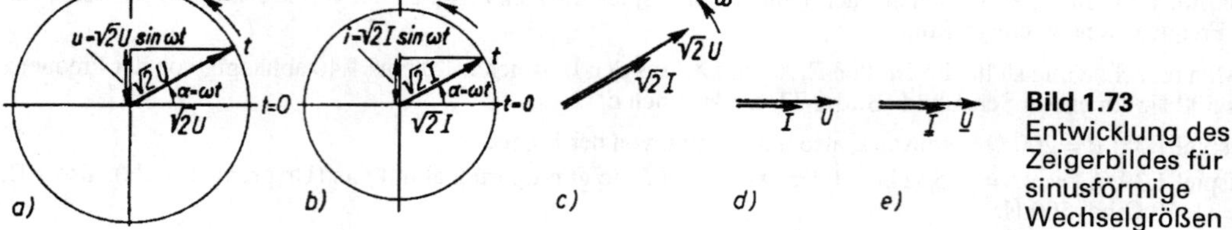

Bild 1.73 Entwicklung des Zeigerbildes für sinusförmige Wechselgrößen

Auf gleiche Weise läßt sich auch ein sinusförmiger Wechselstrom $i = \sqrt{2}I \sin \omega t$, wie er sich bei Anschluß eines Widerstandes R an eine Spannungsquelle ergibt, durch einen mit ω im Gegenuhrzeigersinn rotierenden Stromzeiger mit dem Betrag $\sqrt{2}I$ darstellen (Bild 1.73b). Da in diesem Fall Spannung und Strom in Phase sind ($\varphi = 0°$), decken sich im Zeigerbild beide Zeiger in jedem Augenblick (Bild 1.73c). Das Zeigerbild ersetzt vollwertig die viel umständlicher zu zeichnenden Zeitschaubilder (Liniendiagramm) nach der Art von Bild 1.70, dort die Kurven $u_{(R)}$ und i.

Zeigerbild und Schaltplan. Der Vorteil des Zeigerbildes erweist sich besonders bei der Berechnung von Wechselstromkreisen. Mit Rücksicht auf die praktische Verwendung ist es zweckmäßig, das Zeigerbild nach Bild 1.73c noch zu vereinfachen. Da man mit den Effektivwerten von Spannungen und Strömen rechnet und Wechselstrominstrumente ebenfalls Effektivwerte anzeigen, liegt die Vereinbarung nahe, im Zeigerbild durch die Zeigerstrecken nicht die für ihre Herleitung benutzten Amplituden, sondern ebenfalls die Effektivwerte U und I darzustellen (Bild 1.73d). Die Orientierung der Zeiger in der Zeichenebene kann willkürlich gewählt werden, z.B. waagerecht wie in Bild 1.73d. Weiter wird für alle Zeiger einheitlich vereinbart, daß sie im Gegenuhrzeigersinn mit der Kreisfrequenz ω rotieren, so daß der Drehpfeil für ω in Bild 1.73d wegbleiben kann.

Schließlich ist es erforderlich, bei der Zusammensetzung mehrerer gleichartiger Zeiger außer ihren Beträgen auch ihre Phasenlage zu berücksichtigen. Sie werden also nicht algebraisch sondern wie Vektoren z.B. Kräfte in der Mechanik geometrisch addiert. Man trägt diesem Sachverhalt dadurch Rechnung, daß man die Zeiger durch Unterstreichung des Formelbuchstabens mit $\underline{U}$ bzw. $\underline{I}$ kennzeichnet (1.73e). Schreibt man schließlich in den Schaltplänen an die Zählpfeile anstelle von u und i ebenfalls $\underline{U}$ bzw. $\underline{I}$, so stimmen die Bezeichnungen in den Schaltplänen und Zeigerbildern überein.

Zusammenfassung. In Tabelle 1.74 sind oben Schaltpläne und Zeigerbilder für Widerstand R, Induktivität L und Kapazität C dargestellt. Für den Widerstand R decken sich Spannungs- und Stromzeiger, Spannung und Strom sind in Phase und $\varphi = 0°$. Bei der Induktivität L eilt die Spannung um den Phasenverschiebungswinkel $\varphi = +90°$ dem Strom voraus. Umgekehrt eilt bei einer Kapazität C die Spannung dem Strom um $\varphi = -90°$ nach.

Tabelle 1.74 Zusammenfassende Darstellung

	Widerstand	Induktivität	Kapazität	Zweipol (passiv)
Schaltplan Zeigerbild	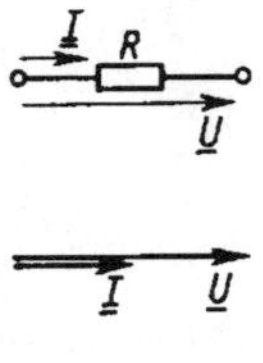	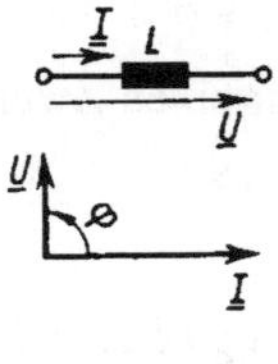	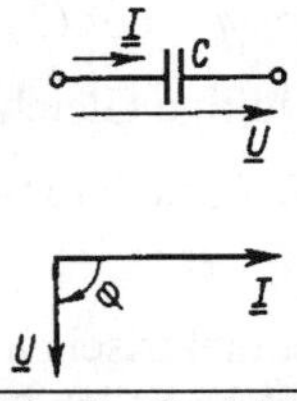	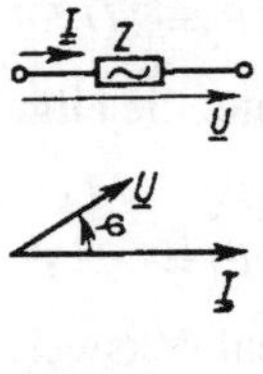
Gesetz	$U = I R$ $I = U G$	$U = I \omega L = I X_L$ $I = U/\omega L = U B_L$	$U = I/\omega C = I X_C$ $I = U \omega C = U B_C$	$U = I Z$ $I = U Y$
Widerstand	R	$X_L = \omega L$	$X_C = 1/\omega C$	Z
Leitwert	$G = 1/R$	$B_L = 1/\omega L$	$B_C = \omega C$	$Y = 1/Z$
Phasenverschiebungswinkel	$\varphi = 0°$	$\varphi = 90°$	$\varphi = -90°$	$90° \geq \varphi \geq -90°$
Leistung	$P = U I$	$P = 0$	$P = 0$	$P = U I \cos \varphi$
Blindleistung	$Q = 0$	$Q = U I$	$Q = -U I$	$Q = U I \sin \varphi$
Scheinleistung	$S = U I$	$S = U I$	$S = U I$	$S = U I = \sqrt{P^2 + Q^2}$
Leistungsfaktor	$\cos \varphi = 1$	$\cos \varphi = 0$	$\cos \varphi = 0$	$\cos \varphi = P/S$
Arbeit	$W = U I t$	$W = 0$	$W = 0$	$W = P \cdot t$
Blindarbeit	$W_q = 0$	$W_q = U I t$	$W_q = -U I t$	$W_q = Q \cdot t$

Zweipol. Ein Verbraucher oder passiver Zweipol nimmt elektrische Leistung aus dem Stromkreis auf und es ist $P > 0$, im Grenzfall $P = 0$. Man kann deshalb nicht nur die 3 Bauteile R, L und C für sich getrennt darstellen, sondern jede beliebige, aus passiven Zweipolen zusammengesetzte Wechselstromschaltung mit 2 Klemmen als passiven Zweipol behandeln. Durch die Größe

$$\boldsymbol{Z = U/I} \tag{1.74}$$

den Scheinwiderstand des Zweipols, und den Phasenverschiebungswinkel φ des Zweipols liegt auch das Zeigerbild fest. Bei einem passiven Zweipol liegt φ zwischen $+90°$ und $-90°$; das Schaltzeichen für Z nach DIN 40712 (Tafel 1.74) gilt für beliebigen Winkel φ.

Entsprechend der Definition der Blindleitwerte ist der Kehrwert des Scheinwiderstands Z als Scheinleitwert Y definiert, so daß allgemein gilt

$$Y = 1/Z$$

Somit gilt auch allgemein für den Zweipol

$$\boldsymbol{U = I\,Z} \quad \text{und} \quad \boldsymbol{I = U\,Y} \tag{1.75}$$

1.3.1.4 Leistung, Leistungsfaktor, Arbeit

Augenblickswert der Leistung, Wirkleistung. Zur Ermittlung der Leistung bei Wechselstrom geht man von dem allgemein gültigen Gesetz für den Augenblickswert P_t der elektrischen Leistung entsprechend Gl. (1.6) aus:

$$\boldsymbol{P_t = u\,i} \tag{1.76a}$$

Setzt man die Zeitfunktionen

$$u = \sqrt{2}\,U \sin(\omega t + \varphi_u) \qquad i = \sqrt{2}\,I \sin(\omega t + \varphi_i)$$

in Gl. (1.76a) ein, erhält man unter Zuhilfenahme der Beziehung

$$\sin\alpha \cdot \sin\beta = (1/2)\,[\cos(\alpha-\beta) - \cos(\alpha+\beta)] \qquad \text{und } \varphi = \varphi_u - \varphi_i$$

$$P_t = \sqrt{2}\,U \sin(\omega t + \varphi_u)\,\sqrt{2}\,I \sin(\omega t + \varphi_i)$$

$$P_t = 2\,U\,I(1/2)\,[\cos\varphi - \cos(2\,\omega t + \varphi_u + \varphi_i)]$$

Damit lautet die allgemeingültige Gleichung für einen Zweipol

$$P_t = U\,I \cos\varphi - U\,I \cos(2\,\omega t + \varphi_u + \varphi_i)$$

$$\boldsymbol{P_t = \quad P \quad - \quad P_\sim} \tag{1.76b}$$

Der Augenblickswert P_t der elektrischen Leistung setzt sich somit aus zwei Anteilen zusammen: dem Durchschnittswert P oder zeitlich konstanten Mittelwert der Leistung, den man

$$\textbf{Wirkleistung } \boldsymbol{P = U\,I \cos\varphi} \tag{1.77}$$

oder auch kurz nur Leistung nennt und

dem Wechselanteil $P_\sim$ der Leistung, der mit der Amplitude $U\,I$ und der doppelten Frequenz des Wechselstroms um die Wirkleistung P sinusförmig schwingt, im Mittel also keinen Beitrag zur Leistung liefert. Man beachte, daß für die von einem Zweipol aufgenommene Leistung P bei Gleichstrom das Produkt $U\,I$, bei Wechselstrom aber das Produkt $U\,I \cos\varphi$ maßgebend ist.

Beispiel 1.42 a) Man ermittle P_t und P bei $\varphi_i = 0$ allgemein für R, L und C, stelle die Ergebnisse in einem Zeitschaubild (Bild 1.70b) dar und deute sie physikalisch.

Aus Gl. (1.76b) ergibt sich mit Gl. (1.72) für $R(\varphi = 0°, \cos\varphi = 1)$:

$$P_t = UI - UI \cos 2\,\omega t \qquad P = U\,I$$

Man erhält dieselbe Leistungsgleichung $P = U\,I$ wie bei Gleichstrom, so daß auch bei Wechselstrom $P = I^2 R = U^2/R$ gilt. Ein Widerstand R nimmt demnach bei einer Gleichspannung U und einer Wechselspannung mit dem Effektivwert U denselben Gleichstrom I bzw. Wechselstrom I (Effektivwert) und damit auch dieselbe elektrische Leistung P auf (Bild 1.70b). Weiter wird

für $L(\varphi = 90°, \cos\varphi = 0)$: $P_t = 0 - U\,I \cos(2\,\omega t + 90°) = U\,I \sin 2\,\omega t \quad P = 0$

für $C(\varphi = -90°, \cos\varphi = 0)$: $P_t = 0 - U\,I \cos(2\,\omega t - 90°) = -U\,I \sin 2\,\omega t \quad P = 0$

Für L und C wird je $P = 0$, d.h. in beiden Fällen wird im Mittel weder Leistung aufgenommen noch abgegeben. Während der positiven Augenblickswerte ($P_t > 0$ oberhalb der Zeitachse) in Bild 1.70b wird aus dem Netz elektrische Energie zum Aufbau des Magnetfeldes der Spule bzw. des elektrischen Feldes des Kondensators entnommen. Diese Energie wird während der negativen Augenblickswerte ($P_t < 0$ unterhalb der Zeitachse) beim Abbau des Magnetfeldes der Spule bzw. des elektrischen Feldes im Kondensator wieder restlos in das Netz zurückgeliefert. Diese Verhältnisse lassen sich auch physikalisch mit dem Energieprinzip erklären, da sowohl Spule als auch Kondensator ohne Verluste (ohne R) angenommen wurden.

b) Man ermittle P und P_t speziell für die Beispiele 1.38 bis 1.40

Widerstand R: $P = UI = 230\text{ V} \cdot 1{,}15\text{ A} = 264{,}5\text{ W}$; $P_t = 264{,}5\text{ W} - 264{,}5\text{ W} \cos 2\,\omega t$

Induktivität L: $P = 0$; $P_t = 230\text{ V} \cdot 2\text{ A} \sin 2\,\omega t = 460\text{ W} \sin 2\,\omega t$

Kapazität C: $P = 0$; $P_t = -230\text{ V} \cdot 0{,}5\text{ A} \sin 2\,\omega t = -115\text{ W} \sin 2\,\omega t$

c) Man zeichne maßstäbliche Zeitschaubilder $P_t = f(t)$ entsprechend Bild 1.70b.

Blindleistung, Scheinleistung, Leistungsfaktor. Außer der Leistung P (Wirkleistung) sind nun bei Wechselstrom die zwei weiteren Leistungsgrößen Blindleistung und Scheinleistung definiert, die keine physikalische Realität haben und nur zweckmäßig gewählte Rechengrößen sind. Für einen Zweipol ist definiert

$$\textbf{Blindleistung}\quad Q = U\,I \sin\varphi \tag{1.78}$$

$$\textbf{Scheinleistung}\quad S = U\,I \tag{1.79}$$

Somit ergibt sich zusammenfassend

$$P = U\,I \cos\varphi = S \cos\varphi; \quad Q = U\,I \sin\varphi = S \sin\varphi; \quad S = U\,I = \sqrt{P^2 + Q^2} \tag{1.80}$$

Die Einheit aller drei Leistungsgrößen sind nach obigen Definitionen 1 W = 1 VA. Um die 3 Größen deutlich voneinander zu unterscheiden, wird nach DIN 1301 in der Praxis nur die Wirkleistung P in Watt (W), dagegen die Scheinleistung S in Volt-Ampere (VA) und die Blindleistung in Var (var) angegeben. Es gilt 1 W = 1 VA = 1 var. Allgemein ist das Verhältnis des Betrages der Wirkleistung zur Scheinleistung der

$$\textbf{Leistungsfaktor}\quad \lambda = \frac{|P|}{S} \leq 1 \tag{1.81}$$

Im Fall der hier betrachteten Sinusgrößen folgt damit aus Gl. (1.80) für den

$$\textbf{Leistungsfaktor}\quad \lambda = |\cos\varphi| \tag{1.82}$$

der in der elektrischen Energietechnik besondere Bedeutung hat.

Leistungsdreieck. Aus dem Zeigerbild eines Zweipols (Bild 1.75a) läßt sich mit dem gleichen Winkel φ sofort ein rechtwinkliges Leistungsdreieck (Bild 1.75b) mit den 3 definierten Leistungsgrößen P, Q, S des Zweipols zeichnen, wie aus Gl. (1.80) folgt.

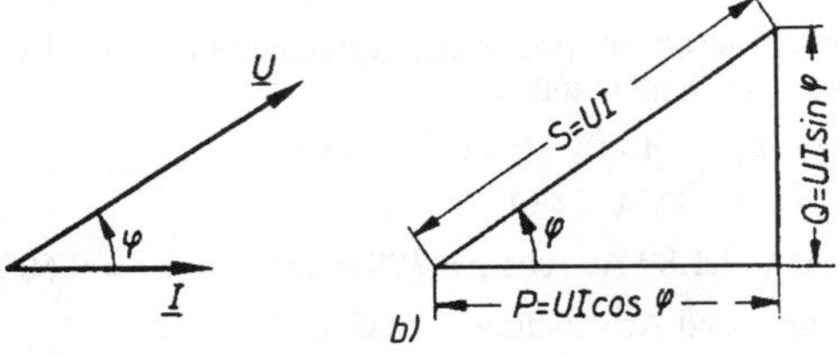

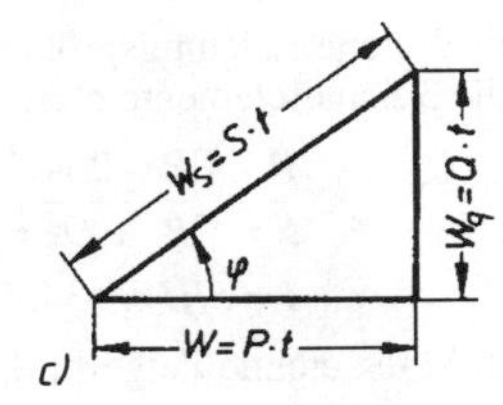

Bild 1.75 Zweipol
a) Zeigerbild
b) Leistungsdreieck
c) Arbeitsdreieck

Beispiel 1.43 Für R, L und C ergeben sich allgemein die Werte P, Q und S nach Tabelle 1.74 wie folgt:

$R(\varphi = 0°$,	$\sin\varphi = 0$,	$\cos\varphi = 1)$:	$P = UI$	$Q = 0$	$S = UI$
$L(\varphi = 90°$,	$\sin\varphi = 1$,	$\cos\varphi = 0)$:	$P = 0$	$Q = UI$	$S = UI$
$C(\varphi = -90°$,	$\sin\varphi = -1$,	$\cos\varphi = 0)$:	$P = 0$	$Q = -UI$	$S = UI$

für die Beispiele 1.38 bis 1.40 erhält man

R: $P = 264{,}5$ W	$Q = 0$	$S = 264{,}5$ VA	$\cos\varphi = 1{,}0$
L: $P = 0$	$Q = 460$ var	$S = 460$ VA	$\cos\varphi = 0$
C: $P = 0$	$Q = 115$ var	$S = 115$ VA	$\cos\varphi = 0$

Arbeit, Blindarbeit. Die elektrische Arbeit ergibt sich auch bei Wechselstrom aus dem Produkt von Leistung und Zeitspanne

$$\textbf{Arbeit (Wirkarbeit)}\quad W = P \cdot t \tag{1.83}$$

Entsprechend der Blindleistung Q ist wiederum ohne jede physikalische Realität definiert

$$\textbf{Blindarbeit}\quad W_q = Q \cdot t \tag{1.84a}$$

Die weitere Definition

$$\textbf{Scheinarbeit}\quad W_s = S \cdot t \tag{1.84b}$$

ist das Produkt von Scheinleistung und Zeitspanne und die Hypothenuse in Bild 1.75c.

Nach den vorstehenden Ausführungen ist für W die SI-Einheit 1 Ws = 1 J und für W_q die SI-Einheit 1 var s in Gebrauch, für Ws empfiehlt sich 1 VAs. In der elektrischen Energiewirtschaft wird bei der Messung der Wirkarbeit mit dem kWh-Zähler die Einheit 1 kWh = $3{,}6 \cdot 10^6$ Ws verwendet, während bei der Messung der Blindarbeit mit dem kvarh-Zähler, z.B. in Hochspannungsanlagen von Industriebetrieben, die entsprechende Einheit 1 kvarh = $3{,}6 \cdot 10^6$ var s bei der Verrechnung der Stromkosten auftritt.

Man erkennt, daß sich die Blindleistung und die Blindarbeit bei der Spule positiv, beim Kondensator negativ ergeben. Läuft demnach ein kvarh-Zähler bei induktiver Blindleistung z.B. rechts herum, so muß er bei kapazitiver Blindleistung links herum laufen, falls im Zähler keine Rücklaufhemmung eingebaut ist. Heben sich induktive und kapazitive Blindleistung gerade auf, so steht der kvarh-Zähler still. Im praktischen Sprachgebrauch spricht man meist von Blindleistungsaufnahme bzw. -abgabe eines Zweipols. Man versteht dann unter Blindleistungsaufnahme induktive Blindleistung ($Q > 0$), unter Blindleistungsabgabe kapazitive Blindleistung ($Q < 0$) und spricht dementsprechend von Aufnahme bzw. Bezug von Blindarbeit ($W_q > 0$) oder von Abgabe bzw. Lieferung von Blindarbeit) $W_q < 0$).

Beispiel 1.44 a) Man gebe für die 3 Schaltelemente von Beispiel 1.43 die Arbeit W und die Blindarbeit W_q an, wenn sie je 4 Stunden in Betrieb sind.

Widerstand R: $W = 0{,}2645\ \text{kW} \cdot 4\ \text{h} = 1{,}058\ \text{kWh}$; $W_q = 0$
Induktivität L: $W = 0$; $W_q = 0{,}46\ \text{kvar} \cdot 4\ \text{h} = 1{,}84\ \text{kvarh}$ (Aufnahme von Blindarbeit)
Kapazität C: $W = 0$; $W_q = -0{,}115\ \text{kvar} \cdot 4\ \text{h} = -0{,}460\ \text{kvarh}$ (Abgabe von Blindarbeit)

b) Welche Arbeit zeigt der kWh-Zähler, welche Blindarbeit der kvarh-Zähler an, wenn bei einem Abnehmer alle 3 Schaltelemente gleichzeitig in Betrieb sind?

$$W = 1{,}058\ \text{kWh};\quad W_q = (1{,}84 - 0{,}460)\ \text{kvarh} = 1{,}380\ \text{kvarh}\ \text{(Aufnahme von Blindarbeit)}$$

c) Welche Leistungsgrößen, welcher Netzstrom und Phasenverschiebungswinkel ergeben sich insgesamt, wenn die 3 Schaltelemente gleichzeitig eingeschaltet sind?

$$P = \Sigma P = 264{,}5\ \text{W};\quad Q = \Sigma Q = (460 - 115)\ \text{var} = 345\ \text{var};$$
$$S = \sqrt{P^2 + Q^2} = \sqrt{264{,}5^2 + 345^2}\ \text{VA} = 434{,}7\ \text{VA}$$
$$I = S/U = 434{,}7\ \text{VA}/230\ \text{V} = 1{,}89\ \text{A};\quad \cos\varphi = P/S = 264{,}5/434{,}7 = 0{,}608;\quad \varphi = 52{,}5°$$

d) Man zeichne Zeigerbild, Leistungs- und Arbeitsdreieck maßstäblich auf.

1.3.2 Wechselstromkreise

1.3.2.1 Kirchhoffsche Regeln bei Wechselstrom

Knotenregel und Maschenregel. Bei Gleichstrom gilt für die Ströme am Knotenpunkt einer elektrischen Schaltung nach Gl. (1.16) die Knotenregel $\Sigma I_{zu} = \Sigma I_{ab}$ und für die Spannungen in einem geschlossenen Stromkreis nach Gl. (1.17) die Maschenregel $\Sigma U = 0$.

Allgemein gelten die Kirchhoffschen Regeln für die Augenblickswerte der Wechselströme i und der Wechselspannungen u von beliebigem zeitlichem Verlauf, also nicht nur für die Sinusform. Demnach lautet

die Knotenregel

$$\Sigma i_{zu} = \Sigma i_{ab} \tag{1.85}$$

und die Maschenregel

$$\Sigma u = 0 \tag{1.86}$$

Die Regeln für Gleichstrom sind also Spezialfälle der allgemein gültigen obigen Regeln.

Zusammensetzung von Zeigern. Bei Wechselstrom erfordert demnach die Knotenregel die Zusammensetzung der Augenblickswerte von Wechselströmen, die Maschenregel die Zusammensetzung der Augenblickswerte von Wechselspannungen. Bei sinusförmigem Verlauf der Wechselgrößen ist die rechnerische Durchführung mit Hilfe der Strom- und Spannungsgleichungen weit mühsamer als diejenige mit Hilfe ihrer Zeiger, die nunmehr erläutert wird.

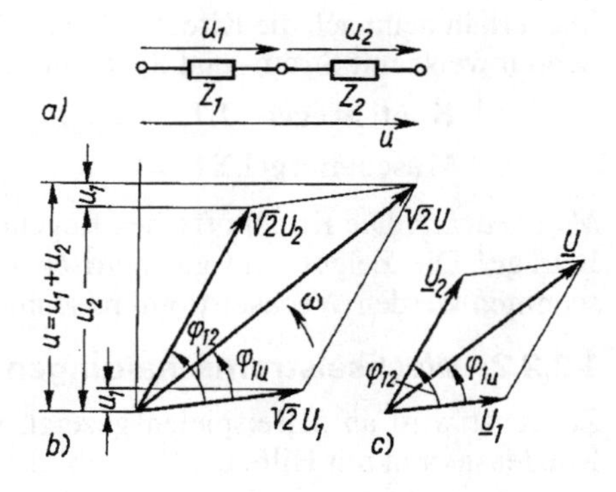

Bild 1.76
Zusammensetzung sinusförmiger Wechselspannungen $u = u_1 + u_2$
a) Schaltplan
b) Zusammensetzung rotierender Spannungszeiger
c) geometrische Zusammensetzung der Zeiger $\underline{U} = \underline{U}_1 + \underline{U}_2$

In einer Wechselstromschaltung (Bild 1.76a) liegen an zwei Scheinwiderständen zwei sinusförmige Wechselspannungen gleicher Frequenz mit den Effektivwerten U_1 und U_2, die zunächst mit den Zählpfeilen u_1 und u_2 im Schaltbild angegeben sind. Die Spannungen sind gegeneinander um den Winkel φ_{12} versetzt. Gesucht sind der Effektivwert U und der Winkel φ_{1u} der Wechselspannung u gegen u_1. Es gilt nach der Maschenregel Gl. (1.86)

$$u = u_1 + u_2$$

In Abschn. 1.3.1.3 wurde bei der Erläuterung der Zeigerbilder bereits gezeigt, daß die Projektion eines Zeigers, dessen Betrag der Amplitude der betreffenden Wechselgröße entspricht, auf der Ordinate ihren jeweiligen Augenblickswert darstellt. Für die Zeiger $\sqrt{2}\,U_1$ und $\sqrt{2}\,U_2$ ergeben sich die Augenblickswerte u_1 und u_2 in einem beliebigen Zeitpunkt nach Bild 1.76b. Setzt man den Zeiger $\sqrt{2}\,U_1$ durch Parallelverschieben an der Spitze des Zeigers $\sqrt{2}\,U_2$ an, so ergibt sich der Zeiger $\sqrt{2}\,U$, dessen Projektion auf die Ordinate $u = u_1 + u_2$ ist. Demnach ist $\sqrt{2}U$ der gesuchte Spannungszeiger.

Führt man jetzt noch die in Bild 1.73e vereinbarte Zeigerdarstellung ein, so erhält man nach Bild 1.76c

$$\underline{U} = \underline{U}_1 + \underline{U}_2$$

Zeiger werden also, wie in Abschn. 1.3.1.3 bereits erwähnt, wie Vektoren geometrisch, d.h. unter Berücksichtigung ihres Betrags und ihrer Richtung zusammengesetzt. Deshalb verwendet man in allen Schaltplänen von Wechselstromschaltungen, die berechnet werden sollen, Zeiger $\underline{U}$, $\underline{I}$ anstelle der Zählpfeile u, i.

Zeichnet man die Zeiger $\underline{U}_1$ und $\underline{U}_2$ hinsichtlich ihrer Phasenlage zueinander maßstäblich auf (Bild 1.76c), so können die Effektivwerte U und der Winkel φ_{1u} der gesuchten Spannung einfach auf graphischem Wege (mit Hilfe von Maßstab und Winkelmesser) ermittelt werden. Eine rechnerische Lösung wäre wie folgt durchzuführen:

$$U = \sqrt{U_1^2 + U_2^2 + 2\,U_1\,U_2 \cos\varphi_{12}} \qquad \cos\varphi_{1u} = \frac{U^2 + U_1{}^2 - U_2{}^2}{2\,U\,U_1}$$

Die graphische Zusammensetzung von Stromzeigern erfolgt auf entsprechende Weise.

Zusammensetzung. Die Zusammensetzung sinusförmiger Spannungen und Ströme ist durchzuführen

algebraisch für die Augenblickswerte, z.B.

$$u = u_1 + u_2 + \ldots \text{ bzw. } i = i_1 + i_2 + \ldots$$

geometrisch für die Zeiger

$$\underline{U} = \underline{U}_1 + \underline{U}_2 + \ldots \text{ bzw. } \underline{I} = \underline{I}_1 + \underline{I}_2 + \ldots$$

Man erhält demnach die Kirchhoffschen Regeln bei sinusförmigen Wechselgrößen endgültig in der Schreibweise mit Strom- und Spannungszeigern

Knotenregel $\Sigma \underline{I}_{zu} = \Sigma \underline{I}_{ab}$ (1.87)

Maschenregel $\Sigma \underline{U} = 0$ (1.88)

Man beachte: Die Kirchhoffschen Regeln gelten bei Wechselstrom für die Zeiger und nicht für ihre Beträge! Die Zeiger sind geometrisch wie Vektoren zusammenzusetzen. In den folgenden Abschnitten werden Wechselstromkreise mit Hilfe der Kirchhoffschen Regeln behandelt.

1.3.2.2 Wechselstromschaltungen mit *R*, *L* und *C*

Zunächst wird an 5 Beispielen gezeigt, wie Zweipolschaltungen mit Widerständen, Spulen und Kondensatoren mit Hilfe der Zeigerbilder berechnet werden.

Beispiel 1.45 Reihenschaltung von *R* und *L*

Der Widerstand R und eine Induktivität L sind nach Bild 1.77a in Reihe an ein Wechselstromnetz angeschlossen. Die Wechselspannung hat den Effektivwert U und die Kreisfrequenz $\omega = 2\pi f$.

Gesucht sind Betrag I des von der Schaltung aufgenommenen Netzstromes, der Phasenverschiebungswinkel φ der Netzspannung gegen den Netzstrom sowie die von dem Zweipol aufgenommenen Leistungen.

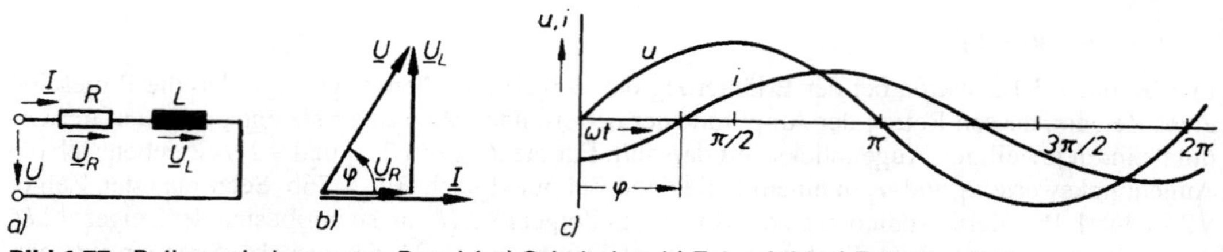

Bild 1.77 Reihenschaltung von R und L a) Schaltplan, b) Zeigerbild, c) Zeitschaubild

Schaltplan, Zeigerbild. Zunächst werden sämtliche in der Schaltung auftretenden Spannungen und Ströme mit ihren Zählpfeilen in den Schaltplan eingetragen.

Nach der Maschenregel Gl. (1.88), $\Sigma \underline{U} = 0$ folgt für einen Umlauf im Uhrzeigersinn

$$\underline{U}_R + \underline{U}_L - \underline{U} = 0 \quad \text{oder} \quad \underline{U} = \underline{U}_R + \underline{U}_L$$

Diese Gleichung von Spannungszeigern ist nun im Zeigerbild darzustellen. Man geht hierbei von einer im Schaltbild auftretenden gemeinsamen Wechselgröße aus. Bei einer Reihenschaltung ist dies immer ein Strom, der im vorliegenden Fall für R und L gemeinsam ist. Der Stromzeiger $\underline{I}$ wird im Zeigerbild z.B. von links nach rechts gezeichnet (Bild 1.77b). Dann liegt nach Tabelle 1.74 der Spannungszeiger $\underline{U}_R$ in Phase mit dem Stromzeiger.

Nach obiger Spannungsgleichung ist an den Zeiger $\underline{U}_R$ der Zeiger $\underline{U}_L$ anzusetzen, $\underline{U}_L$ eilt nach Tabelle 1.74 dem Strom $\underline{I}$ durch die Spule um 90° voraus, weist im Zeigerbild also senkrecht nach oben. Somit ergibt die geometrisch durchzuführende Addition den Spannungszeiger $\underline{U}$ der Netzspannung. Nun kann auch der Phasenverschiebungswinkel φ im Zeigerbild angegeben werden, der vom Stromzeiger zum Spannungszeiger weist.

Berechnung. An Hand des Zeigerbildes können Netzstrom I und Winkel φ aus dem rechtwinkligen Spannungsdreieck ermittelt werden. Der folgende Rechengang enthält die Beträge der Zeiger, also ihre Effektivwerte. Nach Tabelle 1.74 ist

$$U_R = IR \quad \text{und} \quad U_L = I\,\omega L$$

Aus dem rechtwinkligen Spannungsdreieck in Bild 1.77b erhält man $U = \sqrt{U_R^2 + U_L^2}$ oder

$$U = I\sqrt{R^2 + (\omega L)^2}$$

Der Scheinwiderstand der Schaltung ergibt sich nach $Z = U/I$ oder zu

$$\mathbf{Z = \sqrt{R^2 + (\omega L)^2}} \tag{1.89}$$

Schließlich errechnet man den Phasenverschiebungswinkel aus dem Zeigerbild

$$\mathbf{\tan\varphi = \frac{U_L}{U_R} = \frac{\omega L}{R}} \tag{1.90}$$

Mit den obigen Beziehungen sind I und φ bekannt. Somit lassen sich auch die Spannungen U_R und U_L berechnen. In Zahlenbeispielen können nun auch die Gleichungen für Netzspannung u und Netzstrom i zahlenmäßig angegeben werden, zweckmäßig in der Form

entweder mit $\varphi_i = 0$: $u = \sqrt{2}U\sin(\omega t + \varphi)$ $\quad i = \sqrt{2}I\sin\omega t$

oder mit $\varphi_u = 0$: $u = \sqrt{2}U\sin\omega t$ $\quad i = \sqrt{2}I\sin(\omega t - \varphi)$ (Bild 1.77c)

und die zugehörigen Zeitschaubilder $u = f(t)$ und $i = f(t)$ maßstäblich gezeichnet werden.

Nach Tabelle 1.74 sind sodann die von der Schaltung aufgenommenen Leistungen P, Q und S zu berechnen:

$$P = UI\cos\varphi \quad Q = UI\sin\varphi \quad S = UI$$

Schließlich folgt nach Tabelle 1.74 für die Arbeit

$$W = Pt \quad \text{und für die Blindarbeit} \quad W_q = Qt$$

Kontrolle der Berechnung. Nach dem Energieprinzip muß die im Widerstand R auftretende Leistung $P_R = U_R I \cdot \cos\varphi_R = I^2 R = U_R^2/R$ gleich der vom Netz gelieferten Leistung P und die in der Spule auftretende Blindleistung $Q_L = U_L I \cdot \sin\varphi_L = I^2\omega L = U_L^2/\omega L$ gleich der vom Netz gelieferten Blindleistung Q sein.

Zusammenfassung. Die hier ausführlich dargestellte systematische Ermittlung der wichtigsten Wechselgrößen in vier Stufen

1. Entwerfen des Schaltplanes mit Zeigerangabe an den Zählpfeilen
2. Anschreiben der Kirchhoffschen Regeln
3. Aufzeichnen des Zeigerbildes
4. Berechnung der Beträge und des Phasenverschiebungswinkels

wird in den folgenden Beispielen einheitlich angewendet.

Beispiel 1.46 Reihenschaltung von *R* und *C*

Wie oben für die Reihenschaltung von *R* und *L* gesehen, zeichnet man die Zählpfeile für Strom $\underline{I}$ und Spannungen $\underline{U}$, $\underline{U}_R$ und $\underline{U}_C$ in den Schaltplan des Zweipols ein (Bild 1.78a). Nach der Maschenregel, Gl. (1.88) ist

$$\underline{U} = \underline{U}_R + \underline{U}_C$$

Beim Aufzeichnen des Zeigerbildes (Bild 1.78b) dieser Reihenschaltung geht man wieder vom Stromzeiger $\underline{I}$ aus; $\underline{U}_R$ liegt in Phase mit $\underline{I}$, während nach Tabelle 1.74 der Spannungszeiger $\underline{U}_C$ am Kondensator dem Stromzeiger $\underline{I}$ um 90° nacheilt. Setzt man den Spannungszeiger $\underline{U}_C$ an die Zeigerspitze von $\underline{U}_R$ an, so erhält man den Spannungszeiger $\underline{U}$ der Netzspannung. Der Phasenverschiebungswinkel φ ist negativ, die Spannung $\underline{U}$ eilt dem Strom $\underline{I}$ nach.

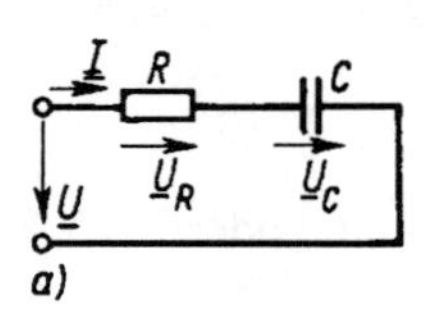

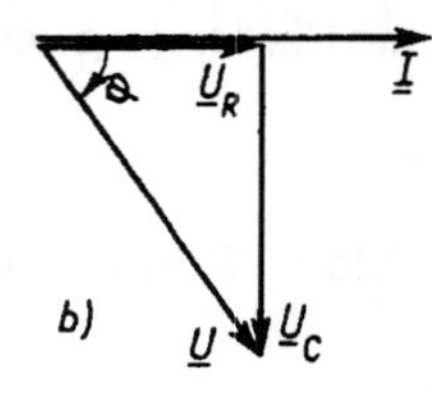

Bild 1.78
Schaltplan und Zeigerbild für eine Reihenschaltung von *R* und *C*

Die Beträge der Zeiger sind nach Tabelle 1.74 $U_R = IR$ und $U_C = I/\omega C$. Aus dem rechtwinkligen Spannungsdreieck ergeben sich hiermit

$$U = \sqrt{U_R^2 + U_C^2} = I\sqrt{R^2 + \left(\frac{1}{\omega C}\right)^2}$$

$$\mathbf{Z} = \sqrt{R^2 + \left(\frac{1}{\omega C}\right)^2} \tag{1.91}$$

$$\tan\varphi = -\frac{U_C}{U_R} = -\frac{1}{R\omega C} \tag{1.92}$$

Kontrolle: Es muß $P = UI\cos\varphi = U_R I\cos\varphi_R = U_R I = I^2 R = U_R^2/R$ und $Q = UI\sin\varphi = U_C I\sin\varphi_C = -U_C I = -I^2/\omega C = -U_C^2\omega C$ sein.

Beispiel 1.47 Parallelschaltung von *R* und *L*

Der Schaltplan 1.79a mit der für *R* und *L* gemeinsamen Spannung $\underline{U}$ enthält die Ströme $\underline{I}$ (Netzstrom), $\underline{I}_R$ und $\underline{I}_L$, die wieder nach Tabelle 1.74 der Spannung $\underline{U}$ zuzuordnen sind. Die Knotenregel, Gl. (1.87), ergibt

$$\underline{I} = \underline{I}_R + \underline{I}_L$$

Bei der Aufzeichnung des Zeigerbildes (Bild 1.79b) geht man von dem gemeinsamen Spannungszeiger $\underline{U}$ aus; $\underline{I}_R$ liegt in Phase mit $\underline{U}$. An die Pfeilspitze von $\underline{I}_R$ ist nach obiger Stromgleichung der Strom $\underline{I}_L$ durch die Induktivi-

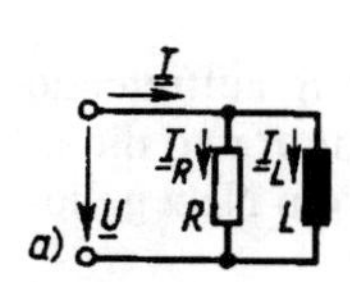

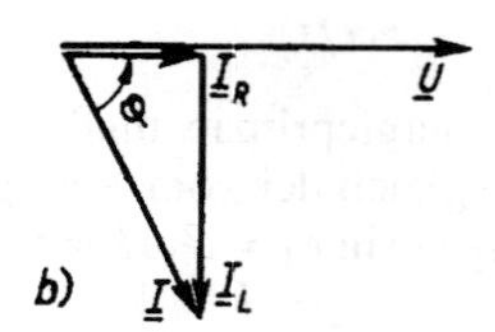

Bild 1.79
Schaltplan und Zeigerbild für eine Parallelschaltung von *R* und *L*

tät, der dem Spannungszeiger $\underline{U}$ um 90° nacheilt, einzutragen, so daß sich der Zeiger des Netzstromes $\underline{I}$ ergibt. Die Netzspannung $\underline{U}$ eilt dem Netzstrom $\underline{I}$ um den Phasenverschiebungswinkel φ vor, φ ist demnach positiv.

Die Beträge der Zeiger sind nach Tabelle 1.74 $I_R = U/R$ und $I_L = U/X_L$. Aus dem rechtwinkligen Stromdreieck (Bild 1.79b) ergeben sich dann

$$I = \sqrt{I_R^2 + I_L^2} = U\sqrt{1/R^2 + 1/X_L^2} = U/Z$$

$$\frac{1}{Z} = \sqrt{\frac{1}{R^2} + \frac{1}{X_L^2}} = \sqrt{\frac{1}{R^2} + \frac{1}{(\omega L)^2}} \tag{1.93}$$

$$\tan\varphi = \frac{I_L}{I_R} = \frac{R}{\omega L} \tag{1.94}$$

Beispiel 1.48 Parallelschaltung von R und C

Bild 1.80a zeigt die Schaltung mit dem Spannungspfeil $\underline{U}$ und den Strompfeilen $\underline{I}$ (Netzstrom), $\underline{I}_R$ und $\underline{I}_C$. Die Knotenregel, Gl. (1.87), ergibt

$$\underline{I} = \underline{I}_R + \underline{I}_C$$

Ausgehend vom gemeinsamen Spannungszeiger $\underline{U}$ ergeben sich im Zeigerbild 1.80b der Stromzeiger $\underline{I}_R$ in Phase mit $\underline{U}$ und der Stromzeiger $\underline{I}_C$ um 90° dem Spannungszeiger $\underline{U}$ voreilend. Nach obiger Stromgleichung folgt der Stromzeiger $\underline{I}$ durch geometrische Addition, so daß sich φ negativ ergibt.

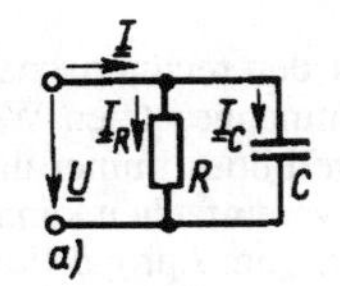

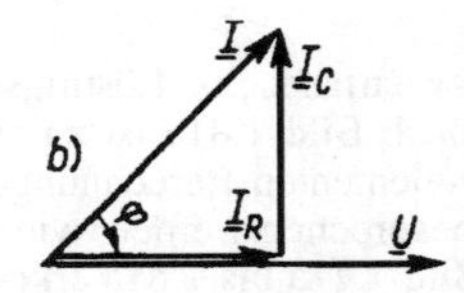

Bild 1.80 Schaltplan und Zeigerbild für eine Parallelschaltung von R und C

Aus dem rechtwinkligen Stromdreieck (Bild 1.80b) erhält man mit den Beträgen $I_R = U/R$ und $I = U/X_C$ (Tabelle 1.74)

$$I = \sqrt{I_R^2 + I_C^2} = U\sqrt{1/R^2 + 1/X_C^2} = U/Z$$

$$\frac{1}{Z} = \sqrt{\frac{1}{R^2} + \frac{1}{X_C^2}} = \sqrt{\frac{1}{R^2} + (\omega C)^2} \tag{1.95}$$

$$\tan\varphi = -\frac{I_C}{I_R} = -R\,\omega C \tag{1.96}$$

Beispiel 1.49 Zusammengesetzte Schaltung

Als Beispiel wird eine aus den drei Schaltelementen R, L und C zusammengesetzte Schaltung (Bild 1.81a) untersucht. In ihr treten die Spannungen $\underline{U}$, $\underline{U}_R$ und die an L und C gemeinsame Spannung $\underline{U}_{LC}$ sowie die drei Ströme $\underline{I}$ (Netzstrom), $\underline{I}_L$ und $\underline{I}_C$ auf. Die Knotenregel, Gl. (1.87), ergibt

$$\underline{I} = \underline{I}_L + \underline{I}_C$$

und aus der Maschenregel, Gl. (1.88) folgt

$$\underline{U} = \underline{U}_{LC} + \underline{U}_R$$

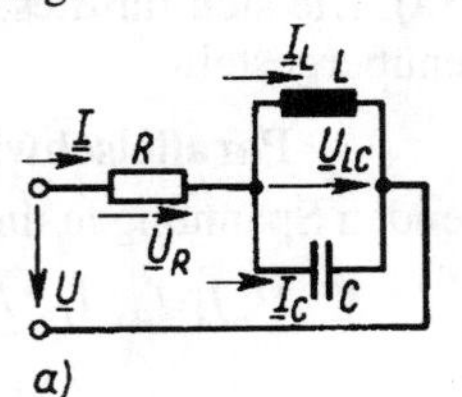

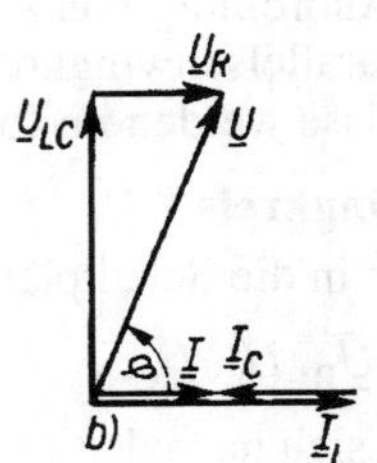

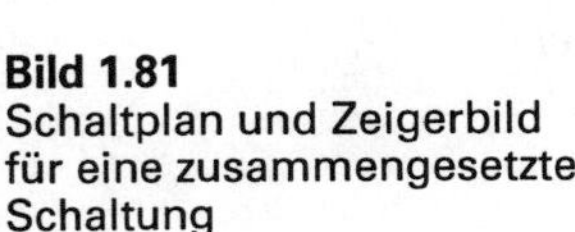

Bild 1.81 Schaltplan und Zeigerbild für eine zusammengesetzte Schaltung

Nun sind je eine Gleichung für Stromzeiger und für Spannungszeiger im Zeigerbild darzustellen. Beim Aufzeichnen des Zeigerbildes 1.81b geht man von der an L und C gemeinsamen Spannung $\underline{U}_{LC}$ aus. Der Stromzeiger $\underline{I}_L$

eilt dem Spannungszeiger $\underline{U}_{LC}$ um 90° nach, der Stromzeiger $\underline{I}_C$ eilt dem Zeiger $\underline{U}_{LC}$ um 90° vor, so daß sich als Summe der Stromzeiger $\underline{I}$ des Netzstromes ergibt. Da der Netzstrom $\underline{I}$ durch den Widerstand R fließt, liegt $\underline{U}_R$ in Phase mit $\underline{I}$, so daß man resultierend den Zeiger $\underline{U}$ der Netzspannung erhält.

Nach Tabelle 1.74 ist

$$U_R = IR \qquad I_L = U_{LC}/X_L \qquad I_C = U_{LC}/X_C$$

Somit wird

$$I = I_L - I_C = \frac{U_{LC}}{X_L} - \frac{U_{LC}}{X_C}$$

und hieraus

$$U_{LC} = \frac{I}{(1/\omega L) - \omega C} = \frac{I\omega L}{1 - \omega^2 LC}$$

Aus dem rechtwinkligen Spannungsdreieck (Bild 1.81b) folgt $U = \sqrt{U_R^2 + U_{LC}^2}$, somit sind Netzspannung, Scheinwiderstand und Phasenverschiebungswinkel

$$U = I\sqrt{R^2 + \left(\frac{\omega L}{1 - \omega^2 LC}\right)^2}; \quad Z = \sqrt{R^2 + \left(\frac{\omega L}{1 - \omega^2 LC}\right)^2}; \quad \tan\varphi = \frac{U_{LC}}{U_R} = \frac{\omega L}{R(1 - \omega^2 LC)}$$

Graphisch-rechnerische Lösungsmethode. Schon aus der rechnerischen Behandlung der relativ einfachen Schaltung nach Bild 1.81a ist zu ersehen, daß bei zusammengesetzten Wechselstromschaltungen mit drei und mehr Schaltelementen Berechnungen mit Hilfe des Zeigerbildes immer umständlicher werden. Es soll deshalb noch kurz besprochen werden, wie man die Berechnung vereinfachen kann. Aus den Ergebnissen für die Schaltungen in Bild 1.77a bis 1.81a erkennt man, daß der Netzstrom I proportional mit der Netzspannung U ansteigt. Dies ist auch nicht anders zu erwarten, da jede Schaltung einen festen Scheinwiderstand Z hat und der Strom $I = U/Z$ nach Gl. (1.74) der Spannung proportional ist. Wenn demnach für eine vorgegebene Netzspannung U' der Netzstrom I' bekannt ist, ergibt sich der bei der tatsächlichen Netzspannung U fließende Strom I aus $Z = U'/I' = U/I$, nämlich

$$I = \frac{U}{U'} \cdot I'$$

Man geht deshalb bei zusammengesetzten Wechselstromschaltungen so vor, daß man das Zeigerbild maßstäblich unter der Annahme einer frei gewählten Größe aufzeichnet. Man wählt z.B. für eine Schaltung nach Bild 1.81 U'_{LC} = 100 V und erhält dann eine Netzspannung $\underline{U}'$ (Betrag U'), einen Netzstrom $\underline{I}'$ (Betrag I') und den Phasenverschiebungswinkel φ. Die vorhandene Netzspannung hat tatsächlich aber den Betrag U. Um nun den tatsächlichen Netzstrom I und auch alle weiteren tatsächlich auftretenden Teilströme und -spannungen zu erhalten, braucht man nur ihre im maßstabsgerechten Zeigerbild auftretenden Beträge mit U/U' zu multiplizieren. Da dies lediglich einer Maßstabsänderung gleichkommt, bleiben die Winkel erhalten (s. Beispiel 1.54).

1.3.2.3 Schwingkreise

Je nach der Anordnung von L und C im Schaltplan unterscheidet man Reihenschwingkreise (Bild 1.82a) und Parallelschwingkreise (Bild 1.83a). Die sich für diese beiden Resonanzkreise ergebenden Verhältnisse werden im folgenden gegenübergestellt:

Reihenschwingkreis	**Parallelschwingkreis**
Zeichnet man in die Schaltpläne die auftretenden Spannungen und Ströme	
$\underline{U}, \underline{U}_R, \underline{U}_L, \underline{U}_C, \underline{I}$	$\underline{U}, \underline{I}, \underline{I}_R, \underline{I}_L, \underline{I}_C$
ein, so ergibt sich nach der Maschenregel, Gl. (1.88)	Knotenregel, Gl. (1.87)
$\underline{U} = \underline{U}_R + \underline{U}_L + \underline{U}_C$	$\underline{I} = \underline{I}_R + \underline{I}_L + \underline{I}_C$

Beim Aufzeichnen der Zeigerbilder 1.82b und 1.83b geht man vom

gemeinsamen Stromzeiger $\underline{I}$	gemeinsamen Spannungszeiger $\underline{U}$

aus. Die Phasenlage der

Spannungszeiger $\underline{U}_R$, $\underline{U}_L$, $\underline{U}_C$ zum Stromzeiger $\underline{I}$	Stromzeiger $\underline{I}_R$, $\underline{I}_L$, $\underline{I}_C$ zum Spannungszeiger $\underline{U}$

liegt nach Tabelle 1.74 fest, so daß sich durch geometrische Addition der

Zeiger $\underline{U}$ der Netzspannung	Zeiger $\underline{I}$ des Netzstromes

und die Phasenverschiebungswinkel φ, jeweils vom Zeiger $\underline{I}$ des Netzstroms zum Zeiger $\underline{U}$ der Netzspannung ergeben. Aus den rechtwinkligen Dreiecken in den Zeigerbildern folgen

$U = \sqrt{U_R^2 + (U_L - U_C)^2}$	$I = \sqrt{I_R^2 + (I_L - I_C)^2}$
$U_R = IR \quad U_L = I\omega L \quad U_C = I/\omega C$	$I_R = U/R \quad I_L = U/\omega L \quad I_C = U\omega C$

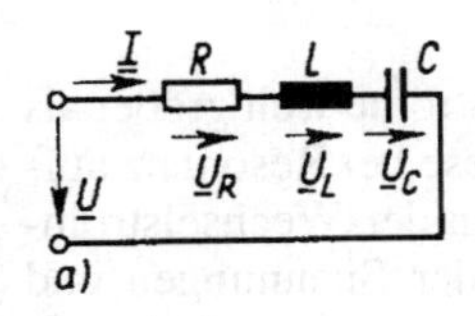

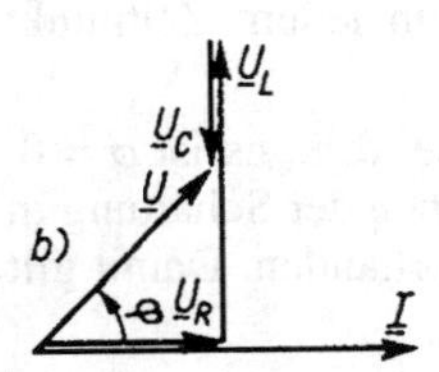

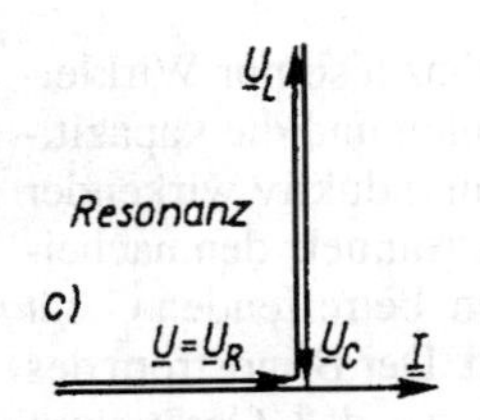

Bild 1.82

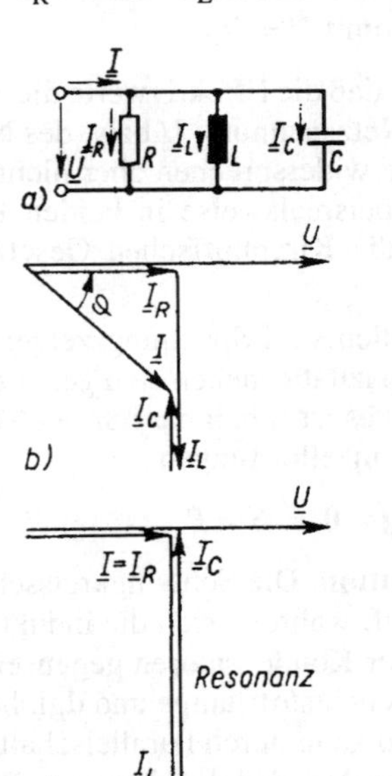

Bild 1.83

Somit erhält man

$U = I\sqrt{R^2 + \left(\omega L - \frac{1}{\omega C}\right)^2}$	$I = U\sqrt{\frac{1}{R^2} + \left(\frac{1}{\omega L} - \omega C\right)^2}$

und die Phasenverschiebungswinkel φ aus

$\tan\varphi = \frac{U_L - U_C}{U_R} = \frac{\omega L - \frac{1}{\omega C}}{R}$	$\tan\varphi = \frac{I_L - I_C}{I_R} = \frac{\frac{1}{\omega L} - \omega C}{1/R}$

Resonanz. Die obigen Gleichungen zeigen, daß bei gegebener Netzspannung U und gegebenem Widerstand R der Netzstrom I bei

Reihenresonanz	**Parallelresonanz**
den Maximalwert $I_{max} = U/R$	den Minimalwert $I_{min} = U/R$
annimmt, wenn $\omega L - \frac{1}{\omega C} = 0$	$\frac{1}{\omega L} - \omega C = 0$

wird, d.h., wenn in beiden Fällen die Bedingung

$$\omega^2 L C = 1 \tag{1.97a}$$

oder, da $\omega = 2\pi f$ ist, die Bedingung

$$f = \frac{1}{2\pi \sqrt{LC}} \tag{1.97b}$$

erfüllt ist. Die Gleichungen, die beide dasselbe aussagen, heißen Thomsonsche Formeln. In beiden Schaltungen wird bei Resonanz der Netzstrom – abgesehen von der Netzspannung U – nur durch den Widerstand R bestimmt. Im Zeigerbild 1.82c heben sich die Teilspannungen $\underline{U}_L$ und $\underline{U}_C$, im Zeigerbild 1.83c die Teilströme $\underline{I}_L$ und $\underline{I}_C$ gegenseitig auf. Es gilt

$$\underline{U}_L = -\underline{U}_C \text{ somit } \underline{U} = \underline{U}_R \qquad \underline{I}_L = -\underline{I}_C \text{ somit } \underline{I} = \underline{I}_R$$

$$U_L = U_C \quad \text{somit } U = U_R \qquad I_L = I_C \quad \text{somit } I = I_R$$

Aus den Bildern folgt, daß die Effektivwerte dieser Teilspannungen bzw. Teilströme weit größer als der Effektivwert der Netzspannung U bzw. des Netzstroms I sein können. Diese bei Resonanz auftretenden Verhältnisse widersprechen aber nicht den physikalischen Gesetzen der Wechselstromlehre. Zeichnet man beispielsweise in beiden Fällen die Zeitschaubilder aller Spannungen und Ströme auf, so sind die Kirchhoffschen Gesetze für die Augenblickswerte in jedem Zeitpunkt erfüllt.

In beiden Resonanzfällen sind Spannungszeiger $\underline{U}$ und Stromzeiger $\underline{I}$ in Phase, d.h., es ist $\varphi = 0$. Induktivität L und Kapazität C heben sich gegenseitig im Bezug auf die Klemmen der Schaltung in ihrer Wirkung auf und es ist scheinbar nur noch der ohmsche Widerstand R vorhanden. Damit gilt bei Resonanz für die Einzelleistungen

$$P = UI \qquad Q = 0 \qquad S = P$$

Blindstromkompensation. Die Schwingkreisschaltungen nehmen bei Resonanz also nur Wirkleistung aus dem Netz auf, während sich die induktiven Blindleistungen der Spulen und die kapazitiven Blindleistungen der Kondensatoren gegenseitig aufheben. Nimmt z.B. ein induktiv wirkender Zweipol wie Motor, Leuchtstofflampe und dgl. bei Anschluß an ein Wechselstromnetz den nacheilenden Strom $\underline{I}_L$ auf, so kann durch Parallelschalten eines Kondensators zu dem betreffenden Gerät (Bild 1.84a) erreicht werden, daß dem Netz nur Wirkleistung entnommen wird. Der Blindstrom des Geräts wird nach Bild 1.84b durch den Kondensatorstrom I_C kompensiert, so daß Gerät samt Kondensator den Strom $\underline{I}$ aufnehmen und damit für das Netz reine Wirklast darstellen.

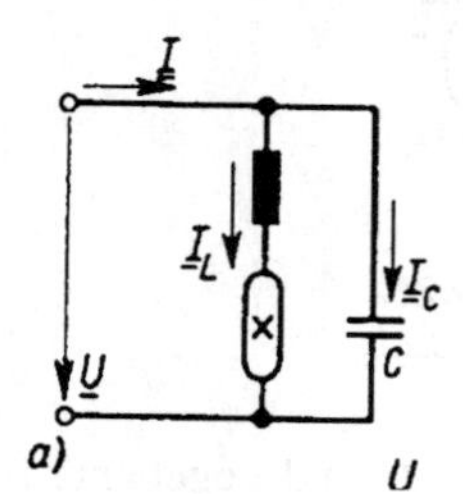

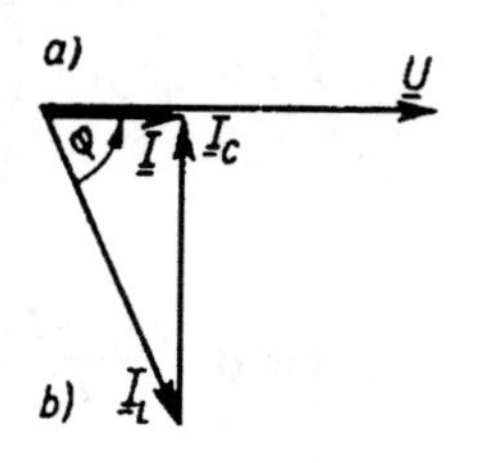

Bild 1.84
Blindstromkompensation einer Leuchtstofflampe

Rundfunk. Bei beiden Schwingkreisschaltungen läßt sich nach Gl. (1.97b) Resonanz durch Verändern der Induktivität L bzw. der Kapazität C einstellen. Beim Rundfunkempfang wird die Eigenfrequenz f der im Gerät vorhandenen Schwingungskreise z.B. meist durch Verändern von C (Drehkondensatoren) auf die Sendefrequenz f_s des Senders eingestellt, der empfangen werden soll ($f = f_s$). Es kann erreicht werden, daß die gleichzeitig von der Antenne empfangenen Wellen anderer Sender mit eng benachbarten Frequenzen so stark unterdrückt werden, daß ein störungsfreier Empfang des gewünschten Senders möglich ist.

Analogie zu mechanischen Schwingungen. Schließlich sei noch die Analogie zwischen elektrischen und mechanischen Schwingkreisen, wie sie z. B. auch in der Schwingungslehre behandelt werden, an einem Beispiel erläutert.

Einem elektrischen Reihenschwingkreis nach Bild 1.85a entspricht ein mechanischer Schwingkreis (Bild 1.85b), der aus einer Masse m, einer geschwindigkeitsproportional wirkenden Bremse mit der Dämpfungskonstanten ρ, und einer Feder mit der Federkonstanten c besteht und von einer äußeren Kraft mit dem Augenblickswert f erregt wird.

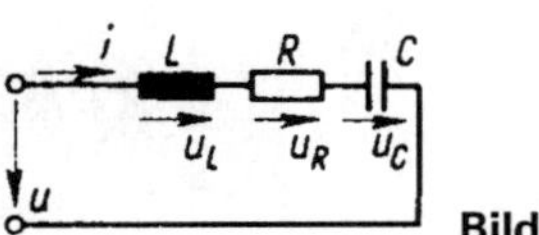

Bild 1.85a

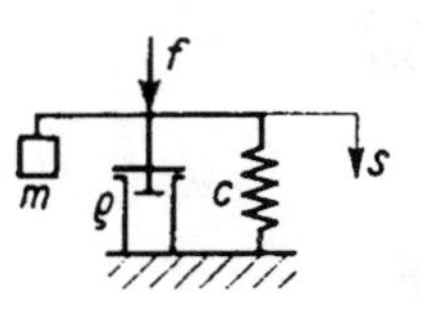

Bild 1.85b

Spannungsgleichung nach der Maschenregel ($\Sigma U = 0$)

$$u_L + u_R + u_C = u$$

Für die Teilspannungen gelten

$$u_L = L\, di/dt = L\, d^2 q/dt^2$$
$$u_R = R\, i = R\, dq/dt$$
$$u_C = \frac{1}{C}\int i\, dt = \frac{1}{C} q$$

da $i = dq/dt$, $di/dt = d^2 q/dt^2$ und $\int i\, dt = q$ ist.

Somit folgt für die Spannungen

$$L \frac{d^2 q}{dt^2} + R \frac{dq}{dt} + \frac{1}{C} q = u$$

Kräftegleichung nach dem Gleichgewicht der Kräfte ($\Sigma f = 0$)

$$f_m + f_\rho + f_c = f$$

Für die Teilkräfte gelten

Massenkraft $f_m = m\, a = m\, d^2 s/dt^2$
Dämpfungskraft $f_\rho = \rho\, v = \rho\, ds/dt$
Federkraft $f_s = c\, s$

da $a = ds/dt$ $\quad a = \frac{dv}{dt} = \frac{d^2 s}{dt^2}$ ist.

Somit folgt für die Kräfte

$$m \frac{d^2 s}{dt^2} + \rho \frac{ds}{dt} + c\, s = f$$

Der Aufbau dieser Differentialgleichungen stimmt vollkommen überein. Den elektrischen Spannungen entsprechen mechanische Kräfte, der Ladung q entspricht der Weg s, dem Strom i die Geschwindigkeit v. Somit können auch die Ergebnisse der Behandlung des elektrischen Schwingkreises bei zeitlich sinusförmiger Änderung der Spannung u auf den Fall übertragen werden, daß sich die erregende Kraft f des mechanischen Schwingkreises zeitlich sinusförmig ändert. Dieser Fall spielt in der Regelungstechnik bei der Untersuchung des Zeitverhaltens der Regelkreisglieder nach der Frequenzgangmethode eine wichtige Rolle.

1.3.2.4 Komplexe Berechnung von Wechselstromschaltungen

Die Berechnung von Wechselstromschaltungen nach Abschn. 1.3.2 mit Hilfe des geometrischen Zeigerbilds und algebraischer Berechnung wird umso umfangreicher und schwieriger, je mehr Knoten und Maschen im Schaltplan vorhanden sind.

Einfacher ist der Lösungsweg mit Hilfe der komplexen Rechnung, die auch im Maschinenbau, z.B. in der Schwingungslehre und in der Regelungstechnik mit Vorteil angewandt wird. Sie soll hier erläutert und anhand einiger Beispiele mit der oben behandelten Berechnung mit Hilfe von Zeigerbildern verglichen werden. Das Rechnen mit komplexen Zahlen muß dabei als bekannt vorausgesetzt werden.

Komplexe Zahlen. In der Gaußschen Zahlenebene (Bild 1.86) mit der waagrechten Achse für die reellen Zahlen und der senkrechten Achse für die imaginären Zahlen mit der Definition $j = \sqrt{-1}$ kann man eine komplexe Zahl $\underline{z}$ durch einen Punkt P oder durch einen Pfeil oder Strahl vom Nullpunkt zum Punkt P mathematisch in zwei Formen darstellen:

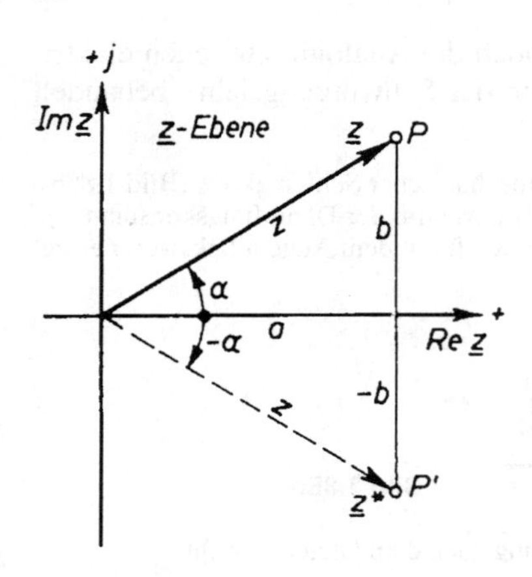

Bild 1.86
Gaußsche Zahlenebene. Komplexe Zahl $\underline{z}$ und konjugiert komplexe Zahl $\underline{z}^*$

Komponentenform

$$\underline{z} = a + \mathrm{j}b = \mathrm{Re}\,\underline{z} + \mathrm{j}\,\mathrm{Im}\,\underline{z}$$

Hierin ist $a = \mathrm{Re}\,\underline{z}$ der Realteil, $b = \mathrm{Im}\,\underline{z}$ der Imaginärteil der komplexen Zahl $\underline{z}$.

Exponentialform

$$\underline{z} = z \cdot e^{\mathrm{j}\alpha} = z \cos\alpha + \mathrm{j} z \sin\alpha$$

Für den Betrag z und den Winkel α von der positiven reellen Achse zum Strahl $\underline{z}$ gelten die Beziehungen (s. Bild 1.86):

$$z = \sqrt{a^2 + b^2} \qquad a = z\cos\alpha \qquad b = z\sin\alpha \qquad \tan\alpha = b/a$$

Damit ergibt sich mit Hilfe der Eulerschen Gleichung

$$e^{\mathrm{j}\alpha} = \cos\alpha + \mathrm{j}\sin\alpha$$

aus der Komponentenform die Exponentialform.
Für die zu $\underline{z}$ konjugiert komplexe Zahl $\underline{z}^*$ (Punkt P' in Bild 1.86) gilt

$$\underline{z}^* = a - \mathrm{j}b = z \cdot e^{-\mathrm{j}\alpha}$$

Beispiel 1.50 a) Die quadratische Gleichung $5x^2 - 2x + 2 = 0$ hat die Lösungen $\underline{z}$ und $\underline{z}^*$. Man gebe beide Lösungen in der Komponenten- und Exponentialform an.

$$5x^2 - 2x + 2 = 0;\; x_{12} = \frac{2 \pm \sqrt{4-40}}{10} = \frac{2 \pm \sqrt{-36}}{10} = \frac{2 \pm \mathrm{j}6}{10} = 0{,}2 \pm \mathrm{j}0{,}6$$

$$\underline{z} = 0{,}2 + \mathrm{j}0{,}6;\quad z = \sqrt{0{,}2^2 + 0{,}6^2} = 0{,}632;\quad \tan\alpha_1 = 0{,}6/0{,}2 = 3;\quad \alpha_1 = 71{,}6°;\quad \underline{z} = 0{,}632\,\mathrm{e}^{\mathrm{j}\,71{,}6°}$$

$$\underline{z}^* = 0{,}2 - \mathrm{j}0{,}6;\quad z = \sqrt{0{,}2^2 + 0{,}6^2} = 0{,}632;\quad \tan\alpha_2 = -3;\quad \alpha_2 = -71{,}6°;\quad \underline{z}^* = 0{,}632\,\mathrm{e}^{-\mathrm{j}\,71{,}6°}$$

b) Gegeben $\underline{z} = 3 - \mathrm{j}4$. Somit ist $a = 3$; $b = -4$; $z = 5$; $\tan\alpha = -4/3$; $\cos\alpha = 0{,}6$; $\sin\alpha = -0{,}8$; $\alpha = -53°$; $\underline{z} = 5 \cdot \mathrm{e}^{-\mathrm{j}53°}$ und $\underline{z}^* = 3 + \mathrm{j}4$; $\underline{z}^* = 5 \cdot \mathrm{e}^{\mathrm{j}53°}$

c) Einige Rechenregeln: $\mathrm{e}^{\mathrm{j}0} = 1$; $\mathrm{e}^{\mathrm{j}90°} = \mathrm{j}$; $\mathrm{e}^{-\mathrm{j}90°} = -\mathrm{j}$; $\mathrm{j}^2 = -1$; $1/\mathrm{j} = -\mathrm{j}$

d) Addieren und Subtrahieren komplexer Zahlen erfolgt zweckmäßig in Komponentenform

$$\underline{z} = \underline{z}_1 - \underline{z}_2 + \underline{z}_3 = (a_1 + \mathrm{j}b_1) - (a_2 + \mathrm{j}b_2) + (a_3 + \mathrm{j}b_3)$$
$$= (a_1 - a_2 + a_3) + \mathrm{j}(b_1 - b_2 + b_3) = a + \mathrm{j}b$$

e) Multiplizieren und Dividieren komplexer Zahlen erfolgt zweckmäßig in Exponentialform

$$\underline{z} = \frac{\underline{z}_1 \cdot \underline{z}_2}{\underline{z}_3} = \frac{z_1 \cdot e^{j\alpha 1} \cdot z_2 \cdot e^{j\alpha 2}}{z_3 \cdot e^{j\alpha 3}} = \frac{z_1 \cdot z_2}{z_3} e^{j(\alpha 1 + \alpha 2 - \alpha 3)} = z\, e^{j\alpha}$$

f) Komplexe Nenner von Brüchen macht man reell, indem man Zähler und Nenner mit dem konjugiert komplexen Nenner multipliziert, z.B.

$$\underline{z} = \frac{a_1 + jb_1}{a_2 - jb_2} = \frac{(a_1 + jb_1)\,(a_2 + jb_2)}{(a_2 - jb_2)\,(a_2 + jb_2)} = \frac{(a_1\, b_2 - b_1\, b_2) + j(a_1\, b_2 + a_2\, b_1)}{a_2^2 + b_2^2} = a + jb$$

Komplexe Spannungen und Ströme. Die Darstellung komplexer Zahlen in der Gaußschen Zahlenebene wird zunächst auf die komplexe Darstellung der Spannungs- und Stromzeiger angewandt. Zu diesem Zweck ordnet man komplexe Spannungs- und Stromebenen nach Bild 1.87 an, wieder mit positiv reellen Achsen nach rechts (+) und positiv imaginären Achsen nach oben (j). Überträgt man nun die Zeigerbilder für R, L und C (z.B. aus Tabelle 1.74) in diese Darstellung, dann können Spannungs- und Stromzeiger wie folgt dargestellt werden, je nachdem, ob man die Stromzeiger ($\underline{I}$ in Bild 1.87a) oder die Spannungszeiger ($\underline{U}$ in Bild 1.87b) in die positiv reellen Achsen legt:

$$\underline{I} = I e^{j0°} = I; \quad \underline{U}_{(R)} = U e^{j0°} = I R; \quad \underline{U}_{(L)} = U e^{j90°} = jI\omega L; \quad \underline{U}_{(C)} = U e^{-j90°} = -jI/\omega C$$
$$\underline{U} = U e^{j0°} = U; \quad \underline{I}_{(R)} = I e^{j0°} = U/R; \quad \underline{I}_{(L)} = I e^{-j90°} = -jU/\omega L; \quad \underline{I}_{(C)} = I e^{j90°} = jU\omega C$$

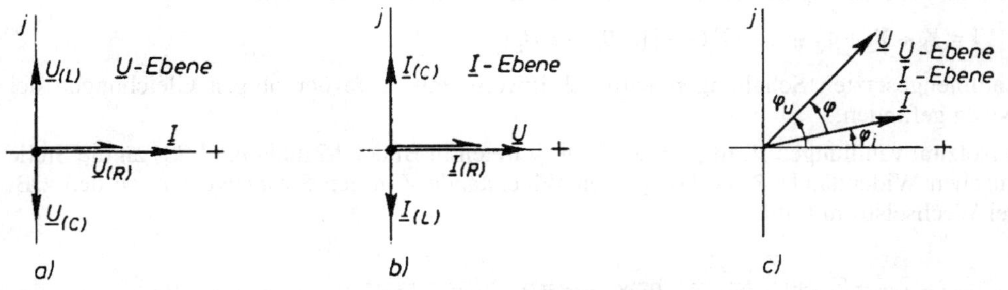

Bild 1.87 Darstellung der Zeigerbilder in der komplexen $\underline{U}$- und $\underline{I}$-Ebene
a) $\underline{I}$-Zeiger in positiv reeller Achse der $\underline{U}$-Ebene
b) $\underline{U}$-Zeiger in positiv reeller Achse der $\underline{I}$-Ebene
c) allgemein für Zweipol $\underline{U} = \text{Re}\,\underline{U} + j\,\text{Im}\,\underline{U}$, $\underline{I} = \text{Re}\,\underline{I} + j\,\text{Im}\,\underline{I}$

Bei beliebiger Lage der Zeiger gilt für R, L, C:

$$\underline{U} = \underline{I}R \qquad \underline{U} = j\underline{I}\omega L = j\underline{I}X_L \qquad \underline{U} = -j\underline{I}/\omega C = -j\underline{I}X_C$$
$$\underline{I} = \underline{U}G \qquad \underline{I} = -j\underline{U}/\omega L = -j\underline{U}B_L \qquad \underline{I} = j\underline{U}\omega C = j\underline{U}B_C \tag{1.98}$$

Somit kann hier und allgemein bei einem Zweipol, bei dem beide Zeiger $\underline{U} = U e^{j\varphi_u}$ und $\underline{I} = I e^{j\varphi_i}$ in beliebiger Richtung liegen (Bild 1.87c) und den Phasenverschiebungswinkel $\varphi = \varphi_u - \varphi_i$ einschließen, gesetzt werden:

$$\underline{U} = \underline{I}\,\underline{Z} \qquad \underline{I} = \underline{U}\,\underline{Y} \qquad \underline{Y} = 1/\underline{Z} \tag{1.99}$$

Komplexe Widerstände und Leitwerte. Die komplexe Berechnung von Wechselstromschaltungen läuft darauf hinaus, die komplexen Größen $\underline{Z}$ bzw. $\underline{Y}$ des Zweipols zu bestimmen. Durch Vergleich der Gln. (1.98) und (1.99) ergibt sich, daß allgemein der komplexe Widerstand $\underline{Z} = \underline{U}/\underline{I}$ durch

$$\underline{Z} = R + j\,(X_L - X_C) \quad \text{bzw.} \quad \underline{Z} = \frac{U e^{j\varphi_u}}{I e^{j\varphi_i}} = Z e^{j\varphi}$$

mit

$$Z = U/I = \sqrt{R^2 + (X_L - X_C)^2} \quad \text{und} \quad \varphi = \text{Arc tan} \frac{X_L - X_C}{R}, \tag{1.100}$$

der komplexen Leitwert $\underline{Y} = \underline{I}/\underline{U} = 1/\underline{Z}$ durch

$$\underline{Y} = G + j(B_C - B_L) \quad \text{bzw.} \quad \underline{Y} = \frac{1}{Z \cdot e^{j\varphi}} = Y e^{-j\varphi}$$

mit $$Y = I/U = \sqrt{G^2 + (B_L - B_C)^2} \quad \text{und} \quad \varphi = \text{Arc tan} \frac{B_L - B_C}{G} \tag{1.101}$$

angegeben werden kann. Die Lösungen $\underline{Z}$ bzw. $\underline{Y}$ stellen für einen Zweipol in der komplexen $\underline{Z}$- bzw. $\underline{Y}$-Ebene jeweils einen einzigen Punkt bzw. Ursprungsstrahl dar (Bild 1.89).

Zusammenfassung. Die bei Gleichstrom für Ohmsche Widerstände bzw. Leitwerte hergeleiteten Regeln der Reihen- und Parallelschaltung gelten bei Wechselstrom für die komplexen Scheinwiderstände bzw. Scheinleitwerte.

Bei einer Reihenschaltung addieren sich die einzelnen komplexen Widerstände

$$\underline{Z} = \underline{Z}_1 + \underline{Z}_2 + \underline{Z}_3 + \ldots = \Sigma R + j[\Sigma X_L - \Sigma X_C]$$

bei einer Parallelschaltung addieren sich die einzelnen komplexen Leitwerte

$$\underline{Y} = \underline{Y}_1 + \underline{Y}_2 + \underline{Y}_3 + \ldots = \Sigma G + j[\Sigma B_C - \Sigma B_L]$$

Bei zusammengesetzten Schaltungen wird schrittweise mit Hilfe der obigen Gleichungen der Lösungsweg gefunden.

Bei den Netzumwandlungen ⅄ in △ bzw. △ in ⅄ treten in Bild 1.15 und Gl. (1.23) an die Stelle der Ohmschen Widerstände R die komplexen Widerstände $\underline{Z}$ in den Stromzweigen, so daß z.B. sofort bei Wechselstrom folgt:

$$\underline{Z}_{12} = \underline{Z}_{10} + \underline{Z}_{20} + \frac{\underline{Z}_{10} \cdot \underline{Z}_{20}}{\underline{Z}_{30}} \quad \text{bzw.} \quad \underline{Z}_{10} = \frac{\underline{Z}_{12} \cdot \underline{Z}_{31}}{\underline{Z}_{12} + \underline{Z}_{23} + \underline{Z}_{31}}$$

Beispiel 1.51 a) Man stelle entsprechend Tabelle 1.74 die Ergebnisse für komplexe Berechnung zusammen.

Tabelle 1.88 Zusammenstellung für komplexe Berechnung

	R	L	C	Zweipol (passiv)
Gesetz	$\underline{U} = \underline{I}\,R$ $\underline{I} = \underline{U}\,G$	$\underline{U} = j\,\underline{I}\,X_L$ $\underline{I} = -j\underline{U}\,B_L$	$\underline{U} = -j\,\underline{I}\,X_C$ $\underline{I} = j\underline{U}\,B_C$	$\underline{U} = \underline{I}\,\underline{Z}$ $\underline{I} = \underline{U}\,\underline{Y}$
Widerstand	R	$j\omega L = j\,X_L$	$-j\frac{1}{\omega C} = -j X_C$	$\underline{Z} = R + j(X_L - X_C) = Z \cdot e^{j\varphi}$
Leitwert	$G = 1/R$	$-j\frac{1}{\omega L} = -j\,B_L$	$j\omega C = j\,B_C$	$\underline{Y} = G + j(B_C - B_L) = Y \cdot e^{-j\varphi}$

b) Man zeichne die Ergebnisse der Beispiele 1.45 bis 1.49 von Wechselstromschaltungen in die komplexe $\underline{Z}$- und Y-Ebene ein und erläutere, wie die komplexe Berechnung durchgeführt wird.

Man trägt auf den reellen Achsen (Bild 1.89a und b) nach rechts R bzw. G ab, auf den imaginären Achsen nach oben j X_L bzw. j B_C, nach unten – j X_C bzw. – j B_L, wie es auch durch die Schaltsymbole an den Achsen dargestellt ist. Nun erhält man

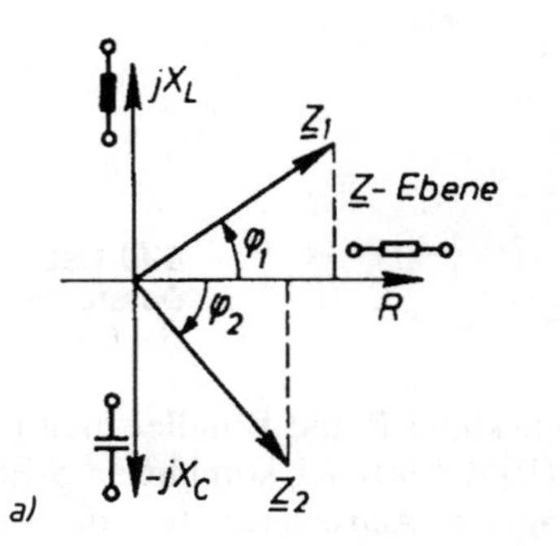

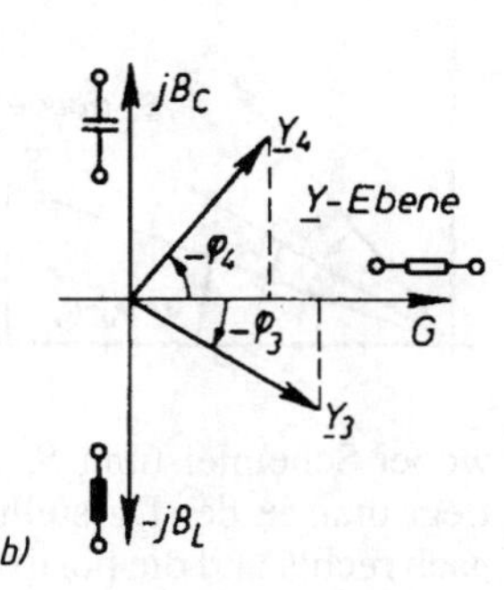

Bild 1.89
a) Ermittlung von $\underline{Z} = Z\,e^{j\varphi}$ bei Reihenschaltungen
b) Ermittlung von $\underline{Y} = Y\,e^{-j\varphi}$ bei Parallelschaltungen

für die Reihenschaltung von R und L (entsprechend Bild 1.77)

$$\underline{Z}_1 = R + \mathrm{j}X_L; \quad Z_1 = \sqrt{R^2 + X_L^2}; \quad \tan\varphi_1 = X_L/R = \omega L/R,$$

für die Reihenschaltung von R und C (entsprechend Bild 1.78)

$$\underline{Z}_2 = R - \mathrm{j}X_C; \quad Z_2 = \sqrt{R^2 + X_C^2}; \quad \tan\varphi_2 = -X_C/R = -1/R\omega C$$

für die Parallelschaltung von R und L (entsprechend Bild 1.79)

$$\underline{Y}_3 = G - \mathrm{j}B_L; \quad Y_3 = \sqrt{G^2 + B_L^2}; \quad \tan(-\varphi_3) = -B_L/G; \quad \tan\varphi_3 = B_L/G = R/\omega L$$

für die Parallelschaltung von R und C (entsprechend Bild 1.80)

$$\underline{Y}_4 = G + \mathrm{j}B_C; \quad Y_4 = \sqrt{G^2 + B_C^2}; \quad \tan(-\varphi_4) = -B_C/G; \quad \tan\varphi_4 = -B_C/G = -R\omega C$$

Die ermittelten Werte sind in die Bilder 1.89a und b eingetragen; es ergeben sich dieselben Ergebnisse wie in Abschn. 1.3.2.2.

Für die zusammengesetzte Schaltung (Bild 1.81a) erhält man den komplexen Widerstand $\underline{Z}$, wenn man zum Widerstand R den Ersatzwiderstand der Parallelschaltung von L und C addiert. Es wird somit

$$\underline{Z}_5 = R + \frac{1}{-\mathrm{j}B_L + \mathrm{j}B_C} = R + \frac{\mathrm{j}}{B_L - B_C} = R + \mathrm{j}\frac{1}{\dfrac{1}{\omega L} - \omega C} = R + \mathrm{j}\frac{\omega L}{1 - \omega^2 LC}$$

$$Z_5 = \sqrt{R^2 + \left(\frac{\omega L}{1 - \omega^2 LC}\right)^2} \qquad \tan\varphi_5 = \frac{\omega L}{R(1 - \omega^2 LC)}$$

Ist $(1 - \omega^2 LC) \gtrless 0$, wird $\tan\varphi \gtrless 0$, d.h. $\underline{Z}_5$ liegt in Bild 1.89a im Quadranten von $\underline{Z}_1$ ($\underline{Z}_2$).

Komplexe Leistung. Es liegt nahe, abschließend auch ein einfaches Verfahren zur komplexen Berechnung der Wechselstromleistungen S, P und Q herzuleiten. Probiert man es mit dem Produkt $\underline{U} \cdot \underline{I}$ so erhält man

$$\underline{U}\,\underline{I} = U e^{j\varphi_u} \cdot I e^{j\varphi_i} = U \cdot I\, e^{j(\varphi_u + \varphi_i)}$$

Der Ansatz $\underline{U}\,\underline{I}$ ist deshalb nicht brauchbar, weil im Ergebnis ein Winkel $\varphi_u + \varphi_i$ statt des Phasenverschiebungswinkels φ auftritt. Nimmt man aber bei der Produktbildung der Zeiger den zu $\underline{I}$ konjugiert komplexen Stromzeiger $\underline{I}^* = I e^{-j\varphi_i}$ zu Hilfe, dann wird

$$\underline{S} = \underline{U}\,\underline{I}^* = U e^{j\varphi_u} \cdot I e^{-j\varphi_i} = U I e^{j(\varphi_u - \varphi_i)} = S e^{j\varphi}$$

wobei $S = U \cdot I$ nach Gl. (1.79) und $\varphi = \varphi_u - \varphi_i$ gesetzt wurde.

Man erhält somit für die komplexe Leistung

$$\underline{\boldsymbol{S}} = \underline{\boldsymbol{U}}\,\underline{\boldsymbol{I}}^* = \boldsymbol{S} e^{j\varphi} = \boldsymbol{S}\cos\varphi + \mathrm{j}\boldsymbol{S}\sin\varphi = \boldsymbol{P} + \mathrm{j}\boldsymbol{Q} \qquad (1.102)$$

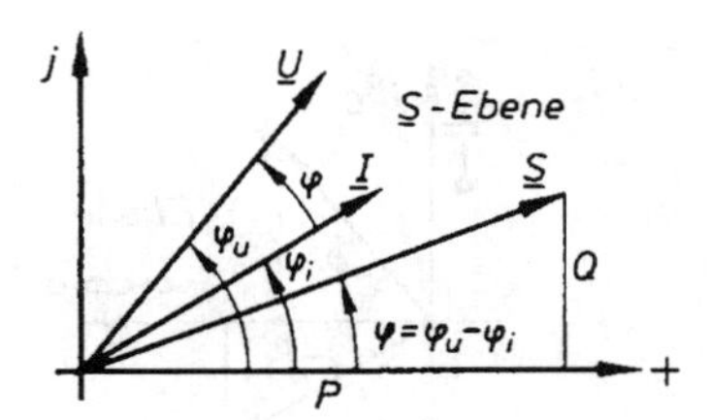

Bild 1.90
Darstellung der komplexen Leistung
$\underline{S} = P + \mathrm{j}Q$

wobei Scheinleistung S, Wirkleistung P und Blindleistung Q nach Gl. (1.80) eingeführt wurden. Legt man in der Darstellung (Bild 1.90) der komplexen $\underline{S}$-Ebene wieder die positiv reelle Achse nach rechts und die positiv imaginäre Achse nach oben, dann ergeben sich die drei Leistungsgrößen aus dem gegebenen Zeigerbild ($\underline{U}$, $\underline{I}$) nach Gl. (1.102).

Beispiel 1.52 Von einem Zweipol ist bekannt: $U = 220$ V, $\varphi_u = 75°$; $I = 5$ A, $\varphi_i = 45°$. Man bestimme die 3 Leistungsgrößen dieses Zweipols.
Man erhält

$$\underline{S} = U\,I\,\mathrm{e}^{\mathrm{j}(\varphi_u - \varphi_i)} = 220\ \mathrm{V} \cdot 5\ \mathrm{A}\,\mathrm{e}^{\mathrm{j}30°} = 1100\ \mathrm{VA}(\cos 30° + \mathrm{j}\sin 30°)$$

$$\underline{S} = P + \mathrm{j}Q = (953 + \mathrm{j}550)\ \mathrm{VA};\quad S = 1100\ \mathrm{VA},\ P = 953\ \mathrm{W},\ Q = 550\ \mathrm{var}.$$

1.3.2.5 Messungen bei Wechselstrom

Für den Einsatz von Strom- und Spannungsmessern gelten die gleichen Bedingungen wie in Abschnitt 1.1.2.4 für den Gleichstromkreis besprochen. Die Meßgeräte zeigen bei Sinusgrößen den Effektivwert an. Sind Strom oder Spannung mit Anteilen höherer Frequenz versehen, d.h. oberschwingungshaltig, so können große Meßfehler entstehen. Auf dieses Problem wird in Abschn. 3 eingegangen.

Die Wirkleistung $P = U\,I \cos\varphi$ wird von dem in Abschn. 3.2.1.4 beschriebenen elektrodynamischen Meßwerk angezeigt. Durch Einbau eines Phasendrehers im Spannungspfad kann man auch die Blindleistung $Q = U\,I \sin\varphi$ bestimmen.

Die elektrische Arbeit (Wirkarbeit) mißt man bei Wechselstrom mit Induktionszählern. Ohne auf ihre Wirkungsweise hier näher einzugehen, sei erwähnt, daß die Drehzahl n des Zählers proportional der entnommenen elektrischen Leistung P ist: $n \sim P$. Somit ist die Zahl z der in einer bestimmten Zeit t zurückgelegten Umdrehungen $z = n\,t$ der Zählerscheibe proportional der in dieser Zeit über den Zähler geführten elektrischen Arbeit $W = P\,t$, also $z \sim W$. – Für die Messung der Blindarbeit können ebenfalls Induktionszähler in Verbindung mit Kunstschaltungen verwendet werden.

Frequenz. In den öffentlichen Hoch- und Niederspannungsnetzen wird die Frequenz durch Regelung der Turbinendrehzahl in den Kraftwerken konstant gehalten und ist damit bekannt (50 Hz).

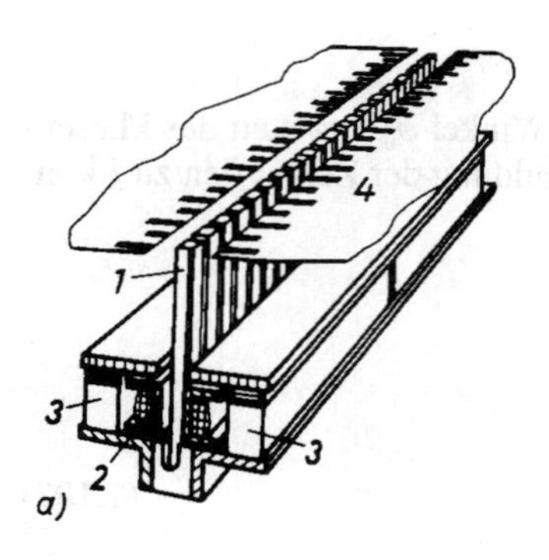

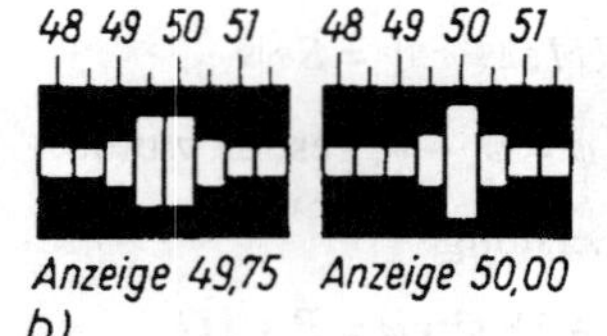

Bild 1.91
a) Zungenfrequenzmesser
1 Stahlzungen 2 Erregerspule
3 Permanentmagnete 4 Skala
b) Skalenbild bei der Messung (Anzeige in Hz)

Soll die Frequenz aber z.B. in Eigenanlagen gemessen werden, so verwendet man meist Zungenfrequenzmesser (Bild 1.91a). Stahlzungen, deren Eigenfrequenzen zwischen etwa 45 Hz bis 55 Hz liegen, werden durch das Magnetfeld einer Spule, die an das Wechselspannungsnetz wie ein Spannungsmesser angeschlossen wird, erregt. Diejenige Stahlzunge, deren Eigenfrequenz mit der des Spulenstroms übereinstimmt, schwingt infolge Resonanzwirkung am stärksten. Benachbarte Stahlzungen schwingen meist etwas mit, so daß auch Zwischenwerte geschätzt werden können (Bild 1.91b).

1.3.2.6 Zahlenbeispiele

Beispiel 1.53 Eine Luftspule entnimmt einem Gleichspannungsnetz von 24 V den Strom 1,2 A, einem Wechselspannungsnetz von 230 V, 50 Hz den Strom 2,3 A.

a) Es sollen die Ersatzschaltbilder für Gleich- und Wechselstrom mit eingezeichneten Meßinstrumenten für Strom und Spannung entworfen werden.

Die Ersatzschaltung der Luftspule ist nach Bild 1.77a eine Reihenschaltung von R und L. Zur Messung von Spannung und Strom werden deshalb nach Bild 1.92 Gleich- und Wechselstrommeßinstrumente in der hierfür erforderlichen Weise geschaltet.

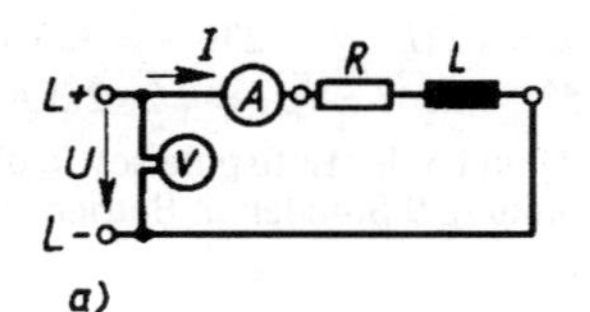

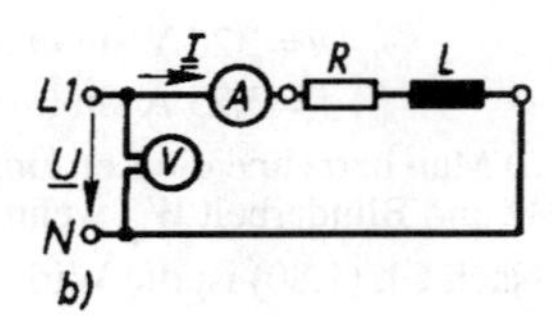

Bild 1.92 Ersatzschaltbilder einer Luftspule mit den genormten Anschlußbezeichnungen am Netz bei Gleichstrom (a) und Wechselstrom (b)

b) Es sind Wirkwiderstand R, Induktivität L und Phasenwinkel φ der Luftspule zu berechnen.

Nach Gl. (1.91) ist der Spulenstrom

$$I = \frac{U}{\sqrt{R^2 + (\omega L)^2}}$$

Für Gleichstrom ist $f = 0$, mithin auch $\omega = 0$ und somit $I = U/R$; der Wirkwiderstand der Spule ist dann

$$R = \frac{U}{I} = \frac{24\ \text{V}}{1{,}2\ \text{A}} = 20\ \Omega$$

Für Wechselstrom erhält man aus Gl. (1.89) für den Scheinwiderstand

$$Z = \frac{U}{I} = \frac{230\ \text{V}}{2{,}3\ \text{A}} = 100\ \Omega$$

Der induktive Blindwiderstand der Spule ist

$$\omega L = \sqrt{Z^2 - R^2} = \sqrt{(100\ \Omega)^2 - (20\ \Omega)^2} = 98\ \Omega$$

Somit beträgt die Induktivität

$$L = \frac{98\ \Omega}{314\ \text{s}^{-1}} = 0{,}312\ \text{H}$$

Den Phasenverschiebungswinkel erhält man aus Gl. (1.90)

$$\tan\varphi = \frac{\omega L}{R} = \frac{98\ \Omega}{20\ \Omega} = 4{,}9$$

$$\varphi = 78{,}5°$$

Der Leistungsfaktor ist also $\cos\varphi = 0{,}2$.

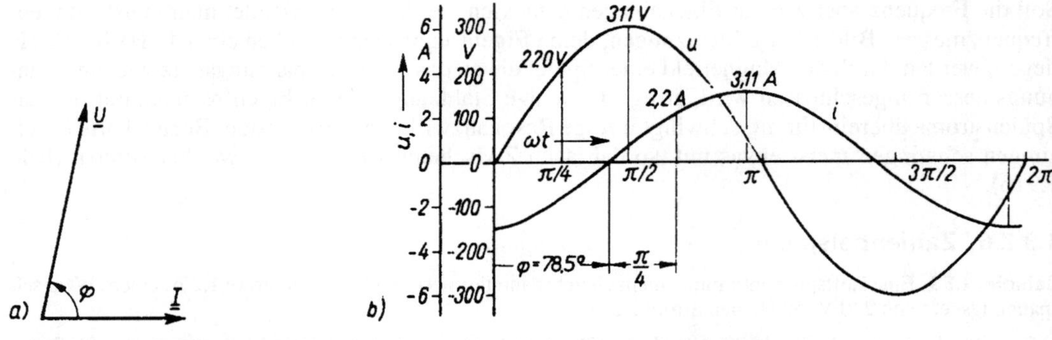

Bild 1.93 Zeigerbild (a) und Zeitschaubilder u, $i = f(t)$ einer Luftspule (b)

c) Es sind ein Zeigerbild und Zeitschaubilder für Strom und Spannung zu entwerfen.

Das Zeigerbild ist in Bild 1.93a nach den Ausführungen in Abschn. 1.3.2.2 gezeichnet. Den Zeitschaubildern (Bild 1.93b) liegen die folgenden Zeitfunktionen zugrunde:

$$u = 325 \text{ V} \sin \omega t \quad \text{mit} \quad \hat{u} = \sqrt{2}\,U = \sqrt{2} \cdot 230 \text{ V} = 325 \text{ V}$$

$$i = 3{,}25 \text{ A} \sin (\omega t - 78{,}5°) \quad \text{mit} \quad \hat{\imath} = \sqrt{2}\,I = \sqrt{2} \cdot 2{,}3 \text{ A} = 3{,}25 \text{ A}$$

d) Man berechne die Leistungen P, Q und S der Luftspule sowie die dem Wechselstromnetz entnommene Arbeit W und Blindarbeit W_q, wenn die Schaltung 9 Stunden in Betrieb ist.

Nach Gl. (1.80) ist die Wirkleistung

$$P = UI \cos \varphi = 230 \text{ V} \cdot 2{,}3 \text{ A} \cdot 0{,}2 = 105{,}8 \text{ W}$$

Zur Kontrolle: Die Wirkleistung entspricht der im Wirkwiderstand R in Wärme umgewandelten elektrischen Energie. Somit ist ebenfalls

$$P = I^2 R = (2{,}3 \text{ A})^2 \cdot 20 \,\Omega = 105{,}8 \text{ W}$$

Nach Gl. (1.80) wird die Blindleistung

$$Q = UI \sin \varphi = 230 \text{ V} \cdot 2{,}3 \text{ A} \cdot 0{,}98 = 518{,}4 \text{ var}$$

Zur Kontrolle

$$Q = I^2 \omega L = (2{,}3 \text{ A})^2 \cdot 98 \,\Omega = 518{,}4 \text{ var}$$

Nach Gl. (1.80) ist die Scheinleistung

$$S = UI = 230 \text{ V} \cdot 2{,}3 \text{ A} = 529 \text{ VA}$$

Kontrolle nach Gl. (1.80)

$$S = \sqrt{P^2 + Q^2} = \sqrt{(105{,}8)^2 + (518{,}4)^2} \text{ VA} = 529 \text{ VA}$$

Nach Gl. (1.83) ist die Wirkarbeit

$$W = Pt = 0{,}1058 \text{ kW} \cdot 9 \text{ h} = 0{,}9522 \text{ kWh}$$

Mit Gl. (1.84) erhält man für die Blindarbeit

$$W_q = Q\,t = 0{,}5184 \text{ kvar} \cdot 9 \text{ h} = 4{,}666 \text{ kvarh}$$

e) Welcher Widerstand R_1 muß in Bild 1.92b zusätzlich in Reihe mit der Luftspule geschaltet werden, damit der Netzstrom auf 0,7 A zurückgeht?

Die beiden in Reihe geschalteten Widerstände R und R_1 können zum Gesamtwiderstand $R + R_1$ zusammengefaßt werden. Dann ist

$$U = I\sqrt{(R + R_1)^2 + (\omega L)^2} \quad \text{und} \quad R_1 = \sqrt{(U/I)^2 - (\omega L)^2} - R$$

Der erforderliche Vorwiderstand ist mithin

$$R_1 = \sqrt{(230 \text{ V}/0{,}7 \text{ A})^2 - (98 \,\Omega)^2} - 20 \,\Omega = (313{,}6 - 20)\Omega = 293{,}6 \,\Omega.$$

Beispiel 1.54 Gegeben ist die Schaltung nach Bild 1.94a mit $C = 220\ \mu F$, $R_1 = 20\ \Omega$, $\omega L = 40\ \Omega$, $R_2 = 5\ \Omega$. Gesucht sind Teilspannungen und -ströme sowie Leistungen und Leistungsfaktor für die Netzspannung $U = 230$ V, 50 Hz.

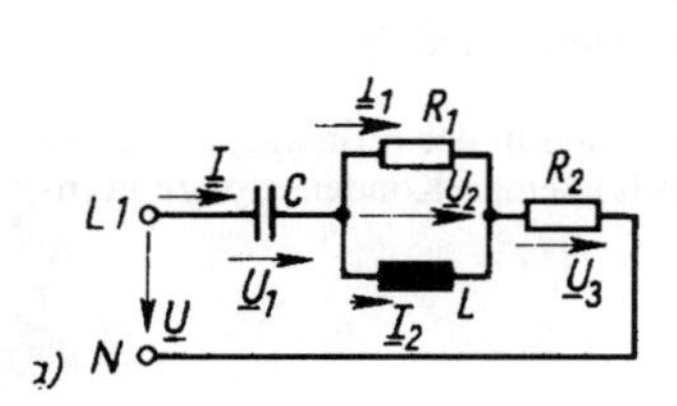

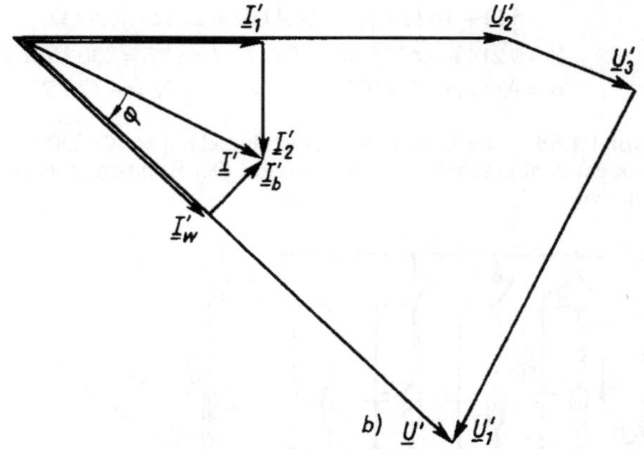

Bild 1.94
Schaltplan (a) und Zeigerbild (b) einer zusammengesetzten Wechselstromschaltung

a) In das Schaltbild werden sämtliche auftretenden Spannungen $\underline{U}$, $\underline{U}_1$, $\underline{U}_2$, $\underline{U}_3$ und Ströme $\underline{I}$, $\underline{I}_1$, $\underline{I}_2$ eingetragen, dann gilt
nach der Knotenregel $\underline{I} = \underline{I}_1 + \underline{I}_2$ (1) und nach der Maschenregel $\underline{U} = \underline{U}_1 + \underline{U}_2 + \underline{U}_3$ (2)

b) Man zeichnet das Zeigerbild, ausgehend von dem R_1 und L gemeinsamen Spannungszeiger $\underline{U}_2'$ nimmt zunächst $\underline{U}_2' = 100$ V an und wählt als bequemen Maßstab z.B. 1 cm ≙ 20 V, 1 cm ≙ 2 A.
Dann gilt für die Ströme durch R_1 und L für $U_2' = 100$ V

$$I_1' = U_2'/R_1 = 100\ \text{V}/20\ \Omega = 5\ \text{A} \qquad \underline{I}_1' \text{ ist in Phase mit } \underline{U}_2'$$

$$I_2' = U_2'/\omega L = 100\ \text{V}/40\ \Omega = 2{,}5\ \text{A} \qquad \underline{I}_2' \text{ eilt } \underline{U}_2' \text{ um } 90° \text{ nach}$$

Damit ergibt sich für den Stromzeiger $\underline{I}'$ der Betrag (Kontrolle anhand des Zeigerbildes)

$$I' = \sqrt{I_1'^2 + I_2'^2} = \sqrt{5^2 + 2{,}5^2}\ \text{A} = 5{,}6\ \text{A}$$

Somit werden die Spannungen an R_2 und an C

$$U_3' = I' R_2 = 5{,}6\ \text{A} \cdot 5\ \Omega = 28\ \text{V} \qquad \underline{U}_3' \text{ ist in Phase mit } \underline{I}'$$

$$U_1' = \frac{I'}{\omega C} = \frac{5{,}6\ \text{A}}{314\ \text{s}^{-1} \cdot 220 \cdot 10^{-6}\ \text{F}} = 81\ \text{V} \qquad \underline{U}_1' \text{ eilt } \underline{I}' \text{ um } 90° \text{ nach}$$

Den Betrag des Spannungszeigers $\underline{U}'$ nach Gl. (2) entnimmt man der Zeichnung und findet $U' = 124$ V.

c) Da die tatsächliche Netzspannung $U = 230$ V ist, müssen sämtliche vorstehend ermittelten Ströme und Spannungen mit $U/U' = 230\ \text{V}/124\ \text{V} = 1{,}855$ multipliziert werden, um die wirklich auftretenden Teilspannungen und Teilströme zu erhalten. Somit sind

$$U_2 = 185{,}5\ \text{V} \quad I_1 = 9{,}27\ \text{A} \quad I_2 = 4{,}64\ \text{A} \quad I = 10{,}39\ \text{A} \quad U_3 = 51{,}9\ \text{V} \quad U_1 = 150{,}2\ \text{V}$$

d) Den Phasenverschiebungswinkel entnimmt man Bild 1.94b, nämlich $\varphi = -16°$ (voreilender Strom). Somit wird $\cos\varphi = 0{,}96$, $\sin\varphi = -0{,}29$. Dann sind die Leistungen

$$S = UI = 230\ \text{V} \cdot 10{,}39\ \text{A} = 2390\ \text{VA} = 2{,}39\ \text{kVA}$$

$$P = S\cos\varphi = 2{,}39 \cdot 0{,}96\ \text{kW} = 2{,}29\ \text{kW}$$

$$Q = S\sin\varphi = -2{,}39 \cdot 0{,}29\ \text{kvar} = -0{,}69\ \text{kvar (Blindleistungsabgabe)}$$

e) Man berechne mit komplexer Rechnung I und φ. Nach Tabelle 1.88 gilt für Bild 1.94a:

$$\underline{Z} = -\text{j}X_C + \frac{1}{G_1 - \text{j}B_L} + R_2 = R_2 + \frac{G_1 + \text{j}B_L}{G_1^2 + B_L^2} - \text{j}X_C = R_2 + \frac{G_1}{G_1^2 + B_L^2} + \text{j}\left(\frac{B_L}{G_1^2 + B_L^2} - X_C\right)$$

$$\underline{Z} = 5\,\Omega + \frac{0{,}05}{0{,}05^2 + 0{,}025^2}\,\Omega + \mathrm{j}\left(\frac{0{,}025}{0{,}05^2 + 0{,}025^2} - \frac{10^6}{314 \cdot 220}\right)\Omega$$

$$= 5\,\Omega + 16\,\Omega + \mathrm{j}(8 - 14{,}47)\Omega = 21\,\Omega - \mathrm{j}6{,}47\,\Omega;$$

$$Z = \sqrt{21^2 + 6{,}47^2}\,\Omega = 21{,}97\,\Omega; \quad I = U/Z = 230\ \mathrm{V}/21{,}97\,\Omega = 10{,}47\ \mathrm{A}.$$

φ = Arc tan – 6,47/21 = Arc tan – 0,308 = – 17,15°. Ergebnisvergleich mit c) und d).

Beispiel 1.55 Vier Quecksilber-Hochdrucklampen für 230 V, 450 W, 3,7 A sollen in der Montagehalle einer Fabrik getrennt geschaltet werden können. Der Blindstrom jeder Lampe ist durch je einen Kondensator zu kompensieren.

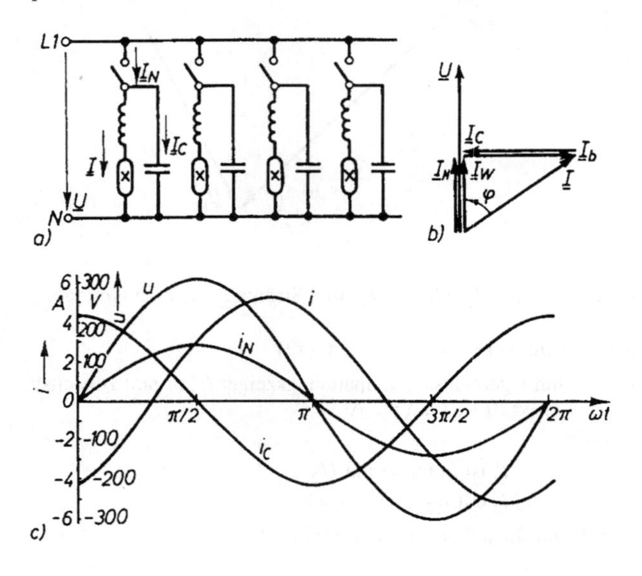

Bild 1.95
Blindstromkompensierte Beleuchtungsanlage (a) mit Zeigerbild (b) und Zeitschaubild (c)

a) Der Schaltplan der Beleuchtungsanlage ist zu entwerfen.

Die in Parallelschaltung an das Stromversorgungsnetz nach Bild 1.95 a angeschlossenen Stromkreise der vier Lampen können durch je einen Schalter unabhängig voneinander ein- und ausgeschaltet werden. Jeder Stromkreis enthält einen Stromzweig mit Lampe und vorgeschalteter Stabilisierungsdrossel. In einem parallel geschalteten Stromzweig liegt der zugehörige Kondensator zur Kompensation des Blindstroms.

b) Mit Hilfe des Zeigerbildes eines Lampenstromkreises soll die Größe des zugehörigen Kondensators bestimmt werden.

Eine Quecksilber-Hochdrucklampe samt Vorschaltdrossel nimmt Wirk- und Blindleistung auf. Das Ersatzschaltbild des Lampenstromkreises ist nach Bild 1.77 eine Reihenschaltung von R und L. Aus $P = U\,I \cos\varphi$ erhält man den Phasenverschiebungswinkel

$$\cos\varphi = \frac{P}{U\,I} = \frac{450\ \mathrm{W}}{230\ \mathrm{V} \cdot 3{,}7\ \mathrm{A}} = 0{,}529 \qquad \varphi = 58{,}1°$$

Jetzt kann das Zeigerbild des Lampenstromkreises gezeichnet werden (Bild 1.95b). Zerlegt man den Stromzeiger $\underline{I}$ in Wirkstrom $\underline{I}_W$ und Blindstrom $\underline{I}_b$, so werden die Beträge von Wirk- und Blindstrom

$$I_W = I \cos\varphi = 3{,}7\ \mathrm{A} \cdot 0{,}529 = 1{,}96\ \mathrm{A}$$
$$I_b = I \sin\varphi = 3{,}7\ \mathrm{A} \cdot 0{,}849 = 3{,}14\ \mathrm{A}$$

Schaltet man den Kondensator parallel (Bild 1.95a), so nimmt dieser einen der Spannung $\underline{U}$ um 90° voreilenden Strom $\underline{I}_C$ auf. Wählt man die Kapazität des Kondensators so groß, daß $I_C = I_b$ wird, so heben sich die Stromzeiger $\underline{I}_b$ und $\underline{I}_C$ im Zeigerbild auf. Der Netzstrom $\underline{I}_N$ ist dann gleich dem Wirkstrom $\underline{I}_w$, der Phasenverschiebungswinkel $\varphi = 0°$ und der Leistungsfaktor $\cos\varphi = 1{,}0$.

Aus $I_b = I_C$ folgt 3,14 A = $U\omega C$ und hieraus

$$C = \frac{3{,}14\ \text{A}}{230\ \text{V} \cdot 314\ \text{s}^{-1}} = 43{,}46 \cdot 10^{-6}\ \text{F} = 43{,}46\ \mu\text{F}$$

Die Blindleistung eines Kondensators beträgt

$$Q = -UI_C = -230\ \text{V} \cdot 3{,}14\ \text{A} = -722\ \text{var} = -0{,}722\ \text{kvar}$$

c) Die Zeitschaubilder der Netzspannung und der in Bild 1.95b auftretenden drei Ströme sollen gezeichnet werden.

Netzspannung

$$\hat{u} = \sqrt{2}U = \sqrt{2} \cdot 230\ \text{V} = 325\ \text{V} \qquad u = 325\ \text{V} \sin \omega t$$

Netzstrom

$$\hat{\imath}_N = \sqrt{2}I_N = \sqrt{2} \cdot 1{,}96\ \text{A} = 2{,}77\ \text{A} \qquad i_N = 2{,}77\ \text{A} \sin \omega t$$

Lampenstrom

$$\hat{\imath} = \sqrt{2}I = \sqrt{2} \cdot 3{,}7\ \text{A} = 5{,}23\ \text{A} \qquad i = 5{,}23\ \text{A} \sin (\omega t - 56{,}3°)$$

Kondensatorstrom

$$\hat{\imath}_C = \sqrt{2}I_C = \sqrt{2} \cdot 3{,}14\ \text{A} = 4{,}44\ \text{A} \qquad i_C = 4{,}44\ \text{A} \cos \omega t$$

Aus dem Zeitschaubild (Bild 1.95c) erkennt man, daß die Knotenregel $i_N = i + i_C$ für die Augenblickswerte der Ströme in jedem beliebigen Zeitpunkt erfüllt ist.

Der Netzstrom läßt sich durch die Kompensation je Lampe von 3,7 A auf 1,96 A, also um 47 % senken. Die Zuleitungen vom Speisepunkt werden also entlastet und die mit dem Strom quadratisch steigenden Stromwärmeverluste in den Zuleitungen werden auf das $(1{,}96\ \text{A}/3{,}7\ \text{A})^2 = 0{,}281$fache, d.h. um fast 72 % gesenkt.

d) Welche jährlichen Stromkosten entstehen für einen Hochspannungsabnehmer bei Ausführung der Beleuchtungsanlage ohne Blindstromkompensation, wenn mit 2200 Betriebsstunden je Lampe und den Tarifen 16 Pf/kWh und 2,4 Pf/kvarh gerechnet werden muß?

Kosten für die Wirkarbeit

$$K_w = 4 \cdot 0{,}45\ \text{kW} \cdot 2200\ \text{h} \cdot 0{,}16\ \text{DM/kWh} = 633{,}6\ \text{DM}$$

Kosten für die Blindarbeit

$$K_b = 4 \cdot 0{,}722\ \text{kvar} \cdot 2200\ \text{h} \cdot 0{,}024\ \text{DM/kvarh} = 152{,}5\ \text{DM}$$

jährliche Gesamtkosten somit

$$K = K_w + K_b = 786{,}1\ \text{DM}$$

e) In welcher Zeit macht sich die Durchführung der Blindstromkompensation für den Hochspannungsabnehmer bei einem Anschaffungspreis der Kondensatoren von 85 DM/kvar (ohne Berücksichtigung von Kapitaldienst usw.) bezahlt?

Die vier erforderlichen Kondensatoren haben insgesamt die Blindleistung 4 · 0,722 kvar = 2,89 kvar und kosten somit

$$K_C = 2{,}89\ \text{kvar} \cdot 85\ \text{DM/kvar} = 245{,}7\ \text{DM}$$

Da die errechneten Blindstromkosten von 152,5 DM/Jahr entfallen, sind die Anschaffungskosten nach 245,7/152,5 = 1,61 Jahren abgedeckt.

Beispiel 1.56 Jeder der vier Fahrmotoren einer elektrischen Lokomotive hat bei der Leistung 810 kW den Leistungsfaktor cos = 0,87 und den Wirkungsgrad $\eta = 91\,\%$; Frequenz $f = 16^2/_3$ Hz.

Die Primärspule des Transformators der Lokomotive wird von der zwischen Fahrdraht und Schiene vorhandenen Wechselspannung $U_1 = 15\,000$ V gespeist. Von der Sekundärwicklung des Transformators wird bei Belastung die Wechselspannung $U_2 = 600$ V an die vier parallel geschalteten Fahrmotoren gelegt (Bild 1.96).

a) Der Prinzipschaltplan der elektrischen Lokomotive ist zu entwerfen (s. Bild 1.96).

b) Man berechne den Strom eines Fahrmotors sowie den der Fahrleitung insgesamt entnommenen Strom.

Von einem Fahrmotor abgegebene Leistung

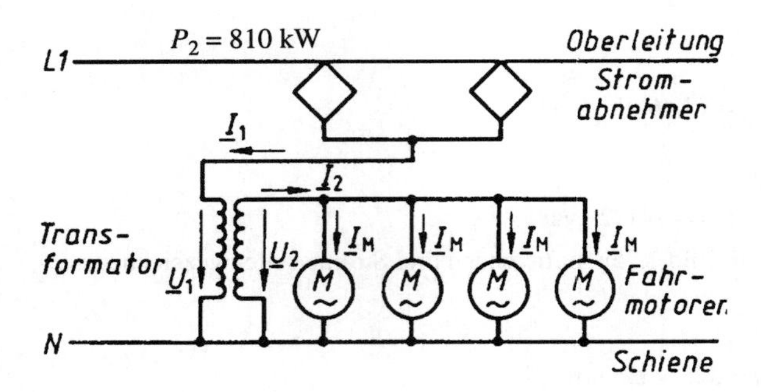

Bild 1.96
Einphasen-Wechselstromlokomotive mit vier Fahrmotoren (Prinzipschaltplan)

von einem Fahrmotor aufgenommene Leistung

$$P_1 = P_2/\eta = 810 \text{ kW}/0{,}91 = 890 \text{ kW}$$

Nach Gl. (1.80) ist der Motorstrom

$$I_M = \frac{P_1}{U_2 \cos \varphi} = \frac{890 \cdot 10^3 \text{ W}}{600 \text{ V} \cdot 0{,}87} = 1700 \text{ A}$$

Somit wird der Sekundärstrom des Transformators

$$I_2 = 4 I_M = 4 \cdot 1700 \text{ A} = 6800 \text{ A}$$

Nimmt man einen idealen Transformator (s. Abschn. 1.2.3.4) an, so ergibt sich für den Primärstrom des Transformators

$$I_1 = \frac{U_2}{U_1} I_2 = \frac{600 \text{ V}}{15\,000 \text{ V}} 6800 \text{ V} = 272 \text{ A}$$

1.3.3 Drehstrom

1.3.3.1 Drehstromsysteme

Erzeugung einer Drehspannung. In Abschn. 1.2.3.4 wird gezeigt, daß bei einer Relativbewegung mit der Geschwindigkeit v zwischen einer Spule und einem Magnetfeld der Dichte B in den N Windungen die Spannung $U_q = 2NlBv$ entsteht. Nach diesem Prinzip arbeiten alle Generatoren zur Erzeugung einer Wechsel- oder Drehspannung.

In Bild 1.97a sind im Ständer aus Elektroblech drei räumlich um jeweils 120° versetzte Wicklungen untergebracht, was hier nur schematisch dargestellt ist. Die Anfänge der Wicklungen mit der einheitlichen Windungszahl N haben die Anschlußbezeichnungen U1, V1, W1 und die Enden U2, V2, W2. Im Läufer wird durch einen nicht gezeichneten Elektromagneten ein Gleichfeld erzeugt, dessen Flußdichte B_x sich längs des Umfangs sinusförmig ändert. Dreht man nun den Läufer mit der konstanten Umfangsgeschwindigkeit v, so wird in jeder der drei Wicklungen eine zeitlich sinusförmige Wechselspannung von gleicher Frequenz und gleichem Effektivwert erzeugt. Durch die räumliche Versetzung der Spulen um 120° gegeneinander sind aber die drei Wechselspannungen zeitlich um $t = T/3$ bzw. $\omega t = 2\pi/3$ oder 120° gegeneinander phasenverschoben. Bild 1.97b zeigt das zugehörige Zeitschaubild, Bild 1.97c das Zeigerbild der 3 Wechselspannungen.

Unter Drehstrom oder Dreiphasen-Wechselstrom versteht man demnach ein System von 3 sinusförmigen Wechselspannungen mit gleicher Frequenz und gleichem Effektivwert, die zeitlich gegeneinander jeweils um $T/3$ bzw. $2\pi/3$ oder 120° phasenverschoben sind.

Mit Drehstrom kann ein räumlich umlaufendes magnetisches Feld, ein sogenanntes Drehfeld, erzeugt werden, woher der Drehstrom seinen Namen hat.

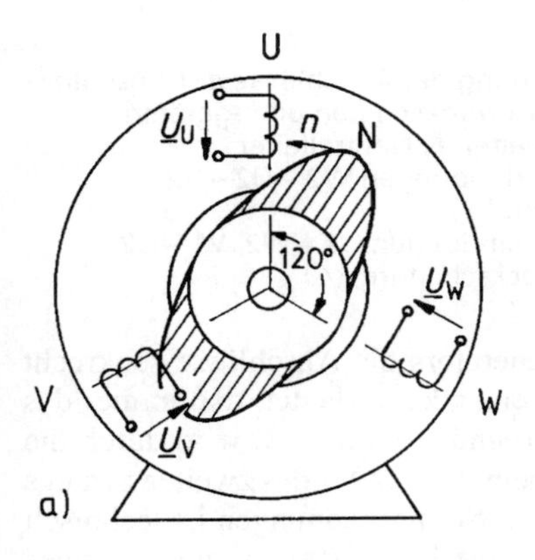

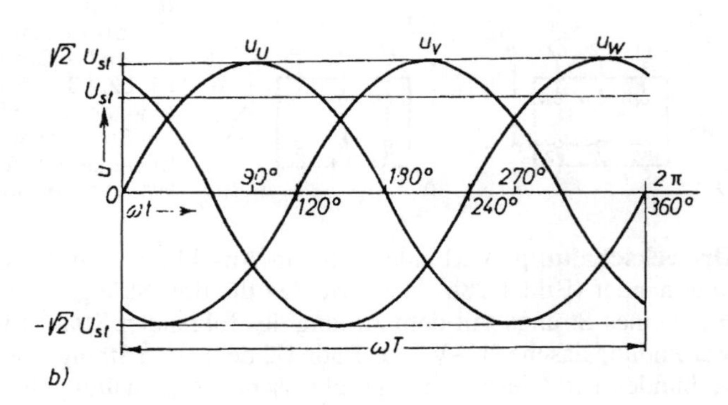

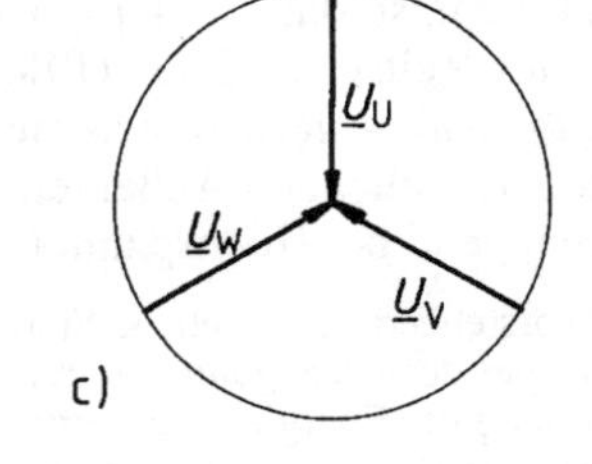

Bild 1.97
Erzeugung von drei Sinusspannungen durch ein rotierendes Magnetfeld
a) Generator mit Drehstromwicklung
b) Zeitdiagramm der Spannungen
c) Zeigerbild der Spannungen

Die in einem Strang erzeugte Wechselspannung hat nach Gl. (1.60) die Amplitude

$$\hat{u}_{st} = \sqrt{2}\,U_{st} = 2N \cdot l\,B_{max} \cdot v$$

Somit lauten die Gleichungen der 3 Strangspannungen

Strang U1 – U2	Strang V1 – V2	Strang W1 – W2	
$u_U = \sqrt{2}U_{st}\sin\omega t$	$u_V = \sqrt{2}U_{st}\sin(\omega t - 120°)$	$u_W = \sqrt{2}U_{st}\sin(\omega t - 240°)$	(1.103)

wobei U_{st} der Effektivwert der Strangspannung und $\omega = 2\eta f$ ihre Kreisfrequenz ist.
Die genormte zeitliche Reihenfolge der 3 Strangspannungen, ihre Phasenfolge, ist U V W.

Verkettung der drei Stränge. Die 6 Anschlußpunkte der drei Stränge sind am Anschlußkasten von Drehstrommaschinen (Bild 1.98a) in der Reihenfolge U1, V1, W1 und W2, U2, V2 angeordnet. Man könnte nun die drei Strangspannungen des Drehstromsystems über 6 Leiter, ausgehend von den 6 Anschlußpunkten des Generators, zu den Verbrauchern führen. Durch geeignete Zusammenschaltung, Verkettung der drei Stränge genannt, ist es jedoch möglich, mit weniger als 6 Leitern auszukommen, wie nun gezeigt wird.

Sternschaltung. Verbindet man am Anschlußkasten des Generators die drei Strangenden U2, V2, W2 miteinander (Bild 1.98a), so werden die drei Strangspannungen in diesem Punkt, dem Sternpunkt, miteinander verkettet. In Bild 1.99 ist die dann vorhandene Sternschaltung der drei Stränge gezeigt, weil die Zeiger der Strangspannungen einen Spannungsstern bilden. Die von den Stranganfängen U1, V1, W1 ausgehenden Leiter werden als Außenleiter L1, L2, L3 bezeichnet und zusammen Drehstrom-Dreileiternetz. Wenn zusätzlich auch der vom Sternpunkt ausgehende Sternpunktleiter oder Neutralleiter N mitgeführt wird, ergibt sich ein Drehstrom-Vierleiternetz, wie es als Niederspannungsnetz heute ausschließlich der öffentlichen Stromversorgung dient.

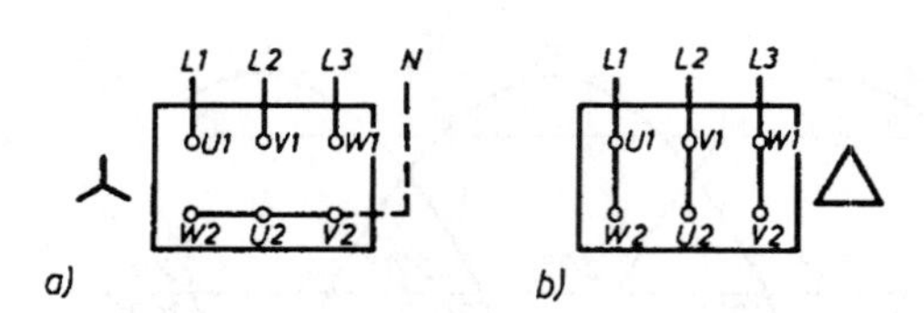

Bild 1.98
Genormte Anordnung der Anschlüsse am Anschlußkasten bei Drehstrommaschinen und -geräten
L1, L2, L3 Außenleiter, N Neutralleiter
a) waagrechte Verbindungen W2 – U2 – V2 bei Sternschaltung (⅄)
b) senkrechte Verbindungen U1 – W2, V1 – U2, W1 – V2 bei Dreieckschaltung (△)

Dreieckschaltung. Verbindet man am Anschlußkasten des Generators die Anschlüsse senkrecht miteinander (Bild 1.98b), dann werden die drei Stränge so miteinander verkettet, daß immer das Ende eines Strangs mit dem Anfang des folgenden Strangs verbunden wird; z. B. wird durch die Verbindungslasche U2–V1 das Ende U2 des ersten Strangs mit dem Anfang V1 des zweiten Strangs verbunden usf. Diese in sich geschlossene Ringschaltung der drei Strangspannungen ist technisch möglich, weil dabei die Zeiger der drei Strangspannungen im Zeigerbild 1.100 ein gleichseitiges Spannungsdreieck bilden, so daß $\underline{U}_U + \underline{U}_V + \underline{U}_W = 0$ folgt. Natürlich ist dann auch in jedem beliebigen Augenblick des Zeitschaubildes (Bild 1.97b) die Summe der Augenblickswerte der drei Strangspannungen $u_U + u_V + u_W = 0$, was auch rechnerisch aus Gl. (1.103) folgt. Mit den von den drei Anschlußstellen ausgehenden Außenleitern L1, L2 und L3 erhält man ein Drehstrom-Dreileiternetz, wie es vorwiegend bei Hochspannungen angewandt wird.

Anwendungen. Die vorstehend beschriebene Stern- und Dreieckschaltung von 3 unter sich gleichen Strängen wird praktisch sowohl bei der Erzeugung elektrischer Energie in Drehstromgeneratoren als auch im Zuge der Fortleitung und Verteilung der Energie in den Primär- und Sekundärwicklungen von Drehstromtransformatoren und vor allem bei der an die Drehstromnetze angeschlossenen Vielzahl von Drehstromverbrauchern, insbesondere bei den Wicklungen von Drehstrommotoren angewandt. Die dabei gemeinsam auftretenden elektrischen Größen werden nun besprochen.

1.3.3.2 Elektrische Größen bei Stern- und Dreieckschaltung

Spannungen bei Sternschaltung. Zeichnet man die im Drehstrom-Vierleiternetz zur Verfügung stehenden drei Spannungen zwischen je einem Außenleiter und dem Sternpunktleiter, Sternspannungen genannt, in Bild 1.99 ein, so sind diese gleich den drei entsprechenden Strangspannungen

$$\underline{U}_{1N} = \underline{U}_U \qquad \underline{U}_{2N} = \underline{U}_V \qquad \underline{U}_{3N} = \underline{U}_W$$

Bei einem symmetrischen Drehstromsystem sind die Effektivwerte $U_{\perp}$ der Sternspannungen daher gleich den Effektivwerten U_{st} der Strangspannungen

$$\boldsymbol{U_{\perp} = U_{st}} \tag{1.104}$$

Zwischen jedem Außenleiter und dem Sternpunktleiter steht eine sinusförmige Wechselspannung mit dem Betrag $U_{\perp}$ (Sternspannung) zur Verfügung.

Außer den 3 Sternspannungen sind zwischen den Außenleitern noch weitere 3 Wechselspannungen verfügbar, die man Außenleiter- oder Dreieckspannungen nennt.

Die Zeiger der Dreieckspannungen bilden ein gleichseitiges Spannungsdreieck, das den Spannungsstern umschließt. Auch die Dreieckspannungen sind gegeneinander um 120° phasenverschoben. Aus dem gleichseitigen Spannungsdreieck ergibt sich weiterhin, daß z. B. die Dreieckspannung $\underline{U}_{12}$ der Sternspannung $\underline{U}_{1N} = \underline{U}_U$ um 30° voreilt. Aus Bild 1.99 erhält man auch den Effektivwert U der Dreieckspannungen. Betrachtet man das durch U1, N, V1 gebildete gleichschenklige Dreieck, so wird $U = U_{12} = 2U_{\perp} \cos 30° = 2U_{\perp}\sqrt{3}/2$ oder allgemein

$$\boldsymbol{U = \sqrt{3}U_{\perp}} \tag{1.105}$$

Die 3 Dreieckspannungen U sind also $\sqrt{3}$mal so groß wie die 3 Sternspannungen $U_{\perp}$.

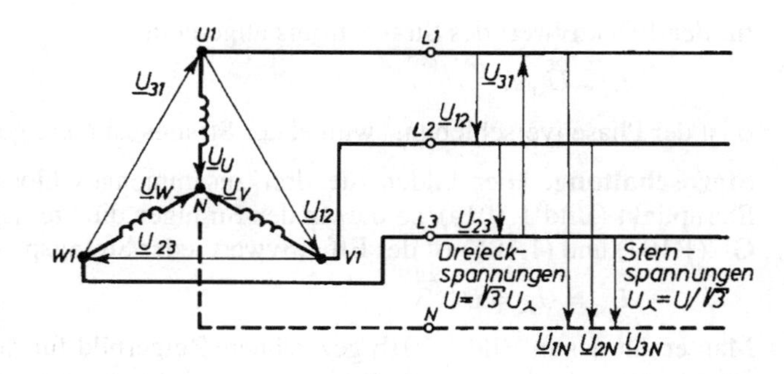

Bild 1.99
Sternschaltung der 3 Stränge. Spannungsstern mit Sternspannungen ($U_{⅄}$) und Spannungsdreieck mit Dreieckspannungen (U)

Beispiel 1.57 Ist in einem Drehstrom-Vierleiternetz die Sternspannung $U_{⅄} = 230$ V, so ist die Dreieckspannung $U = \sqrt{3} \cdot 230\ \text{V} = 400$ V. Ein solches Drehstrom-Vierleiternetz hat die Bezeichnung 3×400 V/230 V oder 400 V/230 V. In diesem Vierleiternetz stehen Spannungen von 230 V und 400 V zur Verfügung. Wird der Sternpunktleiter im Netz nicht mitgeführt, so erhält man ein Dreileiternetz, bei dem nur die Dreieckspannungen zur Verfügung stehen. Ein solches Dreileiternetz bezeichnet man z. B. als 10 kV-Netz, wobei 10 kV die Dreieckspannung („Drehspannung") zwischen je zwei Außenleitern ist.

Spannungen bei Dreieckschaltung. Es treten nur die in Bild 1.100 eingezeichneten Dreieckspannungen und keine Sternspannungen auf, und es ist

$$\underline{U}_{12} = \underline{U}_{\text{U}} \qquad \underline{U}_{23} = \underline{U}_{\text{V}} \qquad \underline{U}_{31} = \underline{U}_{\text{W}}$$

Die Effektivwerte U der Dreieckspannungen sind gleich den Effektivwerten U_{st} der Strangspannungen

$$\boldsymbol{U = U_{\text{st}}} \tag{1.106}$$

Man erhält bei Dreieckschaltung also lediglich ein gleichseitiges Spannungsdreieck (Bild 1.100) mit 3 gleich großen Spannungen, je vom Betrag U.

Ströme. An die drei Außenleiter L1, L2, L3 eines Drehstrom-Dreileiternetzes oder -Vierleiternetzes werden die Drehstromverbraucher in Stern- bzw. Dreieckschaltung angeschlossen (Bild 1.101 und 1.102). In beiden Schaltungen sind am Anschlußkasten des Verbrauchers dieselbe Anordnung und Bezeichnung der Anschlüsse wie am Generator (1.98) gültig.

Wir beschränken unsere Betrachtungen auf symmetrische Belastung des Drehstromnetzes. An das Drehstromnetz sollen also nur Verbraucher angeschlossen werden, die aus drei gleichen Strängen bestehen, z. B. aus drei gleichen Wicklungssträngen in Drehstrommotoren, drei gleichen Heizspulen in einem Elektroofen, drei gleichen Kondensatoren einer Kondensatorbatterie. Jeder Strang eines Drehstromverbrauchers kann dann als Zweipol mit bekanntem Scheinwiderstand Z und Phasenverschiebungswinkel φ dargestellt werden. Ist U_{st} die Strangspannung, dann gilt nach Gl. (1.75)

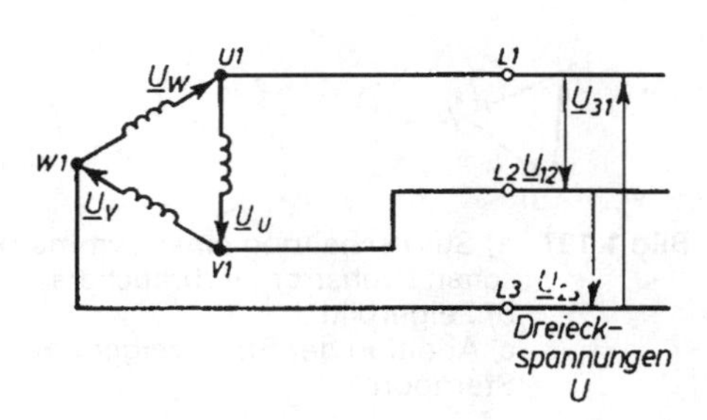

Bild 1.100
Dreieckschaltung der 3 Stränge. Spannungsdreieck mit Dreieckspannungen (U)

für den Effektivwert des Strangstroms allgemein:

$$\boldsymbol{I_{st} = U_{st}/Z} \tag{1.107}$$

φ ist der Phasenverschiebungswinkel der Strangspannung gegen den Strangstrom.

Sternschaltung. Hier bilden die drei zusammengeschlossenen Strangenden W2, U2, V2 den Sternpunkt (Bild 1.101a), so daß an den Strängen die Sternspannungen $\underline{U}_{1N}$, $\underline{U}_{2N}$, $\underline{U}_{3N}$ liegen. Nach Gl. (1.104) und (1.105) ist der Effektivwert jeder Strangspannung

$$U_{st} = U_{\perp} = U/\sqrt{3}$$

Man erhält das in Bild 1.101b gezeichnete Zeigerbild für die drei Strangspannungen und die drei Strangströme $\underline{I}_1$, $\underline{I}_2$, $\underline{I}_3$. Nach der Knotenregel, angewandt auf den Sternpunkt, gilt

$$\underline{I}_1 + \underline{I}_2 + \underline{I}_3 = 0$$

Die drei Stromzeiger bilden im Zeigerbild 1.101c ein gleichseitiges Dreieck. Die geometrische Addition der drei Zeiger ergibt also den Strom Null, weil die Summe der drei Strangströme in jedem Augenblick Null ist, wie dies aus Bild 1.97c auch für die Ströme folgt. Bezeichnet man allgemein den Effektivwert der Außenleiterströme mit I, so gilt, da bei der Sternschaltung die Strangströme gleich den Strömen in den Außenleitern sind

$$\boldsymbol{I = I_{st} = U_{st}/Z = U/\sqrt{3}Z} \tag{1.108}$$

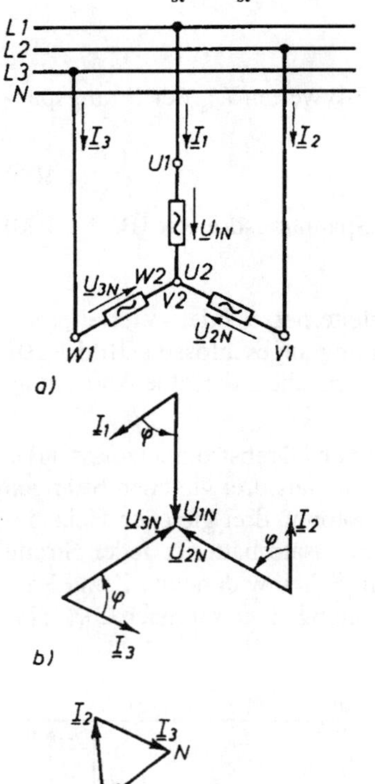

Bild 1.101 a) Sternschaltung eines symmetrischen Drehstromverbrauchers
b) Zeigerbild
c) Addition der Stromzeiger am Sternpunkt

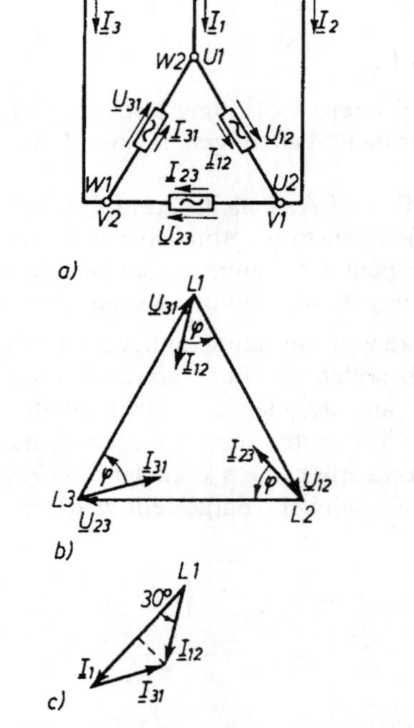

Bild 1.102 a) Dreieckschaltung eines symmetrischen Drehstromverbrauchers
b) Zeigerbild
c) Ermittlung des Leiterstroms $\underline{I}_1$

Dreieckschaltung. Bei der Dreieckschaltung (Bild 1.102a) liegen an den Strängen die Dreieckspannungen $\underline{U}_{12}$, $\underline{U}_{23}$, $\underline{U}_{31}$ des Drehstromnetzes. Nach Gl. (1.106) ist somit der Effektivwert jeder Strangspannung $U_{st} = U$. Man erhält das in Bild 1.102b gezeichnete Zeigerbild für die drei Strangspannungen und die drei Strangströme $\underline{I}_{12}$, $\underline{I}_{23}$, $\underline{I}_{31}$. Die aus dem Netz entnommenen Außenleiterströme $\underline{I}_1, \underline{I}_2, \underline{I}_3$ erhält man aus Bild 1.102a nach der Knotenregel

$$\underline{I}_1 = \underline{I}_{12} - \underline{I}_{31} \qquad \underline{I}_2 = \underline{I}_{23} - \underline{I}_{12} \qquad \underline{I}_3 = \underline{I}_{31} - \underline{I}_{23}$$

Bildet man z. B. $\underline{I}_1$ im Zeigerbild 1.102c, so erhält man ein gleichschenkliges Dreieck, dessen Schenkel gleich den Strangströmen I_{st} sind. Somit ergibt sich nach Gl. (1.106) und (1.107) für die Effektivwerte der Strangströme I_{st} und der Außenleiterströme I

$$\boldsymbol{I_{st} = U/Z \qquad I = \sqrt{3} I_{st} = \sqrt{3} U/Z} \tag{1.109}$$

Leistungen, Leistungsfaktor, Arbeit

Allgemein gilt für die Leistung (Wirkleistung) eines Stranges nach Gl. (1.80)

$$P_{st} = U_{st} I_{st} \cos \varphi$$

Somit ist die gesuchte Drehstromleistung

$$\boldsymbol{P = 3P_{st} = 3\, U_{st} I_{st} \cos \varphi} \tag{1.110}$$

Bei Sternschaltung ergibt sich hieraus

$$P = 3 \frac{U}{\sqrt{3}} I \cos \varphi = \sqrt{3} U\, I \cos \varphi$$

bei Dreieckschaltung entsprechend

$$P = 3U \frac{I}{\sqrt{3}} \cos \varphi = \sqrt{3} U\, I \cos \varphi$$

Allgemein gelten somit bei Drehstrom, symmetrisches Netz und symmetrische Belastung vorausgesetzt, für Stern- und Dreieckschaltung die folgenden Gleichungen:

Leistung (Wirkleistung)

$$\boldsymbol{P = \sqrt{3} U\, I \cos \varphi} \tag{1.111}$$

Blindleistung. Für die Blindleistung eines Stranges ergibt sich nach Gl. (1.78) $Q_{st} = U_{st} \cdot I_{st} \sin \varphi$. Für die Blindleistung aller drei Stränge ist somit in die vorstehende Leistungsgleichung $\sin \varphi$ statt $\cos \varphi$ einzusetzen, und man erhält

$$\boldsymbol{Q = \sqrt{3} U\, I \sin \varphi} \tag{1.112}$$

Scheinleistung. Entsprechend erhält man für die Scheinleistung eines Stranges $S_{st} = U_{st} I_{st}$ und damit für die Scheinleistung aller drei Stränge

$$\boldsymbol{S = \sqrt{3} U I = \sqrt{P^2 + Q^2}} \tag{1.113}$$

Man beachte sehr genau, daß in den vorstehenden drei Leistungsgleichungen bedeuten:

U Dreieckspannung des Drehstromnetzes
I Strom in einem Außenleiter des Drehstromnetzes,
φ Phasenverschiebungswinkel der Strangspannung gegen den Strangstrom.

Leistungsfaktor. Entsprechend Gl. (1.82) erhält man auch für Sinusgrößen bei Drehstrom aus den vorstehenden Gleichungen

$$\lambda = \frac{|P|}{S} = |\cos\varphi| \tag{1.114}$$

Arbeit (Wirkarbeit), Blindarbeit und Scheinarbeit. Diese sind mit den Gl. (1.111) bis (1.113)

$$W = Pt \qquad W_q = Qt \qquad W_s = St \tag{1.115}$$

Augenblickswert der Drehstromleistung. Aus den Gl. (1.76) und (1.103) folgt, daß für die Augenblickswerte der Leistung in den 3 Strängen (UVW) gilt:

$$P_{tU} = P_{st} - U_{st} I_{st} \cos(2\omega t + \varphi_u + \varphi_i)$$
$$P_{tV} = P_{st} - U_{st} I_{st} \cos(2\omega t + \varphi_u + \varphi_i - 120°)$$
$$P_{tW} = P_{st} - U_{st} I_{st} \cos(2\omega t + \varphi_u + \varphi_i - 240°)$$

Somit ergibt sich für den Augenblickswert der Drehstromleistung

$$P_t = P_{tU} + P_{tV} + P_{tW} = 3\,P_{st} - U_{st} I_{st} \cdot [\cos(2\omega t + \varphi_u + \varphi_i) + \cos(2\omega t + \varphi_u + \varphi_i - 120°) + \cos(2\omega t + \varphi_u + \varphi_i - 240°)]$$

Da der Wert der eckigen Klammern in jedem Zeitpunkt 0 ist, folgt mit Gl. (1.174)

$$P_t = 3P_{st} = 3U_{st} I_{st} \cos\varphi = P$$

d.h. der Augenblickswert der Drehstromleistung ist konstant.

Beispiel 1.58 Ein symmetrischer Drehstromverbraucher mit dem Scheinwiderstand Z je Strang und dem Phasenwinkel φ der Strangspannung gegen den Strangstrom wird an ein Drehstromnetz mit der Dreieckspannung U zuerst in Stern- und dann in Dreieckschaltung angeschlossen. Man ermittle und vergleiche die auftretenden Spannungen, Ströme und Leistungen in beiden Schaltungen (Tabelle 1.103).

Bei Dreieckschaltungen sind die Strangspannungen und damit auch die Strangströme $\sqrt{3}$mal so groß wie bei der Sternschaltung. Somit sind die Leistungen und die Ströme in den Außenleitern bei Dreieckschaltung 3mal so groß wie bei Sternschaltung des Verbrauchers.

Tabelle 1.103 Spannungen, Ströme und Leistungen bei Stern- und Dreieckschaltung eines symmetrischen Drehstromverbrauchers (je Strang Z, φ).

	Sternschaltung ⅄	Dreieckschaltung △	Verhältnis ⅄ : △
Strangspannung U_{st}	$\frac{U}{\sqrt{3}}$	U	$1:\sqrt{3}$
Strangstrom I_{st}	$\frac{U}{\sqrt{3}Z}$	$\frac{U}{Z}$	$1:\sqrt{3}$
Außenleiterstrom I	$\frac{U}{\sqrt{3}Z}$	$\frac{\sqrt{3}U}{Z}$	1:3
Leistung P	$\frac{U^2}{Z}\cos\varphi$	$\frac{3U^2}{Z}\cos\varphi$	1:3
Blindleistung Q	$\frac{U^2}{Z}\sin\varphi$	$\frac{3U^2}{Z}\sin\varphi$	1:3
Scheinleistung S	$\frac{U^2}{Z}$	$\frac{3U^2}{Z}$	1:3

1.3.3.3 Messungen im Drehstromnetz

Für die Messung von Strömen und Spannungen gelten gegenüber dem Wechselstromkreis keine neuen Vorschriften.

Die Leistung im Drehstromnetz besteht aus der Summe der drei Einzelwerte durch die Ströme in den Leitungen L1, L2 und L3. Ist die Belastung völlig gleichmäßig, man nennt dies symmetrisch, so genügt die Bestimmung eines Wertes, der dann 1/3 der Gesamtleistung ist. Man benötigt allerdings zu dieser Messung den Neutralleiter N, da an die Spannungsspule die Sternschaltung U_N anzuschließen ist (Bild 1.104a).

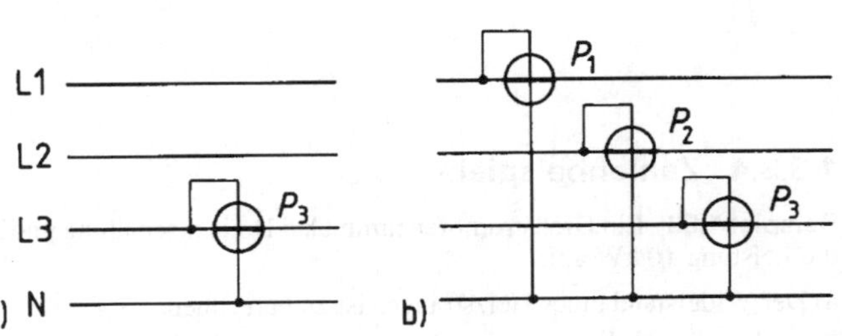

Bild 1.104
Messung der Drehstromleistung
a) Einwattmetermethode bei gleichmäßiger Belastung $P = 3P_3$
b) Dreiwattmetermethode im Vierleiternetz $P = P_1 + P_2 + P_3$

Sind die Leitungsströme ungleich, d.h. liegt eine unsymmetrische Belastung vor, sind im Vierleiternetz nach Bild 1.104b drei Meßgeräte erforderlich. Die Drehstromleistung ergibt sich dann aus der Summe der Einzelwerte. In Niederspannungsnetzen werden die drei Meßwerke in ein Gerät mit gemeinsamer Achse und einer Skala vereint.

Zweiwattmeter-Methode. Im Dreileiter-Drehstromsystem, d.h. ohne die Mitnahme des an den Sternpunkt des Verteilertransformators angeschlossenen Leiters muß die Summe der drei Strangströme Null ergeben. In diesem Falle genügt zur Leistungsbestimmung der Einsatz von nur zwei Meßgeräten. Diese nach seinem Erfinder auch Aronschaltung genannte Zweiwattmetermethode verwendet die Schaltung nach Bild 1.105a. Wie in Abschn. 1.3.2.1 gezeigt, ergibt sich die Leistung in komplexer Schreibweise zu

$$S = \underline{U}_{1N}\underline{I}_1^* + \underline{U}_{2N}\underline{I}_2^* + \underline{U}_{3N}\underline{I}_3^*$$

Nach Bild 1.105b läßt sich umformen

$$\underline{U}_{1N} = \underline{U}_{12} + \underline{U}_{2N} \quad \text{und} \quad \underline{U}_{3N} = \underline{U}_{32} + \underline{U}_{2N}$$

Setzt man dies in obige Leistungsgleichung ein, so erhält man bei gleichzeitiger Ordnung der Terme die Beziehung

$$S = \underline{U}_{12}\underline{I}_1^* + \underline{U}_{32}\underline{I}_3^* + \underline{U}_{2N}(\underline{I}_1^* + \underline{I}_2^* + \underline{I}_3^*)$$

Die Stromsumme innerhalb der Klammer ist Null, so daß für den Wirkanteil der Drehstromleistung die Gleichung

$$P = U_{12}\, I_1 \cos\varphi_1 + U_{32}\, I_3 \cos\varphi_3 = P_{12} + P_{32}$$

entsteht. Diese Beziehung wird durch die Schaltung in Bild 1.105a erfaßt.

Die Drehstromleistung wird mit $P = k_w(\alpha_1 + \alpha_2)$ durch die Summe der Anzeigen α_1 und α_3 der beiden Leistungsmesser bestimmt. Der Faktor k_w ist die Gerätekonstante in Watt/Skalenteil. Das Meßverfahren hat die Besonderheit, daß ab $\varphi \geq 60°$, d.h. bei cos φ-Werten unter 0,5 mit $\varphi_1 = \varphi + 30°$ der Ausschlag α_1 negativ wird. In diesem Fall muß die Stromspule von Wattmeter 1 umgepolt und die Leistung mit $P = k_w(\alpha_3 - \alpha_1)$ bestimmt werden.

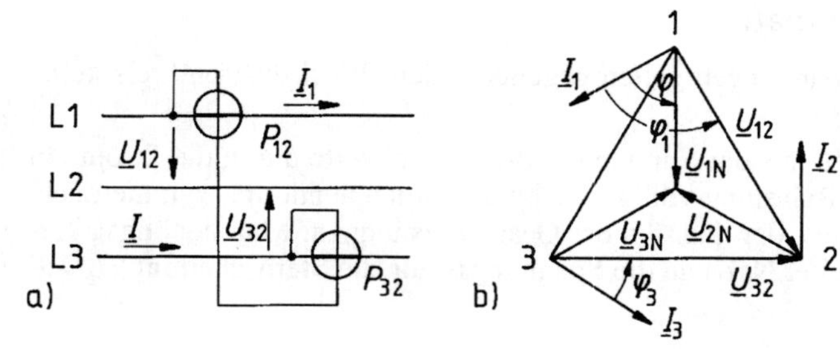

Bild 1.105 Zweiwattmetermethode (Aronschaltung) im Dreileiternetz bei beliebiger Belastung
a) Schaltung der Meßgeräte und $P = P_{12} + P_{32}$
b) Zeigerdiagramm bei beliebigem $\cos \varphi$

1.3.3.4 Zahlenbeispiele

Beispiel 1.59 Ein Drehstromofen nimmt bei Dreieckschaltung und Anschluß an das Drehstromnetz 400 V/230 V die Leistung 10 kW auf.

a) Der Widerstand eines Heizstranges ist zu berechnen.

An jedem Strang liegt bei der Dreieckschaltung die Strangspannung $U = 400$ V. Somit ist die Leistung aller 3 Stränge $P_\triangle = 3U^2/R$. Hieraus folgt der gesuchte Widerstand

$$R = \frac{3U^2}{P_\triangle} = \frac{3 \cdot (400\ \text{V})^2}{10\,000\ \text{W}} = 48\ \Omega$$

b) Wie groß sind die Außenleiter- und Strangströme bei Dreieckschaltung?

Strangstrom

$$I_{\text{st}} = \frac{U}{R} = \frac{400\ \text{V}}{48\ \Omega} = 8{,}33\ \text{A}$$

Außenleiterstrom

$$I = \sqrt{3} I_{\text{st}} = \sqrt{3} \cdot 8{,}33\ \text{A} = 14{,}43\ \text{A}$$

Kontrolle

$$P_\triangle = \sqrt{3} U\, I \cos \varphi = \sqrt{3} \cdot 400\ \text{V} \cdot 14{,}43\ \text{A} \cdot 1 = 10\,000\ \text{W} = 10\ \text{kW}$$

c) Wie groß ergeben sich zum Vergleich die elektrischen Größen bei Sternschaltung?

An jedem Strang liegt bei dieser Schaltung die Spannung $U_\perp = 230$ V. Somit ist die Leistung der drei Stränge

$$P_\perp = 3 U_\perp^2 / R$$

Mit $U_\perp = U/\sqrt{3}$ ist

$$P_\perp = \frac{U^2}{R} = \frac{400\ \text{V}^2}{48\ \Omega} = 3330\ \text{W} = 3{,}33\ \text{kW} \quad \text{also } P_\perp = \frac{1}{3} I_\triangle$$

Für den Außenleiterstrom (Strangstrom) gilt

$$I = I_{\text{st}} = \frac{U_\perp}{R} = \frac{230\ \text{V}}{48\ \Omega} = 4{,}79\ \text{A} \quad \text{also } I_\perp = \frac{1}{3} I_\triangle$$

Leistungskontrolle

$$P_\perp = \sqrt{3}\, U\, I \cos \varphi = \sqrt{3} \cdot 400\ \text{V} \cdot 4{,}79\ \text{A} \cdot 1 = 3330\ \text{W} = 3{,}33\ \text{kW}$$

d) Für Stern- und Dreieckschaltung ist ein maßstäbliches Zeigerbild mit Strangspannungen, Strangströmen und Außenleiterströmen zu entwerfen.

Da reine Wirklast vorliegt, sind jeweils die Strangspannungen und Strangströme in Phase. Die Außenleiterströme sind somit bei beiden Schaltungen in Phase mit den entsprechenden Sternspannungen (Bild 1.106).

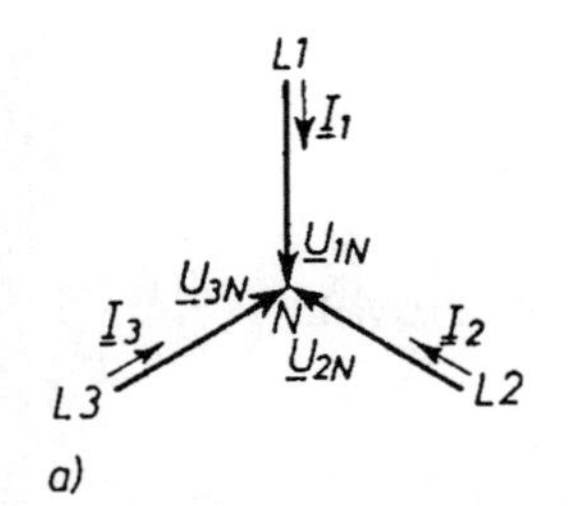

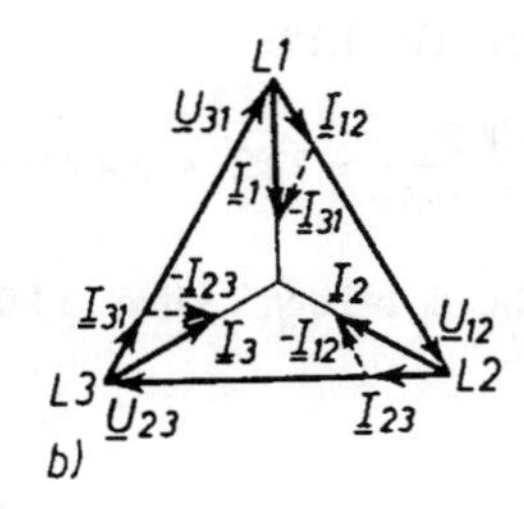

Bild 1.106 Zeigerbild für Sternschaltung (a) und Dreieckschaltung (b)

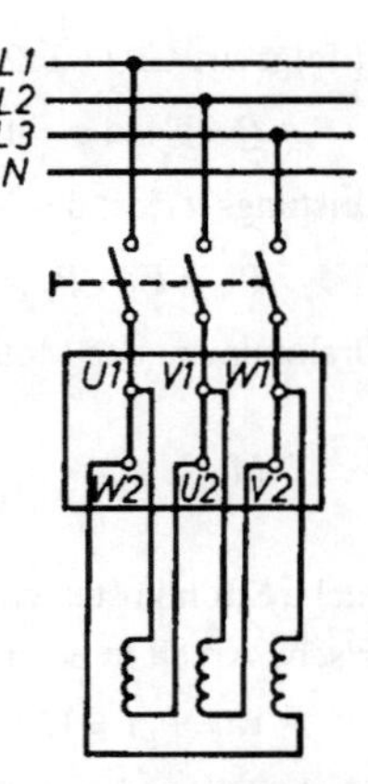

Bild 1.107 Schaltplan mit Schalter und Anschlußkasten eines Drehstrommotors für Dreieckschaltung

Beispiel 1.60 Von einem Drehstrommotor, der an ein 230 V/400 V-Netz in Dreieckschaltung anzuschließen ist, sind für Bemessungsleistung folgende Daten bekannt: Leistung 11 kW, Drehzahl 1455 min^{-1}, Leistungsfaktor $\cos\varphi = 0{,}85$, Wirkungsgrad $\eta = 81{,}5\,\%$.

a) Schaltplan und Schaltung am Anschlußkasten sind zu entwerfen.

Bild 1.107 zeigt die hergestellte Schaltung.

b) Außenleiterstrom und Strangstrom sind zu berechnen, und das Zeigerbild für einen Motorstrang ist zu zeichnen. Da die vom Motor abgegebene Leistung $P_2 = 11$ kW beträgt, ist die vom Motor aufgenommene Leistung

$$P_1 = P_2/\eta = 11\ \text{kW}/0{,}815 = 13{,}5\ \text{kW}$$

Aus Gl. (1.111) folgt für den Außenleiterstrom

$$I = \frac{P_1}{\sqrt{3}U\cos\varphi} = \frac{13\,500\ \text{W}}{\sqrt{3}\cdot 400\ \text{W}\cdot 0{,}85} = 22{,}92\ \text{A}$$

Der Strangstrom ergibt sich aus Gl. (1.109)

$$I_{\text{st}} = \frac{I}{\sqrt{3}} = \frac{22{,}92\ \text{A}}{\sqrt{3}} = 13{,}24\ \text{A}$$

Mit Hilfe dieser Größen kann das Zeigerbild 1.108a gezeichnet werden.

c) Die im Bemessungsbetrieb benötigte Blind- und Scheinleistung, der Leistungsverlust und das Drehmoment des Motors sind zu ermitteln.

Nach Gl. (1.113) ist

$$S = \sqrt{3}U\,I = \sqrt{3}\cdot 400\ \text{V}\cdot 22{,}92\ \text{A} = 15\,879\ \text{VA} = 15{,}9\ \text{kVA}$$

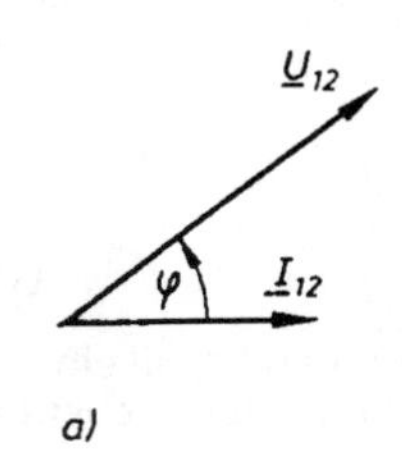

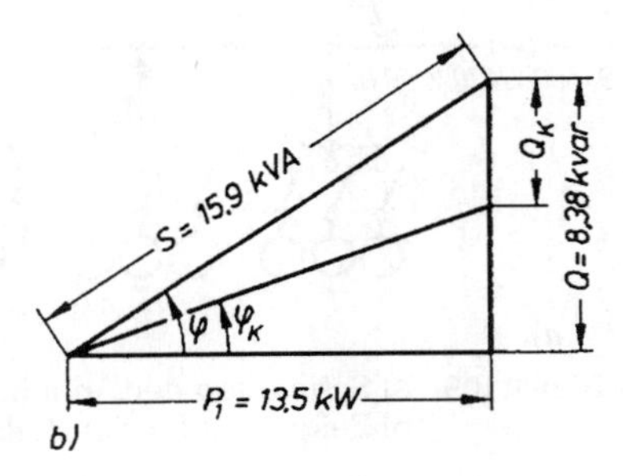

Bild 1.108 Drehstrommotor
a) Zeigerbild für einen Strang
b) Leistungsdreieck

Damit folgt aus Gl. (1.112), da $\sin \varphi = 0{,}527$ wird

$$Q = S \sin \varphi = 15{,}9 \cdot 0{,}527 \text{ kvar} = 8{,}38 \text{ kvar}$$

Der Leistungsverlust des Motors ist

$$P_V = P_1 - P_2 = (13{,}5 - 11) \text{ kW} = 2{,}5 \text{ kW}$$

Das Drehmoment des Motors errechnet man z. B. aus Gl. (1.19)

$$M_N/\text{Nm} = \frac{P_{2N}/\text{W}}{0{,}1047\, n_N/\text{min}^{-1}} = \frac{11\,000}{0{,}1047 \cdot 1455} = 72{,}2 \quad \text{somit } M_N = 72{,}2 \text{ Nm}$$

d) Welche Stromkosten entstehen bei Volllast je Stunde bei den Tarifen 15 Pf/kWh und 2 Pf/kvarh?
Elektrische Arbeit in einer Stunde

$$W = P_1\, t = 13{,}5 \text{ kW} \cdot 1 \text{ h} = 13{,}5 \text{ kWh}$$

Elektrische Blindarbeit in einer Stunde

$$W_q = Q\, t = 8{,}38 \text{ kvar} \cdot 1 \text{ h} = 8{,}38 \text{ kvarh}$$

Stromkosten in einer Stunde

$$K = 13{,}5 \cdot 15 \text{ Pf} + 8{,}38 \cdot 2 \text{ Pf} = 219 \text{ Pf} = 2{,}19 \text{ DM}$$

e) Zu ermitteln ist die Blindleistung einer Kondensatorbatterie, die den Leistungsfaktor der Anlage bei Bemessungsbetrieb des Motors auf $\cos \varphi_K = 0{,}95$ verbessern soll.

Zeichnet man mit den bekannten Größen $P_1 = 13{,}5$ kW und $Q = 8{,}38$ kvar das Leistungsdreieck auf (Bild 1.108b), so ergibt sich als Hypothenuse des rechtwinkligen Dreiecks die bereits ermittelte Scheinleistung $S = 15{,}9$ kVA. Trägt man, $\cos \varphi_K = 0{,}95$ entsprechend, $\varphi_K = 18{,}2°$ in Bild 1.108 ein, so ergibt sich aus diesem Bild die erforderliche Kondensatorenleistung $Q_K = -4$ kvar.

$$Q_K = -Q + P_1 \tan \varphi_K = -8{,}38 \text{ kvar} + 13{,}5 \cdot 0{,}329 \text{ kvar} = -3{,}94 \text{ kvar} \approx -4 \text{ kvar}$$

f) Die Kapazitäten $C_\perp$ und $C_\triangle$ bei Stern- und Dreieckschaltung der Kondensatoren sind zu berechnen. Aus Tabelle 1.103 erhält man mit $Q = Q_K$, $Z = 1/\omega C$ und $\sin \varphi = -1$

bei Sternschaltung

$$Q_K = -U^2 \omega C_\perp \text{ hieraus } C_\perp = -\frac{Q_K}{U^2 \omega} = \frac{4000 \text{ VA}}{400^2 \text{ V}^2 \cdot 314 \text{ s}^{-1}} = 79{,}6 \cdot 10^{-6} \text{ F} = 79{,}6 \text{ µF}$$

bei Dreieckschaltung

$$Q_K = -3U^2 \omega C_\triangle \text{ somit } 3C_\triangle = C_\perp \text{ oder } C_\triangle = \frac{1}{3} C_\perp = 26{,}4 \text{ µF}$$

Beispiel 1.61 In einer Fabrik sind am 400 V/230 V-Netz drei Abnehmergruppen installiert (Bild 1.109a):

I) 60 Motoren zu je 2,2 kW $\quad \cos \varphi_I = 0{,}82 \quad \eta = 79{,}5$ %
II) 20 Motoren zu je 5,15 kW $\quad \cos \varphi_{II} = 0{,}84 \quad \eta = 81$ %
III) Elektrowärmegeräte 40 kW $\quad \cos \varphi_{III} = 1{,}0$

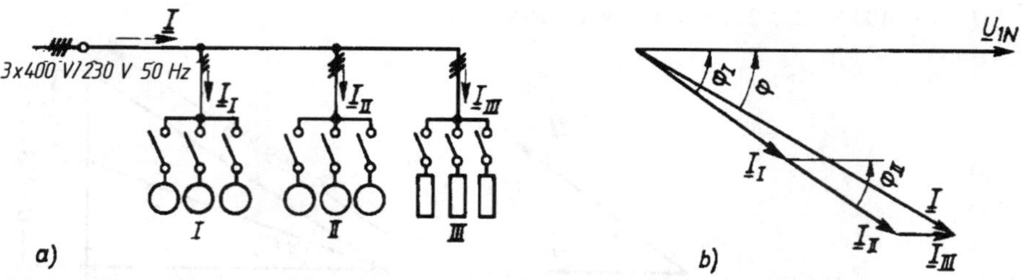

Bild 1.109 a) Schaltplan der Abnehmergruppen I, II, III einer Fabrik (vereinfacht)
b) Zeigerbild für den Außenleiter L1 des Drehstromnetzes

Es kann vereinfacht angenommen werden, daß bei der Höchstbelastung 60 % der Motoren mit Bemessungsleistung und alle Elektrowärmegeräte in Betrieb sind.

a) Höchstbelastung, Gesamtstrom und Leistungsfaktor sind zu ermitteln.

Die aufgenommene elektrische Leistung beträgt für

Gruppe I 60 % von 60 Motoren = 36 Stück zu je 2,2 kW $\quad \frac{36 \cdot 2{,}2}{0{,}795}\,\text{kW} = 99{,}6\ \text{kW}$

Gruppe II 60 % von 20 Motoren = 12 Stück zu je 5,15 kW $\quad \frac{12 \cdot 5{,}15}{0{,}81}\,\text{kW} = 76{,}2\ \text{kW}$

Gruppe III 100% der Leistung der Elektrowärmegeräte $\quad = 40{,}0\ \text{kW}$

Insgesamt auftretende Wirklast $\quad P = 215{,}8\ \text{kW}$

Die aufgenommene Blindleistung ist

$$Q = S \sin\varphi = \frac{P}{\cos\varphi} \sin\varphi = P \tan\varphi$$

Somit wird die Blindleistung für

Gruppe I		99,6 · 0,698 kvar = 69,5 kvar
Gruppe II		76,2 · 0,646 kvar = 49,3 kvar
Gruppe III		–
Insgesamt auftretende Blindlast		Q = 118,8 kvar

Dann wird die Scheinleistung nach Gl. (1.113)

$$S = \sqrt{P^2 + Q^2} = \sqrt{215{,}8^2 + 118{,}8^2}\ \text{kVA} = 246\ \text{kVA}$$

und man erhält

$$I = \frac{S}{\sqrt{3}U} = \frac{246\ \text{kVA}}{\sqrt{3} \cdot 400\ \text{V}} = 0{,}355\ \text{kA} = 355\ \text{A}$$

Der Leistungsfaktor ist

$$\cos\varphi = \frac{P}{S} = \frac{215{,}8}{246} = 0{,}878$$

b) Die Sternspannung $\underline{U}_{1N}$ und die drei Anteile $\underline{I}_{I}$, $\underline{I}_{II}$ und $\underline{I}_{III}$ des Außenleiterstromes $\underline{I}$ sind in einem Zeigerbild darzustellen.

Die gesamten Anteile addieren sich zum Leiterstrom $\underline{I} = \underline{I}_{I} + \underline{I}_{II} + \underline{I}_{III}$. Die Beträge der Ströme sind

$$I_{I} = \frac{99\,600\ \text{W}}{\sqrt{3} \cdot 400\ \text{V} \cdot 0{,}82} = 175{,}3\ \text{A} \quad \text{aus } \cos\varphi_{I} = 0{,}82 \text{ ergibt sich } \varphi_{I} = 34{,}9°$$

$$I_{II} = \frac{76200\ \text{W}}{\sqrt{3} \cdot 400\ \text{V} \cdot 0{,}84} = 131\ \text{A} \quad \text{aus } \cos\varphi_{II} = 0{,}84 \text{ ergibt sich } \varphi_{II} = 32{,}9°$$

$$I_{III} = \frac{40\,000\ \text{W}}{\sqrt{3} \cdot 400\ \text{V}} = 57{,}7\ \text{A} \quad \text{aus } \cos\varphi_{III} = 1 \text{ ergibt sich } \varphi_{III} = 0°$$

Aus einem Zeigerbild nach Bild 1.109b in genügend großer Darstellung wurden zur Kontrolle abgelesen

$I = 354$ A Rechenwert unter a) $I = 355$ A

$\cos\varphi = 0{,}875$ Rechenwert unter a) $\cos\varphi = 0{,}878$

c) Welche Wirkleistung P_1 darf bei Blindstromkompensation auf $\cos\varphi_K = 1{,}0$ zusätzlich auftreten, ohne daß der zulässige Belastungsstrom $I = 355$ A überschritten wird?

Die erforderliche Kondensatorenbatterie muß die Blindleistung Q vollständig kompensieren. Somit ist die von den Kondensatoren aufzunehmende Blindleistung $Q_K = - Q = - 118{,}8$ kvar.

Die gesamte Wirkleistung bei einem Leiterstrom $I = 355$ A beträgt dann

$$P_{ges} = \sqrt{3} U I \cos \varphi_K = \sqrt{3} \cdot 400 \text{ V} \cdot 355 \text{ A} \cdot 1{,}0 = 246 \text{ kW}$$

Diese Leistung ist also gleich der bisherigen Scheinleistung S, so daß zusätzlich eine Wirkleistung

$$P_1 = P_{ges} - P = (246 - 215{,}8) \text{ kW} = 30{,}2 \text{ kW}$$

auftreten darf.

Beispiel 1.62 Das Leistungsschild eines Drehstrommotors gibt als Bemessungsdaten an: $U_N = 400$ V, 50 Hz in Sternschaltung, $I_N = 4{,}8$ A, $P_N = 2{,}2$ kW, $\cos \varphi_N = 0{,}85$

a) Die Aufnahmeleistung P_{1N} wird mit der Zweiwattmeter-Methode nach Bild 1.105a kontrolliert. Welche Teilleistungen P_{12} und P_{32} zeigen die zwei Leistungsmesser an?

Nach Abschn. 1.3.3.3 gilt

$$P_{12} = U_{12} I_1 \cos \varphi_1 \text{ und } P_{32} = U_{32} I_3 \cos \varphi_3$$

Bei $\cos \varphi_N = 0{,}85$ wird $\varphi_N = 31{,}79°$ und damit nach dem Zeigerbild 1.105b

$$\varphi_1 = \varphi_N + 30° = 61{,}79° \quad \text{und} \quad \varphi_3 = \varphi_N - 30° = 1{,}79°$$

Mit $I = I_1 = I_3 = 4{,}8$ A und $U_{12} = U_{32} = 400$ V erhält man die Leistungsmesseranzeigen

$$P_{12} = 400 \text{ V} \cdot 4{,}8 \text{ A} \cdot \cos 61{,}79° = 907{,}6 \text{ W}$$
$$P_{32} = 400 \text{ V} \cdot 4{,}8 \text{ A} \cdot \cos 1{,}79° = 1919{,}1 \text{ W}$$

b) Bei welchem Leistungsfaktor $\cos \varphi$ zeigt ein Leistungsmesser den Maximalwert an?

Ein Maximalwert wird erreicht, wenn entweder $\cos \varphi_1 = 1$ oder $\cos \varphi_3 = 1$ auftritt.

Nach Bild 1.105b kann dies für einen nacheilenden Strom I nur mit $\varphi_3 = 0°$ entstehen, wobei dann $\varphi = 30°$ ist.

Der Maximalwert wird damit bei $\cos \varphi = 0{,}866$ erreicht.

c) Wie groß ist der Wirkungsgrad η_N des Motors?

Der Wirkungsgrad eines Motors steht nicht auf dem Leistungsschild, sondern muß aus dem Verhältnis Abgabeleistung P_N an der Welle zu Aufnahmeleistung berechnet werden.

Aufnahmeleistung des Motors nach Gl. (1.111)

$$P_{1N} = \sqrt{3} U_N I_N \cos \varphi_N = \sqrt{3}\, 400 \text{ V} \cdot 4{,}8 \text{ A} \cdot 0{,}85 = 2826{,}7 \text{ W}$$

Kontrolle aus a):

$$P_{1N} = P_{12} + P_{32} = 907{,}6 \text{ W} + 1919{,}1 \text{ W} = 2827 \text{ W}$$

Wirkungsgrad

$$\eta_N = P_N / P_{1N} = 2200 \text{ W} / 2826{,}7 \text{ W} = 0{,}78$$

d) Zur vollständigen Blindstromkompensation sollen drei Kondensatoren C_D in Dreieckschaltung eingesetzt werden. Welchen Wert muß ein Kondensator erhalten?

Von der Kondensatorbatterie muß pro Leitung der Motorblindstrom

$$I_{bN} = I_N \sin \varphi_N = 4{,}8 \text{ A} \cdot 0{,}527 = 2{,}53 \text{ A geliefert werden.}$$

Dies verlangt nach Gl. (1.109) den Kondensatorstrom

$$I_C = I_{st} = I_{bN} / \sqrt{3} = 2{,}53 \text{ A} / \sqrt{3} = 1{,}46 \text{ A}$$

Mit $I_C = U \omega C$ nach Gl. (1.70) erhält man für den Kondensator

$$C_D = 1{,}46 \text{ A} / (400 \text{ V} \cdot 314 \text{ s}^{-1}) = 11{,}6 \text{ µF}$$

2 Elektronik

Zur Elektronik, dem jüngsten Teilgebiet der Elektrotechnik, zählt man die Vorgänge und Bauelemente, welche die Bewegung elektrischer Ladungsträger in Halbleitern und Gasen technisch ausnutzen, außerdem die mit Halbleiterbauelementen und den klassischen Bauteilen Widerständen, Kondensatoren und Spulen gebildeten Schaltungen. Durch die großen Fortschritte in der Halbleitertechnologie, die heute vom preiswerten Einzelbaustein z. B. einer Diode bis zur hochintegrierten Schaltung in einem Gehäuse eine fast unüberschaubare Vielzahl von Bauteilen bereitstellt, hat die Elektronik alle Bereiche der Elektrotechnik erfaßt. Der Schwerpunkt der Anwendung liegt jedoch in der Informations- und Unterhaltungselektronik, der elektrischen Meßtechnik, der Regelungstechnik und der Leistungselektronik. Ein weiter expandierendes Teilgebiet ist ferner immer noch die elektronische Datenverarbeitung EDV mit der Mikroprozessortechnik.

Die nachstehenden Abschnitte sollen eine Einführung in das Gebiet der Elektronik geben und damit auch dem Ingenieur nichtelektrotechnischer Fachbereiche das erforderliche Grundlagenwissen vermitteln. Dazu werden zunächst die wichtigsten elektronischen Bauelemente mit ihrer Wirkungsweise und ihren typischen Daten vorgestellt und danach einfache Baugruppen, die häufig Bausteine umfangreicher Schaltungen sind, behandelt.

2.1 Grundlagen und Bauelemente der Elektronik

2.1.1 Allgemeine elektrische Bauelemente

2.1.1.1 Widerstände

Ohmsche Widerstände sind mit die wichtigsten Bestandteile elektronischer Schaltungen. Ihr Größenbereich umfaßt etwa 10^{-2} Ω bis 10^9 Ω, wobei je nach zulässiger Belastung sehr verschiedene Ausführungen üblich sind. Allgemein unterscheidet man zwischen Widerständen mit einem Festwert und verstellbaren Widerständen.

Bauarten von Festwiderständen. Bei Drahtwiderständen (0,1 Ω bis 10^5 Ω) wird ein Leiter aus einer Chrom-Nickel-Legierung über ein Keramikrohr gewickelt und mit einer Schutzglasur abgedeckt. Bei Betriebstemperaturen bis ca. 400 °C können dadurch auch bei Verlustleistungen von über hundert Watt noch relativ kleine Baugrößen erreicht werden.

Bei Schichtwiderständen (10 Ω bis 10^9 Ω) bringt man auf einem Keramikkörper eine einige µm starke leitfähige Schicht aus Metall, Kohle oder Metalloxid auf. Der Leistungsbereich liegt hier vorwiegend zwischen 0,1 W bis 2 W.

Massewiderstände werden durch Pressen einer homogenen Widerstandsmasse mit einem Bindemittel hergestellt, wobei man die Anschlußdrähte mit aufnimmt.

Widerstandsdaten. Festwiderstände werden durch ihren Nennwiderstand mit einem zulässigen Toleranzbereich und die Belastbarkeit bestimmt. Die Abstufung der verfügbaren Nennwiderstände erfolgt nach internationalen IEC-Normreihen, wobei meist die Stufungen E6 (± 20 %), E12 (±10 %) und E24 (± 5 %) mit 6 bzw. 12 oder 24 Werten pro Dekade und den in Klammern angegebenen Toleranzen ausreichen.

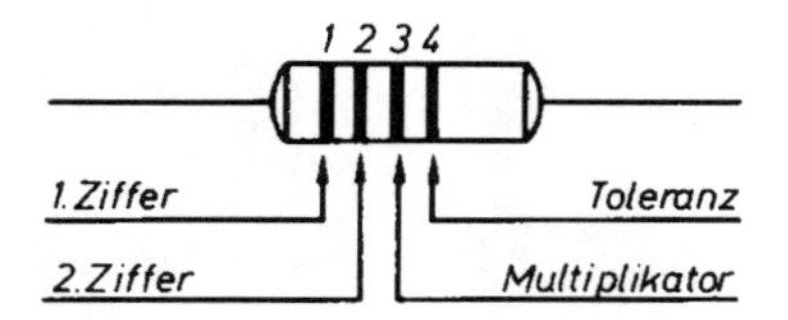

Bild 2.1
Farbkennzeichnung von Widerständen (Farbcode mit 4 Ringen)

Farbe	Widerstandswert in Ohm			
	1. Ring = 1. Ziffer	2. Ring = 2. Ziffer	3.Ring = Multiplikator	4. Ring = Toleranz in %
schwarz	0	0	10^0	–
braun	1	1	10^1	± 1
rot	2	2	10^2	± 2
orange	3	3	10^3	–
gelb	4	4	10^4	–
grün	5	5	10^5	± 0,5
blau	6	6	10^6	–
violett	7	7	10^7	–
grau	8	8	10^8	–
weiß	9	9	10^9	–
gold	–	–	10^{-1}	± 5
silber	–	–	10^{-2}	± 10
keine	–	–	–	± 20

Die Kennzeichnung der Widerstände geschieht entweder durch einen Aufdruck oder mit Hilfe eines Codes und umlaufenden Farbringen (Bild 2.1). Zur eindeutigen Bestimmung liegen die Ringe aus der Mitte versetzt. Für die Belastbarkeit der Widerstände gibt es ebenfalls eine Stufung mit Nennwerten von z.B. 0,05 W, 0,1 W, 0,25 W, 0,5 W usw. Der jeweilige Wert wird vom Hersteller bis zu einer oberen Umgebungstemperatur z.B. 40 °C garantiert.

Verstellbare Widerstände. Schiebewiderstände oder Drehwiderstände werden als veränderliche Vorwiderstände oder als Potentiometer eingesetzt. Für geringere Ansprüche und Belastungen verwendet man offene Kohleschichtpotentiometer ($10^2\ \Omega$ bis $10^7\ \Omega$) mit einem Kohlestift als Abgriff. Höherwertige Ausführungen haben einen Drahtwiderstand ($10\ \Omega$ bis $10^4\ \Omega$) und einen Metallschleifkontakt.

Der über den Abgriff einstellbare Widerstand eines Potentiometers muß nicht linear mit der Verstellung zunehmen. Durch Abstufungen des Leiterquerschnitts gibt es Ausführungen mit logarithmischem oder exponentiellem Verlauf des Ohmwertes in Abhängigkeit vom Drehwinkel.

Beispiel 2.1 Aus einem Gerät wird ein defekter Schichtwiderstand mit der Belastbarkeit 0,5 W und der Farbfolge braun–grün–orange–silber ausgebaut. Der Widerstand ist zu bestimmen und die maximal zulässige Betriebsspannung anzugeben.

Nach Bild 2.1 gilt die Zuordnung:

braun–grün–orange–silber Ohmwert
1 5 10^3 ±10% = 15 kΩ ± 10 %

Nach Gl. (1.13b) ist die Verlustleistung $P = U^2/R$ und damit

$$U = \sqrt{P \cdot R} = \sqrt{0{,}5\ \text{W} \cdot 15 \cdot 10^3\ \Omega} = 86{,}6\ \text{V}$$

2.1.1.2 Spulen

Alle Spulen, die in vielfältigen Bauarten hergestellt werden, stellen keine reinen Induktivitäten dar, sondern besitzen entsprechend ihrem Drahtquerschnitt auch einen Widerstand R_L. Als Ersatzschaltung einer realen Spule entsteht damit die Reihenschaltung von L und R_L mit den Beziehungen nach Abschn. 1.3.2.2.

Eisenkernspulen. Durch einen ferromagnetischen Kern mit seiner Permeabilität $\mu \gg \mu_0$, den man bei netzfrequenten Anwendungen meist aus Elektroblech ausführt, läßt sich nach Gl. (1.55) die Induktivität wesentlich vergrößern. Wegen der gekrümmten Magnetisierungskennlinie infolge der Sättigung im Eisenweg wird L allerdings stromabhängig.

Gestalt und Abmessungen der 0,1 mm bis 0,5 mm dicken, isolierten Bleche sind in DIN 41302 genormt. Hier werden für jede Schnittart und Baugröße Angaben über die zulässige Belastung und Ausführung der Wicklung gemacht (Bild 2.2).

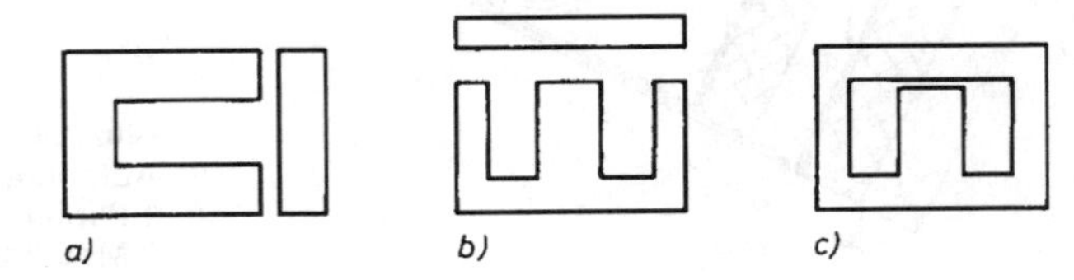

Bild 2.2
Kernbleche nach DIN 41302
a) UI-Schnitt
b) EI-Schnitt
c) M-Schnitt

Durch die periodische Ummagnetisierung und induzierte Wirbelströme in den Blechen entstehen bei Wechselstrombetrieb mit den Anteilen Hystereseverluste und Wirbelstromverluste sogenannte Eisenverluste. Sie betragen bei einer Wechselmagnetisierung mit $B = 1{,}5$ Tesla, 50 Hz je nach Blechqualität etwa 1 W/kg bis 10 W/kg.

Ferritkernspulen. Bei Frequenzen im kHz-Bereich werden bei aus Blechen geschichteten Kernen die Eisenverluste zu groß. Man verwendet daher bis zu Frequenzen von 10 MHz gesinterte Ferritkerne. Diese bestehen aus keramischen Werkstoffen hoher Permeabilität wie Eisen- oder Nickeloxid und sehr geringer elektrischer Leitfähigkeit, die in die gewünschte Form gepreßt werden.

Luftspulen. Bei sehr hohen Frequenzen, wo meist Induktivitäten von nur wenigen µH erforderlich sind, kommen reine Luftspulen zum Einsatz. Das gleiche gilt auch dann für 50 Hz-Anwendungen, wenn ein Induktivitätswert z. B. 100 mH völlig lastunabhängig eingehalten werden muß.

2.1.1.3 Kondensatoren

Nach Abschn. 1.2.1.1 besteht ein Kondensator aus zwei leitenden Schichten oder Platten mit den beiden Anschlüssen und einer Zwischenisolation, die Dielektrikum genannt wird. Die technische Verwirklichung dieses einfachen Prinzips erfolgt in sehr unterschiedlichen Ausführungsformen. Soweit erforderlich, kommt dies auch im Schaltzeichen (Bild 2.3) zum Ausdruck.

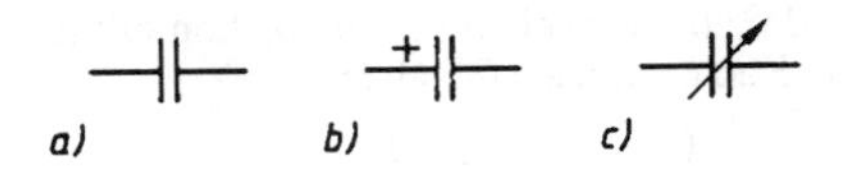

Bild 2.3
Schaltzeichen für Kondensatoren
a) allgemein
b) gepolt, z. B. Elektrolyt-Kondensator
c) einstellbar

Wickelkondensatoren. In der Bauform als Papierkondensator (bis 10 µF) werden zwei Metallfolien durch isolierende Papierzwischenlagen getrennt und zu einem Wickel aufgerollt (Bild 2.4). Ersetzt man das Papier durch eine Kunststofffolie, so spricht man von einem Kunststoff-Folienkondensator (bis 100 µF). Anstelle der Metallfolien kann man die leitende Schicht auch beidseitig auf das Dielektrikum aufdampfen, womit man besonders kleine Abmessungen erhält. Kondensatoren mit einem auf die Papier- oder Kunststoffisolation aufgedampften Metallbelag (MP- oder MK-Kondensatoren) sind selbstheilend. Bei einem inneren Durchschlag verdampft infolge der kurzzeitig sehr hohen Stromdichte der Metallbelag an der Schadstelle, womit diese isoliert wird und der Kondensator betriebsbereit bleibt.

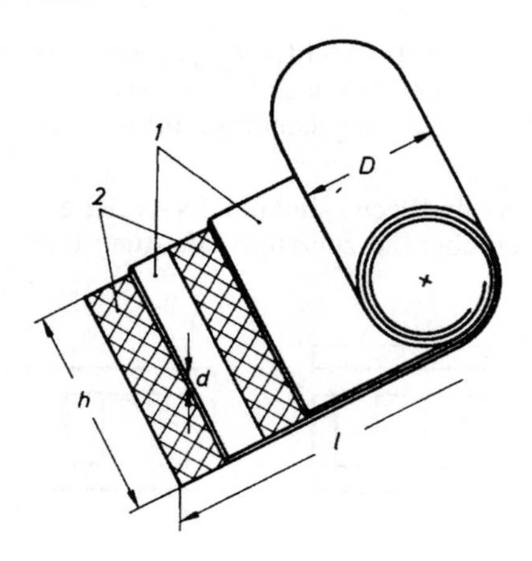

Bild 2.4
Aufbau eines MP- oder MK-Kondensators
1 Papier- oder Kunststoffisolierung
2 Metallbelag

Elektrolytkondensatoren. Der Aluminiumelko besteht aus einem Wickel von zwei Alufolien, zwischen denen sich ein mit dem Elektrolyt getränktes Papier befindet. Bei der Herstellung wird durch einen elektrolytischen Strom auf der Anodenfolie eine nichtleitende Schicht aus Aluminiumoxid erzeugt, welche dann das Dielektrikum bildet. Man bezeichnet diesen Vorgang als Formierung. Der Elektrolyt mit der Katodenfolie wird zur zweiten Kondensatorplatte. Aufgrund der hohen Dielektrizitätskonstanten des Oxides mit ε_r 8 und der geringen Schichtdicke < 1 µm können Kapazitätswerte bis ca. 50 000 µF erreicht werden.

Tantal-Elkos entstehen im Prinzip nach der gleichen Technik. Sie haben bei derselben Kapazität noch geringere Abmessungen, sind aber teurer.

Elektrolytkondensatoren gibt es bis zu Betriebsspannungen von etwa 500 V. Sie dürfen nur mit Gleichspannung und richtiger Polung (Bild 2.3b) betrieben werden, da sich anderenfalls die Oxidschicht abbaut und der Kondensator dann zerstört wird. Falsch gepolte Elkos können explodieren!

Drehkondensatoren. Die Ausführung erfolgt meist so, daß ein bewegliches Al–Plattenpaket in ein feststehendes kammartig hereingedreht wird. Man ändert dadurch die wirksame Plattenfläche und kann durch passende Formgebung auch den Verlauf $C = f(\alpha)$ in Abhängigkeit vom Drehwinkel α beeinflussen. Drehkondensatoren gibt es bis etwa 500 pF.

Beispiel 2.2 Ein becherförmiger MP-Kondensator mit einem Aufbau nach Bild 2.4 habe den äußeren Wickeldurchmesser $D = 30$ mm und eine Höhe $h = 80$ mm. Das Dielektrikum mit $\varepsilon_r = 4{,}5$ sei $d = 0{,}05$ mm dick. Es ist die Kapazität des Kondensators zu berechnen, wobei die Stärke der aufgedampften Metallbeläge vernachlässigt werden kann.

Bei einer Länge l der abgewickelten Papierisolation gilt für die Plattenfläche $A = l \cdot h$ und wegen der doppelten Schichtung für die Kapazität nach Gl. (1.28)

$$C = \varepsilon_r \cdot \varepsilon_0 \cdot \frac{A}{4} = \varepsilon_r \cdot \varepsilon_0 \cdot \frac{2l \cdot h}{d}$$

Für den zylindrischen Querschnitt des Wickels gilt bei 100 % Füllung die Bedingung

$$\frac{\pi}{4} D^2 = 2d \cdot l$$

Damit wird

$$C = \varepsilon_r \cdot \varepsilon_0 \cdot \frac{\pi \cdot D^2 \cdot h}{4d^2} = 4{,}5 \cdot 8{,}85 \cdot 10^{-15} \frac{\text{F}}{\text{mm}} \cdot \frac{\pi \cdot (30\ \text{mm})^2 \cdot 80\ \text{mm}}{4 \cdot (0{,}05\ \text{mm})^2}$$

$$C = 0{,}9\ \mu\text{F}$$

2.1.2 Grundbegriffe der Halbleitertechnik

Für den praktischen Einsatz von Halbleiterbauelementen ist es nicht unbedingt erforderlich, ihren teils komplizierten Leitungsmechanismus zu überblicken. Es genügt meist, die Wirkungsweise des Bauteils zu kennen und bei Auslegung einer Schaltung die Kennwerte und Belastungsgrenzen zu beachten. Trotzdem sollen nachstehend einige grundlegende Erscheinungen der Halbleitertechnik, die in den meisten Bauelementen gleichartig auftreten, behandelt werden, Dies erleichtert es, einige typische Eigenschaften wie die Empfindlichkeit gegen Überlastung oder das Temperaturverhalten zu verstehen.

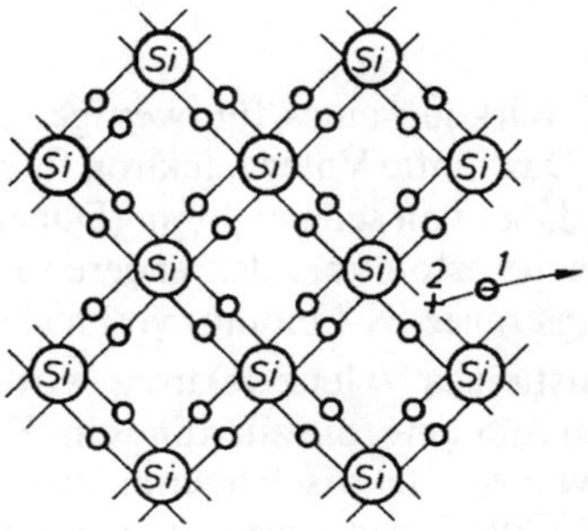

Bild 2.5
Schema eines reinen Si-Kristalls mit Eigenleitfähigkeit
1 freies Elektron
2 Fehlstelle oder Defektelektron

2.1.2.1 Trägerbewegung in Halbleitern

Eigenleitfähigkeit. Halbleiterwerkstoffe haben meist einen kristallinen Aufbau mit einer regelmäßigen Anordnung der Atome in einer Gitterstruktur. Bei den wichtigsten jeweils vierwertigen Elementen Silizium und Germanium stellt jedes der vier Valenzelektronen die Bindung zu einem Nachbaratom her und ist damit zunächst im Kristallgitter gebunden. In der Ebene dargestellt, ergibt dies ein Schema nach Bild 2.5 mit einer Elektronenpaarbindung nach allen vier Seiten. Der reine Kristall besitzt in diesem Zustand keine freien Ladungsträger und ist daher ein idealer Isolator.

Bei Temperaturen > 0 K brechen nun durch die Wärmeschwingungen der Atome einzelne Paarbindungen auf, womit die betreffenden Elektronen als frei bewegliche negative Ladungsträger zur Verfügung stehen. Jedes freie Elektron hinterläßt an seinem Platz eine Fehlstelle (Loch, Defektelektron), die als positive Elementarladung wirkt. Durch die Bewegung der Elektronen werden einige Fehlstellen wieder besetzt (Rekombination) und an anderer Stelle entstehen so neue Löcher. Auf diese Weise wandern sowohl positive wie negative Ladungsträger und es besteht eine Eigenleitfähigkeit, die bei 20 °C den Wert $\gamma_{Si} = 5 \cdot 10^{-4}$ S/m hat und mit der Temperatur stark ansteigt (Kupfer etwa $\gamma_{Cu} = 5 \cdot 10^{7}$ S/m). Man bezeichnet die Bildung der freien Ladungsträger durch die Wärmeenergie als thermische Generation (Bild 2.5).

2.1.2.2 Störstellenleitfähigkeit

Dotieren. Durch kontrollierte Verunreinigung des reinen Si-Kristalls mit dreiwertigen Elementen wie Indium, Aluminium oder fünfwertigen wie Arsen, Phosphor läßt sich die Leitfähigkeit des Halbleitermaterials stark verändern. Je nach den gewünschten Eigenschaften dotiert man Fremdatome zu Eigenatome in einem Verhältnis 1 zu 10^4 bis 10^8, wodurch die Leitfähigkeit in weiten Grenzen eingestellt werden kann. Man bezeichnet die fünfwertigen Elemente, die ein überschüssiges Elektron in das Kristallgitter einbringen, als Donatoren (Spender) und die dreiwertigen, denen ein Bindungselektron fehlt, als Akzeptoren.

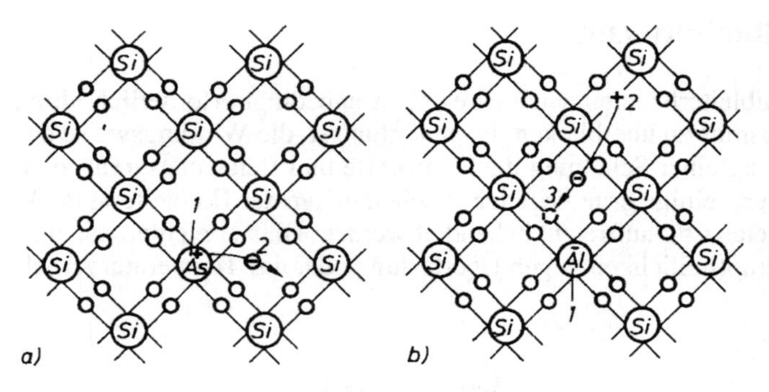

Bild 2.6
Schema eines dotierten Si-Kristalls
a) N-Leitung
1 fünfwertiges Fremdatom (Arsen)
2 Elektron, freie negative Ladung
b) P-Leitung
1 dreiwertiges Fremdatom (Aluminium)
2 Defektelektron, freie positive Ladung
3 vervollständigte Bindung

N-Leitung. Die Wirkung eines fünfwertigen Fremdatoms im vierwertigen Si-Kristall ist in Bild 2.6a dargestellt. Das fünfte Valenzelektron findet in der vierwertigen Gitterstruktur keine feste Bindung, kann sich daher von seinem Atom (Donator) lösen und steht als freier Ladungsträger zur Verfügung. Das gleiche erfolgt bei den anderen Fremdatomen, so daß insgesamt eine Vielzahl freier negativer Ladungsträger (N-Leitung) vorhanden sind.

Durch den Verlust eines Valenzelektrons wird das Arsenatom in Bild 2.6a zu einem Ion mit einer positiven Elementarladung, die allerdings im Kristallgitter ortsgebunden ist. Insgesamt ist der Halbleiter aber nach wie vor elektrisch neutral, da sich die negativen Ladungen der freien Elektronen und die positiven der Gitterionen gegenseitig aufheben.

P-Leitung. Im Falle der Dotierung mit Akzeptoren wie z.B. Aluminium in Bild 2.6b können, da nur drei Valenzelektronen vorhanden sind, nicht alle Paarbindungen im Kristallgitter erzeugt werden. In der einen unvollständigen Bindung verbleibt ein Loch oder Defektelektron übrig.

Kommt ein infolge der Wärmebewegung freies Elektron an so eine unvollständige Bindung, so kann es diese schließen, reißt aber damit an seiner ursprünglichen Stelle ein Loch auf. Unter der Wirkung einer äußeren elektrischen Spannung wird die Elektronenbewegung in Richtung zum Pluspol erfolgen, womit die Löcher zwangsläufig in die Gegenrichtung und damit zum negativen Pol wandern. Sie verhalten sich also wie positive Ladungen. Das Dotieren mit Akzeptoren führt damit zu freien positiven Ladungsträgern (P-Leitung), während entsprechend das dreiwertige Fremdatom nach Vervollständigung seiner Bindungspaare eine ortsfeste negative Ladung trägt. Insgesamt ist der Halbleiter nach außen hin wieder elektrisch neutral.

2.1.2.3 PN-Übergang

Raumladungszone. In eine dünne Siliziumscheibe sollen durch Einwirkung geeigneter Gase von der einen Seite fünfwertige, von der anderen dreiwertige Fremdatome eindringen, so daß sich in der Mitte an ein Gebiet mit N-Leitung unmittelbar eines mit P-Leitung anschließt (Bild 2.7a). In dieser Grenzschicht, dem PN-Übergang, stehen sich damit freie Ladungsträger unterschiedlicher Polarität gegenüber und können sich als sogenannter Diffusionsstrom gegenseitig neutralisieren. Zurück bleiben auf beiden Seiten die ortsfesten Ionen des Kristallgitters, womit auf der N-Seite eine positive Raumladung und auf der P-Seite eine negative Raumladung mit der Gesamtdicke d_0 entsteht.

Wie bei einem geladenen Kondensator bilden diese einander gegenüberliegenden Raumladungen der Grenzschicht wie in Bild 2.7a skizziert ein elektrisches Feld $\vec{E}_0$ aus. Auf Ladungsträger in diesem Bereich wirken dann nach Gl. (1.2) mit $F = q\,E$ Kräfte, so daß sich ein dem Diffusionsstrom entgegengerichteter sogenannter Feldstrom ausbilden kann. Resultierend kommt es zu einem Gleichgewicht, d.h. im Bereich des PN-Übergangs fließt kein Strom mehr, was einem hochohmigen Zustand gleichkommt. Dem elektrischen Feld E_0 entspricht nach der Grundgleichung $U = E\,l$ entlang der PN-Zone eine Potentialdifferenz, die man Diffusionsspannung U_D nennt. Sie beträgt bei Silizium als Grundmaterial etwa 0,7 V, bei Germanium ca. 0,3 V.

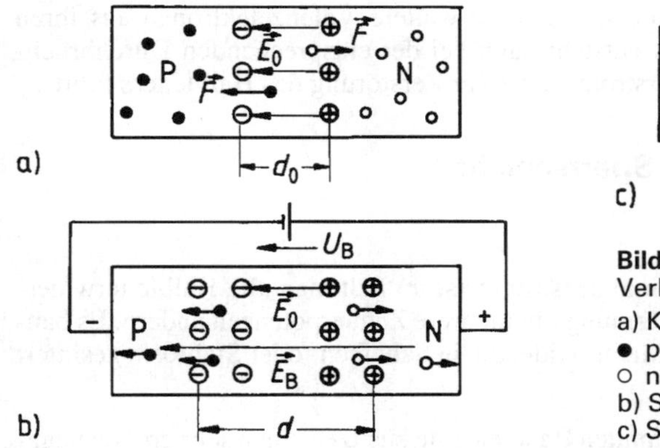

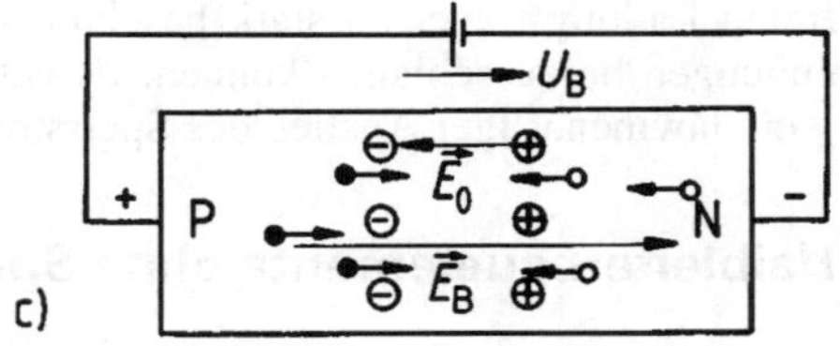

Bild 2.7
Verhalten eines PN-Übergangs
a) Keine äußere Spannung
● positive freie Ladung
○ negative freie Ladung
b) Spannung U_B in Sperrrichtung
c) Spannung U_B in Durchlaßrichtung

2.1.2.4 Eigenschaften des PN-Übergangs

Sperrrichtung. Wird die PN-dotierte Siliziumscheibe nach Bild 2.7b mit dem Pluspol auf der N-Seite an eine Gleichspannung U_B angeschlossen, so überlagert sich dem Feld $\vec{E}_0$ das gleichgerichtete elektrische Feld $\vec{E}_B$ dieser äußeren Spannung. Die freien Ladungsträger werden damit im Sinne des Feldstroms jeweils zu den Anschlüssen hin bewegt, die Elektronen der N-Seite also zum Pluspol der Spannungsquelle. Damit verbreitert sich die von beweglichen Ladungen freie Zone auf $d > d_0$ und der PN-Übergang wirkt hochohmig. Trotz der äußeren Spannung U_B fließt damit nur ein sehr kleiner Strom, man sagt, das Siliziumplättchen wird in Sperrrichtung betrieben.

Durchlaßrichtung. Polt man nach Bild 2.7c die äußere Spannung U_B mit dem Pluspol auf der P-Seite des dotierten Siliziums, so wirkt das elektrische Feld $\vec{E}_B$ jetzt dem Raumladungsfeld $\vec{E}_0$ entgegen. Überschreitet U_B den Wert der Diffusionsspannung $U_D = 0{,}7$ V, so werden die freien Ladungen im Sinne des Diffusionsstromes in Richtung auf den PN-Übergang bewegt. Dieser wird mit einer Ladungen überschwemmt und verringert seinen Durchlaßwiderstand um viele Zehnerpotenzen. Der Halbleiter ist damit niederohmig, er wird in Durchlaßrichtung betrieben und muß durch einen Vorwiderstand vor einem Kurzschluß geschützt werden.

Ein Halbleiter mit einem PN-Übergang besitzt also Ventileigenschaften und stellt somit eine Diode dar, wobei das Schaltzeichen mit dem Durchlaßstrom I_F und der PN-Aufbau einander nach Bild 2.8 zugeordnet sind.

P N
Anode Katode
I_F

Bild 2.8
PN-dotierter Si-Halbleiter als Diode

Sperrstrom. Bei in Sperrrichtung gepolter Spannung am PN-Übergang können mit den Elektronen des N-Bereichs und den positiven Ladungen des anderen zwar die sogenannten Majoritätsträger nicht fließen, wohl aber negative Ladungen im P-Bereich und umgekehrt. Solche Minoritätsträger sind infolge Verunreinigungen und vor allem durch die Eigenleitung vorhanden und bilden den Sperrstrom der Diode. Sein Wert liegt bei 20 °C unterhalb von 1‰ des zulässigen Durchlaßstromes, steigt aber bei Erwärmung stark an.

Durchbruchspannung. Steigert man die an einem PN-Halbleiter in Sperrrichtung gepolte Spannung stetig, so wächst der Sperrstrom zunächst nur langsam an. Überschreitet die elektrische Feldstärke im Bereich des PN-Übergangs aber einen kritischen Wert, so werden die den Sperrstrom bildenden freien Ladungsträger so stark beschleunigt, daß sie weitere Valenzelektronen aus ihren Doppelbindungen herausschlagen können. Es entsteht dann bei der entsprechenden Durchbruchspannung ein lawinenartiger Anstieg des Sperrstromes, der zur Zerstörung des Halbleiters führt.

2.1.3 Halbleiterbauelemente ohne Sperrschicht

2.1.3.1 Thermistoren

Unter der Bezeichnung Thermistor (von **therm**al sensitiv res**istor**) faßt man alle Halbleiterwiderstände zusammen, die ihren Ohmwert bei Erwärmung um mehrere Zehnerpotenzen ändern. Es handelt sich hierbei um Gemische verschiedener Metalloxide, die in Scheiben- oder Stabform gesintert werden.

Heißleiter. Diese auch NTC-Widerstände genannten Bauelemente besitzen einen sehr großen negativen Temperaturbeiwert und damit Kennlinien nach Bild 2.9. Der Widerstand R_{20} bei 20 °C liegt im Bereich 10 Ω bis 500 kΩ. Je nach Anwendung unterscheidet man zwischen fremdbeheizten Heißleitern und solchen, die durch ihren eigenen Laststrom erwärmt werden.

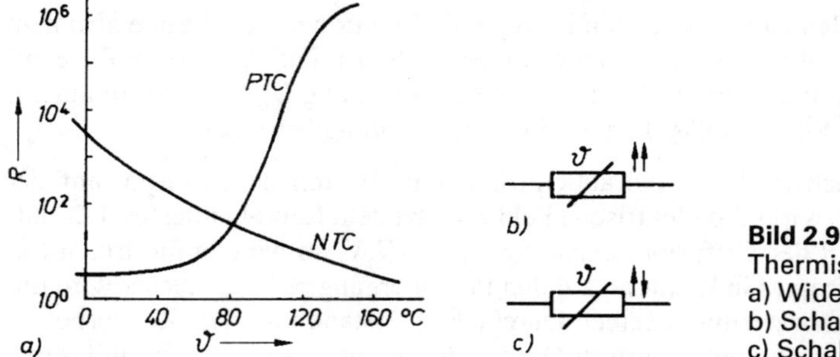

Bild 2.9
Thermistoren
a) Widerstandskennlinien
b) Schaltzeichen eines PTC-Widerstandes
c) Schaltzeichen eines NTC-Widerstandes

Anwendungen. Meßheißleiter eignen sich für alle Aufgaben der Temperaturmessung und -überwachung, z.B. bei thermischem Überlastungsschutz elektrischer Geräte. Kompensationsheißleiter werden zur Temperaturstabilisierung von elektronischen Schaltungen eingesetzt. Anlaßheißleiter dienen zur Unterdrückung von Einschaltstromstößen vor allem bei Kleinmotoren und Netzgeräten z. B. für PCs. Ihr Ohmwert sinkt durch die Eigenerwärmung infolge des Laststromes innerhalb weniger Sekunden um Zehnerpotenzen. Mit demselben Prinzip lassen sich auch Anzugs- und Abfallverzögerungen von Relais verwirklichen.

Beispiel 2.3 Auf der Spule eines Relais sind die Daten $U = 12$ V, $R = 750\ \Omega$ angegeben. Zur Anzugsverzögerung wird nach Bild 2.10 ein Heißleiter mit dem Widerstand $R_{20} = 5$ kΩ bei 20 °C und der zulässigen Verlustleistung $P_V = 64$ mW in Reihe geschaltet. Wie groß darf der Heißleiterwiderstand R_H im Dauerbetrieb höchstens sein, wenn er nicht wie im Bild angegeben bei eingeschaltetem Relais überbrückt werden kann? Welche Spannung U_B ist an die Schaltung anzulegen und welcher Strom I_0 fließt bei noch kaltem Halbleiter?

Erforderlicher Betriebstrom des Relais

$$I = \frac{U}{R} = \frac{12\ \text{V}}{750\ \Omega} = 16\ \text{mA}$$

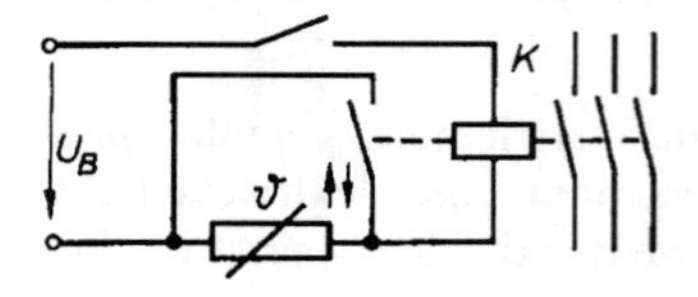

Bild 2.10
NTC-Widerstand zur Anzugsverzögerung eines Relais K

Die Verlustleistung des Heißleiters bei Betrieb ist $P_v = I^2 \cdot R_H$, damit

$$R_H = \frac{P_v}{I^2} = \frac{64 \text{ mW}}{(16 \text{ mA})^2} = 250 \, \Omega$$

Erforderliche Betriebsspannung

$$U_B = I(R + R_H) = 16 \text{ mA}(750 \, \Omega + 250 \, \Omega) = 16 \text{ V}$$

Relaisstrom bei kaltem Halbleiter

$$I_0 = \frac{U_B}{R + R_{20}} = \frac{16 \text{ V}}{5750 \, \Omega} = 2{,}78 \text{ mA}$$

Kaltleiter. Diese PTC-Widerstände mit R_{20} = 1 Ω bis 100 kΩ haben einen großen positiven Temperaturbeiwert (Bild 2.9) und können ebenfalls entweder im Bereich der Fremderwärmung oder der Eigenerwärmung eingesetzt werden. Im ersten Fall handelt es sich wieder um Temperaturfühler für Aufgaben der Meß- und Regelungstechnik, im anderen um alle Arten des Überlastungsschutzes.

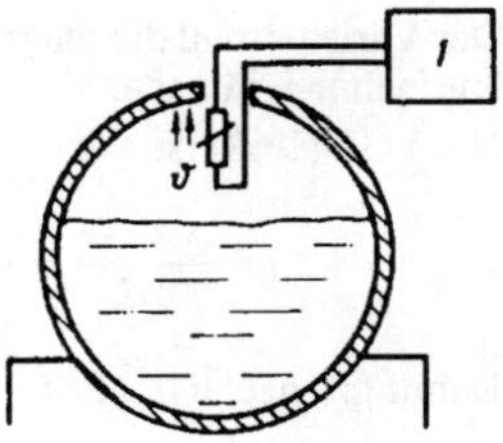

Bild 2.11
PTC-Widerstand als Grenzstandmelder
1 Signalgeber

Eigenerwärmte Kaltleiter werden häufig als Niveauregler in Öl- und Kraftstofftanks eingesetzt (Bild 2.11). Hat die Flüssigkeit den PTC-Widerstand erreicht, so kühlt er sich durch die dann bessere Wärmeabgabe rasch ab und verringert dadurch seinen Ohmwert wesentlich. Die erzielte Stromänderung dient dann zur Signalabgabe.

2.1.3.2 Varistoren

Auf der Basis von Siliziumkarbid oder Zinkoxid lassen sich Bauelemente herstellen, deren Widerstand beim Überschreiten einer bestimmten Ansprechspannung U_N stark sinkt. Dadurch entstehen I/U-Kennlinien nach Bild 2.12 mit einem ausgeprägten Knick bei U_N.

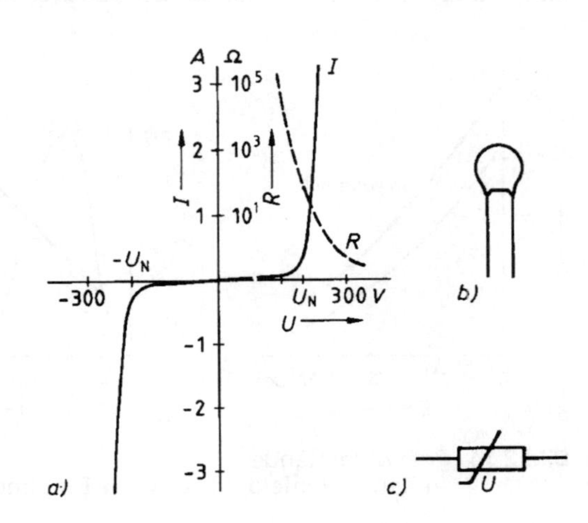

Bild 2.12
Varistoren
a) I/U- und Widerstandskennlinie
b) Bauform
c) Schaltzeichen

Bei modernen Metalloxid-Varistoren bricht der Widerstand beim Überschreiten der Ansprechspannung von über 1 MΩ in weniger als 50 ns auf einige Ohm zusammen. Sie eignen sich dadurch sehr gut zum Schutz empfindlicher elektronischer Schaltungen vor kurzzeitigen Überspannungen, die sie auf den Ansprechwert begrenzen. Bei der Auslegung ist darauf zu achten, daß der Varistor weder im Normalbetrieb bei $U < U_N$ noch bei einem Überspannungsstoß überlastet wird. Richtwerte dafür sind eine mögliche Energieabsorption von 1 Ws bis 100 Ws und eine Dauerbelastbarkeit von 0,1 W bis 1 W je nach Baugröße.

Beispiel 2.4 Für welche Energieabsorption muß ein Varistor in Bild 2.13, der die Überspannung beim Abschalten der Induktivität L begrenzen soll, ausgelegt sein? Es ist $U = 230$ V, 50 Hz, $L = 200$ mH.

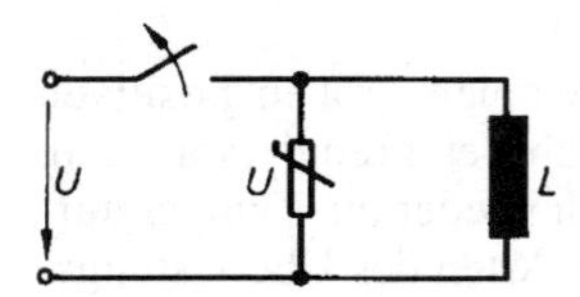

Bild 2.13
Überspannungsschutz durch einen Varistor

Der Varistor muß die magnetische Energie der Spule im ungünstigsten Schaltaugenblick, d.h. bei Strommaximum $\hat{\imath}$ aufnehmen können.
Nach Gl. (1.68) ist

$$\hat{\imath} = \frac{\sqrt{2} \cdot U}{\omega L} = \frac{\sqrt{2} \cdot 230 \text{ V}}{314 \text{ s}^{-1} \cdot 0{,}2 \text{ H}} = 5{,}18 \text{ A}$$

Damit gilt nach Gl. (1.56) für die magnetische Energie W

$$W = \frac{1}{2} L \hat{\imath}^2 = \frac{1}{2} \cdot 0{,}2 \text{ H} \cdot (5{,}18 \text{ A})^2 = 2{,}68 \text{ Ws}$$

2.1.3.3 Fotowiderstände

Bei diesen Bauelementen aus Mischkristallen (CdS, PbS) wird durch die Lichteinstrahlung über ein Kunststofffenster im Gehäuse die Zahl der freien Ladungsträger erhöht, womit sich der Ohmsche Widerstand stark verringert. In Abhängigkeit von der Beleuchtungsstärke E erreicht man Kennlinien nach Bild 2.14a. Je nach verwendetem Material erhält man eine unterschiedliche spektrale Empfindlichkeit S (Bild 2.14b), deren Maximum nicht innerhalb des sichtbaren Wellenbereichs von 0,35 µm bis 0,75 µm liegen muß. Die Ansprechzeiten betragen bei Helligkeitsänderung einige ms.

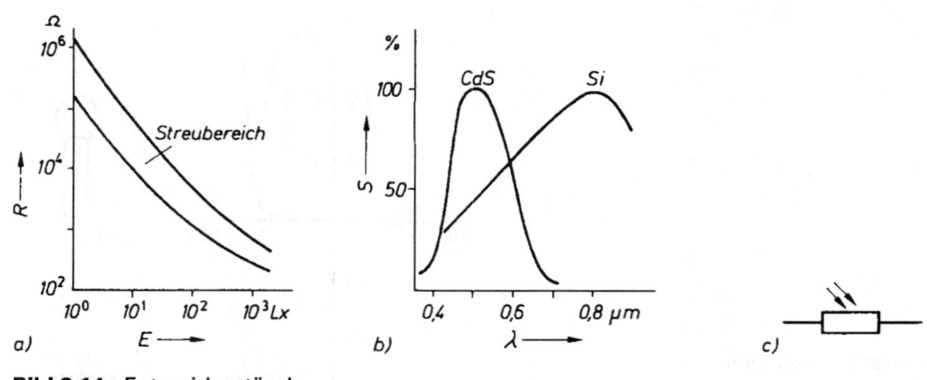

Bild 2.14 Fotowiderstände
a) Kennlinienfeld, b) spektrale Empfindlichkeit, c) Schaltzeichen

Anwendungen. Fotowiderstände haben zulässige Verlustleistungen von etwa 50 mW bis 2 W und werden sehr vielfältig eingesetzt. Hauptanwendungsgebiete sind Lichtschranken aller Art, Dämmerungsschalter und z.B. Flammwächter bei Ölbrennern.

2.1.3.4 Magnetfeldabhängige Bauelemente

Hallsonden. Werden längliche, dünne Plättchen aus Indiumarsenid oder verschiedenen anderen Halbleitermaterialien (Bild 2.15) in Längsrichtung von einem Steuerstrom I_S durchflossen und gleichzeitig senkrecht zur Fläche von einem Magnetfeld der Dichte B durchsetzt, so entsteht zwischen den seitlichen Anschlüssen eine Hallspannung U_H genannte Potentialdifferenz, die sich nach

$$U_H = \frac{R_H}{d} \cdot B \cdot I_S = c_H \cdot B \cdot I_S \tag{2.1}$$

errechnet. Ursache dieses Halleffektes ist die Ablenkung der Ladungsträger des Steuerstromes im Magnetfeld. Der Faktor c_H ergibt sich aus der Hallkonstanten R_H des Materials und der Plättchendicke d, er beträgt etwa $c_H = 1$ V/(A · T). Bei Steuerströmen von $I_S = 100$ mA und der Felddichte $B = 1$ T erhält man also eine Hallspannung $U_H = 100$ mV.

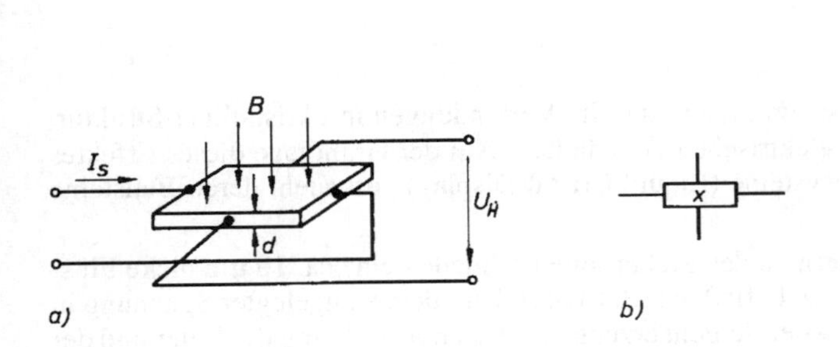

Bild 2.15 Hallsonden
a) Bauform und Anschlüsse, b) Schaltzeichen

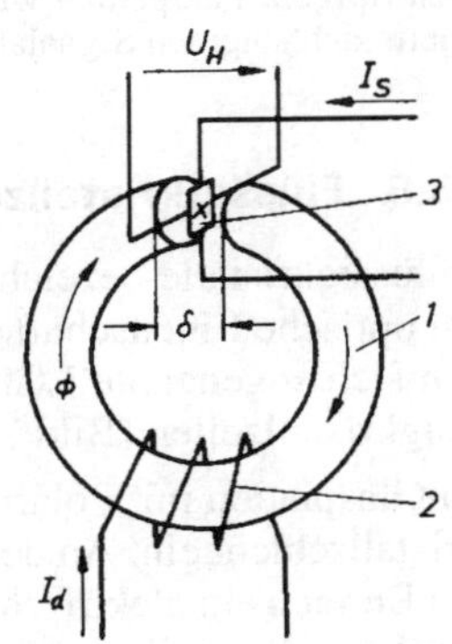

Bild 2.16 Potentialfreie Gleichstrommessung mit einer Hallsonde
1 Ringkern, *2* Spule, *3* Hallsonde

Aufgrund ihrer kleinen Abmessungen von < 1cm² Fläche und < 1 mm Dicke können Hallsonden im Luftspalt elektrischer Maschinen zur Magnetfeldmessung eingesetzt werden. Erzeugt man nach Bild 2.16 das Magnetfeld durch einen beliebigen Strom I_d, so wird bei geeigneter Auslegung $B \sim I_d$ und damit die Hallspannung $U_H = C \cdot I_S \cdot I_d$, womit die Hallsonde als Multiplikator arbeitet. Diese Technik wird z.B. zur potentialfreien Gleichstrommessung verwendet (Beispiel 2.5).

Beispiel 2.5 Zur potentialfreien Messung eines Gleichstromes $I_d = 20$ A wird die Anordnung nach Bild 2.16 aus einer Ringspule mit Luftspalt $\delta = 1$ mm und einer eingebauten Hallsonde verwendet. Für die Hallspannung gilt $U_H = c_H \cdot B \cdot I_S$, wobei $c_H = 0{,}8$ V/(A · T) ist und ein konstanter Steuerstrom $I_S = 500$ mA eingestellt wird.
Welche Windungszahl N muß die Spule erhalten, wenn der magnetische Widerstand des Eisenwegs vernachlässigbar ist und bei $I_d = 20$ A eine Hallspannung $U_H = 200$ mV auftreten soll?
Bei den gestellten Bedingungen muß bei $I_d = 20$ A eine Felddichte

$$B = \frac{U_H}{c_H \cdot I_s} = \frac{0{,}2\ \text{V}}{0{,}8\ \text{V/(A} \cdot \text{T)} \cdot 0{,}5\ \text{A}} = 0{,}5\ \text{T}$$

in der Spule auftreten.

Zwischen Felddichte und Spulenstrom gilt nach Abschn. 1.2.2.3 die Zuordnung

$$B = \mu_0 \cdot H = \mu_0 \cdot \frac{N \cdot I_d}{\delta}$$

Die erforderliche Windungszahl der Spule wird

$$N = \frac{B \cdot \delta}{\mu_0 \cdot I_d} = \frac{0{,}5 \text{ Vs} \cdot 10^{-3} \text{ m}}{\text{m}^2 \cdot 1{,}25 \cdot 10^{-6} \,\Omega\text{s/m} \cdot 20 \text{ A}}$$

$$N = 20 \text{ Wdg.}$$

Feldplatten. Dies sind Halbleiterwiderstände z.B. aus Indiumarsenid, die meist mäanderförmig auf einen Träger aufgebracht werden. Befindet sich die stromdurchflossene Feldplatte in einem Magnetfeld, so werden die Strombahnen aus ihrem geraden Weg abgelenkt und so verlängert. Der Widerstand des Bauteils ist damit feldabhängig und erreicht von einem Grundwert von 10 Ω bis 10 kΩ bei $B = 0$ etwa den zehnfachen Wert bei $B = 1$ T.

Anwendungen. Feldplatten wie auch Hallsonden werden vor allem zur Messung magnetischer Felder und zur magnetfeldabhängigen Signalabgabe eingesetzt.

2.1.3.5 Flüssigkristallzellen

Als Flüssigkristalle bezeichnet man bestimmte organische Verbindungen mit kristalliner Struktur, deren optische Eigenschaften sich im elektrischen Feld ändern. Auf der Grundlage dieses Effektes lassen sich sogenannte LCD-Anzeigesysteme (Liquid Cristal Display) aufbauen, deren Bausteine Flüssigkristallzellen (Bild 2.17) sind.

Zwei Glasplatten mit Polarisationsfiltern an den Außenseiten schließen eine ca. 10 µm dicke Flüssigkristallschicht ein. An den Innenseiten befinden sich Elektroden, die bei angelegter Spannung in ihrem Bereich ein elektrisches Feld E in der Schicht erzeugen. Je nach Anordnung der Filter und der Beleuchtungstechnik erscheint dann die Teilfläche hell oder dunkel gegenüber der Umgebung, während sich alle nichterregten Teile nicht hervorheben.

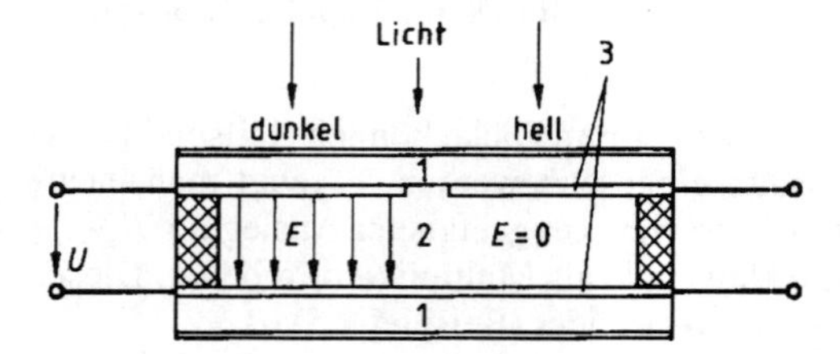

Bild 2.17 Aufbau einer Flüssigkristallzelle
1 Glasplatte mit Polarisationsfilter
2 Flüssigkristallschicht
3 Elektroden

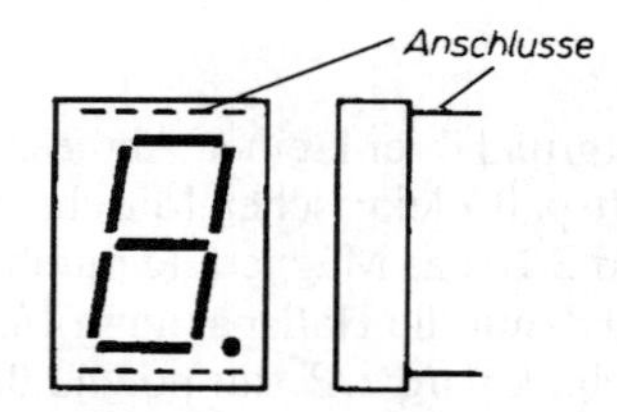

Bild 2.18 7-Segment-Anzeige für Dezimalzahlen

Zur Wiedergabe von Dezimalzahlen in Digitalanzeigen verbindet man mehrere Zellen zu einer 7-Segment-Einheit (Bild 2.18). Im Vergleich zur Leuchtdiodentechnik benötigt eine LCD-Anzeige wesentlich weniger Leistung. Die Stromaufnahme für eine mehrstellige Ziffer beträgt bei Betriebsspannungen von 5 V bis 8 V nur ca. 10 µA. LCD-Anzeigen haben sich daher bei batterieversorgten Geräten wie Uhren, Multimetern und Taschenrechnern durchgesetzt.

2.1.4 Halbleiterbauelemente mit Sperrschichten

2.1.4.1 Dioden

Der Aufbau einer Diode aus einem P- und N-dotierten Silizium- oder Germaniumkristall und ihr grundsätzliches Verhalten wurden bereits in Abschn. 2.1.2 erläutert. Je nach Einsatzbereich unterscheidet man sehr verschiedene Ausführungen und Leistungen.

Gleichrichterdioden. Das Verhalten einer Diode wird durch die Strom-Spannungskennlinie für beide Stromrichtungen bestimmt. Man unterscheidet zwischen Durchlaßbereich (Index F – forward, vorwärts) und Sperrbereich (Index R – reverse, rückwärts) und erhält für die wichtigen Siliziumdioden ein Diagramm nach Bild 2.19. In Durchlaßrichtung wird der niederohmige Bereich mit dem steilen Kennlinienast erst mit Überschreiten der Schwell- oder Schleusenspannung U_S erreicht, da zunächst die Diffusionsspannung des PN-Übergangs überwunden werden muß. Für Germaniumdioden gilt etwa $U_S = 0{,}3$ V, für Siliziumdioden $U_S = 0{,}7$ V.

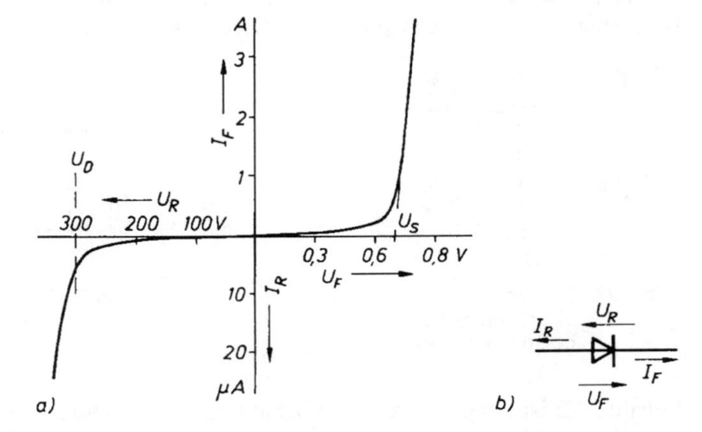

Bild 2.19
Gleichrichterdioden
a) Kennlinien für Sperr- und Durchlaßrichtung
b) Schaltzeichen

Für die Sperrkennlinie in Bild 2.19 gilt ein völlig anderer Maßstab. Der Sperrstrom I_R steigt mit der Spannung U_R nur wenig an und liegt im Bereich von µA bis mit der Durchbruchspannung U_D die Belastungsgrenze erreicht ist. Der Sperrstrom ist stark von der Temperatur des PN-Übergangs, die bei Silizium etwa maximal 180 °C betragen darf, abhängig. Man kann ungefähr pro 10 °C Temperaturanstieg mit einer Verdoppelung von I_R rechnen.

Bauarten und Einsatz. Gleichrichterdioden werden heute für Sperrspannungen von etwa 10 V bis 4 kV bei Durchlaßströmen von 10 mA bis über 1000 A gebaut. Entsprechend unterschiedlich sind auch die technischen Ausführungen. Bis zu Strömen von einigen Ampere verwendet man meist Drahtdioden (Bild 2.20a), die direkt in die Schaltung eingelötet werden. Bei Werten unter 100 A kommen Schraubdioden (Bild 2.20b) zum Einsatz, die auf einen eigenen Kühlkörper montiert sind. Darüber hinaus gibt es großflächige Scheibendioden (Bild 2.20c), die eine äußere Wasserkühlung erhalten.

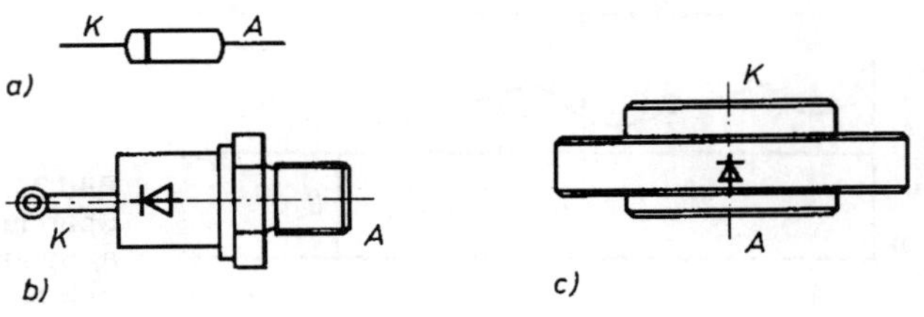

Bild 2.20
Bauformen von Gleichrichterdioden
a) Drahtdiode
b) Schraubdiode
c) Scheibendiode

Anwendungen. Der Einsatzbereich umfaßt alle Aufgaben der Gleichrichtung von Wechselströmen von der Demodulationsstufe eines Nachrichtengeräts mit kleinsten Strömen bis zu großen Stromrichtern der Anlagentechnik. Für diesbezügliche Schaltungen sei auf Abschn. 2.2 und 2.3 verwiesen.

Die Verluste einer Leistungsdiode liegen unter 1 % der Anschlußleistung, trotzdem muß man zur Abfuhr der Verlustwärme besondere Maßnahmen treffen. Da das Halbleiterplättchen unter 1 mm stark ist, besitzt es fast keine innere Wärmekapazität, womit jede Überlastung sofort die Sperrschichttemperatur unzulässig erhöht. Damit kommt bei allen Leistungshalbleitern dem Überstromschutz eine besondere Bedeutung zu.

Z-Dioden. Bei diesen auch Zenerdioden genannten Bauelementen ist der Knick in der Sperrkennlinie besonders stark ausgeprägt und die Ausführung so, daß ein Betrieb auf dem steilen Ast der Sperrkennlinie zulässig wird (Bild 2.21).

Z-Dioden gibt es für Durchbruchspannungen von $U_z = 2$ V bis 200 V und zulässige Verlustleistungen von $P_v = 10$ mW bis 5 W. Einsatzgebiete sind Schaltungen zur Stabilisierung von Spannungen bei Netzgeräten oder zur Bildung von Referenzspannungen (s. Beispiel 2.6).

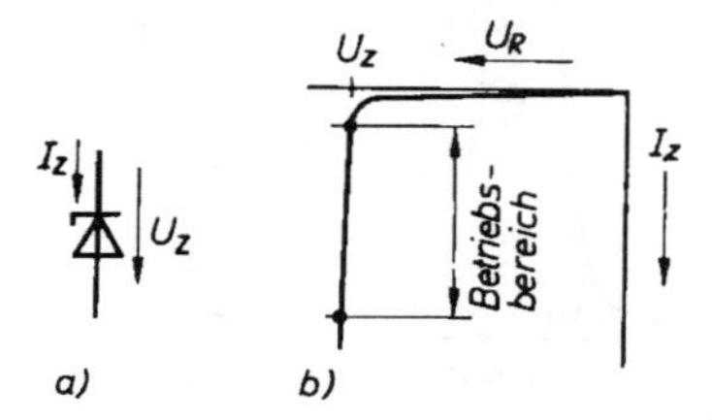

Bild 2.21 Z-Diode
a) Schaltzeichen
b) Sperrkennlinie

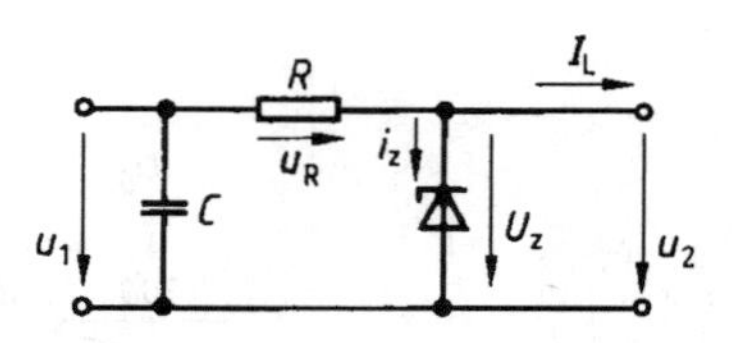

Bild 2.22 Schaltung zur Spannungs-Begrenzung mit Z-Diode

In Bild 2.22 ist die grundsätzliche Schaltung einer Z-Diode zur Spannungsbegrenzung angegeben. Da bei $u_1 > U_z$ der Strom entsprechend dem steilen Ast der Kennlinie sofort unzulässig ansteigt, muß ein Schutzwiderstand R vorgesehen werden. Dieser nimmt mit $u_R = u_1 - U_z$ den Spannungsüberschuß auf und begrenzt damit den Strom der Z-Diode auf Werte innerhalb des Betriebsbereichs.

Ohne Kondensator C in Bild 2.22 entsteht aus der gleichgerichteten Wechselspannung u_1 der abgeflachte Verlauf in Bild 2.23a mit einer Amplitudenbegrenzung auf den Ansprechwert U_z. Wird die Eingangsspannung dagegen durch die Kapazität C so vorgeglättet, daß stets $u_1 > U_z$ ist (Bild 2.23b), erhält man am Ausgang die konstante Spannung $u_2 = U_z$.

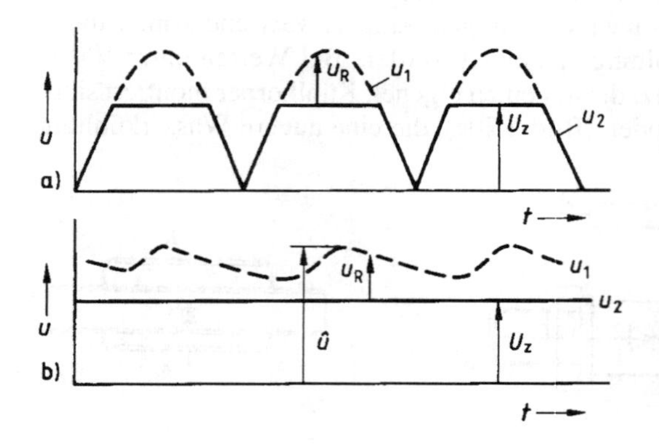

Bild 2.23
Spannungsbegrenzung durch eine Z-Diode
a) Spannungen ohne Kondensator
b) Spannungen mit Kondensator

Beispiel 2.6 Zur Begrenzung einer pulsierenden Gleichspannung mit $\hat{u}$ = 24 V (Bild 2.23), die durch einen Kondensator C nicht genügend geglättet ist, soll eine Z-Diode mit den Daten U_z = 15 V, P_v = 150 mW verwendet werden. Der Ausgangsstrom der Schaltung sei I_L = 20 mA. Es ist ein Schutzwiderstand R so auszulegen, daß die Z-Diode nicht überlastet wird.

Zulässiger Z-Diodenstrom $I_{z\,max} = P_v/U_z$ = 150 mW/15 V = 10 mA. Dieser Strom tritt auf, wenn $u_1 = \hat{u}$ ist, wobei der Strom I_R im Widerstand

$$I_R = I_L + I_{z\,max} = 20\text{ mA} + 10\text{ mA} = 30\text{ mA}$$

beträgt. Der Widerstand muß in diesem Augenblick die Spannung $U_R = \hat{u} - U_z$ aufnehmen. Es gilt damit

$$R = \frac{\hat{u} - U_z}{I_R} = \frac{24\text{ V} - 15\text{ V}}{30\text{ mA}} = 300\ \Omega$$

Maximale Verlustleistung im Widerstand

$$P_R = I_R^2 \cdot R = (30\text{ mA})^2 \cdot 300\ \Omega = 0{,}27\text{ W}$$

Fotodioden. Ermöglicht man bei Dioden eine Lichteinstrahlung auf die Sperrschicht, so können sich durch die Energie der aufgenommenen Lichtquanten oder Photonen Elektronen aus den Gitterverbindungen lösen. Zusammen mit den zugehörigen Fehlstellen entstehen damit freie Ladungsträgerpaare, die durch das elektrische Feld der Raumladezone im PN-Übergang getrennt werden und eine Leerlaufspannung U_0 bilden (Bild 2.24).

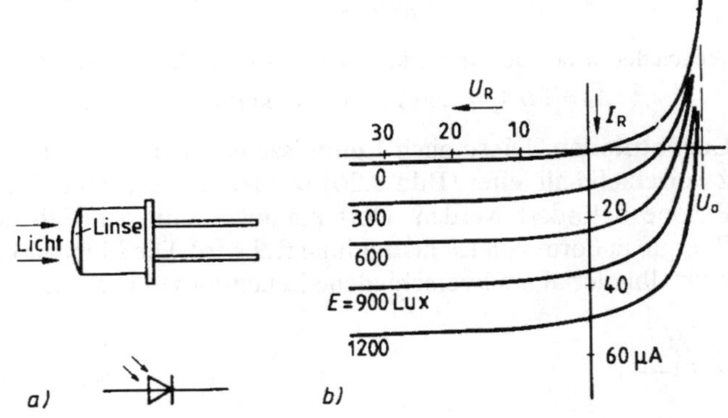

Bild 2.24
Fotodioden
a) Bauform und Schaltzeichen
b) Kennlinienfeld

Betreibt man das Bauelement mit einer Betriebsspannung U_R in Sperrichtung, so erhält man eine Fotodiode, deren Sperrstrom entsprechend dem angegebenen Kennlinienfeld proportional zur Beleuchtungsstärke E ansteigt. Im Gegensatz zum Fotowiderstand entsteht fast keine Anzeigeträgheit, so daß der Sperrstrom auch noch Lichtwechseln im MHz-Bereich folgt. Fotodioden eignen sich daher sehr gut für alle Aufgaben der Steuerungstechnik.

Fotoelemente. Aufgrund ihrer Leerlaufspannung U_0 kann eine Fotodiode auch eigenständig als Generator eingesetzt werden. Man bezeichnet sie in dieser Anwendung als Fotoelement und betreibt sie in der Meß- und Steuerungstechnik z.B. im Belichtungsmesser mit $R_L = 0$ im Kurzschluß (Bild 2.25).

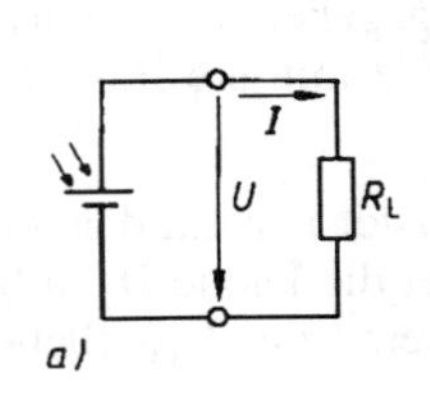

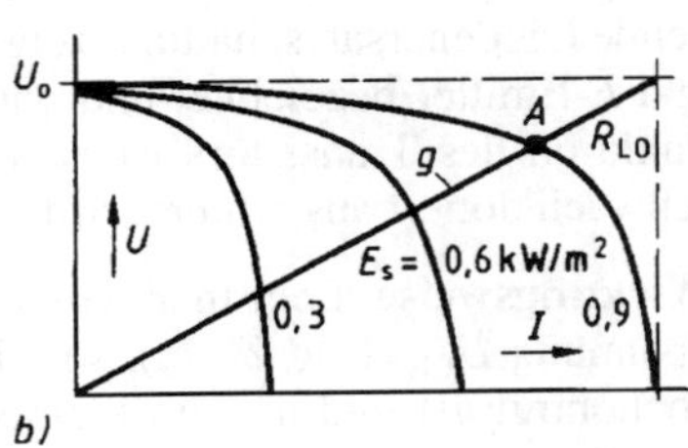

Bild 2.25
Fotoelement und Solarzelle
a) Schaltung und Zeichen
b) Kennlinienfeld der Solarzelle
g Widerstandsgerade, *A* Arbeitspunkt

Solarzellen. Großflächige Fotoelemente werden als Solarzellen zur Erzeugung elektrischer Energie aus Sonnenstrahlen eingesetzt. Da die Spannung pro Zelle mit $U_0 \leq 0{,}5$ V nur den Wert der Diffusionsspannung U_D des PN-Übergangs erreicht, schaltet man in der Praxis viele Zellen in Reihe.

Die Betriebskennlinie $U = f(I)$ eines derartigen Solarmoduls wird meist in Abhängigkeit von der Bestrahlungsstärke E_s des Sonnenlichts angegeben, die maximal etwa 1 kW/m² beträgt (Bild 2.25b). Der Arbeitspunkt bei Belastung mit einem Widerstand R_L ergibt sich dann durch den Schnittpunkt mit der Geraden g aus der Gleichung $U = I \cdot R_L$. Die optimale Abgabeleistung erhält man bei R_{L0}, sie beträgt bei Wirkungsgraden von ca. 10 % maximal 100 W pro m² Solarfläche. Der Einsatz von Solarmodulen reicht heute vom Taschenrechner über die Versorgung von Parkautomaten und entlegenen Anlagen der Fernmeldetechnik bis zum Foto-Voltaik-Kraftwerk mit mehreren 100 kW Leistung.

Beispiel 2.7 Für ein Projekt „Wasserstoff-Technologie" soll in einem wüstenähnlichen Gebiet ein großes Solarkraftwerk geplant werden. Als Spitzenwert sind $P = 1000$ MW, d.h. die Leistung eines Generators aus einem Kernkraftwerk vorgesehen.
Es ist der Flächenbedarf A_F abzuschätzen.
Bei einer maximalen Bestrahlungsstärke $E_S = 1$ kW/m² und einem Umwandlungswirkungsgrad $\eta = 0{,}1$ ergibt sich die reine Solarfläche zu

$$A_s = \frac{P}{E_s \cdot \eta} = \frac{10^6 \text{ kW}}{1 \text{ kW/m}^2 \cdot 0{,}1} = 10^7 \text{ m}^2$$

Wegen der Installationen, Verkehrswege usw. sei für das Gelände der 1,6fache Wert von A_s erforderlich.

$$A_F = 1{,}6\, A_s = 1{,}6 \cdot 10^7 \text{ m}^2 = 16 \text{ km}^2 = 4 \text{ km} \times 4 \text{ km}$$

Leuchtdioden. Diese auch Luminiszensdioden oder LED (Licht emittierende Diode) genannten Zweischichthalbleiter (Bild 2.26) werden in Durchlaßrichtung betrieben, so daß Elektronen in die P-Zone befördert werden. Dort kommt es mit den Fehlstellen zu Rekombinationen, bei denen Energie in Form von Lichtstrahlung frei wird. Die Lichtstärke wächst mit dem Diodenstrom, je nach Kristallmaterial sind verschiedene Leuchtfarben wie rot, grün, gelb erreichbar.

Bild 2.26
Schaltzeichen einer Leuchtdiode

Leuchtdioden reagieren fast trägheitslos, so daß noch Stromimpulse von Nanosekundendauer umgewandelt werden können. Anwendungen sind Anzeigesysteme, Lichtschranken und optoelektrische Koppelbausteine (Optokoppler, s. Abschn. 2.1.4.4).

2.1.4.2 Bipolare Transistoren

Aufbau. Diese „normalen" Transistoren – im Unterschied zu den Feldeffekttransistoren – bestehen mit meist Silizium aber auch Germanium als Ausgangsmaterial aus einer NPN- oder PNP-Schichtenfolge. Sie besitzen daher zwei PN-Übergänge, die unterschiedlich gepolt sind, worauf sich die genauere Bezeichnung bipolarer Transistor bezieht.

Den prinzipiellen Aufbau eines NPN-Transistors und die sich aus den beiden PN-Übergängen ergebende Diodenersatzschaltung zeigt Bild 2.27. Die drei Anschlüsse werden mit C-Kollektor, B-Basis und E-Emitter bezeichnet und wie angegeben an Gleichspannung angeschlossen. Wichtig für die Funktion des Transistors ist es, daß die mittlere Basis-Schicht mit < 50 µm sehr dünn und nur schwach dotiert ausgeführt wird.

Wirkungsweise. Legt man den Transistor nur mit den Anschlüssen Kollektor und Emitter an die Spannung U_{CE} (Bild 2.27a), so arbeitet die Diode D_1 in Sperrrichtung, womit der Transistor sehr hochohmig ist und nur ein kleiner Sperrstrom I_{CEO} fließen kann. Die Elektronen des Emitter-N-

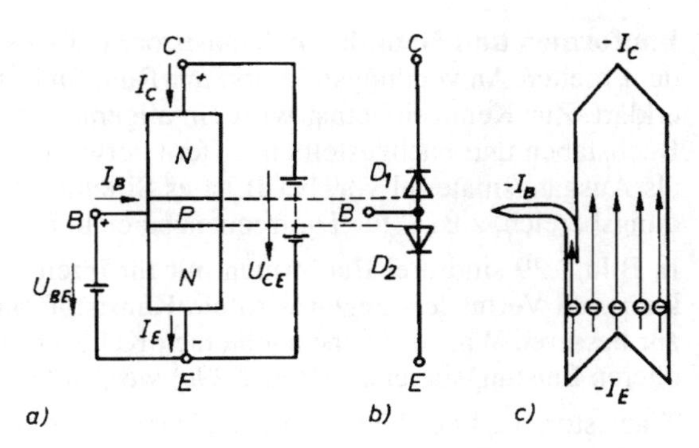

Bild 2.27
Wirkungsweise bipolarer Transistoren
a) Aufbau und Schaltung eines NPN-Transistors
b) Diodenersatzschaltung
c) Stromaufteilung

Gebietes können trotz der Polung von D_2 in Durchlaßrichtung die mittlere P-Schicht nicht erreichen, da sie bei $U_{BE} = 0$ V die Diffusionsspannung $U_D \approx 0{,}7$ V der Raumladungszone nicht überwinden. Schaltet man nun aber zusätzlich eine Basis-Emitterspannung U_{BE} von etwa 0,7 V zu, so wird die Sperrschicht D_2 entsprechend der Diodenkennlinie niederohmig, womit ein Elektronenstrom vom Emitter in die Basiszone gelangen kann (emittieren = aussenden). Da diese dünn und nur schwach dotiert ist, können in der P-Schicht nur wenige Elektronen rekombinieren, so daß der Hauptanteil von 90 % bis über 99 % in die Sperrschicht Basis–Kollektor gelangt und dort durch das elektrische Feld zum Pluspol, d. h. dem Kollektoranschluß beschleunigt. Der Kollektor „sammelt" die ankommenden negativen Ladungsträger ein. Die wenigen zum Pluspol der Spannung U_{BE} abfließenden Elektronen bilden den Basisstrom.

Betrachtet man entgegen der klassischen Stromrichtung den Elektronenstrom, so ergibt sich für einen NPN-Transistor eine Stromaufteilung nach Bild 2.27c. Da der Kollektorstrom I_C aus den die Basiszone überquerenden negativen Ladungsträgern besteht, diese aber erst durch eine Basis-Emitterspannung U_{BE} ermöglicht werden, welche die Sperrschicht D_1 öffnet, läßt sich der Transistorstrom I_C über die Spannung U_{BE} steuern. Anstelle von U_{BE} führt man meist den Basisstrom I_B ein und kann dann eine Gleichstrom-Verstärkung $B = I_C/I_B$ angeben. Der Wert liegt etwa im Bereich $B = 10$ bis 10^3.

Bei einem PNP-Transistor sind durch die andere Schichtenfolge beide PN-Übergänge und damit die Ersatzdioden gerade umgekehrt gepolt. Entsprechend muß auch der Spannungsanschluß umgekehrt werden, d. h. an den Klemmen *B* und *C* liegt nun der Minuspol der Gleichspannung. Bei der Betrachtung des Leitungsmechanismus sind die Elektronen durch Defektelektronen also freie positive Ladungsträger zu ersetzen.

Bezeichnungen. In Bild 2.28 sind die Schaltzeichen beider Transistortypen angegeben und gleich die genormten Zählpfeilrichtungen für alle Ströme und Spannungen eingetragen. Werden wie beim PNP-Transistor andere Polaritäten nötig, so ist dies in Diagrammen und bei Datenangaben durch negative Werte berücksichtigt. Im Folgenden wird wegen der Übereinstimmung mit den positiven Zählrichtungen meist der NPN-Transistor behandelt.

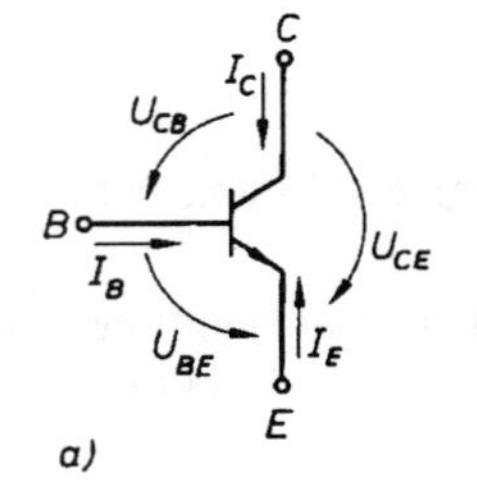

Bild 2.28
Schaltzeichen und Zählpfeile bei Transistoren
a) NPN-Transistor
b) PNP-Transistor

Bauformen und Nenndaten. Transistoren gibt es in einer sehr großen Typenvielfalt, die sich aus dem breiten Anwendungsfeld von der Rundfunk- und Fernsehtechnik bis zur Leistungselektronik erklärt. Zur Kennzeichnung wird ein allgemeines Bezeichnungsschema für Halbleiter mit 2 bis 3 Buchstaben und nachgestellten Ziffern verwendet. Ist der erste Buchstabe A, so liegt Germanium als Ausgangsmaterial vor, bei B ist es Silizium. Der zweite Buchstabe kennzeichnet den Anwendungsbereich, z.B. C für Tonfrequenzbereich, U bei Leistungsschalttransistoren.

In Bild 2.29 sind drei Bauformen mit für ihren Leistungsbereich typischem Bild angegeben. Bei kleineren Verlustleistungen wird ein Kunststoffmantel verwendet, danach ein Metallgehäuse, das zur besseren Wärmeabgabe auch einen Kühlstern tragen kann (s. Abschn. 2.1.6). Transistoren des oberen Leistungsbereichs (Bild 2.29c) werden fest auf einen Kühlkörper montiert.

Transistoren gibt es heute etwa in einem Leistungsbereich von U_{CE} = 6 V bis 1500 V und I_C = 10 mA bis über 100 A. Die oberen Werte sind vor allem für den Einsatz als elektronischer Schalter von Bedeutung.

Kennlinien. Der Zusammenhang zwischen den verschiedenen Transistorströmen und -spannungen wird in den Datenblättern durch Kennlinien dargestellt. Wichtig sind vor allem die

Steuerkennlinie	$I_C = f(I_B)$	nach Bild 2.30a
Eingangskennlinie	$I_B = f(U_{BE})$	nach Bild 2.30b
Ausgangskennlinie	$I_C = f(U_{CE})$	nach Bild 2.30c

wobei die angegebenen Werte für einen Transistor kleinerer Leistung gelten.

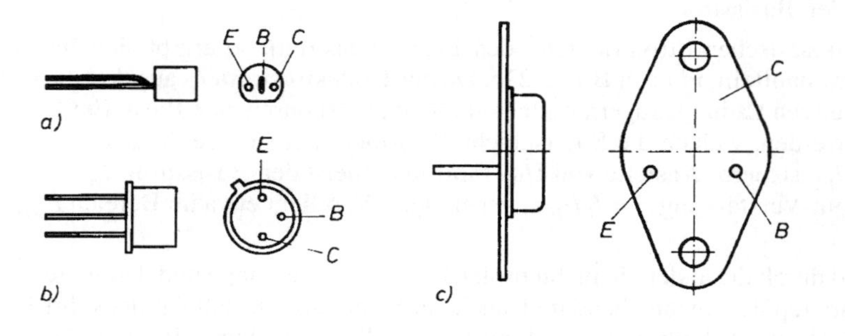

Bild 2.29
Bauformen von Transistoren
a) Kunststoffmantel, U_{CE} = 12 V, I_C = 10 mA
b) Metallgehäuse 20 V, 0,5 A
c) Leistungstransistor 40 V, 5 A

Aus der Steuerkennlinie lassen sich zwei Stromverstärkungen berechnen. Man bezeichnet als Gleichstromverstärkung

$$B = \frac{I_C}{I_B} \quad \text{für } U_{CE} \text{ konstant} \tag{2.2}$$

Stromverstärkungsfaktor

$$\beta = \frac{\Delta I_C}{\Delta I_B} \quad \text{für } U_{CE} \text{ konstant} \tag{2.3}$$

Der Wert β wird für die Wechselstromverstärkung benötigt und ist wegen der Krümmung der Steuerkennlinie nur etwa gleich B.

Die Eingangskennlinie entspricht der Durchlaßkennlinie einer Diode mit einer Schwellspannung U_S, die für Si-Transistoren wieder 0,6 V bis 0,7 V, bei Germanium als Ausgangsmaterial 0,3 V bis 0,4 V beträgt. Aus der Eingangskennlinie kann man den

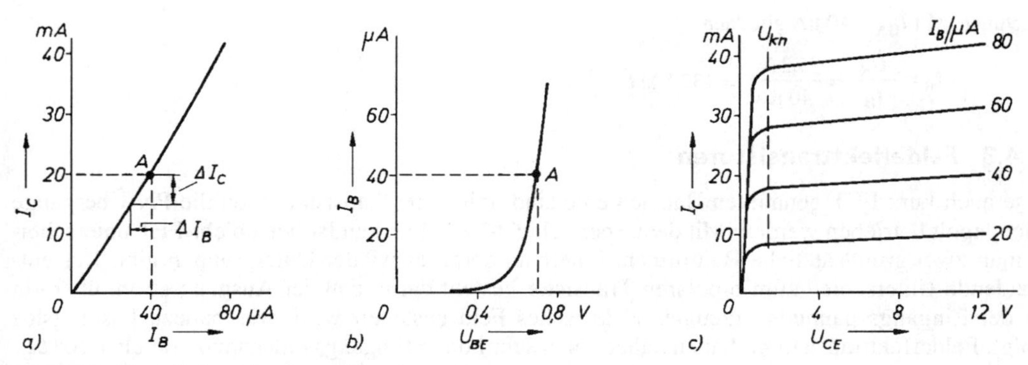

Bild 2.30 Kennlinien bipolarer Transistoren
a) Steuerkennlinie, b) Eingangskennlinie, c) Ausgangskennlinienfeld

Eingangswiderstand

$$R_{BE} = \frac{U_{BE}}{I_B} \quad \text{für } U_{CE} \text{ konstant} \tag{2.4}$$

Differentiellen Eingangswiderstand

$$r_{BE} = \frac{\Delta U_{BE}}{\Delta I_B} \quad \text{für } U_{CE} \text{ konstant} \tag{2.5}$$

entnehmen. Letzterer ist für die Belastung einer Wechselspannungsquelle am Eingang maßgebend. Im Ausgangskennlinienfeld (Bild 2.30c) ist oberhalb einer Kniespannung U_{Kn} der Einfluß der Spannung U_{CE} auf den Kollektorstrom gering. Dies bedeutet, daß der
Differentielle Ausgangswiderstand

$$r_{CE} = \frac{\Delta U_{CE}}{\Delta I_C} \quad \text{für } I_B \text{ konstant} \tag{2.6}$$

groß ist.
Der Grund für den flachen Verlauf der Kurven $I_C = f(U_{CE})$ liegt darin, daß mit $U_{CE} > U_{Kn}$ fast alle vom Emitter bereitgestellten Ladungsträger, abzüglich des Basisanteils vom Kollektor erfaßt werden.

Beispiel 2.8 Der mit seinen Kennlinien in Bild 2.30 angegebene Transistor habe in *A* seinen Arbeitspunkt.

a) Es sind Gleichstromverstärkung *B* und der Eingangswiderstand R_{BE} zu bestimmen.
Nach Bild 2.30 sind $U_{BEA} = 0{,}7$ V, $I_{BA} = 40$ µA, $I_{CA} = 20$ mA
Damit gilt nach Gl. (2.2) und (2.4)

$$B = \frac{I_C}{I_B} = \frac{20\ \text{mA}}{40\ \mu\text{A}} = 500$$

$$R_{BE} = \frac{U_{BE}}{I_B} = \frac{0{,}7\ \text{V}}{40\ \mu\text{A}} = 17{,}5\ \text{k}\Omega$$

b) Welcher Vorwiderstand R_B ist der Basis vorzuschalten, damit bei einer Betriebsspannung $U_B = 6$ V der eingetragene Arbeitspunkt *A* erreicht wird?
Mit $U_{BEA} = 0{,}7$ V muß der Vorwiderstand die Spannung

$$U_R = U_B - U_{BEA} = 6\ \text{V} - 0{,}7\ \text{V} = 5{,}3\ \text{V}$$

aufnehmen. Mit $I_{BA} = 40\ \mu A$ gilt dann

$$R_B = \frac{U_R}{I_B} = \frac{5{,}3\ V}{40\ \mu A} = 132{,}5\ k\Omega$$

2.1.4.3 Feldeffekttransistoren

Diese auch kurz FET genannten Bauelemente sind unipolare Transistoren, da die PN-Übergänge gleichgepolt betrieben werden. Mit dem Sperrschicht-FET und dem Isolierschicht-FET unterscheidet man zwei grundsätzliche Bauformen, innerhalb deren es wieder Untergruppen gibt. Der entscheidende Unterschied zum bipolaren Transistor besteht darin, daß der Ausgangsstrom über ein von der Eingangsspannung erzeugtes elektrisches Feld gesteuert wird, was nahezu leistungslos erfolgt. Feldeffekttransistoren haben daher einen sehr hohen Eingangswiderstand von über $10^9\ \Omega$.

Sperrschicht-FET. Bild 2.31 zeigt den prinzipiellen Aufbau eines Sperrschicht-FET mit N-Kanal und das Prinzip der Ansteuerung. Die Anschlüsse werden mit S (Source – Quelle), D (Drain – Abfluß) und G (Gate – Tor) bezeichnet und entsprechen in dieser Reihenfolge den Klemmen Emitter, Kollektor und Basis des bipolaren Transistors.

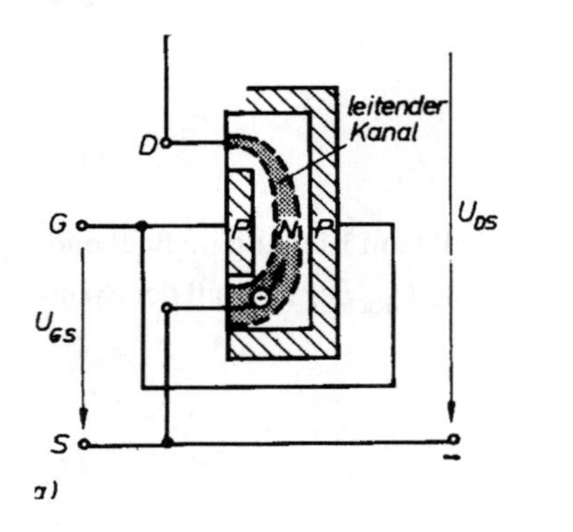

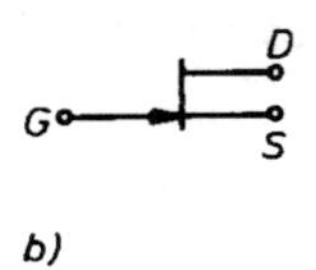

Bild 2.31
Sperrschicht-Feldeffekttransistor
a) Aufbau und Schaltung
b) Schaltzeichen

Bei $U_{GS} = 0$ sind bereits wegen der positiven Spannung am Drainanschluß beide PN-Übergänge in Sperrichtung gepolt, womit der N-Kanal beidseitig durch die hochohmige Zone des Sperrbereichs eingeschnürt wird. Trotzdem fließt entsprechend der Leitfähigkeit der Strombahn in Bild 2.31 ein Elektronenstrom I_D. Wird nun $U_{GS} < 0$ eingestellt, so wird das Gatepotential negativ und die beidseitigen PN-Übergänge geraten noch weiter in den Sperrbereich. Die ladungsfreie und so hochohmige Zone verbreitert sich, so daß der Bahnwiderstand zwischen den Anschlüssen *D* und *S* ansteigt und der Drainstrom I_D entsprechend sinkt. Man erhält damit für einen Feldeffekttransistor Kennlinien nach Bild 2.32, die denen des bipolaren Transistors prinzipiell ähnlich sind, wenn man anstelle des Basisstromes I_B die Steuerspannung U_{GS} setzt.

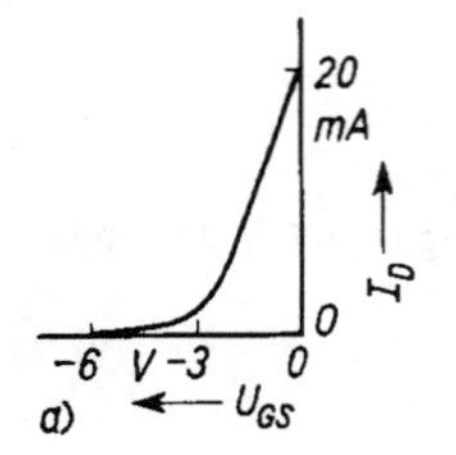

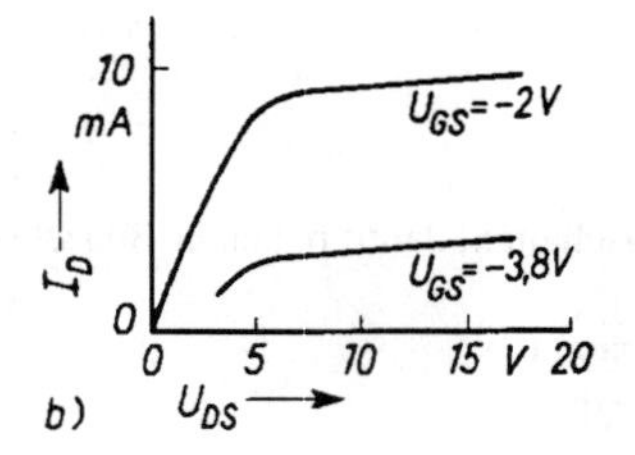

Bild 2.32
Kennlinien der Sperrschicht-FET
a) Steuerkennlinie
b) Ausgangskennlinienfeld

Isolierschicht-FET. Diese auch nach ihrer Technologie MOS-FET (Metal-Oxide-Semiconductor) genannten Transistoren erhalten zwischen Gateanschluß und dem P-Material eine hochisolierende Siliziumoxidschicht, wodurch man noch höhere Eingangswiderstände bis $10^{14}\ \Omega$ erreicht.

MOS-FET gibt es in vier Grundausführungen, die sich auch in ihrem Schaltzeichen (Bild 2.33) unterscheiden. Die Kennlinien gleichen prinzipiell denen des Sperrschicht-FET.

Bild 2.33
Isolierschicht-FET
a) Aufbau des N-Kanal-Anreicherungstyp
b) N-Kanal-Anreicherungstyp
c) P-Kanal-Anreicherungstyp
d) P-Kanal-Verarmungstyp
e) N-Kanal-Verarmungstyp

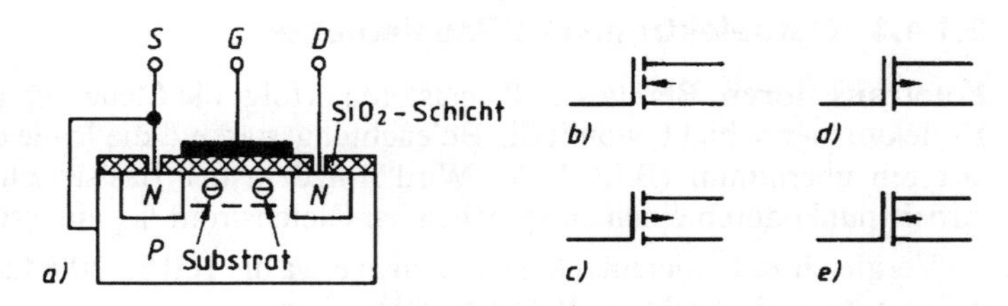

In der Ausführung als N-Kanal-Anreicherungstyp sind in das P-leitende Grundmaterial (Substrat) zwei N-Inseln mit dem Drain- und Sourceanschluß eindotiert. Die Gateelektrode G ist als Metallbelag auf die SiO_2-Isolierschicht aufgedampft (Bild 2.33a). Ohne Gatespannung U_{GS} kann sich zwischen den Anschlüssen S und D nur der Sperrstrom des PN-Übergangs ausbilden. Erhält das Gate dagegen mit $U_{GS} > 0$ ein positives Potential gegen Source und Substrat, so werden Elektronen (Minoritätsträger in der P-Schicht) bis unter die SiO_2-Isolierung angezogen und bilden quer zu den N-Inseln durch Anreicherung eine leitende Brücke. Damit kann jetzt ein Drainstrom I_D fließen, dessen Stärke über die Gatespannung fast leistungslos steuerbar ist.

Einsatz des MOS-FET. Beim Umgang mit diesem Transistortyp ist besonders darauf zu achten, daß die zulässigen Gatespannungen nicht überschritten werden, da sonst die dünne SiO_2-Isolierschicht und damit das Bauelement zerstört werden. Diese Gefahr besteht schon beim Berühren des Transistors durch statisch aufgeladene Personen, da der sehr hohe Eingangswiderstand die Ableitung der aufgebrachten Ladungen verhindert. Beim Einsatz von MOS-FETs muß man daher sich selbst, den Arbeitsplatz und z.B. den Lötkolben erden.

Auf Grund ihrer leistungslosen Ansteuerung allein über eine Spannung eignet sich der MOS-FET für den Einsatz in der Signalelektronik. Er wird daher fast immer in integrierten Schaltungen verwendet, wo bei der Vielzahl der Bauteile eine insgesamt geringe Verlustleistung erforderlich ist.

In der Ausführung als sogenannter Power-MOS-FET wird dieser Transistortyp aber auch in der Leistungselektronik bei Betriebsspannungen bis etwa 1000 V und Strömen von über 100 A eingesetzt.

IGBT. Um die Vorteile der beiden grundsätzlichen Transistorarten, nämlich die fast leistungslose Ansteuerbarkeit des MOS-FET mit der hohen Strombelastbarkeit bipolarer Transistoren zu verbinden, wurde der Isolated Gate Bipolar Transistor mit der Kurzbezeichnung IGBT geschaffen. Bild 2.34 zeigt die prinzipielle Ersatzschaltung dieses Bauteils und das daraus entwickelte Kurzzeichen.

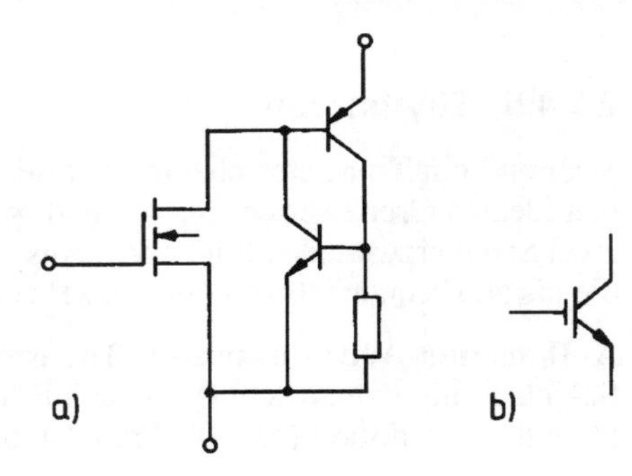

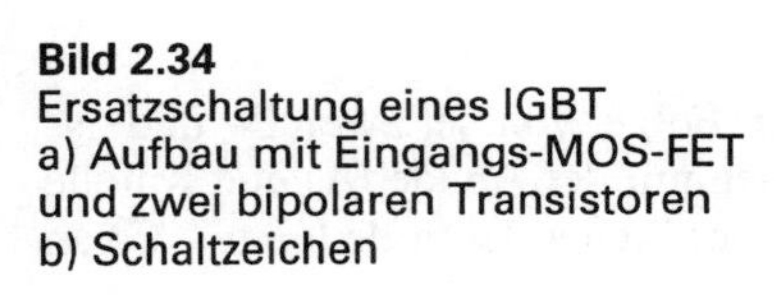

Bild 2.34
Ersatzschaltung eines IGBT
a) Aufbau mit Eingangs-MOS-FET und zwei bipolaren Transistoren
b) Schaltzeichen

IGBTs sind heute bis zu mittleren Geräteleistungen die wichtigsten elektronischen Schalter der Leistungselektronik. Aufgrund ihrer kurzen Schaltzeiten unter 1 µs erlauben sie z.B. den Aufbau der in Abschn. 2.3.2 behandelten Frequenzumrichter mit Taktfrequenzen bis ca. 20 kHz und damit oberhalb des Hörbereichs. IGBTs werden in einem Leistungsbereich bis etwa 2000 V und 500 A hergestellt.

2.1.4.4 Optoelektronische Bauelemente

Fototransistoren. Bei diesen Transistoren erfolgt die Steuerung durch Lichteinfall auf die Basis-Kollektorsperrschicht, womit die Beleuchtungsstärke E die Rolle des Basisstromes bipolarer Transistoren übernimmt (Bild 2.35). Wird trotzdem der Basisanschluß herausgeführt, so kann der Arbeitspunkt durch einen entsprechenden Gleichstrom I_{BA} eingestellt werden.

Im Vergleich zu Fotoelementen erhält man etwa die 100 bis 1000fache Verstärkung, so daß der Ausgangsstrom z.B. direkt ein Relais betätigen kann.

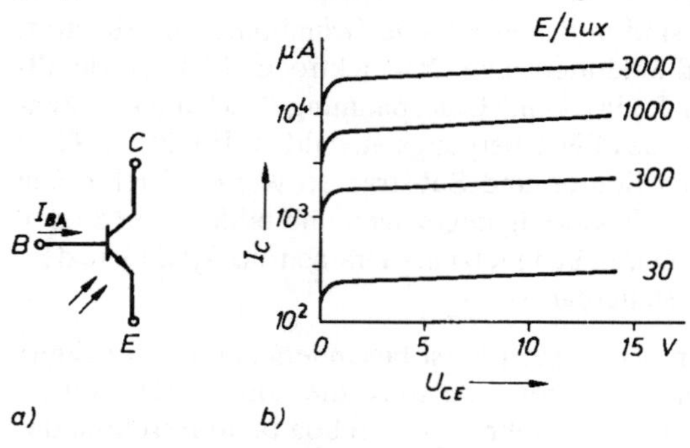

Bild 2.35
Fototransistor
a) Schaltzeichen (mit herausgeführtem Basisanschluß)
b) Ausgangskennlinienfeld

Optokoppler. Optoelektronische Koppler gestatten eine rückwirkungsfreie, nicht galvanische Kopplung zweier elektrischer Baugruppen. Dies ist z.B. dann von großem Vorteil, wenn der informationsverarbeitende Logikteil einer Steuerung auf einem niederen Spannungsniveau arbeitet wie der Leistungsteil.

Optokoppler bestehen prinzipiell aus der Kombination Lichtsender–Lichtempfänger z.B. in der Anordnung nach Bild 2.36 mit Leuchtdiode und Fototransistor. Kennwerte sind die Isolationsspannung, die etwa 500 bis 2,5 kV beträgt und das Stromübertragungsverhältnis von 0,2 bis 4. Typische Werte sind $I_F = 60$ mA, $I_C = 100$ mA, $U_{CE} = 70$ V.

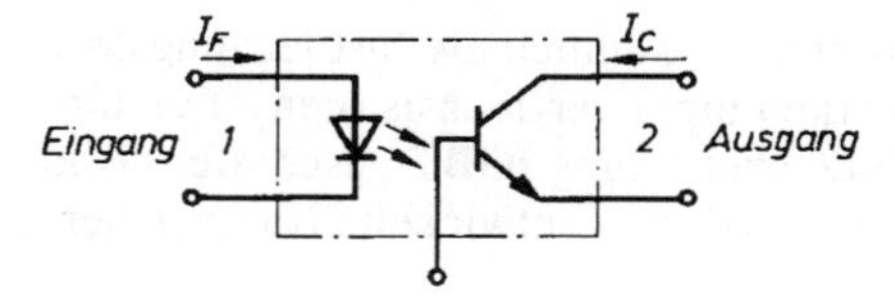

Bild 2.36
Prinzip eines Optokopplers
1 Leuchtdiode als Sender
2 Fototransistor als Empfänger

2.1.4.5 Thyristoren

Während ein Transistor als ein über den Steuerstrom kontinuierlich einstellbarer Widerstand mit den idealen Grenzwerten $R_{CE} = 0$ und ∞ aufgefaßt werden kann, sind mit einem Thyristor nur die zwei Schalterzustände „Ein“ und „Aus“ erreichbar. Thyristoren sind damit elektronische Schalter, die bis zu Frequenzen von einigen kHz eingesetzt werden können.

Aufbau und Wirkungsweise. Thyristoren bestehen aus einer Folge von je zwei P- und N-Schichten mit den Anschlüssen nach Bild 2.37. Die äußeren Zonen mit der Anode (A) und Katode (K) sind stark dotiert (ca. 10^{19} Fremdatome/cm^3), die inneren mit der Steuerelektrode (Gate – G) an der P-Schicht nur schwach (10^{14} Fremdatome/cm^3). Der Aufbau besitzt damit drei PN-Übergänge, was zu der angegebenen Diodenersatzschaltung führt.

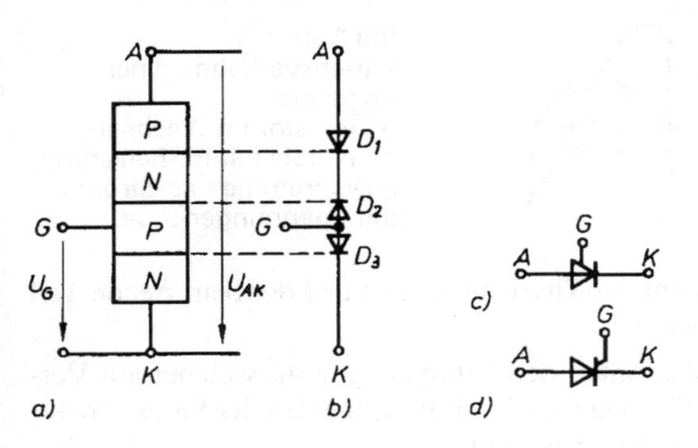

Bild 2.37 Thyristor
a) Aufbau und Anschlüsse
b) Diodenersatzschaltung
c) Schaltzeichen, allgemein
d) Schaltzeichen, Ansteuerung zwischen G und K

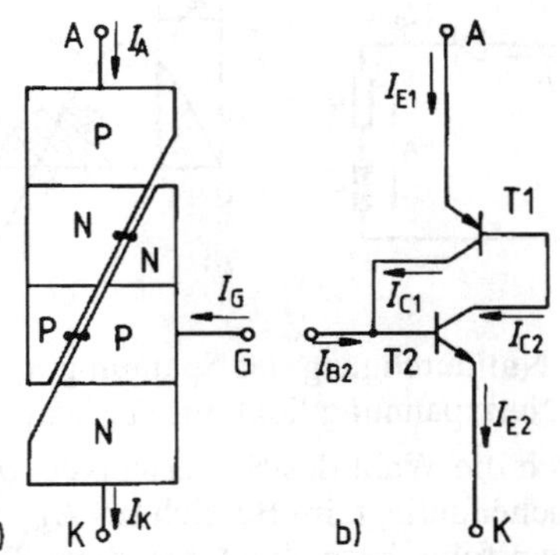

Bild 2.38 Zweitransistormodell eines Thyristors
a) Trennung in PNP- und NPN-Transistor
b) Transistor-Ersatzschaltung

Aus der Anordnung der drei Dioden D1 bis D3 kann man erkennen, daß der Thyristor ohne eine Ansteuerung über die Steuerelektrode unabhängig von der Polarität der Spannung U_{AK} zwischen Anode und Katode immer sperrt. Ist $U_{AK} > 0$, so sperrt die Diode D2, was als positiver Sperrbetrieb oder die Blockierrichtung bezeichnet wird. Ist $U_{AK} < 0$, so sperren in der negativen Sperrrichtung die Dioden D1 und D3. In beiden Fällen fließt nur ein kleiner Sperrstrom I_R.

Der Übergang in den leitenden Zustand ist nur bei positiver Spannung U_{AK}, also mit dem Pluspol auf der Anodenseite möglich. Er wird durch einen kurzen Stromimpuls I_G auf die Steuerelektrode eingeleitet und hat das Ziel, die Sperrwirkung von Diode D2 aufzuheben. Zur Erklärung des Vorgangs zerlegt man den Vierschichtenaufbau des Thyristors nach Bild 2.38 in einen PNP- und einen NPN-Transistor mit der eingetragenen galvanischen Verbindung jeweils denselben Zonen. In diesem Zweitransistormodell erscheint der Zündstrom I_G als Basisstrom I_{B2} des Transistors T_2, der damit einen Kollektorstrom I_{C2} ausbilden kann. Dieser ist aber identisch mit dem Basisstrom des Transistors T_1, wodurch wiederum der Kollektorstrom I_{C1} entsteht. I_{C1} fließt der Basis von T_2 zu und kann damit die einleitende Wirkung des Zündstromes I_G übernehmen. Bei passender Auslegung der Stromverstärkung bleiben beide Transistoren daher auch ohne den äußeren Strom I_G leitend. Die Sperrwirkung der Diode D2 ist aufgehoben und der Thyristor eingeschaltet.

Der eingeschaltete Zustand mit einer Restspannung zwischen den Anschlüssen A und K von ca. 2 V bleibt erhalten, solange nur der äußere Kreis einen genügend großen Laststrom aufrechterhält. Erst wenn dieser unter einen typischen Haltestrom sinkt, verliert der Thyristor wieder seine Leitfähigkeit und schaltet damit den Kreis aus. Ein Einschalten kann nur durch eine erneute Ansteuerung über den Gate-Anschluß erfolgen, wobei ein genügend langer Stromimpuls ausreicht, gleichzeitig muß eine positive Anoden-Katodenspannung anliegen.

Insgesamt stellt ein Thyristor damit eine Diode dar, die erst durch einen Steuerimpuls eingeschaltet werden muß. Das Ausschalten erfolgt mit dem nächsten Stromnulldurchgang selbsttätig. Dieses grundsätzliche Verhalten soll am Beispiel der Schaltung von Bild 2.39 verdeutlicht werden.

Während der positiven Halbschwingung der Netzspannung u_1 bezogen auf die Durchlaßrichtung kann der Thyristor durch einen Stromimpuls im Bereich $0° \leq \alpha \leq 180°$ eingeschaltet werden. Man bezeichnet α als Steuerwinkel. Solange der Laststrom i_1 fließt – hier wegen der Induktivität L über

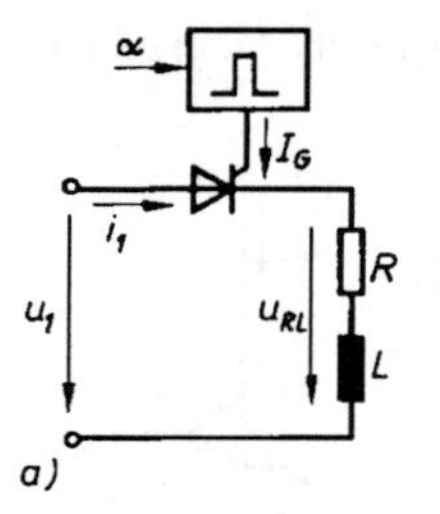

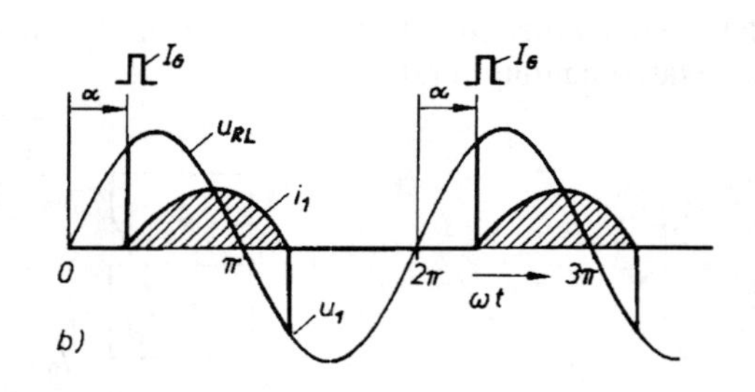

Bild 2.39
Betriebsverhalten eines Thyristors
a) Thyristor im Wechselstromkreis mit RL-Belastung
b) Diagramme von Strom und Spannungen

den Nulldurchgang der Spannung u_1 hinaus – bleibt der Thyristor leitend und der betreffende Teil der Netzspannung liegt mit $u_{RL} = u_1$ am Verbraucher.

Durch die Wahl des Steuerwinkels α läßt sich der Anteil der Netzspannung u_1, welcher am Verbraucher anliegt, im Bereich $0 \leq U_{RL} \leq U_1$ einstellen. Da dies durch Anschneiden der Sinusschwingung erfolgt, bezeichnet man diese Technik als Anschnittsteuerung.

Über einen Zündimpuls gesteuerte Thyristoren sind die wichtigsten Stellglieder der heutigen Stromrichterschaltungen zur Erzeugung von Gleichspannungen und netzfremden Wechselspannungen. Sie sind damit mit die häufigsten Bauelemente der Leistungselektronik.

Kennlinien. Da ein Thyristor in Richtung Anode–Katode sowohl sperrend wie leitend sein kann, hat sein Kennlinienfeld insgesamt drei Äste (Bild 2.40). Durch den Steuerimpuls I_G wird von der Blockierlinie 2 auf die Durchlaßkennlinie 1 umgeschaltet. Die Sperrkennlinie 3 entspricht der einer Diode.

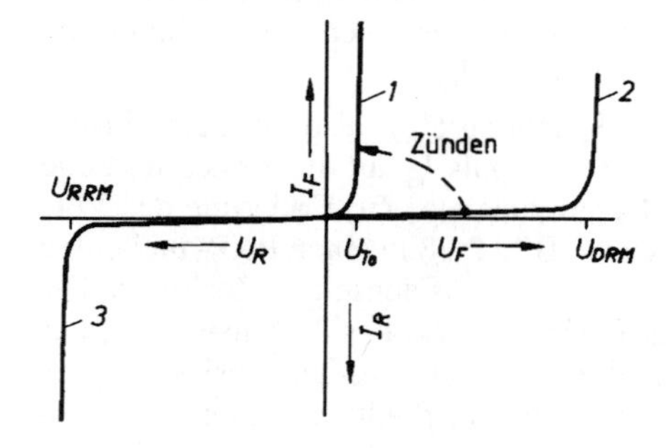

Bild 2.40
Kennlinienfeld eines Thyristors
1 Durchlaßkennlinie, 2 Blockierkennlinie, 3 Sperrkennlinie

Zur Kennzeichnung der Eigenschaften eines Thyristors sind eine Vielzahl von Kenn- und Grenzwerten festgelegt, von denen nachstehend die Wichtigsten aufgeführt werden:

Periodische Spitzensperrspannung U_{DRM}, U_{RRM} = 100 V bis 4 kV
Höchstzulässige Augenblickswerte von periodischen Spannungen in Schaltrichtung (U_{DRM}) oder Sperrrichtung (U_{RRM}).

Dauergrenzstrom I_{TAVM} = 1 A bis 500 A (1000 A)
Arithmetischer Mittelwert des höchstzulässigen Durchlaßstromes unter definierten Bedingungen.

Haltestrom I_H = 20 mA bis 0,6 A
Kleinster Wert des Durchlaßstromes, bei dem der leitende Zustand erhalten bleibt.

Sperrstrom I_D, I_R = 1 mA bis 80 mA
Es werden die Werte für die Spannungen U_{DRM}, U_{RRM} angegeben.

Schleusenspannung $U_{TO} \approx$ 1 V bis 2 V
Entspricht der Schwellspannung U_S einer Diode.

Zündstrom I_{GT} = 10 mA bis 300 mA
Wert des Steuerstroms, der zum sicheren Einschalten (Zünden) erforderlich ist.

Freiwerdezeit t_q = 10 µs bis 200 µs
Erforderliche Mindestwartezeit zwischen Stromnulldurchgang und der Wiederkehr einer positiven Sperrspannungsbeanspruchung.

Die Freiwerdezeit, innerhalb der nach einem Nulldurchgang des Laststromes durch Abbau der freien Ladungsträgerkonzentration in der PN-Schicht die Sperrfähigkeit erneuert wird, bestimmt die zulässige Frequenz beim Einsatz eines Thyristors im Wechselstromkreis. Bei einer sinusförmigen Netzspannung und ohmscher Belastung liegt zwischen dem Stromnulldurchgang und dem Beginn der nächsten positiven Halbschwingung die Zeitspanne $\Delta t = T/2$ (T Periodendauer). Setzt man zur Sicherheit $\Delta t = 2t_q$, so errechnet sich die zulässige obere Frequenz der Netzspannung aus

$$2t_q = \frac{T}{2}, f_{max} = \frac{1}{T} \qquad f_{max} = \frac{1}{4t_q} = 5 \text{ kHz bis } 25 \text{ kHz } (t_q = 50 \text{ µs bis } 10 \text{ µs})$$

Bei induktiver Belastung liegen Stromnulldurchgang und Wiederkehr der positiven Netzspannung noch näher beeinander, so daß der zulässige Frequenzwert weiter sinkt (s. Beispiel 2.9).

Beispiel 2.9 Ein Thyristor soll in einem Wechselstromkreis mit f = 5 kHz und einem induktiven Verbraucher als Schalter eingesetzt werden. Welche Freiwerdezeit t_q muß gewährleistet sein, wenn zwischen Stromnulldurchgang und der positiven Halbschwingung der Netzspannung eine Zeitspanne $\Delta t = 1{,}5\ t_q$ einzuhalten ist?

Bei einer Induktivität L eilt die Spannung u_N dem Strom i_L um den Winkel $\varphi = 90°$ vor (Bild 1.70), womit zwischen $i_L = 0$ und $u_N > 0$ die Zeitspanne $\Delta t = T/4$ liegt. Damit wird

$$t_q \geq \frac{\Delta t}{1{,}5} = \frac{T}{4 \cdot 1{,}5} = \frac{1}{6f} \qquad t_q \geq \frac{1}{6 \cdot 5 \cdot 10^3 \text{ Hz}} = 33{,}3 \text{ µs}$$

Triac. Will man mit Thyristoren einen Wechselstrom steuern, so muß man, da ein Stromfluß nur in Durchlaßrichtung möglich ist, zwei Bauelemente gegenparallelschalten (Bild 2.41a). Jeder Thyristor benötigt dabei seine eigene Steuerstromversorgung, die zudem, da die Steuerelektroden auf verschiedenen Potentialen liegen, galvanisch getrennt auszuführen sind.

Dieser Aufwand läßt sich bis zu Leistungen von einigen kW durch den Einsatz eines Triac (Triode for alternating current) umgehen. Ein Triac (Bild 2.41b) vereinigt in einem Aufbau die beiden gegenparallelen Thyristoren und kann für beide Durchlaßrichtungen über eine Steuerelektrode eingeschaltet werden. Es lassen sich dadurch sehr einfache Schaltungen für den Betrieb von Wechselstromverbrauchern mit variabler Spannung wie z.B. die weitverbreiteten Dimmerschaltungen zur Helligkeitssteuerung von Lampen aufbauen.

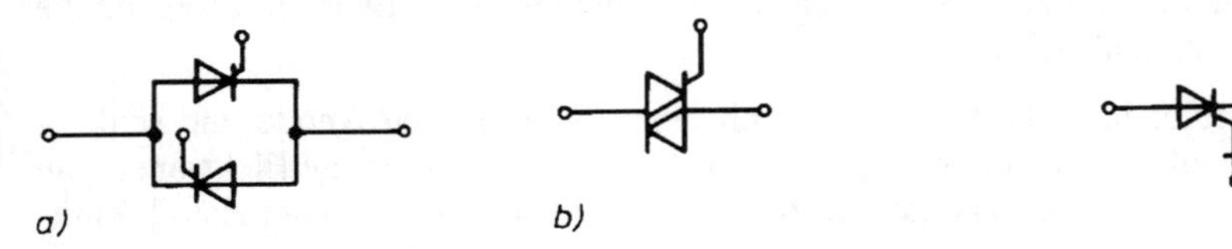

Bild 2.41 Elektronischer Wechselstromschalter
a) Gegenparallelschaltung zweier Thyristoren
b) Triac

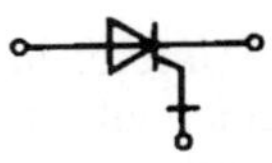

Bild 2.42 Abschaltbarer Thyristor

Abschaltbare Thyristoren. Diese GTO-Thyristoren können durch einen allerdings starken negativen Steuerimpuls, der mindestens 20% des Durchlaßstromes betragen muß, aus dem leitenden Zustand auch wieder abgeschaltet werden (gate turn off). Sie sind damit wie Transistoren oder IGBTs vollwertige elektronische Schalter und werden im Leistungsbereich nach dem IGBT verwendet. So sind Frequenzumrichter für über 1 MW z.B. für Bahnen mit GTO-Modulen ausgerüstet. Die Grenzdaten des GTO liegen bei etwa 2500 V und 2000 A, sein Schaltzeichen ist in Bild 2.42 angegeben.

Leistungsmodule. Elektronische Schalter wie Thyristoren oder IGBTs werden in der Leistungselektronik meist in der in Abschn. 2.2.1 behandelten Drehstrombrücke eingesetzt. Anstelle eines Aufbaus dieser Schaltungen aus Einzelelementen fertigt man gerne eine integrierte Ausführung aller Stellglieder auf einer gemeinsamen Kühlplatte.

Bild 2.43 zeigt als Beispiel Schaltung und Ansicht eines derartigen Powerblocks als IGBT-Modul für den Einsatz in einem Wechselrichter. Dieser „Sixpack" ist der wichtigste Baustein im Leistungsteil eines Frequenzumrichters.

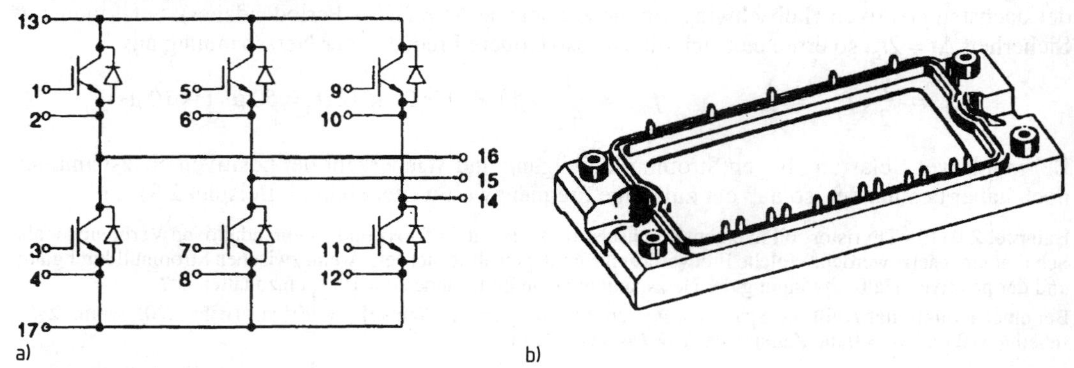

Bild 2.43 IGBT-Leistungsmodul für U_{CE} = 600 V, I_d = 45 A
a) Schaltung der IGBTs zur B6-Brücke
b) Powerblock mit Anschlüssen

2.1.5 Elektronen- und Gasentladungsröhren

2.1.5.1 Elektronenröhren

Nach Abschn. 1.1.1.1 befinden sich zwischen dem Ionengitter eines Metalls eine Vielzahl freier Elektronen (Elektronengas). Führt man nun einer Leiterelektrode, die in einen luftleeren Glaskolben eingebracht wird, z.B. durch Erwärmung genügend Energie zu, so können freie Elektronen das Metall verlassen und an der Oberfläche der Elektrode eine Elektronenwolke bilden. Man bezeichnet diesen Vorgang als Thermoemission und muß dazu die Elektrode auf über 750 °C erhitzen. Dies kann entweder durch einen direkten Heizstrom oder indirekt über einen Heizwendel erfolgen. Die heiße Elektrode bezeichnet man als Glühkatode.

Hochvakuumröhren. Umgibt man die Glühkatode mit einer zylindrischen Anode und schließt diese an den Pluspol einer äußeren Spannungsquelle an (Bild 2.44), so werden die Elektronen von der Katode abgesaugt und es fließt ein ständiger Strom. Da die Elektronen nur von der Katode emit-

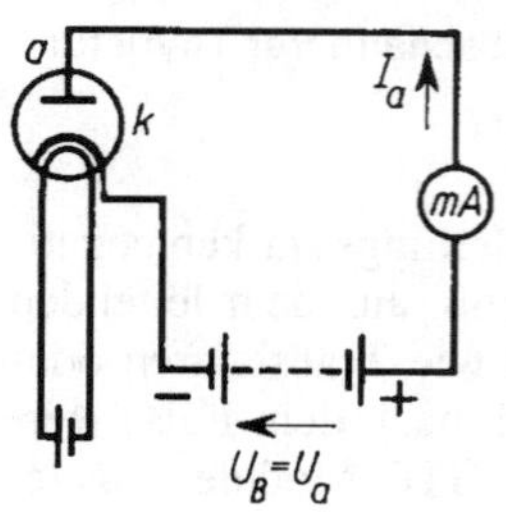

Bild 2.44
Schaltung einer Elektronenröhre
Diode, Kathode indirekt beheizt
a Anode, k Kathode

tiert werden können, besteht eine Ventilwirkung, d. h. der Aufbau wirkt als Diode. Derartige Röhren wurden vor der Entwicklung der Halbleiterbauelemente allgemein als Gleichrichter eingesetzt, während sich ihr Einsatz heute auf Sonderzwecke z.B. im Hochfrequenzbereich beschränkt.

Bringt man in den Raum zwischen Kathode und Anode eine wendelförmig gestaltete dritte Elektrode Gitter genannt ein, so erhält man eine Triode. Durch ein negatives Gitterpotential zur Kathode hin kann der Elektronenfluß fast leistungslos gesteuert werden, so daß die Triode als Verstärker eingesetzt werden kann. Verstärkerröhren mit teilweise weiteren Elektroden waren, bevor Transistoren zur Verfügung standen, als Radioröhren wichtige Bauteile der Nachrichtentechnik.

Röntgenröhre. Bild 2.45 zeigt eine Sonderform der Diode, die Röntgenröhre. Sie dient der Erzeugung von Röntgenstrahlen, die entstehen, wenn Elektronen auf die meist aus Wolfram hergestellte Anode treffen. Die Intensität der Röntgenstrahlen ist proportional dem Anodenstrom, also der Katodenemission, die durch Ändern der Heizspannung U_H verstellt werden kann. Die Durchdringungsfähigkeit oder Härte ist von der Geschwindigkeit der Elektronen und damit von der Anodenspannung U_a abhängig und durch diese einstellbar.

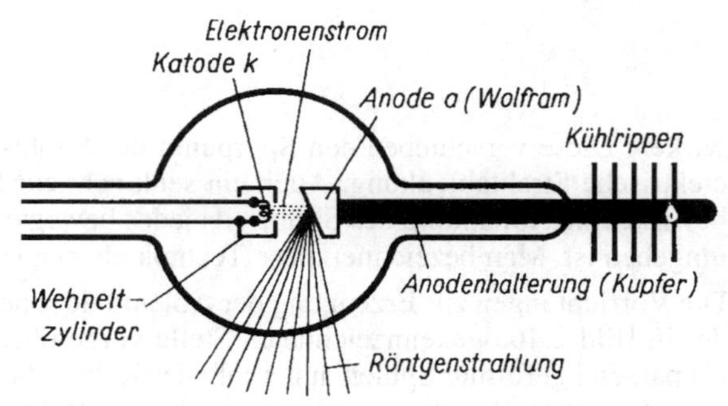

Bild 2.45 Schema einer Röntgenröhre

Anwendungen. Röntgenstrahlen werden nicht nur in der Medizin für Diagnostik und Therapie, sondern auch in der Technik und zwar vorwiegend zur zerstörungsfreien Werkstoffprüfung verwendet. Das auf Inhomogenitäten, z.B. Blasen, Lunker und Risse zu untersuchende Werkstück wird dabei von Röntgenstrahlen durchsetzt. Die durchgelassenen Strahlen treffen auf einen fotografischen Film, der durch die Röntgenstrahlen wie durch sichtbares Licht geschwärzt wird. Da die Röntgenstrahlen vom Prüfling etwa proportional zu dessen durchstrahlter Masse geschwächt werden, ergeben Blasen oder Risse eine geringere Schwächung als ihre homogene Umgebung, so daß die Fehler auf dem Film dunkel auf hellerem Grund erscheinen.

Elektronenstrahlröhren. Während in der normalen Elektronenröhre die Elektronen ungeordnet von der Katode zur Anode fließen, in dem Raum zwischen diesen also eine Wolke bilden, werden sie in der Elektronenstrahlröhre, auch Braunsche Röhre (1897) genannt, nach ihrem Austritt aus der Katode im Strahlerzeugungssystem zu einem Strahl gebündelt. Dieses System (Bild 2.46a) besteht aus mehreren Blenden, die gegenüber der Katode verschiedenes Potential haben. Dadurch entstehen zwischen den Blenden inhomogene elektrische Felder, die als elektrische Linsen auf bewegte Elektronen ähnlich wirken wie Glaslinsen auf Licht. Der gebündelte Elektronenstrahl trifft auf den auf der Innenseite des Kolbenbodens angebrachten Leuchtschirm und regt ihn zum Leuchten an. Auf dem Leuchtschirm entsteht ein leuchtender Fleck, dessen Durchmesser vom Strahldurchmesser abhängt.

Die zum Betrieb der Röhre notwendigen Spannungen werden über Spannungsteiler einer Hochspannungsquelle entnommen. Mit dem Spannungsteiler P_2 stellt man die Strahlschärfe (Fokussierung), mit P_1 die Strahlstromstärke und damit die Helligkeit des Leuchtpunktes (Intensität) ein. Die Elektrode g_1, Wehneltzylinder genannt, hat hier die Funktion des Gitters in der Triode.

Da jedes Elektron eine negative elektrische Ladung trägt, müssen in einem senkrecht zur Bewegungsrichtung der Strahlelektronen wirkenden elektrischen Feld Kräfte auf die Elektronen ein-

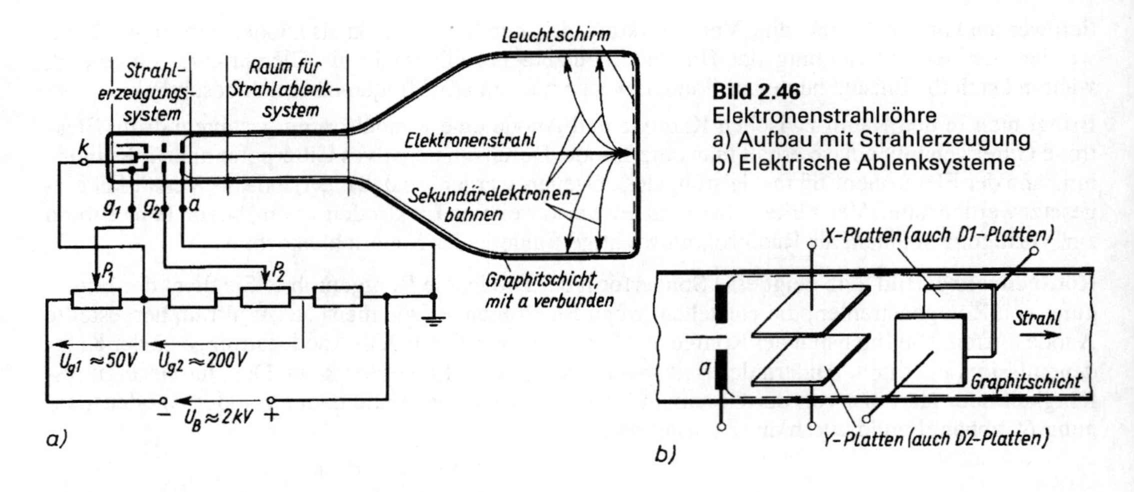

Bild 2.46
Elektronenstrahlröhre
a) Aufbau mit Strahlerzeugung
b) Elektrische Ablenksysteme

wirken. Diese verschieben den Spurpunkt des Strahls auf dem Leuchtschirm und man erhält eine elektrische Strahlablenkung. Auch ein senkrecht zur Strahlrichtung wirkendes magnetisches Feld bewirkt eine Ablenkung des Strahls, da jedes bewegte Elektron auch von einem magnetischen Feld umgeben ist. Man bezeichnet diese Technik als magnetische Strahlablenkung.

Die Vorrichtungen zur Erzeugung der Ablenkfelder nennt man Strahlablenksysteme. Sie werden an der in Bild 2.46a gekennzeichneten Stelle vorgesehen. Die magnetischen Ablenksysteme werden als passend geformte Spulen außerhalb der Röhre, die elektrischen Ablenksysteme jedoch in Form von Zweiplattenkondensatoren innerhalb der Röhre angebracht (Bild 2.46b). Letztere ergeben Ablenkmöglichkeiten in zwei senkrecht aufeinanderstehenden Richtungen (x- und y-Richtung).

Bild 2.47 zeigt das y-Ablenksystem nochmals allein. Tritt ein Elektron mit der Masse m_0, der Ladung $-e$ und der Geschwindigkeit $\underline{v} \sim \sqrt{U_a}$ bei B in das homogene Ablenkfeld mit der Feldstärke E ein, so wirkt auf dieses die Kraft $\vec{F}$. Es fliegt unter deren Einfluß auf einer Parabelbahn bis C. Diese entspricht der beim horizontalen Wurf auftretenden Flugkurve und kann in analoger Weise berechnet werden. Nach dem Austreten des Elektrons aus dem Ablenksystem befindet es sich in einem praktisch feldfreien Raum, so daß seine Bahnkurve über die Strecke CA die Parabeltangente im Punkt C, also eine Gerade ist.

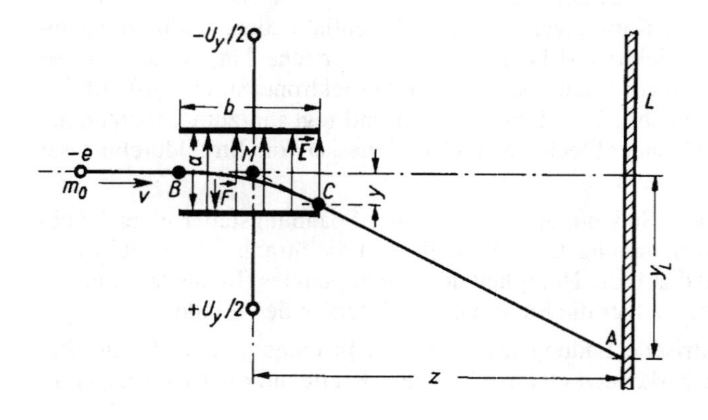

Bild 2.47
y-Ablenksystem einer Elektronenröhre
L Leuchtschirm
A Punkt auf dem Schirm

2.1.5.2 Gasentladungsröhren

Stoßionisation. Befindet sich in einer Zweipolröhre eine geringe Gasmenge, so werden bei anliegender Spannung die aus der Katode emittierten Elektronen auf ihrem Weg zur Anode auf Gasmoleküle treffen. Ist die Anoden-Katoden-Spannung genügend groß, so reicht die kinetische Energie der beschleunigten Elektronen aus, um beim Auftreffen auf ein Gasmolekül ein weiteres Elektron freizusetzen. Man bezeichnet diesen Vorgang, bei dem das Molekül zu einem positiven Ion wird, als Stoßionisation.

Ab einer bestimmten Betriebsspannung, der Zündspannung, steigt durch die vermehrt auftretende Stoßionisation die Zahl der freien Ladungsträger lawinenartig an, womit eine selbständige Gasentladung erreicht ist. Da nicht jeder Aufprall zur Auslösung eines weiteren Elektrons führt, sondern diese ihre gewonnene Energie teils auch als Lichtstrahlung abgeben, ist die Gasentladung leuchtend.

Ionenröhren. Die Gasentladung wird in einigen Bauformen von Ionenröhren technisch genutzt. Am bekanntesten sind die Thyratrons und die Ignitrons. Beide besitzen außer der Anode und Katode eine Steuerelektrode, das Gitter, womit der Zündzeitpunkt innerhalb der positiven Halbschwingung einer äußeren Wechselspannung eingestellt werden kann. Es handelt sich bei diesen Ionenröhren damit um steuerbare Gleichrichter mit einem Verhalten ähnlich dem eines Thyristors, der diese Gasröhren auch abgelöst hat.

Leuchtröhren und Leuchtstoffröhren. Leuchtröhren werden, je nach der gewünschten Lichtfarbe, mit verschiedenen Gasen gefüllt; das von den angeregten Gasatomen emittierte Licht wird unmittelbar ausgenützt. Hauptanwendungsgebiet ist die Reklamebeleuchtung.

In den Leuchtstoffröhren, die stets mit Hg-Dampffüllung arbeiten, wird deren sehr starke Ultraviolettstrahlung durch den auf der Innenseite der Glasröhre angebrachten Leuchtstoff in sichtbares Licht umgewandelt. So ist es möglich – gegebenenfalls durch Mischung verschiedener Leuchtstoffe –, jede gewünschte Lichtfarbe zu erzeugen. Hauptanwendungsgebiete sind Reklamebeleuchtung und Beleuchtung von Theatern, Kinos, Hörsälen u.a.

Leuchtstofflampen. Sie unterscheiden sich von den Leuchtstoffröhren nur durch die Art der verwendeten Elektroden. Während die Leuchtstoffröhren zylinderförmige Elektroden aus Eisenblech haben, benützt man bei den Leuchtstofflampen mit Oxiden überzogene Wolframwendel, die im Betrieb durch die kinetische Energie der aufprallenden Ladungsträger auf der für thermische Elektronenemission notwendigen Temperatur gehalten werden. Auf die Emissionstemperatur werden sie beim Einschalten in der Schaltung 2.48 gebracht. Der Starter St ist eine kleine Glimmlampe, deren eine Elektrode aus einem Bimetallstreifen besteht. Wird Netzspannung angelegt, so liegt diese über die Oxidelektroden und die Drosselspule Dr am Starter St, der zündet. (Die Leuchtstofflampe kann nicht zünden, da ihre Zündspannung bei kalten Oxidelektroden weit über dem Scheitelwert der Netzspannung liegt.) Durch den Stromdurchgang wird der Starter so stark erwärmt, daß sich durch Verbiegen der Bimetallelektrode die beiden Elektroden des Starters berühren. Durch den jetzt starken Strom werden die Oxidelektroden auf Emissionstemperatur aufgeheizt. Der Starter kühlt sich, da kein Glimmbetrieb mehr besteht, ab, die Bimetallelektrode biegt sich zurück und der starke Strom wird unterbrochen. Die dadurch entstehende hohe Selbstinduktionsspannung zündet die Leuchtstofflampe. Da deren Brennspannung mit 100 V weit unter der Zündspannung des Starters liegt, bleibt dieser stromlos. Der kleine Kondensator C_{st} verbessert die Schalteigenschaften des Starters.

Die Verwendung von Oxidkatoden ermöglicht den Betrieb der Leuchtstofflampen direkt am 220 V-Netz, während Leuchtröhren und Leuchtstoffröhren je nach Länge Spannungen zwischen etwa 500 V und 6000 V benötigen.

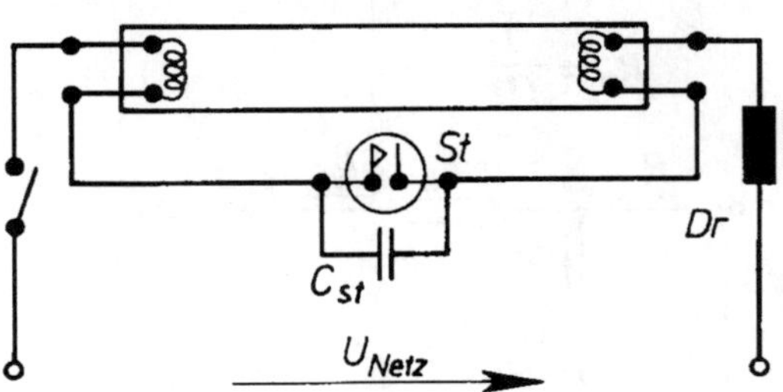

Bild 2.48
Schaltplan einer Leuchtstofflampe

Leuchtstofflampen sind heute neben den Glühlampen die wichtigsten Lichtquellen. Sie haben gegenüber Glühlampen gleicher Leistungsaufnahme sechsfache Lebensdauer und ergeben etwa den dreifachen Lichtstrom.

Seit einigen Jahren werden Kompakt-Leuchtstofflampen mit dem Glühlampensockel E27 und eingebauter Vorschaltelektronik angeboten. Diese Alternative zur klassischen Glühlampe hat etwa die achtfache Lebensdauer und spart bis zu 80 % Energie.

Quecksilberhochdrucklampen, Natriumdampflampen und Xenonlampen können für sehr große Leistungen gebaut werden. Sie ergeben dementsprechend starke Lichtströme bei sehr gutem Wirkungsgrad und langer Lebensdauer. Hauptanwendungsgebiete sind: Beleuchtung von Fabrikhallen und Fabrikhöfen, Straßen und Plätzen, Bahnhof- und Hafenanlagen, Flutlichtanlagen in Sportstadien.

Spannungsanzeigeröhren. Diese ≈ 20 mm langen Glimmröhren werden z. B. in den Griff eines Schraubendrehers eingebaut. Mit der Schraubendreherklinge ist ein Pol verbunden. Der andere Pol liegt über einem eingebauten Widerstand ($R = 1\ \text{M}\Omega$) an einem am Griff so angebrachten Kontakt, daß dieser beim Anfassen mit der Hand verbunden wird. Berührt man mit der Schraubendreherklinge den auf Spannung zu prüfenden Gegenstand, so bildet man über Glimmlampe, Widerstand und Körper einen Stromkreis, in dem bei 230 V Spannung ein Strom von der Größenordnung 0,1 mA fließt. Durch diesen entsteht auf den drahtförmigen Elektroden Glimmlicht, dessen Länge der Spannung proportional ist. Merkbare physiologische Wirkungen treten bei dieser Stromstärke nicht auf. Die „Reizschwelle“ d.h. die Stromstärke, bei der merkbare physiologische Wirkungen (Elektrisieren) auftreten, ist für $f = 50$ Hz etwa 0,5 mA bis 1,0 mA; gefährlich werden könnten nur Stromstärken über 10 mA.

2.1.6 Kühlung und Schutzmaßnahmen bei Halbleiterbauelementen

2.1.6.1 Verluste und Erwärmung

Das dotierte Siliziumplättchen, das den aktiven Teil eines Halbleiterbauelementes bildet, besitzt bei einer Stärke von < 0,5 mm und einer Fläche von einigen mm² nur eine sehr geringe Masse. Dies bedeutet, daß es eine entsprechend kleine Wärmekapazität aufweist und damit jede Vergrößerung der Verlustleistung fast augenblicklich zu einer höheren Sperrschichttemperatur ϑ_J führt. Hier sind jedoch vor allem mit Rücksicht auf ein sicheres Sperrverhalten des PN-Übergangs je nach Bauelement nur Werte von $\vartheta_J = 120\,°\text{C}$ bis $200\,°\text{C}$ zulässig. Die Erwärmungskontrolle ist daher eine wichtige Aufgabe, die bei Halbleiterbauelementen mit Hilfe des Wärmewiderstandes R_{th} vorgenommen wird.

Erwärmungsverlauf. Entsteht in einem Körper die Verlustleistung P_v, so erhält man seine Temperatur ϑ ab dem Zeitpunkt $t = 0$ über die Leistungsbilanz nach

$$P_V = m\,c\,\frac{\Delta\vartheta}{\Delta t} + O\,\alpha\,\Delta\vartheta$$

Der erste Term bestimmt die im Körper der Masse m (kg) und der spezifischen Wärmekapazität c (Ws/(kg K)) aufgrund der Erwärmung gespeicherten Energie. Der zweite Anteil erfaßt die über die kühlende Oberfläche O (m²) durch die Wärmeabgabeziffer α W/(m²K) an die Umgebung abgegebene Leistung.

Der Vorgang des Wärmetransports kann man in Analogie zum elektrischen Stromkreis mit einem RC-Glied in der Schaltung in Bild 2.49 behandeln. An die Stelle von Kapazität und ohmschen Widerstand treten der Wärmewiderstand

$$R_{th} = \frac{1}{O\,\alpha} \tag{2.7}$$

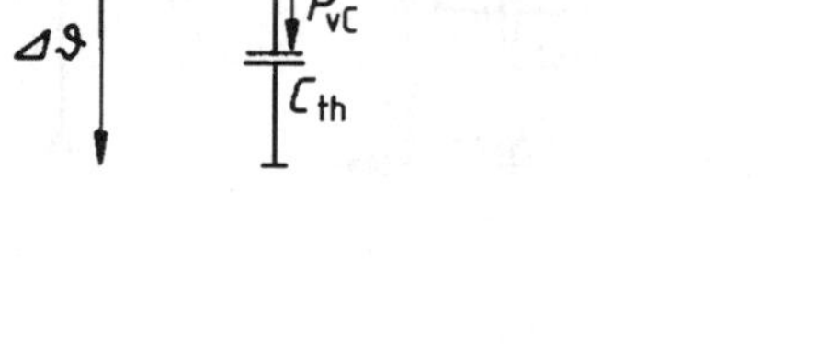

Bild 2.49
Thermische Ersatzschaltung eines verlustbehafteten Körpers

und die Wärmekapazität

$$C_{th} = mc \tag{2.8}$$

Das Produkt ist wie im elektrischen Stromkreis nach Gl. (1.35) die thermische Zeitkonstante

$$\tau_{th} = R_{th} C_{th} = \frac{mc}{O\alpha} \tag{2.9}$$

Die Größe τ_{th} bestimmt als Zeitkonstante den exponentiellen Verlauf der Erwärmung bis zur Endtemperatur ϑ_e. Zu Beginn werden mit $P_{vC} = P_v$ die gesamten Verluste im Körper gespeichert und damit seine Temperatur ϑ angehoben. Entsprechend der Temperaturdifferenz $\Delta\vartheta = \vartheta - \vartheta_U$ wird allmählich mit P_{vR} nach Bild 2.49 die Wärmeabgabe über R_{th} an die Umgebung mit ϑ_U immer stärker. Ist die Endtemperatur ϑ_e erreicht und damit die Änderung $\Delta\vartheta/\Delta t = 0$, so wird die gesamte Verlustlei-stung P_v abgegeben. Der Körper hat dann gegenüber seiner Umgebung die Übertemperatur

$$\Delta\vartheta = P_v R_{th} \tag{2.10}$$

Der Wärmewiderstand R_{th} ist damit eine zentrale Größe für die Berechnung der stationären Erwärmung von Verlustquellen, d.h. hier von Halbleitern. In den Datenblättern sind so auch immer die Werte für R_{th} enthalten, so daß entweder bei gegebenen Verlusten die Erwärmung kontrolliert oder die zulässige Verlustleistung bestimmt werden kann. Kleine Transistoren haben z.B. Wärmewiderstände von etwa $R_{thJU} = 200$ K/W, wobei dieser Wert die Wärmeabgabe von der Sperrschicht (Index J für junction) mit der Temperatur $\vartheta_1 = \vartheta_J$ bis zur Umgebung (Index U) mit der Temperatur $\vartheta_2 = \vartheta_U$ umfaßt.

2.1.6.2 Kühlkörper

In vielen Fällen reicht die natürliche Wärmeabgabe des Bauteils über sein Gehäuse nicht aus, sondern die kühlende Oberfläche muß vergrößert werden. Man verwendet dazu aufsteckbare Kühlsterne oder gerippte Alu-Profile (Bild 2.50), auf welche der Halbleiter bei gutem Wärmekontakt (Wärmeleitpaste) befestigt wird. Für jeden dieser Kühlkörper, welche die Wärmeabgabe von der Gehäuseoberfläche mit der Temperatur ϑ_C (Index c für case) zur Umgebung übernehmen, gelten je nach Abmessungen bestimmte Wärmewiderstände etwa im Bereich $R_{thCU} = 60$ K/W bis 5 K/W.

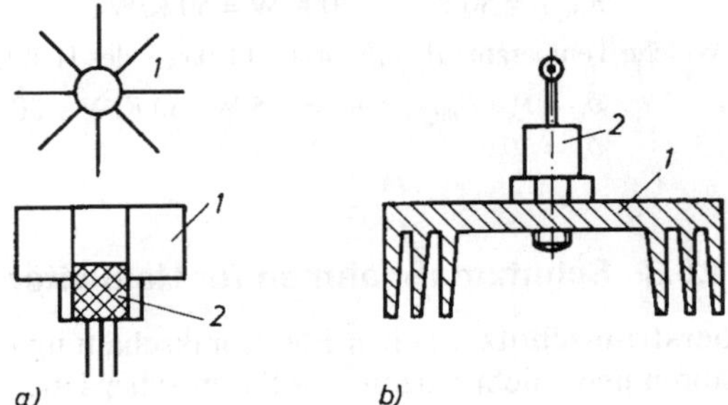

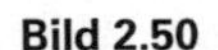

Bild 2.50
Einsatz von Kühlkörpern
a) Kühlstern auf einem Transistorgehäuse
1 Blechstern, 2 Transistor
b) Diode mit Kühlkörper
1 Al-Rippenprofil, 2 Schraubdiode

Für den Betrieb mit Kühlkörper geben die Hersteller für ein Halbleiterbauteil neben dem Gesamtwert R_{thJU} auch einen Wärmewiderstand R_{thJC} an, der nur die Wärmeleitung von der Sperrschicht zur Gehäuseoberfläche, also nicht den Übergang zur Umgebungsluft erfaßt. Zur Berechnung der Erwärmung bei Verwendung eines Kühlkörpers muß man dann den Gesamtwert $R_{thJU} = R_{thJC} + R_{thCU}$ verwenden, der aber wesentlich kleiner als der Wert R_{thJU} des Bauelementes selbst ist (s. Beispiel 2.10).

Thermisches Ersatzschaltbild. Die Erwärmungsberechnung mit Wärmewiderständen führt nach Bild 2.51 zu einer Ersatzschaltung, in der alle Temperaturen ϑ verschiedenen Spannungspotentialen vergleichbar sind. Der Wärmestrom (Verlustleistung P_v) fließt über die Reihenschaltung der Wärmewiderstände zur Umgebung (Masse) ab und ergibt an den einzelnen Meßstellen Zwischentemperaturen.

Beeinflussen sich durch entsprechenden Aufbau mehrere Bauteile gegenseitig in ihrer Erwärmung, so wird das Ersatzschaltbild vermascht und zu einem Wärmequellennetz. Alle Verlustquellen sind miteinander über die Wärmewiderstände ihrer Bauteile und Kühlkörper verbunden, so daß ein Aufbau entsteht, der einem Widerstandsnetzwerk mit verteilten Stromquellen entspricht.

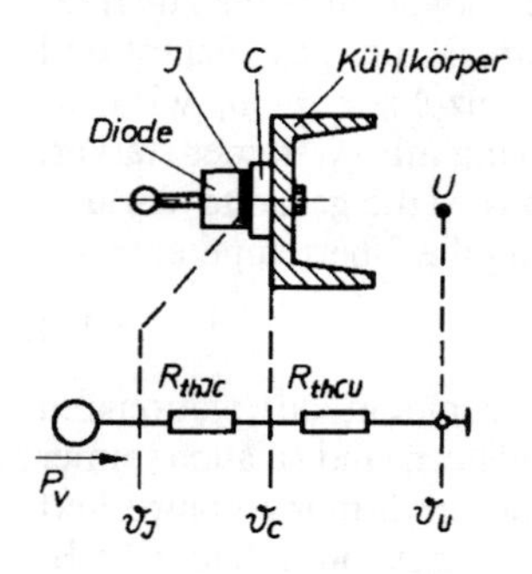

Bild 2.51
Erwärmungsberechnung mit thermischen Widerständen
J Halbleitertablette (junction), *U* Umgebungsluft, *C* Gehäuse (case)

Beispiel 2.10 Ein Transistor habe die Verlustleistung $P_v = 1{,}5$ W und die Wärmewiderstände $R_{thJU} = 150$ K/W und $R_{thJC} = 30$ K/W.

a) Welche Sperrschichttemperatur ϑ_J wird ohne Kühlkörper bei einer Umgebungstemperatur $\vartheta_U = 30$ °C erreicht? Nach Gl. (2.9) gilt mit $\vartheta_1 = \vartheta_J$ und $\vartheta_2 = \vartheta_U$

$$\vartheta_J = R_{thJU} \cdot P_v + \vartheta_U = 150\ \text{K/W} \cdot 1{,}5\ \text{W} + 30° = 255\ °\text{C}!$$

b) Es ist ein Kühlkörper auszuwählen, der eine Sperrschichttemperatur $\vartheta_J \leq 150$ °C gewährleistet. Erforderlich ist mit $\Delta\vartheta = \vartheta_J - \vartheta_U = 150\ °\text{C} - 30\ °\text{C} = 120$ K

$$R_{thJU} \leq \frac{\Delta\vartheta}{P_v} = \frac{120\ \text{K}}{1{,}5\ \text{W}} = 80\ \text{K/W}$$

$$R_{thJU} = R_{thJC} + R_{thCU}$$

$$R_{thCU} = 80\ \text{K/W} - 30\ \text{K/W} = 50\ \text{K/W}$$

c) Welche Temperatur ϑ_C nimmt das Gehäuse des Halbleiters an? Nach Bild 2.51 ist

$$\vartheta_C = P_v \cdot R_{thCU} + \vartheta_U = 1{,}5\ \text{W} \cdot 50\ \text{K/W} + 30\ °\text{C}$$

$$\vartheta_C = 105\ °\text{C}$$

2.1.6.3 Schutzmaßnahmen für Halbleiter

Überstromschutz. In einer Elektronikschaltung kann man die oft große Anzahl von Dioden, Transistoren usw. nicht einzeln vor thermischer Überlastung schützen. Man nutzt dann wenn möglich, wie z.B. bei Spannungsreglern nach Abschn. 2.2.3.5 eine im IC-Baustein realisierte innere Strombegrenzung, mit der bei Überlastung die Ausgangsspannung zusammenbricht. Mitunter ist auch in Kauf zu nehmen, daß zur Vermeidung von Folgeschäden eine Abschaltung erfolgt. Die ganze Baugruppe wird dann über eine Sicherung am Eingang des Netzgerätes geschützt.

In der Leistungselektronik sichert man dagegen Stellglieder großer Leistung wie Thyristoren durch zugeordnete Einzelsicherungen oder über einen Überstromschutz für die gesamte Baugruppe ab. Aufgrund der geringen Wärmekapazität und damit einer hohen Überlastempfindlichkeit muß man spezielle überflinke Sicherungen oder entsprechende Automaten verwenden, die auf die zulässige Stoßbelastung der Halbleiter abgestimmt sind.

Überspannungsschutz. Halbleiterbauelemente sind auch gegen Spannungsbeanspruchungen über den zulässigen Spitzenwert, die durch atmosphärische Einflüsse, Schalthandlungen im Netz oder auch aus der eigenen Schaltung heraus entstehen können, sehr empfindlich. Elektronische Steuerschaltungen erhalten daher meist auf der Netzseite einen Eingangsschutz, während man die Dioden und Thyristoren großer Leistungen wiederum einzeln schützt.

Für den wirksamen Überspannungsschutz gibt es eine ganze Reihe von Bauteilen und Schaltungen, von denen Bild 2.52 einige Möglichkeiten zeigt. Wichtigste Schutzelemente sind die in Abschn. 2.1.3 besprochenen Varistoren und RC-Glieder, welche die Energie des Überspannungsimpulses aufnehmen und damit vom Halbleiter fernhalten sollen.

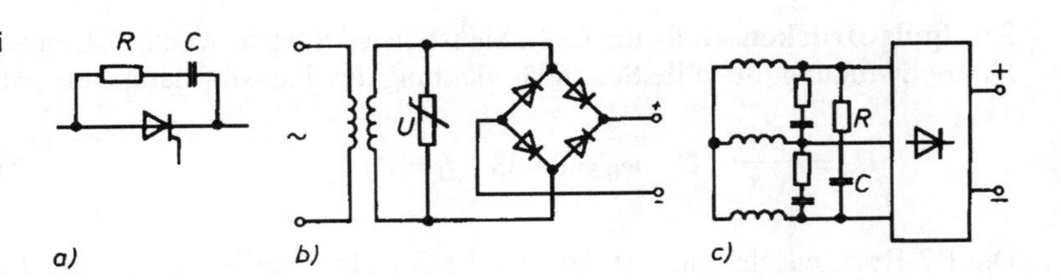

Bild 2.52
Überspannungsschutz bei Halbleitern
a) RC-Beschaltung eines Thyristors
b) Schutz einer B2-Brücke mit Varistor
c) RC-Eingangschaltung eines Gleichrichters

2.2 Baugruppen der Elektronik

2.2.1 Gleichrichterschaltungen

Gleichrichterschaltungen sind statische Umformer, die mit Hilfe der Ventilwirkung von Dioden oder Thyristoren aus dem Wechselstromnetz Gleichspannungen erzeugen. Da diese immer aus Anteilen der Sinusspannungen gebildet werden, entsteht nie eine reine Gleichspannung, wie sie z.B. eine Batterie liefert. Dem Gleichspannungsmittelwert U_d, wie ihn ein Drehspulinstrument anzeigt, ist stets eine nichtsinusförmige Wechselspannung überlagert, wobei deren Effektivwert $U_ü$ und die Grundfrequenz $f_ü$ von der gewählten Gleichrichterschaltung abhängen. Jeder Gleichrichter erzeugt damit eine Gleichspannung mit einer charakteristischen Welligkeit

$$w_u = \frac{U_ü}{U_d} \tag{2.11}$$

Die erreichbaren Werte sind bei den einzelnen Schaltungen angegeben.

2.2.1.1 Wechselstromschaltungen

Für den Anschluß an das Wechselstromnetz der Frequenz f gibt es die in Bild 2.53 angegebenen drei Grundschaltungen. In allen Schaltungen sei der gleiche Netztransformator eingesetzt, d.h. die Spannung zwischen den Klemmen 1 und 2 ist jeweils gleich groß. Für die nachstehenden Diagramme und Formeln gilt jeweils die Vereinfachung verlustfreier Bauelemente und rein ohmsche Last.

Einpuls-Mittelpunktschaltung (M1). Bei dieser M1-Schaltung (früher Einwegschaltung) kann der Strom i_d nur in der positiven Halbschwingung der Wechselspannung u fließen, wenn dann jeweils die Diode in Durchlaßrichtung beansprucht wird. Die Gleichspannung u_d hat damit den Verlauf nach Bild 2.53a und lückt zwischen zwei Sinusbögen. Der Mittelwert U_d ist entsprechend gering und die Welligkeit groß. Im einzelnen gilt

$$U_d = \frac{\sqrt{2}}{\pi} \cdot U \quad w_u = 1{,}21 \quad f_ü = f \tag{2.12}$$

Zweipuls-Mittelpunktschaltung (M2). Man benötigt einen Transformator mit Mittelanzapfung (Bild 2.53b), wobei in der positiven Halbschwingung der Sekundärspannung die obere Diode den Laststrom i_d führt, in der negativen die untere. Die Sekundärwicklung ist also jeweils nur zur Hälfte belastet und die Gleichspannung besteht im Vergleich zur M1-Schaltung aus aneinandergereihten Sinusbögen der halben Amplitude. Bezeichnet man mit U den Spannungswert zur Mittelanzapfung, so gilt

$$U_d = \frac{2\sqrt{2}}{\pi} \cdot U \quad w_u = 0{,}483 \quad f_{ü} = 2f \qquad (2.13)$$

Zweipuls-Brückenschaltung (B2). Sie ist die wichtigste Wechselstromschaltung und nutzt in jeder Halbschwingung die volle Sekundärwicklung des Transformators aus (Bild 2.53c). Es gilt

$$U_d = \frac{2\sqrt{2}}{\pi} U \quad w_u = 0{,}483 \quad f_{ü} = 2f \qquad (2.14)$$

Die B2-Brückenschaltung ist der übliche Gleichrichter in Netzgeräten für elektronische Baugruppen jeder Art und in der Nachrichtentechnik seit langem als Graetz-Schaltung eingeführt. In der Leistungselektronik wird die B2-Brücke für Leistungen bis zu einigen kW am 230 V-Netz und in der Verkehrstechnik sogar bis in den MW-Bereich verwendet.

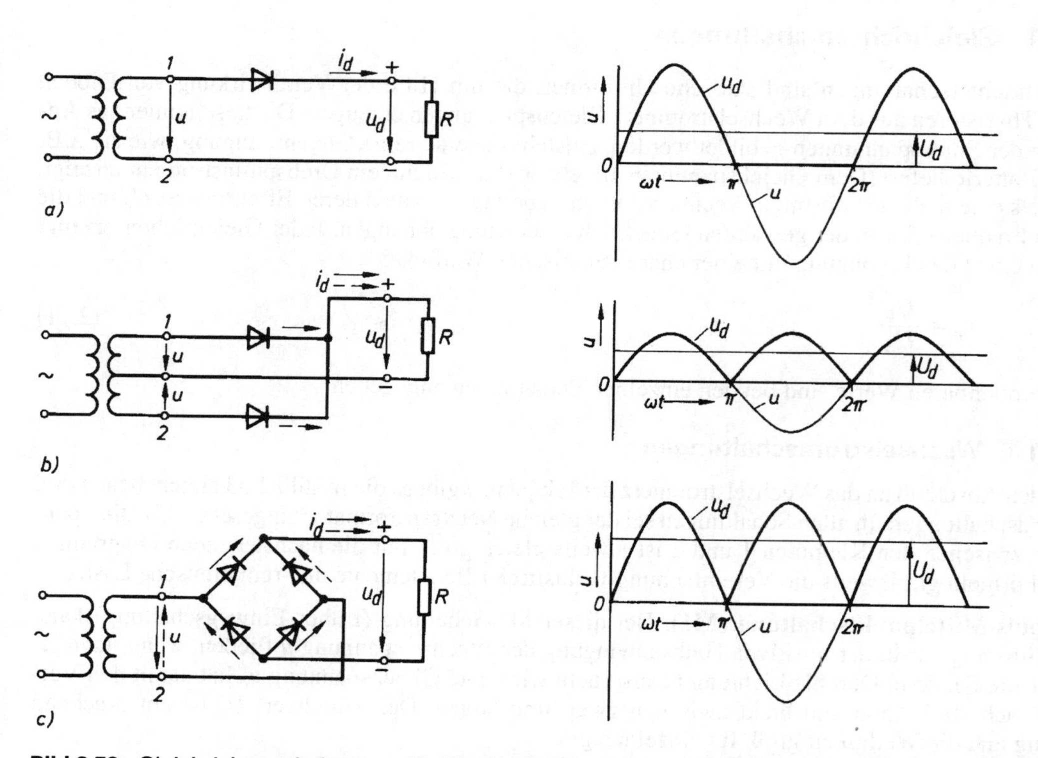

Bild 2.53 Gleichrichterschaltungen für Wechselstromanschluß. Aufbau und Spannungsdiagramme a) Einpuls-Mittelpunktschaltung (M1), b) Zweipuls-Mittelpunktschaltung (M2), c) Zweipuls-Brückenschaltung (B2)

Beispiel 2.11 Zur Versorgung eines Verbrauchers mit einer welligen Gleichspannung von $U_d = 24$ V wird eine B2-Schaltung nach Bild 2.53c eingesetzt und an 230 V Wechselspannung angeschlossen. Für welche sekundäre Leerlaufspannung U_{20} muß der Netztransformator ausgeführt werden, wenn bei Belastung mit 5 % Spannungsfall im Transformator und mit $U_D = 1$ V pro Diode zu rechnen ist?

Für die erforderliche Wechselspannung der verlustfreien Schaltung gilt Gl. (2.14) und damit unter Beachtung der Durchlaßspannung U_D

$$U = \frac{\pi}{2\sqrt{2}} U_d + 2U_D = \frac{\pi}{2\sqrt{2}} 24 \text{ V} + 2 \text{ V} = 28{,}7 \text{ V}$$

Leerlaufspannung des Transformators

$$U_{20} = 1{,}05\, U = 1{,}05 \cdot 28{,}7 \text{ V} = 30{,}1 \text{ V}$$

2.2.1.2 Drehstromschaltungen

Drehstromschaltungen werden bei Anschlußleistungen etwa ab 5 kW erforderlich, wobei die Ausführungen nach Bild 2.54 am häufigsten zum Einsatz kommen. Zur weiteren Verminderung der Welligkeit werden gelegentlich auch Schaltungen mit zwei Transformator-Sekundärwicklungen ausgeführt.

Dreipuls-Mittelpunktschaltung (M3). Über die Dioden werden nacheinander die drei Sternspannungen u_{1N}, u_{2N}, u_{3N} mit dem Effektivwert U an die Belastung R gelegt, wobei immer die Wicklung mit den positivsten Spannungswerten im Betrieb ist. Es gilt

$$U_d = \frac{3\sqrt{6}}{2\pi} \cdot U = 1{,}17\, U \quad w_u = 0{,}183 \quad f_ü = 3f \tag{2.15}$$

Sechspuls-Brückenschaltung (B6). Bei dieser auch kurz Drehstrombrücke genannten Schaltung fließt der Laststrom immer über zwei Wicklungsstränge, d.h. es wird die Außenleiterspannung $u_L = \sqrt{3} \cdot u$ gleichgerichtet. Mit dem Effektivwert U der Sternspannung gilt

$$U_d = \frac{3\sqrt{6}}{\pi} \cdot U = 2{,}34\, U \quad w_u = 0{,}042 \quad f_ü = 6f \tag{2.16}$$

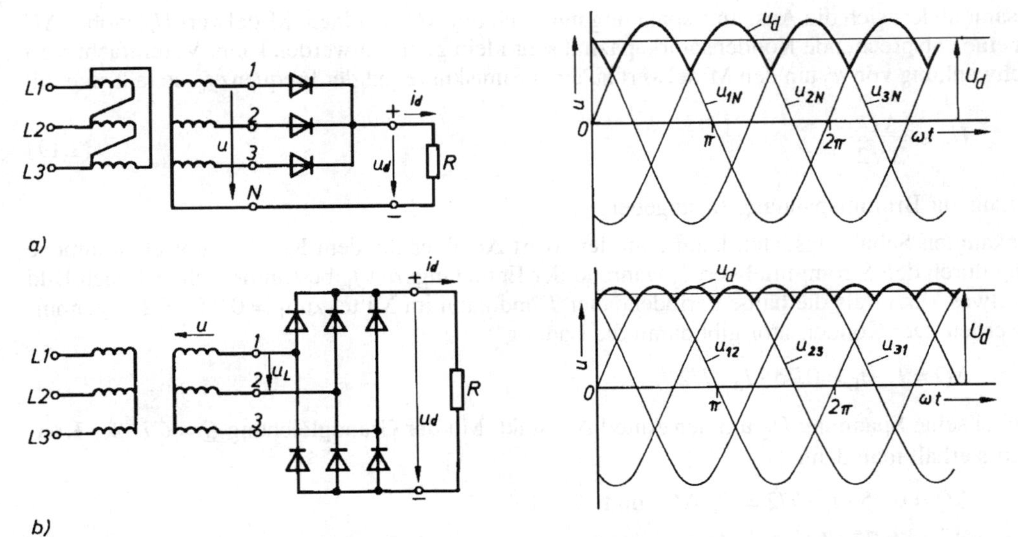

Bild 2.54 Gleichrichterschaltungen für Drehstromanschluß. Aufbau und Spannungsdiagramme.
a) Dreipuls-Mittelpunktschaltung (M3), b) Sechspuls-Brückenschaltung (B6)

Anwendungen. Vor allem die B6-Schaltung wird in der Leistungselektronik zur Versorgung elektrischer Antriebe, für Elektrolyseanlagen bis zu den höchsten Leistungen eingesetzt. Im Kfz erhält die Drehstromlichtmaschine einen B6-Gleichrichter.

2.2.1.3 Glättungs- und Siebglieder

Kondensatorglättung. Die in den Schaltungen nach Bild 2.53 erzeugten Gleichspannungen haben für die direkte Versorgung einer Elektronikbaugruppe meist eine zu hohe Welligkeit. Man bezeichnet diesen Gesamtwert $U_ü$ aller Wechselanteile auch als Brummspannung, da sie z.B. in Radiogeräten einen entsprechenden Brummton hervorrufen können.

Die erste Maßnahme zur Erzielung einer sauberen Gleichspannung stellt die Verwendung eines Glättungs- oder Ladekondensators C_L dar, der nach Bild 2.55 die Gleichspannung der Brückenschaltung stützt. Ist mit $u > u_d$ die Eingangsspannung u größer als die des Kondensators, so wird C_L über die Diodenschaltung aufgeladen. Dabei fließt mit i_D nach Bild 2.55b in der kurzen Ladezeit Δt über die Dioden außer dem Laststrom i_d ein impulsförmiger Ladestrom. In den Zeiten $u < u_d$ sperren die Dioden und der Kondensator liefert den Laststrom, womit er sich wieder teilweise entlädt. Im welchem Umfang dies erfolgt und wieweit dabei die Spannung u_d absinkt, ist von der Zeitkonstanten $\tau = R \cdot C_L$ abhängig.

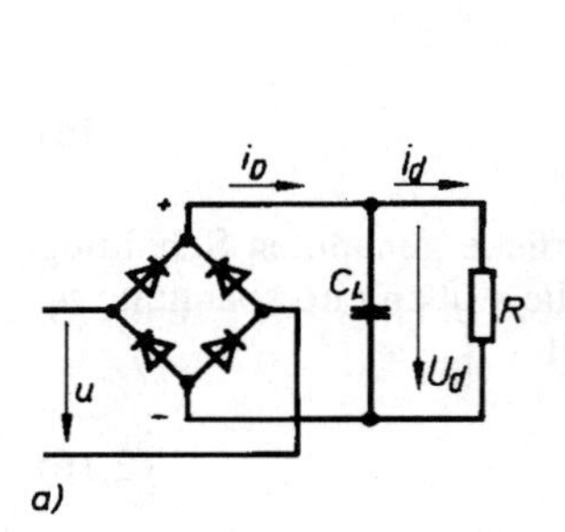

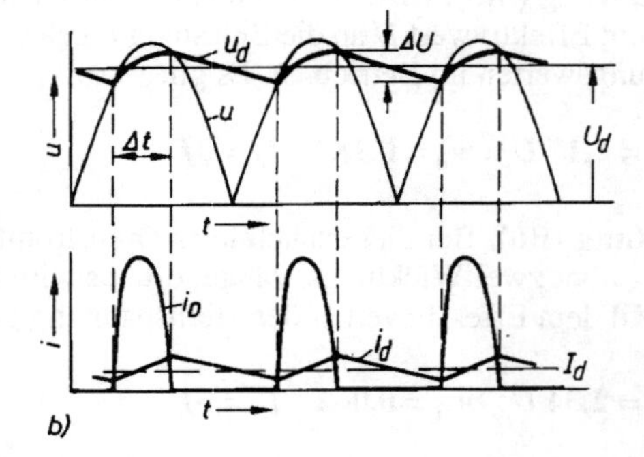

Bild 2.55 Spannungsglättung mit einem Kondensator
a) Schaltung
b) Diagramme

Insgesamt ändert sich die Ausgangsspannung nur noch um ΔU bei einem Mittelwert U_d, wobei ΔU durch eine entsprechende Kondensatorkapazität sehr klein gemacht werden kann. Vereinfacht man die Schwankung von u_d um den Mittelwert zu einer Sinuskurve mit der Frequenz $f_ü$, so läßt sich mit

$$U_ü \approx \frac{\Delta U}{2\sqrt{2}} \tag{2.17}$$

ein Bezug zur Brummspannung $U_ü$ angeben.

Bei bekannten Schaltungsdaten kann man den Wert ΔU über die dem Kondensator entnommene Ladung durch den Strommittelwert I_d während der Entladungszeit t_E bestimmen. Sie ist nach Bild 2.55b etwas kürzer als die halbe Periodendauer T und kann im Mittel zu $t_E = 0{,}75 \cdot T/2$ angenommen werden. Der Kondensator gibt damit die Ladung

$$\Delta Q = I_d \cdot t_E = 0{,}75 \cdot I_d \cdot T/2$$

ab, wobei seine Spannung U_C um den Anteil ΔU sinkt. Mit der Grundgleichung $Q = C\,U$ des Kondensators erhält man dann

$$\Delta Q = 0{,}75 \cdot I_d \cdot T/2 = C_L\,\Delta U \quad \text{und} \quad T = 1/f$$

$$\Delta U = \frac{0{,}75 \cdot I_d}{2f\,C_L} \tag{2.18}$$

Bei sehr geringer Belastung wird mit $I_d \to 0$ auch $\Delta U = 0$ und damit nach Abzug der Schleusenspannung von $U_D = 0{,}7$ V pro Diode die Gleichspannung $U_d = \sqrt{2}U - 2U_D$. Der Kondensator lädt sich fast auf den Scheitelwert der Eingangswechselspannung U auf.

Beispiel 2.12 Zur Versorgung einer Elektronikschaltung mit $U_d = 24$ V aus dem Netz mit $f_N = 50$ Hz soll eine B2-Schaltung mit C-Glättung eingesetzt werden. Der Laststrom sei $I_d = 20$ mA, als Abweichung vom Mittelwert $U_d = 24$ V sei ± 5 % zulässig.

a) Welcher Kondensator C_L ist zu wählen?

Mit 5 % Abweichung vom Mittelwert gilt $\Delta U = 2 \cdot 0{,}05 \cdot U_d = 0{,}1 \cdot 24\ \text{V} = 2{,}4$ V. Damit benötigt man nach Gl. (2.18) einen Kondensator

$$C_L = \frac{0{,}75\, I_d}{2f \cdot \Delta U} = \frac{0{,}75 \cdot 20\ \text{mA}}{2 \cdot 50\ \text{Hz} \cdot 2{,}4\ \text{V}} = 62{,}5\ \mu\text{F}$$

b) Welche Sekundärspannung U muß ein Transformator im Falle a) haben, wenn der Spannungsfall an den beiden Dioden 1,5 V beträgt?

Für den Höchstwert der welligen Gleichspannung erhält man

$$\hat{u}_d = \sqrt{2}U - 1{,}5\ \text{V}$$

Ferner gilt nach Bild 2.55b

$$U_d = \hat{u}_d - 0{,}5\ \Delta U \quad \text{mit } \Delta U = 2 \cdot 0{,}05\ U_d$$

Damit erhält man die Gleichung

$$U_d = \sqrt{2}U - 1{,}5\ \text{V} - 0{,}5 \cdot 0{,}1 \cdot 24\ \text{V}$$
$$U = 18{,}9\ \text{V}$$

Die Sekundärspannung des Transformators muß 18,9 V betragen.

L-Glättung. Bei den in der Leistungselektronik möglichen großen Lastströmen würde zur Glättung der Gleichspannung nach Gl. (2.18) eine unwirtschaftlich große Kapazität erforderlich. Man verwendet daher vor allem bei Schaltungen zur Versorgung von Gleichstromantrieben eine Glättungsdrosselspule L nach Bild 2.56. Sie wird gleichstromseitig in Reihe mit dem Motor geschaltet und übernimmt durch ihren Blindwiderstand $X_L = 2\pi f L$ den Wechselanteil u_L in der Gleichrichterspannung u_d. Die Ausgangsspannung hat damit nur noch eine geringe Welligkeit.

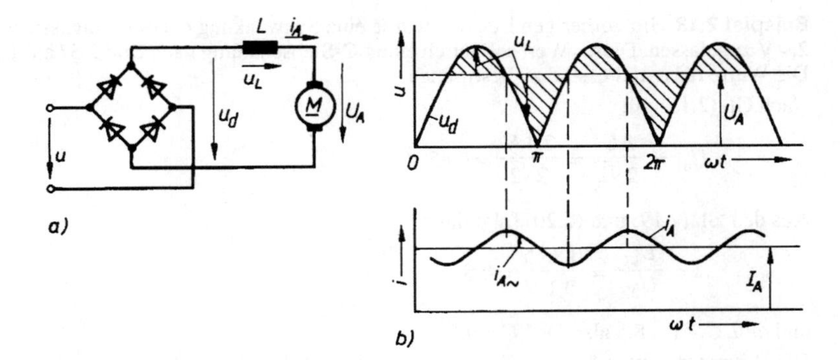

Bild 2.56
Stromglättung mit einer Induktivität
a) Schaltung
b) Diagramme

Während eine C-Glättung um so wirksamer wird, je geringer der Laststrom ist, bleibt die L-Glättung im Leerlauf ohne Wirkung. Der Wechselspannungsanteil u_L kann nämlich nur dann von der Drosselspule übernommen werden, wenn nach

$$u_L = L \frac{d\, i_{A\sim}}{dt}$$

ein entsprechend kleiner Wechselstrom $i_{A\sim}$ im Laststromkreis auftritt. Bei einer großen Induktivität L wird die Amplitude $\hat{\imath}_{A\sim}$ dann so gering, daß fast nur der Gleichstrommittelwert I_A in Erscheinung tritt.

Siebschaltungen. Will man die nach Einbau eines Glättungskondensators C_L noch vorhandene Brummspannung $U_{ü}$ weiter verringern, so kann man ein Siebglied nach Bild 2.57 nachschalten. Diese RC- oder LC-Kombinationen wirken als Tiefpaß, der eine Wechselspannung $U_{ü1}$ um einen mit der Frequenz $f_{ü}$ größer werdenden Siebfaktor

$$s = \frac{U_{ü1}}{U_{ü2}} \qquad (2.19)$$

reduziert.

Mit den Beziehungen in Abschn. 1.3.2 erhält man:

RC-Tiefpaß $\quad s = \sqrt{(\omega R C)^2 + 1}$

LC-Tiefpaß $\quad s = \omega^2 LC - 1 \qquad (2.20)$

Für die Kreisfrequenz ist $\omega = 2\pi \cdot f_{ü}$ zu setzen.

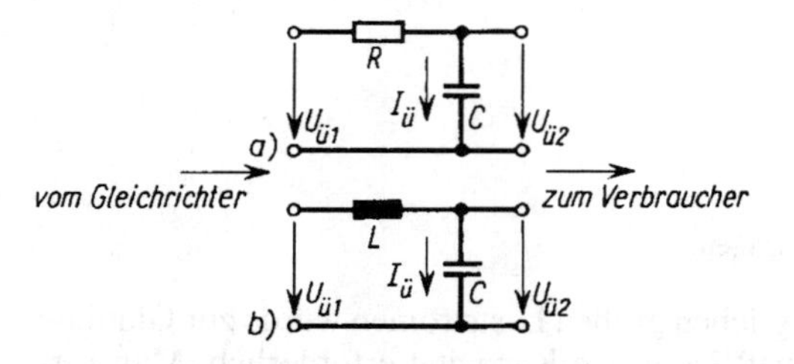

Bild 2.57
Tiefpaßschaltungen
a) RC-Glied
b) LC-Glied

In der Praxis werden zum Abblocken von unerwünschten Wechselspannungsanteilen oder hochfrequenten Störimpulsen fast immer LC-Tiefpässe verwendet. Sie sind nach Gl. (2.20) mit $s \sim \omega^2$ wirksamer und vermeiden die Stromwärmeverluste des Verbraucherstromes im Widerstand R. LC-Schaltungen stellen jedoch einen Reihenschwingkreis dar, so daß bei der Dimensionierung mögliche Resonanzfrequenzen beachtet werden müssen.

Beispiel 2.13 Im vorherigen Beispiel wurde eine Schwankung der Ausgleichsspannung u_d um insgesamt ΔU = 2,4 V zugelassen. Dieser Wert soll durch eine LC-Siebschaltung nach Bild 2.57 auf $U_{ü2}$ = 0,1 V reduziert werden. Die Werte für L und C sind zu bestimmen.

Nach Gl. (2.17) gilt

$$U_{ü1} = \frac{\Delta U}{2\sqrt{2}} = \frac{2{,}4\ \text{V}}{2\sqrt{2}} = 0{,}85\ \text{V}$$

Aus den Gl. (2.19) und (2.20) folgt dann

$$s = \frac{U_{ü1}}{U_{ü2}} = \frac{0{,}85\ \text{V}}{0{,}1\ \text{V}} = 8{,}5$$

und $\omega^2 LC - 1 = 8{,}5$ also $\omega^2 LC = 9{,}5$

Die Brummspannung hat bei Gleichrichtung einer 50 Hz-Wechselspannung die Frequenz $f_{ü}$ = 100 Hz und man erhält

$$LC = \frac{9{,}5}{(2\pi \cdot 100\ \text{Hz})^2} = 24 \cdot 10^{-6}\ \text{s}^2$$

Gewählt: C = 500 µF (Elko), damit

$$L = \frac{24 \cdot 10^{-6}\ \text{s}^2}{500 \cdot 10^{-6}\ \text{s}/\Omega} = 48\ \text{mH}$$

2.2.1.4 Netzteile

Zum Betrieb einer Elektronik benötigt man stets eine stabilisierte Gleichspannung im Bereich von etwa 5 V bis 30 V. Für Geräte mit Netzanschluß an 230 V, 50 Hz wird diese Versorgungsspannung durch eine Netzteil genannte Baugruppe hergestellt.

Bild 2.58 zeigt die konventionelle Ausführung eines Netzteils mit dem die gewünschte Gleichspannung fast unabhängig von der Höhe der Belastung und möglichen Spannungsschwankungen auf 1 % bis 3% konstant gehalten werden kann. Bei geringer Ausgangsleistung $U_d \, I_d < 1$ W kann man zur Stabilisierung die in Bild 2.22 gezeigte Anordnung mit einer Z-Diode einsetzen. In der Regel verwendet man jedoch als IC-Baustein verfügbare Festspannungsregler, die mit ihren drei Anschlüssen nach Bild 2.58b zu schalten sind. Das Stellglied dieser Regler ist ein Längstransistor T1, der über eine interne Z-Diode so ausgesteuert wird, daß eine nahezu konstante Ausgangs-Gleichspannung U_d entsteht. T1 arbeitet dazu als variabler Widerstand R_{CE}, der die Differenz zwischen vorgeglätteter Kondensatorspannung U_C und U_d aufnehmen muß. Im IC-Baustein entstehen damit vor allem die Verluste $U_{CE} \, I_d$, was zusammen mit den Verlusten im Eingangstransformator und den Dioden zu einem Wirkungsgrad des Netzteils von nur 30% bis 50% führt. Dieser Nachteil und der bauliche Aufwand für den 50 Hz-Transformator haben dazu geführt, daß für immer mehr Anwendungen wie z.B. in EDV-Anlagen, Fernsehgeräten, Recordern usw. die nachstehende Technik der Schaltnetzteile zur Stromversorgung eingesetzt wird.

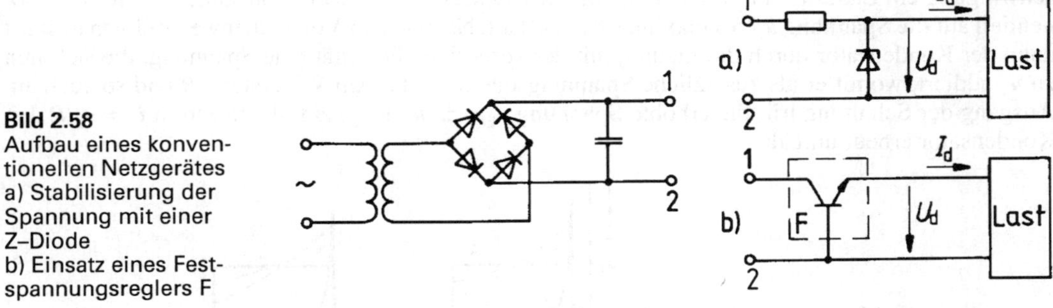

Bild 2.58
Aufbau eines konventionellen Netzgerätes
a) Stabilisierung der Spannung mit einer Z–Diode
b) Einsatz eines Festspannungsreglers F

Schaltnetzteile. Grundgedanke dieser SNT abgekürzten Technik ist es, die galvanische Trennung und die Transformation auf kleine Spannungswerte nicht auf der 50 Hz-Netzseite, sondern bei Frequenzen bis etwa 50 kHz durchzuführen. Da die übertragbare Leistung eines Transformators proportional mit der Frequenz ansteigt, wird dieser sehr klein und preiswert. Bild 2.59 zeigt die Struktur eines Schaltnetzteils mit seinen einzelnen Baugruppen.

Ein LC-Filter (1) vor dem Eingangsgleichrichter mit C-Glättung (2) verhindert die netzseitige Abgabe von hochfrequenten Störimpulsen infolge der Taktung. Die Spannung U_{d1} wird durch eine Transistorschaltung (3) in Einzelimpulse der genannten Frequenz „zerhackt" und damit der Ferrit-

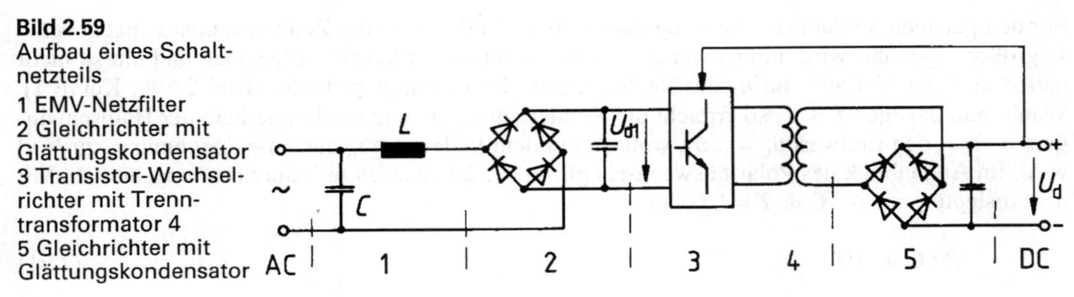

Bild 2.59
Aufbau eines Schaltnetzteils
1 EMV-Netzfilter
2 Gleichrichter mit Glättungskondensator
3 Transistor-Wechselrichter mit Trenntransformator 4
5 Gleichrichter mit Glättungskondensator

kern-Transformator (4) auf- und abmagnetisiert. Die Baugruppe 3 + 4 wird als Flußwandler bezeichnet, sie liefert dem nachgeschalteten Gleichrichter (5) eine potentialgetrennte Wechselspannung der U_d angepaßten Größe. Wegen der hohen Frequenz dieser Spannung ist nach Gl. (2.18) der Glättungsaufwand durch einen Kondensator gering. Die Regelung der Ausgangsspannung auf einen festen U_d-Wert erfolgt über die Taktung des Transistorkreises weitgehend verlustlos. Trotz des größeren Aufwandes an Elektronik und Siebgliedern ist das SNT preisgünstig und erreicht zudem Wirkungsgrade von bis zu 90%.

2.2.2 Spannungsumformung durch RC-Glieder

Die Frequenzabhängigkeit des kapazitiven Widerstandes $X_C = 1/\omega C$ einer RC-Schaltung bewirkt, daß eine aus Anteilen verschiedener Frequenzen bestehende Eingangsspannung am Ausgang der Schaltung eine andere Kurvenform besitzt. Am deutlichsten wird diese Erscheinung beim Aufschalten einer Rechteckspannung, aus der man je nach Anordnung von R und C typische Spannungsformen erhält.

2.2.2.1 Differenzierglied

In der Schaltung nach Bild 2.60 ist ein Kondensator C über einen Widerstand R an eine Rechteckspannung u_1 der Periodendauer T angeschlossen. Nach Abschn. 1.2.1.2 wird damit in jeder Halbschwingung ein Ladestrom i_C fließen, der den Kondensator mit der Zeitkonstanten $\tau = R \cdot C$ exponentiell auf die Spannung u_C bis maximal $\pm \hat{u}_1$ auflädt. Nach jedem Vorzeichenwechsel von u_1 führt dann der Kondensator durch die Ladung mit der vorherigen Polarität eine Spannung, die sich nun zu u_1 addiert, womit er als zusätzliche Spannungsquelle wirkt. Am Widerstand R und so auch am Ausgang der Schaltung tritt die erhöhte Spannung $u_2 = \pm (u_1 + u_C)$ auf, deren Strom $i_C = u_2/R$ den Kondensator erneut umlädt.

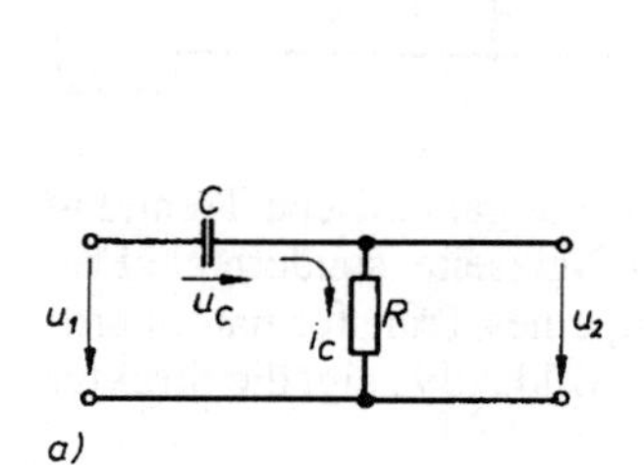

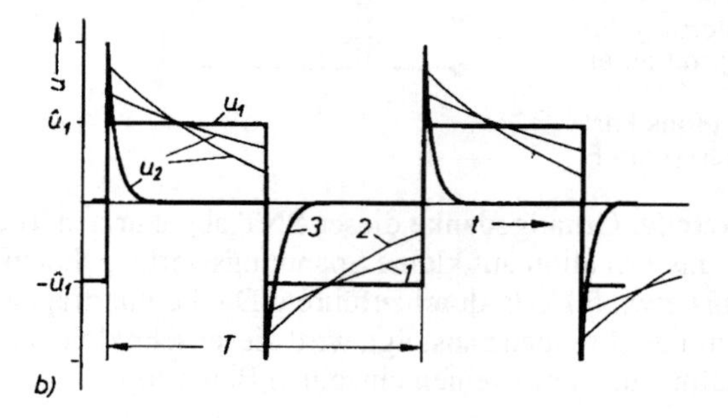

Bild 2.60 RC-Differenzierglied
a) Schaltung, b) Spannungsdiagramme

Für den genauen Verlauf der Ausgangsspannung u_2 ist der Wert der Zeitkonstanten τ maßgebend. Je größer τ gewählt wird, um so weniger ist der Kondensator jeweils aufgeladen und um so mehr nähert sich der Verlauf von u_2 der Rechteckform der Eingangsspannung (Bild 2.60b, Kurve 1). Wählt man dagegen $\tau \ll T$, so erreicht die Kondensatorspannung rasch innerhalb der Halbschwingung von u_1 den Endwert $u_C = \pm \hat{u}_1$, wonach mit dem Ladestrom i_C auch die Spannung u_2 zu Null wird. Im Augenblick des Polaritätswechsels gilt $u_2 = \pm 2\hat{u}_i$, danach fällt die Spannung steil ab. Mit der Auslegung $\tau = R \cdot C \ll T = 1/f$ oder

$$R \cdot C \ll 1/f \tag{2.21}$$

lassen sich also aus einer Rechteckspannung mit der Frequenz f durch die RC-Schaltung Nadelimpulse erzeugen (Kurve 3). Da diese nur während der Flanken der Rechteckspannung auftreten, stellt ihr Verlauf idealisiert die Differentiation der Eingangskurve dar. Man bezeichnet daher die Schaltung nach Bild 2.60 als Differenzierglied.

2.2.2.2 Integrierglied

Vertauscht man nach Bild 2.61 die Anordnung von Kondensator und Widerstand gegenüber dem Differenzierglied, so ergibt sich aus der Rechteckspannung am Eingang ein Dreiecksverlauf. Man verwendet für die Ausgangsspannung u_2 direkt die sich während jedes Ladevorgangs aufbauende Kondensatorspannung, deren Verlauf wieder von der Zeitkonstanten $\tau = R \cdot C$ bestimmt wird. Ist $\tau \ll T$, so ergibt sich ein vorne abgerundeter Rechteckverlauf (Bild 2.61b, Kurve 1), da der Kondensator bereits innerhalb einer Halbperiode voll auf den Scheitelwert u_1 aufgeladen wird. Wählt man dagegen $\tau > T$, so steigt die Spannung entsprechend dem Anfang der e-Funktion fast linear an, und die Ausgangsspannung u_2 erhält einen Dreiecksverlauf (Kurve 3). Als Bedingung für diese Integration der Eingangsspannung gilt mit $\tau > T$

$$RC > \frac{1}{f} \tag{2.22}$$

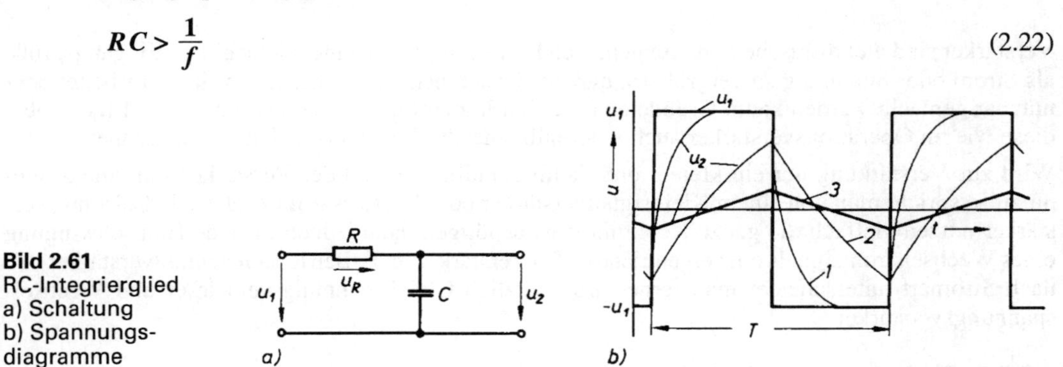

Bild 2.61
RC-Integrierglied
a) Schaltung
b) Spannungsdiagramme

2.2.2.3 Weitwinkelphasenschieber

Mitunter ist es erforderlich, eine sinusförmige Wechselspannung ohne die Amplitude zu ändern, in ihrer Phasenlage um den Winkel $0° \leq \varphi \leq 180°$ zu drehen. Hierzu eignet sich besonders die Brückenschaltung nach Bild 2.62, in welcher der Phasenwinkel φ der Ausgangsspannung $\underline{U}_2$ über die Stellung des Potentiometers R_P bestimmt werden kann.

Die Wirkungsweise der Schaltung ergibt sich aus dem Zeigerbild 2.62b. Die Sekundärspannung $U_{12} = 2 \cdot U_1$ des Transformators liegt an dem RC-Glied, wobei wegen der 90°-Phasenverschiebung

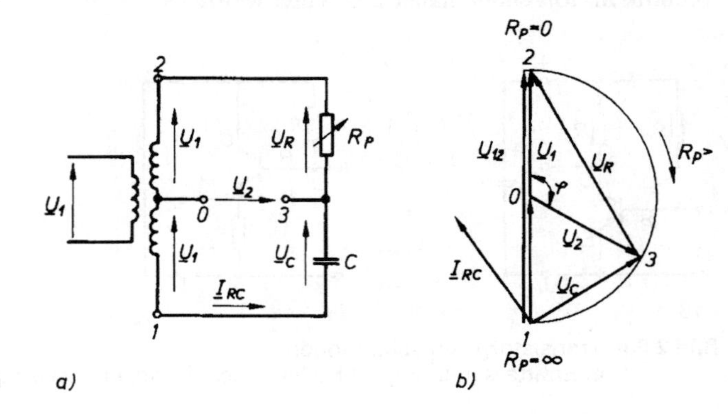

Bild 2.62
Weitwinkelphasenschieber
a) Schaltung
b) Zeigerdiagramm der Spannungen

zwischen den Spannungen $\underline{U}_R$ und $\underline{U}_C$ die Ortskurve des Punktes 3 der Thaleskreis über U_{12} ist. Mit $R_P = 0$ wird auch $U_R = 0$ und der Punkt 3 liegt an der Stelle 2, womit der Winkel φ zu Null wird. Mit größerem Widerstand wandert der Punkt 3 in Richtung nach 1 und φ wird entsprechend größer. Bei $R_p \gg 1/\omega C$ ist praktisch $\varphi = 180°$ erreicht.

Für die Belastung des Ausgangs mit den Klemmen 0 und 3 durch einen Strom I_2 ist zu beachten, daß $I_2 \ll I_{RC}$ bleibt, da das Diagramm in Bild 2.62 streng nur im Leerlauf gültig ist. Bei zu großem Laststrom ändert sich mit dem Phasenwinkel φ auch die Amplitude der Ausgangsspannung $\underline{U}_2$.

Beispiel 2.14 Aus einer 10 kHz-Rechteckspannung soll über ein Differenzierglied nach Bild 2.60 eine Folge von Nadelimpulsen erzeugt werden. Welcher Widerstand R ist bei $C = 0{,}1\ \mu F$ vorzusehen?

Nach Gl. (2.21) wird $RC = 0{,}1/f$ gewählt, damit ist

$$R = \frac{1}{10 f \cdot C} = \frac{1}{10 \cdot 10^4\ \text{Hz} \cdot 10^{-7}\ \text{s}/\Omega} = 100\ \Omega$$

2.2.3 Verstärker

Verstärker sind elektronische Schaltungen, welche die Amplitude einer elektrischen Eingangsgröße als Strom oder Spannung so vergrößern, daß sie danach bequem gemessen, weiterverarbeitet oder nutzbar gemacht werden kann. Grundelemente sind immer bipolare Transistoren oder FET, wobei diese wie im Operationsverstärker auch innerhalb eines IC-Bausteins realisiert sein können.

Wird zur Verstärkung nur ein kleiner und damit geradliniger Teil der Verstärkerkennlinie ausgenutzt, so spricht man von einem Kleinsignalverstärker oder Verstärker im A-Betrieb. Leistungsverstärker nutzen vielfach die ganze Kennlinie aus, benötigen dann jedoch für jede Halbschwingung eines Wechselstromsignals eine eigene Endstufe (Verstärker im B-Betrieb, Gegentaktverstärker). Je nach Stromart unterscheidet man ferner grundsätzlich Gleichspannungsverstärker und Wechselspannungsverstärker.

2.2.3.1 Transistorgrundschaltungen

Transistoren können prinzipiell in drei Grundschaltungen eingesetzt werden, die jeweils ihre besonderen Eigenschaften aufweisen und entsprechende Verwendung finden. Bild 2.63 zeigt die Zusammenstellung für bipolare Transistoren, für FET gelten analoge Schaltungen. Die Bezeichnung kennzeichnet jeweils den Anschluß, der sowohl für die Eingangs- wie die Ausgangsseite gilt, wobei für die Kollektorschaltung der für Wechselströme kurzgeschlossene Weg über die Batterieversorgung mit der Spannung U_B gilt.

Die weitaus wichtigste Schaltung für den Aufbau von Verstärkern ist die Emitterschaltung, deren Technik im folgenden näher betrachtet werden soll.

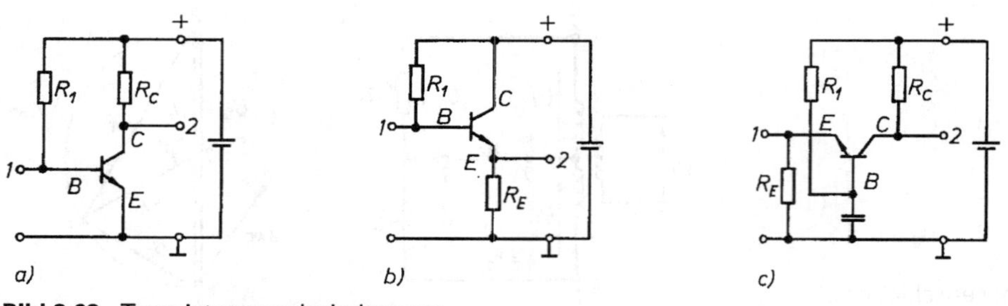

Bild 2.63 Transistorgrundschaltungen
a) Emitterschaltung, b) Kollektorschaltung, c) Basisschaltung

2.2.3.2 Emitterschaltung

Am Beispiel der Emitterschaltung nach Bild 2.64 soll das Prinzip der Spannungsverstärkung mit einem Transistor dargestellt werden. An den Eingang 1 ist die Signalquelle mit der zu verstärkenden Wechselspannung u_1 angeschlossen. Damit beide Halbschwingungen verarbeitet werden können, muß der Betriebspunkt oder Arbeitspunkt A des Verstärkers ohne Eingangssignal etwa in der Mitte des Kennlinienfeldes (Bild 2.64 b und c) liegen. Die Wechselspannung u_1 bewirkt dann auf der Eingangskennlinie $I_B = f(U_{BE})$ des Transistors eine Änderung des Basisstromes im Bereich I_{B1} bis I_{B2}, was einer Aussteuerung zwischen den Punkten A_1 und A_2 entspricht. Im Ausgangskennlinienfeld $I_C = f(U_{CE})$ wandert der Betriebspunkt dann ebenfalls von A_1 bei I_{B1} bis A_2 bei I_{B2}, womit sich die Kollektor-Emitter-Spannung u_{CE} sinusförmig mit u_2 ändert. Nach

$$u_2 = -V_u \cdot u_1 \tag{2.23}$$

erhält man eine Ausgangsspannung u_2, welche um die Leerlauf-Spannungsverstärkung $V_u = 50$ bis 500 größer als das Eingangssignal ist. Das Minuszeichen berücksichtigt, daß bei der Emitterschaltung zwischen den Schwingungen u_1 und u_2 eine 180°-Phasenverschiebung auftritt.

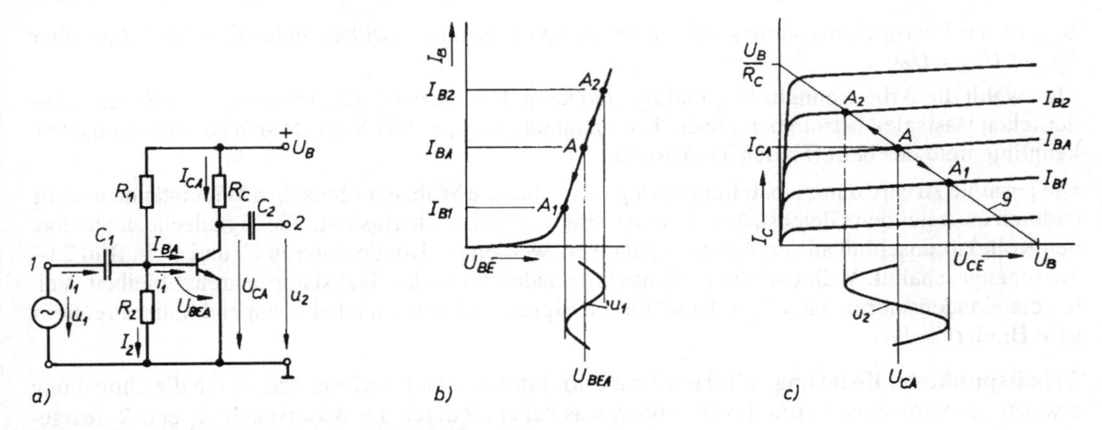

Bild 2.64 Arbeitspunkteinstellung beim Transistor
a) Schaltung mit Basisspannungsteiler
b) Eingangskennlinie mit Arbeitspunkt A und Signalspannung u_1
c) Ausgangskennlinienfeld mit Arbeitsgeraden g und Ausgangsspannung u_2

Arbeitspunkteinstellung. Die Lage des Arbeitspunktes A in Bild 2.64 wird durch eine Gleichstrom-Aussteuerung des Transistors festgelegt, die mit Hilfe der Widerstände R_C, R_1 und R_2 eingestellt werden kann. Für den Kollektor-Emitterkreis des Transistors gilt die Spannungsgleichung

$$U_B = I_C \cdot R_C + U_{CE}$$

und damit

$$I_C = \frac{U_B}{R_C} - \frac{U_{CE}}{R_C} \tag{2.24}$$

Im Ausgangskennlinienfeld $I_C = f(U_{CE})$ nach Bild 2.64c stellt Gl. (2.24) eine Gerade g mit dem Ordinatenabschnitt U_B/R_C und der Nullstelle bei $U_{CE} = U_B$ dar. Man bezeichnet g als Arbeits- oder Widerstandsgerade und legt ihre Neigung durch den Wert des Kollektorwiderstandes R_C fest.

Die Lage des Arbeitspunktes A auf der Geraden und damit die Betriebswerte U_{CA} und I_{CA} des Transistors ohne Eingangssignal werden durch die Wahl des Basisgleichstromes I_{BA} bestimmt. Für

I_{BA} benötigt man nach der Eingangskennlinie (Bild 2.64b) des Transistors eine Basis-Emitterspannung U_{BEA}, die über den Spannungsteiler $R_1 - R_2$ eingestellt wird. Damit U_{BEA} nur vom Teilerverhältnis $R_2/R_1 + R_2)$ bestimmt ist und der Transistor als Belastung nur einen geringen Einfluß hat, sollte ein Querstrom I_2 nach

$$I_2 = (5 \text{ bis } 10) \cdot I_{BA} \tag{2.25}$$

gewählt werden.

Für die Dimensionierung der drei Widerstände gelten damit die Beziehungen

$$R_C = \frac{U_B - U_{CA}}{I_{CA}} \tag{2.26}$$

$$R_1 = \frac{U_B - U_{BA}}{I_2 + I_{BA}} \tag{2.27}$$

$$R_2 = \frac{U_{BA}}{I_2} \tag{2.28}$$

U_{BA} ist die Basisgleichspannung bei Verwendung eines Emitterwiderstandes R_E (Bild 2.65), ohne R_E gilt $U_{BA} = U_{BEA}$.

Man wählt die Arbeitspunkte U_{CA} und I_{CA} und kann dann nach Gl. (2.2) mit $I_{BA} = I_{CA}/B$ den erforderlichen Basisgleichstrom berechnen. Die Spannung $U_{BEA} \approx 0{,}65$ V ergibt sich aus dem Eingangskennlinienfeld des betreffenden Transistors.

Die gesamte Arbeitspunkteinstellung erfolgt also über die Wahl der ohmschen Widerstände und die dadurch auftretenden Gleichströme. Damit diese weder über die Basis auf die Signalseite, noch über den Kollektoranschluß an den Ausgang gelangen, werden die Kondensatoren C_1 und C_2 in Bild 2.64 zwischengeschaltet. Während die Gleichströme dadurch auf den Transistor begrenzt bleiben, stellen die Kondensatoren nach $X_C = 1/\omega C$ für die Signalwechselströme bei genügend hoher Frequenz kein Hindernis dar.

Arbeitspunktstabilisierung. Wird ein Transistor infolge seiner Verluste oder durch die Umgebung erwärmt, so wird seine Leitfähigkeit größer, was bei einer durch die Widerstände R_1 und R_2 festgelegten Spannung U_{BEA} zu einer Erhöhung von I_{BA} und damit I_{CA} führt. Dadurch wird der eingestellte Arbeitspunkt A nach oben auf der Geraden g verschoben. Man kann diesem unerwünschten Effekt dadurch entgegenwirken, daß man die Spannung U_{BEA} etwas reduziert und so den Transistor geringfügig zusteuert. Das kann durch eine Arbeitspunktstabilisierung selbsttätig erfolgen.

In der Schaltung nach Bild 2.65a wird die Stabilisierung durch Stromgegenkopplung mit Hilfe des Widerstandes R_E erreicht. Erhöht sich infolge einer Erwärmung des Transistors der Kollektorstrom

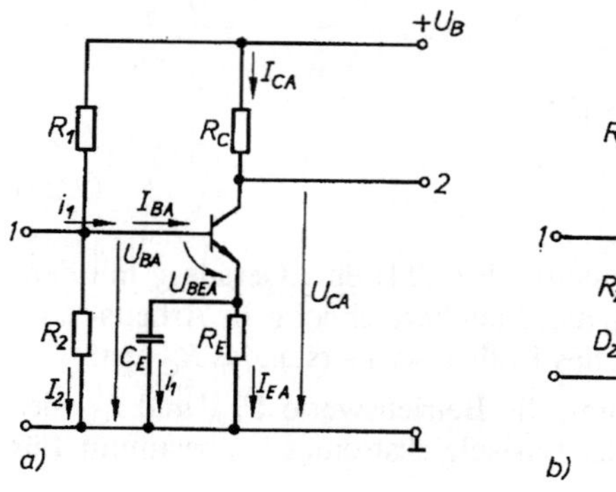

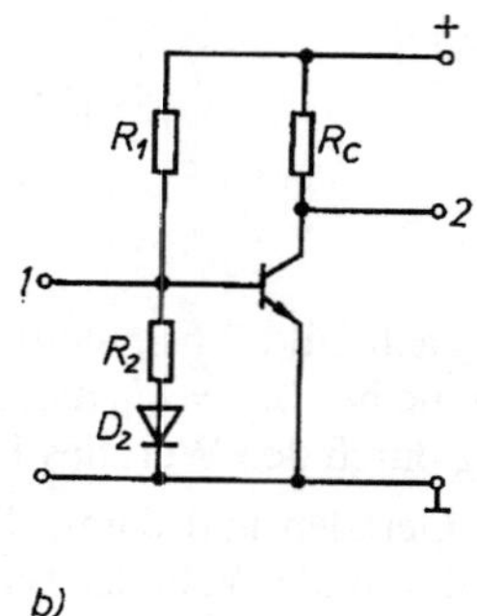

Bild 2.65
Schaltungen zur Arbeitspunktstabilisierung
a) Gleichstrom-Gegenkopplung mit R_E
b) Temperaturkompensation mit Diode D_2

I_C, so steigt auch der Emitterstrom I_{EA} an und vergrößert den Spannungsabfall $U_E = I_{EA} \cdot R_E$. Dadurch wird das Emitterpotential etwas angehoben und die Spannung U_{BEA} entsprechend gesenkt. Der Transistor wird so geringfügig zugesteuert und die Lage des Arbeitspunktes bleibt erhalten. Damit der Signalstrom i_1 nicht ebenfalls über R_E fließen muß, was eine Verringerung der Verstärkung zur Folge hätte, schafft man diesem Wechselstrom einen Beipaß über C_E.

Eine andere Schaltung zur Stabilisierung zeigt Bild 2.65b. Bei einer Erwärmung des Transistors wird sich auch die Temperatur der räumlich eng zugeordneten Diode erhöhen, womit ihr Durchlaßwiderstand sinkt. Damit erhält die Basis-Emitterstrecke ebenfalls eine etwas reduzierte Spannung U_{BEA}, was wieder einer Erhöhung des Kollektorstromes entgegenwirkt.

Beispiel 2.15 Für einen Si-NPN-Transistor mit den Daten $I_{CA} = 3$ mA, $U_{BEA} = 0{,}6$ V, $B = 100$ ist mit $U_B = 12$ V eine Verstärkerstufe nach Bild 2.65 aufzubauen. Bei $R_E = 100\ \Omega$ sind die Widerstände R_1, R_2 und R_C zu bestimmen. Im Arbeitspunkt soll $U_{CA} = 6$ V bestehen.

Kollektorwiderstand nach Gl. (2.26)

$$R_C = \frac{U_B - U_{CA}}{I_{CA}} = \frac{12\text{ V} - 6\text{ V}}{3\text{ mA}} = 2\text{ k}\Omega$$

Basisstrom nach Gl. (2.2)

$$I_{BA} = \frac{I_{CA}}{B} = \frac{3\text{ mA}}{100} = 30\ \mu\text{A}$$

Emitterstrom

$$I_E = I_{CA} + I_{BA} = 3{,}03\text{ mA} \approx 3\text{ mA}$$

Emitterspannung

$$U_E = I_E \cdot R_E = 3\text{ mA} \cdot 100\ \Omega = 0{,}3\text{ V}$$

Basisspannung

$$U_{BA} = U_{BEA} + U_E = 0{,}6\text{ V} + 0{,}3\text{ V} = 0{,}9\text{ V}$$

Nach Gl. (2.25) wird $I_2 = 10 \cdot I_{BA} = 0{,}3$ mA gewählt, damit erhält man die Widerstände des Spannungsteilers nach den Gl. (2.27) und (2.28)

$$R_2 = \frac{U_{BA}}{I_2} = \frac{0{,}9\text{ V}}{0{,}3\text{ mA}} = 3\text{ k}\Omega$$

$$R_1 = \frac{U_B - U_{BA}}{I_2 + I_{BA}} = \frac{12\text{ V} - 0{,}9\text{ V}}{0{,}33\text{ mA}} = 33{,}6\text{ k}\Omega$$

2.2.3.3 Mehrstufige Verstärker

Reicht die Verstärkung eines Transistors nicht aus, so werden mehrere Grundschaltungen in Reihe geschaltet und man erhält einen mehrstufigen Verstärker. Je nach Verbindung der einzelnen Stufen untereinander, unterscheidet man zwischen einer galvanischen Kopplung, Kopplung über einen Kondensator oder auch einen Transformator oder Übertrager.

Die galvanische Verbindung der einzelnen Transistorstufen hat den Vorteil, daß auch Gleichspannungssignale verstärkt werden können, die über einen Kondensator nicht zu übertragen sind. Nachteilig ist, daß die Einstellung der Arbeitspunkte nicht unabhängig voneinander vorgenommen werden kann. Durch die galvanische Kopplung entspricht nämlich das Basispotential des zweiten Transistors der Kollektorspannung des ersten.

Bei der Kondensatorkopplung treten diese Probleme nicht auf, dafür sind wegen des Kondensatorwiderstandes nur Wechselspannungen übertragbar. Bild 2.66 zeigt einen derartigen dreistufigen Wechselspannungsverstärker mit Angabe der Bauteile. Aus dem Schaltplan geht hervor, daß die

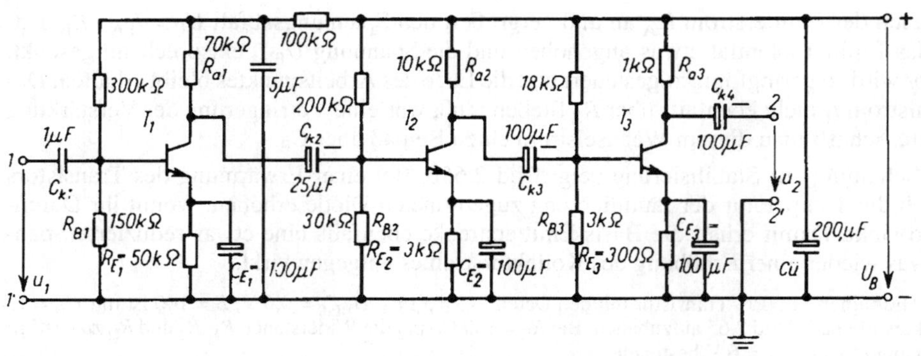

Bild 2.66 Dreistufiger, breitbandiger Wechselspannungsverstärker

Eingangsspannung jeder Stufe über einen aus dem Kopplungskondensator C_k und dem Basiswiderstand R_B bestehenden, frequenzabhängigen Spannungsteiler übertragen wird. Für $X_k = 1/\omega\ C_k = R_B$ ist die Ausgangsspannung des Teilers gleich dem $1/\sqrt{2}$fachen der Eingangsspannung. Die Frequenz, bei der dies eintritt, nennt man die untere Grenzfrequenz f_{gu} des Verstärkers, bei ihr ist die Verstärkung V_u nur noch das $1/\sqrt{2}$fache des Nennwertes.

Eine obere Grenzfrequenz entsteht durch die Wirkung der Eigenkapazitäten der Widerstände und des Transistors. Die Bauteile werden mit $X = 1/\omega\ C$ bei $\omega \to \infty$ immer niederohmiger überbrückt, was bei einer oberen Grenzfrequenz f_{go} die Verstärkung auf denselben Wert wie bei f_{gu} herabsetzt. Man bezeichnet die Differenz b nach

$$b = f_{go} - f_{gu} \tag{2.29}$$

als Bandbreite eines Verstärkers.

2.2.3.4 Differenzverstärker

Der Aufbau eines Gleichspannungsverstärkers durch galvanische Kopplung mehrerer Emitterschaltungen bringt außer dem schon erwähnten Nachteil weitere Probleme. Alle durch Temperaturschwankungen bedingten Änderungen der Arbeitspunktlage führen zu einer anderen Ausgangsgleichspannung und damit zu einem Meßfehler. Man kann diese Drift des Nullpunktes zwar durch Schaltungsmaßnahmen verringern, verwendet aber trotzdem für den Aufbau von Gleichspannungsverstärkern andere Techniken.

Das Problem der Temperaturdrift läßt sich weitgehend beherrschen, wenn man nach Bild 2.67 einen Differenzverstärker verwendet. Bei den beiden Transistoren werden gleichsinnige Änderungen der Eingangsspannungen u_1 und u_2 auch zu entsprechend gleichen Veränderungen der Kollektorspannungen u_{C1} und u_{C2} führen, wobei diese Gleichtaktverstärkung durch den Gegenkopplungswider-

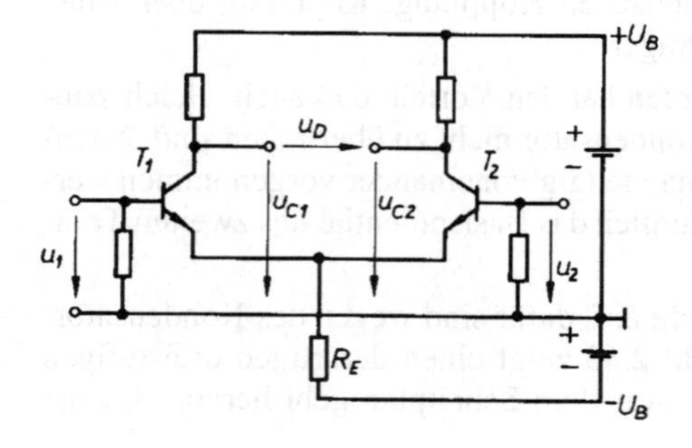

Bild 2.67
Schaltung eines Differenzverstärkers

stand R_E herabgesetzt ist. Die Differenz $u_D = u_{C1} - u_{C2}$ bleibt unverändert, was auch dann gilt, wenn die Änderungen durch Temperatureinfluß, der sicher gleichsinnig auftritt, entstehen.

Gegenläufige Änderungen der Eingangsspannungen führen dagegen zu einer Erhöhung der einen Kollektorspannung und zur Verringerung der anderen. Damit entsteht eine Differenzspannung u_D und die Schaltung erhält mit

$$u_D = V_D(u_1 - u_2) \tag{2.30}$$

eine hohe Differenzverstärkung V_D ähnlich der Emitterschaltung. Die Technik der Differenzverstärker ist Grundlage des Aufbaus von Operationsverstärkern, die heute als integrierte Bausteine sehr vielfältig eingesetzt werden.

2.2.3.5 Steuerschaltungen mit Transistoren

Spannungsregler. Transistoren können auch als lineare Stellglieder in Steuerschaltungen eingesetzt werden. Bild 2.68 zeigt eine Schaltung zur Einstellung einer konstanten Gleichspannung, die z. B. im Anschluß an die Gleichrichterschaltung in Bild 2.58 verwendet werden kann.

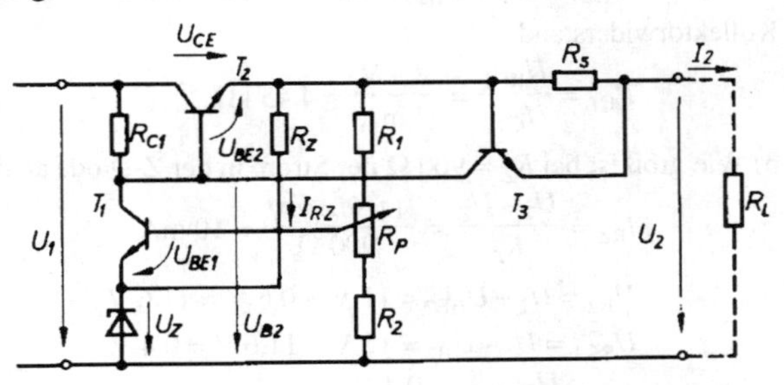

Bild 2.68
Schaltung eines einfachen Spannungsreglers

Der Transistor T_2 arbeitet als veränderlicher Widerstand R_{CE2}, der die Differenz $U_1 - U_2$ zwischen Eingangsspannung U_1 und dem gewünschten Ausgangswert U_2 aufnimmt. Wird durch einen anderen Potentiometerwiderstand R_P der Transistor T_1 weiter aufgesteuert, so sinkt seine Kollektorspannung und damit auch die Basisspannung von T_2. Transistor T_2 erhält einen höheren Widerstandswert R_{CE2}, womit die Ausgangsspannung sinkt. Die Spannung U_2 wird also durch die Stellung des Potentiometers bestimmt und ist etwa im Bereich $U_z < U_2 < U_1$ einstellbar.

Wird U_2 durch eine stärkere Belastung I_2 oder ein Absinken der Eingangsspannung kleiner, so fällt auch die Basisspannung von T_1, der dadurch etwas zusteuert und die Basisspannung von T_2 anhebt. Transistor T_2 verringert seinen Widerstand R_{CE2}, so daß U_2 auf dem ursprünglichen Wert gehalten wird.

Transistor T_3 dient der Überstrombegrenzung. Bei $I_2 < I_{2\,zul}$ ist die Spannung $R_s \cdot I_2 = U_{BE3} < 0{,}6$ V, womit T_3 sehr hochohmig bleibt und keinen Einfluß hat. Bei Überströmen mit $R_s \cdot I_2 > 0{,}6$ V steuert T_3 auf und verringert damit die Basisspannung von T_2. Dieser wird damit hochohmiger und begrenzt I_2 auf zulässige Werte.

Beleuchtungssteuerung. Bild 2.69 zeigt das Prinzip einer Relaissteuerung für eine Beleuchtung über den Lichteinfall auf eine Fotodiode. Zum Einsatz kommt ein PNP-Transistor, womit der Emit-

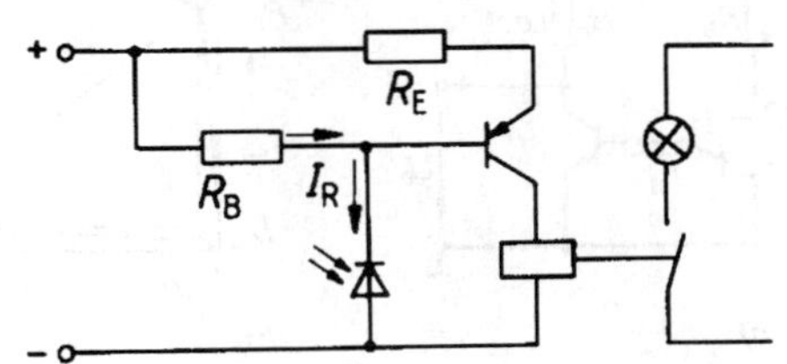

Bild 2.69
Lichtelektrische Steuerung

teranschluß am Pluspol der Gleichstromversorgung liegt. Bei geringem Lichteinfall fließt entsprechend der Diodenkennlinie nach Bild 2.24 nur ein kleiner Sperrstrom I_R durch die Fotodiode, so daß das Basispotential nur um den geringen Spannungsabfall $R_B \cdot I_R$ unterhalb des Pluspotentials liegt. Dies reicht nicht aus, den Transistor aufzusteuern und das Relais zieht nicht an. Bei Lichteinfall wird der Sperrstrom I_R wesentlich größer, damit sinkt das Basispotential so stark, daß der Transistor leitend wird und mit I_C der Anzugsstrom des Relais erreicht ist.

Beispiel 2.16 Für die Schaltung in Bild 2.68 ohne R_s und T_3 gelten die Transistordaten $I_{C1} = 2$ mA, $U_{BE1} = U_{BE2} = 0{,}6$ V. Die Spannungen sind $U_1 = 12$ V, $U_Z = 2$ V, $U_2 = 2{,}5$ V bis 11 V. Die Basisströme I_{B1} und I_{B2} können vernachlässigt werden.

a) Es ist der erforderliche Kollektorwiderstand R_{C1} zu bestimmen.

Der Transistor T_1 führt dann den zulässigen Wert I_{C1}, wenn er aufgesteuert ist und damit die Ausgangsspannung U_2 an der unteren Grenze liegt. Dann gilt

$$U_{B2} = U_2 + U_{BE2} = 2{,}5\text{ V} + 0{,}6\text{ V} = 3{,}1\text{ V}$$

Spannungen an R_{C1}

$$U_{RC1} = U_1 - U_{B2} = 12\text{ V} - 3{,}1\text{ V} = 8{,}9\text{ V}$$

Kollektorwiderstand

$$R_{C1} = \frac{U_{RC1}}{I_{C1}} = \frac{8{,}9\text{ V}}{2\text{ mA}} = 4{,}45\text{ k}\Omega$$

b) Wie groß ist bei $R_Z = 900\ \Omega$ der Strom in der Z-Diode an der oberen Spannungsgrenze?

$$I_{RZ} = \frac{U_2 - U_Z}{R_Z} = \frac{11\text{ V} - 2\text{ V}}{900\ \Omega} = 10\text{ mA}$$

$$U_{B2} = U_2 + U_{BE2} = 11\text{ V} + 0{,}6\text{ V} = 11{,}6\text{ V}$$

$$U_{RC1} = U_1 - U_{B2} = 12\text{ V} - 11{,}6\text{ V} = 0{,}4\text{ V}$$

$$I_{C1} = \frac{U_{RC1}}{R_{C1}} = \frac{0{,}4\text{ V}}{4{,}45\text{ k}\Omega} \approx 0{,}1\text{ mA}$$

$$I_Z = I_{RZ} + I_{C1} \approx 10{,}1\text{ mA}$$

2.2.4 Generator- und Kippschaltungen

2.2.4.1 Schalterbetrieb des Transistors

Während im Verstärkerbetrieb eines Transistors ein linearer Zusammenhang zwischen Ein- und Ausgangsspannung erwünscht ist, werden für den Einsatz als elektronischer Schalter nur zwei Grenzzustände am Rande des Kennlinienfeldes benötigt. Das Prinzip dieser Ansteuerung ist in Bild 2.70 dargestellt.

Elektronischer Schalter. Erhält der Transistor mit Schalterstellung 1 keinen Basisstrom I_B, so liegt der Betriebspunkt nach dem Kennlinienfeld bei A (AUS). Es fließt nur ein kleiner Sperrstrom I_{CO}

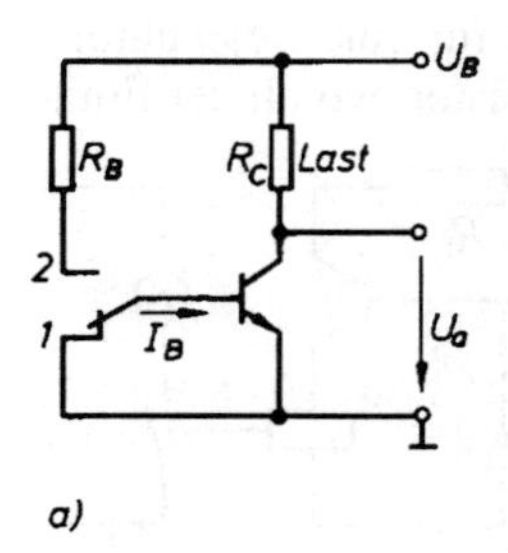

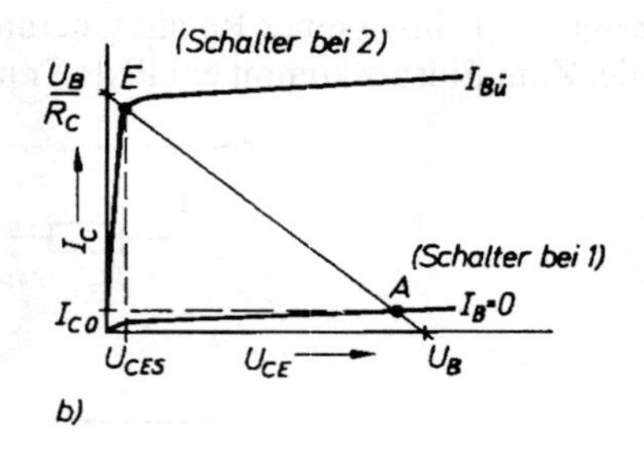

Bild 2.70
Schalterbetrieb eines Transistors
a) Schaltung
b) Betriebszustände im Kennlinienfeld

(Bereich nA) und die Kollektor-Emitterstrecke ist sehr hochohmig. Die Betriebsspannung liegt mit $U_a \approx U_B$ fast ganz am Transistor, der wie ein geöffneter Schalter wirkt.
Wird dem Transistor durch die Schalterstellung 2 ein genügend großer Basisstrom $I_{bü}$ zugeführt, so erreicht man den Betriebspunkt *E* (EIN). Die Kollektor-Emitterstrecke ist so niederohmig wie möglich geworden und nimmt nur noch eine Sättigungsspannung $U_{CES} \approx 0{,}3$ V auf. Die Betriebsspannung U_B liegt fast ganz am Lastwiderstand R_C, der Transistor wirkt mit $U_a \approx 0$ V wie ein geschlossener Schalter.

Da sowohl das Anreichern der Sperrschichten beim Einschalten wie das Ausräumen der freien Ladungsträger ein kurze Zeit erfordern, folgen Transistoren dem Steuerbefehl nicht völlig unverzögert. Man kann je nach Transistortyp und dem Wert des um den Übersteuerungsgrad $ü = 2$ bis 3 vergrößerten Basisstroms $I_{Bü}$ mit Einschaltzeiten von 10 ns bis 100 ns und Ausschaltzeiten von 50 ns bis 1000 ns rechnen.

Beispiel 2.17 Für den Transistor nach Bild 2.70 gelten die Daten: $U_B = 12$ V, $R_C = 200\ \Omega$, $I_{CO} = 400$ nA, $U_{CES} = 0{,}4$ V. Es ist der Transistorwiderstand R_{CE} in den beiden Schaltzuständen zu bestimmen.

AUS: $$R_{ges} = \frac{U_B}{I_{CO}} = \frac{12\text{ V}}{0{,}4\ \mu\text{A}} = 30\text{ M}\Omega \gg 200\ \Omega$$

$$R_{CE} = R_{ges} - R_C \approx 30\text{ M}\Omega$$

EIN: $$U_R = U_B - U_{CES} = 12\text{ V} - 0{,}4\text{ V} = 11{,}6\text{ V}$$

$$I_C = \frac{U_R}{R_C} = \frac{11{,}6\text{ V}}{200\ \Omega} = 58\text{ mA}$$

$$R_{CE} = \frac{U_{CES}}{I_C} = \frac{0{,}4\text{ V}}{58\text{ mA}} = 6{,}9\ \Omega$$

Induktive Last. Beim Ein- und Ausschalten eines Transistors treten jeweils Schaltverluste auf, die dem Produkt $U_B \cdot I_C$ proportional sind. Diese Schaltverluste sind bei netzfrequenten Anwendungen gegenüber den Durchlaßverlusten ohne Bedeutung, müssen jedoch bei höheren Frequenzen berücksichtigt werden.

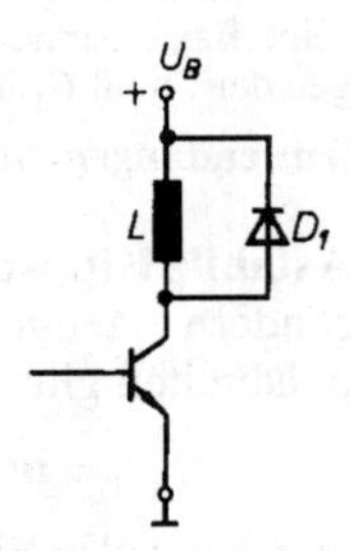

Bild 2.71
Freilaufdiode für eine induktive Last

Besondere Schwierigkeiten macht das Abschalten eines induktiven Verbrauchers (Bild 2.71), da erst die magnetische Energie der stromdurchflossenen Spule abgebaut werden muß. Ohne Zusatzmaßnahmen würde durch die Spannungsinduktion in der Spule beim raschen Abklingen des Laststromes eine gefährliche, unzulässige Überspannung am Transistor entstehen. Zum Schutz vor derartigen Schaltspannungen wird dem induktiven Verbraucher daher eine Freilaufdiode D_1 gegenparallelgeschaltet, über die der Spulenstrom langsam abklingen kann.

2.2.4.2 Kippschaltungen

Mit elektronischen Schaltern und meist in Verbindung mit RC-Gliedern lassen sich ein Reihe klassischer Kippschaltungen aufbauen. Nach der Zahl der stabilen Betriebszustände unterscheidet man zwischen astabilen, monostabilen und bistabilen Schaltungen. Auch der Schmitt-Trigger oder Schwellwertschalter gehört in diesen Kreis.

Monostabile Kippschaltungen. Das Prinzip dieser Schaltung ist in Bild 2.72 angegeben. Ohne ein Eingangssignal u_1 ist der Transistor T_1 gesperrt und Transistor T_2 leitend. Dieser Betrieb mit $u_2 = 0$ ist der einzige stabile Zustand. Wird T_1 durch einen kurzen Spannungsimpuls u_1 eingeschaltet, so öffnet T_2 und man erhält über die Zeit

$$t_1 = \ln 2 \cdot (R_1 C_1) \tag{2.31}$$

am Ausgang das Signal $u_2 = U_B$. Danach fällt die Kippschaltung wieder in ihre Ruhelage zurück. Die Verweilzeiten mit dem nichtstabilen Zwischenzustand können etwa 1 µs bis 10^3 s betragen.

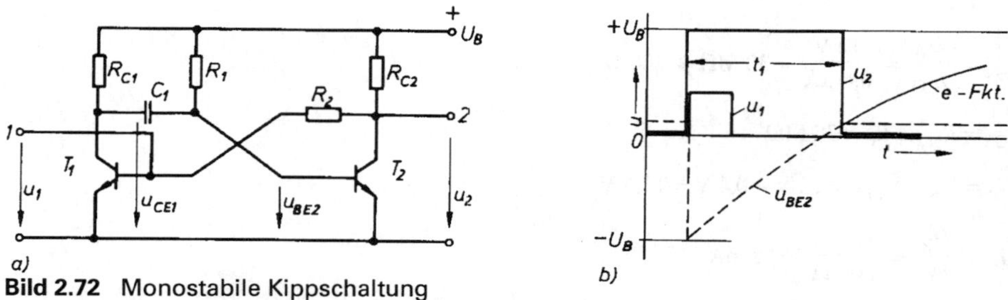

Bild 2.72 Monostabile Kippschaltung
a) Prinzipschaltung, b) Spannungsdiagramme

Im stationären Zustand mit der Betriebsspannung U_B aber ohne Eingangsimpuls u_1 ist infolge der Wirkung des Kondensators C_1 stets T_1 gesperrt und T_2 leitend. Damit gilt $u_{CE1} \approx U_B$, $u_{CE2} = u_2 \approx 0$ und $u_{BE2} = 0{,}7$ V (Bild 2.72b).

Durch einen kurzen Eingangsimpuls u_1 wird T_1 leitend, wodurch das Kondensatorpotential auf der Kollektorseite von T_1 (linke Seite) plötzlich auf $u_{CE1} \approx 0$ herabgezogen wird. Da sich die Kondensatorladung nicht schlagartig ändern kann, muß das Potential der anderen Seite (rechts) folgen und ergibt $u_{BE2} \approx -U_B$. T_2 sperrt bei dieser negativen Basisspannung sofort und man erhält das Ausgangssignal $u_2 \approx U_B$. Der Kondensator wird nun über R_1 und T_1 mit der Zeitkonstanten $\tau_1 = R_1 \cdot C_1$ aufgeladen. Sobald nun die rechte Seite von C_1 das Potential $u_{BE2} \approx 0{,}7$ V erreicht, wird T_2 wieder leitend. Damit verschwindet mit $u_2 = 0$ das Ausgangssignal wieder und T_1 verliert erneut seine Basisspannung und sperrt. Der stabile Betriebszustand ist erreicht. Bevor ein neuer Einschaltimpuls u_1 folgen darf, muß C_1 über R_{C1} und die Basis von T_2 auf $u_{CE1} \approx U_B$ gebracht werden.

Anwendungen. Monostabile Kippstufen werden als Verzögerungsschalter und zur Impulsformung eingesetzt.

Astabile Kippschaltung (Multivibrator). Diese Schaltung (Bild 2.73) hat keinen stabilen Zustand, sondern erzeugt selbstschwingend eine Rechteckspannung mit einstellbarer Frequenz. Für die Impulsbreiten gilt

$$t_1 = \ln 2 \cdot (R_1 C_1) \qquad t_2 = \ln 2 \cdot (R_2 C_2) \tag{2.32}$$

man kann also Ein- und Ausschaltdauer der Transistoren über die jeweiligen RC-Glieder verändern.

Nach dem Einschalten von U_B beginnt die symmetrische Schaltung je nach der Streuung der Transistorwerte z. B. mit den Schaltzuständen T_1 leitend, T_2 gesperrt. C_2 nimmt damit die Potentiale $u_{CE2} \approx U_B$, $u_{BE1} \approx 0{,}7$ V an, während C_1 über R_1 und T_1 aufgeladen wird. Erreicht C_1 den Wert $u_{BE2} \approx 0{,}7$ V, so schaltet T_2 ein, die Potentiale von C_2 werden auf $u_{CE1} \approx 0$, $u_{BE1} \approx -U_B$ heruntergezogen und T_1 sperrt infolge der negativen Basisspannung. Jetzt wird C_2 über R_2 und T_2 aufgeladen, womit T_1 bei $u_{BE1} \approx 0{,}7$ V wieder einschaltet usw. Der ständige Wechsel in den Betriebszuständen erfolgt also durch die Umladungen der Kondensatoren C_1 und C_2 mit den Zeitkonstanten $\tau_1 = R_1 \cdot C_1$ und $\tau_2 = R_2 \cdot C_2$.

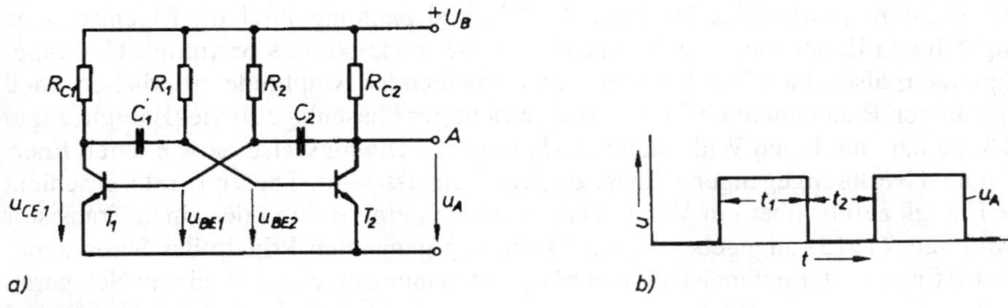

Bild 2.73 Astabile Kippschaltung
a) Prinzipschaltung, b) Spannungsdiagramm

Anwendungen. Astabile Kippschaltungen werden als Rechteckgeneratoren und Taktgeber verwendet. Man kann damit z. B. auch eine Blinkschaltung aufbauen.

Bistabile Kippschaltung. Diese Schaltungen (Bild 2.74) sind die Grundlage der in der Digitaltechnik verwendeten Kippglieder oder Flipflops und können durch einen Steuerimpuls von einer stabilen Betriebslage in die andere umgeschaltet werden. In der Bauform des RS-Kippgliedes bezeichnet man die Eingänge E_1 und E_2 mit S (set – setzen) und R (reset – rücksetzen). Ein Spannungsimpuls auf E_1 macht T_2 leitend, womit T_1 sperrt und mit $u_{A1} = U_B$ an A_1 ein Ausgangssignal erscheint. Das Signal ist gesetzt und bleibt auch nach dem Eingangsimpuls gespeichert. Erst durch einen Spannungsimpuls auf E_2 wird T_1 leitend, womit das Signal an A_1 zu Null wird. Dafür ist nun T_2 gesperrt und somit $u_{A2} = U_B$. Die Ausgangssignale verhalten sich also immer gegenläufig oder komplementär.

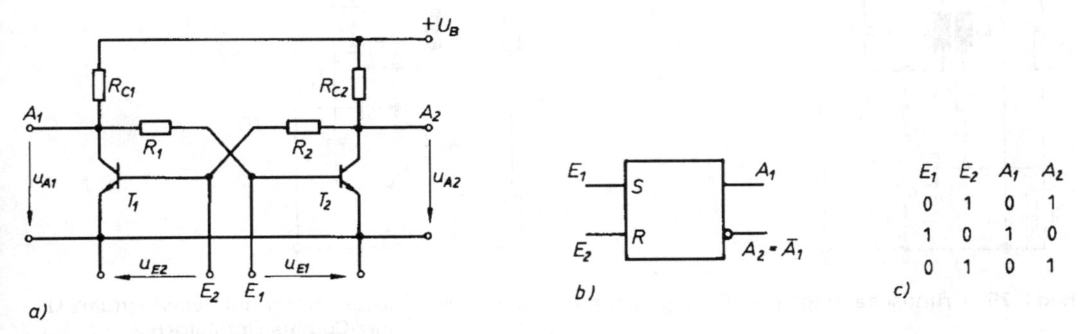

Bild 2.74 Bistabile Kippschaltung
a) Prinzipschaltung, b) Schaltzeichen, c) Wertetabelle

Bezeichnet man nach $u_A = 0\ \text{V} \mathrel{\hat{=}} 0$ und $u_A = U_B \mathrel{\hat{=}} 1$ die beiden möglichen Betriebszustände durch die Binärangaben, so entsteht ein Verhalten der Schaltung nach Bild 2.74c.

Anwendungen. Kippglieder sind sehr wichtige Schaltungen der digitalen Elektronik, vor allem der Rechentechnik. Eine weitere Anwendung ist der Einsatz als Frequenzteiler (s. Abschn. 3.3.1).

2.2.4.3 Sinusgeneratoren

Elektronische Generatoren sind Schaltungen, die ohne externes Steuersignal eine Wechselspannung erzeugen. Je nach ihrer Kurvenform unterscheidet man z. B. Sinus-, Rechteck- oder Sägezahngeneratoren. Entsprechend umschaltbare Geräte, bei denen die Frequenz der Spannungen zusätzlich meist in einem weiten Bereich gewählt werden kann, bezeichnet man als Funktionsgeneratoren.

Beim Sinusgenerator ist die gewünschte Frequenz der Wechselspannung durch die Eigenfrequenz eines schwingungsfähigen Bauelements, z.B. eines Parallel-Schwingkreises bestimmt. Um ungedämpfte Schwingungen, also einen Wechselstrom gleichbleibender Amplitude zu erhalten, muß dem schwingungsfähigen Bauelement periodisch und in richtiger Phasenlage so viel Energie zugeführt werden, daß die u.a. durch den Widerstand der Spule des Schwingkreises sowie durch Energieabgabe nach außen verlorengegangene Energie gerade ersetzt wird. Dieser Ersatz geschieht durch gesteuerte Energiezufuhr über ein Verstärkerbauelement, eine Röhre oder einen Transistor nach dem von Meissner (1913) angegebenen, Rückkopplung genannten Prinzip der Selbststeuerung. Die zugeführte Energie stammt meist aus einer Gleichspannungsquelle, z.B. einem Netzgerät.

Bild 2.75 zeigt die mit einem NPN-Transistor bestückte Grundschaltung, in der eine induktive Rückkopplung über die Transformatorspulen L_B und L genutzt wird. Die Frequenz der erzeugten Sinusspannung U wird durch die Resonanzbedingung

$$f_0 = \frac{1}{2\pi \cdot \sqrt{LC}}$$

des LC-Schwingkreises (dick gezeichnet) bestimmt. Mit dem Spannungsteiler $R_1 - R_2$ läßt sich der Arbeitspunkt des Transistors etwa in Kennlinienmitte einstellen. Über den Eingangskreis mit L_B und R_B wird der Transistor im Takt der Resonanzfrequenz f_0 angesteuert und damit sein Kollektorpotential sinusförmig geändert.

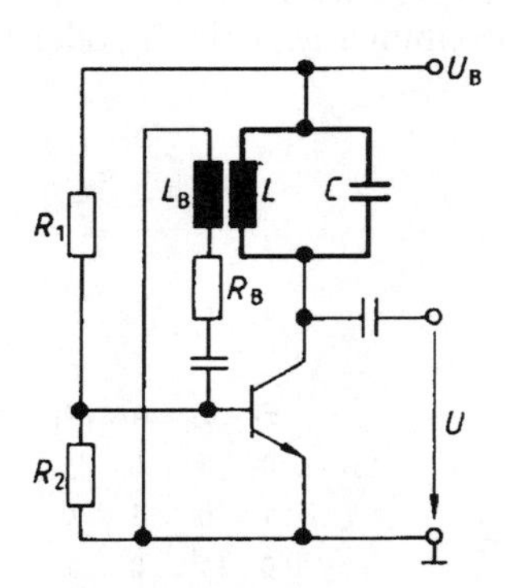

Bild 2.75 Grundschaltung eines Sinusgenerators

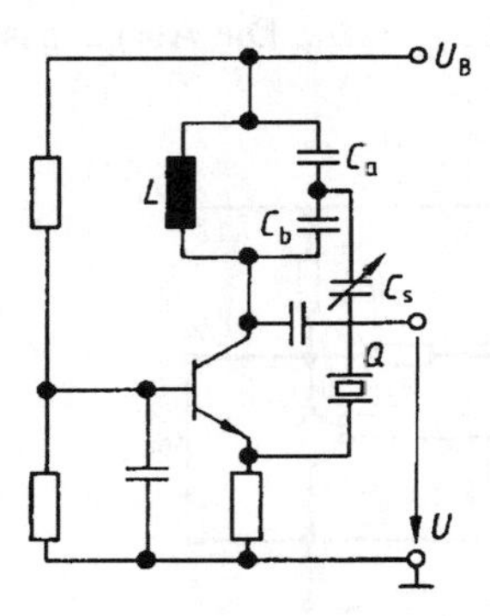

Bild 2.76 Sinusgenerator mit Schwingquarz Q (Quarz-Colpitts-Oszillator)

Quarzoszillator. Bei hohen Anforderungen an die Frequenzkonstanz eines Sinusgenerators führt man die Rückkopplung mit einem Schwingquarz aus (Bild 2.76). Seine Resonanzfrequenz wird durch die mechanischen Daten des Quarzkristalls bestimmt und besitzt eine Stabilität von $\Delta f/f = 10^{-6}$ bis 10^{-10}. In der gezeigten Schaltung wird durch die kapazitive Spannungsteilung durch C_a und C_b nur ein Teil der Wechselspannung rückgekoppelt. Der Kondensator C_s erlaubt eine Feineinstellung der gewünschten Resonanzfrequenz.

Schwingquarze bestehen aus einem Quarzeinkristall, dessen beide Schnittflächen metallisiert sind und die Anschlußelektroden tragen. Der Kristall zeigt den piezo-elektrischen Effekt, d.h. unter dem Einfluß einer mechanischen Deformation durch Druck- oder Zugkräfte entstehen auf den Oberflächen entgegengesetzte elektrische Ladungen und damit eine Spannung zwischen den Elektroden. In Umkehrung des Effekts ergeben sich beim Anlegen einer Spannung infolge des elektrischen Feldes im Kristall je nach Polarität Dehnungen oder Stauchungen des Kristalls. Durch eine Wechselspannung wird er somit periodisch verformt und kann zu Schwingungen mit seiner Eigen-frequenz f_0 angeregt werden. Er verhält sich hier wie ein Schwingkreis hoher Güte, wobei je nach Abmessungen f_0 = 1 kHz bis 20 MHz möglich ist.

Anwendungen. Sinusgeneratoren werden vielfach für meßtechnische Zwecke verwendet, sie sind ferner Bestandteil jedes Rundfunk- und Fernsehgerätes. In der Nachrichtentechnik werden Quarzoszillatoren als Steuerstufe für Sender eingesetzt.

Da frequenzstabile Sinusgeneratoren nur Ausgangsleistungen der Größenordnung Milliwatt liefern, werden mehrere selektive Leistungsverstärkerstufen nachgeschaltet, um auf die der Antenne zuzuführende Leistung (bis 1000 kW) zu kommen. Die Stufen mit Leistungen > 200 W sind mit Röhren, – bei Leistungen > 10 kW mit Wasserkühlung –, bestückt.

2.2.5 Integrierte Schaltungen

2.2.5.1 Aufbau elektronischer Schaltungen

Bei der räumlichen Gestaltung einer elektronischen Schaltung für den industriellen Einsatz wird man schon aus wirtschaftlichen Gründen stets ein möglichst geringes Bauvolumen anstreben. Dies hat auch technische Vorteile, da durch die kürzeren Verbindungen äußere Störeinflüsse und die Eigenkapazitäten und -induktivitäten der Leitungen verringert werden. Erst dadurch sind schnelle Schaltzeiten und so ein Betrieb bei hohen Frequenzen möglich. Ziel der Fertigung von Halbleiterschaltungen ist damit schon immer eine möglichst enge Zusammenfassung (Integration) der Bauelemente.

Leiterplattentechnik. Elektronische Baugruppen werden praktisch immer auf einer sogenannten Leiterplatte montiert (Flachbaugruppe). Grundlage ist eine durch Glasfasern verstärkte 0,3 mm bis 3 mm dicke Kunststoffplatte, die ein- oder beidseitig mit ca. 30 μm starker Kupferfolie kaschiert ist. Deren Oberfläche ist meist bereits herstellerseitig mit einem fotoempfindlichen Lack überzogen.

Im Schaltungsentwurf (Layout) werden alle Bauelemente im Hinblick auf eine optimale Lage angeordnet und die Verbindungen festgelegt. Diese Aufgabe löst man heute vielfach an einem PC-Arbeitsplatz. Die Zeichnung mit den Verbindungsleitungen wird nun fototechnisch auf die Lackseite übertragen und diese belichtet und entwickelt. Dabei werden die nicht erforderlichen Kupferflächen freigelegt und können in einem Ätzverfahren abgetragen werden. Es folgt ein Reinigen und Überziehen der jetzt nur noch die Schaltverbindungen tragenden Platte mit einem lötbaren Schutzlack. Nach dem Lochen der Platte kann diese bestückt werden, wobei die Anschlußdrähte der Bauelemente von einer Seite aus in die zugeordneten Löcher gesteckt und z.B. nach dem Schwall-Verfahren verlötet werden.

SMD-Technik. Bei der konventionellen Bestückung einer Leiterplatte werden die Bauelemente mit ihren Anschlußdrähten in die vorbereiteten Löcher gesteckt und auf der Rückseite mit den Leiterbahnen verlötet (Bild 2.77a). Die Leiterplatte kann nur einseitig mit Bauelementen belegt werden.

Dieses Verfahren wird zunehmend durch eine reine Oberflächenmontage abgelöst. Die Bauelemente müssen dazu als sogenannte SMD (Surface Mounted Devices) mit flachen Anschlußbeinen, die unmittelbar auf die Leiterbahnen zu löten sind, gefertigt werden (Bild 2.77b). Diese neue Be-

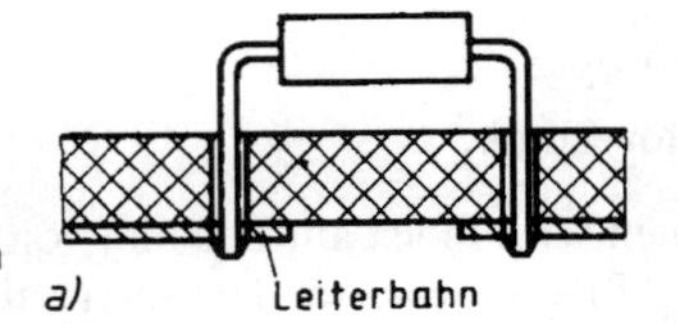

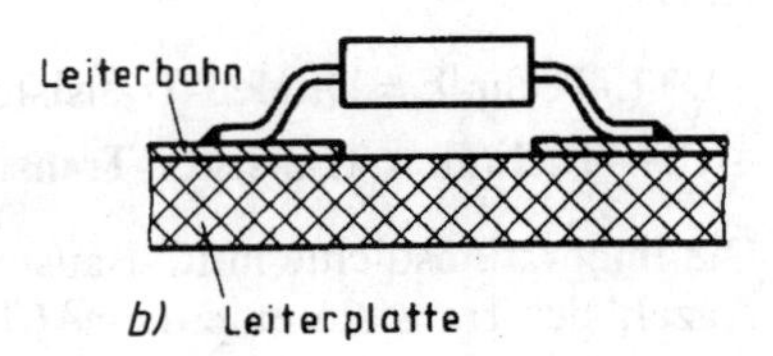

Bild 2.77
Bestückungstechniken
a) konventionell mit Bohrungen
b) SMD-Technik

stückungstechnik hat eine ganze Reihe von Vorteilen wie z.B. Löcherbohrungen entfallen, kein Biegen und Kürzen von Anschlußdrähten, höhere Packungsdichte durch geringere Bauteilabmessungen, Verringerung der Verbindungsinduktivitäten und Kapazitäten.

Dünn- und Dickschichttechnik. Schichtschaltungen liegen in ihrer Technik zwischen den Leiterplatten mit diskreten Bauelementen und den hochintegrierten Halbleitern. Sie sind in ihrer Entwicklung preiswerter als ein IC-Baustein. Gegenüber der Leiterplattentechnik haben sie als Vorteile eine höhere Packungsdichte, bessere HF-Eigenschaften durch kürzere Verbindungswege, höhere thermische Belastbarkeit und eine bessere Störsicherheit. Im Vergleich zum monolithisch integrierten Halbleiter sind vor allem die Möglichkeit, auch Induktivitäten, opto-elektronische Bauelemente oder Sensoren aufzunehmen und die höhere Spannungsfestigkeit, zu nennen.

In der Dickschichttechnik werden auf einer Keramikplatte (Substrat) die Leiterbahnen und Widerstände in einem Siebdruckverfahren aufgebracht. Man verwendet dazu Edelmetallpasten und kann durch deren Zusammensetzung sehr unterschiedliche Flächenwiderstände etwa im Bereich 1 Ω bis 1 MΩ herstellen. Mit einem Laserstrahl kann man auf genaue Werte abgleichen. Transistoren, Dioden oder andere Bauelemente werden mit Gehäuse in die Schaltung eingelötet. Durch Mehrfachdruck der Leiterbahnen mit Isolierschichten dazwischen können Mehrlagenstrukturen und Überkreuzungen, d.h. eine hohe Packungsdichte erreicht werden.

In der Dünnfilmtechnologie werden die Substrate zunächst vollständig durch Aufdampfen metallisiert und die gewünschten Strukturen danach durch Fotolithografie und Ätzvorgänge erzeugt. Die Dünnfilmtechnik erlaubt die Herstellung sehr feiner und genauer Strukturen, so können Widerstände mit einer Genauigkeit von 0,1 % realisiert werden.

Monolithisch integrierte Schaltungen. Integrierte Schaltungen (IC-Schaltungen, Integrated Circuits) sind vollständige Funktionseinheiten, deren Bauteile und Verbindungen in einem mehrstufigen Fertigungsprozeß in einem einkristallinen Si-Plättchen (chip) hergestellt werden. Ausgehend von z.B. einer P-leitenden Trägerplatte (Substrat) werden N-leitende Inseln entweder eindiffundiert oder durch Auftrag erzeugt. Hält man das Potential dieser Inseln positiv gegenüber dem Substrat, so werden die PN-Übergänge in Sperrichtung betrieben und die Inseln sind elektrisch gegeneinander isoliert. In weiteren Arbeitsgängen entstehen dann je nach gewünschtem Bauelement weitere P- und N-Zonen. Die abschließende Isolation übernimmt eine SiO_2-Schicht, die Kontaktierung ein aufgedampfter Aluminiumbelag.

In Bild 2.78 ist als Beispiel der schematische Querschnitt durch die integrierte Schaltung eines NPN-Transistors mit Eingangskondensator und Kollektorwiderstand gezeigt. Der ungepolte Kondensator entsteht mit der SiO_2-Schicht als Dielektrikum zwischen der hochdotierten N^+-Lage und der metallisierten Kontaktfläche. Der Widerstand ergibt sich aus dem Ohmwert der P-dotierten Zone zwischen den beiden Anschlüssen 4 und 5.

In integrierter Technik lassen sich durch eine passende PN-Struktur Widerstände, Kondensatoren, Dioden und Transistoren realisieren. Induktivitäten müssen mit einer geeigneten Ersatzschaltung umgangen werden. Nach dem Anwendungsbereich unterscheidet man zwischen IC-Bausteinen für analoge oder lineare Schaltungen (Verstärker, Regler) und für digitale Schaltungen (Zähler, Speicher, logische Verknüpfungen). Bei letzteren spricht man nach den verwendeten Bauelementen von einer

– DTL-Technik = Dioden-Transistor-Logik
– TTL-Technik = Transistor-Transistor-Logik.

Die Integrationsdichte in IC-Bausteinen wird meist am Beispiel von Speicherschaltungen nach der Anzahl der Transistoren pro cm^2 Chip-Fläche bewertet. Die Integrationsdichte steigt mit jeder Ent-

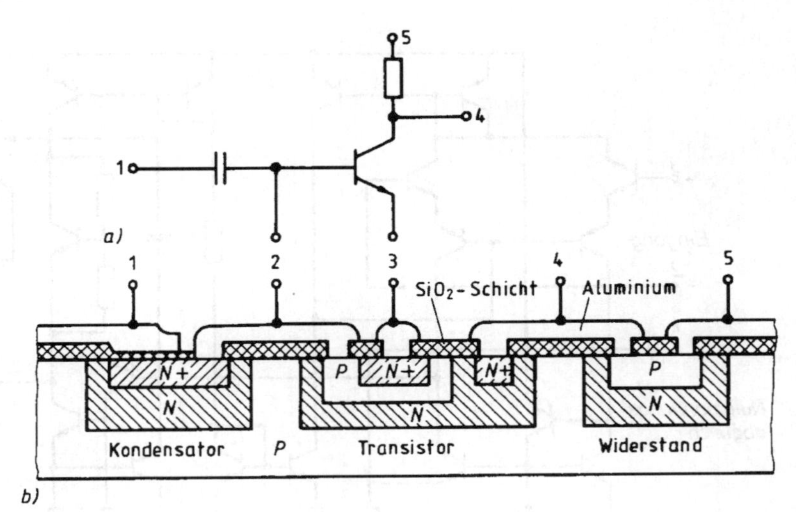

Bild 2.78
Integrierte Schaltung mit bipolarem Transistor, Widerstand und Kondensator
a) Schaltung
b) Aufbau

wicklungsstufe weiter an. So sind z.B. im Cache-Chip des Pentium-Pro-Prozessors (s. Abschn. 5.4.1) auf einer Fläche von ca. 3 cm^2 etwa 30 Millionen Transistoren untergebracht.

IC-Herstellung. Der Fertigung eines monolithisch integrierten Bausteins geht eine aufwendige Schaltungsentwicklung voraus (Zeitaufwand z.B. 20 Mannjahre), die nur noch über den Bildschirm eines PC-Arbeitsplatzes (Computer-Design) erfolgen kann. Ziel ist es, einen Aufbau zu realisieren, der eine möglichst geringe Fläche benötigt und damit geringste Verluste und hohe Arbeitsgeschwindigkeit erreicht.

Abgesehen von den hohen Entwicklungskosten dauert es häufig einige Jahre bis zur Markteinführung eines IC, was nur für Großserieneinsatz wirtschaftlich ist. Um auch für kundenspezifische Aufgaben mit kleinerer Stückzahl und mit wesentlich geringerem Zeitaufwand den Einsatz von ICs zu ermöglichen, wurden, die „Semicustomtechnik"entwickelt. Es handelt sich hier um vorgefertigte Halbleiter, die z.B. beim Gate Array bereits alle Grundfunktionen enthalten und wo nur noch die Art der Verbindungen offen ist. Mit Hilfe spezieller CAD-Software kann nun aus den vorhandenen Bauelementen die kundenspezifische Schaltung erstellt und der Verbindungsplan festgelegt werden. Der IC-Baustein wird jetzt nach diesen Angaben speziell gefertigt.

2.2.5.2 Operationsverstärker

Operationsverstärker sind hochwertige Gleichspannungsverstärker, die ursprünglich für die Analogrechnertechnik entwickelt wurden und dort die Durchführung mathematischer Operationen (Addition, Integration) übernehmen können. Sie werden heute als monolithisch integrierte Schaltungen (IC-Baustein) in großer Stückzahl gefertigt und sind daher preiswert.

Der Operationsverstärker ist ein selbstständiges Bauteil mit definierten Eigenschaften, der ein sehr breites Anwendungsfeld in der industriellen Elektronik und Regelungstechnik besitzt. Sein Verhalten wird durch die gewählte Beschaltung mit Widerständen, Kondensatoren und Dioden bestimmt.

Aufbau und Eigenschaften. Operationsverstärker sind als Differenzverstärker aufgebaut, wobei der IC-Baustein z.B. den umfangreichen Schaltplan nach Bild 2.79 erhält.

Will man einen sehr hohen Eingangswiderstand erreichen, so führt man die Eingangsstufe mit Feldeffekttransistoren aus.

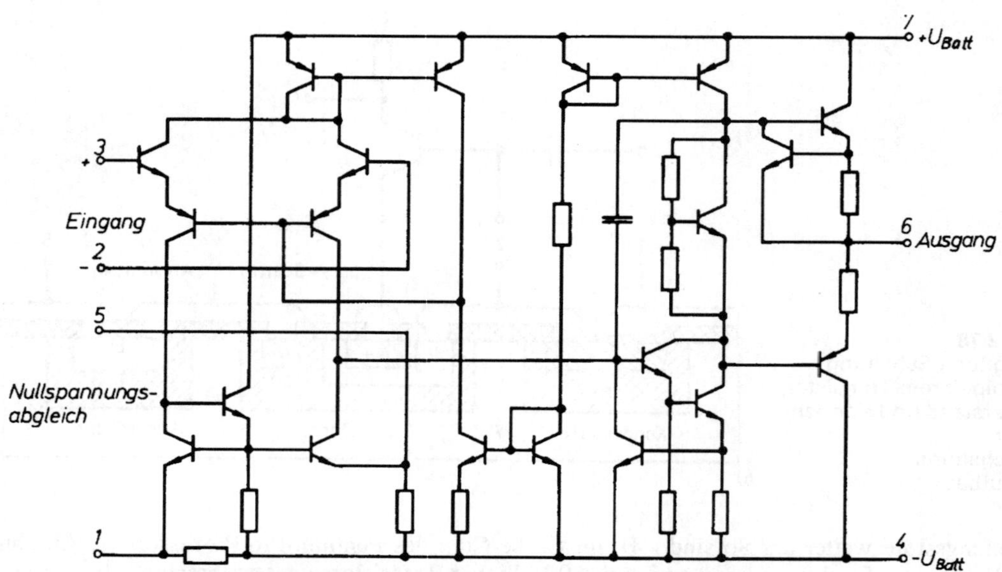

Bild 2.79 Schaltplan eines typischen bipolaren Operationsverstärkers (Typ 741)

Für den Einsatz in einem Schaltplan genügt es, das Schaltzeichen nach Bild 2.80 zu verwenden, bei dem meist sogar nur die Signalleitungen (hier die Klemmen 2; 3 und 6) angegeben werden. Weitere Anschlüsse dienen der Spannungsversorgung und z. B. der Korrektur von Fehlspannungen (Klemmen 1 und 5). Operationsverstärker gibt es in einem runden Metallgehäuse oder als Kunststoffblock nach Bild 2.80b.

Das Verstärkerverhalten eines Operationsverstärkers wird durch die Gleichung

$$U_A = V \cdot (U_{E2} - U_{E1}) = V \cdot U_D \tag{2.34}$$

bestimmt.

Gleiche Spannungen an beiden Eingängen E_1 und E_2 ergeben also mit $U_D = U_{E2} - U_{E1} = 0$ kein Ausgangssignal, womit die Gleichtaktverstärkung des idealen Operationsverstärkers (OP) Null ist.

Wird nur an den Eingang E_1 eine positive Spannung U_{E1} angelegt, so erhält man nach Gl. (2.34)

$$U_A = - V \cdot U_{E1} \tag{2.35}$$

die Ausgangsspannung U_A wird also negativ. Man bezeichnet daher den Eingang E_1 als invertierenden Eingang.

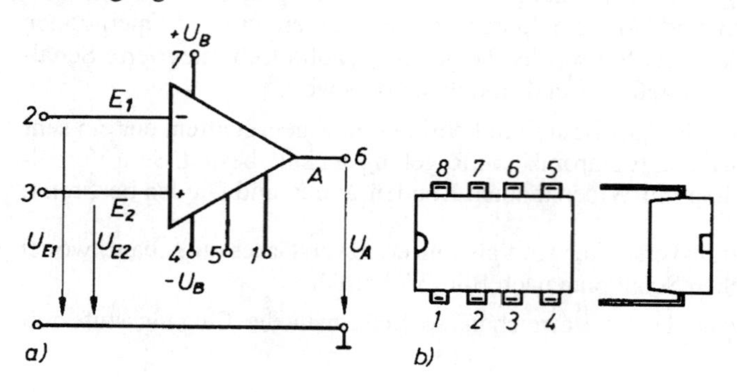

Bild 2.80
Operationsverstärker
a) Schaltzeichen mit Anschlüssen
b) Bauform

Eine Spannung U_{E2} an E_2 ergibt dagegen

$$\boldsymbol{U_A = V \cdot U_{E2}} \tag{2.36}$$

d.h. keine Änderung der Polarität. E_2 ist damit der nichtinvertierende Eingang des OP.

Daten. Aus den vielen Betriebswerten eines Operationsverstärkers sind nachstehende Angaben besonders wichtig:

Betriebsspannung	$U_B = \pm\ 15$ V (typisch)
Maximaler Ausgangsstrom	$I_A = \pm\ 20$ mA (typisch)
Leerlauf-Verstärkung	$V = 10^5$ bis 10^6
Eingangswiderstand	$R_E = 10^6\ \Omega$ bis $10^{12}\ \Omega$
Ausgangswiderstand	$R_A = 10\ \Omega$ bis $10^3\ \Omega$

Die Verstärkung hat praktisch nur bei Gleichspannung den angegebenen hohen Wert und nimmt etwa um den Faktor 10 pro zehnfacher Frequenz (20 dB/Dekade) ab.

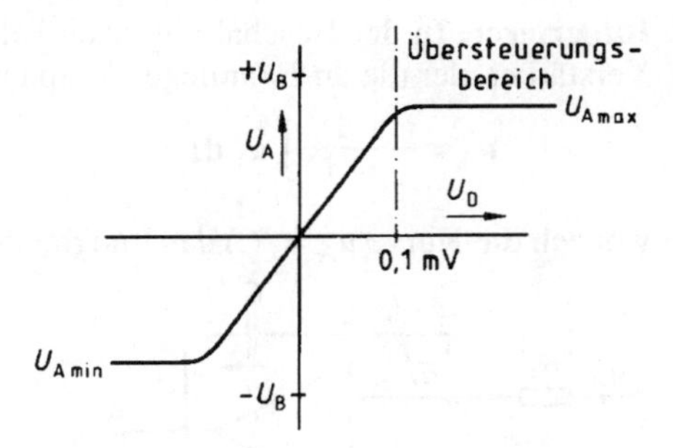

Bild 2.81
Kennlinie eines unbeschalteten Operationsverstärkers

Die Verstärkerkennlinie (Bild 2.81) des reinen OP ist sehr steil. Bei $V = 10^5$ ist für $U_D = 0{,}1$ mV etwa bereits das Ende des linearen Bereichs mit $U_{A\,min} \leq U_A \leq U_{A\,max}$ erreicht. Mit höheren Differenzspannungen U_D am Eingang wird der OP übersteuert, d.h. die Ausgangsspannung hat ihren Grenzwert, der ca. 3 V unter U_B liegt, angenommen.

2.2.5.3 Beschaltung von Operationsverstärkern

Für den Einsatz eines OP gibt es eine Reihe klassischer Grundschaltungen, die jeweils ein bestimmtes Verhalten ergeben, das durch die Beschaltung bestimmt ist. Aus der Vielzahl der Möglichkeiten sollen nachstehend einige Beispiele angegeben werden:

Umkehrverstärker. Im Aufbau nach Bild 2.82 ist der Eingang E_2 auf Massepotential gelegt und der OP mit den Widerständen R_1 und R_2 beschaltet. Dies bewirkt, daß ein am invertierenden Eingang E_1 angeschlossenes Signal u_1 unter Umkehr des Vorzeichens nach

$$u_A = -\frac{R_2}{R_1} \cdot u_1 \tag{2.37}$$

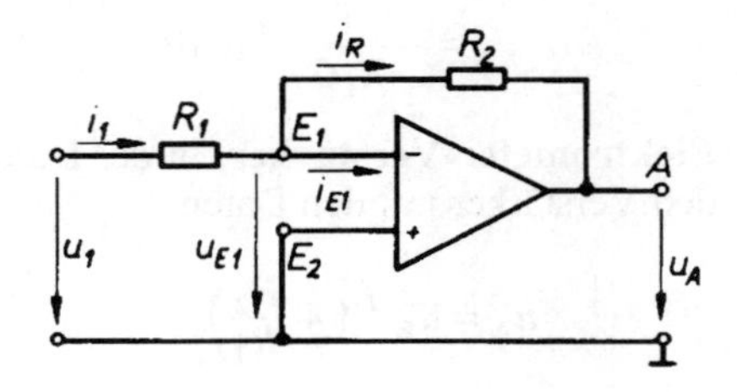

Bild 2.82
Operationsverstärker als Umkehrverstärker

verstärkt wird. Die Verstärkung selbst ist durch die Wahl des Widerstandsverhältnisses in weiten Grenzen einstellbar.

Wegen des hohen Eingangswiderstandes R_E ist der Eingangsstrom i_E vernachlässigbar klein ($i_{E1} \rightarrow 0$). Außerdem gilt für die Eingangsspannung u_{E1} nach Gl. (2.35) die Beziehung

$$u_{E1} = -\frac{u_A}{V}$$

was wegen $V \rightarrow \infty$ ebenfalls einen sehr kleinen Wert bedeutet. Damit wird

$$i_1 = i_R$$

$$\frac{u_1 - u_{E1}}{R_1} = \frac{u_{E1} - u_A}{R_2}, \; u_{E1} \rightarrow 0$$

$$\frac{u_1}{R_1} = -\frac{u_A}{R_2}$$

Integrierer. In der Beschaltung nach Bild 2.83 wirkt der Operationsverstärker als integrierender Verstärker, der die an E_1 anliegende Spannungszeitfläche $u_1 \cdot \Delta t$ bildet. Man erhält die Beziehung

$$u_A = -\frac{1}{R_1 C} \int u_1 \, dt \tag{2.38}$$

wonach die Kurve $u_A = f(t)$ das Integral der Eingangskurve ist (Bild 2.86, Beispiel 2.18).

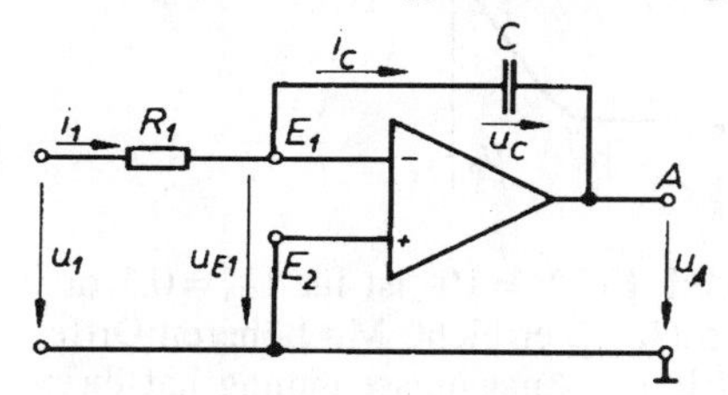

Bild 2.83
Operationsverstärker als Integrierer

Für den Kondensator C gilt die allgemeine Beziehung $Q = C \cdot U$ und hier

$$q = i_C \cdot \Delta t = C \cdot \Delta u_C$$

ferner wird

$$i_1 = \frac{u_1 - u_{E1}}{R_1}, \; u_C = u_{E1} - u_A$$

Mit den gleichen Vereinfachungen ($i_E \rightarrow 0$, $u_{E1} \rightarrow 0$) wie zuvor, gilt

$$i_1 = i_C = C \cdot \frac{\Delta u_C}{\Delta t}$$

$$\frac{u_1}{R_1} = C \cdot \frac{\Delta u_C}{\Delta t} = -C \cdot \frac{\Delta u_A}{\Delta t}$$

$$u_A = -\frac{1}{R_1 C} \cdot \int u_1 \, dt$$

Elektrometer-Verstärker. In der Beschaltung nach Bild 2.84 erhält man einen nicht invertierenden Verstärker mit den Daten

$$u_A = u_E \left(1 + \frac{R_2}{R_1}\right) \tag{2.39}$$

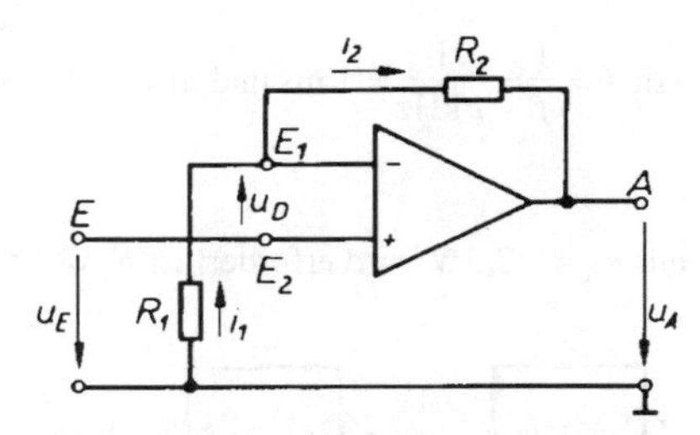

Bild 2.84
Operationsverstärker als Elektrometerverstärker

Durch den sehr hohen Eingangswiderstand R_E eignet sich die Schaltung mit einem nachgeschalteten Meßgerät zur leistungslosen Spannungsbestimmung.

Nach Bild 2.84 gelten die Spannungsgleichungen:

$$u_E = u_D - i_1 \cdot R_1 \quad \text{und} \quad i_1 R_1 + i_2 R_2 = -u_A$$

Mit den üblichen Vereinfachungen $i_1 = i_2$, $u_D \to 0$ wird daraus

$$u_E = -i_1 \cdot R_1 \quad \text{und} \quad i_1 (R_1 + R_2) = -u_A$$

$$u_E = R_1 \frac{u_A}{R_1 + R_2}$$

$$u_A = u_E \cdot \frac{R_1 + R_2}{R_1}$$

Komparator mit Hysterese. In der Meß-, Regel- und Steuerungstechnik werden häufig Schaltungen zum Vergleich einer Eingangsspannung U_1 mit einem Referenzwert U_{Ref} (Soll-Istwertvergleich) benötigt. Diese Komparatoren (Bild 2.85) können auch eine Hysterese enthalten, bei der die Umschaltung auf $U_A > 0$ bei U_{1p}, das Rücksetzen auf $U_A < 0$ dagegen bei $U_{1n} < U_{1p}$ erfolgt. Die Kennwerte nach Bild 2.85b lassen sich über die Beschaltungswiderstände variieren.

$$U_{1p,n} = \left(1 + \frac{R_1}{R_2}\right) \cdot U_{Ref} \pm \frac{R_1}{R_2} U_A \tag{2.40}$$

$$\Delta U = 2 \frac{R_1}{R_2} \cdot U_A \tag{2.41}$$

Ohne Widerstände ist $\Delta U = 0$, und die Schaltschwelle liegt bei $U_1 = U_{Ref}$.

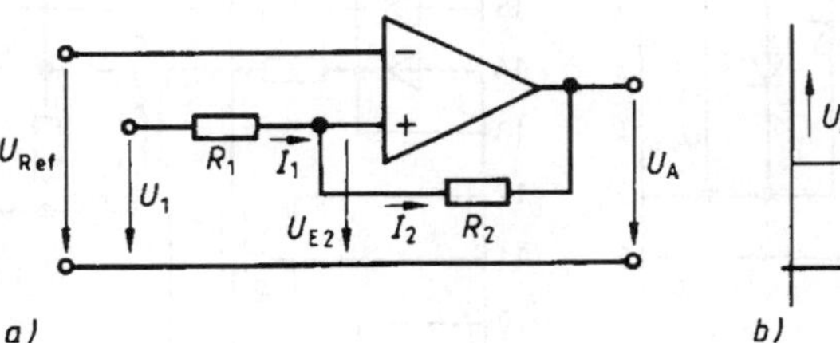

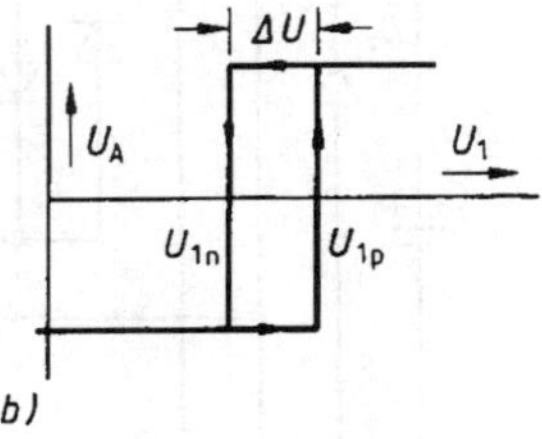

Bild 2.85
Operationsverstärker als Komparator
a) Schaltung
b) Schaltverhalten

Beispiel 2.18 Aus einer 1 kHz-Rechteckspannung mit $\hat{u}_1 = 4$ V soll durch einen Integrierverstärker eine Dreieckspannung u_A gebildet werden. Welche Beschaltung R_1 und C ist zu wählen, damit $\hat{u}_A = 2{,}5$ V wird?

Nach Gl. (2.38) und Bild 2.86 gilt

$$\hat{u}_A = -\frac{1}{R_1 C} \int_0^{T/4} u_1 \, dt$$

Mit $T = \frac{1}{f} = \frac{1}{1\,\text{kHz}} = 1$ ms und $u_1 = 4$ V konstant ist $\int_0^{T/4} u_1\,\mathrm{d}t = 4\,\text{V} \cdot 0{,}25\,\text{ms} = 1\,\text{mVs}$

Für $\hat{u}_A = -2{,}5$ V wird erforderlich $R_1 C = \frac{-\int_0^{T/4} u_1\,\mathrm{d}t}{u_A} = \frac{-1\,\text{mVs}}{-2{,}5\,\text{V}} = 0{,}4$ ms gewählt $R_1 = 1\,\text{k}\Omega$, $C = 0{,}4\,\mu\text{F}$

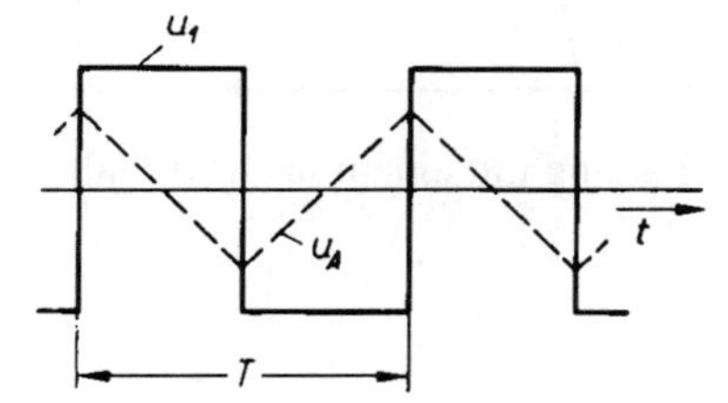

Bild 2.86

2.2.5.4 Einsatz einer integrierten Schaltung

Integrierte Schaltkreise werden für Aufgaben angeboten, die in der industriellen Elektronik immer wiederkehren und wofür sich dadurch der Entwicklungsaufwand lohnt. Der genaue innere Aufbau und der Schaltplan sind dem Anwender vielfach nicht bekannt und im allgemeinen ist die Kenntnis für den funktionsgerechten Einsatz auch nicht erforderlich. So wird vom Hersteller meist nur ein Blockschaltbild angegeben, das die Funktion und die Verbindungen der wichtigsten inneren Baugruppen verdeutlicht. Der Anwender muß hingegen vor allem wissen, wie die einzelnen Anschlüsse des Bausteins zu belegen sind, wo also z.B. die Spannungsversorgung anzuschließen und welche äußere Beschaltung erforderlich ist.

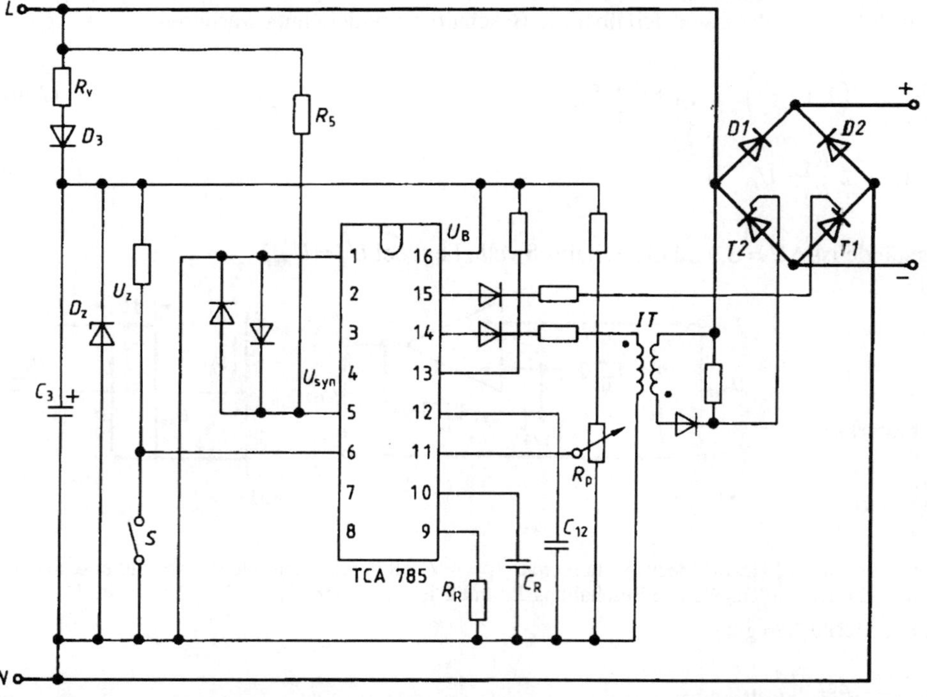

Bild 2.87 Stromrichter mit Ansteuerschaltung (Ersatzbeispiel für IC-Baustein TCA 785)

Der praktische Einsatz eines solchen IC-Bausteins soll am Beispiel der Phasenanschnittsteuerung einer Wechselspannung mit einem netzgeführten Stromrichter gezeigt werden. Diese Technik ist die Grundlage zur Drehzahlsteuerung von Gleichstrommotoren in der Leistungselektronik, wo bis zu Leistungen von etwa 5 kW die in Bild 2.87 gezeigte halbgesteuerte Einphasenbrücke verwendet wird. Sie enthält im Leistungsteil (dick eingezeichnet) zwei Dioden D1 und D2 und zwei Thyristoren T1 und T2, welche über Zündimpulse eingeschaltet werden müssen. Die Steuerschaltung mit dem IC-Baustein TCA 785 (Siemens AG) als zentralem Element hat die Aufgabe, diese Impulse im Abstand einer Halbperiode der Netzspannung synchronisiert mit deren Nulldurchgängen zu liefern.

Aus dem Datenblatt des Bausteins sind die Funktionen und Belegungen aller 16 Anschlüsse (Pins) zu entnehmen. Ihre Bedeutung soll zumindest für die wichtigsten Verbindungen in Bild 2.87 erläutert werden:

Die Versorgungsspannung U_B des Bausteins beträgt 8 V bis 18 V und ist zwischen Pin 16 (Pluspol) und Pin 1 (Bezugsmasse) anzuschließen. In der Schaltung wird sie direkt über den Vorwiderstand R_v aus der 230 V-Netzspannung entnommen, durch die Diode D_3 gleichgerichtet, mit C3 geglättet und über die Z-Diode D_z auf 15 V stabilisiert.

Das Synchronisiersignal U_{syn} wird über einen hochohmigen Widerstand R_5 aus der Netzspannung bezogen und durch die beiden gegenparallelen Dioden auf ± 0,6 V zwischen Pin 5 und Masse begrenzt.

Die Steuerimpulse können durch Schließen des Schalters S, der Pin 6 an Masse legt, gesperrt werden. Mit dieser Impulssperre läßt sich damit die Spannung des Stromrichters über die Steuerschaltung auf Null setzen.

Die Bildung eines variablen Steuerwinkels α und die Lage der beiden Zündimpulse sind im Diagramm 2.88 gezeigt. Ein Dreiecksgenerator im IC erzeugt die Rampenspannung U_{10} (Pin 10), deren Anstieg mit der RC-Kombination R_R und C_R variiert werden kann.

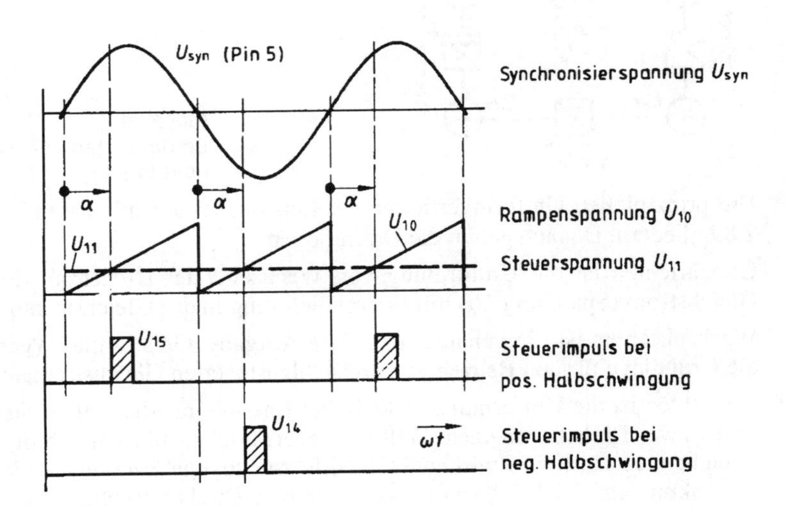

Bild 2.88
Spannungsdiagramme für IC-Baustein TCA 785

Jede Rampe beginnt mit dem Nulldurchgang der Synchronisierspannung und damit mit der des Netzes. Die Steuerspannung U_{11} ensteht aus U_B durch Wahl der Potentiometereinstellung R_P und ist im Bereich $0 \leq U_{11} \leq U_{10max}$ einstellbar.

Ein interner Steuerkomparator vergleicht U_{11} mit U_{10} und schaltet bei $U_{10} = U_{11}$ abwechselnd zwei Transistorstufen ein, die an den Ausgängen Pin 14 bzw. Pin 15 einen gegen Masse positiven Impuls zur Verfügung stellen. Die Breite der beiden Impulse ist durch den Wert des Kondensators C_{12} wählbar. Über die Stellung von R_p ist also die zeitliche Lage der Zündimpulse für die beiden Thyristoren (Zündwinkel α) beliebig innerhalb der Halbschwingung der Netzspannung veränderbar.

Ein Thyristor verlangt zur Zündung einen Impuls mit der Polarität der Durchlaßspannung. In der positiven Halbschwingung der Netzspannung (Pluspol bei L), in der D1 und T1 den Laststrom führen, kann damit der Thyristor T1 unmittelbar durch den Impuls aus Pin 15 gezündet werden. In der negativen Halbschwingung der Netzspannung, wo der Lastkreis über D2 und T2 geschlossen wird, muß dagegen für den Thyristor T2 aus dem positiven Impuls aus Pin 14 erst ein negativer erzeugt werden. Dies und die erforderliche Potentialtrennung werden mit Hilfe des Impulsübertragers IT und vertauschten Anschlüssen (Kennzeichen •) erreicht.

2.3 Leistungelektronik

Die Leistungselektronik befaßt sich mit der Umformung und Steuerung elektrischer Energie meistens zur Versorgung von Antrieben. Sie ist damit die moderne Form der Stromrichtertechnik und verwendet als Stellglieder die in Abschn. 2.1 behandelten Transistoren, IGBTs und Thyristoren. Zur Realisierung der Umformung wird eine teils umfangreiche Steuerlogik benötigt, die heute gerne über einen Prozessor erfolgt.

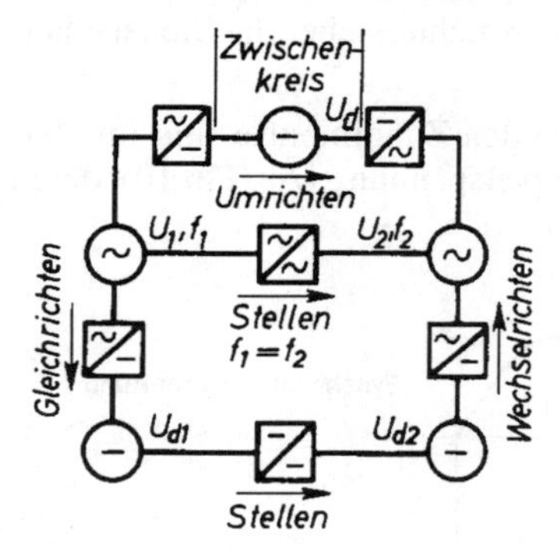

Bild 2.89
Betriebsarten von Stromrichtern → Energierichtung

Die prinzipiellen Umformverfahren der Leistungselektronik lassen sich in ein Schema nach Bild 2.89 gliedern. Danach gelten die Definitionen:

Gleichrichten ist die Umformung von Wechsel- oder Drehstrom (Spannung U, Frequenz f) in Gleichstrom (Spannung U_d) mit Energielieferung in das Gleichstromnetz.

Wechselrichten ist die genau umgekehrte Aufgabe. Gleich- und Wechselrichten sind gemeinsam die Grundlage für den Betrieb von drehzahlgesteuerten Gleichstromantrieben am Drehstromnetz.

Umrichten ist die Umformung elektrischer Energie innerhalb einer Stromart, im allgemeinen zwischen zwei Drehstromnetzen. Will man Freizügigkeit hinsichtlich der Frequenzänderung $f_1 \rightarrow f_2$ erreichen, so wird ein Zwischenkreis, d.h. zweimalige Energieumwandlung erforderlich. Bei Beschränkung auf $f_2 < 0{,}5\, f_1$ ist dagegen auch eine Direktumrichtung möglich.

Stellen ist die reine Steuerung einer Spannung ($U_2 < U_1$, $U_{d2} < U_{d1}$) bei unveränderlicher Frequenz, d.h. ohne Änderung der Stromart.

Die Energieumformumg mit Schaltungen der Leistungstechnik erfolgt mit sehr gutem Wirkungsgrad von in der Regel über 95%. Die Geräte sind zudem im Vergleich zu den früheren Maschinenumformern ohne Geräusche, leichter, wartungsfrei und haben z.B. den Gleichstromgenerator völlig verdrängt.

Von Nachteil ist, daß bei fast allen Schaltungen netzseitig nichtsinusförmige Ströme entstehen, deren Phasenlage sich zudem mit der Ansteuerung ändert. Ferner treten durch die schnellen elektronischen Schalter hochfrequente Störimpulse auf, was Probleme hinsichtlich der elektromagnetischen Verträglichkeit (EMV) gegenüber anderen Verbrauchern bringt. Man bezeichnet diese Besonderheiten der Stromrichterschaltungen als Netzrückwirkungen, die in Abschn. 2.3.3 behandelt werden.

2.3.1 Stromrichterschaltungen für Gleichstromantriebe

Stromrichtergespeiste Gleichstrommaschinen waren über viele Jahrzehnte die klassische Lösung für drehzahlgeregelte Antriebe. Die Technik dieser Stromrichter ist relativ einfach und erfüllt sehr gut alle regelungstechnischen Aufgaben. Von Nachteil ist nur der teure und durch die Kohlebürsten wartungsaufwendige Gleichstrommotor. Diese Antriebe werden daher immer mehr durch die unter Abschn.2.3.2 besprochenen Drehstromantriebe ersetzt. Auf Grund ihrer regelungstechnischen Qualität und gelegentlichem Preisvorteil behaupten stromrichtergespeiste Gleichstromantriebe jedoch bislang einen begrenzten Markt.

2.3.1.1 Netzgeführte Stromrichter

Die nachstehend besprochenen Schaltungen bilden die Gleichspannung zur Versorgung der Antriebe unmittelbar aus dem Kurvenverlauf der Wechselspannung. Die Thyristoren lösen sich im zyklischen Wechsel in der Stromführung ab, was man als Kommutierung bezeichnet. Taktgeber ist die Abfolge der positiven Halbschwingungen und damit die Frequenz der Wechselspannung, was die Kennzeichnung netzgeführter Stromrichter erklärt.

Gleich- und Wechselrichterbetrieb. Zur Erzeugung der Gleichspannung kommen prinzipiell alle in Abschn. 2.2.1 angegebenen Gleichrichterschaltungen in Frage, es sind nur die Dioden durch Thyristoren zu ersetzen. Im wesentlichen wird jedoch im Leistungsbereich bis zu einigen kW die B2-Brückenschaltung nach Bild 2.53c mit Anschluß an 230 V Wechselspannung und danach bis zu den größten Leistungen die B6-Brücke nach Bild 2.54b am Drehstromnetz eingesetzt.

Durch den Einsatz von Thyristoren, die ja erst durch einen Zündimpuls in Durchlaßrichtung leitend werden, läßt sich der Mittelwert der gleichgerichteten Spannung U_d stufenlos zwischen einem positiven und negativen Höchstwert einstellen. Besonders übersichtlich läßt sich dieser Vorgang am Beispiel der M3-Schaltung in Bild 2.90 zeigen.

Die Thyristoren T_1 bis T_3 werden durch ein gemeinsames Steuergerät, das drei jeweils um $T/3$, also um 120° zueinander phasenverschobene Zündimpulse liefert, zyklisch eingeschaltet. Erfolgt dies mit dem Steuerwinkel $\alpha = 0$ im natürlichen Schnittpunkt der Strangspannungen, so erhält man den maximalen ideellen Gleichspannungsmittelwert U_{di}. Jeder Halbleiter übernimmt den Laststrom i_d, der durch eine Induktivität L völlig geglättet sein soll, über $T/3$ bis zur Zündung des nächsten Thyristors.

Wird der Steuerwinkel $\alpha > 0$ eingestellt, so erfolgt die Zündung entsprechend verspätet gegenüber dem Schnittpunkt der Strangspannungen und der Gleichspannungsmittelwert U_d sinkt bis zum Wert 0 bei $\alpha = 90°$. Man bezeichnet diesen Vorgang, der eine stufenlose Einstellung der gewünschten Gleichspannung gestattet, als Anschnittsteuerung.

Im Bereich $0° \leq \alpha \leq 90°$ ist nach Bild 2.90 der Spannungsmittelwert U_d positiv, so daß bei einem wegen der Ventilwirkung der Thyristoren ebenfalls positivem Strom I_d die Leistung $P_d = U_d\, I_d$ vom Stromrichter an den Antrieb abgegeben wird. Man bezeichnet diesen Steuerbereich als Gleichrichterbetrieb der Anlage. Mit $\alpha > 90°$ überwiegen dann die negativen Spannungsflächen, womit sich

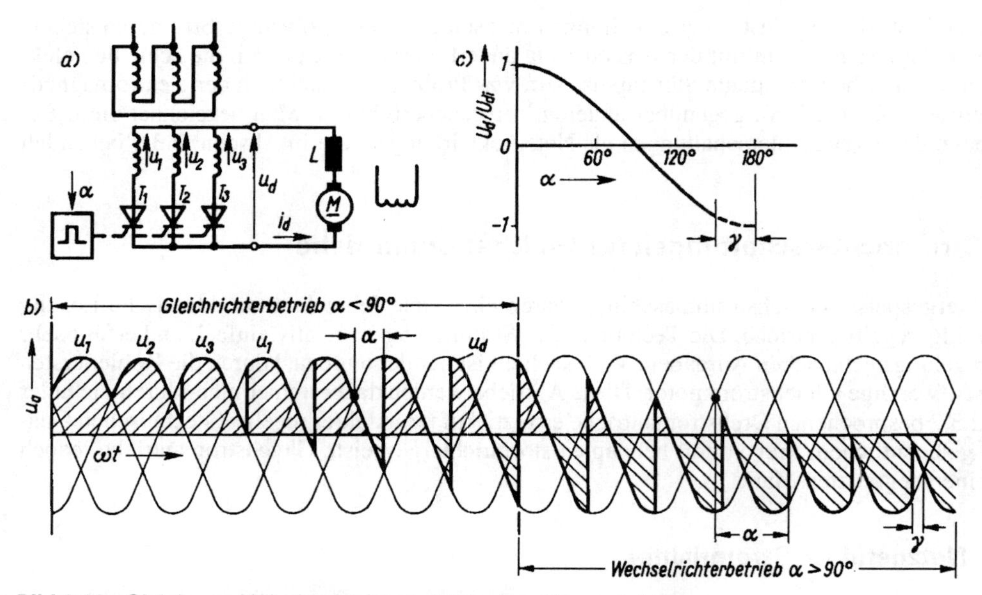

Bild 2.90 Gleich- und Wechselrichterbetrieb eines Stromrichters
a) Stromrichter in Drehstrom-Sternschaltung (Dreipuls-Mittelpunktschaltung)
b) Bildung der Gleichspannung
c) Abhängigkeit der Gleichspannung vom Steuerwinkel α

die Polarität der Gleichspannung ändert. Bei gleicher Stromrichtung wie zuvor, bedeutet dies mit $P_d = - U_d\ I_d$ eine Umkehr der Energierichtung. Der Gleichstrommotor liefert jetzt im Generatorbetrieb über den Stromrichter Leistung an das Netz zurück. Man bezeichnet diese Ansteuerung des Stromrichters als Wechselrichterbetrieb und nutzt ihn zum Abbremsen des Antriebs.

Ähnlich wie hier am Beispiel der M3-Schaltung gezeigt, läßt sich auch für alle anderen Schaltungen nach Abschn. 2.2.1 die Spannungsbildung angeben. Allgemein gilt für den Mittelwert U_d in Abhängigkeit vom Steuerwinkel α

$$\boldsymbol{U_d = U_{di} \cdot \cos \alpha} \tag{2.42}$$

wobei der maximale oder ideelle Wert U_{gi} von der gewählten Schaltung abhängt.

Nach Abschn. 2.2.1 gilt danach für die

Zweipuls-Brückenschaltung B2 $\quad \boldsymbol{U_{di} = \frac{2 \cdot \sqrt{2}}{\pi} \cdot U}$ (2.43a)

Dreipuls-Mittelpunktschaltung M3 $\quad \boldsymbol{U_{di} = \frac{3 \cdot \sqrt{6}}{2\pi} \cdot U}$ (2.43b)

Sechspuls-Brückenschaltung B6 $\quad \boldsymbol{U_{di} = \frac{3 \cdot \sqrt{6}}{\pi} \cdot U}$ (2.43c)

wobei U jeweils die Strangspannung der Sekundärseite des Transformators ist.

Betriebsarten. Nach Gl. (4.3) wird mit $U_A = U_d$ das Verhalten der Gleichstrommaschine durch die Drehmomentgleichung

$$\boldsymbol{M = c \cdot \Phi \cdot I_A} \tag{2.44}$$

und die Drehzahlgleichung

$$n = \frac{U_A}{2\pi \cdot c\Phi} - \frac{R_A \cdot M}{2\pi(c\Phi)^2} \tag{2.45}$$

bestimmt. Für die Drehzahlkennlinien $n = f(M)$ einer fremderregten Gleichstrommaschine erhält man aus diesen beiden Gleichungen bei Erregung I_{EN}, also $\Phi = \Phi_N$ = konst. ein Diagramm nach Bild 2.91. Parameter ist darin die relative Ankerspannung U_d/U_{di}, wobei $U_d = \pm U_{di}$ den Drehzahlbereich bei voller Erregung festlegt. Die Abszisse trennt Rechts- und Linkslauf der Maschine, die Ordinate positive und negative Drehmomentrichtung. Die Quadranten 1 bis 4 erfassen damit Motor- und Generatorbetrieb in jeweils beiden Drehrichtungen. Je nach Anforderungen an die Maschine spricht man von einem Ein- oder Mehrquadrantenbetrieb und hat die Stromrichterschaltung entsprechend aufzubauen.

Drehzahlen oberhalb der durch $U_d = U_{di}$ in Bild 2.91 gegebenen Kennlinie lassen sich nach Bild 4.14 mit Feldschwächung, d.h. $\Phi < \Phi_N$ erreichen.

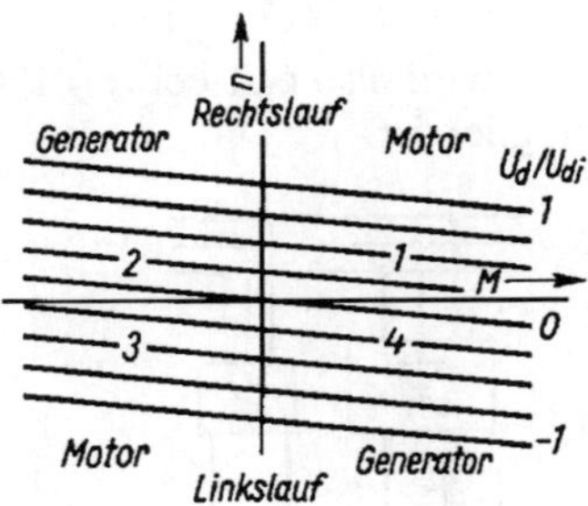

Bild 2.91
Drehzahlkennlinien $n = f(M)$
der fremderregten Gleichstrommaschine
bei Vierquadrantenbetrieb

Ein- und Zweiquadrantenbetrieb. Aufgrund der Ventilwirkung der Thyristoren erlaubt eine einfache Stromrichterschaltung keine Richtungsumkehr des Ankerstromes i_A. Dagegen sind nach Gl. (2.42) mit $\alpha > 90°$ negative Gleichspannungen möglich, womit ein Betrieb der Maschine in den Quadranten 1 und 4 von Bild 2.91 zu verwirklichen ist. Das Schaltbild eines derartigen Stromrichters in Zweipuls-Brückenschaltung für einen Antrieb kleinerer Leistungen ist in Bild 2.92 angegeben, das gleichzeitig auch die Prinzipien der üblichen Regelung zeigt.

Die Einstellung der gewünschten Drehzahl n_{soll} über die Ankerspannung erfolgt nicht direkt, sondern zur Vermeidung von unzulässigen Stromspitzen mit Hilfe einer unterlagerten Stromregelung. Hierbei ergeben Soll- und Istwert der Drehzahl über den Drehzahlregler N1 zunächst nur einen Ankerstrom-Sollwert. Dieser wird mit dem Istwert verglichen und mit der Abweichung der nach-

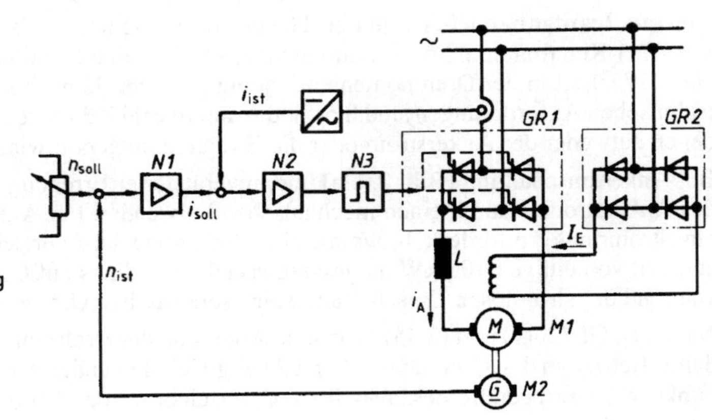

Bild 2.92
Stromrichterschaltung für Zweiquadrantenbetrieb
M1 Gleichstrommaschine
M2 Tachogenerator
GR1 Einphasen-Brückenschaltung mit Thyristoren
GR2 Diodenschaltung
N1 Drehzahlregler
N2 Stromregler
N3 Impulssteuergerät

geschaltete Stromregler N2 angesteuert. Erst der Ausgang des Stromreglers liefert das Signal für das Impulssteuergerät N3 zur Einstellung eines bestimmten Steuerwinkels α und damit der Gleichspannung U_d. Werden über das Sollwertpotentiometer eine höhere Drehzahl und damit eine größere Ankerspannung verlangt, so erfolgt die Einstellung des dafür nach Gl. (2.42) benötigten neuen Steuerwinkels α nicht unmittelbar, sondern nur allmählich im Rahmen der gewählten Stromgrenze I_{Asoll}.

Der nach obiger Schaltung mögliche Generatorbetrieb in Quadrant 4 ist nicht ohne weiteres geeignet, den normalen Bremsvorgang eines Antriebs aus Quadrant 1 zu übernehmen, da die Drehrichtungen nicht übereinstimmen. Begnügt man sich daher mit einem Einquadrantenantrieb, so kann man die Hälfte der Thyristoren der Schaltung durch Dioden ersetzen. Diese halbgesteuerten Stromrichter haben als wesentlichen Vorteil eine geringere Blindleistungsaufnahme in Abhängigkeit vom Steuerwinkel. Diese Besonderheit gehört zum Thema Netzrückwirkungen und wird in Abschn. 2.3.3 erläutert. Die Spannungsbildung erfolgt bei halbgesteuerten Schaltungen nach der Beziehung

$$U_d = \frac{1}{2} U_{di} (1 + \cos \alpha) \tag{2.46}$$

Hier wird also erst bei $\alpha = 180°$ der Wert $U_d = 0$ erreicht, womit ein Wechselrichterbetrieb nicht möglich ist.

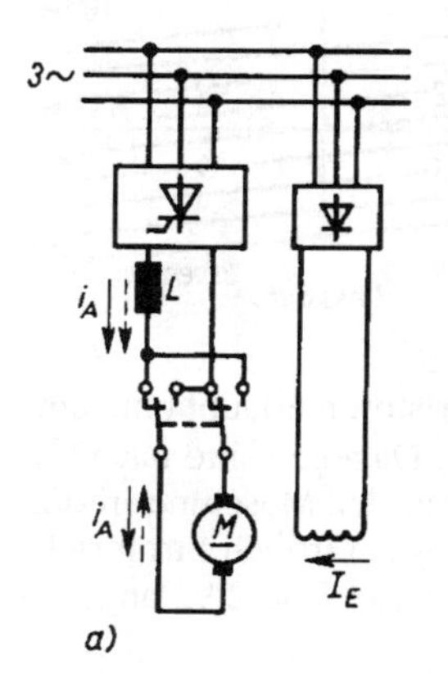

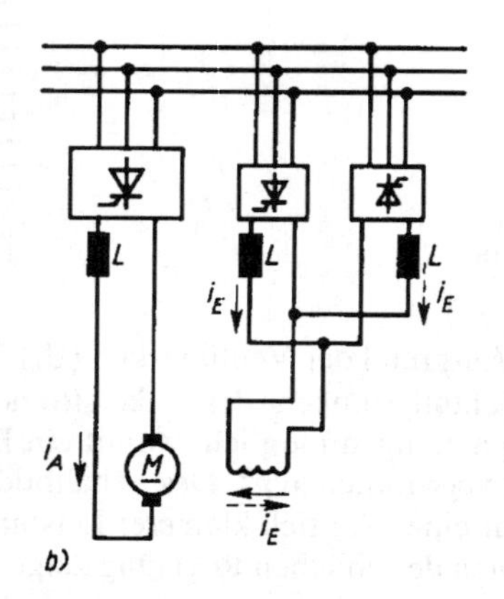

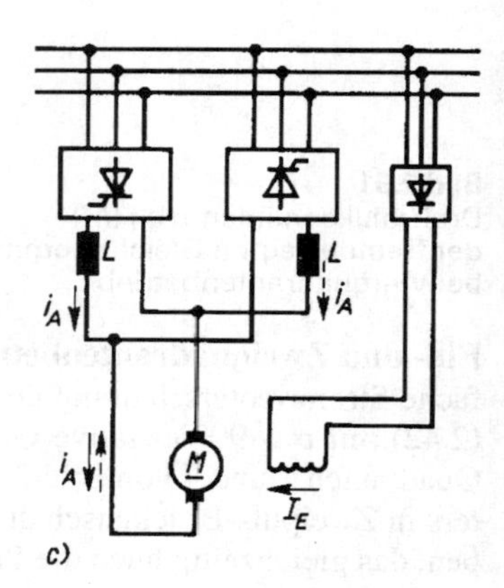

Bild 2.93 Schaltungen für Umkehrantriebe
a) Stromrichter mit Ankerumschaltung
b) Feldumkehr durch zwei Stromrichter
c) Gegenparallelschaltung zweier Stromrichter

Vierquadrantenbetrieb. Ist für eine Gleichstrommaschine der Betrieb in allen vier Quadranten des $n = f(M)$-Kennlinienfeldes zu ermöglichen, so muß eine Schaltung vorgesehen werden, die auch einen Wechsel in der Drehmomentenrichtung gestattet. Je nach Leistung und den gestellten regeltechnischen Anforderungen sind hierfür die drei in Bild 2.93 dargestellten Verfahren im Einsatz, bei denen entweder der Ankerstrom oder die Erregung umgepolt wird.

Bei Ankerumschaltung (Bild 2.93a) und unveränderter Erregung I_E erfolgt eine Richtungsumkehr des Ankerstromes durch einen mechanischen Polwender. Für Anker- und Feldkreis ist jeweils nur ein Stromrichter erforderlich, womit diese Schaltung sehr wirtschaftlich ist. Sie wird bis zu Leistungen von einigen 100 kW eingesetzt, erlaubt allerdings auf Grund einer Totzeit von etwa 0,1 s während der stromlosen Umschaltung keine sehr raschen Umsteuerungen.

Nach den Gl. (2.44) und (2.45) kann eine Änderung der Drehzahl- und Drehmomentenrichtung und damit Betrieb in den Quadranten 2 und 3 bei gleichbleibender Ankerstromrichtung auch durch eine Umkehr des Erregerstromes, also $\Phi = -\Phi_N$ erreicht werden (Bild 2.93b). Diese Umschaltung kann ebenfalls mechanisch oder wegen der kleinen Erregerleistung auch ohne zu hohen Aufwand durch zwei Stromrichter erfolgen. Rasche Feldänderungen werden allerdings durch die Induktivität der Erregerwicklung verhindert.

Ist ein schnellerer Drehmomentenwechsel erwünscht, so führt man die Gegenparallelschaltung zweier Stromrichter für den Ankerkreis (Bild 2.93c) aus, von denen jeder eine Ankerstromrichtung übernimmt. In der kreisstromfreien Schaltung bleibt dabei jeweils der andere Teilstromrichter gesperrt, und die Umschaltung erfolgt durch eine Kommandostufe in einer kurzen stromlosen Pause.

In der Ausführung als kreisstrombehafteter Umkehrstromrichter ist dagegen keinerlei Totzeit mehr vorhanden. Hier sind stets beide Teilstromrichter im Einsatz, wobei der eine im Gleichrichterbetrieb die Energie liefert und der andere in Wechselrichteraussteuerung bei gleichgroßer Spannung wartet. Die Summe der beiden Spannungsmittelwerte ist immer Null, doch fließt durch die Unterschiede in den Augenblickswerten ein über die Drosselspulen L einstellbarer Kreisstrom.

2.3.1.2 Gleichstromsteller

Takten einer Gleichspannung. Mit Hilfe der Leistungselektronik ist es auch möglich, aus einem starren Gleichspannungsnetz eine einstellbare Spannung zur Steuerung eines Antriebs zu erzeugen. Die prinzipielle Schaltung eines derartigen Gleichstromstellers für einen Gleichstrom-Reihenschlußmotor an einer Batterie zeigt Bild 2.94a. Das Stellglied S erfüllt die Funktion eines elektronischen Ein- und Ausschalters und ist hier durch einen GTO-Thyristor realisiert. Dieser kann mit einer Taktfrequenz $f_p = 1/T_p$ bis zu einigen kHz geschaltet werden, wobei die Einschaltzeit mit $0 \leq T_1 \leq T_p$ wählbar ist.

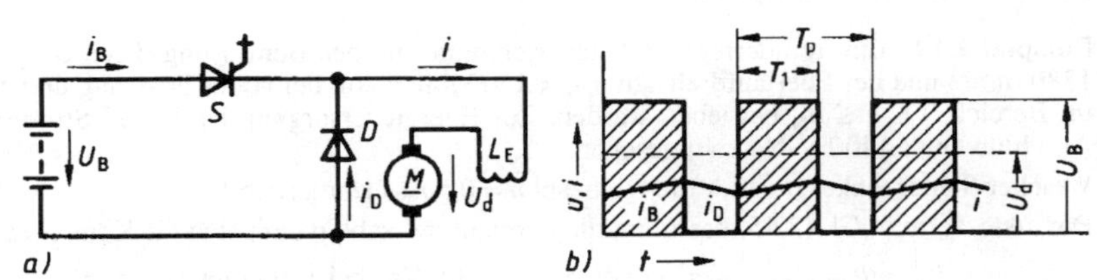

Bild 2.94
Gleichstromsteller
a) Prinzipschaltung
S elektronischer Schalter, D Freilaufdiode
b) Strom- und Spannungsverlauf

Solange das Stellglied S leitet, wird mit $i = i_B$ Energie aus der Batterie bezogen. Damit in den Pausenzeiten der Strom im Motor nicht abgeschaltet ist, was ein pulsierendes Drehmoment und Überspannungen bedeuten würde, wird eine Freilaufdiode D gegenparallelgeschaltet. Sie übernimmt mit $i = i_D$ den Motorstrom, der insgesamt nur entsprechend den Zeitkonstanten $\tau = L/R$ der beiden Stromkreise leicht schwankt (Bild 2.94b).

Der Mittelwert der Gleichspannung U_d am Motor kann über das Einschaltverhältnis T_1/T_p einer Pulsbreitensteuerung nach

$$U_d = \frac{T_1}{T_p} \cdot U_B \tag{2.47}$$

zwischen Null und der vollen Batteriespannung U_B eingestellt werden. Gleichstromsteller werden z. B. zur Steuerung der Fahrmotoren in batteriegespeisten Fahrzeugen und Nahverkehrsbahnen eingesetzt. Sie gestatten durch Vertauschen der Lage von Stellglied und Freilaufdiode auch eine Nutzbremsung, d. h. Rückspeisung der Bewegungsenergie des Fahrzeugs in die Batterie.

Transistorsteller. Mit Transistoren als Stellglied werden Gleichstromsteller heute zur Versorgung von Gleichstrom-Servomotoren verwendet (Bild 2.95). Bei Taktfrequenzen bis ca. 20 kHz erhält man nahezu keine Totzeit und somit günstige regeltechnische Eigenschaften.

Die angegebene Brückenschaltung mit den vier Transistoren T1 bis T4 erlaubt zunächst einen Motorbetrieb in beiden Drehrichtungen. Für Rechtslauf werden z. B. die Transistoren T1 und T3

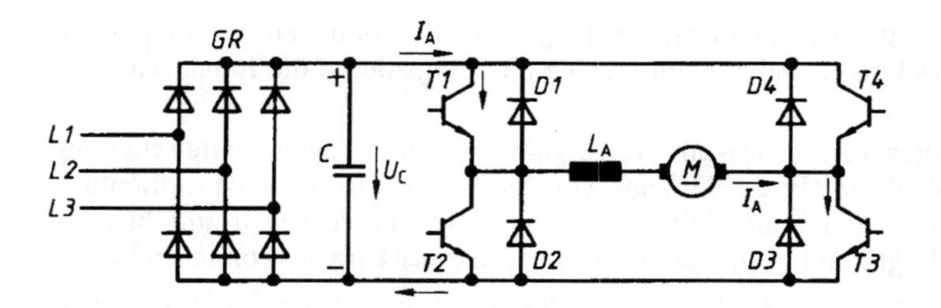

Bild 2.95
Transistor-Gleichstromsteller
GR Eingangsgleichrichter
C Glättungskondensator
T1 – T4 Transistor-Brückenschaltung
D1 – D4 Freilaufdioden

periodisch ein- und ausgeschaltet, für Linkslauf T2 und T4. Die Energie wird über einen Diodengleichrichter aus dem Drehstromnetz bezogen und die Gleichspannung U_C durch einen großen Pufferkondensator nahezu konstant gehalten. In den Ausschaltzeiten des Rechtslaufs kann der Ankerstrom abwechselnd über die Freilaufkreise T1–D4 (nur T3 ausgeschaltet) und T3–D2 (nur T1 ausgeschaltet) weiterfließen. Für Linkslauf gilt entsprechendes mit den Freiläufen T2–D3 und T4–D1.

Für den Bremsbetrieb des Servoantriebs ist neben einer ausreichenden Induktivität L_A im Ankerkreis des Dauermagnetmotors erforderlich, daß der Kondensator C die rückgespeiste Energie aufnehmen kann. In der Praxis wird dies oft dadurch sichergestellt, daß an den Diodengleichrichter mit Kondensator mehrere Steller für verschiedene Vorschubmotoren (Mehrachsenantrieb) angeschlossen werden, zwischen denen dann ein Energieausgleich möglich ist.

2.3.1.3 Zahlenbeispiele

Beispiel 2.19 Ein fremderregter Gleichstrommotor mit den Bemessungsdaten $U_{AN} = 340$ V, $I_{AN} = 17$ A, $n_N = 1380$ min^{-1} und der Leerlaufdrehzahl $n_{0N} = 1500$ min^{-1} soll bei voller Erregung und dem Drehmoment $M \leq M_N$ im Bereich $0 \leq n \leq n_N$ betrieben werden. Zur Energieversorgung ist ein B2-Stromrichter nach Bild 2.92 mit Anschluß an das 400 V-Netz vorgesehen.

Welcher Steuerwinkel α ist für die Drehzahl $n = 0{,}5\, n_N$ erforderlich?

Der erste Term in Gl. (2.45) bestimmt die Leerlaufdrehzahl, womit sich die Konstante

$$2\pi \cdot c\Phi = U_{AN}/n_{0N} = 340\text{V}/25\ \text{s}^{-1} = 13{,}6\ \text{Vs} \quad \text{bei } 1500\ \text{min}^{-1} = 25\ \text{s}^{-1}$$

ergibt. Der Drehzahlrückgang bei Belastung mit M_N beträgt $\Delta n = n_0 - n_N = 120$ min^{-1}

Diesen Wert bestimmt der zweite Term in Gl. (2.45) und er bleibt bei verminderter Spannung konstant. Damit gilt für die neue Leerlaufdrehzahl

$$n_0 = 0{,}5\, n_N + \Delta n = 690\ \text{min}^{-1} + 120\ \text{min}^{-1} = 810\ \text{min}^{-1}$$

Für diesen Wert muß die Ankerspannung

$$U_A = 2\pi \cdot c\Phi\, n_0 = 13{,}6\ \text{Vs} \cdot 810/60\ \text{s}^{-1} = 183{,}6\ \text{V}$$

eingestellt werden. Die maximale Gleichspannung ergibt sich bei der B2-Schaltung nach Gl. (2.43a) zu

$$U_{di} = 0{,}9\, U = 0{,}9 \cdot 400\ \text{V} = 360\ \text{V}$$

Die Steuerung der Spannung erfolgt nach Gl. (2.42) und muß den Wert $U_d = U_A$ ergeben. Damit erhält man den Steuerwinkel über

$$\cos\alpha = U_A/U_{di} = 183{,}6\ \text{V}/360\ \text{V} = 0{,}51 \quad \text{zu } \alpha = 59{,}3°.$$

Beispiel 2.20 Im Stromkreis eines dauermagneterregten Gleichstrommotors für $U_{AN} = 240$ V, $I_{AN} = 10$ A wirkt die Induktivität $L = 0{,}4$ H und der Widerstand $R = 0{,}5\ \Omega$. Zur Versorgung und Steuerung steht ein Gleichstromsteller nach Bild 2.94 mit $U_B = 250$ V und der Taktfrequenz $f_p = 1/T_p = 5$ kHz zur Verfügung.

a) Welche Drehzahl n erhält man bei einem Einschaltverhältnis $T_1/T_p = 0{,}2$, wenn die Leerlaufdrehzahl bei U_{AN} den Wert $n_0 = 3600$ min^{-1} = 60 s^{-1} hat?

Aus Gl. (2.47) folgt für die Ankerspannung

$$U_A = U_d = 0{,}2 \cdot 250\ \text{V} = 50\ \text{V}$$

Durch Einsetzen von Gl. (2.44) in Gl. (2.45) erhält man die auf den Ankerstrom I_A bezogene Drehzahlbeziehung

$$n = \frac{U_A}{2\pi \cdot c\Phi} - \frac{R_A \cdot I_A}{2\pi \cdot c\Phi}$$

Im idealen Leerlauf mit $I_A = 0$ gilt wie im Beispiel zuvor

$$2\pi \cdot c\Phi = U_{AN}/n_0 = 240 \text{ V}/60 \text{ s}^{-1} = 4 \text{ Vs}$$

Für die Betriebsdrehzahl erhält man damit

$$n = \frac{50 \text{ V}}{4 \text{ Vs}} - \frac{0{,}5\ \Omega \cdot 10 \text{ A}}{4 \text{ Vs}} = 675 \text{ min}^{-1}$$

b) Wie groß ist die Stromschwankung Δi in Bild 2.94 bei einen Einschaltverhältnis $T_1/T_p = 0{,}5$?
Nach dem Induktionsgesetz Gl. (1.54) gilt in der Differenzenform

$$\Delta i = u_L\ \Delta t/L$$

Dabei ist $u_L\,\Delta t$ die Spannungszeitfläche in der Zeit T_1 oberhalb des Spannungsmittelwertes U_d.
Wegen $T_1/T_p = 0{,}5$ wird $U_d = 0{,}5\ U_B$ und damit ebenfalls $u_L = 0{,}5\ U_B$. Für die Stromschwankung gilt dann

$$\Delta i = \frac{u_L \cdot \Delta t}{L} = \frac{U_B \cdot T_p}{2 \cdot 2 \cdot L}$$

$$\Delta i = \frac{U_B}{4L \cdot f_p} = \frac{250 \text{ V}}{4 \cdot 0{,}4 \text{ H} \cdot 5000 \text{ Hz}}$$

$$\Delta i = 0{,}03 \text{ A}$$

2.3.2 Stromrichterschaltungen für Wechsel- und Drehstromantriebe

Während man bei Gleichstrommotoren allein schon zur Versorgung mit der erforderlichen Gleichspannung – das öffentliche Netz stellt diese nicht zur Verfügung – stets einen Stromrichter benötigt, ist dies bei Drehstrommotoren nur zum Zwecke einer Änderung der Drehzahl gegeben. Diese wird nach den Ausführungen in Abschn. 4 maßgebend durch die Drehfelddrehzahl

$$\boldsymbol{n_s = \frac{f}{p}} \tag{2.48}$$

festgelegt. Bei Synchronmotoren stimmt mit $n = n_s$ die Läuferdrehzahl sogar exakt mit dieser sogenannten Synchrondrehzahl überein. Bei Asynchronmotoren gilt die Beziehung

$$\boldsymbol{n = \frac{f}{p}(1 - s)} \tag{2.49}$$

Zur Drehzahlsteuerung von Drehstrommotoren allgemein benötigt man damit Stromrichterschaltungen, die in der Lage sind, aus dem öffentlichen 50 Hz-Spannungssystem eine Drehspannung wählbarer Frequenz zu erzeugen. Man bezeichnet diese in vielfältiger Ausführung entwickelten Schaltungen als Frequenzumrichter. Sie sind heute der wichtigste Baustein drehzahlgeregelter Antriebe und werden in Abschn. 2.3.2.3 behandelt.

Nach Gl. (2.49) bestehen zur Drehzahlsteuerung bei einem Asynchronmotor zusätzlich zur Frequenzänderung folgende weitere Möglichkeiten:

1. Der betriebsmäßige Schlupf s des Läufers gegenüber der Drehfelddrehzahl n_s wird durch Absenken der 50 Hz-Klemmenspannung vergrößert.
2. Der Schlupf s wird durch Entnahme und Rückspeisung von Energie aus dem Läufer vergrößert.
3. Es erfolgt eine Umschaltung auf eine andere Polzahl $2p$, was jedoch keine Technik der Leistungselektronik verlangt.

Die erste Technik verlangt den Einsatz eines Drehstromstellers, die zweite die Schaltung einer untersynchronen Stromrichterkaskade.

2.3.2.1 Wechsel- und Drehstromsteller

Nach Bild 2.96 sind in einen Wechselstromkreis zwei gegenparallele Thyristoren geschaltet, wobei jeder durch eine gemeinsame Steuerelektronik im Verlauf seiner positiven Spannungs-Halbschwingung gezündet wird. Erfolgt dies mit dem beliebigen Steuerwinkel α, so wird, wie in Bild 2.96b für den einfachsten Fall der ohmschen Belastung gezeigt ist, nur ein Teil der Netzspannung u_N an den Verbraucher geschaltet. Im Steuerbereich $\alpha = 0°$ bis 180° wird die Verbraucherspannung U_R damit kontinuierlich zwischen dem vollen Wert U_N und Null einstellbar. Im Unterschied zum Einsatz eines Stelltransformators ist die Ausgangsspannung des Wechselstromstellers jedoch in Abhängigkeit von der Art der Belastung und des eingestellten Steuerwinkels stark oberschwingungshaltig.

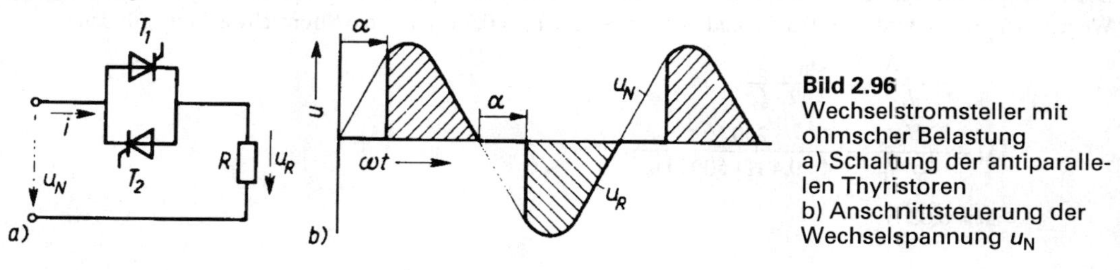

Bild 2.96
Wechselstromsteller mit ohmscher Belastung
a) Schaltung der antiparallelen Thyristoren
b) Anschnittsteuerung der Wechselspannung u_N

Zur Spannungssteuerung der Asynchronmaschine am Drehstromnetz sind drei antiparallele Thyristorpaare und damit ein Drehstromsteller nach Bild 2.97a erforderlich. Umden stabilen Betriebsbereich der Motoren zu vergrößern, schafft man durch eine entsprechende Läuferauslegung eine so weiche Drehzahlkennlinie, daß der Kipppunkt in der Nähe des Stillstandes auftritt. Da das Kippmoment der Maschine dem Quadrat der Klemmenspannung U proportional ist, entsteht ein Kennlinienfeld nach Bild 2.97b.

Die Motordrehzahl ist in einem weiten Bereich einstellbar, wobei allerdings mit kleineren Drehzahlen immer höhere Läuferverluste auftreten und daher mit Rücksicht auf die Erwärmung nur geringere Lastmomente zulässig sind. Dies beschränkt die Anwendung von Drehstromstellern im wesentlichen auf die Steuerung von Pumpen- und Lüfterantrieben, deren Lastmoment $M_L \sim n^2$ eine auf die mögliche Belastbarkeit zugeschnittene Charakteristik aufweist.

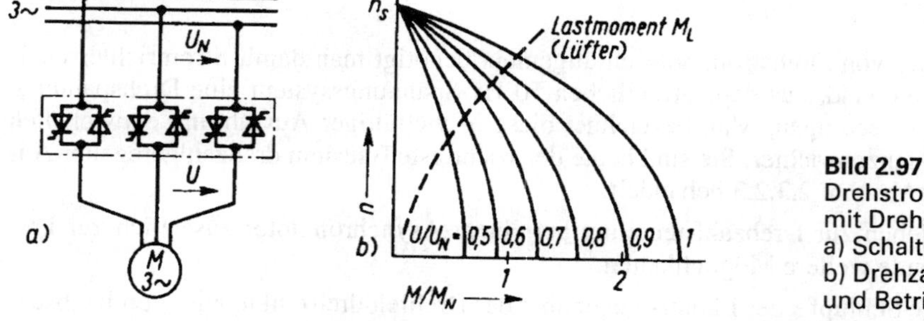

Bild 2.97
Drehstrom-Asynchronmotor mit Drehstromsteller
a) Schaltung
b) Drehzahlkennlinien und Betriebspunkte

Triacschaltung. Zur Drehzahlsteuerung von Kleinantrieben mit Anschluß an das 230 V-Wechselstromnetz werden heute meist ebenfalls Wechselstromsteller eingesetzt. Anstelle der bei Leistungen über ca. 5 kW üblichen Schaltungen mit gegenparallelen Thyristoren, verwendet man bei diesen elektronischen Steuerungen für Elektrowerkzeuge und Haushaltsgeräte (Bohrmaschinen, Staubsauger, Küchengeräte, Ventilatoren) als Stellglieder Triacs (s. Abschn. 2.1.4.5), mit denen sich besonders preiswerte Lösungen ergeben.

Das Prinzip dieser Triacschaltungen, die auch vielfach zur Steuerung von Glühlampen und Heizungen (Dimmer) eingesetzt werden, ist in Bild 2.98 gezeigt. Der Triac T als Wechselstromschalter wird durch einen Zündimpuls in jeder Spannungshalbschwingung über eine Zünddiode D, Diac genannt, eingeschaltet. Der Diac liegt an der Spannung U_C eines Kondensators C und geht bei Erreichen einer Kippspannung U_{kipp} von meist etwa 35 V plötzlich in den leitenden Zustand über, so daß durch den Entladestrom von C über den Diac auf die Steuerelektrode des Triac ein Stromimpuls zur Zündung auftritt. Mit dem Potentiometer R_p läßt sich die Aufladezeit des Kondensators C bis zur Kippspannung verändern, und damit die Lage des Zündzeitpunktes bzw. des Steuerwinkels α innerhalb der Halbschwingung der Netzspannung u_N wählen. Bild 2.98b zeigt diese Verhältnisse bei der Steuerung eines Universalmotors, der beim gewählten Winkel α nur noch die Teilspannung U_M erhält.

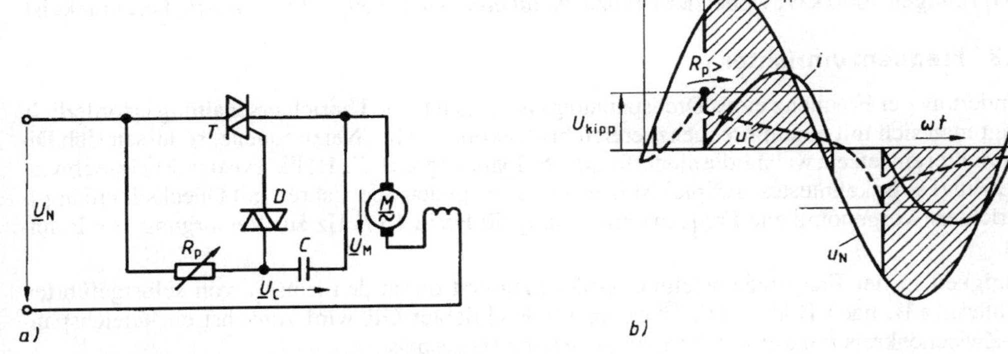

Bild 2.98 Triacsteuerung von Universalmotoren
a) Prinzipschaltung (T Triac, D Zünddiode), b) Strom- und Spannungsverlauf

2.3.2.2 Untersynchrone Stromrichterkaskade

Bei einer Drehzahlsteuerung des Asynchronmotors über einen erhöhten Schlupf s entsteht mit einer Aufnahmeleistung P_1 und den Verlusten P_{v1} im Ständer auf der Läuferseite die Verlustleistung $P_{v2} = s(P_1 - P_{v1})$. Für geringe Betriebsdrehzahlen $n = n_s(1 - s)$ sind dies beträchtliche Werte, die man früher bei Schleifringläufermotoren auf Kosten des Wirkungsgrades im wesentlichen in Vorwiderständen in Wärme umgesetzt hat.

Die untersynchrone Stromrichterkaskade mit der Schaltung nach Bild 2.99 ermöglicht nun eine Rückspeisung der sonst in den Läufervorwiderständen verheizten Leistung P_{R1}, so daß nach Abzug der Verluste in Stromrichterschaltung und Transformator die Leistung P_{R2} rückgeführt wird. Das Netz muß damit nur die Differenz $P_1 - P_{R2}$ liefern und der gute Wirkungsgrad des Antriebs bleibt auch bei kleineren Drehzahlen in etwa erhalten.

Die dem Läufer entnommene Leistung P_{R1} wird in einem Diodengleichrichter nach Bild 2.54b zunächst in einen Gleichstromwert $U_d \cdot I_d$ umgeformt und danach über eine B6-Thyristorschaltung wieder in das Netz zurückgegeben. Der B6-Stromrichter arbeitet dazu wie in Abschn. 2.3.1.1 gezeigt im Wechselrichterbetrieb mit Steuerwinkeln $\alpha > 90°$. Der Umweg über den Gleichstrom-Zwischenkreis ist zur Entkopplung des 50 Hz-Netzes von der schlupffrequenten Läuferseite erforderlich.

Der Betrieb eines Schleifringläufermotors über eine Stromrichterkaskade ergibt etwa zum originalen Verlauf $n = f(M)$ parallele Kennlinien ähnlich einer Gleichstrommaschine mit Absenkung der

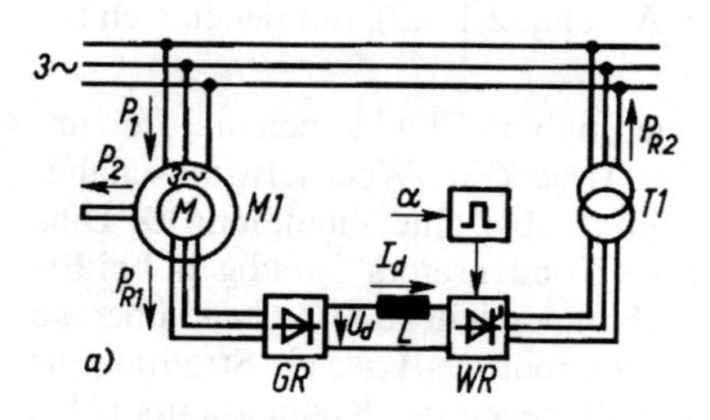

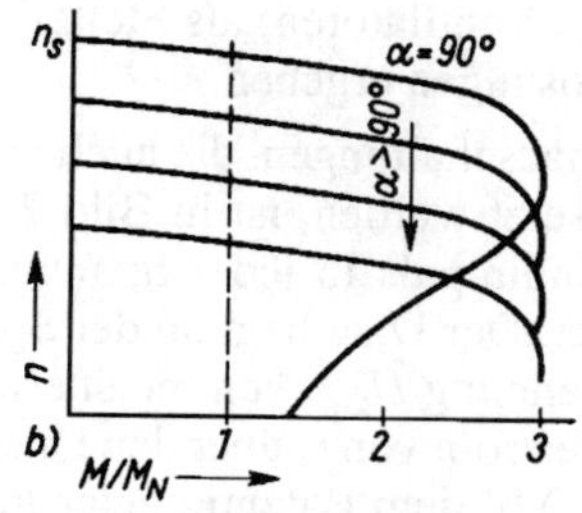

Bild 2.99 Drehstrom-Schleifringläufermotor mit Stromrichterkaskade
a) Schaltung der Stromrichterkaskade
M1 Drehstrommotor, T1 Transformator, GR ungesteuerter Gleichrichter, WR Wechselrichter
b) Drehzahlkennlinien eines Antriebs mit Stromrichterkaskade

Ankerspannung. Einsatzbereiche sind Pumpen-, Verdichter- und Gebläseantriebe im Leistungsbereich von einigen 1000 kW, wobei der Drehzahlstellbereich meist auf $0{,}5\, n_N \leq n \leq n_N$ beschränkt ist.

2.3.2.3 Frequenzumrichter

Zur Änderung der Frequenz eines Drehspannungssystems ist eine Umrichterschaltung erforderlich. Begnügt man sich mit einem Frequenzbereich bis maximal halber Netzfrequenz, so lassen sich Direktumrichter einsetzen, welche die niederfrequente Spannung z. B. als Hüllkurve der 50-Hz-Schwingung erzeugen. Bekanntestes Beispiel ist hier die schon in den 30er Jahren mit Quecksilberdampf-Stromrichtern vorgenommene Frequenzumformung 50 Hz in 16⅔ Hz zur Versorgung von Bahnnetzen.

Freizügigkeit in der Frequenzeinstellung erhält man erst durch den Einsatz von selbstgeführten Umrichtern, z.B. nach Bild 2.100. Über einen Gleichrichter GR wird zunächst ein Gleichspannungs-Zwischenkreis mit konstanter Spannungshöhe U_d gespeist.

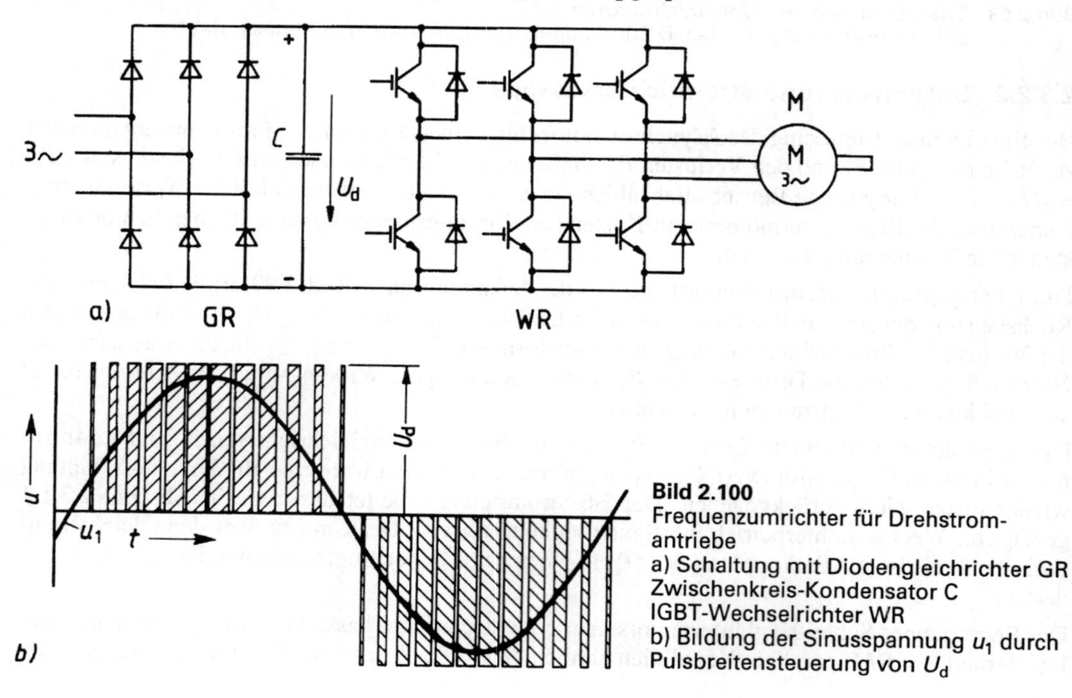

Bild 2.100 Frequenzumrichter für Drehstromantriebe
a) Schaltung mit Diodengleichrichter GR
Zwischenkreis-Kondensator C
IGBT-Wechselrichter WR
b) Bildung der Sinusspannung u_1 durch Pulsbreitensteuerung von U_d

Der Pufferkondensator C dient zur Aufnahme von Oberschwingungsströmen. An den Zwischenkreis wird ein dreiphasiger Pulswechselrichter nach dem Prinzip des Gleichstromstellers angeschlossen. Ist ein Vierquadrantenbetrieb mit Nutzbremsung vorgesehen, so erfolgt die Energierücklieferung an den Zwischenkreis und von dort über einen netzgeführten Wechselrichter WR in das Netz.

Die Bildung der gewünschten Wechselspannung beliebiger Frequenz für den Motor kann z.B. nach dem Unterschwingungsverfahren (Bild 2.100b) erfolgen. Die Gleichspannung wird hierbei in Form von unterschiedlich gepolten und verschieden breiten Rechteckimpulsen an die Motorwicklung gelegt, so daß eine sinusförmige Grundschwingung der gewünschten Frequenz und Amplitude als Unterschwingung entsteht. Um die Maschine mit konstantem Fluß Φ zu betreiben, wird nach dem Induktionsgesetz also $U \sim f \cdot \Phi$ die Höhe der Drehspannung der Frequenz angepaßt. Entsprechend dem Ankerstellbereich bei der Steuerung einer Gleichstrommaschine (Bild 4.16) erhält somit auch der Frequenzumrichter einen Proportionalbereich $U \sim f$. Er reicht bis zum sogenannten Eckpunkt seiner Kennlinie mit U_N, f_N, während darüber hinaus nur noch die Frequenz erhöht wird, was eine kontinuierliche Feldschwächung bedeutet.

Der Stand der Frequenzumrichtertechnik ist inzwischen durch eine prozessorgeführete Steuerlogik und Taktfrequenzen bis ca. 20 kHz gekennzeichnet. Damit werden störende Zusatzgeräusche und Schwingungen weitgehend vermieden und ein annähernd sinusförmiger Motorstrom mit entsprechend geringen Zusatzverlusten erreicht. Das Antriebssystem Frequenzumrichter + Drehstrommotor ist damit eine echte Alternative zum klassischen Konzept Gleichrichter + Gleichstrommotor und wird zunehmend diesem vorgezogen. Als Vorteile beim Einsatz des Asynchronmotors sind zu nennen: höhere Grenzdrehzahlen, kleineres Läuferträgheitsmoment, keine Stromwenderprobleme, weniger Wartungsaufwand.

Durch die Technik der Umrichterschaltungen kann auch die Synchronmaschine als drehzahlgeregelter Antrieb eingesetzt werden. So verwendet man heute gerne transistorisierte Frequenzumrichter in der Schaltung nach Bild 2.100, die permanenterregte Synchronmotoren für Vorschubantriebe versorgen. Im Bereich mittlerer bis großer Leistungen wird der Stromrichtermotor eingesetzt, eine Synchronmaschine, der über einen Umrichter 120°-Rechteckströme der gewünschten Frequenz aufgeschaltet werden.

Nach Gl. (2.48) ergibt sich bei allen Techniken eine Drehzahl der Synchronmaschine, die nach $n = f/p$ an die Frequenz gebunden ist.

2.3.3 Netzrückwirkungen von Stromrichteranlagen

Der Betrieb von Stromrichterschaltungen führt zu einer Reihe von Problemen hinsichtlich der Belastung des speisenden Netzes. Man bezeichnet diese speziellen Betriebsbedingungen als Netzrückwirkungen eines Stromrichters und muß ihnen gegebenenfalls mit besonderen Maßnahmen begegnen.

2.3.3.1 Steuerblindleistung

Alle Stromrichter, welche die Verbraucherspannung mit dem Verfahren der Anschnittsteuerung verändern, erzeugen Netzströme i, die gegenüber der Spannung u um den Steuerwinkel α nacheilen. In Bild 2.101a wird dies für den B2-Stromrichter eines Gleichstromantriebs wie in Bild 2.92 gezeigt. Dabei ist angenommen, daß der Ankerstrom $i_A = i_d$ durch eine große Glättungsspule den idealen konstanten Verlauf hat. Der Netzstrom besteht dann aus einem Rechteckwechselstrom i der Höhe I_A und der Breite $T/2$ mit einer Phasenverschiebung gegenüber der Spannung u um den Winkel $\varphi = \alpha$.

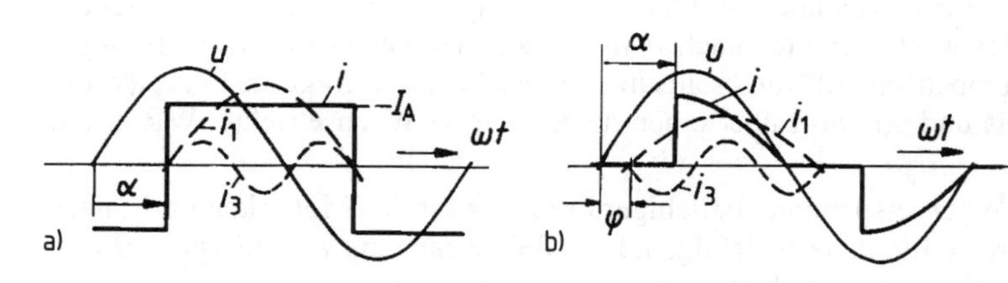

Bild 2.101
Steuerblindleistung und Stromoberschwingungen
a) Analyse des Rechteck-Wechselstromes einer B2-Schaltung beim Steuerwinkel α
b) verzerrte Stromkurve i bei einer Dimmerschaltung

Betrachtet man zunächst nur die aus einer Fourier-Analyse gewonnene Grundschwingung I_1 des Netzstromes I, so erkennt man, daß die Anschnittsteuerung zu einem mit dem Winkel α ansteigenden Blindanteil $I_b = I_1 \sin \varphi$ und damit zu einer sogenannten Steuerblindleistung führt. Diese ändert sich ständig mit dem Steuerwinkel α und kann damit nicht wie der fast lastunabhängige Blindstrom eines Drehstrom-Asynchronmotors durch einen festen Kondensator kompensiert werden. Soll die Steuerblindleistung trotzdem vom Netz ferngehalten werden, so muß eine stets dem augenblicklichen Steuerzustand angepaßte Kompensation realisiert werden, was grundsätzlich durch eine Synchronmaschine aber auch spezielle Schaltungen der Leistungselektronik erfolgen kann.

Vielleicht überraschend ist, daß wie in Bild 2.101b gezeigt, auch ein rein ohmscher Verbraucher wie der Widerstand in der Schaltung nach Bild 2.96 bei Anschnittsteuerung seiner Spannung netzseitig zu einer Blindleistung führt. Der Grund liegt darin, daß an den Thyristoren des Wechselstromstellers während des Sperrzustandes der entsprechende Anteil der Sinusspannung anliegt, der Widerstand also wie bei Reihenschaltung mit einer Spule nur einen Teil der vollen Schwingung erhält.

2.3.3.2 Oberschwingungen

Die Analyse der Netzströme in Bild 2.101a und b liefert außer der Grundschwingung I_1 des Stromes I eine Vielzahl von Oberschwingungen mit einem ganzzahligen Vielfachen der Netzfrequenz. Als Beispiel ist jeweils der 150 Hz-Strom i_3 eingetragen. Stromrichterschaltungen führen damit grundsätzlich zu netzfremden Stromanteilen auf den Leitungen, wobei die Amplitude dieser Oberschwingungen mit der Ordnungszahl ν abnimmt. Für Drehstromanlagen mit den meist verwendeten B6-Stromrichtern sind mit dem Faktor $k = 1; 2; 3$ usw. die Oberschwingungen nach der Beziehung

$$\nu = 6\,\mathrm{k} \pm 1 \quad \text{also } \nu = 5;\ 7;\ 11;\ 13 \text{ usw.}$$

typisch.

Alle Stromoberschwingungen können nun mit der netzfrequenten Sinusspannung im Mittel über eine Periode keine Wirkleistung bilden. Die Produkte UI_ν sind damit alle als Blindleistung zu bezeichnen. Im Wechselstromnetz mit Verbrauchern der Leistungselektronik lassen sich damit die folgenden vier Leistungsanteile unterscheiden:

Scheinleistung $\quad S = U\,I \quad$ (2.50)

Wirkleistung $\quad P = UI_1 \cos \varphi \quad$ (2.51)

Verschiebungsblindleistung $\quad Q_1 = U\,I_1 \sin \varphi \quad$ (2.52)

Oberschwingungsblindleistung $\quad Q_\nu = U \cdot \sqrt{\Sigma I_\nu^2} = U \cdot \sqrt{I^2 - I_1^2} \quad$ (2.53)

Zur Berechnung der gesamten Scheinleistung S gilt dann die Beziehung

$$S = \sqrt{P^2 + Q_1^2 + Q_\nu^2} \tag{2.54}$$

Die vier Teilleistungen, die bezüglich Q_1 und Q_ν reine Rechenwerte sind, lassen sich nach Bild 2.102 zu einem Quader zusammensetzen, in dem die Raumdiagonale die gesamte Scheinleistung S ist. Nach Abschn. 1.1.3.4 und Gl. (1.81) wird das Verhältnis $\lambda = P/S$ als Leistungsfaktor bezeichnet. Setzt man in diese Beziehung die obigen Gleichungen ein, so erhält man

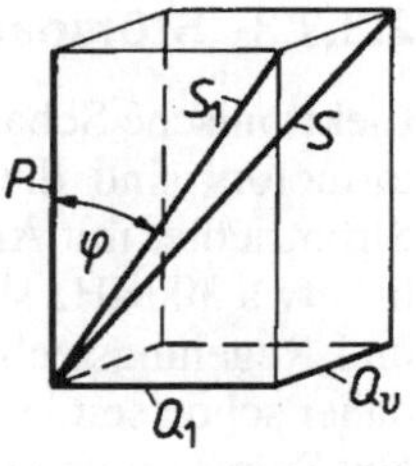

Bild 2.102
Darstellung der Leistungsanteile in einem Raumdiagramm

$$\lambda = \frac{I_1}{I} \cos\varphi = g_i \cos\varphi \tag{2.55}$$

Darin bezeichnet

$$g_i = \frac{I_1}{I} \tag{2.56}$$

den Grundschwingungsgehalt des Stromes I. Dieser ist in Netzen mit Anlagen der Leistungselektronik immer kleiner als 1 und das bedeutet, daß stets der Leistungsfaktor λ geringer als der Verschiebungsfaktor $\cos\varphi$ ist. Man sollte daher nicht wie in der Praxis häufig anzutreffen, den $\cos\varphi$ als Leistungsfaktor bezeichnen. Beide Größen sind nur im Sonderfall rein sinusförmiger Spannungen und Ströme gleich.

Bei Anlagen großer Leistungen wie z.B. Lichtbogenöfen mit Netzströmen im Bereich von vielen kA können die entsprechend großen Stromoberschwingungen zum Problem werden. Sie erzeugen nämlich vor allem an den Blindwiderständen $X = \omega L$ der Transformatoren und Leitungen Spannungsverluste, die wegen $\omega = 2\pi f \nu$ überproportional groß werden und zu Verzerrungen in der Verbraucherspannung führen. Man verwendet daher bei Großanlagen gerne B12-Schaltungen, bei denen die erste Stromoberschwingung schon die Ordnungszahl $\nu = 11$ hat und damit entsprechend klein ist.

Mitunter hilft nur noch der Einsatz einer Saugkreisanlage nach Bild 2.103, die aus einer Reihe von Reihenresonanzkreisen LC entsprechend Abschn. 1.2.2.2 besteht. Die Kondensatoren C und Induktivitäten L werden nach Gl. (1.77) mit ihrer Resonanzfrequenz

$$f_0 = f_\nu = \frac{1}{2\pi} \cdot \frac{1}{\sqrt{LC}}$$

auf die Frequenz f_ν der stärksten Stromoberschwingungen abgestimmt. Bei B6-Stromrichterschaltungen sind dies die Ordnungszahlen $\nu = 5$ und 7.

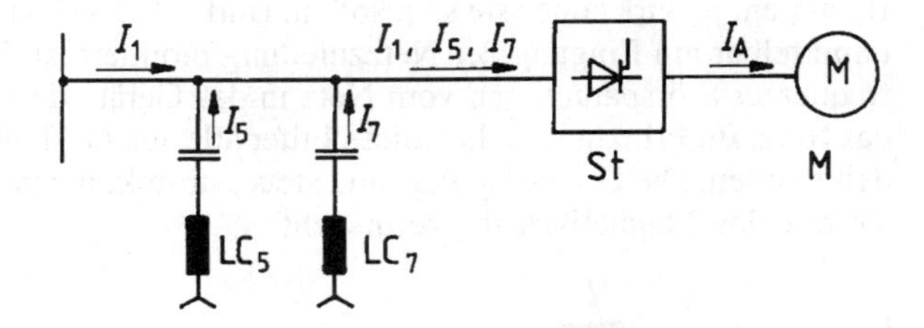

Bild 2.103
Schema einer Saugkreisanlage durch LC-Reihenresonazkreise
LC_5, LC_7 Saugkreise, ST Stromrichter, M Antrieb

Bei Resonanzfrequenz f_ν besitzen die Saugkreise nur noch den ohmschen Widerstand R der Spulen und stellen damit für die betreffenden Stromanteile I_ν praktisch einen Netzkurzschluß dar. Der Reihenresonanzkreis saugt die Ströme I_ν, die jetzt vom Stromrichter aus über die LC-Schaltung fließen, quasi an – daher sein Name – und hält sie so von der Netzleitung fern.

2.3.3.3 Störspannungen und EMV

Elektronische Schalter wie Transistoren und Thyristoren aber auch der Kohlekontakt eines Kollektormotors sind die Quelle von hochfrequenten Störspannungen und Störfeldern. So erzeugen Stromrichter mit Anschnittsteuerungen und vor allem getaktete Transistorgeräte ein Spektrum, das bis etwa 30 MHz störend auf nachrichtentechnische Einrichtungen und Anlagen der Meß-, Steuer- und Regelungstechnik wirken kann. In den VDE-Bestimmungen vor allem VDE 0875 bestehen daher schon seit langem Richtlinien zur Messung dieser Störungen und Grenzwerte für die zulässigen Störspannungen und Feldstärken.

In jüngerer Zeit wird das Thema dieser „Funkstörungen" im Rahmen des Gebietes der Elektromagnetischen Verträglichkeit (EMV) behandelt.

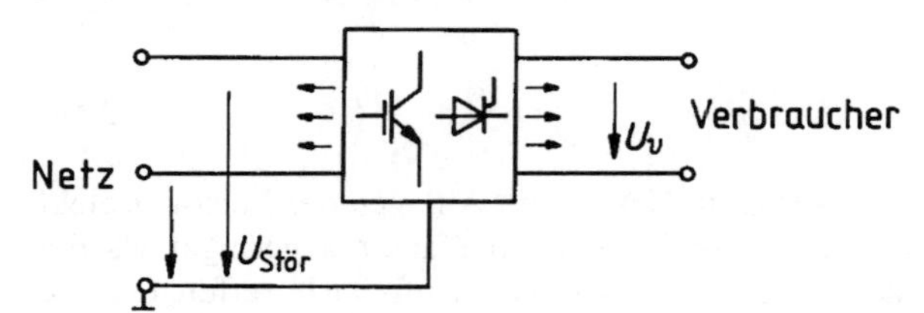

Bild 2.104
Störspannungen und Spannungs-Oberschwingungen durch Leistungselektronik

In Bild 2.104 ist der allgemeine Fall von Störspannungen skizziert. Ein Gerät der Leistungselektronik ist die Quelle von Störspannungen $U_{stör}$ und gibt diese in Richtung des Netzes ab. Die VDE-Bestimmungen, die inzwischen weitgehend auf Normen der EN (Europanormen) basieren, schreiben nun in einem Frequenzbereich von 150 kHz bis 30 MHz Grenzwerte für diese Störspannungen vor. Dabei werden keine Absolutwerte genannt, sondern ein Spannungspegel nach der Beziehung

$$u = 20 \log \frac{U_{stör}}{U_0} \text{ in dB} \tag{2.57}$$

definiert. Bezugsspannung ist der Wert $U_0 = 1\ \mu V$ und der Pegel wird in Dezibel dB angegeben. Je nach Einsatzbereich und Störfrequenz sind Pegel von 50 dB bis 80 dB zulässig.

In Bild 2.104 ist in Richtung zum Verbraucher eine Oberschwingungsspannung U_v eingetragen. Sie sagt aus, daß der Stromrichter z. B. einen Drehstrommotor bei Frequenzsteuerung mit einer Spannung versorgt, die eine Vielzahl von Oberschwingungen enthält. Die Folge können erhöhte Verluste, Geräusche aber auch frühe Wicklungsschäden sein.

Sowohl in Richtung des Netzes wie zum Verbraucher ist die klassische Maßnahme, die Ausbreitung der Störspannungen zumindest wesentlich zu mindern, der Einbau eines Filters. Diese bestehen grundsätzlich aus Kombinationen von Kondensatoren C und Drosselspulen L mit um so mehr Bauteilen, je wirksamer sie sein sollen. Bild 2.105 zeigt ein Netzfilter für Wechselstromgeräte, das unmittelbar am Eingang der Netzzuleitung montiert ist. Es begrenzt sowohl das Eindringen hochfrequenter Störspannungen vom Netz in das Gerät wie auch das Austreten eigener Störenergie in das Netz. Im Prinzip bestehen diese Filter alle aus LC-Tiefpässen, wie sie in Abschn. 1.2.2.2 behandelt wurden. Die Drosselspulen sind stets „stromkompensiert", d. h. so gewickelt, daß der Betriebsstrom keine Magnetisierung verursacht.

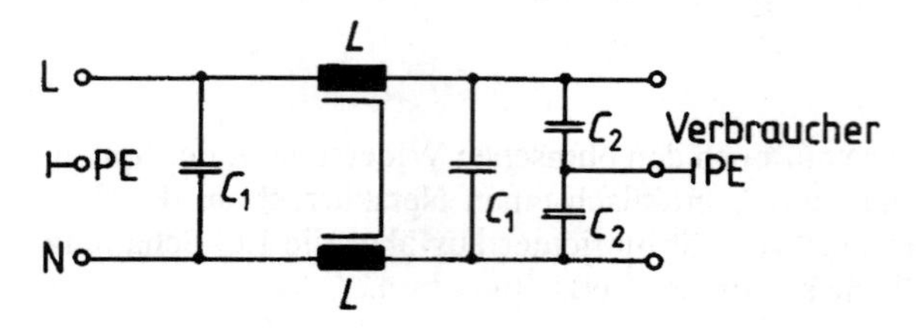

Bild 2.105
EMV-Netzfilter für $I_N = 10$ A
$C_1 = 0{,}0047\ \mu F$, $C_2 = 3300$ pF,
$L = 0{,}36$ mH

Die Wirkung der Filter wird durch ein Dämpfungsdiagramm gekennzeichnet, das angibt, um wieviel Dezibel die Störspannung in Abhängigkeit von der Frequenz gegenüber dem Betrieb ohne das Filter herabgesetzt wird. Typisch sind im Bereich von einigen MHz Dämpfungen von 60 dB bis 80 dB.

2.3.3.4 Zahlenbeispiele

Beispiel 2.21 Ein B6-Stromrichter für Anschluß an das Drehstromnetz 400 V/50Hz führt in den Zuleitungen 120°-Rechteckströme mit Oberschwingungsanteilen der Frequenz $f_\nu = \nu \cdot 50$ Hz.

Dabei gilt für die Ordnungszahl $\nu = 5; 7; 11; 13$ usw.

Um das Netz von den Anteilen I_5 und I_7 zu entlasten, sind zwei Saugkreise LC_5 und LC_7 auszulegen, die im Idealfall für ihre Ströme einen Kurzschluß erzeugen.

Die erforderlichen Produkte LC errechnen sich aus der Formel in Gl. (1.97) für die entsprechende Resonanzfrequenz zu

$$LC_\nu = \frac{1}{(2\pi \cdot \nu \cdot f_N)^2}$$

Mit $f_N = 50$ Hz ergibt das

$$LC_5 = \frac{1}{(2\pi \cdot 5 \cdot 50\ \text{Hz})^2} = 0{,}405 \cdot 10^{-6}\ \text{s}^2$$

$$LC_7 = \frac{1}{(2\pi \cdot 5 \cdot 50\ \text{Hz})^2} = 0{,}207 \cdot 10^{-6}\ \text{s}^2$$

Aus der Blindstrom-Kompensationsanlage sind zwei Drehstrom-Kondensatoreinheiten mit einmal $C_5 = 50\ \mu$F und $C_7 = 20\ \mu$F vorhanden.

Damit ergeben sich die erforderlichen Induktivitäten zu

$$L_5 = \frac{0{,}405 \cdot 10^{-6}\ \text{s}^2}{50 \cdot 10^{-6}\ \text{s}/\Omega} = 81\ \text{mH}$$

$$L_7 = \frac{0{,}207 \cdot 10^{-6}\ \text{s}^2}{20 \cdot 10^{-6}\ \text{s}/\Omega} = 10{,}35\ \text{mH}$$

Beispiel 2.22 Ein B2-Stromrichterantrieb nach Bild 2.92 mit Anschluß an 400 V Wechselspannung liefert beim Bemessungsmoment des Motors einen Ankerstrom $I_{AN} = 10$ A. Durch eine sehr große Drosselspule sei er ideal geglättet.

Mit der Vereinfachung $\varphi = \alpha$ sind bei einem Steuerwinkel von $\alpha = 30°$ der Leistungsfaktor und alle Einzelleistungen netzseitig zu bestimmen.

Bei idealer Glättung fließt netzseitig ein Rechteck-Wechselstom der Amplitude I_{AN}. Die Fourier-Analyse dieses Rechtecks liefert außer der Grundschwingung alle ungradzahligen Harmonischen mit dem Effektivwert

$$I_\nu = \frac{2\sqrt{2}}{\nu\,\pi} \cdot I_{AN}$$

Wechselstromseitig fließen damit die Sinusströme der Frequenz $\nu \cdot 50$ Hz und dem Effektivwert

$$I_1 = \frac{2\sqrt{2}}{\pi} \cdot 10\ \text{A} = 9\ \text{A} \qquad I_3 = I_1/3 = 3\text{A} \qquad I_5 = I_1/5 = 1{,}8\ \text{A} \quad \text{usw.}$$

Der Grundschwingungsgehalt wird nach Gl. (2.56)

$$g_i = I_1/I = 9\ \text{A}/10\text{A} = 0{,}9$$

Mit $\varphi = \alpha = 30°$ erhält man nach Gl. (2.55) den Leistungsfaktor

$$\lambda = g_i \cos\varphi = 0{,}9 \cdot 0{,}866 = 0{,}779$$

Für die Einzelleistungen erhält man:

Scheinleistung Gl. (2.50)

$$S = UI = 440\ \text{V} \cdot 10\ \text{A} = 4000\ \text{VA}$$

Wirkleistung Gl. (2.51)

$$P = UI_1 \cos\varphi = 400\ \text{V} \cdot 9\ \text{A} \cdot 0{,}866 = 3118\ \text{W}$$

Steuerblindleistung Gl. (2.52)

$$Q_1 = UI_1 \sin\varphi = 400\ \text{V} \cdot 9\ \text{A} \cdot 0{,}500 = 1800\ \text{var}$$

Oberschwingungsblindleistung Gl. (2.53)

$$Q_v = U\sqrt{I^2 - I_1^2} = 400\ \text{V} \cdot \sqrt{10^2 - 9^2}\ \text{A} = 1744\ \text{var}$$

Über Gl. (2.54) ist eine Kontrolle möglich

$$S = \sqrt{P^2 + Q_1^2 + Q_v^2} = \sqrt{3118^2 + 1800^2 + 1744^2}\ \text{VA} = 4000\ \text{VA}$$

Beispiel 2.23 Für eine Elektronik ist eine Gleichstromversorgung mit $U_d = 12$ V, $I_d = 20$ mA erforderlich. Es soll ein konventionelles Netzgerät nach Bild 2.58a also mit Eingangstransformator, B2-Gleichrichter, Glättungskondensator und Z-Diode verwendet werden. Zur Verfügung stehen:

Transformator 230 V, 50 Hz/15V und Z-Diode mit $P_v = 0{,}48$ W, $U_z = 12$ V

Es sind der erforderliche Schutzwiderstand R und die Kapazität C (s. auch Bild 2.22) zu bestimmen.

Nach Bild 2.53c beträgt der Scheitelwert der Wechselspannung $\hat{U} = \sqrt{2} \cdot 15\ \text{V} = 21{,}2$ V. Nach Abzug von ca. 1,5 V für die Schleusenspannung der jeweils zwei in Reihe liegenden Dioden ergibt sich die maximale Kondensatorspannung

$$U_{Cmax} = 21{,}2\ \text{V} - 1{,}5\ \text{V} = 19{,}7\ \text{V}$$

Am Schutzwiderstand liegt damit der Höchstwert $U_{Rmax} = U_{Cmax} - U_z = 19{,}7\ \text{V} - 12\ \text{V} = 7{,}7$ V. Der zulässige Strom der Z-Diode beträgt

$$I_{Zmax} = P_v/U_Z = 0{,}48\ \text{W}/12\ \text{V} = 40\ \text{mA}$$

Damit ergibt sich als maximaler Strom im Widerstand

$$I_{Rmax} = I_d + I_{Zmax} = 20\ \text{mA} + 40\ \text{mA} = 60\ \text{mA}$$

Der Schutzwiderstand errechnet sich dann zu

$$R = U_{Rmax}/I_{Rmax} = 7{,}7\ \text{V}/0{,}06\ \text{A} = 128{,}3\ \Omega$$

Damit die Z-Diode nach Bild 2.21 auf dem steilen Ast ihrer Kennlinie bleibt, ist $I_{Zmin} = 0{,}1\ I_{Zmax}$ erforderlich. So gilt für den kleinsten Strom im Widerstand

$$I_{Rmin} = I_d + I_{Zmin} = 20\ \text{mA} + 4\ \text{mA} = 24\ \text{mA}$$

Am Widerstand tritt jetzt die Spannung $U_{Rmin} = 128{,}3\ \Omega \cdot 24\ \text{mA} = 3{,}08$ V auf, so daß der untere Wert der Kondensatorspannung

$$U_{Cmin} = U_d + U_{Rmin} = 12\ \text{V} + 3{,}08\ \text{V} = 15{,}08\ \text{V}$$

beträgt. Nach Bild 2.55 ergibt sich damit eine Differenz $\Delta U = U_{Cmax} - U_{Cmin} = 19{,}7\ \text{V} - 15{,}08\ \text{V} = 4{,}62$ V. Bei einem mittleren Entladestrom von $I_R = 0{,}5(24 + 60)\text{mA} = 42$ mA benötigt man nach Gl. (2.18) eine Kapazität

$$C = \frac{0{,}75 \cdot I_R}{2f \cdot \Delta U} = \frac{0{,}75 \cdot 0{,}042\ \text{A}}{2 \cdot 50\ \text{Hz} \cdot 4{,}62\ \text{V}} = 68{,}2\ \mu\text{F}$$

3 Elektrische Meßtechnik

Messungen sind in der Technik die Voraussetzung jeder erfolgreichen Forschungs- und Entwicklungsarbeit. Das gleiche gilt für den sicheren Betrieb aller Anlagen und dies um so mehr, je höher der Automatisierungsgrad z. B. einer Fertigung ist.

In vielen Fällen bietet die elektrische Meßtechnik die größten Vorteile, da ihre Verfahren und Geräte meist hohe Empfindlichkeit, Genauigkeit und Betriebssicherheit aufweisen. Ferner bietet sie die Möglichkeit, ihre Meßwerte fast beliebig zu verstärken und in großer Entfernung vom Meßort anzuzeigen und zu verarbeiten. Für die Praxis ist besonders wichtig, daß man fast alle physikalischen Größen durch geeignete Aufnehmer in proportionale elektrische Werte umwandeln und deshalb die genannten Vorteile der elektrischen Meßtechnik auch für die Messung nichtelektrischer Größen ausnutzen kann.

Nachstehend folgen zunächst grundlegende Aussagen zum Einsatz von Meßgeräten in elektrischen Schaltungen. Nach den klassischen analogen Meßverfahren werden die Grundlagen der digitalen Meßtechnik besprochen. Den Abschluß bilden Meßverfahren für nichtelektrische Größen und eine Auswahl der hierfür wichtigsten Sensoren.

3.1 Grundlagen der elektrischen Meßtechnik

Für die Auswahl und den Einsatz elektrischer Meßgeräte sind einige allgemeine Grundkenntnisse erforderlich. Sie betreffen zunächst eine Reihe meßtechnischer Begriffe, die Symbole auf der Skala und Angaben zur Genauigkeit. Ferner sind bei Messungen an elektronischen Schaltungen und in der Stromrichtertechnik spezielle Auswahlkriterien für die Geräte zu beachten.

Auf die Darstellung der vielfältigen Meßfehler und ihre Bewertung (s. DIN 1319) muß verzichtet werden. Es genüge hier der grundsätzliche Hinweis, daß ein Zeigerinstrument möglichst im letzten Drittel der Skala betrieben werden soll (s. Beispiel 3.1).

3.1.1 Allgemeine Angaben

3.1.1.1 Meßwerterfassung

Analogtechnik. Die klassischen Meßgeräte stellen das Meßergebnis mit Hilfe einer Skala und eines Zeigers dar. Dessen Auslenkung ist stets entsprechend oder griechisch analog der augenblicklichen Meßgröße. Die Ablesegenauigkeit ist von der Auflösung der Skala, der Zeigerbreite und wesentlich auch von der Sorgfalt des Betrachters abhängig.

Erfolgt eine Meßwertübertragung, so wird der Meßwert in der Regel in Form einer Gleichspannung dargestellt. Diese ist damit ohne Unterbrechung ein Abbild der zu messenden Größe, also ein analoges Signal.

Digitaltechnik. Die einen Meßwert darstellende Gleichspannung wird hier durch einen in Abschn. 3.3.1 beschriebenen Wandler in eine Impulsfolge umgesetzt, der eine Folge von Ziffern oder englisch digits entspricht. Diese wird heute auf einem in Abschn. 2.1.3.5 beschriebenen LCD-Display mit der Einheit angezeigt, so daß ein Ablesen sehr einfach ist. Der Meßwert kann dabei mit soviel Dezimalstellen angegeben werden, wie es die Genauigkeit der Meßwertaufnahme und -verarbeitung sinnvoll machen.

Im Zuge der EDV ist die digitale Darstellung und Verarbeitung von Meßwerten in vielen Bereichen wie z.B. der Antriebs- und Prozeßtechnik bereits Standard. Dies gilt auch für den Einsatz digitaler Meßgeräte, von denen angefangen bei sehr preiswerten einfachen Ausführungen bis zu prozessorgesteuerten Multimetern eine Vielzahl von Typen auf dem Markt ist.

3.1.1.2 Betriebsdaten von Meßgeräten

Genauigkeitsklassen und Kennzeichen. Zeigerinstrumente werden hinsichtlich ihrer Anzeigegenauigkeit GK in nachstehende Klassen eingeteilt:

Feinmeßgeräte: GK = 0,1; 0,2; 0,5

Betriebsmeßgeräte: GK = 1,0; 1,5; 2,5; 5; 10

Der Wert GK gibt den höchstzulässigen Anzeigefehler AF in Prozent vom Meßbereichs-Endwert an und darf in dieser Größe im gesamten Meßbereich auftreten. Dies bedeutet, daß man auch im Anfang der Skala bereits mit dem Fehler ± AF rechnen muß, dort also wie in Beispiel 3.1 ein recht ungenaues Ergebnis erhält.

Beispiel 3.1 Ein Vielfachgerät der Güteklasse 1,5 mit 30 Skalenteilen wird im Meßbereich 300 V verwendet.

a) In welchen Grenzen kann eine Spannung liegen, wenn der Zeiger 22 Skalenteile angibt?

Der Anzeigefehler AF ist gleichbleibend 1,5% des Skalenendwerts, damit Fehlangabe FA = ± 0,015 · 300 V = ± 4,5 V

Anzeigewert AW = 22 Skalenteile · 10 V/Skalenteil = 220 V.

Wahrer Wert WW = AW – FA = 220 V ± 4,5 V = 215,5 V bis 224,5 V.

b) In welchem Toleranzbereich kann ein Meßwert liegen, wenn 24 V angezeigt werden?

Es gilt unverändert FA = ± 4,5 V und damit

Wahrer Wert WW = 24 V ± 4,5 V = 19,5 V bis 28,5 V!

Bei Geräten mit Ziffernanzeige und damit digitalem Meßwert ist der Anzeigefehler natürlich auch von der Qualität des Meßgerätes aber auch vom zeitlichen Verlauf der zu messenden Größe abhängig. So besitzen Digitalgeräte für den technisch-wissenschaftlichen Einsatz für Gleichströme

Tabelle 3.1 Sinnbilder für Meßinstrumente

Sinnbild	Bedeutung	Sinnbild	Bedeutung	Sinnbild	Bedeutung
—	Gleichstrom		waagrechte Gebrauchslage		Drehspulmeßwerk mit Gleichrichter
~	Wechselstrom	60°	schräge Gebrauchslage mit Neigungswinkel		Drehspulmeßwerk mit Thermoumformer
	Gleich- und Wechselstrom	2	Prüfspannung (Ziffer ≙ kV)		Dreheisenmeßwerk
1	Drehstrom in einem Meßwerk	1,5	Genauigkeitsklasse		elektrodynamisches Meßwerk (eisenlos)
2	Drehstrom mit zwei Meßwerken		Bimetallmeßwerk		elektrodynamisches Meßwerk (eisengeschlossen)
3	Drehstrom mit drei Meßwerken		Drehspulmeßwerk		
⊥	senkrechte Gebrauchslage		Drehspul-Quotientenmeßwerk		elektrostatisches Meßwerk

und Gleichspannungen nur Fehler von 0,1% + 1 Digit bezogen auf den Meßbereich. Zur Bestimmung des Effektivwertes stark oberschwingungshaltiger Größen kann der Fehler jedoch mehrere Prozent sein.

Zeichen für Meßwerke. Die für den Benutzer wichtigsten Eigenschaften eines elektrischen Meßinstrumentes wie Gebrauchslage und Art des Meßwerkes werden durch Sinnbilder auf der Skalenscheibe gekennzeichnet. Die Bedeutung dieser Sinnbilder zeigt Tabelle 3.1.

3.1.1.3 Übersicht der wichtigsten Meßwerke

Für die Auswahl eines elektrischen Meßgerätes zum Einsatz in einem Meßaufbau ist die Kurvenform der Ströme und Spannungen entscheidend. Handelt es sich um reine Gleichströme oder sinusförmige Wechselgrößen, so ist jedes Meßgerät geeignet. Durch die Anlagen der Leistungselektronik sind jedoch vor allem die Ströme netzseitig häufig nicht mehr sinusförmig, sondern enthalten außer dem 50 Hz-Anteil I_1 eine Reihe von Oberschwingungen mit 3, 5, 7 usw. facher Netzfrequenz. Deren Einzeleffektivwerte I_3, I_5, I_7 usw. erhöhen den Gesamtwert nach der Gleichung

$$I = \sqrt{I_1^2 + I_3^2 + I_7^2} \ldots \qquad (3.1)$$

Dieser Wert ist für die Belastung, d.h. vor allem die Erwärmung der Betriebsmittel maßgebend. Für die Messung solcher nichtsinusförmiger Ströme und Spannungen sind nicht alle Meßwerke geeignet. Im einzelnen gilt nachstehende Übersicht:

Drehspulgeräte mit Gleichrichter. Das Meßwerk erhält durch eine vorgeschaltete Diodenbrücke einen gleichgerichteten Strom und liefert daher einen dessen Mittelwert proportionalen Ausschlag. Da bei sinusförmigen Größen zwischen Gleichricht- und Effektivwert eine feste Beziehung (Formfaktor) besteht, werden auf der Skala direkt Effektivwerte angegeben. Bei nichtsinusförmigem Kurvenverlauf gilt diese Eichung aber nicht, und das Gerät zeigt einen falschen Meßwert an. Der Fehler ist um so größer, je mehr der zeitliche Verlauf von der Sinusform abweicht und kann, bezogen auf den richtigen Wert, über 100% betragen.

Dreheisengeräte. Sie sind auf Grund ihrer Wirkungsweise echte Effektivwertmesser und damit auch zur Bestimmung oberschwingungshaltiger Größen geeignet. Enge Fehlergrenzen bestehen allerdings nur im angegebenen Frequenzbereich von z.B. 15 Hz – 50 Hz – 300 Hz, wobei sich die Klassengenauigkeit auf den mittleren Wert bezieht. Danach ist der Meßfehler je nach dem Anteil der Oberschwingungen etwas erhöht.

Drehspulgeräte mit Thermoumformer. Da sie über ein Thermoelement die Stromwärme der Meßgröße bestimmen, sind Meßgeräte mit Thermoumformer ebenfalls echte Effektivwertmesser. Der zulässige Frequenzbereich liegt so hoch (> 20 kHz), daß keine Meßfehler auftreten.

Digitalgeräte. Einfache Geräte erlauben außer Gleichstrommessungen nur die richtige Bestimmung sinusförmiger Größen. In der teueren Preisklasse geben die Hersteller einen maximalen Scheitelfaktor (Crestfaktor) $C = \hat{\imath}/I$ als Verhältnis von Spitzenwert $\hat{\imath}$ zu Effektivwert I des periodischen aber nichtsinusförmigen Kurvenverlaufs an, bis zu dem eine genaue Effektivwertanzeige erfolgt. Üblich sind Werte von $C = 2{,}5$ bis 5 (14).

3.1.2 Einsatz elektrischer Meßgeräte

3.1.2.1 Strom- und spannungsrichtige Messung

In Abschn. 1.3.2.4 wurde bereits gezeigt, wie ein Strom- und ein Spannungsmesser in eine Schaltung einzufügen sind. In beiden Fällen dürfen die Innenwiderstände R_{iA} und R_{iV} der Meßgeräte die ursprünglichen Verhältnisse nur unmerklich ändern. Dies bedeutet die allgemeine Forderung an die Innenwiderstände $R_{iA} \to 0$ und $R_{iV} \to \infty$, was in der Praxis nur annähernd erfüllt ist und vor allem bei gleichzeitiger Strom- und Spannungsmessung verfälschte Ergebnisse ergeben kann.

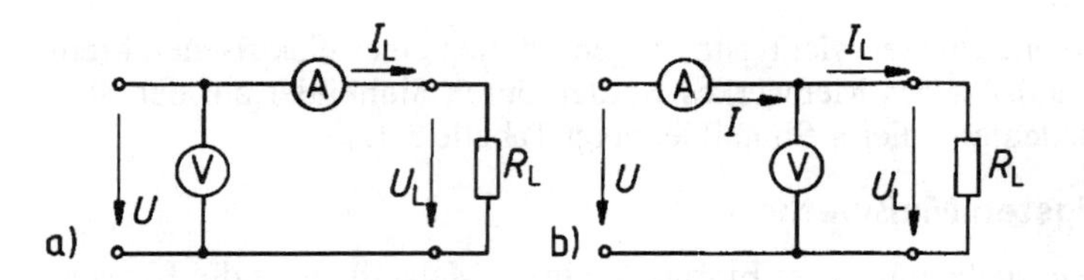

Bild 3.2
Strom- und Spannungsmessung an einem Verbraucher
a) stromrichtige Schaltung
b) spannungsrichtige Schaltung

In Bild 3.2 sollen gleichzeitig Strom I_L und Spannung U_L eines Verbrauchers mit dem Widerstand R_L bestimmt werden, was mit den Schaltungen nach 3.2a oder 3.2b möglich ist. In der Variante a wird der Strom I_L richtig erfaßt, dagegen durch das Voltmeter zusätzlich der Spannungsfall $R_{iA} \cdot I_L$ mitgemessen. Für U_L gilt dann nach der Beziehung des Spannungsteilers

$$U_L = U \frac{R_L}{R_L + R_{iA}} = \frac{U}{1 + R_{iA}/R_L}$$

Die Schaltung der Meßgeräte ist also richtig gewählt, wenn $R_{iA}/R_L \ll 0$ gilt, d.h. in der Praxis $R_{iA} \leq R_L/1000$ ist.

In der Variante b wird die Spannung U_L richtig gemessen, dafür erfaßt das Amperemeter zusätzlich den Strom $I_V = U_L/R_{iV}$ und mißt damit den Gesamtwert

$$I = \frac{U_L}{R_L} + \frac{U_L}{R_{iV}} = \frac{U_L}{R_L}\left(1 + \frac{R_L}{R_{iV}}\right)$$

Damit der Verbraucherstrom U_L/R_L angezeigt wird, muß der Wert R_L/R_{iV} vernachlässigbar sein. Die Schaltung ist also anzuwenden, wenn $R_L/R_{iV} \to 0$ gilt, also etwa $R_L \leq R_{iV}/1000$ ist.

3.1.2.2 Innenwiderstände von Meßgeräten

Das Einbringen eines Meßgerätes in eine Schaltung soll die Strom- und Spannungswerte von zuvor nicht merklich ändern. Es wurde bereits festgelegt, daß dazu der Innenwiderstand eines Strommessers sehr klein, der eines Spannungsmessers dagegen sehr groß sein muß. Sind diese Bedingungen nicht erfüllt und treten dadurch Fehler auf, die in den Bereich der Genauigkeit des Meßgerätes kommen, so sind Korrekturrechnungen erforderlich. In der Praxis will man dies vermeiden und muß sich daher vor der Messung über den Innenwiderstand eines Meßgerätes Klarheit verschaffen. Hierzu sollen nachstehend einige Angaben gemacht werden.

Bei Spannungsmessern ist es üblich, den Innenwiderstand verschiedener Meßbereiche jeweils mit der Angabe Ω/V auf den Volt-Endausschlag zu beziehen. Bei den verschiedenen Meßsystemen werden etwa die folgenden Werte erreicht:

Dreheisengeräte	– 20 Ω/V bis 500 Ω/V
Drehspulgeräte mit Gleichrichter	– 300 Ω/V bis 2 kΩ/V
Drehspulgeräte mit Verstärker	– 100 kΩ/V bis 10 MΩ
Thermoumformergeräte	– 1 MΩ bis 10 MΩ
Digitale Multimeter	– 1 MΩ bis 10 MΩ
Oszilloskope	– 1 MΩ

Ein Dreheisengerät mit z.B. 100 Ω/V besitzt also im Meßbereich bis 100 V einen Innenwiderstand von 10 kΩ. Dies wäre für den Einsatz in elektronischen Schaltungen mit ihren oft sehr kleinen Strömen zu wenig. Hier sollten Meßgeräte mit mindestens 20 kΩ/V eingesetzt werden.

Bei Strommessern entsteht durch den Innenwiderstand ein unerwünschter Spannungsfall auf der Leitung. In der Regel wird dieser auf 60 mV bis 150 mV begrenzt, was bedeutet, daß z.B. ein Drehspulgerät für 15 mA Endausschlag einen Innenwiderstand von 4 Ω hat. Im Meßbereich 5 A sinkt durch einen 60 mV-Nebenwiderstand nach Abschn. 3.1.2.3 der resultierende Wert bereits auf 12 mΩ.

Bei Dreheisengeräten gibt man gerne den Eigenverbrauch an, der für einen Strommesser mit 5 A Endausschlag bei etwa 0,25 VA liegen kann. Dies entspricht einem Innenwiderstand von 10 mΩ oder einem Spannungsfall von 50 mV.

3.1.2.3 Meßbereichserweiterung

Die Meßwerke von Strom- und Spannungsmessern werden nicht so ausgelegt, daß sie die maximal zulässigen Größen direkt aufnehmen. So kann der jeweilige Endausschlag bereits bei I_M = 1 mA oder U_M = 1 V erreicht sein. Sind größere Ströme oder Spannungen zu bestimmen, so erweitert man den Meßbereich dazu mit Neben- und Vorwiderständen.

Nebenwiderstand. In Bild 3.3a ist ein Meßwerk gezeichnet, daß den Innenwiderstand R_{iA} und beim Strom I_M seinen Endausschlag hat. Sollen nun Ströme bis zum Wert I bestimmt werden, so wird der Nebenwiderstand R_n parallelgeschaltet. Dieser führt den Strom $I_n = I - I_M$, womit wegen der gleichen Spannung an der Parallelschaltung die Beziehung

$$I_M R_{iA} = I_n R_n = (I - I_M) R_n$$

gilt. Daraus errechnet sich der erforderliche Nebenwiderstand zu

$$\boldsymbol{R_n = R_{iA} \frac{I_M}{I - I_M}} \tag{3.2}$$

Soll also ein Strommesser mit den Daten R_{iA} = 49,9 Ω und I_M = 1 mA für Ströme bis I = 0,5 A ausgerüstet werden, so ist der Nebenwiderstand

$$R_n = 49{,}9\,\Omega \frac{1\text{ mA}}{500\text{ mA} - 1\text{ mA}} = 0{,}1\,\Omega$$

erforderlich.

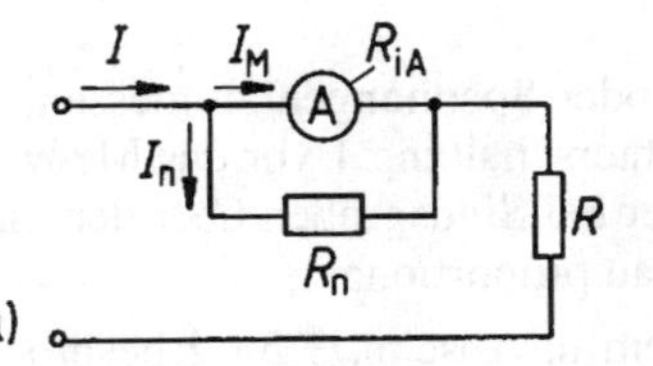

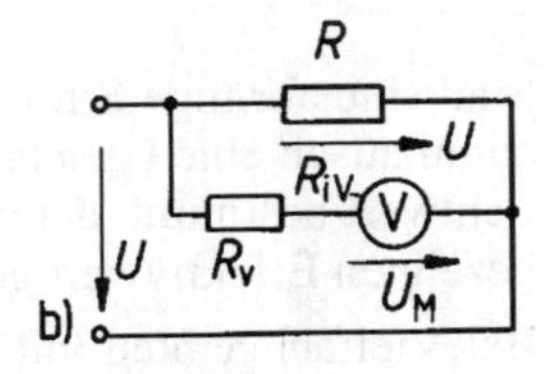

Bild 3.3
Meßbereichserweiterung bei Gleichstrom
a) Strommesser mit Nebenwiderstand R_n
b) Spannungsmesser mit Vorwiderstand R_v

Vorwiderstand. Soll der Spannungsbereich des Meßgerätes vergrößert werden, so können dazu Vorwiderstände R_v verwendet werden. In der Schaltung nach Bild 3.3b darf in keinem Bereich die zulässige Spannung $U_M = I_M R_{iV}$ überschritten werden. Damit gilt die Spannungsgleichung

$$U = U_M + R_v I_M = U_M + R_v U_M / R_{iV}$$

Für den erforderlichen Vorwiderstand ergibt sich daraus

$$\boldsymbol{R_v = R_{iV} \left(\frac{U}{U_M} - 1 \right)} \tag{3.3}$$

Soll also der Meßbereich eines Spannungsmessers für U_M = 1 V auf U = 100 V vergrößert werden, so ist bei R_{iV} = 500 Ω ein Vorwiderstand

$$R_v = 500\ \Omega\left(\frac{100\ \text{V}}{1\ \text{V}} - 1\right) = 49{,}5\ \text{k}\Omega$$

erforderlich.

Vielfachinstrumente. In der Praxis werden meist Vielfachmeßgeräte verwendet, die über einen Wahlschalter eine ganze Reihe von Strom- und Spannungsmeßbereichen zur Verfügung stellen. Damit der undefinierte Kontaktwiderstand am Wahlschalter die Genauigkeit der Messung nicht beeinflußt, wählt man bei Drehspul-Vielfachgeräten eine Anordnung der Widerstände nach Bild 3.4, in welcher der größte Nebenwiderstand aufgeteilt ist. Der Schalterkontakt liegt jetzt vor der jeweiligen Stromteilung und beeinflußt sie daher nicht mehr. Die Berechnung der einzelnen Widerstände ist in Beispiel 3.2 gezeigt.

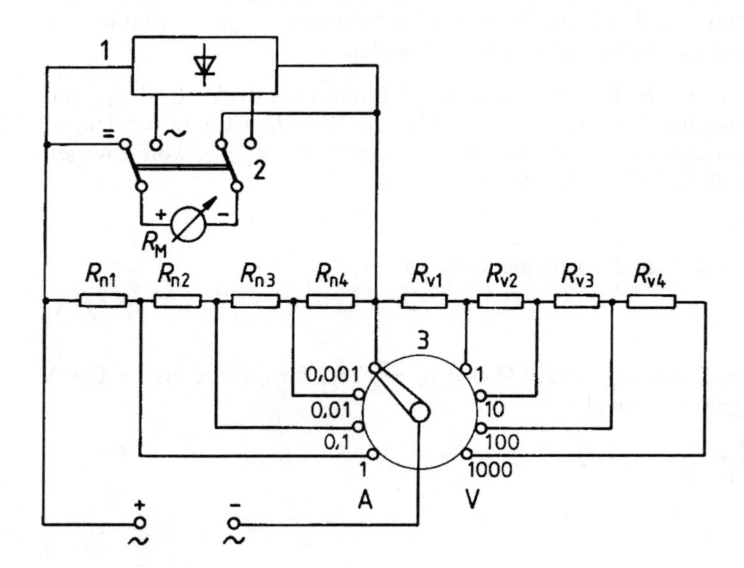

Bild 3.4
Meßbereichserweiterung bei einem Vielfachinstrument (vereinfacht)
1 Gleichrichterschaltung
2 Stromartwähler
3 Meßbereichswähler

Sind sinusförmige Ströme oder Spannungen zu messen, so schaltet man mit dem Bereichswähler automatisch eine Gleichrichterschaltung 1 vor das Meßwerk. Es wird damit eigentlich der Gleichrichtwert bestimmt, der aber bei Sinusgrößen über den eingeeichten Formfaktor $F = 1{,}11$ dem angezeigten Effektivwert genau proportional ist.

Bei Vielfachgeräten mit dem in Abschn. 3.2.1.2 besprochenen Dreheisenmeßwerk ist die Induktivität der Spule nicht zu vernachlässigen. Daher scheidet eine einfache Parallelschaltung von ohmschen Widerständen aus und man realisiert die verschiedenen Strommeßbereiche durch Wicklungsanzapfungen. Die Spannungsbereiche können wieder über Vorwiderstände hergestellt werden.

Beispiel 3.2 Das Meßwerk eines Drehspulgerätes hat die Daten $R_M = 800\ \Omega$ und $I_M = 0{,}2$ mA.

a) Für die Meßbereiche $I = 1$ mA; 10 mA; 100 mA und 1 A sind die Nebenwiderstände entsprechend der Schaltung in Bild 3.4 zu bestimmen.

Nach Gl. (3.2) gilt für den ersten erweiterten Meßbereich

$$R_n = R_M \frac{I_M}{I - I_M} = 800\ \Omega \frac{0{,}2\ \text{mA}}{1\ \text{mA} - 0{,}2\ \text{mA}} = 200\ \Omega$$

Dieser Wert wird in die vier Einzelwiderstände

$$R_{n1} = 0{,}2\ \Omega \qquad R_{n2} = 1{,}8\ \Omega \qquad R_{n3} = 18\ \Omega \qquad R_{n4} = 180\ \Omega$$

aufgeteilt.

In der Schalterstellung 1 mA sind wie erforderlich alle in Reihe geschaltet.

Im Meßbereich 10 mA wird R_{n4} in Reihe mit dem Meßwerkwiderstand R_M und dazu parallel die Werte R_{n1} bis R_{n3} gelegt. Damit gilt

$$R_{M4} = 800\ \Omega + 180\ \Omega = 980\ \Omega$$

womit nach Gl. (3.2) für den neuen Parallelwert

$$R_n = 980\ \Omega \frac{0{,}2\ \text{mA}}{10\ \text{mA} - 0{,}2\ \text{mA}} = 20\ \Omega$$

erforderlich ist. Dies ist mit der Summe R_{n1} bis R_{n3} der Fall.

In gleicher Weise können die weiteren Stromstufen kontrolliert werden.

b) Für den Meßbereich 1 V ist der Wert R_{v1} zu bestimmen.

Dem Meßwerk ist in allen Spannungsmeßbereichen stets der Widerstand $R_n = 200\ \Omega$ parallelgeschaltet. Damit entsteht ein Gesamtwiderstand

$$R_p = R_M \| R_n = \frac{800\ \Omega \cdot 200\ \Omega}{800\ \Omega + 200\ \Omega} = 160\ \Omega$$

An R_p darf die Spannung $U_M = R_M I_M = 800\ \Omega \cdot 0{,}2\ \text{mA} = 160\ \text{mV}$ anliegen.

Mit $R_p = R_{iV}$ erhält man mit Gl. (3.3)

$$R_{v1} = R_{1v} \cdot \left(\frac{U}{U_M} - 1\right) = 160\ \Omega \left(\frac{1000\ \text{mV}}{160\ \text{mV}} - 1\right) = 840\ \Omega$$

3.2 Elektrische Meßwerke und Meßgeräte

3.2.1 Elektrische Meßwerke

3.2.1.1 Elektronenstrahlröhren

Aufbau und Wirkungsweise der Elektronenstrahlröhre wurden bereits in Abschn. 2.1.5.1 besprochen. Über die an den beiden Plattenpaaren anliegenden momentanen Spannungen wird die Lage des Leuchtpunktes auf dem Bildschirm bestimmt. Legt man an ein Plattenpaar (y-Richtung) die zu messende Spannung U_y, so gilt für die senkrechte Auslenkung y des Leuchtpunktes $y \sim U_y$. Die Elektronenstrahlröhre erlaubt damit eine fast leistungslose Spannungsmessung bis zu sehr hohen Frequenzen. Über den Aufbau als Meßgerät s. Abschn. 3.2.2.5.

3.2.1.2 Dreheisenmeßwerke

Bild 3.5 zeigt den Aufbau eines Dreheisenmeßwerks, das besonders für Betriebsmeßgeräte gerne verwendet wird. Das im Inneren der vom Meßstrom durchflossenen Spule entstehende Magnetfeld magnetisiert das feststehende und das bewegliche Eisenplättchen gleichartig, so daß zwischen beiden eine abstoßende Kraft entsteht, die das Zeigerdrehmoment bildet. Diesem wirkt das Drehmoment der Rückstellfeder entgegen. Da die Plättchen auch bei umgekehrter Stromrichtung gleichartig magnetisiert werden, ist das Dreheisenmeßwerk auch für Wechselstrom brauchbar. Es hat Luftreibungsdämpfung, die ein aus Dämpferflügel und Dämpferkammer bestehendes Dämpfersystem bewirkt. Auf der Skala erkennt man die nicht gleichmäßige Teilung und den Unterschied zwischen Anzeige- und Meßbereich.

Die wichtigsten Eigenschaften des Dreheisenmeßwerkes sind: Einfachheit, Billigkeit, hohe Überlastbarkeit (bis 40 × Nennstrom I_N während maximal 1 s!), Genauigkeit bis Klasse 0,2, universelle

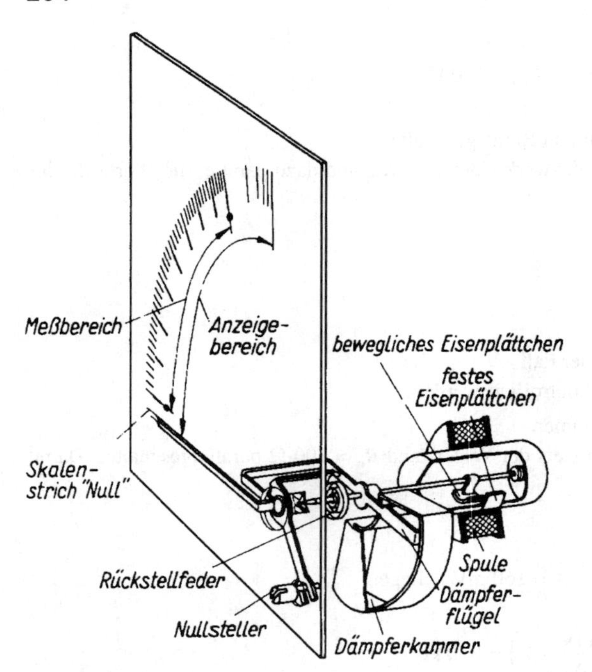

Bild 3.5
Dreheisenmeßwerk mit Luftdämpfung (H u. B-Elima)

Anwendbarkeit für Gleich- und Wechselstrom und, für das Meßwerk allein, ein Eigenverbrauch von 0,1 bis 1 VA.

3.2.1.3 Drehspulmeßwerke

Drehspulmeßwerke werden in zwei Ausführungen hergestellt. Ein Meßwerk mit Außenmagnet zeigt Bild 3.6. Im Feld des Dauermagneten befindet sich, drehbar angeordnet, die auf ein dünnes Al-Blechrähmchen gewickelte Drehspule mit N Windungen. Dieser Drehspule wird der Meßstrom I über zwei Spiralfedern, die auch die Rückstellkraft ergeben, zugeführt. Der Weicheisenkern im Inneren der Drehspule sorgt für ein praktisch homogenes Magnetfeld mit der Flußdichte B. In diesem Feld liegen $2N$ stromdurchflossene Leiter, deren Länge durch die Kantenlänge l_0 der Drehspule, parallel zur Drehachse, gegeben ist. Die wirksame Leiterlänge im Magnetfeld ist deshalb

$$l = 2N\, l_0$$

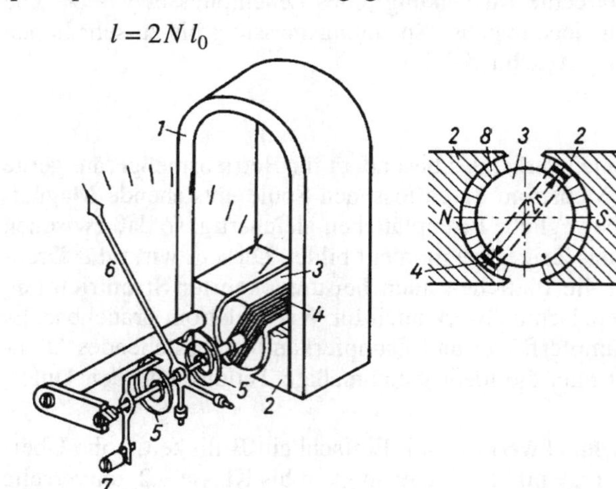

Bild 3.6
Drehspulmeßwerk mit Außenmagnet (Spitzenlagerung)

1 Dauermagnet
2 Polschuhe
3 Weicheisenkern
4 Drehspule
5 Spiralfedern
6 Zeiger
7 Zeiger-Nullstellung
8 radialhomogenes Feld

Damit wird die auf die Drehspule ausgeübte Kraft nach Gl. (1.51)

$$F_m = 2 N B I l_0 \tag{3.4}$$

Diese Kraft, eigentlich ein Kräftepaar, greift am Umfang der Drehspule an und ergibt ein Drehmoment, das man durch Multiplizieren von F_m mit dem Radius der Drehspule erhält. Da die Richtung der wirkenden Kraft von der Stromrichtung abhängt, ergeben sich je nach Stromrichtung Zeigerausschläge nach verschiedenen Seiten. Ein Drehspulmeßwerk mit einem in Skalenmitte liegenden Nullpunkt kann deshalb als Stromrichtungsanzeiger für Gleichstrom verwendet werden.

Die zweite, neuere Form des Drehspulmeßwerks nennt man Kernmagnetmeßwerk (Bild 3.7). Hier liegt der Dauermagnet als Kern im Inneren der Drehspule. Ein Weicheisenzylinder schließt den magnetischen Kreis. Der Kern ist längs eines Durchmessers magnetisiert. Durch einfache Maßnahmen kann man trotzdem ein annähernd homogenes Magnetfeld erzeugen, so daß einer der wichtigsten Vorteile des Drehspulmeßwerks, die linear geteilte Skala, erhalten bleibt.

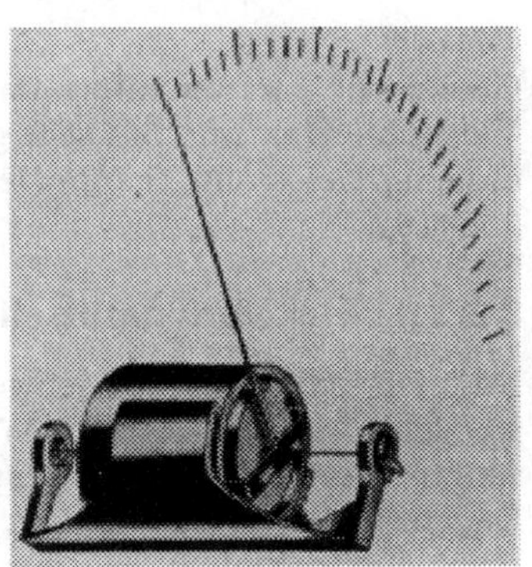

Bild 3.7
Drehspulmeßwerk mit Kernmagnet (Spannbandaufhängung) (H u. B)

Weitere Vorteile sind: Hohe Genauigkeit bis Klasse 0,1, hohe Empfindlichkeit, Stromempfindlichkeit des Zeigerinstrumentes bis 10^7 mm/A, Spannungsempfindlichkeit bis 10^5 mm/V. Bei Instrumenten mit Lichtzeiger und Spiegelablesung läßt sich diese Empfindlichkeit um drei weitere Zehnerpotenzen steigern. Durch Induktion einer Spannung bzw. eines Stromes im bewegten Rähmchen der Drehspule wird das Meßwerk vorzüglich gedämpft, da dieser Strom im Widerstand des Rähmchens in Wärme umgewandelt wird. Dies bedeutet für das schwingende System einen Energieentzug, der die Dämpfung bewirkt.

Den Nachteil des Drehspulmeßwerks, nur für Gleichstrom verwendbar zu sein, kann man durch Vorschalten von Halbleiterdioden beseitigen. Die Empfindlichkeit wird dadurch zwar verringert, sie liegt aber trotzdem noch weit über der des Dreheisenmeßwerks, so daß das Drehspulmeßwerk in Verbindung mit Gleichrichtern auch das empfindlichste Wechselstrommeßinstrument ergibt.

Neben diesen Grundformen des Drehspulmeßwerks gibt es für besondere Zwecke eine große Zahl von Sonderausführungen. Wichtig ist das Kreuzspulmeßwerk, das zwei Drehspulen auf einer Achse enthält.

Beispiel 3.3 Wie groß ist das auf die Drehspule des Meßwerkes in Bild 3.6 wirkende Drehmoment, wenn jene von einem Strom von 1 mA Stärke durchflossen wird, mit 500 Windungen bewickelt ist, bei 10 mm Kantenlänge quadratische Form hat und sich in einem Magnetfeld mit der Flußdichte 0,2 T befindet?

Mit Gl. (3.4) erhält man die Kraft $F_m = 2 \cdot 500 \cdot 0{,}2 \cdot 1{,}10^{-3} \cdot 10^{-2} \dfrac{\text{Vs} \cdot \text{A} \cdot \text{m}}{\text{m}^2} = 2 \cdot 10^{-3}$ Ws/m.

Da 1 Ws = 1 Nm ist, folgt für die Kraft $F_m = 2 \cdot 10^{-3}$ N. Mit $r = 5$ mm = 0,5 cm ergibt sich das Drehmoment $M = 2 \cdot 10^{-3}$ N $\cdot$ 0,5 cm = $1 \cdot 10^{-3}$ Ncm.

Thermoumformer. In einem evakuierten Glasröhrchen 1 nach Bild 3.8 erwärmt der zu messende Strom I einen Heizdraht 2 aus einem Widerstandsmaterial mit kleinem Temperaturbeiwert. Mit dem Heizdraht ist ein Thermoelement 3 entweder direkt durch Hartlöten oder isoliert verbunden. Die entstehende Thermospannung von etwa 5 mV ist der Temperaturdifferenz zwischen Heizdraht und Umgebung und damit der Wärmeleistung $I^2 \cdot R$ proportional und wird mit dem Drehspulmeßwerk 4 gemessen. Die Anzeige ist grundsätzlich vom Effektivwert des Stromes abhängig.

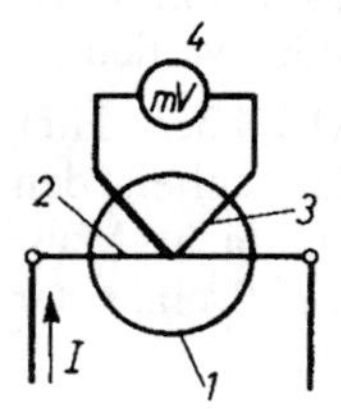

Bild 3.8
Thermoumformer
1 evakuierter Glaskolben 3 Thermoelement
2 Heizdraht 4 Drehspulmeßwerk

Geräte mit Thermoumformung und elektronischem Verstärker werden heute als empfindliche Vielfachinstrumente mit sehr geringem Eigenverbrauch hergestellt. Je nach Ausführung der Anordnung Heizdraht–Thermoelement eignet sich diese Technik für Messungen bis zu Frequenzen über 10 MHz.

3.2.1.4 Elektrodynamische Meßwerke

Das elektrodynamische Meßwerk ist ein Produktenmesser; seinen Aufbau in der heute meist verwendeten „eisengeschlossenen" Form zeigt Bild 3.9. Man erkennt die Ähnlichkeit mit dem Drehspulmeßwerk mit Außenmagnet, der hier nicht ein Dauermagnet, sondern ein Elektromagnet ist. Da jetzt in Gl. (3.4) der Betrag von B von dem die Elektromagnetwicklung durchfließenden Strom I_I abhängt – nämlich diesem proportional ist, solange man sich im linearen Teil der Magnetisierungskurve des magnetischen Kreises befindet –, ist die entstehende Kraft F_m dem Produkt $I_1 I_\mathrm{I}$ proportional. Daraus sowie aus der Schaltung (Bild 1.29) folgt, daß das elektrodynamische Meßwerk als Leistungsmesser verwendbar ist.

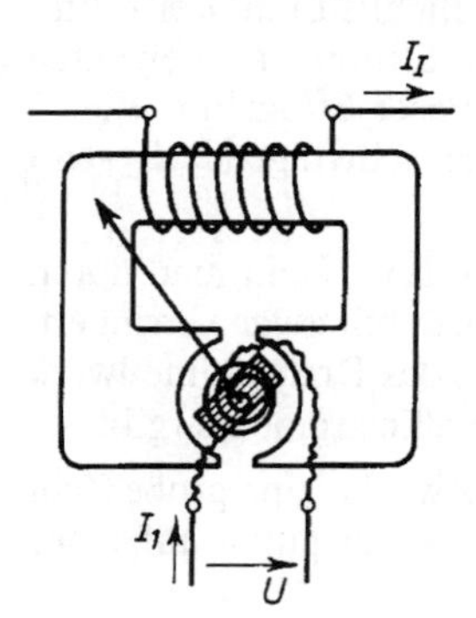

Bild 3.9
Elektrodynamisches Meßwerk mit Eisenschluß (Siemens). Es ist nur eine Spiralfeder zur Stromzuführung eingezeichnet

Die eisengeschlossene Ausführung, bei der für die Eisenteile besonders hochwertige Bleche verwendet werden, ist nur für Wechselstrom anwendbar, man erreicht mit ihr die Genauigkeitsklasse 0,5. Gebräuchlich sind für ein Wattmeter der Meßbereich 5 A für den Strompfad I_I und die Bereiche 60 V, 120 V und 240 V für den Spannungspfad.

Die eisenlose Ausführung, die für Gleich- und Wechselstrommessungen geeignet ist, kann bis zur Genauigkeitsklasse 0,1 gebaut werden.

3.2.1.5 Induktions-(Ferraris-)Meßwerk

Nach Bild 3.10 befindet sich im Luftspalt der beiden Elektromagnete 1 und 2 eine um ihre senkrechte Welle drehbare Scheibe aus Aluminium. Wicklung 1 wird vom Verbraucherstrom I durchflossen und erzeugt im Luftspalt ihres Magnetkreises ein Feld der Flußdichte B_1. Wicklung 2 liegt an der Verbraucherspannung U und führt wegen ihres hohen Blindwiderstandes einen Strom, bzw. bewirkt eine Flußdichte B_2 im Luftspalt, welche beide der Spannung U um 90° nacheilen. Insgesamt entsteht damit durch die räumlich versetzten Polflächen und die zeitliche Phasenverschiebung ihrer Felder ein Wanderfeld, das in der Scheibe Wirbelströme verursacht. Nach Gl. (1.51) ergeben diese Wirbelströme zusammen mit dem Wanderfeld tangential an der Scheibe angreifende Kräfte, die ein Drehmoment zur Folge haben. Diesem Antriebsmoment, das nach

$$M_\mathrm{A} = c_1 \cdot U \cdot I \cos \varphi$$

der Wirkleistung des Verbrauchers proportional ist, wirkt ein durch den Dauermagneten 6 nach

$$M_\mathrm{B} = c_2 \cdot n$$

erzeugtes Bremsmoment entgegen.

Die Drehzahl n der Scheibe errechnet sich dabei aus der Zahl der Umdrehungen z in der Zeit t zu

$$n = \frac{z}{t} \tag{3.5}$$

Da im Gleichgewichtszustand mit konstanter Drehzahl $M_\mathrm{A} = M_\mathrm{B}$ sein muß, erhält man aus obigen Gleichungen für die Anzahl der Scheibenumdrehungen

$$z = \frac{c_1}{c_2} \cdot t \cdot U \cdot I \cdot \cos\varphi = k \cdot W \quad \text{mit } k = c_1/c_2 \tag{3.6}$$

Die Zahl z ist also der Arbeit W proportional, welche in der zugehörigen Zeitspanne t im Verbraucher umgesetzt wird.

Durch ein über die Schnecke 5 angetriebenes Zählwerk werden diese Umdrehungen gezählt und digital angezeigt. Meßgeräte für die elektrische Arbeit werden (Elektrizitäts-)Zähler genannt. $k = c_1/c_2$ nennt man die Zählerkonstante; sie ist von der Konstruktion und Einstellung des Zählers abhängig und hat nach Gl. (3.6) die Dimension: Umdrehungen/kWh.

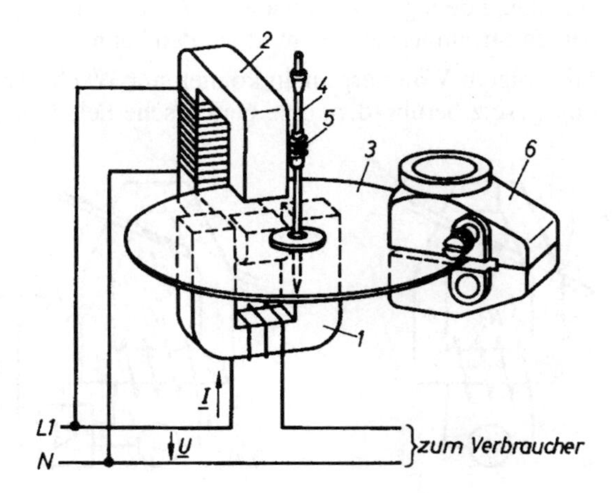

Bild 3.10
Einphasen-Induktionszähler (schematisch)

1 Stromeisen mit Stromspule
2 Spannungseisen mit Spannungsspule
3 Läuferscheibe
4 Welle
5 Antriebsschnecke für das Zählwerk
6 Bremsmagnet

3.2.2 Elektrische Meßgeräte

3.2.2.1 Widerstandsmeßgeräte

Meßbrücken. Bei diesen Geräten wird der unbekannte Widerstand in einer Brückenschaltung nach Abschn. 1.1.2.4 (Bild 1.34) mit einstellbaren, bekannten Widerständen über den Nullabgleich eines Drehspulinstrumentes verglichen. Der Wert kann auf der Skala des Drehwiderstandes abgelesen werden.

Am bekanntesten ist die Wheatstone-Meßbrücke, mit der bei 0,5 % Genauigkeit Widerstände zwischen ca. 0,1 Ω und 100 kΩ gemessen werden können. Bei Werten unter 1 Ω macht sich der Zuleitungswiderstand bereits als Meßfehler bemerkbar, so daß im Bereich 0,1 mΩ bis 2 Ω die Thomson-Meßbrücke eingesetzt wird. Hier ist durch den Aufbau der Schaltung der Leitungswiderstand ohne Einfluß.

Ohmmeter. Es erlaubt ein unmittelbares Ablesen des unbekannten Widerstandes auf einer Ohmskala. Es arbeitet in seiner einfachen Ausführung (Leitungsprüfer) nach der in Abschn. 1.1.2.4 beschriebenen Methode zur Messung von Widerständen. Der Zeiger muß in jedem Meßbereich vor der Inbetriebnahme über einen Einstellknopf nach Kurzschließen der Anschlußklemmen auf Nullausschlag gebracht werden. Je nach Gerät umfaßt der Meßbereich etwa 1 Ω bis 100 kΩ, wobei eine Genauigkeit von 1,5 % erreicht wird.

Isolationsmesser. Zur Messung sehr hochohmiger Widerstände bis über 1000 MΩ verwendet man den Kurbelinduktor. Dieser enthält einen kleinen über ein Getriebe mit einer Handkurbel betriebenen Generator, der die Meßspannung für das eingebaute Drehspulinstrument mit Ohmskala erzeugt. Die Meßspannung wird über eine Drehzahlregelung oder eine elektronische Schaltung genau konstant gehalten und ist damit unabhängig von der Drehzahl der Handkurbel. Man wählt mit Rücksicht auf die hohen Ohmwerte Betriebsspannungen von 500 V bis 1000 V und erreicht ebenfalls 1,5 % Genauigkeit.

3.2.2.2 Zangenstrommesser

Mit dem aufklappbaren Eisenkern des Gerätes wird die Leitung, deren Strom zu bestimmen ist, umfaßt. Da der Stromkreis damit nicht aufgetrennt werden muß, eignen sich Zangenstrommesser besonders für Kontrollaufgaben in elektrischen Anlagen. In der klassischen Ausführung (Bild 3.11a) arbeitet das Meßgerät als Stromwandler, in dessen Sekundärwicklung mit der Windungszahl N_2 nach dem Transformationsgesetz ein Strom $I_2 = I_1 \cdot N_1/N_2$ mit $N_1 = 1$ induziert wird. Entsprechend dem gewünschten Meßbereich, wird N_2 so groß gewählt, daß I_2 bequem mit dem eingebauten Strommesser bestimmt werden kann.

Mit obigem Wandlerprinzip können nur Wechselströme gemessen werden, da es auf dem Induktionsgesetz beruht, d. h. eine periodische Feldänderung erfordert. In der Technik nach Bild 3.11b

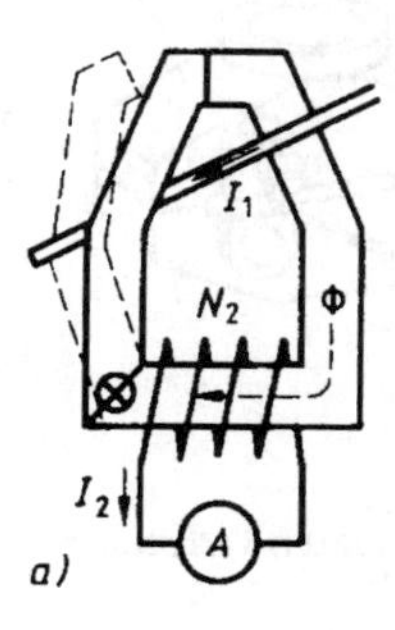

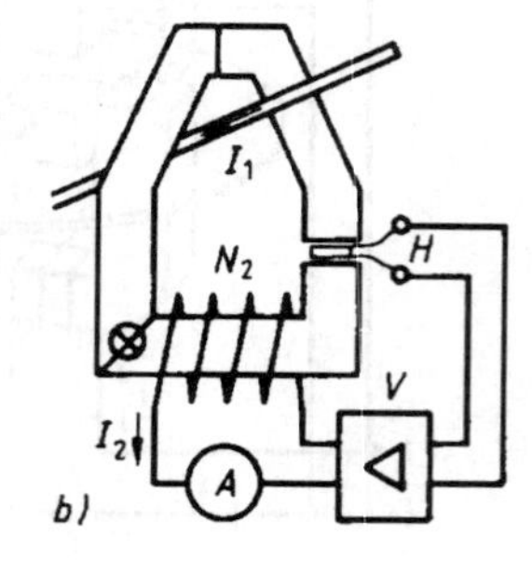

Bild 3.11
Zangenstrommesser
a) Stromwandlertechnik
b) Hallsonde H als Nullindikator

mit einer Hallsonde im magnetischen Kreis sind dagegen Gleich- und Wechselströme meßbar. Nach Abschn. 2.1.3.4 liefert die Sonde eine feldproportionale Spannung, die auch unmittelbar zur potentialfreien Gleichstrommessung verwendet werden kann. In der Praxis wählt man das genauere Kompensationsverfahren, bei dem die Hallsonde nur als Nullindikator wirkt und den Verstärker V so ansteuert, daß das resultierende Magnetfeld im Kern durch die Gegendurchflutung der Sekundärwicklung genau aufgehoben wird. Dann gilt wieder $I_2 = I_1/N_2$, und der eingestellte Strom I_2 ist ein Maß für den Leitungsstrom I_1.

3.2.2.3 Vielfachinstrumente

Vielfachinstrumente werden mit sehr unterschiedlichen, durch Umschalter wählbaren Meßbereichen ausgeführt. Alle für die verschiedenen Meßbereiche erforderlichen Reihen- und Parallelwiderstände sind mit dem Drehspulmeßwerk in ein Gehäuse eingebaut. Auf diese Weise ist es möglich, für Gleichstrom eine große Zahl von Strom- und Spannungsmeßbereichen mit verhältnismäßig geringem Aufwand zu erreichen. Durch Einbau von Halbleiter-Gleichrichtern und häufig auch eines Stromwandlers für die Wechselstrombereiche bekommt man die gleichen Meßbereiche auch für Wechselstrom. Mit einer eingebauten Batterie als Spannungsquelle kann das Vielfachinstrument auch zur Widerstandsmessung (s. Abschn. 1.1.2.4) verwendet werden. Eine insbesondere für die Nachrichtentechnik und Elektronik wichtige Eigenschaft der Vielfachinstrumente ist ihr durch die Verwendung des Drehspulmeßwerks bedingter geringer Eigen-verbrauch. Für die Spannungsmeßbereiche kann heute ein Innenwiderstand > 100 kΩ/V erreicht werden, für die Strommeßbereiche liegen die Spannungsfälle in der Größenordnung 100 mV.

3.2.2.4 Schreibende Meßgeräte

Schreibende Meßgeräte, auch Registrierinstrumente oder kurz Schreiber genannt, werden zur Aufzeichnung langsam veränderlicher elektrischer Größen benutzt. Sie bestehen stets aus zwei Teilen, dem Meßwerk und der Schreibvorrichtung. Grundsätzlich kann jede Art von Meßwerken mit einer Schreibvorrichtung kombiniert werden; besonders häufig verwendet man Drehspul- oder eisengeschlossene elektrodynamische Meßwerke. Es gibt drei Arten von schreibenden Meßgeräten:

1. Linienschreiber, die fortlaufend aufzeichnen,
2. Punktschreiber, die in bestimmten zeitlichen Abständen aufzeichnen,
3. Kompensationsschreiber, die fortlaufend aufzeichnen.

Linienschreiber. Bei diesen ist im einfachsten Fall die Schreibfeder an der Spitze des Meßwerkzeigers angebracht. Unter der Feder wird der Papierstreifen durch einen kleinen Synchronmotor mit konstanter Geschwindigkeit fortbewegt. Für die Aufzeichnung kann normales Papier mit Tinte oder z.B. eine Metallpapierschrift verwendet werden. Im letzteren Falle ist auf das Registrierpapier eine sehr dünne Metallschicht aufgedampft, auf der sich der Schreibstift bewegt. Durch eine geringe Spannung zwischen Stift und Metallschicht fließt ein kleiner Strom, dessen Wärme die Schicht unter dem Stift fortlaufend verdampft und damit eine Linie aufzeichnet.

Punktschreiber. Diese haben einen wesentlich niedrigeren Eigenverbrauch als die Linienschreiber, da sich der Zeiger frei über der Papierbahn bewegt. Er wird nur in regelmäßigen Abständen, z.B. alle 20 s, durch einen Fallbügel gegen ein Farbband gedrückt, das dann auf dem Papier aufliegt und auf dieses einen Punkt drückt. Der Fallbügel wird über ein Getriebe mit Exzenterscheibe vom Synchronmotor bewegt, der zugleich auch den Papiervorschub antreibt. Da der Synchronmotor zusätzlich noch einen Umschalter betätigen kann, der das Meßwerk in verschiedene Stromkreise legt, ist die gleichzeitige Aufzeichnung von verschiedenen Meßgrößen auf einem Papierstreifen möglich. Die verschiedenen Meßreihen können noch durch Farben unterschieden werden, wenn man mit der elektrischen Umschaltung eine Umschaltung der Farbbänder verbindet.

Kompensationsschreiber. Bei diesem Schreibertyp wird die zu messende Spannung U_x mit einer internen Kompensationsspannung U_k verglichen und eine Nullspannung $U_0 = U_x - U_k$ gebildet. Diese wird umgeformt, verstärkt und auf die Anlaufwicklung eines kleinen Wechselstrommotors geschaltet. Seine Welle dient als Antrieb für den Schreibarm und den Zeiger und bewegt sich solange bis $U_0 = 0$ erreicht ist. Die Auslenkung des Zeigers wird dadurch proportional der Meßgröße U_x.

Kennzeichnend für alle Kompensationsschreiber ist, daß sie kein elektrisches Meßwerk enthalten, sondern selbstabgleichende Kompensationsapparate sind. Da der Motor mit großem Drehmoment gebaut werden kann, treten keine Schwierigkeiten durch die Reibung der Schreibfeder auf und kann eine große Schreibbreite gewählt werden.

3.2.2.5 Oszilloskope

Mit einem Oszilloskop kann man den zeitlichen Verlauf von Spannungssignalen bei Frequenzen bis zu GHz auf einem Leuchtschirm sichtbar machen. Das Gerät ist für alle Entwicklungsarbeiten in der Elektronik, für Serviceaufgaben in Industrie und Gewerbe, sowie für Schulungseinrichtungen unentbehrlich.

Kernstück eines jeden Oszilloskops ist die in Abschn. 2.1.5.1 beschriebene, auch Braunsche Röhre genannte Elektronenstrahlröhre. Sie ist, meßtechnisch betrachtet, ein Spannungsmesser mit einer durchschnittlichen Empfindlichkeit von etwa 0,2 mm/V. Ein Strom kann nur gemessen werden, wenn man diesen durch einen möglichst kleinen und frequenzunabhängigen Widerstand leitet und die daran abfallende Spannung oszillografiert. Dies reicht aber zur Erzeugung eines hinreichend großen Oszillogramms ebenso wenig aus, wie die sonst zu oszillografierenden Spannungen, so daß fast stets eine mehr oder weniger große Verstärkung der zu untersuchenden Spannungen notwendig ist.

Da der Verlauf der elektrischen Größe in Abhängigkeit von der Zeit nur mit Hilfe einer zeitproportionalen Ablenkung in horizontaler Richtung aufgezeichnet werden kann, ist eine proportional mit der Zeit ansteigende Spannung (Sägezahnspannung) von einstellbarer Frequenz erforderlich. Die Braunsche Röhre selbst braucht mehrere, teilweise einstellbare Betriebsspannungen, so daß Geräte für

1. Verstärkung der Meßspannung: Y-Ablenkteil
2. Erzeugung und Verstärkung der zeitproportionalen Ablenkspannung: X-Ablenkteil
3. Erzeugung der Betriebsspannungen für die Braunsche Röhre und den X- und Y-Ablenkteil: Netzgerät

erforderlich sind.

Diese Geräte ergeben, mit der Braunschen Röhre zusammengebaut, das Oszilloskop.

Der Leistungsbedarf aus der Signalquelle ist wegen des hohen Eingangswiderstandes des Y-Verstärkers ($\geq 1\ M\Omega$) praktisch gleich Null und die obere Grenzfrequenz nur durch die Eigenschaften des Verstärkers gegeben, da die Röhre bis zu Frequenzen der Größenordnung 100 MHz einwandfrei arbeitet. Das Gerät kann stark überlastet werden, da jeder Verstärkereingang mit einem, nur geringen Aufwand erfordernden elektronischen Überspannungsschutz versehen wird.

Die Oszillogramme auf dem Schirm können mit handelsüblichen Kameras direkt fotografiert und so aufgezeichnet werden. Spezialeinrichtungen zum Befestigen der Kamera am Oszilloskop bei gleichzeitiger visueller Beobachtungsmöglichkeit des Schirmbildes werden von den meisten Herstellern von Oszilloskopen geliefert.

Baugruppen. An Hand des Blockschaltbildes 3.12 wird die grundsätzliche Arbeitsweise eines Oszilloskops erklärt.

Y-Ablenkung. Die zu messende Spannung wird an die Buchsen „Y-Eingang" und „Masse" angeschlossen und der Schalter III je nach Stromart auf DC (direct current) oder AC (alternating current) gestellt. Über die Empfindlichkeit des Y-Verstärkers mit etwa 10 V/cm bis 1 mV/cm kann man die senkrechte Strahlablenkung passend zum Signalwert und der Bildschirmhöhe wählen, wobei zuvor eine beliebige Nulllage möglich ist.

X-Ablenkung. Ein eingebauter Sägezahngenerator mit einstellbarer Frequenz liefert über den X-Verstärker eine mit der Zeit linear ansteigende Spannung für das X-Plattenpaar. Man erreicht so eine repetierende horizontale Strahlablenkung, die etwa zwischen 5 s/cm bis 0,1 µs/cm gewählt werden kann. Im Bereich 5 ms/cm erscheint z.B. eine 50 Hz-Spannung mit $T = 20$ ms in einer Schreibbreite von 4 cm pro Periode.

Damit bei der Aufzeichnung einer Wechselspannung ein stehendes Bild entsteht, muß die Sägezahnspannung so mit dem zeitlichen Verlauf der Wechselspannung U_y synchronisiert werden, daß die Ablenkung immer mit dem gleichen Augenblickswert u beginnt. Man bezeichnet diesen Vorgang als Triggerung und kann über den Schalter I verschiedene Varianten einstellen. Am wichtigsten ist die interne Triggerung, wobei die positive oder negative Halbschwingung der Wechselspannung selbst den Start für den Anstieg der Sägezahnspannung liefert.

Durch Umlegen des Schalters II wird das X-Plattenpaar von der Sägezahnspannung getrennt und kann ebenfalls über den X-Eingang an eine äußere Spannung angeschlossen werden. Damit ist die Aufnahme von Kennlinien $y = f(x)$ z.B. als Diodenkennlinie $i = f(u)$ möglich.

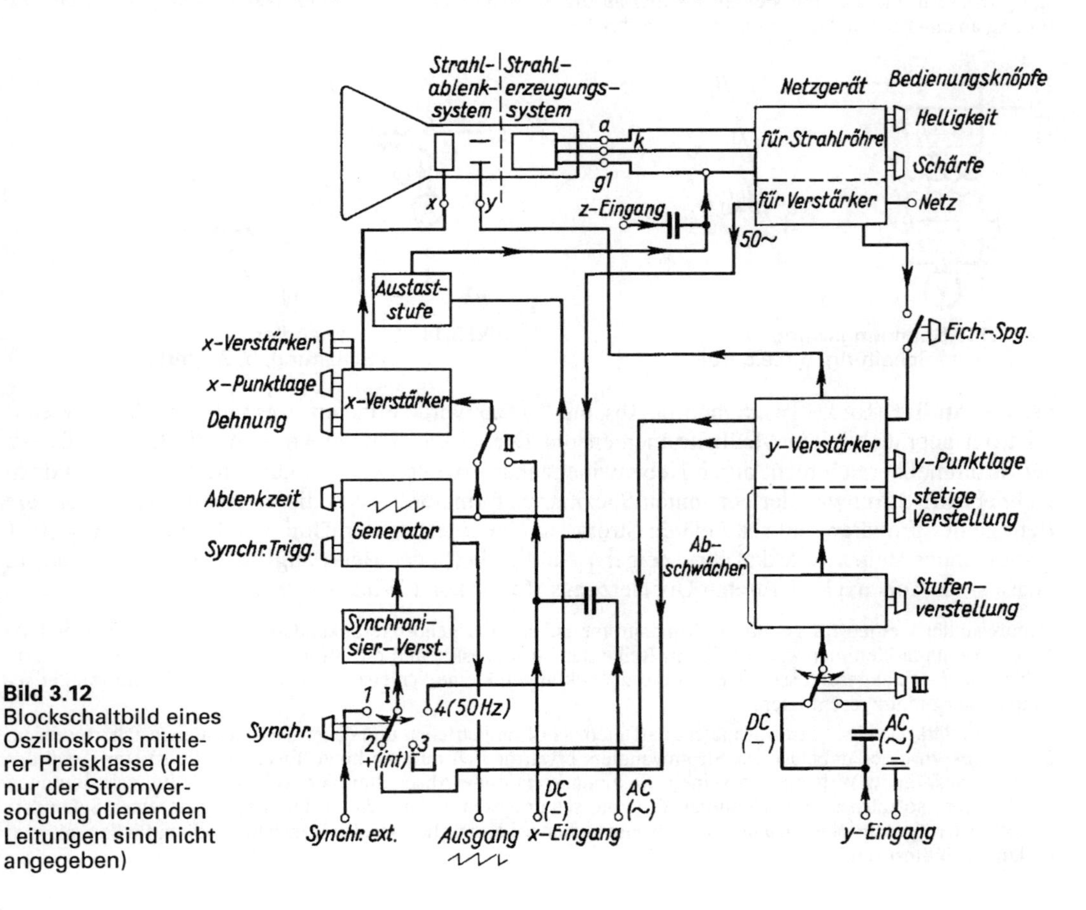

Bild 3.12 Blockschaltbild eines Oszilloskops mittlerer Preisklasse (die nur der Stromversorgung dienenden Leitungen sind nicht angegeben)

Mit einem Mehrkanaloszilloskop können gleichzeitig mehrere Wechselspannungen auf dem Bildschirm dargestellt werden. Ein elektronischer Schalter legt die an den verschiedenen Y-Eingängen angeschlossenen Spannungen entweder nacheinander (alternating) oder im raschen Wechsel (chopped) an das Y-Plattenpaar, wobei durch das Nachleuchten des Bildschirmes alle Einzelspannungen sichtbar bleiben.

3.2.2.6 Meßwandler

Meßwandler sind spezielle ausgelegte Trenntransformatoren, die hohe Wechselströme oder -spannungen auf Werte herabsetzen, die ungefährlich und für die Messung mit üblichen Geräten brauchbar sind.

Spannungswandler (Bild 3.13). Aufbau, Schaltung und Wirkungsweise entsprechen denen des Transformators nach Abschn. 4.2.1. Es muß in jedem Betriebszustand gefordert werden, daß die Beträge von Primärspannung $\underline{U}_1$ und Sekundärspannung $\underline{U}_2$ in einem festen Verhältnis zueinander stehen (z.B. 10000 V/100 V = 100:1) und daß außerdem beide Spannungszeiger gleiche Phasenlage haben.

Praktisch ausgeführte Spannungswandler können diese beiden Forderungen nicht streng erfüllen: es treten Übersetzungs-(Spannungs-) und Winkelfehler δ_u auf. Je nach Größe dieser Fehler sind die Wandler, wie die anderen Meßgeräte, in Güteklassen eingeteilt. Spannungswandler werden für genormte Primärspannungen gebaut, die genormte Sekundärspannung beträgt 100 V. Spannungsmesser sowie die Spannungsspulen von Leistungsmessern und Zählern werden parallel an die Sekundärklemmen *u*, *v* des Wandlers angeschlossen. Die Erdung an einer Sekundärklemme ist vorgeschrieben.

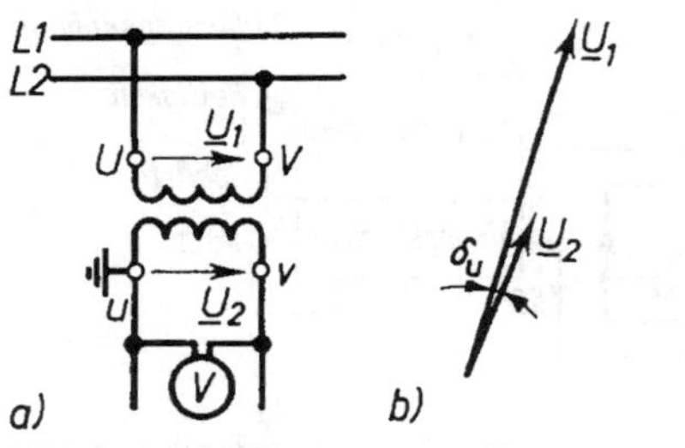

Bild 3.13 Spannungswandler
a) Schaltung, b) Zeigerbild

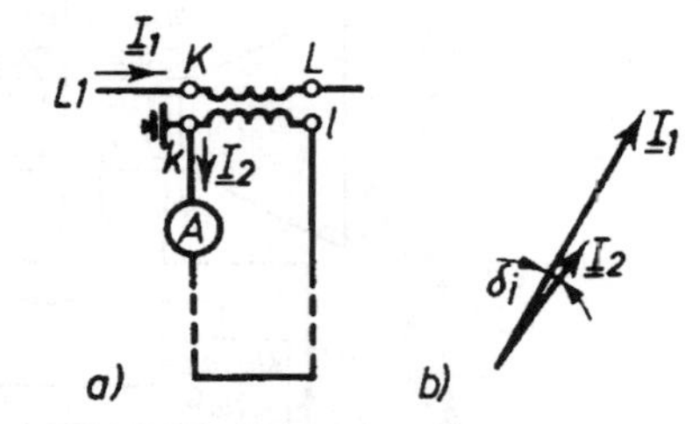

Bild 3.14 Stromwandler
a) Schaltung, b) Zeigerbild

Stromwandler (Bild 3.14). Schon in Abschn. 3.1.2.3 wurde erläutert, weshalb bei den für Wechselstrom gebräuchlichen Meßinstrumenten mit Dreheisen- bzw. elektrodynamischem Meßwerk der Strommeßbereich nicht durch Nebenwiderstände erweitert werden kann. Man verwendet dazu vielmehr die Stromwandler genannten Spezialtransformatoren. Von diesen ist zu fordern, daß die Beträge der primären und sekundären Ströme in einem festen Verhältnis – z.B. 50 A/5 A = 10:1 – zueinander stehen und daß ihre Zeiger $\underline{I}_1$ und $\underline{I}_2$ bei jeder Belastung bis zur Nennleistung in Phase sind. Aber auch hier treten Übersetzungs-(Strom) und Winkelfehler δ_i auf.

Stromwandler werden für genormte Primärströme gebaut; der genormte Sekundärstrom beträgt 5 A oder 1 A. An die Sekundärklemmen *k*, *l* werden in Reihe der Strommesser und die Stromspulen von Leistungsmessern, Zählern und dgl. angeschlossen. Da alle diese Wicklungen kleine Widerstände haben, ist der Stromwandler sekundär nahezu kurzgeschlossen.

Der Sekundärkreis eines Stromwandlers darf niemals offen betrieben und daher auch nicht abgesichert werden. Der Eisenkern eines unbelasteten Stromwandlers erwärmt sich durch erhöhte Eisenverluste so stark, daß der Wandler verbrennt. Will man in seinem Sekundärkreis ohne Abschalten der Anlage Schaltungsänderungen durchführen, so müssen die Klemmen *K*, *L* zuerst kurzgeschlossen werden. Die Erdung an einer Sekundärklemme ist vorgeschrieben. Da über die Stromwandler bei Kurzschlüssen die Kurzschlußströme fließen, müssen sie kurzschlußfest sein.

3.3 Digital-Meßtechnik

Digitale Meßverfahren bieten grundsätzlich eine Reihe von Vorteilen gegenüber der analogen Zeigeranzeige. Zunächst kann durch die Anzahl der ausgeführten Dezimalstellen das Ablesen des Meßwertes genau und sehr bequem erfolgen. Ferner erlaubt die Digitalisierung eines Meßwertes leicht eine Speicherung und die Weiterverarbeitung z.B. in einem Prozeßrechner.

Durch die Entwicklung monolithisch integrierter Schaltkreise (IC-Bausteine) mit einer Vielzahl von logischen Verknüpfungen oder Speichereinheiten auf engsten Raum können heute digital arbeitende Geräte klein und preiswert gefertigt werden (Uhren, Taschenrechner). Von dieser Entwicklung hat auch die Meßtechnik profitiert, so daß gerade auch im Bereich der Vielfachinstrumente immer häufiger Digitalgeräte eingesetzt werden.

3.3.1 Baugruppen digitaler Meßgeräte

In Digitalgeräten werden nach den mathematischen Beziehungen der Schaltalgebra (Boolesche Algebra) Binärzeichen in Form von Spannungsimpulsen verwendet. Diese können in der positiven Logik nur zwei Zustände, nämlich $U = 0$ V und z.B. $U = 5$ V annehmen, was den beiden Zeichen 0 und 1 des Binärsystems entspricht. Für die Verarbeitung der Impulse werden die Grundschaltungen der Digitaltechnik wie Gatter, Kippglieder, Multiplexer und Komparatoren zur Lösung der erforderlichen Rechenoperationen und Speicheraufgaben eingesetzt.

3.3.1.1 Analog-/Digital-Umsetzer

In der Regel liegen die Eingangsgrößen für das Digitalgerät in Form analoger Strom- oder Spannungswerte vor. Man benötigt damit eine Baugruppe, welche das kontinuierliche Meßsignal in einen proportionalen Digitalwert umwandelt. Man bezeichnet derartige Schaltungen als Analog/Digital-Umsetzer (A/D-Wandler) und unterscheidet zwischen direktvergleichenden und Umsetzern mit einer Zeit als Zwischengröße. Im ersten Fall wird die analoge Signalspannung U_e z.B. beim Stufenumsetzer nacheinander mit aufaddierten Teilen einer Referenzspannung U_R verglichen bis im Rahmen der Meßgenauigkeit Übereinstimmung besteht. Als Beispiel ist nachstehend $U_e = 6{,}5$ V aus den Teilen 1/2, 1/4 usw. der Referenzspannung $U_R = 16$ V bestimmt:

Stufe 1/2 1/4 1/8 1/16 1/32
$U_e/\mathrm{V} = 0 + 4 + 2 + 0 + 0{,}5 = 6{,}5$
Ziffer 0 1 1 0 1

Zweirampen-Umsetzer. Als Beispiel für einen Spannungs/Zeit-Wandler sei der Zweirampen-Umsetzer (Dual-Slope-Verfahren) mit der Prinzipschaltung nach Bild 3.15 vorgestellt. Durch Vergleich der zu messenden Spannung U_e mit einer genauen Referenzspannung U_R erhält man zwei Zeitspannen T_1 und T_2 und die Beziehung

$$U_e = U_R \cdot \frac{T_2}{T_1} \tag{3.7}$$

Wählt man T_1 als Festzeit und bestimmt T_2 über die Anzahl z der Impulse einer frequenzkonstanten Rechteckspannung während der Zeit T_2, so wird

$$U_e \sim z$$

Die Meßspannung liegt damit als digitaler Wert vor.

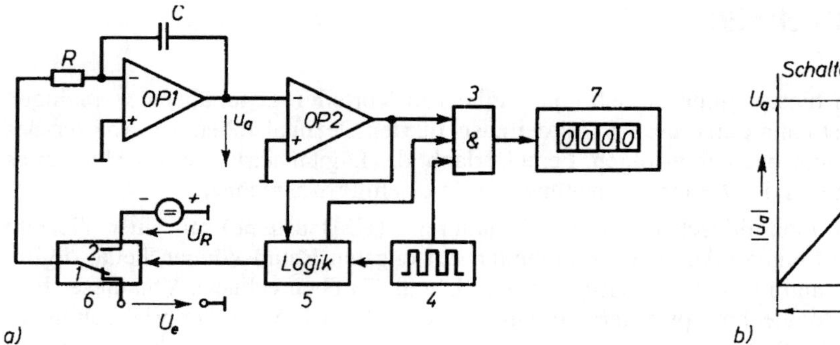

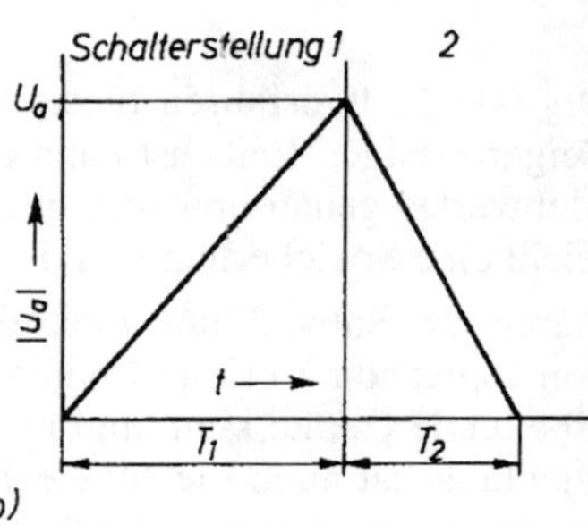

Bild 3.15 Analog/Digital-Umsetzer
a) Prinzip des Zweirampen-Umsetzers
OP1 Integrierer, OP2 Komparator, 3 UND-Glied, 4 Rechteckgenerator, 5 Steuerlogik, 6 elektronischer Schalter, 7 Zähler
b) zeitlicher Verlauf der Ausgangsspannung u_a an OP1

Ein als Integrierer beschalteter Operationsverstärker OP1 (s. Abschn. 2.2.5.3) erzeugt während eines festgelegten, konstanten Zeitintervalls T_1 die maximale Ausgangsspannung (Bild 3.15b)

$$U_a = -\frac{1}{RC}\int_0^{T_1} u_e \, dt$$

Für den Mittelwert U_e der Meßspannung u_e in der Zeit T_1 gilt dann

$$U_e = -\frac{1}{T_1}\int_0^{T_1} u_e \, dt = -\frac{RC}{T_1} \cdot U_a$$

Nach T_1 schaltet ein elektronischer Schalter mit Stellung 2 den Integrierer auf die konstante Referenzspannung U_R um, womit u_a linear innerhalb der Zeitspanne T_2 auf Null absinkt. Es gilt wieder

$$U_a = -\frac{1}{RC}\int_0^{T_2} U_R \, dt = -\frac{T_2}{RC} \cdot U_R$$

und damit nach Kombination mit obiger Beziehung

$$U_e = U_R \cdot \frac{T_2}{T_1}$$

Für die Erfassung des Nulldurchganges der Rampenspannung u_a dient der als Komparator geschaltete Operationsverstärker OP2.

Mit dem Umschalten auf Schalterstellung 2 gibt die Steuerlogik 5 ein 1-Signal auf das UND-Glied 3 vor dem Zähler 7. Da über den Komparator OP2 in der Zeit T_2 ebenfalls eine positive Spannung abgegeben wird, gelangen mit Beginn der Meßzeit T_2 die Impulse des Oszillators 4 in den Zähler. Der Zählvorgang wird beendet, sobald $u_a = 0$ erreicht ist und der Komparator damit durch ein 0-Signal das UND-Glied für weitere Impulse sperrt. Mit der Impulsfrequenz f_p wird der Zählerstand

$$z = f_p \cdot T_2$$

und damit die Meßspannung U_e nach Gl. (3.7)

$$\boldsymbol{U_e = U_R \cdot \frac{z}{f_p \cdot T_1}} \tag{3.8}$$

Mit den konstanten Werten U_R, T_1 und f_p wird $U_e \sim z$ und so als Digitalwert dargestellt. Da sich der beschriebene Vorgang ständig wiederholt, ergibt die Anzeige stets den Mittelwert von U_e für die Zeit T_1.

3.3.1.2 Codierung

Aufgabe der Codierschaltung ist es, die dem Meßwert proportionale Impulsmenge im Dualsystem mit den Zeichen 0 und 1 darzustellen. Man verwendet dazu einen Binärcode und bezeichnet die zusammengehörenden Binärzeichen als Codewort.

Im Dualzeichencode wird einer umzuwandelnden Dezimalzahl die entsprechende Dualzahl zugeordnet. Um Codewörter mit konstanter Länge zu erhalten, füllt man alle vor der ersten 1 liegenden Stellen mit 0 auf.

Beispiel Dezimalzahl 13 bei 6 Stellen Wortlänge – 001101

Zur Darstellung von Dezimalziffern verwendet man den Binärcode für Dezimalziffern (BCD-Code). Da pro Stelle die Ziffern 0 bis 9 verschlüsselt werden müssen, benötigt man jeweils 4 Binärstellen.

Beispiel Dezimalzahl 39 im BCD-Code – 0011 1001

3.3.1.3 Speicher und Zählschaltungen

Kippglieder. Zur Speicherung von Binärwerten eignen sich die in Abschn. 2.2.4.2 behandelten Kippschaltungen. Die beiden stabilen Betriebszustände, welche durch die Ausgangsspannungen $U_a = 0\ \text{V} \mathrel{\widehat{=}} 0$ und z.B. $U_a = 5\ \text{V} \mathrel{\widehat{=}} 1$ bestimmt sind, bleiben solange erhalten, bis ein Lösch- oder Setzbefehl auf die jeweiligen Eingänge den neuen Zustand festlegt. Jedes Kippglied kann also eine Binärinformation (1 Bit) speichern.

In Rechenschaltungen werden nach Bild 3.16 Kippglieder verwendet, die einen zusätzlichen Takteingang C (clock) aufweisen.

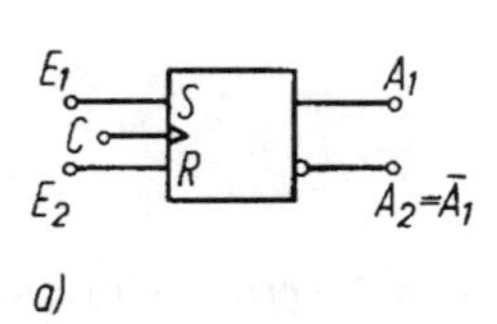

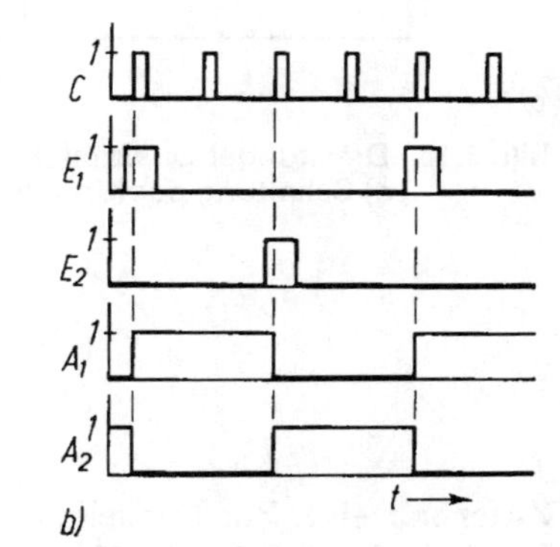

Bild 3.16
Bistabiles Kippglied (getaktetes RS-Glied)
a) Schaltzeichen
b) Diagramm der Ein- und Ausgangssignale

An den beiden Eingängen E_1 und E_2 (Vorbereitungseingänge) ankommende Impulse werden erst mit dem Taktimpuls wirksam (Bild 3.16b). Auf diese Weise können viele Kippglieder zeitlich synchron in die jeweils neue Lage gebracht und damit umfangreiche Schaltungen zentral gesteuert werden.

Zählschaltungen. Durch eine geeignete Beschaltung lassen sich Kippglieder bauen, die bei jedem Taktimpuls die neue Ausgangslage annehmen (JK-Kippglied). Wird die Umschaltung nach Bild 3.17 jeweils durch die ansteigende Flanke des Taktimpulses hervorgerufen, so erhält man ein Ausgangssignal, das die halbe Frequenz der Taktimpulse hat.

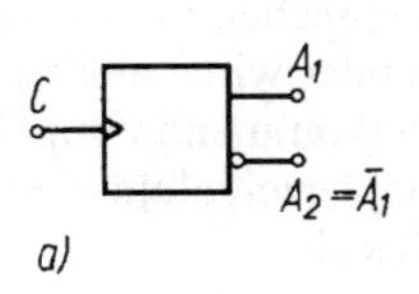

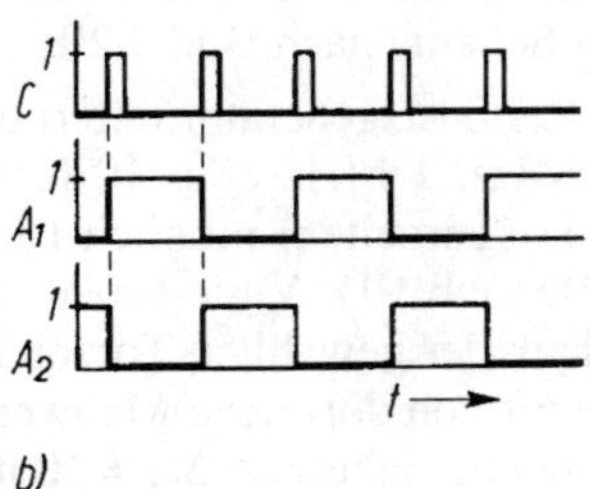

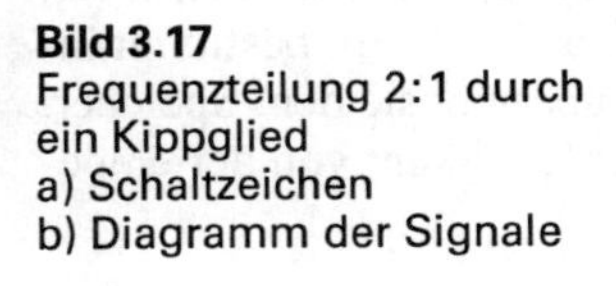

Bild 3.17
Frequenzteilung 2:1 durch ein Kippglied
a) Schaltzeichen
b) Diagramm der Signale

Durch die Reihenschaltung mehrerer derartiger Kippglieder läßt sich nun nach Bild 3.18 eine Zählschaltung aufbauen. Mit dem ersten Kippglied erfolgt die Frequenzteilung von der Impulsfolge an C auf A_1, dann von $\bar{A}_1$ auf A_2 und schließlich von $\bar{A}_2$ auf A_3. Betrachtet man die Betriebszustände an den Ausgängen A_1, A_2 und A_3, so zeigen sie jeweils die Summe der Eingangsimpulse als Dualzahl auf. Die Schaltung stellt damit einen vorwärtszählenden Dualzähler dar, der bei drei Kippgliedern bis $2^3 - 1 = 7$ zählen kann. Über den Rückstelleingang können alle Stufen auf den Anfangszustand 0 geschaltet werden.

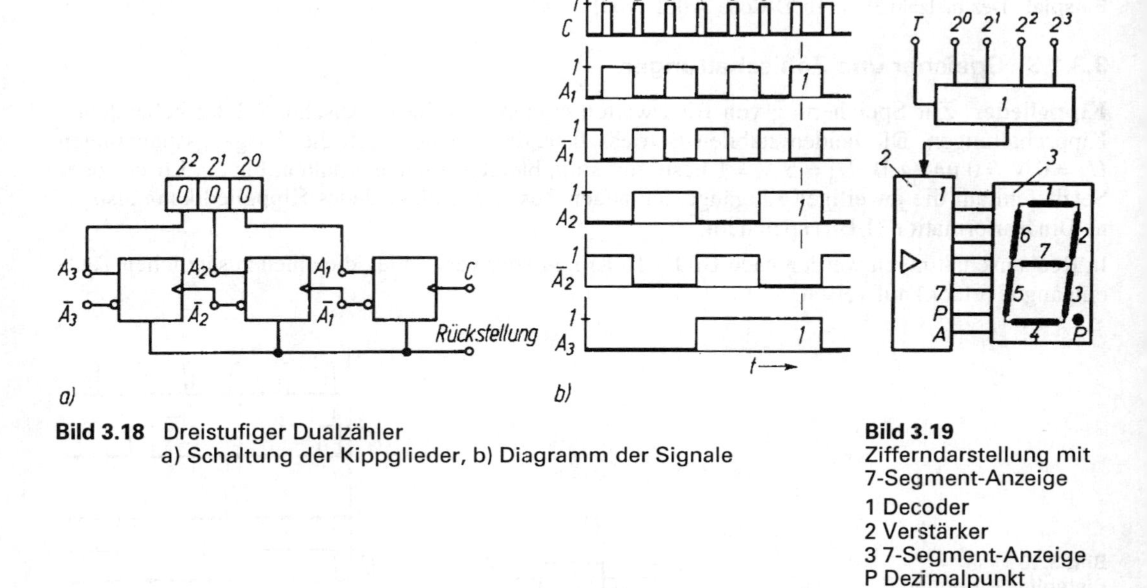

Bild 3.18 Dreistufiger Dualzähler
a) Schaltung der Kippglieder, b) Diagramm der Signale

Bild 3.19 Zifferndarstellung mit 7-Segment-Anzeige
1 Decoder
2 Verstärker
3 7-Segment-Anzeige
P Dezimalpunkt
A gemeinsamer Anodenanschluß

Ziffernanzeige. Zur Darstellung des Meßwertes wird eine Reihe von 7-Segment-Anzeigen mit Leuchtdioden (LED) oder Flüssigkristallen (s. Abschn. 2.1.3.5) aufgebaut (Bild 3.19). Die einzelnen Rasterelemente werden über einen Decoder, der den im BCD-Code vorhandenen Meßwert entschlüsselt und eine Verstärkerstufe mit der Betriebsspannung versorgt.

3.3.2 Digitale Meßgeräte

3.3.2.1 Zähler

Im allgemeinen werden heute sogenannte Universalzähler gebaut, die umschaltbar zur Impulszählung, Zeitangabe, Frequenz- und Drehzahlmessung geeignet sind. Der Aufbau folgt prinzipiell dem Schema nach Bild 3.20.

Ein Zeitbasisgenerator liefert über einen Schwingquarz Rechteckimpulse der konstanten Frequenz 0,1 MHz, 1 MHz oder 10 MHz, womit eine genaue Zeitmessung und die Herstellung der Meßzeiten (Torzeiten) möglich ist. Die Ansprechempfindlichkeit für Eingangssignale läßt sich meist im Bereich 10 mV bis 100 V einstellen oder wird selbsttätig angepaßt. Das Zählwerk bestimmt innerhalb der gewählten Torzeit Δt_T die ankommende Impulssumme und übergibt sie dem Speicher. Wie oft von dort neue Meßwerte an das Anzeigefeld weitergegeben werden, hängt von der eingestellten Speicherzeit Δt_S = 10 ms bis 10 s ab.

Für die Bewertung der Meßergebnisse ist die richtige Wahl der Torzeit Δt_T wichtig. So wird bei der digitalen Messung der Drehzahl n mit einer Scheibe, die z_L Löcher am Umfang hat, die Impulsmenge

$$z = z_L \cdot n \cdot \Delta t_T \tag{3.9}$$

gezählt. Um die Drehzahl in U/min zu erhalten, muß das Produkt $z_L \cdot \Delta t_T = 60$ s gewählt werden, d. h. bei der Torzeit $\Delta t_T = 1$ s benötigt man 60 Löcher am Scheibenumfang (s. Abschn. 3.4.1.1).

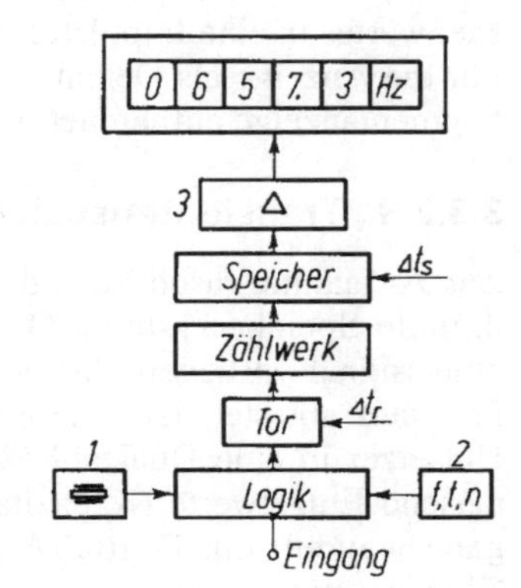

Bild 3.20
Aufbau eines Universalzählers
1 Quarz-Zeitbasisgenerator
2 Umschalter
3 Decoder und Verstärker

3.3.2.2 Multimeter

Digitale Vielfachgeräte, Multimeter genannt, werden meist mit Bereichen zur Messung von Strömen, Spannungen und Widerständen ausgeführt. Die Aufnahme der Meßwerte erfolgt analog, sie werden danach in einem A/D-Umsetzer, z. B. nach dem Prinzip von Abschn. 3.3.1.1 digitalisiert und als Zahl in einem LCD-Display angezeigt. Bild 3.21 zeigt das Blockbild einer möglichen Ausführung.

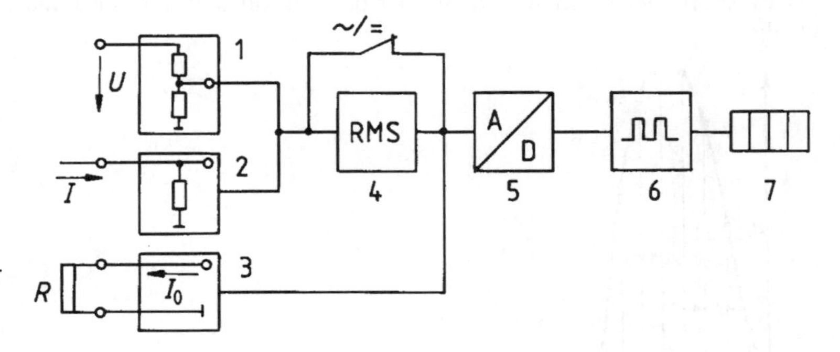

Bild 3.21
Baugruppen eines Digitalmultimeters
1; 2; 3 Eingänge zur Spannungs-, Strom- und Widerstandsmessung
4 Effektivwertbildner
5 Analog/Digital-Umsetzer
6 Decoder
7 Ziffernanzeige

Die Meßwerte werden automatisch oder über einen Bereichswähler auf den richtigen Pegel gebracht, wozu bei Spannungen Vorwiderstände und bei Strömen Nebenwiderstände vorgesehen sind. Die Widerstandsmessung kann über den Spannungsabfall $U = R\,I_0$ eines eingeprägten Stromes I_0 erfolgen oder durch Vergleich der Spannung mit der eines Referenzwiderstandes R_0.

Gleichspannungen und -ströme können danach direkt dem A/U-Umsetzer zugeführt werden. Zur Bestimmung von Wechselgrößen erhalten einfache Geräte nur eine Gleichrichterschaltung, womit nur Sinuswerte richtig in ihrem Effektivwert bestimmt werden. Hochwertige Multimeter besitzen dagegen einen IC- Baustein, der den Meßwert nach Gl. (1.64) mit

$$U = \sqrt{\frac{1}{T}\int_0^T u^2\,\mathrm{d}t}$$

in den echten Effektivwert umformt. Der Baustein muß dazu einen Quadrierer, einen Mittelwertbildner und einen Radizierer enthalten. Die Bildung des echten Effektivwertes gelingt nur dann genügend genau, wenn der Meßwert nicht zu stark verzerrt ist. Ein Maß dafür ist der Crest- oder Scheitelfaktor C, der als Verhältnis zwischen Scheitelwert $\hat{u}$ und U definiert ist. Sehr teure Geräte erlauben Verzerrungen bis etwa $C = 9$ (14). Im A/D-Umsetzer erfolgt die Umwandlung des Meßwertes in eine Impulsfolge, welche ein Zähler bestimmt und codiert an den Speicher übergibt. Für die Anzeige als Dezimalzahl muß der Digitalwert entschlüsselt und in Spannungen für die 7-Segmentanzeige aufbereitet werden.

3.3.2.3 Transientenspeicher

Zur Aufnahme rasch veränderlicher Größen aus allen Bereichen der Meßtechnik stehen heute digitale Speichersysteme (Transient-Recorder) zur Verfügung. Die Meßgröße muß als Spannungssignal vorliegen, das der Recorder mit einer zwischen z.B. 5 Hz bis 2 MHz einstellbaren Frequenz abtastet. Jeder so gewonnene Augenblickswert wird dann durch einen Analog/Digital-Umsetzer in eine Dualzahl (8-Bit-Wort) umgeformt. Der nachgeschaltete Speicher kann einige tausend Einzelwerte (Kapazität: 16 Byte bis 64 kByte) aufnehmen und festhalten. Für die Ausgabe wandelt ein Digital/Analog-Umsetzer jeden Digitalwert wieder in eine proportionale Gleichspannung um.

Wählt man ein Abtastintervall Δt, das klein gegenüber der Periodendauer der zu messenden Spannung u ist, so erhält man eine genügende Anzahl von Kurvenpunkten u_T, um den gesuchten Verlauf $u = f(t)$ darstellen zu können. Nach Wunsch interpoliert das Gerät zwischen zwei Meßwerten, so daß bei der Ausgabe kein treppenförmiger Kurvenzug entsteht (Bild 3.22). Mit einem Frequenzbereich bis etwa 200 kHz (bei 10 Stützpunkten/Periode) werden die Aufzeichnungsmöglichkeiten jedes anderen Registriergerätes weit übertroffen, wobei die Meßwerte zudem gespeichert sind und damit jederzeit verarbeitet werden können. Die Ausgabe kann über ein Oszilloskop oder einen X-Y-Schreiber beliebig oft und mit einstellbarer Schreibgeschwindigkeit erfolgen.

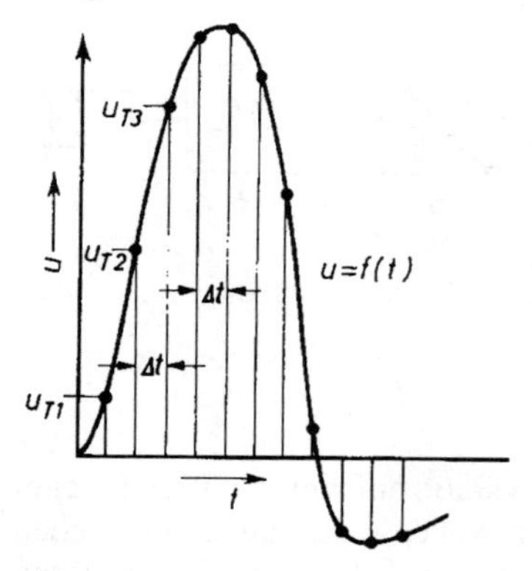

Bild 3.22
Digitale Aufnahme einer Spannungskurve
Δt Abtastintervall, u_T gespeicherte Werte

Mit einem Transient-Recorder können nicht nur beliebige dynamische Vorgänge erfaßt, sondern auch der Verlauf unvorhersehbarer Störgrößen aufgezeichnet werden. Der Recorder beginnt seine Aufzeichnung erst bei einer Abweichung der Meßgröße u_M vom einstellbaren Sollwert und nimmt dann den zeitlichen Verlauf des Vorgangs im Rahmen seiner Speicherkapazität auf. Die gespeicherte Funktion $u_M = f(t)$ steht dann für eine spätere Untersuchung zur Verfügung.

In einer neueren Generation von Oszilloskopen wird die gleiche Technik verwendet. Qualitätsmerkmale dieser Digitalspeicher-Oszilloskope (DSO) sind die Anzahl der möglichen Abtastungen pro Sekunde (Samples/s), die Wortlänge der gespeicherten Werte und der Speicherumfang. Typische Werte sind 25 GS/s, 8-Bit-Worte und eine Speichertiefe von 32 kByte. Dies ergibt dann ein kleinstes Abtastintervall von $\Delta t = 0{,}04$ ns und eine durch $2^8 = 256$ Zwischenstufen im gewählten Meßbereich bestimmte Genauigkeit.

DSO bieten durch eine Vielzahl von Auswertehilfen, wie Amplituden- und Zeitmessungen durch Cursor, Plotter- und Druckerausgang, IEEC-Bus für Rechneranschluß und Beschriftungen am Bildschirm einen hohen Bedienungskomfort.

3.4 Elektrische Messung nichtelektrischer Größen

Für die Erfassung von nichtelektrischen Größen aus allen Bereichen der Technik verwendet man heute fast immer Meßgrößenumformer (Aufnehmer), die am Ausgang ein der Meßgröße proportionales Signal als Strom, Spannung oder Widerstandsänderung liefern. Man nutzt dazu die vielfältigen physikalischen Erscheinungen, welche die betreffende Größe mit elektrischen Werten verknüpft. Die nachstehende Tabelle 3.23 zeigt eine Zusammenstellung derartiger Verfahren für die Erfassung der wichtigsten nichtelektrischen Größen, wobei gleichzeitig das Ausgangssignal des Aufnehmers mit der Empfindlichkeit angegeben ist. In der Sensorik hat diese Technik der Meß-

Tabelle 3.23 Verfahren zur Messung nichtelektrischer Größen

Physikalische Größe	Aufnehmer	Ausgangssignal/Empfindlichkeit
Beschleunigung, Kraft	Piezo-Quarz	elektrische Ladung $2{,}3 \cdot 10^{-12}$ As/N
Druck (auch Kraft, Dehnungsmeßstreifen)	Eisenkreis	magnetische Permeabilität μ_r $\Delta\mu_r/\mu_0 = 0{,}002$ N/mm²
Drehmoment, Längenänderung Δl	Dehnungsmeßstreifen	Widerstandsänderung $\Delta R/R_0 = K \cdot \Delta l/l_0$, $K = 2$; 100
Temperatur	Thermoelement	elektrische Spannung 5 mV/100 K
Temperatur	NTC-Widerstand	Widerstandsänderung $\Delta R/R_0 = 0{,}03$/K
Temperatur	Platin-Widerstand	Widerstandsänderung $\Delta R/R_0 = 0{,}00385$/K
Beleuchtungsstärke	Fotoelement	elektrischer Strom 0,1 µA/Lux
Zeit	Quarzkristall	Wechselspannung $\Delta f/f_0 = 10^{-5}$
Weg, Winkel, Drehzahl	codierte Scheibe	Impulse Auflösung µm
Feuchte	Kondensator	Kapazitätsänderung ΔC $\Delta C/C_0 = 0{,}002$ %

wertaufnehmer inzwischen ein umfangreiches, eigenes Fachgebiet. Aus der Vielzahl der Meßverfahren und der dazu eingesetzten Umformer werden nachstehend einige besonders wichtige Beispiele gezeigt.

3.4.1 Meßwertgeber für mechanische Beanspruchungen

3.4.1.1 Verfahren der Drehzahlmessung

Impulsverfahren. Einen einfachen magnetisch-induktiven Meßgrößenumformer zeigt Bild 3.24a. Seine wichtigsten Teile sind das aus weichem Stahl hergestellte Zahnrad 1 mit m Zähnen, das auf der zu untersuchenden Welle 2 befestigt wird, und die Spule 3 mit dem Dauermagnet 4 als Kern. Rotiert das Zahnrad vor dem Kern mit der Drehzahl n, so werden in der Spule $m \cdot n$ Spannungsstöße, die einem Zähler zugeführt werden, induziert.

Entsprechend Abschn. 3.3.2.1 ergibt die Anzeige bei passender Wahl der Torzeit Δt_T direkt die Drehzahl in $\min^{-1}$. So ist bei $m = 60$ eine Torzeit von $\Delta t_T = 1$ s erforderlich.

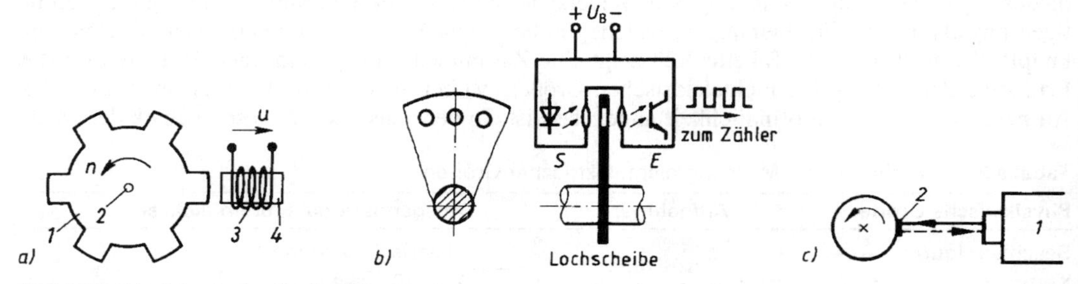

Bild 3.24 Verfahren der Drehzahlmessung
a) Induktiver Aufnehmer, b) und c) fotoelektrischer Aufnehmer

In Bild 3.24b ist eine Gabellichtschranke mit einer Leuchtdiode als Sender S und einem Fototransistor als Empfänger E skizziert, die häufig als fotoelektrischer Drehzahlgeber eingesetzt wird. Die Lochscheibe auf der Welle moduliert das emittierte Licht und steuert damit synchron mit dem Lichtwechsel den Transistor auf und zu. Die Anzahl der Impulse innerhalb der festen Torzeit des Zählers ist damit ein Maß für die Drehzahl.

Bild 3.24c zeigt den Einsatz eines berührungslosen Handdrehzahlmessers 1 mit digitaler Anzeige. Das Meßprinzip beruht auf einer Reflexlicht-Abtastung, wozu auf die Welle ein weißer, hochreflektierender Papierstreifen 2 geklebt wird. Als Lichtquelle im Drehzahlmesser dient meist eine Infrarot-LED, deren Strahlung über die Reflexmarke 2 wieder in das Meßgerät gelangt. Zur Bestimmung der Drehzahl verwendet man entweder den zeitlichen Abstand zweier aufeinanderfolgender Reflexe oder man zählt die Anzahl der reflektierten Lichtimpulse pro Zeiteinheit.

Tachogenerator. Zur Erfassung der Drehzahl geregelter Antriebe verwendet man meist an das Wellenende angeflanschte kleine Gleich- oder Drehstromgeneratoren. Durch ihre Dauermagneterregung liefern sie eine drehzahlproportionale Spannung von einigen bis über hundert Volt bei Nenndrehzahl. Bei hochohmiger Belastung durch ein Drehspulgerät oder eine Steuerelektronik beträgt der Linearitätsfehler weniger als 1 %.

Wirbelstromtachometer. Ein einfacher und praktisch besonders wichtiger Drehzahlmesser ist das in Kraftfahrzeuge als Geschwindigkeitsmesser eingebaute Wirbelstromtachometer (Bild 3.25). Der Dauermagnet 1 wird über eine biegsame Welle von einem Rad aus angetrieben. Er ist längs eines Durchmessers magnetisiert (siehe Pole N und S sowie Pfeil für den Fluß Φ), so daß der Ringspalt zwischen Dauermagnet 1 und Rückschlußring 2 von einem radial gerichteten magnetischen Feld (Drehfeld) durchsetzt wird. Im Ringspalt ist – vom Dauermagnet unabhängig – eine Aluminiumtrommel 3 mit Zeiger drehbar angeordnet.

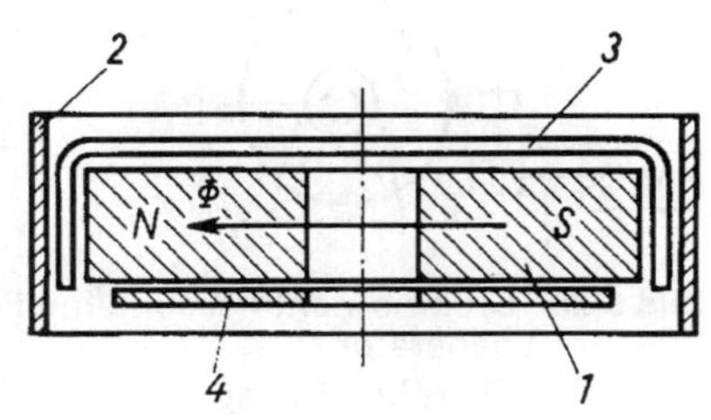

Bild 3.25
Wirbelstromtachometer

Durch Wirbelstrombildung entsteht in dieser Trommel ein Drehmoment in der Drehrichtung des Dauermagneten. Diesem Drehmoment wirkt dasjenige einer hier nicht dargestellten Spiralfeder entgegen, die einerseits an der Trommelachse und andererseits am Gehäuse des Tachometers befestigt ist. Trommel und Zeiger werden deshalb bis zum Gleichgewicht zwischen den beiden Drehmomenten mitgenommen. Der Zeiger zeigt somit die Drehzahl der Räder und damit die Geschwindigkeit des Fahrzeuges an. Durch eine „Thermoperm"-Scheibe 4 werden der Temperatureinfluß auf den magnetischen Fluß und den elektrischen Widerstand der Aluminiumtrommel kompensiert. Bei dem einfachen und robusten Gerät muß allerdings eine Meßunsicherheit von etwa 5 % in Kauf genommen werden.

Stroboskopische Drehzahlmessung. Ein Stroboskop besteht aus einem Lichtblitzgerät und einem Impulsgenerator mit in weiten Grenzen einstellbarer Frequenz f_s. Blitzt man eine rotierende Welle oder Scheibe mit genau deren Drehfrequenz f_d an, so erscheint eine auf dem rotierenden Teil angebrachte Marke immer an der gleichen Stelle, d.h. sie steht scheinbar still. Für den Fall $f_s > f_d$ wandert die Marke langsam entgegen, für $f_s < f_d$ langsam in Drehrichtung. Es wird also meist mit einem Potentiometer Stillstand der Marke eingestellt und dann die Drehzahl unmittelbar abgelesen.

Das Ergebnis ist allerdings nicht eindeutig, da die Marke auch dann stillsteht, wenn die Welle nur bei jeder x-ten Umdrehung angeblitzt wird, d.h. für Stillstand gilt die allgemeine Bedingung $f_d = x \cdot f_s$. Die richtige Drehzahl bei $x = 1$ erhält man bei kontinuierlich erhöhter Frequenz f_s dann, wenn die Marke zum letzten Mal stillsteht. Darüberhinaus erscheint sie z.B. bei $f_s = 2 \cdot f_d$ diametral doppelt. Das Verfahren hat wie die Messung nach Bild 3.23c den Vorteil, daß keine mechanischen Verbindungen zum rotierenden Teil nötig sind und damit auch keine Belastung durch die Messung erfolgt (Drehzahlmessung bei Kleinstantrieben).

3.4.1.2 Verfahren der Drehmomentbestimmung

Die Messung des Drehmomentes M einer rotierenden Maschine ist Voraussetzung für die Bestimmung der Abgabeleistung nach der Beziehung $P_2 = 2\pi \cdot n \cdot M$. Da der Antrieb dabei belastet werden muß, realisiert man die Drehmomentmessung oft gleich an der Belastungsmaschine. Derartige Einrichtungen gehören zur Grundausstattung aller Prüffelder für Elektro- und Verbrennungsmotoren.

Pendelmaschine. Führt man das Gehäuse der Belastungseinheit drehbar aus, so kann man das Drehmoment M nach $M = F \cdot l$ über die Reaktionskraft mit einer Kraftmeßdose D bestimmen (Bild 3.26). Diese Pendelmaschinen sind in klassischer Technik Gleichstromgeneratoren, es können aber auch Drehstrommaschinen oder Wirbelstrombremsen eingesetzt werden. Die gesamte Meßeinrichtung mit dem geeichten Hebelarm der Länge l und der Meßdose D erreicht im Prüffeldbetrieb Genauigkeiten von ca. 0,2 %.

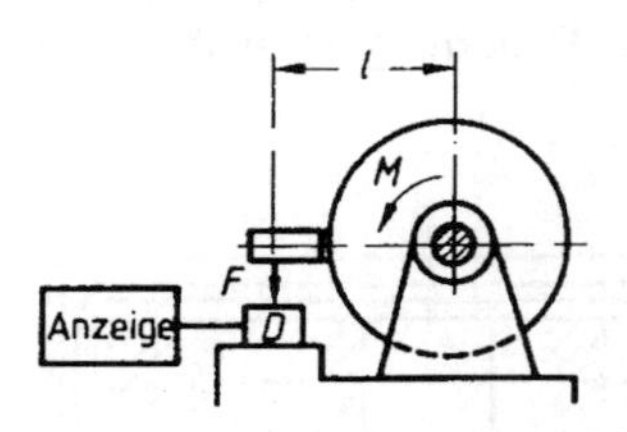

Bild 3.26 Drehmomentmessung mit Pendelgenerator
D Kraftmeßdose

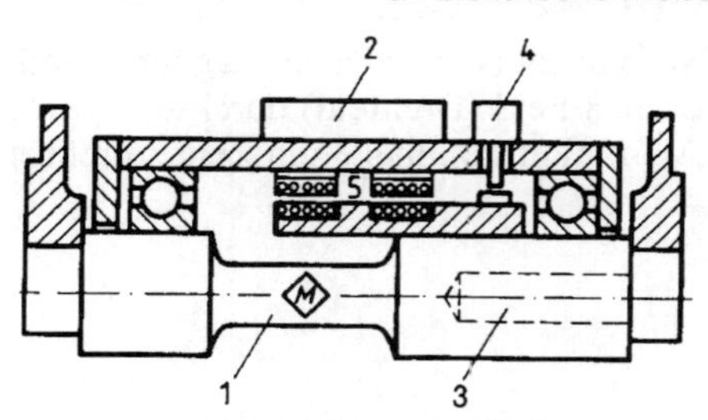

Bild 3.27 Aufbau eines Drehmomentaufnehmers
1 Torsionswelle
2, 3 Außen- und Innenelektronik
4 Drehzahlaufnehmer
5 Drehtransformatoren

Drehmomentaufnehmer. Ohne eine dazu vorbereitete Belastungsmaschine und somit auch für betriebliche Messungen kann man Drehmomente mit Aufnehmern nach Bild 3.27 bestimmen. Das Meßprinzip beruht auf der Auswertung einer Torsion in dem verjüngten Wellenstück infolge des übertragenen Drehmomentes. Am bekanntesten ist der Einsatz von Dehnungsmeßstreifen DMS, die man zur Erfassung der maximalen Dehnungen und Stauchungen nach Bild 3.28a unter 45° anordnet. Die Längenänderung Δl der Streifen mit dem Anfangswiderstand R_0 führt zu einer proportionalen Widerstandsänderung ΔR, so daß unter Belastung die Werte $R = R_0 \pm \Delta R$ auftreten. Verbindet man die DMS zu einer Brückenschaltung (Bild 3.28b) und speist diese mit der Versorgungsspannung U_B, so liefert sie am Querzweig die Spannung

$$U_D = U_B \cdot \frac{\Delta R}{R_0} = c \cdot M \tag{3.10}$$

Die Signalspannung U_D der DMS ist damit dem Drehmoment proportional und kann nach Verstärkung angezeigt und verarbeitet werden.

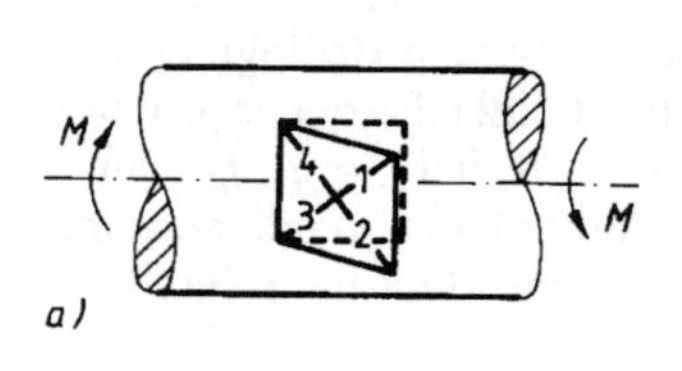

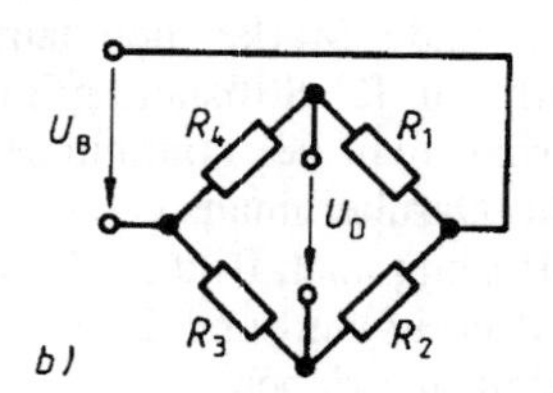

Bild 3.28
Drehmomentmessung mit Drehungsmeßstreifen
a) Anordnung der DMS
b) Brückenschaltung mit DMS

Will man die störanfällige Signalübertragung mittels Bürstenkontakt und Schleifringen vermeiden, so muß man für die Versorgung eine Wechselspannung vorsehen und auch U_D durch Frequenzmodulation einer kHz-Spannung übertragen. Dies erfolgt dann mit Hilfe zweier Drehtransformatoren, deren eine Wicklung im feststehenden Gehäuse und die andere auf der rotierenden Welle liegt. Die Umwandlung der Spannung erfolgt über eine in die Meßwelle eingebaute Elektronik. In der Ausführung in Bild 3.27 ist zusätzlich ein Drehzahlaufnehmer aus einem Rasterrad mit 60 Hell-Dunkelflächen am Umfang und einem optischen Sensor zur Abtastung skizziert. Damit kann aus den Werten für Drehmoment und Drehzahl zusätzlich die Leistung des Antriebs berechnet werden.

Dehnungsmeßstreifen DMS nutzen den sogenannten piezoresistiven Effekt aus, nach dem sich bei der Längenänderung (Dehnung ε) eines Leiters oder Halbleiters auch sein elektrischer Widerstand R ändert. Sie werden heute meist als Folienwiderstände gefertigt, wozu man eine auf dem Träger aufgebrachte einige µm dicke Metallfolie so ausätzt, daß ein mäanderförmiger Streifen mit zwei Anschlüssen entsteht. Der Nennwiderstand beträgt häufig $R_0 = 120\ \Omega$ (bis 700 Ω).

Nach dem Hookeschen Gesetz

$$\sigma = \varepsilon \cdot E$$

sind bei konstantem Elastizitätsmodul E des Materials die an der Oberfläche auftretenden Dehnungen und Stauchungen proportional den hier wirksamen mechanischen Spannungen. Für die Messung dieser Beanspruchungen an Bauteilen muß der DMS mit einem speziellen Kleber so kraftschlüssig auf die Oberfläche angebracht werden, daß er alle Formänderungen mitmacht und so seinen Widerstand proportional ändert.

Zur Bewertung der Meßempfindlichkeit eines DMS definiert man den k-Faktor, der nach

$$\frac{\Delta R}{R_0} = k \cdot \varepsilon$$

die relative Längenänderung mit der Widerstandsänderung ΔR verknüpft. Für DMS aus der häufig verwendeten Legierung Konstantan ist $k = 2$. Bei Dehnungen im Bereich $\varepsilon \leq 10^{-3}$ entstehen damit Widerstandsänderungen von Promille und so Brückenspannungen U_D von Millivolt.

3.4.1.3 Bestimmung von Kraft, Druck und Schwingungen

Für die Bestimmung von Kräften und daraus abgeleiteten Drücken und Schwingungen eignen sich eine ganze Reihe von Meßverfahren:

- Die Kraft wird auf einen Biegebalken geleitet und die proportionale Durchbiegung mit DMS gemessen.
- Bei kapazitiven Gebern wird der Abstand von Kondensatorplatten und damit die Kapazität durch die Krafteinwirkung geändert.
- Piezoelektrische Kraftaufnehmer werten die an den Kontaktflächen eines Einkristallquarzes bei mechanischer Beanspruchung auftretenden elektrischen Spannungen aus.
- Magnetoelastische Kraftaufnehmer nutzen die Änderung der magnetischen Leitfähigkeit einer Nickel-Eisenlegierung in Abhängigkeit von Zug- und Druckspannungen aus.

Als Beispiel für diese als Kraftmeßdosen bezeichneten Aufnehmer ist in Bild 3.29 eine magnetoelastische Ausführung gezeigt. Sie besteht aus einem Druckkörper 1 und dem Deckel 2, die beide durch den Ring 3 zusammengehalten werden. Das Material ist eine Nickel-Eisenlegierung, das seine Permeabilitätszahl μ_r mit der mechanischen Belastung ändert. In der Nut des Druckkörpers befindet sich eine Spule 4, die im Eisenweg das skizzierte Magnetfeld aufbaut. Die Induktivität dieser Spule ist nach Gl. (1.55) von der Permeabilität in ihrem Feldbereich abhängig, d.h. sie ändert ihren Wert proportional mit einer Krafteinwirkung.

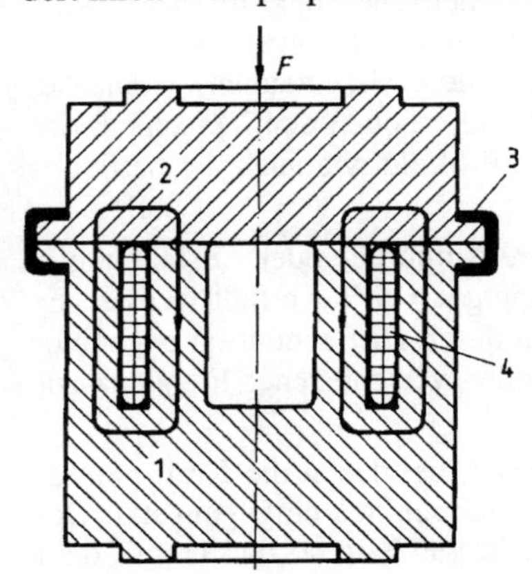

Bild 3.29 Magnetoelastische Kraftmeßdose 1, 2 Druckkörper, 3 Halterung, 4 Spule mit Induktivität L

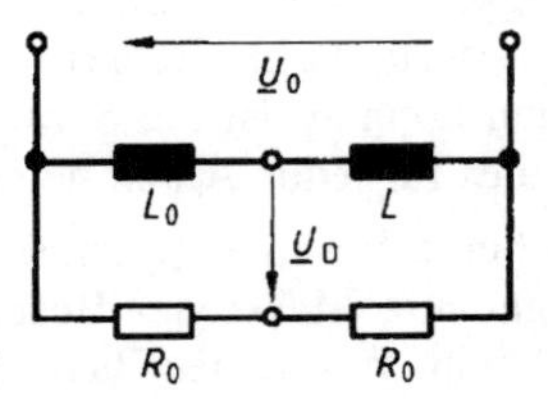

Bild 3.30 Brückenschaltung zur Bestimmung einer Induktivitätsänderung

Für die Bestimmung der Induktivitätsänderung ΔL kann eine Brückenschaltung nach Bild 3.30 verwendet werden. Sie besteht aus zwei gleichen Widerständen R_0, der Spuleninduktivität $L = L_0 \pm \Delta L$ und einer Festinduktivität mit dem Ruhewert L_0. Für die Brückenspannung U_D läßt sich mit den Regeln nach Abschn. 1.3.2.4

$$U_D = \frac{U_0}{2} \cdot \frac{\Delta L}{2\,L_0 + \Delta L} \approx \frac{U_0}{4} \cdot \frac{\Delta L}{L_0} \tag{3.11}$$

ausrechnen.

Die Brückenspannung ist damit der Induktivitätsänderung ΔL und somit der wirksamen Kraft proportional.

Magnetoelastische Meßdosen werden für Kräfte zwischen etwa 5 kN und einigen Tausend kN hergestellt.

Druck. Aus der Vielzahl der möglichen Meßverfahren für Flüssigkeits- und Gasdrücke soll als Beispiel für einen induktiven Aufnehmer das Rohrfedermanometer nach Bild 3.31gezeigt werden. Die bei steigendem Druck sich aufrollende Rohrfeder bewegt den Eisenkern 3 in die Spule L_2 hinein und aus der Spule L_1 heraus; dadurch wird die Induktivität von L_2 vergrößert und die von L_1 verkleinert. Beide Spulen bilden mit den Widerständen R_3 und R_4 eine mit Netzwechselstrom $U_\sim$ betriebene Wheatstonesche Brücke. Der über den Verstärker 4 angeschlossene Spannungsmesser 5 zeigt dann einen Ausschlag. Die Abgleichung kann beispielsweise beim Druck Null geschehen, ein Druckanstieg ergibt dann einen in bestimmten Grenzen proportionalen Ausschlag.

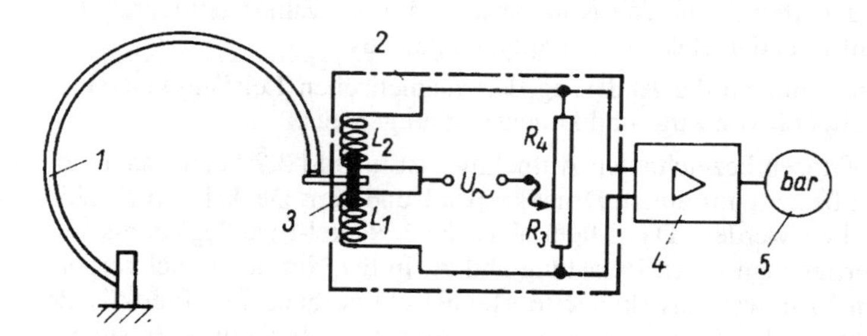

Bild 3.31
Meßgrößenumformer für Gas- oder Flüssigkeitsdruck

Schwingungen. Durch die Restunwucht des rotierenden Teils, magnetische Zugkräfte bei elektrischen Maschinen oder die ungleichförmige Krafteinleitung bei einem Verbrennungsmotor entstehen bei allen Antrieben mechanische Schwingungen an den Bauteilen. Sie erzeugen Geräusche, beeinträchtigen bei stärkerer Ausbildung die Fertigungsqualität und erhöhen den Verschleiß der Lager usw. Schwingungsmessungen haben daher sowohl für das Prüffeld wie auch die betriebliche Maschinenüberwachung eine große Bedeutung.

Eine Schwingung an einem Bauteil kann grundsätzlich durch ihre Amplitude oder Auslenkung x, die Schwinggeschwindigkeit $v = \dot{x}$ und die Schwingbeschleunigung $a = \dot{v} = \ddot{x}$ erfaßt werden. Es genügt, eine Größe zu messen, da bei Bedarf die beiden anderen durch Differentiation oder Integration berechnet werden können. Ist die Schwingung aus Anteilen verschiedener Frequenz zusammengesetzt, so gilt dies für jeden Anteil getrennt.

Am häufigsten werden heute Beschleunigungsaufnehmer eingesetzt, bei denen die Kraft gemessen wird, die eine eingebaute Masse der Beschleunigung des Meßpunktes entgegensetzt. Der Aufnehmer (Bild 3.32) wird mit seiner Basis 1 auf die Meßstelle geklebt, so daß er mit dem Bauteil mitschwingt. Zwischen diesem Boden und einem durch Federn 4 vorgespannten Körper 3 der Masse m befindet sich ein piezoelektrischer Aufnehmer 2 mit seinen beiden Anschlüssen. Wird der Aufnehmer beschleunigt, so übt die Masse nach $F = m \cdot a$ eine zusätzliche Kraft auf den

Piezoquarz aus, die genau der Beschleunigung *a* proportional ist. Dies ändert sich erst, wenn man in den Bereich der Resonanzfrequenz des Aufnehmers kommt, die je nach dessen Größe bei 10 kHz bis 100 kHz liegen kann. Das Spannungssignal U_a wird verstärkt und meist einer Frequenzanalyse unterzogen. Aus dem Frequenzspektrum läßt sich dann erkennen, welcher Erreger für die Schwingungen verantwortlich sind. So kann man z.B. aus einem Schwingungsanteil mit der Drehfrequenz der Welle auf eine merkbare Unwucht schließen.

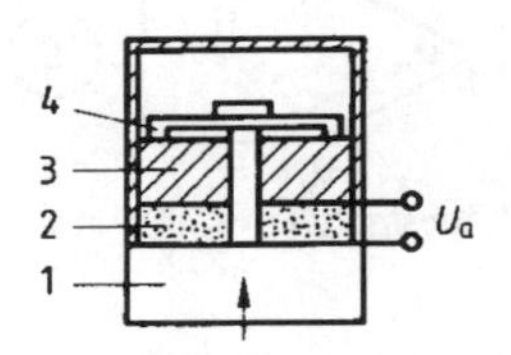

Bild 3.32
Beschleunigungsaufnehmer
1 Gehäusebasis, 2 Quarzaufnehmer,
3 Masse, 4 Feder

3.4.2 Meßwertaufnehmer für nichtmechanische Größen

3.4.2.1 Bestimmung der Beleuchtungsstärke

Zur Kennzeichnung der Helligkeit einer beleuchteten Fläche ist die Beleuchtungsstärke mit der Einheit Lux (lx) festgelegt. Sie ist ein von der SI-Basisgröße Lichtstärke (Candela = cd) abgeleiteter Wert. In etwa entspricht 1 lx der Beleuchtung, die eine Kerze bei senkrechtem Lichteinfall auf einer 1 m entfernten Fläche erzeugt.

Die natürliche Beleuchtungsstärke schwankt stark, sie kann bei vollem Sonnenlicht bis 100 000 lx betragen, bei Vollmond liegt sie unter 1 lx. Für die erforderliche lichttechnische Ausstattung von Räumen bestehen nach DIN 5035 empfohlene Werte:

Garagen, Mühlen, einfache Sehaufgaben	60 lx
Werkstätten für einfache Montage- und Handwerksarbeiten	250 lx
Werkstätten mit schwierigen Sehaufgaben, Küchen	500 lx
feine Handarbeiten, Technische Büros, Werkzeugbau	1000 lx

Zur Messung der Beleuchtungsstärke sind alle in Abschn. 2.1 vorgestellten optoelektrischen Bauelemente geeignet. Dabei sind Fotowiderstände, Fotodioden und Fototransistoren Geber, für deren Betrieb eine Fremdspannung benötigt wird. Fotodioden in der Betriebsart als Solarzelle bzw. Fotoelement sind dagegen aktive Geber, deren Kurzschlußstrom genau der Beleuchtungsstärke *E* proportional ist (s. Bild 2.25).

3.4.2.2 Bestimmung von Temperaturen

Die ältesten Verfahren zur elektrischen Messung einer nichtelektrischen Größe sind diejenigen zur Messung der Temperatur. In der betrieblichen Meßtechnik verwendet man im wesentlichen zwei Verfahren, die beide auf der Erzeugung einer von der Temperatur abhängigen elektrischen Spannung beruhen.

Thermoelemente. Das erste Verfahren benutzt dazu ein Thermoelement nach Bild 3.33. Erwärmt man die Verbindungsstelle 1 zweier verschiedener Metalldrähte, z.B. Eisen und Konstantan, auf die Temperatur ϑ_w, während die anderen Enden die Temperatur ϑ_k haben, so entsteht zwischen ihnen eine Spannung, die der Temperaturdifferenz etwa proportional ist.

Außerdem ist sie von der Art der verwendeten Metalle abhängig. Die von einigen wichtigen, genormten Thermopaaren gelieferten Spannungen mit den zulässigen Betriebstemperaturen sind in Tafel 3.34 zusammengestellt. Zum Schutz gegen mechanische und chemische Einflüsse wird das Thermopaar in genormte, Armaturen genannte Schutzhüllen eingebaut.

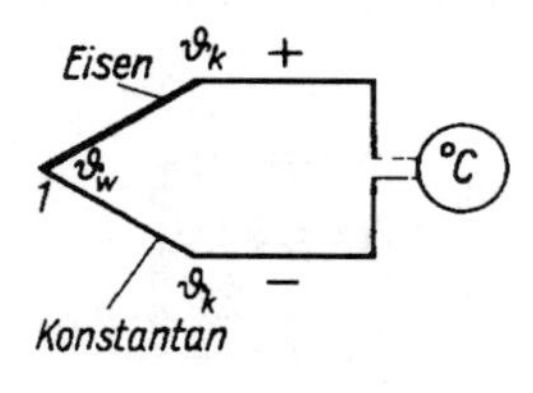

Bild 3.33 Thermoelement mit Spannungsmesser, in °C geeicht

Tabelle 3.34 Thermospannung und höchste zulässige Betriebstemperatur für verschiedene Thermopaare

Thermopaar (Polarität der Thermospannung)	Thermospannung in mV/100 °C	höchste zulässige Temperatur in °C
Kupfer-Konstantan (+) (−)	≈ 4,25	600
Eisen-Konstantan (+) (−)	≈ 5,37	700
Nickelchrom-Nickel (+) (−)	≈ 4,10	1300
Platinrhodium-Platin (+) (−)	≈ 0,64	1600

Die mit einem empfindlichen Drehspulinstrument gemessene Thermospannung ist von der Temperaturdifferenz $\vartheta_w - \vartheta_k$ abhängig. Da jedoch ausschließlich ϑ_w gemessen werden soll, muß eine Vergleichsstelle geschaffen werden mit möglichst konstanter Temperatur ϑ_k, die von der Meßstelle hinreichend weit entfernt ist. Man baut die Meßanlage deshalb nach Bild 3.35 auf. Die Ausgleichsleitungen sind aus den gleichen Materialien wie das Thermopaar hergestellt. Diese Leitungen reichen bis zur Vergleichsstelle. Von dieser bis zum Anzeigeinstrument werden übliche Leitungen aus beliebigem Leiterwerkstoff verwendet. Der Abgleichswiderstand R vergrößert den Leitungswiderstand auf den der Eichung des Instrumentes zu Grunde gelegten Sollwert.

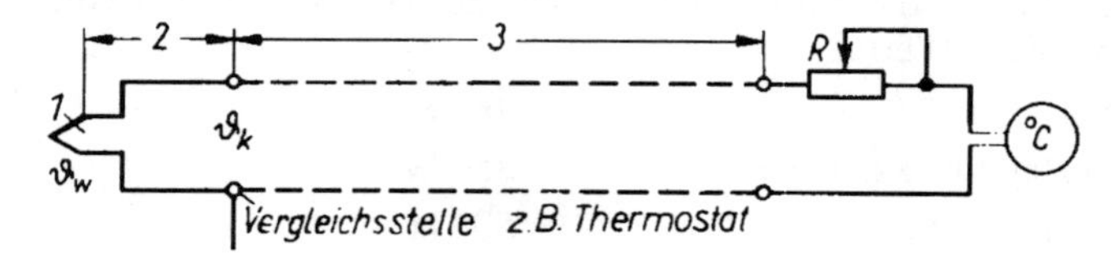

Bild 3.35 Temperaturmeßanlage mit Thermoelement 1, Ausgleichsleitung 2 und Meßleitung 3

Widerstandsthermometer. Da der elektrische Widerstand eines Leiters oder Halbleiters von der Temperatur abhängig ist, kann man mit ihnen eine von der Temperatur abhängige Spannung erzeugen. Man verwendet als Meßwiderstand ein Drahtstück aus Platin oder Nickel. Noch empfindlicher, jedoch bezüglich des Widerstandes weniger zuverlässig definiert, ist ein Thermistor (s. Abschn. 2.1.3.1). Der Meßwiderstand wird als „unbekannter Widerstand" in einen Zweig einer Wheatstoneschen Brücke geschaltet. Man gleicht diese Brücke bei der Anfangstemperatur des gewünschten Temperaturbereichs ab. Bei Erwärmung des Meßwiderstandes wird die Brücke verstimmt, und ihr Nullinstrument zeigt einen der Temperaturänderung des Meßwiderstands nahezu proportionalen Ausschlag. Die Skala des Instruments kann wieder unmittelbar in °C geeicht werden, sofern die Brücke mit konstanter Spannung oder besser und fast ebenso einfach zu machen, mit konstantem Strom betrieben wird. Der Meßwiderstand wird in eine Armatur eingebaut. Die vollständige Meßeinrichtung, die sich besonders zur Messung von Temperaturen zwischen − 200 °C und + 500 °C eignet, wird Widerstandsthermometer genannt.

3.4.2.3 Zeitmessung

Die Einheit der Zeit t = 1 s wird in „Atomuhren" durch ein definiertes Vielfaches von Eigenschwingungen des Cäsium-Isotops Cs 133 sehr genau bestimmt. Eine derartige Anlage steht z.B. bei der Physikalisch-Technischen Bundesanstalt in Braunschweig, die auch über einen Zeitzeichensender laufend die genaue Tageszeit in einer Impulsfolge überträgt.

Quarzuhren. Sowohl Armbanduhren wie auch ortsfeste Zeitgeber besitzen heute als taktbestimmendes Element einen Quarzschwinger (s. Abschn. 2.2.4.3). Dessen hohe Eigenfrequenz wird durch eine monolithisch integrierte Schaltung (IC-Baustein), die als vielstufiger Frequenzteiler arbeitet, auf einen kleinen Wert von z.B. 1 Hz herabgesetzt. Es folgt eine Verstärkerstufe, die eine genügend leistungsstarke Rechteckspannung liefert, um einen Kleinstantrieb in der Bauform des Schrittmotors (s. Abschn. 4.5.3) anzusteuern. Über ein Räderwerk werden dann in klassischer Technik die Zeiger der Uhr angetrieben (Bild 3.36).

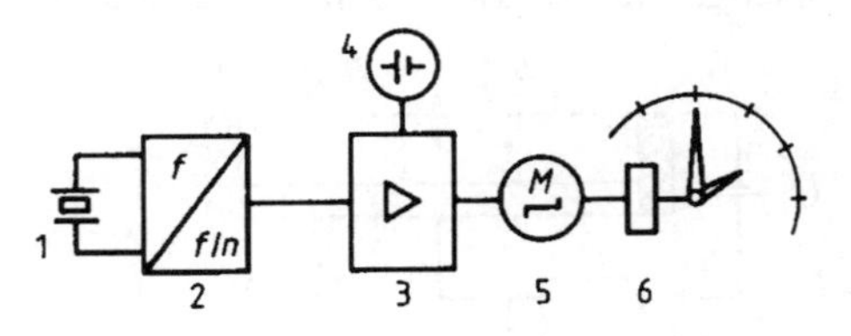

Bild 3.36
Uhrenantrieb
1 Quarzschwinger, 2 Frequenzteiler, 3 Verstärker, 4 Batterie, 5 Schrittmotor, 6 Räderwerk

Die Uhr wird über eine Knopfzellen-Batterie mit U = 1,4 V und einer Kapazität (Ladung) von je nach Gehäuse 10 mAh bis 200 mAh versorgt. Da der Motor nur eine Leistung von einigen µW hat, beträgt die Laufzeit mit einer Batterie mehrere Jahre.

Zeitintervall. Die Messung einer Zeit Δt zwischen zwei Ereignissen (Start bis Stop) kann sehr genau über das Auszählen der Impulse aus einem Taktgeber fester Frequenz f_T erfolgen. Werden in der Meßzeit Δt die Anzahl Z Impulse registriert, so ist

$$\Delta t = \frac{Z}{f_T}$$

In Bild 3.37 liefert ein Quarzoszillator sehr konstanter Frequenz die Impulsfolge. Diese werden im Zähler registriert, sobald das RS-Kippglied durch einen Startbefehl gesetzt ist und damit das als Tor wirkende UND-Gatter öffnet. Mit einem Stopimpuls wird das Kippglied zurückgesetzt und somit das Tor durch die logische 0 am Eingang geschlossen. Der Zähler zeigt in der Regel durch entsprechende Umrechnung direkt ms, s oder min an.

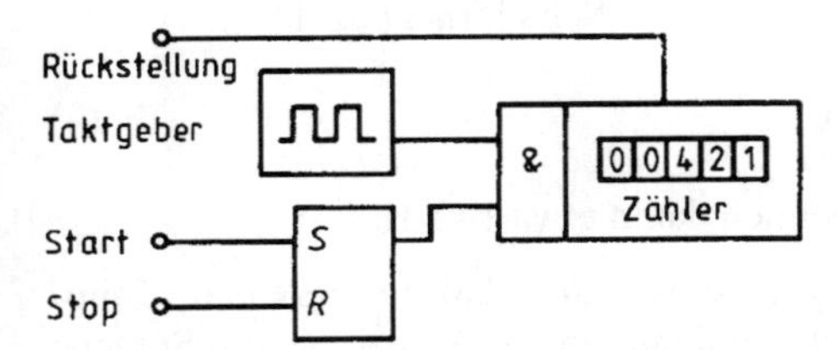

Bild 3.37 Zeitintervallmessung

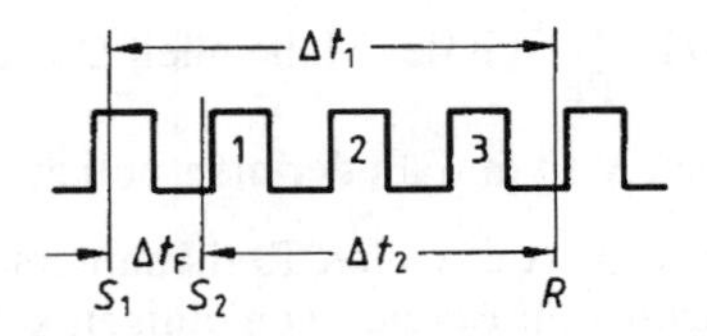

Bild 3.38 Bestimmung des Quantisierungsfehlers
S_1, S_2 Start, R Stop

Bild 3.38 erläutert den sogenannten Quantisierungsfehler Δt_F bei der Zeitintervallmessung. Werden im Zähler z.B. die ansteigenden Flanken der Taktimpulse erfaßt, so liefert er für die Zeiten Δt_1 und Δt_2 mit 3 Flanken = 3 · t_T das gleiche Ergebnis. Der maximale Fehler beträgt damit mit ± t_T eine Periode der Taktfrequenz $f_T = 1/t_T$.

3.4.2.4 Bestimmung von Geräuschen

Schallwandler. Als Geräusch bezeichnet man den hörbaren Schall, also Luftdruckschwankungen im Empfindlichkeitsbereich des menschlichen Ohres mit Frequenzen von etwa 16 Hz bis 20 Hz.

Die Geräuschmessung hat die Aufgabe, diesen Schalldruck p zu bestimmen und ihn im Bezug zu den Höreigenschaften zu bewerten. Als Aufnehmer verwendet man in der Akustik in der Regel kapazitive Geber nach Bild 3.39. Bei diesen Kondensatormikrophonen verändert die bewegliche Schallwandlermembrane 1 mit den Luftdruckschwankungen ihren Abstand zur Gegenelektrode 2 und damit nach Gl. (1.28) die Kapazität C der Anordnung. Dies führt nach der Grundgleichung $Q = C\,U$ zu Änderungen der Kondensatorladung Q, was Lade- und Entladeströme über den Widerstand R bedeutet. Seine Spannung u_p ist damit proportional zum Schalldruck p und kann über eine nachgeschaltete Elektronik ausgewertet werden.

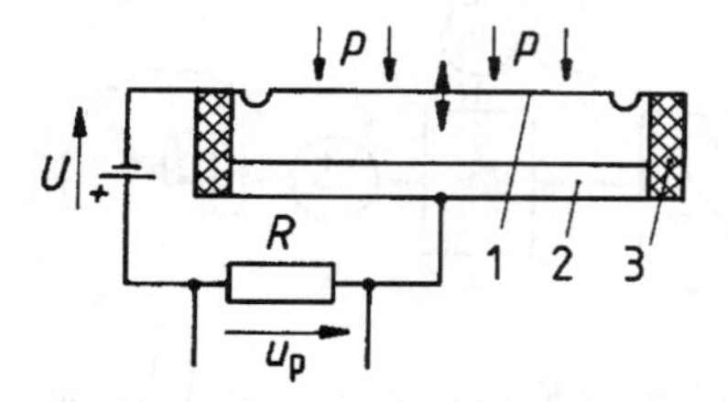

Bild 3.39
Prinzip eines Kondensatormikrophons
1 Schallwandlermembrane
2 Gegenelektrode
3 Isolation

Mißt man den Schalldruck p bei einem 1000 Hz-Sinuston (Normton), so erhält man als untere gerade noch hörbare Grenze den Wert

$$P_0 = 2 \cdot 10^{-5} \frac{\mathrm{N}}{\mathrm{m}^2} = 20\ \mu\mathrm{P} \tag{3.12}$$

Steigert man den Schalldruck dieses Tones, bis das Ohr des Beobachters schmerzt, so ergibt sich etwa

$$p_{max} = 20 \cdot 10^7\ \mu\mathrm{P} \tag{3.13}$$

Das menschliche Ohr ist demnach ein analoger Aufnehmer mit einem Meßbereich von sieben Zehnerpotenzen. Es entspricht damit z.B. einem Drehspulgerät, das Spannungen von 1 mV bis 10 kV ablesbar auf einer Skala anzeigen kann!

Schalldruckpegel. In der Akustik hat sich – auch wegen der besseren Übereinstimmung mit dem subjektiven Hörempfinden des Menschen – durchgesetzt, den Schalldruck nicht direkt, sondern als logarithmisches Größenverhältnis anzugeben. Man definiert als Schalldruckpegel

$$L_p = 20 \lg \frac{p}{p_0} \quad \text{mit der Maßeinheit Dezibel dB} \tag{3.14}$$

Im logarithmischen Maß umfaßt der menschliche Hörbereich damit etwa 140 dB.

Frequenzbewertung. Aus vielen Reihenuntersuchungen ist bekannt, daß die maximale Empfindlichkeit des Ohres im Bereich von einigen kHz liegt und damit an die Aufnahme von Sprache und Umweltgeräuschen optimal angepaßt ist. Töne von weniger als 100 Hz und alles über 20 kHz werden dagegen wesentlich vermindert oder gar nicht mehr wahrgenommen. Bei der Aufnahme von Maschinengeräuschen oder Verkehrslärm ist es daher nicht sinnvoll, den Gesamteffektivwert des Schalldrucks mit gleicher Wertigkeit aller Frequenzanteile zu messen. Man berücksichtigt vielmehr entsprechend der Ohrempfindlichkeit eine Frequenzbewertungscharakteristik, A-Kurve genannt, und schaltet dem Schalldruckmesser ein entsprechendes Bewertungsfilter nach. Auf diese Weise ergeben sich Schalldruckpegel L_{pA} mit den Werten in dB(A), die z.B. bei lärmbelästigungen jeder Art Grundlage der Diskussion sind.

4 Elektrische Maschinen

Die Energieumwandlung in umlaufenden (rotierenden) elektrischen Maschinen, sowohl in Generatoren wie in Motoren, beruht auf den im Abschn. 1.2.3 beschriebenen Wechselwirkungen zwischen der Erzeugung von Kräften bzw. Drehmomenten und von elektrischen Spannungen in Magnetfeldern. Deshalb haben Generatoren und Motoren den gleichen Aufbau. Der Elektromotor ist das Kernstück des elektrischen Antriebs, der in seinen verschiedenen Ausführungen in fast jeder industriellen Produktion, im Gewerbe und Haushalt zum Einsatz kommt. Der Generator hat eine entsprechende Bedeutung für die Erzeugung elektrischer Energie in Kraftwerken.

Die Gliederung der einzelnen Maschinentypen erfolgt in der Regel zunächst nach der Stromart in Gleichstrom-, Wechselstrom- und Drehstrommaschinen. Innerhalb dieser Aufteilung unterscheidet man dann, z.B. mit Synchron- und Asynchronmaschinen, nach der Wirkungsweise und dem Konstruktionsprinzip.

Transformatoren sind ruhende elektrische Energiewandler. Auf der Grundlage des Induktionsgesetzes werden damit Wechselspannungen nach Betrag und Phasenlage geändert (umgespannt). Man unterscheidet hier Wechselstrom- und Drehstromtransformatoren.

4.1 Gleichstrommaschinen

4.1.1 Aufbau und Wirkungsweise

4.1.1.1 Aufbau

Bei Gleichstrommaschinen wird der gesamte feststehende Teil als Ständer, der rotierende als Anker bezeichnet.

Ständer. Er ist zunächst vielfach in Verbindung mit einem Gehäusemantel die mechanische Grundkonstruktion zur Aufnahme der beidseitigen Lagerschilde, des Klemmkastens und evtl. eines Fremdlüfters. In seinem aktiven Teil wirkt er als Elektromagnet, der das gleichermaßen für den Motor- wie Generatorbetrieb erforderliche magnetische Gleichfeld erzeugt (Bild 4.1).

Gleichstrommaschinen besitzen heute einen völlig aus Blechen aufgebauten magnetischen Kreis, da nur so die bei raschen Stromänderungen im Eisen auftretenden Wirbelströme weitgehend ver-

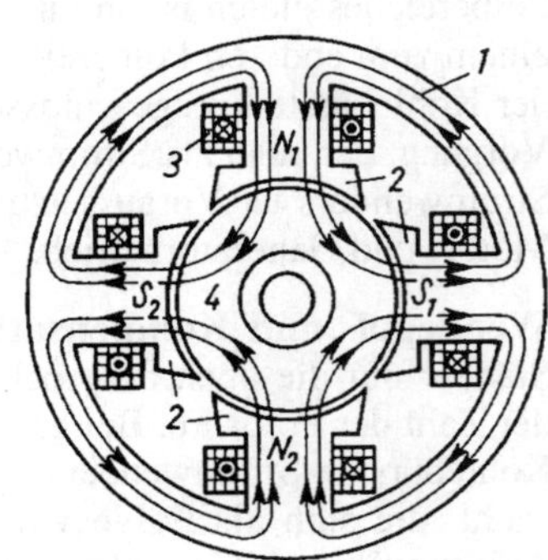

Bild 4.1
Magnetischer Kreis einer Gleichstrommaschine
1 Joch
2 Hauptpol mit Polschuh
3 Erregerwicklung
4 Anker

mieden werden können. Je nach Polpaarzahl p sind am Joch 1 gleichmäßig verteilt $2p$ Hauptpole 2 angebracht, deren Querschnitt sich dem Anker 4 zu in Form sogenannter Polschuhe erweitert. Auf diese Weise wird ein möglichst großer zu jedem Hauptpol gehöriger Umfangsteil des Ankers, der Polteilung genannt wird, vom Magnetfeld erfaßt.

Jeder Hauptpol trägt eine Magnetspule 3 mit der Windungszahl N_E, die mit ihrem Strom I_E eine für den Aufbau des Magnetfeldes erforderliche Durchflutung $N_E \cdot I_E$ liefert. Schaltet man die unter sich gleichen Magnetspulen, deren Gesamtheit man Erregerwicklung nennt, so in Reihe, daß sich die in Bild 4.1 gekennzeichneten Richtungen des Erregerstromes I_E ergeben, so bilden sich die dort durch ihre Feldlinien dargestellten Magnetfelder aus, die nach Abschn. 1.2.2 berechnet werden können.

Am Ständer wechseln Nordpole N und Südpole S einander ab. Die Maschinen können nur mit einem Polpaar, $p = 1$, d.h. mit je einem Nord- und Südpol, oder mit mehreren Polpaaren $p = 2$ bis 12, ausgeführt werden. Die magnetischen Feldlinien verlaufen z.B. bei der vierpoligen Maschine mit $p = 2$ nach Bild 4.1 von einem Nordpol über den Luftspalt in den Anker, teilen sich dort in zwei gleiche Teile auf und kehren über den Luftspalt, die beiden angrenzenden Südpolhälften und das Joch zum Nordpol und in sich selbst zurück.

Den vom Erregerstrom erzeugten magnetischen Fluß, der in jedem Nordpol aus dem Ständer austritt, nennt man den Polfluß Φ. Er wird durch den Wert des Erregerstromes I_E festgelegt und kann über diesen im Rahmen der Magnetisierungskennlinie des Eisenkreises verändert werden.

Bild 4.2 zeigt die Schnittzeichnung einer vierpoligen Gleichstrommaschine im mittleren Leistungsbereich in der heute üblichen Rechteckbauweise.

Anker. Der Läufer oder Anker der Maschine besteht aus dem mit der Welle fest verbundenen, aus Elektroblechen geschichteten Blechpaket, der Ankerwicklung und dem Stromwender. In die Bleche sind, gleichmäßig am Umfang verteilt, Nuten eingestanzt. Diese enthalten die Ankerspulen, die man in ihrer Gesamtheit Ankerwicklung nennt. In der Ausführung unterscheidet man zwischen Schleifen- und Wellenwicklungen, doch ist dies nur für den Entwurf der Maschine von Bedeutung. Anfänge und Enden der Ankerspulen sind nacheinander an die gegeneinander isolierten Kupfersegmente (Stege) des Stromwenders (Kollektors, Kommutators) angelötet. Die Übertragung des Ankerstromes I_A in die Ankerspulen erfolgt über in Haltern geführte Kohlebürsten, die mit den Stromwenderstegen einen Gleitkontakt bilden.

Stromwender. Zur prinzipiellen Erklärung der Funktion des Stromwenders der Gleichstrommaschine ist in Bild 4.3 ein Anker mit der in den Anfängen verwendeten Ringwicklung und nur 8 Ankerspulen 1 gezeichnet. Entscheidend ist, daß der Stromwender mit seinen ebenfalls 8 Segmenten zusammen mit den Kohlebürsten als mechanischer Schalter wirkt. Der Gleichstrom I_A wird durch ihn fortlaufend so auf die Spulen verteilt, daß die Stromrichtung innerhalb eines Polbereiches gleich ist und nur von Pol zu Pol wechselt. In der Zeitspanne, in der eine Spule von einem zum anderen Polbereich übergeht, d.h. in der sogenannten neutralen Zone steht, ist sie von der Kohlebürste kurzgeschlossen. Der Spulenstrom wechselt in dieser Zeit seine Richtung, einen Vorgang, den man als Stromwendung oder Kommutierung bezeichnet. Diese Schalterfunktion des Stromwenders ist Voraussetzung für die nachstehend erläuterte Wirkungsweise der Maschine in Motor- und Generatorbetrieb.

Wendepol- und Kompensationswicklung. Gleichstrommaschinen bis etwa 1 kW haben im Ständer nur die oben besprochenen, von der Erregerwicklung umschlossenen Hauptpole je nach der Zahl der Polpaare. Bei größeren Maschinen tritt mit dieser einfachen Ausführung am Kontakt Kohlebürsten-Stromwendersteg starkes Bürstenfeuer auf. Es wird durch Kurzschlußströme verursacht, die sich als Folge von induzierten Spannungen in der durch die Bürste überbrückten Ankerspule ausbilden. Um diesen Schwierigkeiten zu begegnen und einen funkenfreien Lauf des Kommutators auch bei größeren Maschinen ab etwa 1 kW zu erzielen, werden in den Ständer zwi-

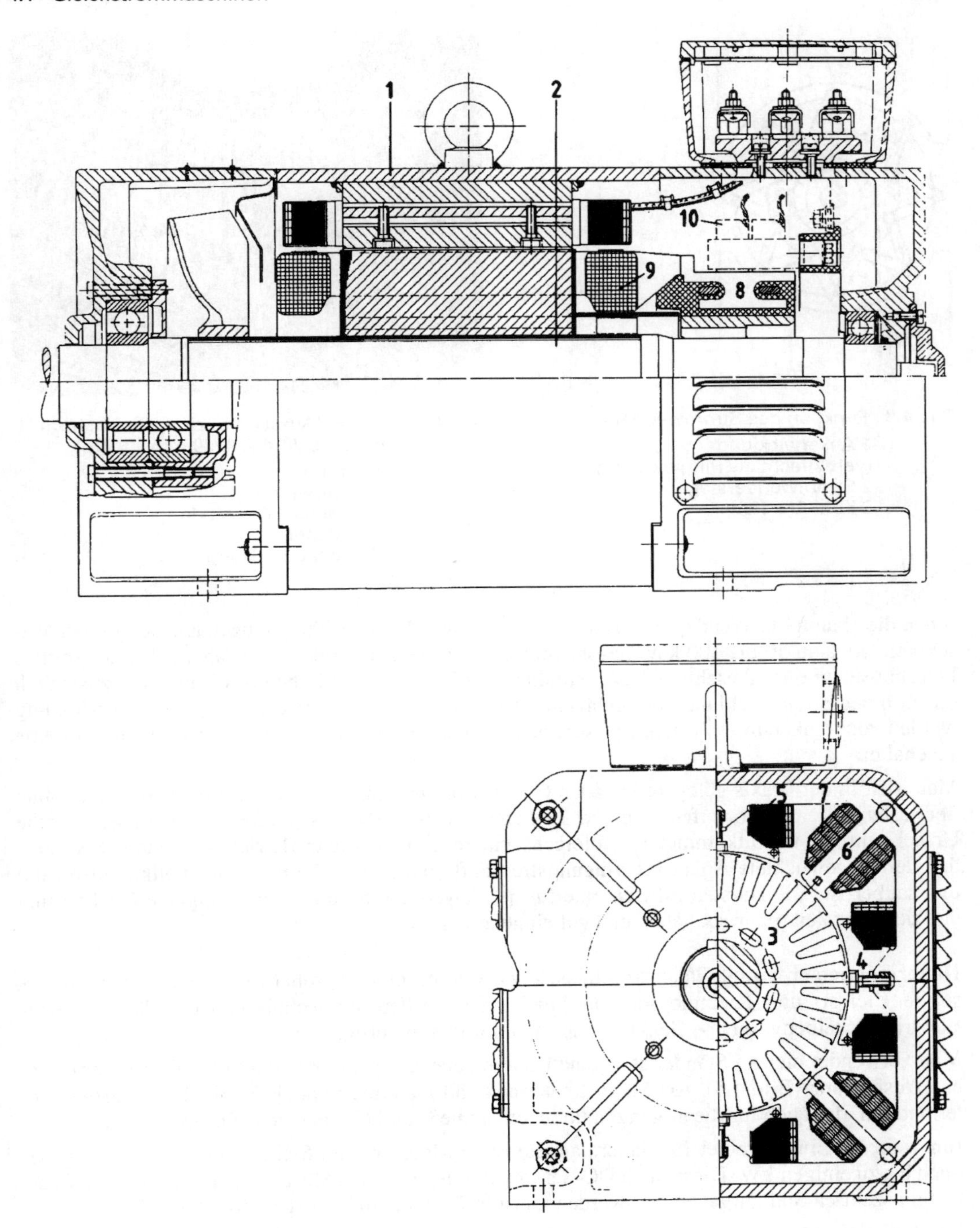

Bild 4.2 Schnittzeichnung einer vierpoligen Gleichstrommaschine
1 Gehäusemantel, 2 Anker, 3 Ankerblechpaket, 4 Hauptpol mit Polschuh, 5 Erregerwicklung, 6 Wendepol, 7 Wendepolwicklung, 8 Stromwender, 9 Ankerwicklung, 10 Kohlebürsten

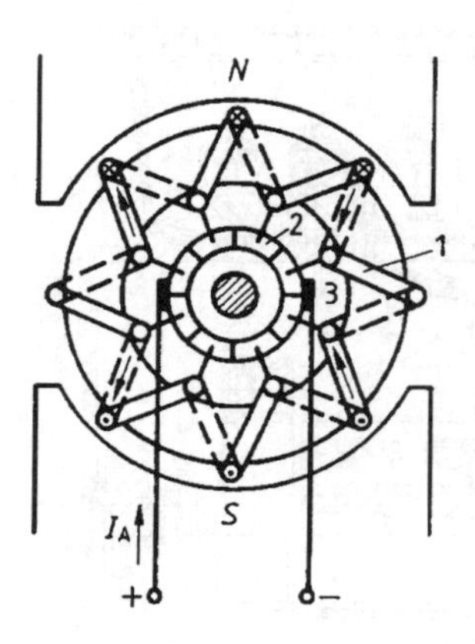

Bild 4.3 Funktion des Stromwenders
1 Ankerwicklung (vereinfacht als Ringwicklung)
2 Stromwenderstege
3 Kohlebürsten

Bild 4.4 Ständer (Ausschnitt) einer Gleichstrommaschine 70 kW, 1200 min^{-1} (ABB)
1 Hauptpol
2 Erregerwicklung
3 Kompensationswicklung
4 Wendepol
5 Wendepolwicklung

schen die Hauptpole Wendepole (Bild 4.4) mit der Wendepolwicklung eingebaut. Bei großen Maschinen, etwa ab 50 bis 100 kW, besonders wenn diese einen großen Drehzahlstellbereich mittels Feldschwächung (s. Abschn. 4.1.2.3) erhalten, wird in den Polschuhen der Hauptpole zusätzlich die Kompensationswicklung untergebracht. Die Wendepol- wie auch die Kompensationswicklung werden vom Ankerstrom I_A durchflossen, beide Wicklungen sind mit der Ankerwicklung in Reihe geschaltet.

Man trifft in der Praxis gelegentlich auch Gleichstrommaschinen, die trotz Wendepolen und ohne überlastet zu sein, Bürstenfeuer zeigen. Es handelt sich hierbei fast immer um eine mechanische Ursache infolge unvollkommener Laufeigenschaften. Einwandfreier Betrieb setzt nämlich voraus, daß der ausgewuchtete Anker schwingungsfrei läuft, und daß der Kommutator vollkommen rund und sauber ist. Die Bürsten müssen eine für den jeweiligen Motoreinsatz geeignete Qualität und den richtigen Anpreßdruck haben und gut eingelaufen sein.

Dauermagneterregung. Gleichstrommaschinen werden in sehr großer Stückzahl als batterieversorgte Kleinst- und Kleinmotoren für Spielzeuge, die Feinwerktechnik und vor allem die Kfz-Elektrik (Scheibenwischer-, Gebläse- und Stellmotoren) gefertigt.

Man verwendet hier im Ständer stets eine Dauermagneterregung und erhält damit eine sehr einfache Ausführung (Bild 4.5). Als Magnetmaterial wählt man meist ein als Ferrite bezeichnetes Sintermaterial, das auch für die allgemein üblichen Schließ- und Haftmagnete eingesetzt wird.

Ein weiteres Einsatzgebiet für dauermagneterregte Motoren sind Stellantriebe im Leistungsbereich bis zu einigen kW. Diese auch DC-Servomotoren genannten Maschinen übernehmen in Bearbeitungszentren Stellaufgaben und werden meist in Rechteckform ausgeführt (Bild 4.6).

Das Beispiel zeigt eine Technik zur Vergrößerung des Polflusses mittels seitlich zusätzlich angebrachter Radialmagnete. DC-Servomotoren erhalten zu Versorgung einen Transistor-Gleichstromsteller nach Abschn. 2.3.1 und gestatten sehr rasche Drehzahländerungen in beiden Drehrichtungen.

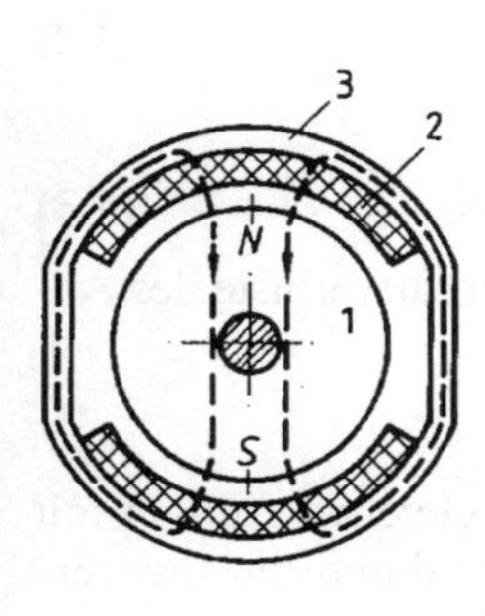

Bild 4.5 Dauermagneterregter Kleinmotor
1 Anker, 2 Dauermagnet,
3 Gehäuse als Joch

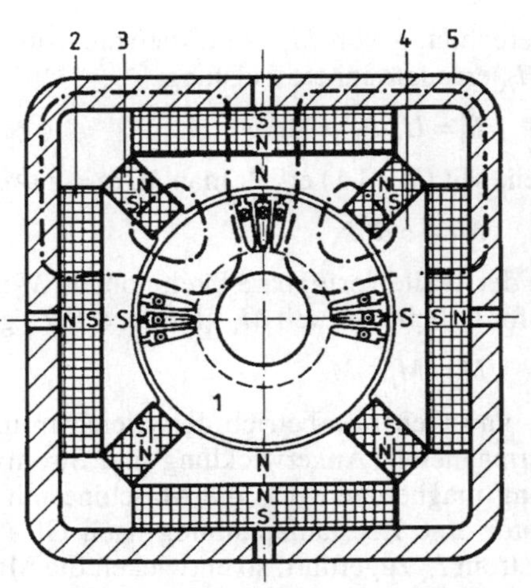

Bild 4.6 Querschnitt eines DC-Servomotors
1 Anker, 2 Tangential-Dauermagnet,
3 Radial-Dauermagnet, 4 Polschuh,
5 Joch

4.1.1.2 Motor- und Generatorbetrieb

Spannungserzeugung. Dreht sich der Anker der Gleichstrommaschine mit seiner Wicklung im Magnetfeld der abwechselnd Nord- und Südpole des Ständers, so entsteht in jeder Windung nach dem Induktionsgesetz eine Spannung $u_q = d\Phi/dt$. Diese Teilspannung ist demnach um so höher, je größer der Polfluß Φ und die Drehzahl n des Ankers sind. Durch den Stromwender werden alle Teilspannungen zur gesamten in der Ankerwicklung induzierten Spannung U_q addiert. Sie kann im Leerlauf zwischen der Plus- und Minuskohlebürste am Stromwender gemessen werden. Für die in der Ankerwicklung induzierte Spannung erhält man nach Gl. (1.60) die einfache Beziehung

$$U_q = c\,\Phi\,\omega = 2\pi\,c\,\Phi\,n \tag{4.1}$$

Die Maschinenkonstante

$$c = \frac{z_A}{2\pi} \cdot \frac{p}{a}$$

erfaßt die Ausführung der Ankerwicklung mit ihren z_A in Reihe geschalteten Leitern und den Kenngrößen:

p Zahl der Polpaare im Ständer
a Zahl der parallelen Ankerzweigpaare

Die Konstante c ist also eine Zahl ohne Einheit und durch den Bau der Maschine gegeben.

Drehmomenterzeugung. Die Entstehung eines Drehmomentes läßt sich einfach aus der Wirkung von Kräften auf die stromdurchflossenen Ankerleiter der Länge l im Magnetfeld der Ständerpole erklären. Nach Gl. (1.51) entstehen mit $F = B\,l\,I$ Kräfte, die senkrecht zur Feldrichtung der Ständerpole und zur Leiterlage im Anker gerichtet sind und damit tangential am Ankerumfang wirken. Wie in Bild 4.3 zu erkennen ist, haben wegen der Stromwenderfunktion alle Leiterströme innerhalb eines Poles dieselbe Richtung, womit sich die Einzelkräfte entlang des Umfangs addieren. Durch Multiplikation mit dem Ankerradius als Hebelarm entsteht dann das sogenannte innere Drehmoment M_i der Maschine.

Die Berechnung von M_i kann über die vom Anker mit der induzierten Spannung U_q und dem Strom I_A erzeugte innere Leistung

$$P_i = U_q I_A = M_i \omega \tag{4.2}$$

erfolgen. Mit Gl. (4.1) erhält man $M_i \omega = c \Phi \omega I_A$ und daraus

$$M_i = c \Phi I_A \tag{4.3}$$

Das an der Welle verfügbare Drehmoment M ist um ein zur Deckung der Leerlaufverluste des Ankers erforderlichen Anteil M_v kleiner, d. h. es gilt

$$M = M_i - M_v$$

Motor- und Generatorbetrieb der Gleichstrommaschine erfordern also den gleichen Aufbau mit Ständermagneten, Ankerwicklung und Stromwender. Werden die Hauptpole durch die Erregerwicklung magnetisiert und die Maschine mit einem Drehmoment angetrieben, so liefert sie als Generator eine Leerlaufspannung nach Gl. (4.1). Wird dem Anker über die Kohlebürsten ein Gleichstrom I_A zugeführt, so entwickelt die Maschine als Motor ein Drehmoment nach Gl. (4.3).

4.1.1.3 Leistungsbilanz

Gleichstrommaschinen werden als drehzahlgeregelte Antriebe eingesetzt, d. h. sie wandeln elektrische in mechanische Energie um. Dabei entstehen nach

$$P_v = P_{v0} + P_{vL}$$

bereits im Leerlauf im Anker die Verluste P_{v0} und dann bei Belastung zusätzlich der Hauptanteil P_{vL}. Zu den lastunabhängigen Verlusten P_{v0} zählen die Lager-, Luft- und Bürstenreibung, sowie die Eisenverluste im Dynamoblech des Ankers. Lastabhängige Verluste sind die Stromwärmeverluste in allen Wicklungen und die Bürstenübergangsverluste.
Aus Abgabeleistung P_2 und der Aufnahmeleistung P_1 läßt sich der Wirkungsgrad

$$\eta = \frac{P_2}{P_1} \qquad P_1 = P_2 + P_v \qquad \eta = 1 - \frac{P_v}{P_1} \tag{4.4}$$

berechnen. Er beträgt im Leistungsbereich über 1 kW bis zu den größten Maschinen von ca. 10 MW etwa 60 % bis 95 %.

Netz-Motor-Arbeitsmaschine. In Bild 4.7 ist die Leistungsbilanz des Ankerkreises eines Gleichstrommotors angegeben. Die Lastverhältnisse werden durch die Arbeitsmaschine bestimmt. Ist M das Motormoment und M_L das auf die Motordrehzahl n umgerechnete Lastmoment, dann gilt im stationären Betrieb $P_2 = M\omega = M_L \omega$, somit für n = konst. die Bedingung

$$M = M_L$$

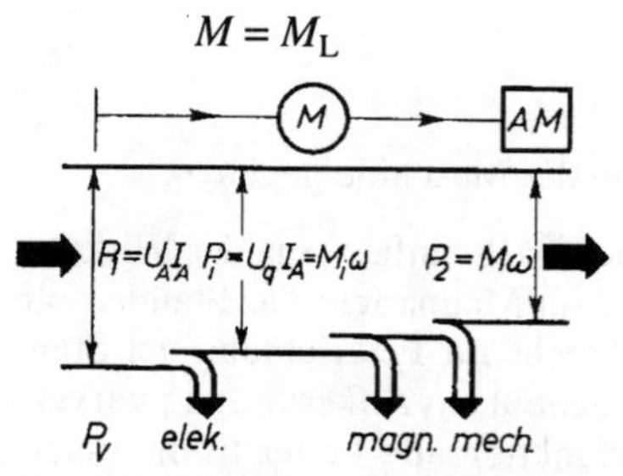

Bild 4.7
Leistungsbilanz des Ankerkreises eines Gleichstrommotors
AM Arbeitsmaschine

Zur Entscheidung der Frage, welche Drehzahlen sich im stationären Betrieb einstellen, ist die Kenntnis der Kennlinien der Elektromotoren als auch der Arbeitsmaschinen erforderlich. Die erforderliche Primärleistung P_1 wird vom Netz gedeckt.

Bei Laständerungen müssen alle bewegten Teile des elektrischen Antriebs mit dem gesamten Trägheitsmoment J beschleunigt oder verzögert werden. Nach den Gesetzen der Mechanik gilt bei der Drehbewegung für das Beschleunigungsmoment allgemein

$$M_B = M - M_L = J\frac{d\omega}{dt} = 2\pi J\frac{dn}{dt} \tag{4.5}$$

Im stationären Betrieb ist $M = M_L$, somit $M_B = 0$ und $dn/dt = 0$, d.h. n = konstant.

Im nichtstationären Betrieb ist $M \gtrless M_L$, somit $M_B \gtrless 0$ und $dn/dt \gtrless 0$, d.h. die Drehzahl steigt (fällt), der Antrieb wird beschleunigt (verzögert). Näheres s. Abschn. 5.2.

4.1.1.4 Anschlußbezeichnungen und Schaltungen

Die Anschlüsse des Ankers und der verschiedenen Wicklungen sind nach VDE 0530, T8 mit nachstehender Einteilung durch Großbuchstaben gekennzeichnet. Die zusätzliche Ziffer bezeichnet Anfang 1 und Ende 2 des Bauteils. Für den Motorbetrieb gilt die Festlegung, daß bei Stromrichtung in allen Wicklungen von 1 nach 2 Rechtslauf bei Blickrichtung auf die Stirnseite des Wellenendes auftreten muß.

Bauteil:	Bezeichnung:
Ankerwicklung	A1, A2
Wendepolwicklung	B1, B2
Kompensationswicklung	C1, C2
Erregerwicklung in Reihe zum Anker	D1, D2
Erregerwicklung parallel zum Anker	E1, E2
Erregerwicklung fremdversorgt	F1, F2

Erregerarten. Für das Betriebsverhalten der Gleichstrommaschine ist es von grundsätzlicher Bedeutung, wie die Erregerwicklung angeschlossen wird. Erhält sie eine eigene Spannungsversorgung, so spricht man von einer Fremderregung und führt die Wicklung mit hoher Windungszahl und geringem Leiterquerschnitt für einen Erregerstrom I_E aus, der nur einige Prozent des Ankerstromes I_A beträgt.

Bei Reihenschlußerregung ist die Wicklung dagegen mit dem Anker in Reihe geschaltet und damit $I_E = I_A$. Die Erregerwicklung benötigt damit zur Erzeugung der gleichen Durchflutung nur wenige aber dafür querschnittsstarke Windungen.

Eine Kombination beider Erregungsarten wird bei der Doppelschlußmaschine angewandt. Hier übernimmt eine fremderregte Wicklung die Haupterregung, während eine zusätzliche Hilfsreihenschlußwicklung eine lastabhängige Erhöhung der pro Hauptpol verfügbaren Durchflutung liefert. Dies verbessert das Betriebsverhalten des Motors, indem ein möglicher Drehzahlanstieg bei Belastung verhindert wird.

Schaltpläne. In den Schaltbildern für die verschiedenen Betriebsweisen einer Gleichstrommaschine werden Anker, Wendepolwicklung und Erregung in der Darstellung nach Bild 4.8 gezeichnet. Die in a) gewählte Form, welche die Kohlebürsten und die gegen das Ankerfeld gerichtete Wirkung der Wendepole andeutet, ist nicht mehr erforderlich. Es genügt die vereinfachte Darstel-

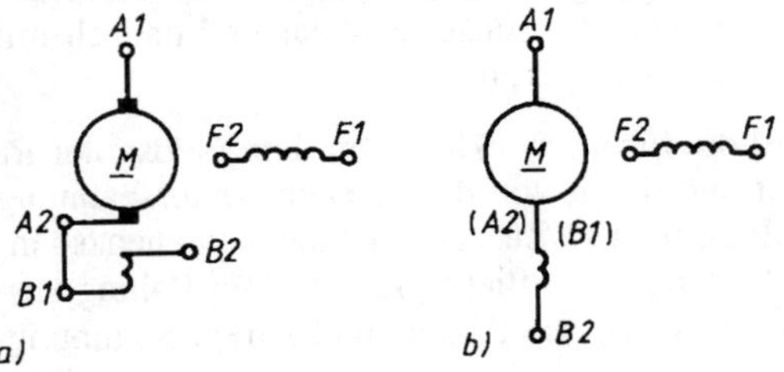

Bild 4.8
Anschlüsse und Schaltzeichen einer fremderregten Gleichstrommaschine
a) Anker-, Wendepol- und Erregerwicklung
b) vereinfachte Darstellung

lung b), da für den einwandfreien Betrieb nur die richtige Reihenfolge der Verbindungen wichtig ist. Nach DIN 40900 T 6 sind die Wicklungen von Maschinen und Transformatoren nicht mehr als Vollrechteck, sondern als Ergebnis einer internationalen Normung durch eine Reihe von Halbkreisbogen darzustellen.

4.1.2 Betriebsverhalten und Drehzahlsteuerung

4.1.2.1 Gleichstromgeneratoren

Soweit heute noch Gleichstromenergie wie in Elektrolyseanlagen, Lichtbogenöfen, Nahverkehrsbahnen und Industrieantrieben benötigt wird, erfolgt die Versorgung über die in Abschn. 2 besprochenen Gleichrichterschaltungen der Leistungselektronik. Gleichstromgeneratoren findet man nur noch in älteren Anlagen, z.B. zur Erregung von Drehstromgeneratoren oder gelegentlich als Teil des Leonard-Umformers. Nachstehend sollen daher nur einige grundsätzliche Angaben gemacht werden.

Leerlaufkennlinie. In Bild 4.9 ist die Ersatzschaltung eines Gleichstromgenerators angegeben, dessen Drehzahl n über den Antrieb konstant gehalten wird. Der Erregerstrom I_E kann über einen Widerstand R_F, Feldsteller genannt, beliebig eingestellt werden.

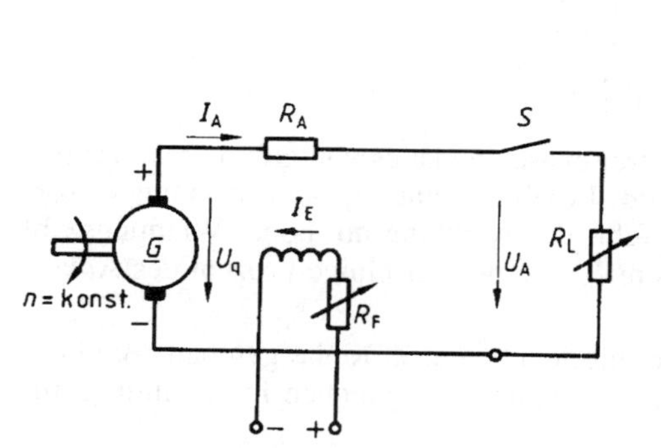

Bild 4.9 Ersatzschaltung eines fremderregten Gleichstromgenerators

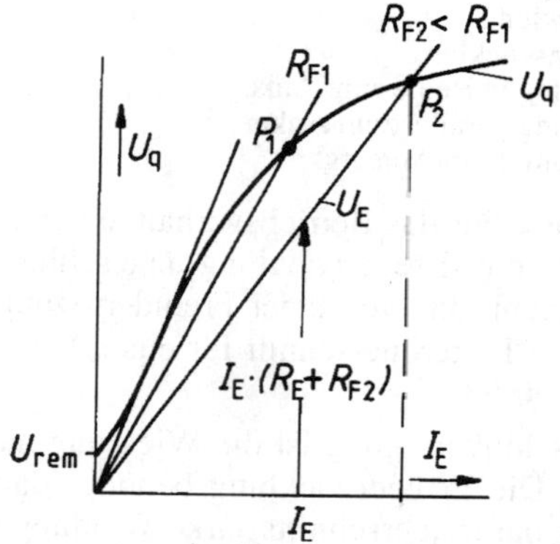

Bild 4.10 Leerlaufkennlinie und U_q und Widerstandsgerade g_E zur Selbsterregung eines Gleichstromgenerators

Bei offenem Schalter S gilt $U_A = U_q$ und wegen der konstanten Drehzahl nach Gl. (4.1) die Proportion $U_q \sim \Phi$. Da das Hauptpolfeld Φ mit der Durchflutung $\Theta_E = N_E I_E$ der Erregerwicklung erzeugt wird, entsteht in Abhängigkeit von I_E ein Verlauf $U_q = f(I_E)$ nach Bild 4.10, den man Leerlaufkennlinie nennt. War die Maschine schon früher im Betrieb, so ist in der Regel durch die Remanenz des magnetischen Kreises (s. Abschn. 1.2.2.5) ein Restfeld Φ_{rem} vorhanden und damit schon bei $I_E = 0$ die Remanenzspannung U_{rem}. Sie beträgt ca. 5% der vollen Spannung U_{AN} und ist für den nachfolgend erklärten Vorgang der Selbsterregung entscheidend. Wird der Erregerstrom I_E stetig vergrößert, so steigt die induzierte Spannung U_q zunächst linear und danach mit Beginn der magnetischen Sättigung der Eisenwege immer weniger an.

Selbsterregung. Beim selbsterregten Generator wird die Erregerwicklung mit dem Feldsteller R_F parallel oder im Nebenschluß zum Anker geschaltet und damit von der eigenen Ankerspannung U_A versorgt. Nach dem Zuschalten der Erregerwicklung liegt an ihr zunächst die Remanenzspannung U_{rem}, womit ein geringer Erregerstrom $I_{E0} = U_{rem}/(R_E + R_F)$ fließt. Bei richtiger Polung verstärkt er das Feld von Φ_{rem} aus und vergrößert damit mit U_q die Anker- und Erregerspannung.

Dieser Vorgang, den 1867 Werner von Siemens als „elektrodynamisches Prinzip" entdeckte, klingt selbsttätig bis zum Schnittpunkt P zwischen Leerlaufkennlinie und Widerstandsgeraden g_E mit der Gleichung $U_E = I_E(R_E + R_F)$ in Bild 4.10 auf. Erst hier herrscht Gleichgewicht zwischen erzeugter Spannung U_q und U_E, wobei der geringere Spannungsverlust am Ankerwiderstand R_A vernachlässigt ist. Über den Feldsteller R_F kann die Ankerspannung im oberen Bereich der gekrümmten Leerlaufkennlinie durch die Wahl des Schnittpunktes mit z.B. P_1 oder P_2 eingestellt werden.

Belastung. Wird der Gleichstromgenerator belastet, so sinkt seine Klemmenspannung nach der Gleichung

$$U_A = U_q - (I_A R_A + 2 U_B)$$

Als Bürstenübergangsspannung U_B ist nach VDE 0530 der Wert 1 V anzunehmen.

Den Verlauf $U_A = f(I_A)$ in Bild 4.11 bezeichnet man als Belastungskennlinie. Hat die Maschine eine Kompensationswicklung, mit der die Einwirkung des Ankerstromes auf das Erregerfeld beseitigt wird, so ist die Kennlinie praktisch eine abfallende Gerade. Ist die Maschine dagegen selbsterregt, so sinkt wegen $U_A = U_E$ der Erregerstrom mit der Belastung. Die Folge ist ein immer stärker abfallender Verlauf der Ankerspannung bis zu einem Höchstwert des Laststromes.

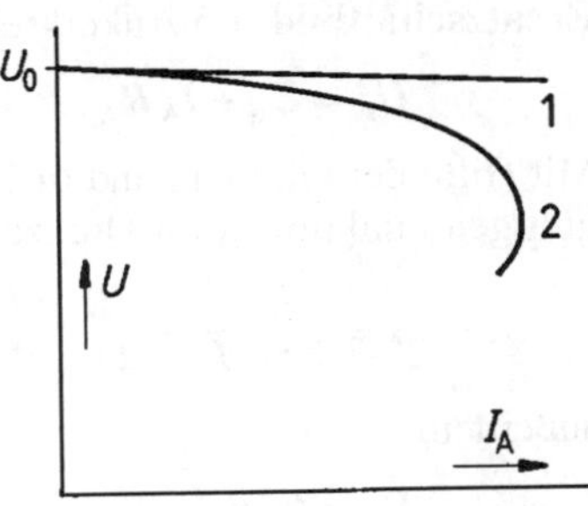

Bild 4.11
Belastungskennlinien von Gleichstromgeneratoren
1 mit Kompensationswicklung und fremderregt
2 selbsterregter Generator

4.1.2.2 Gleichstrommotoren mit Fremderregung

In vielen Bereichen industrieller Produktion, in Förderanlagen oder der Verkehrstechnik ist eine weitgehende und dabei möglichst verlustarme Drehzahlsteuerung des elektrischen Antriebs erforderlich. Dieses Feld beherrschte über Jahrzehnte der fremderregte Gleichstrommotor mit ausgezeichneten Regeleigenschaften und einem großen Drehzahlstellbereich. Erst mit der Entwicklung der Frequenzumrichter hat er diese Position an den preiswerteren und wartungsarmen Drehstrommotor verloren, behauptet sich aber mit einem nicht unbedeutenden Marktanteil in Teilbereichen der Antriebstechnik.

Schaltung des Motors mit Fremderregung, Ersatzschaltbild. Bild 4.12a zeigt den vereinfachten Schaltplan des Motors, dessen Ankerkreis aus dem immer vorhandenen Drehstromnetz über einen sogenannten Umkehrstromrichter bestehend aus zwei gegenparallelen B6-Thyristor-Gleichrichtern gespeist wird. Mit dieser Schaltung ist der in Abschn. 2.3.1.1 besprochene Vierquadrantenbetrieb mit Antreiben und Bremsen in beiden Drehrichtungen möglich. Der Anker erhält die im Bereich $-U_{AN} \leq U_A \leq U_{AN}$ einstellbare Ankerspannung U_A, führt den Ankerstrom I_A und nimmt die elektrische Leistung $P_A = U_A I_A$ zur Deckung der mechanischen Leistung P_2 für das Zerspanen des Werkstücks auf (zusätzlich Motorverluste und Reibungsverluste der mechanischen Übertragungsglieder).

Der Erregerkreis wird über den steuerbaren Feldstromrichter als Einphasen- oder Drehstrombrücke für eine Stromrichtung, elektrisch vom Ankerkreis vollkommen getrennt, mit Gleichstrom ver-

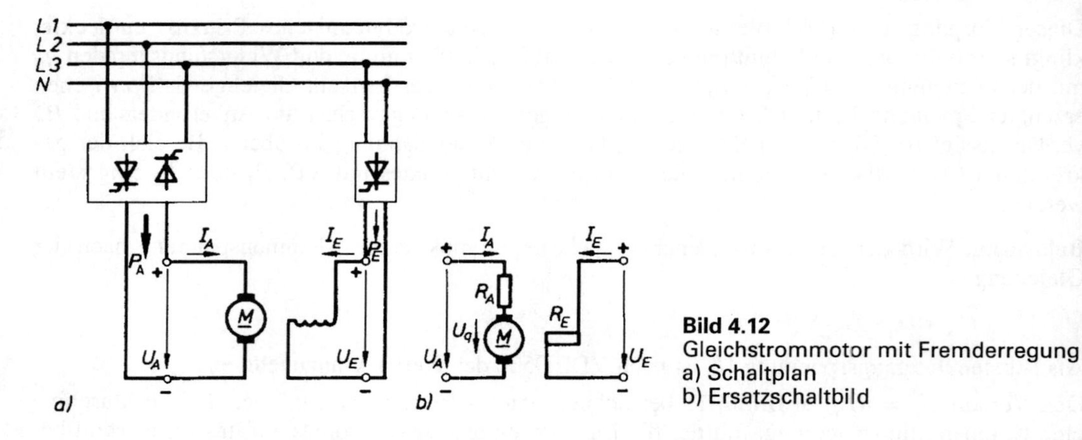

Bild 4.12
Gleichstrommotor mit Fremderregung
a) Schaltplan
b) Ersatzschaltbild

sorgt und nimmt bei der Erregerspannung U_E den Erregerstrom I_E und damit die Erregerleistung $P_E = U_E I_E$ auf; es ist $P_E \ll P_A$.

Ersatzschaltbild. Im Ankerkreis gilt die Spannungsgleichung

$$U_A = U_q + I_A R_A \tag{4.6}$$

Mit Hilfe der Gl. (4.1) und (4.3) und $\omega = 2\pi n$ ergeben sich damit die für diesen Motor allgemein gültigen Funktionen für Drehzahl und Ankerstrom

$$n = \frac{U_A}{2\pi c \Phi} - \frac{R_A M_i}{2\pi (c \Phi)^2} \qquad I_A = \frac{M_i}{c \Phi} \tag{4.7}$$

außerdem

$$U_E = I_E R_E \tag{4.8}$$

Betriebskennlinien des ungesteuerten Motors. Bei ungesteuertem Betrieb des Motors sind die auf dem Leistungsschild angegebenen Werte der Ankerspannung und der Erregerspannung konstant. Letzteres bedeutet, daß auch der Erregerstrom und damit der Polfluß in der Maschine konstant sind und ihre Bemessungswerte annehmen. Es gilt also

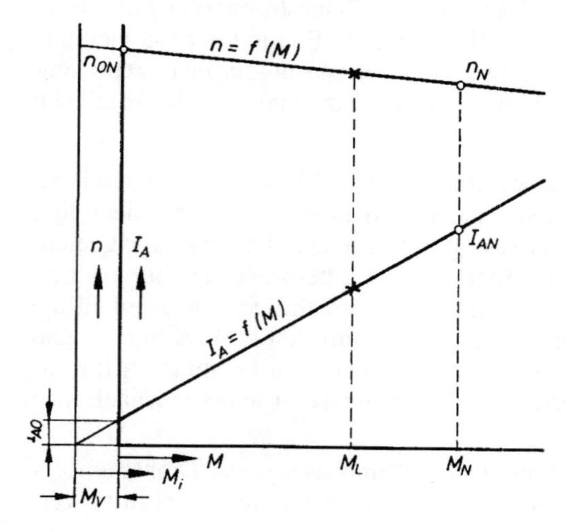

Bild 4.13
Betriebskennlinien des ungesteuerten fremderregten Gleichstrommotors

$U_A = U_{AN} = \text{konst.}$

$U_E = U_{EN} = \text{konst.}$, $I_E = I_{EN} = \text{konst.}$ und damit $\Phi = \Phi_N = \text{konst.}$

Setzt man dies in die Gln. (4.7) und (4.8) ein, ergibt sich

$$\boldsymbol{n = \frac{U_{AN}}{2\pi c \Phi_N} - \frac{R_A M_i}{2\pi (c \Phi_N)^2} \qquad I_A = \frac{M_i}{c \Phi_N} \qquad U_{EN} = I_{EN} R_E} \tag{4.9}$$

Diese Gleichungen sind in Bild 4.13 durch die beiden Geraden über M_i dargestellt. Durch das Verlustmoment M_V, hervorgerufen nach Bild 4.7 durch magnetische und mechanische Verluste im Motor, ist das an der Welle zum Antrieb der Arbeitsmaschine zur Verfügung stehende Motormoment M – oft nur geringfügig – kleiner als das elektromagnetisch erzeugte innere Drehmoment M_i des Motors, somit

$$M = M_i - M_V$$

Im praktischen Leerlauf ($M = 0$) stellt sich die Leerlaufdrehzahl n_{0N} und der Leerlaufstrom I_{A0} ein. Wird der Motor so belastet, daß er seine auf dem Leistungsschild angegebene Bemessungsleistung P_{2N} nach der Gleichung

$$\boldsymbol{P_{2N} = 2\pi\, n_N M_N} \tag{4.10}$$

abgibt, dann sind mit dem hier vorhandenen Wertepaar n_N und M_N die Bemessungswerte für Drehzahl und Drehmoment und auch der Ankerstrom I_{AN} erreicht. Für jedes andere Lastmoment $M_L = M$ können Drehzahl und Strom durch die Schnittpunkte mit den Kennlinien nach Bild 4.13 entnommen werden.

Für die Prüfung des Motors – und diese Aussage gilt für alle Maschinenarten – ist die Kenntnis wichtig, daß für alle auf dem Leistungsschild angegebenen Größen außer P_{2N} nach VDE 0530 Teil 1 bestimmte Toleranzen gelten. Will man also durch eine Dauerbelastung prüfen, ob die Erwärmung der Wicklungen im zulässigen Bereich liegt, so muß man mit der Bemessungsleistung belasten, d.h. das Produkt Drehzahl mal Drehmoment solange variieren bis nach Gl. (4.10) der Wert P_{2N} erreicht ist. Es wäre ein Fehler, zur Vermeidung der aufwendigen Drehmomentmessung nur die auf dem Leistungsschild angegebene Drehzahl einzustellen. Diese darf z.B. bei Gleichstrommaschinen im Betrieb mit P_{2N} 5% bis 15% vom gestempelten Wert abweichen, der damit kein zuverlässiges Maß für den Bemessungsbetrieb ist.

4.1.2.3 Verfahren der Drehzahlsteuerung

Betriebskennlinien des gesteuerten Motors. Wenn man in den allgemein gültigen Gleichungen (4.7) vereinfachend $M_V = 0$ und damit $M = M_i$ setzt, erhält man

$$n = \frac{U_A}{2\pi c \Phi} - \frac{R_A M}{2\pi (c \Phi)^2} \qquad I_A = \frac{M}{c \Phi} \qquad U_E = I_E R_E$$

Aus der Beziehung $n = f(M)$ ist zu entnehmen, daß bei einem vorgegebenen Drehmoment M als Belastung die zugehörige Drehzahl n mit den folgenden Verfahren verändert werden kann:

1. Absenken der Ankerspannung im Bereich $0 \leq U_A \leq U_{AN}$
2. Absenken des Polflusses Φ durch Verringerung des Erregerstromes $I_E \leq I_{EN}$
3. Erhöhung des Ankerkreiswiderstandes R_A durch Ankervorwiderstände.

Alle drei Verfahren werden in der Praxis angewandt und nachstehend besprochen. Damit von den speziellen Daten einer Maschine unabhängige Beziehungen entstehen, sollen die Gleichungen normiert, d.h. auf die Kennwerte des ungesteuerten Motors bezogen werden.

Beim ungesteuerten Motor erhält man dann mit Gl. (4.9)

$$\text{bei Leerlauf } n_{0N} = \frac{U_{AN}}{2\pi c\, \Phi_N}, \text{ bei Volllast } I_{AN} = \frac{M_N}{c\, \Phi_N}; \; U_{EN} = I_{EN} R_E \tag{4.11}$$

Durch Division der vorstehenden Gleichungen ergeben sich damit die Betriebskennlinien des gesteuerten Motors in normierter Form

$$\frac{n}{n_{0N}} = \frac{U_A/U_{AN}}{\Phi/\Phi_N} - c_M \frac{M/M_N}{(\Phi/\Phi_N)^2} \qquad \frac{I_A}{I_{AN}} = \frac{M/M_N}{\Phi/\Phi_N} \qquad \frac{U_E}{U_{EN}} = \frac{I_E}{I_{EN}} \tag{4.12}$$

wobei

$$c_M = \frac{I_{AN} R_A}{U_{AN}} = \frac{n_{0N} - n_N}{n_{0N}} \tag{4.13}$$

als neue Maschinenkonstante eingeführt wurde.

Richtwerte für c_M liegen bei Motoren mit kleinen bis mittleren Leistungen (1 bis 100 kW) bei etwa 0,15 bis 0,05 und nehmen bei Großmotoren bis 1000 kW und darüber auf etwa 0,02 bis 0,01 ab. Dies bedeutet, daß bereits der ungesteuerte Motor durch sein weitgehend belastungsunabhängiges Drehzahlverhalten („harte Kennlinie") für viele Antriebsaufgaben geeignet ist.

Beispiel 4.1 Man leite die Betriebskennlinien des ungesteuerten Motors aus den normierten Kennlinien Gl. (4.12) her.

Mit $U_A = U_{AN}$, $\Phi = \Phi_N$, $U_E = U_{EN}$ wird

$$\frac{n}{n_{0N}} = 1 - c_M \frac{M}{M_N} \qquad \frac{I_A}{I_{AN}} = \frac{M}{M_N} \qquad I_E = I_{EN}$$

Bei Leerlauf ist $M = 0$ $\quad n = n_{0N}$ $\quad I_A = 0$

bei Volllast ist $M = M_N$ $\quad n = n_N$ $\quad I_A = I_{AN}$

Für einen ungesteuerten Motor mit $c_M = 0{,}1$ ergeben sich die Kennlinien

$$\frac{n}{n_{0N}} = 1 - 0{,}1 \frac{M}{M_N} \qquad \frac{I_A}{I_{AN}} = \frac{M}{M_N}$$

Sie sind in Bild 4.14a, maßstäblich und deutlich hervorgehoben, gezeichnet.

Drehzahlsteuerung durch Absenkung der Ankerspannung. Die an den Ankerkreis gelegte Spannung U_A wird nach Bild 4.12a stufenlos von U_{AN} bis nahe $U_A = 0$ gesteuert. Der Motor ist voll erregt ($I_E = I_{EN}$, $\Phi = \Phi_N$), so daß nach Gl. (4.12) die Steuerkennlinien nun lauten

$$\frac{n}{n_{0N}} = \frac{U_A}{U_{AN}} - c_M \frac{M}{M_N} \qquad \frac{I_A}{I_{AN}} = \frac{M}{M_N} \qquad I_E = I_{EN} \tag{4.14}$$

Durch Vergleich mit der normalen Betriebskennlinie ergeben sich Drehzahlsteuerkennlinien, die parallel nach unten verschoben sind, wobei die Leerlaufdrehzahlen n_0 in demselben Verhältnis wie die Ankerspannungen U_A herabgesetzt werden:

$$\frac{n_0}{n_{0N}} = \frac{U_A}{U_{AN}}$$

Für $U_A = 0{,}6\, U_{AN}$ wird also $n_0 = 0{,}6\, n_{0N}$.

In Bild 4.14 sind für den obigen Motor ($c_M = 0{,}1$) die Steuerkennlinien für $U_A/U_{AN} = 0{,}2 \;\; 0{,}4 \;\; 0{,}6 \;\; 0{,}8$ gezeichnet. Es läßt sich somit jeder beliebige Belastungszustand unterhalb der normalen Betriebskennlinie bis zum Bemessungsmoment einstellen. Die normale Betriebskennlinie $I_A = f\,(M)$ nach Bild 4.14 gilt nach Gl. (4.14) unverändert auch für alle Steuerkennlinien, d.h. die stufenlose Drehzahlsteuerung kann dauernd bis zum Bemessungsmoment (gestrichelte Grenzlinie) durchgeführt werden.

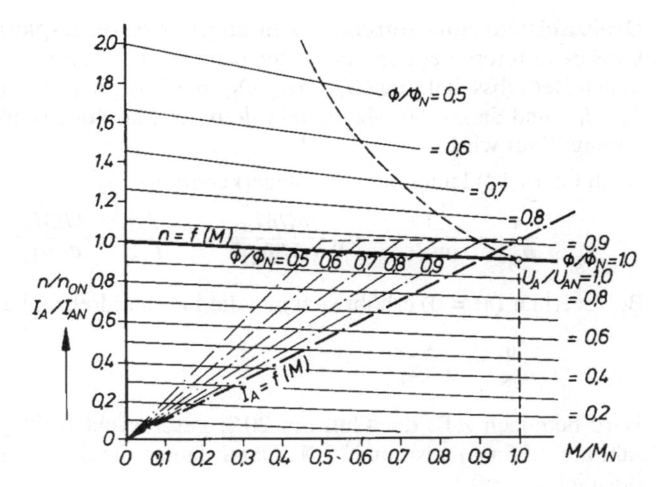

Bild 4.14
Steuerkennlinien des fremderregten Gleichstrommotors
——— $n = f(M)$
—·—·— $I_A = f(M)$
- - - - - Grenzlinien für den Drehzahl/Momentbereich bei Dauerbetrieb

Leonardumformer. Gelegentlich trifft man noch anstelle der steuerbaren Gleichrichtersätze (Bild 4.12a) den nach Ward Leonard (1861–1913, USA) benannten Maschinenumformer für Vierquadrantenantrieb an (Bild 4.15).

Ein an das vorhandene Drehstromnetz angeschlossener Drehstrommotor M1 treibt mit nahezu belastungsunabhängiger Drehzahl den Steuergenerator G1 und die Erregermaschine G2 an. Die selbsterregte Erregermaschine G2 liefert die für die Erregungen des Steuergenerators G1 und des Gleichstrommotors M2 erforderliche Spannung, die sich mit Hilfe eines Feldstellers R1 im Erregerkreis von G2 einstellen läßt. An diese Gleichspannung ist der Erregerkreis des Motors M2 über einen weiteren Feldsteller R2 angeschlossen, während für die Erregung des Steuergenerators G1 ein Spannungsteiler mit Mittelanzapfung R3 verwendet wird. Mit ihm ist es möglich, den Erregerstrom des Steuergenerators lediglich durch Verstellen des Abgriffs an diesem Spannungsteiler innerhalb seiner beiden Grenzstellungen, stufenlos von einem größten positiven Wert über den Wert 0 bis zu einem größten negativen Wert zu ändern. Dementsprechend ändert sich auch die Ankerspannung des Generators, die direkt an den Anker des Motors M2 gelegt wird. Es ergibt sich demnach eine stufenlose Drehzahlsteuerung zwischen den normalen Betriebskennlinien in beiden Drehrichtungen des Motors M2.

Durch Feldschwächung des Motors M2 mit Hilfe des Feldstellers R2 in seinem Erregerkreis läßt sich die Drehzahl in beiden Drehrichtungen auch noch erhöhen. Wenn bei kleinen Steuerdrehzahlen die Kühlung durch den eigenen Lüfter nicht mehr genügend wirksam ist, kann durch eine zusätzliche Fremdbelüftung der Motor dauernd mit dem Bemessungsmoment belastet werden.

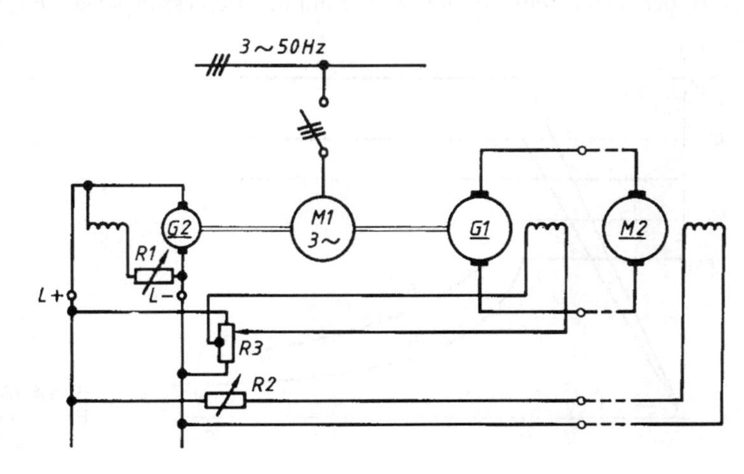

Bild 4.15
Aufbau eines Leonard-Umformers
M1 Drehstrommotor
G1 Gleichstrom-Steuergenerator
G 2 Erregergenerator

Drehzahlsteuerung durch Absenkung der Erregerspannung (Feldschwächung). Der Ankerkreis des Motors liegt an der Ankerspannung U_{AN}. Am Erregerkreis wird nun gegenüber der normalen Betriebsschaltung (U_{EN}, I_{EN}, Φ_N) die Erregerspannung herabgesetzt, $U_E < U_{EN}$, so daß auch $I_E < I_{EN}$ und damit das Magnetfeld Φ in der Maschine schwächer, $\Phi < \Phi_N$, also Feldschwächung durchgeführt wird.

Nach Gl. (4.12) lauten nun die Steuerkennlinien

$$\frac{n}{n_{0N}} = \frac{1}{\Phi/\Phi_N} - c_M \frac{M/M_N}{(\Phi/\Phi_N)^2} \qquad \frac{I_A}{I_{AN}} = \frac{M/M_N}{\Phi/\Phi_N} \qquad \frac{U_E}{U_{EN}} = \frac{I_E}{I_{EN}} \tag{4.15}$$

Bei Leerlauf ($M = 0$) erhöht sich nun die Leerlaufdrehzahl auf

$$\frac{n_0}{n_{0N}} = \frac{1}{\Phi/\Phi_N}$$

Wird demnach z. B. der Fluß um 20 % geschwächt ($\Phi/\Phi_N = 0{,}8$), erhöht sich die Leerlaufdrehzahl auf 1,25 n_{0N}, also um 25 %. Damit lauten die Steuerkennlinien nach Gl. (4.15) für das obige Beispiel ($c_M = 0{,}1$):

$$\frac{n}{n_{0N}} = \frac{1}{0{,}8} - \frac{0{,}1}{0{,}8^2}\frac{M}{M_N} = 1{,}25 - 0{,}156\,\frac{M}{M_N} \qquad \frac{I_A}{I_{AN}} = 1{,}25\,\frac{M}{M_N}$$

Die Steuerkennlinien sind für $\Phi/\Phi_N = 0{,}9$ bis 0,5 in Bild 4.14 eingezeichnet. Die Drehzahlkennlinien fallen um so stärker ab, je weiter die Feldschwächung getrieben wird; sie ermöglichen stufenlose Drehzahlsteuerung oberhalb der normalen Betriebskennlinie. Der Ankerstrom erreicht nach Gl. (4.15) bereits den vollen Wert $I_A = I_{AN}$ wenn $M/M_N = \Phi/\Phi_N$ ist. Die Ankerstromkennlinien gelten also nur bis zur Geraden $I_A/I_{AN} = 1$, also für konstante Leistung $U_{AN}\,I_{AN}$. Entsprechend läßt sich die Belastung bei Drehzahlerhöhung nur bis zu der gestrichelt eingezeichneten Grenzlinie durchführen. Rechnerisch ergibt sich als Grenzwert in dem gewählten Beispiel bei 20 % Feldschwächung und damit für $M/M_N = 0{,}8$:

$$\frac{n}{n_{0N}} = 1{,}25 - 0{,}156 \cdot 0{,}8 = 1{,}125$$

Anker- und Feldstellbereich. Bild 4.16 zeigt den Verlauf der verschiedenen Motorgrößen bei Änderung der Ankerspannung und anschließender Feldschwächung über der Drehzahl. So kann z. B. bei einem fremderregten Motor mit den Bemessungsdaten $P_{2N} = 40$ kW und $n_N = 2000$ min^{-1}

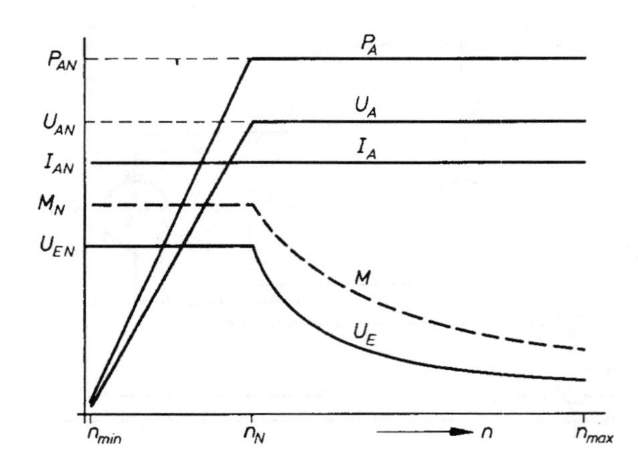

Bild 4.16
Betriebskennlinien des fremderregten Motors mit Anker- und Feldstellbereich

im sogenannten Ankerstellbereich bei vollem Drehmoment M_N und ruckfreiem Lauf die minimale Drehzahl $n = 60\ \text{min}^{-1}$ eingestellt werden. Durch Feldschwächung sei bei voller Leistung P_{2N} und ohne Bürstenfeuer die maximale Drehzahl $n = 6000\ \text{min}^{-1}$ möglich. Für diesen Antrieb ergibt sich damit ein Drehzahlregelbereich von 1:100.

Vierquadrantenbetrieb. Die eingangs dieses Abschnitts gestellte Aufgabe, den Motor für stufenlose Drehzahlsteuerung zum Treiben und Bremsen in beiden Drehrichtungen verwenden zu können, wird nun durch Bild 4.17 erläutert. Geht man davon aus, daß bei positiven Werten von U_A, I_A, M, P_A, n im 1. Quadranten sich Rechtslauf des Motors einstellt, dann ergeben sich in den übrigen 3 Quadranten Rechts- bzw. Linkslauf, Treiben bzw. Bremsen, also Motor- und Generatorbetrieb und damit elektrische Leistungsentnahme aus dem Netz bzw. elektrische Leistungsrücklieferung ins Netz bei den eingezeichneten Richtungen von n und M und den angegebenen positiven (Hochzeichen$^+$) und negativen (Hochzeichen$^-$) Werten der mechanischen und elektrischen Größen.

Das Anfahren des Antriebs erfolgt durch Hochfahren der Ankerspannung.

Drehzahlsteuerung durch Ankerwidervorstände. In der Betriebsschaltung (Bild 4.18a) sind Ankerkreis und Erregerkreis parallel geschaltet und liegen an der konstanten Gleichspannung $U = U_N$. Der Motor wird bei $R_F = 0$ durch stufenweises Verringern des Ankervor- oder Anlaßwiderstandes R_{Anl} hochgefahren, so daß bei $R_{Anl} = 0$ die normale Betriebskennlinie $n = f(M)$ des fremderregten Motors besteht. Danach kann durch Zuschalten von R_F eine Feldschwächung eingestellt werden. Das Verfahren wird nur noch selten und z.B. angewandt, wenn für einen Antrieb nur eine Drehzahlsteuerung im oberen Bereich also mit Feldschwächung erforderlich ist.

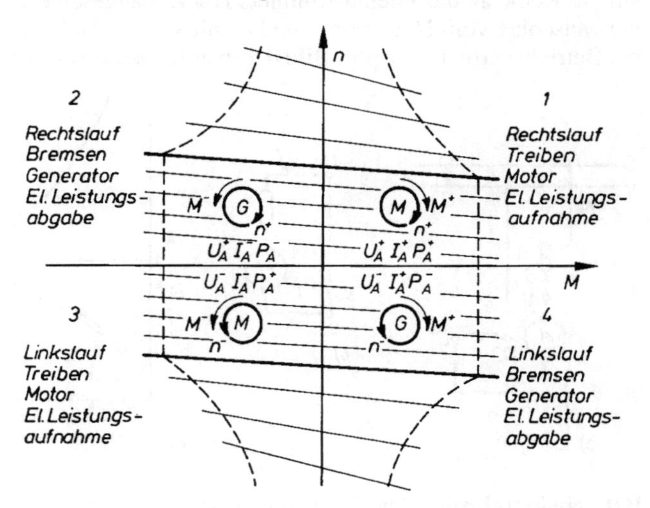

Bild 4.17
Vierquadrantenbetrieb des fremderregten Motors für Treiben und Bremsen in beiden Drehrichtungen

Anfahren. Zur Begrenzung des Anfahrstroms wird der stufig veränderliche Anlasserwiderstand R_{Anl} in den Ankerkreis geschaltet. Damit wird nun in Gl. (4.13) mit

$$U_A = U_{AN} \qquad R'_A = R_A + R_{Anl} \qquad c'_M = \frac{I_{AN}(R_A + R_{Anl})}{U_N} = c_M(1 + R_{Anl}/R_A)$$

Man erhält somit die Steuerkennlinien

$$\frac{n}{n_{0N}} = 1 - c_M(1 + R_{Anl}/R_A)\frac{M}{M_N} \qquad \frac{I_A}{I_{AN}} = \frac{M}{M_N} \tag{4.16}$$

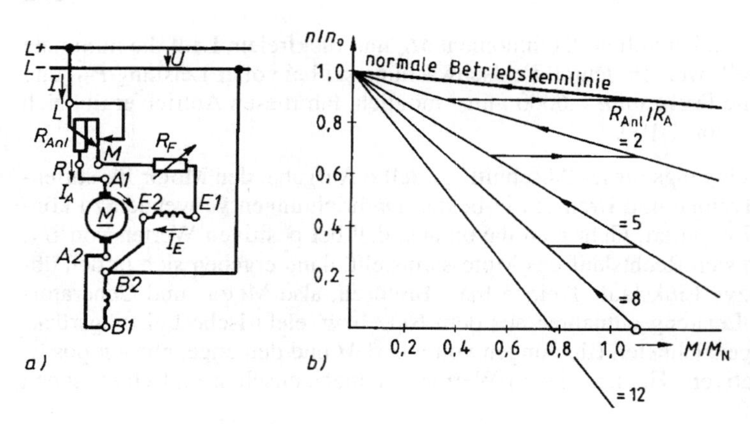

Bild 4.18
Gleichstrom-Nebenschlußmotor
a) Schaltplan für Rechtslauf
b) Drehzahl/Drehmomentkennlinien bei einem Anfahrvorgang

In Bild 4.18b sind für einen Anfahrvorgang in Pfeilrichtung mit 3 Anlasserstufen die Drehzahlsteuerkennlinien gezeichnet, wobei das 1,1-fache Bemessungsmoment nicht überschritten wird. Auf verschiedenen Möglichkeiten beim Bremsen wird in Abschn. 5.2.2 eingegangen.

4.1.2.4 Gleichstrom-Reihenschlußmotoren

Schaltung. Bild 4.19 a zeigt die Schaltung des Motors, der auch Hauptstrommotor genannt wird. Anlasser L–R, Ankerwicklung A1–A2, Wendepolwicklung B1–B2 und Erregerwicklung D1–D2 sind in Reihe an das Gleichstromnetz L + L – angeschlossen. Somit ist der magnetische Fluß Φ in der Maschine vom Netzstrom I und damit von der Belastung abhängig, wodurch sich ein besonderes Betriebsverhalten ergibt. Bild 4.19b zeigt das Ersatzschaltbild des Motors.

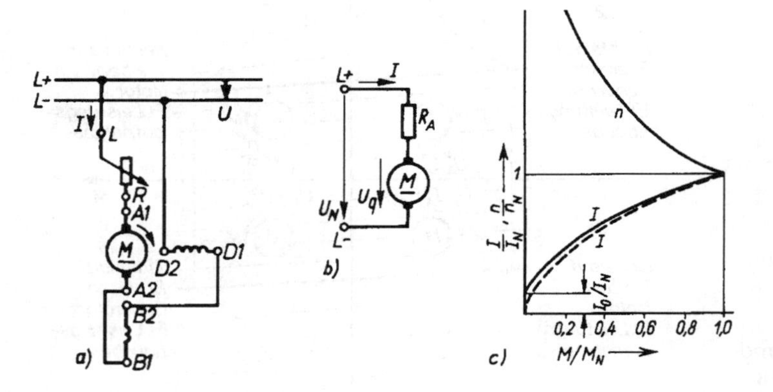

Bild 4.19
Gleichstrom-Reihenschlußmotor
a) Schaltplan für Rechtslauf
b) Ersatzschaltbild
c) Betriebskennlinien des ungesteuerten Motors

Betriebskennlinien. Die Drehzahl- und Drehmomentgleichung werden mit der Vereinfachung, daß die magnetische Kennlinie $\Phi = f(I_E)$ durch eine Gerade $\Phi = c'I$ ersetzt wird, bestimmt. Ferner bleiben mit $M_i = M$ und $U_B = 0$ das Verlustmoment M_v und die Bürstenübergangsspannung unberücksichtigt. Im drehzahlgesteuerten Betrieb ist $U \leq U_N$ und mit $I = I_A = I_E$ sind Anker- und Erregerstrom identisch. Im einzigen Stromkreis ist der Anlaßwiderstand R_{Anl} vorhanden, so daß $R'_A = R_A + R_{Anl}$ wird. Mit diesen Voraussetzungen gelten die Gleichungen

$$U = U_q + I R'_A \quad \text{mit} \quad U_q = c\,\Phi\,\omega \qquad M = c\,\Phi\,I \quad \text{und} \quad \Phi = c'\,I$$

Im Bemessungsbetrieb (Größen mit Index N) lauten die vorstehenden Gleichungen

$$U_N = U_{qN} + I_N R_A \quad \text{mit} \quad U_{qN} = c\,\Phi_N\,\omega_N \qquad M_N = c\,\Phi_N\,I_N \qquad \Phi_N = c'\,I_N$$

Setzt man, Gl. (4.13) folgend, wieder $c_M = I_N R_A / U_N$, so wird

$$\frac{U_{qN}}{U_N} = 1 - c_M \quad \text{und} \quad \frac{U_q}{U_N} = \frac{U}{U_N} - \frac{I_N R_A (1 + R_{Anl}/R_A) I/I_N}{U_N}$$

Mit $\Phi/\Phi_N = I/I_N = \sqrt{M/M_N}$ erhält man die allgemeinen Betriebskennlinien

$$\frac{n}{n_N} = \frac{1}{1 - c_M} \left(\frac{U/U_N}{\sqrt{M/M_N}} - c_M (1 + R_{Anl}/R_A) \right) \qquad \frac{I}{I_N} = \sqrt{M/M_N} \tag{4.17}$$

Für den ungesteuerten Motor ($U = U_N$, $R_{Anl} = 0$) erhält man hieraus die normalen Betriebskennlinien

$$\frac{n}{n_N} = \frac{1}{1 - c_M} \left(\frac{1}{\sqrt{M/M_N}} - c_M \right) \qquad \frac{I}{I_N} = \sqrt{M/M_N} \tag{4.18}$$

Sie sind in Bild 4.19c dargestellt. Im Bemessungsbetrieb ($M = M_N$) läuft der Motor mit der Drehzahl n_N. Wird der Motor entlastet ($M < M_N$), so steigt die Drehzahl – verglichen mit dem fremderregten Motor – sehr stark an: weiche Betriebskennlinie. Bei Leerlauf ($M \to 0$) geht $n \to \infty$, d.h. der Motor „geht durch". Es darf deshalb im Betrieb keine vollständige Entlastung auftreten. Bei kleiner Drehzahl entwickelt der Motor ein relativ großes Drehmoment; bei doppeltem Bemessungsmoment ($M = 2\,M_N$) ist aber der Netzstrom nicht gleich dem doppelten, sondern nur gleich dem $\sqrt{2}$fachen Bemessungsstrom. Der Reihenschlußmotor ist gegen Überlastungen deshalb unempfindlicher als der Nebenschlußmotor. Er ist vor allem dort geeignet, wo im Betrieb bei niedrigen Drehzahlen ein großes Drehmoment, bei höheren Drehzahlen ein kleines Drehmoment verlangt wird, also im Bahnbetrieb, bei Hebezeugen usw.

Das bei der Herleitung der Betriebskennlinien vernachlässigte Verlustmoment M_v hat zur Folge, daß der nach Gl. (4.17) sich ergebende parabelförmige Stromanstieg (gestrichelt in Bild 4.19c) in Wirklichkeit vom Leerlaufstrom I_0 ausgeht.

Drehzahlsteuerung. Wiederum ergeben sich 3 Möglichkeiten der Drehzahlsteuerung.

Absenkung der Motorspannung ($U < U_N$, $R_{Anl} = 0$). Aus Gl. (4.17) ergeben sich Steuerkennlinien unterhalb der normalen Betriebskennlinie.

$$\frac{n}{n_N} = \frac{1}{1 - c_M} \left(\frac{U/U_N}{\sqrt{M/M_N}} - c_M \right) \tag{4.19a}$$

Feldschwächung ergibt wieder Drehzahlkennlinien oberhalb der normalen Betriebskennlinie. Der Feldsteller R_F ist dabei parallel zur Erregerwicklung geschaltet.

Einschalten des Anlaßwiderstandes in den Stromkreis ($U = U_N$, $R_{Anl} < 0$). Diese Methode wird nur zum Anfahren benutzt. Die aus Gl. (4.17) sich ergebenden Kennlinien liegen unterhalb der normalen Betriebskennlinie und dies um so mehr, je größer der Anlaßwiderstand ist

$$\frac{n}{n_N} = \frac{1}{1 - c_M} \left(\frac{1}{\sqrt{M/M_N}} - c_M (1 + R_{Anl}/R_A) \right) \tag{4.19b}$$

4.1.2.5 Zahlenbeispiele

Beispiel 4.2 Auf dem Leistungsschild eines Gleichstrommotors mit Fremderregung zum Antrieb eines Drehautomaten stehen die folgenden Angaben: 40 kW 1900 min^{-1}; Anker 440 V 100 A; Erregung 240 V 10 A. Bei einer Leerlaufmessung betrug der Ankerstrom 5 A, die Drehzahl 2000 min^{-1}.

a) Man ermittle weitere Größen bei Volllast und zeichne die normalen Betriebskennlinien n, $I_A = f(M)$ maßstäblich auf.

Aufgenommene elektrische Leistung im Ankerkreis

$$P_{AN} = U_{AN} I_{AN} = 440\ \text{V} \cdot 100\ \text{A} = 44\ \text{kW}$$

Somit sind im Bemessungsbetrieb die Verluste und der Wirkungsgrad im Ankerkreis

$$P_{VN} = P_{AN} - P_{2N} = (44 - 40)\ \text{kW} = 4\ \text{kW} \qquad \eta_N = \frac{P_{2N}}{P_{AN}} = \frac{40}{44} = 0{,}909 = 90{,}9\,\%$$

Berücksichtigt man auch im Erregerkreis die Verluste $P_{EN} = U_{EN}\,I_{EN} = 240\ \text{V} \cdot 10\ \text{A} = 2{,}4\ \text{kW}$, erhöhen sich die Gesamtverluste des Motors auf 6,4 kW und sein Gesamtwirkungsgrad sinkt auf 86,2%.

Das Bemessungsmoment des Motors wird nach Gl. (4.10)

$$M_N = \frac{P_{2N}}{2\pi\, n_N} = \frac{40\,000\ \text{W} \cdot 60\ \text{s}}{2\pi \cdot 1900} = 201\ \text{Nm}$$

Damit können die normalen Betriebskennlinien gezeichnet werden (Bild 4.20).

b) Man ermittle anhand einer Tabelle von $M = 0$ bis $M = M_N$ die Größen P_2, P_A und η im Ankerkreis und zeichne $\eta = f(M)$ maßstäblich in Bild 4.20 ein.

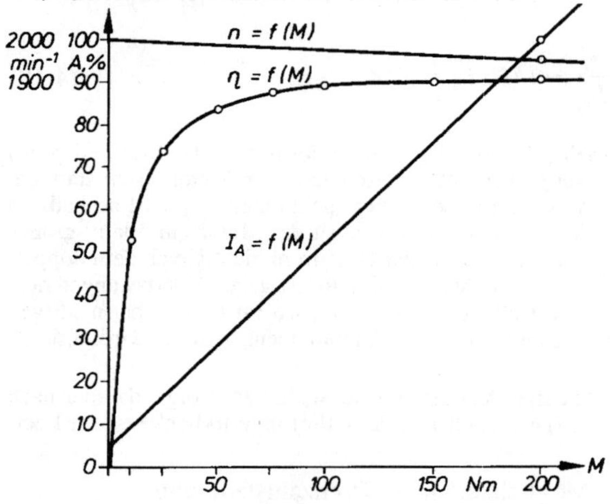

Bild 4.20
Betriebskennlinien eines fremderregten Gleichstrommotors

Aus Bild 4.20 entnimmt man die Tabellenwerte für I_A und n. Hieraus werden die elektrische Leistung $P_A = U_N\, I_A$, die mechanische Leistung $P_2 = M\, 2\pi\, n$ und hieraus der Wirkungsgrad $\eta = P_2/P_A$ errechnet. Man beachte den hohen Wirkungsgrad des Elektromotors auch bei Teillast.

Beispiel 4.3 Der Gleichstrommotor mit Fremderregung von Beispiel 4.2 wird zur stufenlosen Drehzahlsteuerung des Drehautomaten mit einem Drehzahlregelbereich 1:100 eingesetzt.

Normale Betriebskennlinien

a) Man gebe die Gleichungen der normalen Betriebskennlinien $n = f(M)$ und $I_A = f(M)$ an und zeiche sie maßstäblich auf (Bild 4.20). Mit den Werten aus Beispiel 4.3 wird nach den Gln. (4.12), (4.13):

$$c_M = \frac{2000 - 1900}{2000} = 0{,}05$$

$$n = \left(2000 - \frac{0{,}05 \cdot 2000}{201}\frac{M}{\text{Nm}}\right)\text{min}^{-1} = \left(2000 - 0{,}5\,\frac{M}{\text{Nm}}\right)\text{min}^{-1}$$

$$I_A = 5\ \text{A} + \frac{95\ \text{A}}{201}\frac{M}{\text{Nm}} = \left(5 + 0{,}473\,\frac{M}{\text{Nm}}\right)\text{A}$$

Tabelle 4.21

M/Nm	0	10	25	50	75	100	150	201
I_A/A	5	9	16	28	40	52	76	100
n/min^{-1}	2000	1995	1987	1975	1962	1950	1925	1900
P_A/kW	2,2	4,0	7,0	12,3	17,6	22,9	33,4	44
P_2/kW	0	2,1	5,2	10,3	15,4	20,4	30,2	40
η/%	0	52,5	74,3	83,7	87,5	89,1	90,4	90,0

Rechnerisch ergibt sich damit z. B. bei einem Lastmoment M_L = 140 Nm die Betriebsdrehzahl $n = (2000 - 0{,}5 \cdot 140)\text{min}^{-1} = 1930\ \text{min}^{-1}$ und der Ankerstrom $I_A = (5 + 0{,}473 \cdot 140)\text{A} = 71$ A.

Drehzahlsteuerung durch Absenkung der Ankerspannung

b) Nun soll bei dem vorgenannten Lastmoment M_L = 140 Nm die Drehzahl auf 600/min gesteuert werden. Welche Ankerspannung U_A ist erforderlich und welche weiteren Größen ergeben sich?

Aus Gl. (4.14) folgt mit $n/n_{0N} = 600/2000 = 0{,}3$ und $M/M_N = 140/201 = 0{,}7$ für die Ankerspannung und den Ankerstrom

$$U_A = (0{,}3 + 0{,}05 \cdot 0{,}7)\ 440\ \text{V} = 147{,}4\ \text{V} \qquad I_A = 0{,}7 \cdot 100\ \text{A} = 70\ \text{A}$$

Weiter ist

$$P_A = U_A I_A = 147{,}4\ \text{V} \cdot 70\ \text{A} = 10{,}3\ \text{kW} \qquad P_2 = 140\ \text{Nm} \cdot 2\pi \cdot 600/60\ \text{s} = 8{,}8\ \text{kW}$$

$$\eta = \frac{8{,}8}{10{,}3} = 85{,}4\%$$

Bei Berücksichtigung der Erregerleistung P_E = 2,4 kW wird $P_1 = P_A + P_E = 12{,}7$ kW, $\eta = 8{,}8/12{,}7 = 69{,}3\%$.

c) Zwischen welchen Werten ist die Ankerspannung zu regeln, wenn die Betriebsdrehzahl 600/min von Leerlauf bis Volllast konstant gehalten werden soll?

Nach Gl. (4.14) ist bei Leerlauf

$$U_A = \frac{600}{2000} \cdot 440\ \text{V} = 132\ \text{V},$$

ebenso bei Volllast

$$U_A = (0{,}3 + 0{,}05)\ 440\ \text{V} = 154\ \text{V}.$$

d) Welche Ankerspannung ist erforderlich, damit der Motor bei der kleinsten Betriebsdrehzahl n_{min} = 60/min noch das Bemessungsmoment erzeugen kann?

Nach Gl. (4.14) wird

$$\frac{60}{2000} = \frac{U_A}{U_{AN}} - 0{,}05 \cdot 1, \quad U_A = 0{,}08 \cdot 440\ \text{V} = 35{,}2\ \text{V}.$$

Drehzahlsteuerung durch Feldschwächung

e) Man berechne abhängig von der Feldschwächung die Leerlaufdrehzahlen und die Grenzlinie für $I_A/I_{AN} = 1{,}0$ anhand einer Tabelle (4.22c) und zeichne die Grenzlinie und einige Steuerkennlinien in Bild 4.22a ein.

Nach Gl. (4.15) gilt bei Leerlauf

$$n_0 = \frac{n_{0N}}{\Phi/\Phi_N} = \frac{2000}{\Phi/\Phi_N}\ \text{min}^{-1}$$

Bei der Grenzlinie gilt nach Gl. (4.15) für das Grenzdrehmoment $M_g/M_N = \Phi/\Phi_N$ für $I_A/I_{AN} = 1$. Damit erhält man die Grenzdrehzahl n_g aus

$$\frac{n_g}{n_{0N}} = \frac{1}{M_g/M_N} - \frac{c_M}{M_g/M_N} = \frac{1 - c_M}{M_g/M_N}, \qquad n_g = \frac{0{,}95 \cdot 2000}{M_g/M_N}\ \text{min}^{-1} = \frac{1900}{M_g/M_N}\ \text{min}^{-1}$$

In Tabelle 4.22c sind für Φ/Φ_N = 1,0 bis 0,3 die Größen n_0, M_g und n_g nach den vorstehenden Gleichungen berechnet und 5 Steuerkennlinien bis zur Grenzlinie eingezeichnet worden. Für den geforderten Drehzahlregelbereich $n_{min} : n_{max}$ = 1:100 ergibt sich n_{max} = 6000/min. Dabei ist das Magnetfeld bei der Grenzlinie auf etwa $\Phi/\Phi_N = 0{,}315$, d.h. auf 31,5 % des Bemessungswerts herabzusetzen.

f) Für die magnetische Kennlinie des Motors soll die Kurve in Bild 4.22b gelten. Man ermittle hieraus den erforderlichen Erregerstrom $I_E = f(\Phi/\Phi_N)$ und trage I_E in die Tabelle 4.22c ein.

Zusammenfassung

Mit den eingezeichneten Kennnlinien kann man im 1. Quadranten für jeden beliebigen Belastungsfall (M, n) die für die Steuerung und Regelung des Motors wichtigen Größen angeben.

Bild 4.22 Kennlinien (a, b) und Tabelle (c) zu Beispiel 4.3

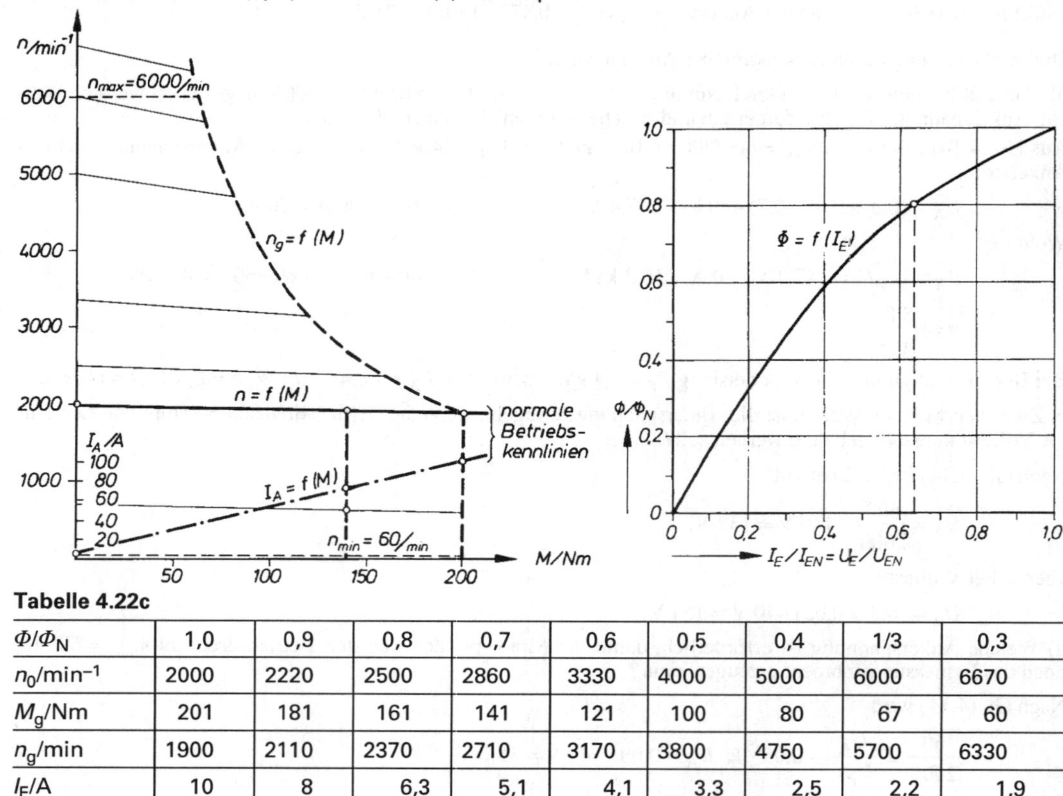

Tabelle 4.22c

Φ/Φ_N	1,0	0,9	0,8	0,7	0,6	0,5	0,4	1/3	0,3
n_0/min^{-1}	2000	2220	2500	2860	3330	4000	5000	6000	6670
M_g/Nm	201	181	161	141	121	100	80	67	60
n_g/min	1900	2110	2370	2710	3170	3800	4750	5700	6330
I_E/A	10	8	6,3	5,1	4,1	3,3	2,5	2,2	1,9

4.2 Transformatoren

4.2.1 Wechselstromtransformatoren

4.2.1.1 Aufbau

Transformatoren oder Umspanner haben die Aufgabe, elektrische Energie aus einem System gegebener Spannung U_1 und Frequenz f in ein System gewünschter Spannung U_2 unter Beibehaltung der Frequenz zu übertragen. Die Umwandlung der elektrischen Wechselstromenergie erfolgt über ein magnetisches Wechselfeld.

In Abschn. 1.2.3.4 wurde die physikalische Wirkungsweise am Beispiel des idealen Transformators bereits erläutert. Bild 4.23a zeigt das Schalt- und Schaltkurzzeichen eines Transformators mit zwei getrennten Wicklungen. Nach der Energierichtung bezeichnet man die Wicklungen als Primärwicklung und Sekundärwicklung (Aufnahme und Abgabe elektrischer Energie), nach der Höhe der Spannung als Ober- und Unterspannungswicklung O bzw. U (Bild 4.23b und c).

Der Eisenkern wird zur Verringerung der Ummagnetisierungs- und Wirbelstromverluste aus 0,23 mm bis 0,35 mm starken sogenannten kornoientierten Elektroblechen geschichtet, die eine sehr gute Magnetisierbarkeit (hohes μ_r) und kleine spezifische Verluste (z.B. 1 W/kg bei B = 1,5 T, 50 Hz) besitzen. Den Bereich innerhalb der Wicklungen bezeichnet man als Schenkel, den äußeren Rückschluß wieder als Joch.

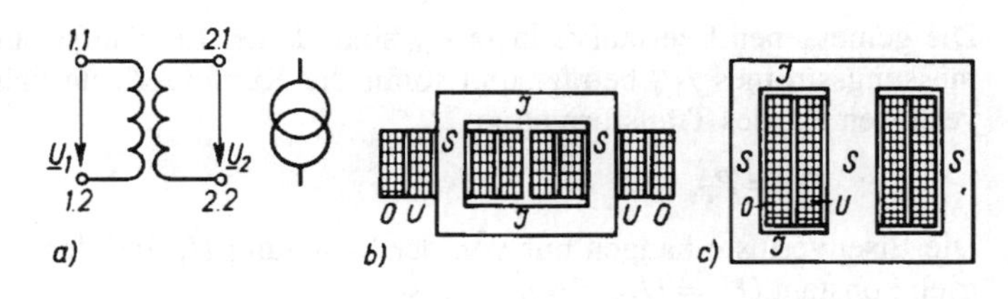

Bild 4.23
Wechselstromtransformator mit zwei getrennten Wicklungen
a) Schaltzeichen und Schaltkurzzeichen nach DIN 40900 T6
b) Kerntransformator
c) Manteltransformator

Beim Kerntransformator (Bild 4.23b) tragen die beiden Schenkel je eine Hälfte der beiden, meist als konzentrische Zylinder (Röhrenwicklung) angeordneten Wicklungen. Beim Manteltransformator (Bild 4.23c) trägt der Mittelschenkel beide Wicklungen.

Die Anschlußbezeichnungen (Bild 4.23a) sind in DIN 42402 festgelegt. Die im Eisenkern und in den Wicklungen durch die Eisen- und Kupferverluste auftretende Wärme wird bei den kleineren Trockentransformatoren durch Selbstkühlung an die umgebende Luft abgeführt. Die größeren Öltransformatoren sitzen in einem mit Kühlrippen versehenen Ölkessel, wobei sowohl die bessere Kühlwirkung wie auch das höhere Isoliervermögen des Öls gegenüber Luft ausgenutzt wird.

4.2.1.2 Kenngrößen und Ersatzschaltbild

Für das Betriebsverhalten der Transformatoren sind Kenngrößen maßgebend, die den Angaben der Hersteller und zum Teil auch dem Leistungsschild der Transformatoren entnommen oder durch Leerlauf- und Kurzschlußmessung bestimmt werden können.

Bemessungsleistung. Diese Leistung wird als Scheinleistung angegeben. Sie ergibt sich aus den primären und sekundären Bemessungsspannungen und Bemessungsströmen

$$S_N = U_{1N} I_{1N} = U_{2N} I_{2N} \tag{4.20}$$

Hieraus folgt

$$\frac{U_{1N}}{U_{2N}} = \frac{I_{2N}}{I_{1N}} \tag{4.21}$$

Beispiel 4.4 Ein Wechselstromtransformator von 160 kVA mit der Übersetzung $U_{1N}/U_{2N} = 20\,000$ V/400 V hat die Ströme

$$I_{1N} = \frac{S_N}{U_{1N}} = \frac{160\text{ kVA}}{20\text{ kV}} = 8\text{ A} \qquad I_{2N} = \frac{S_N}{U_{2N}} = \frac{160\text{ kVA}}{0{,}4\text{ kV}} = 400\text{ A}$$

Die Spannung U_{2N} ist die sekundäre Leerlaufspannung U_{20} des Transformators, die etwa 5% größer als die Spannung des angeschlossenen Netzes gewählt wird (241 V bzw. 420 V für 230 V- bzw. 400 V-Netze).

Übersetzung, Eisenverluste. Der Transformator wird in der Leerlaufmessung (Bild 4.24a) an ein Netz mit der Spannung U_{1N} und der Frequenz f_N bei offenem Sekundärkreis ($I_2 = 0$) angeschlossen. An der Sekundärwicklung tritt dann die Leerlaufspannung $U_{20} = U_{2N}$ auf. Die Übersetzung $ü$ ist gleich dem Verhältnis der Windungszahlen der Primär- und Sekundärwicklung

$$ü = N_1/N_2 \approx U_{1N}/U_{20} \tag{4.22}$$

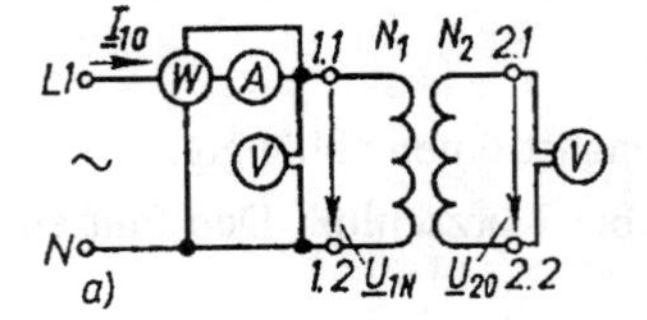

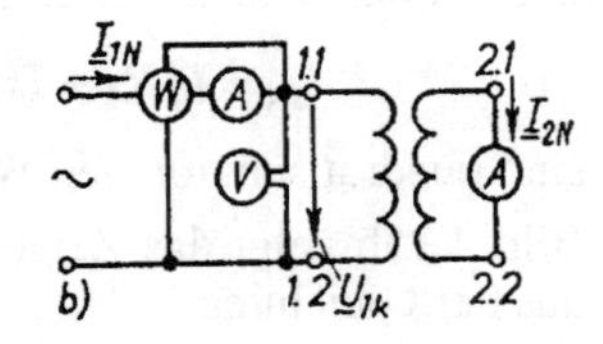

Bild 4.24
Leerlauf- (a) und Kurzschlußmessung (b)

Die gemessenen Leerlaufverluste P_{10} sind, da der Leerlaufstrom I_{10} zwischen 0,5 bis 5% des Bemessungsstromes I_{1N} beträgt und somit die Kupferverluste nahezu Null sind, gleich den Eisenverlusten P_{Fe} des Transformators

$$\boldsymbol{P_{10} = P_{Fe}}$$

Die Eisenverluste hängen nur von der Spannung U_1 und deren Frequenz f ab. Sind diese im Betrieb konstant ($U_1 = U_{1N}, f = f_N$), so ist

$$\boldsymbol{P_{Fe} = \text{konst.}}$$

Bild 4.25a zeigt das Zeigerbild bei Leerlauf. Dabei erhält man den Phasenverschiebungswinkel φ_{10} aus

$$\cos \varphi_{10} = \frac{P_{10}}{U_{1N} I_{10}}$$

Kurzschlußspannung, Kupferverluste. Bei sekundär kurzgeschlossenem Transformator (4.24b) wird bei der Kurzschlußmessung die Primärspannung so eingestellt, daß auf der Sekundärseite der Bemessungsstrom I_{2N} fließt. Das prozentuale Verhältnis der gemessenen Kurzschlußspannung U_{1k} zur Bemessungsspannung U_{1N} heißt relative Kurzschlußspannung u_k des Transformators

$$\boldsymbol{u_k = 100 \frac{U_{1k}}{U_{1N}} \%} \tag{4.23}$$

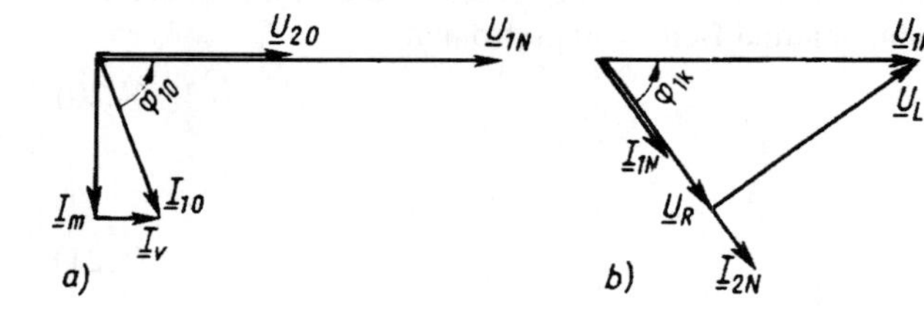

Bild 4.25
Zeigerbild für Leerlauf- (a) und Kurzschlußversuch (b)

Aus der Tatsache, daß die Kurzschlußspannung meist weniger als 10% der primären Bemessungsspannung und damit auch der Fluß höchstens 10 % des Flusses bei dieser Spannung beträgt, folgt, daß die Eisenverluste im Kurzschlußversuch vernachlässigt werden können. Die Primär- und Sekundärdurchflutungen sind praktisch gleich groß, so daß auch auf der Primärseite der Strom I_{1N} fließt, wie dies durch eine Messung nach Bild 4.24b leicht nachgewiesen werden kann. Die aufgenommene Leistung P_{1k} ist demnach gleich den bei $I_2 = I_{2N}$ auftretenden Kupferverlusten

$$\boldsymbol{P_{1k} = P_{CuN}}$$

Zur Kontrolle kann man die kalten Widerstände R_{1k} und R_{2k} der Primärwicklung und der Sekundärwicklung durch Messung bestimmen und auf eine Betriebstemperatur von meist 75 °C zu R_1 und R_2 umrechnen. Dann ist

$$P_{CuN} = I_{1N}^2 R_1 + I_{2N}^2 R_2$$

Die Kupferverluste bei einer beliebigen Belastung I_1, I_2

$$\boldsymbol{P_{CuN} = I_1^2 R_1 + I_2^2 R_2}$$

sind quadratisch von den Wicklungsströmen abhängig.

Bild 4.25b zeigt das Zeigerbild bei Kurzschluß. Den Phasenverschiebungswinkel φ_{1k} erhält man aus der Gleichung

$$\cos \varphi_{1k} = \frac{P_{1k}}{U_{1k} I_{1N}}$$

Ersatzschaltbild. Für praktische Untersuchungen reicht das in Bild 4.26a gezeichnete vereinfachte Ersatzschaltbild des Transformators aus. Dabei sind die Sekundärgrößen (Größen mit Index′) auf die Primärseite für eine Übersetzung 1:1 umgerechnet, damit man die beiden, in Wirklichkeit galvanisch getrennten Stromkreise, zu einem Stromkreis zusammenfassen kann. Für die Umrechnung gilt

$$\ddot{u} = N_1/N_2 \qquad U_2' = U_2\,\ddot{u} \tag{4.24}$$

Da die Umrechnung leistungsecht durchgeführt werden muß, folgt aus

$$U'^2 I'^2 = U_2 I_2 \quad \text{und} \quad I'^2 R'^2 = I_2'^2 R_2$$

weiter $\quad I_2' = I_2/\ddot{u} \quad$ und $\quad R_2' = R_2\,\ddot{u}^2 \qquad (4.25)$

Aus dem Zeigerbild bei Kurzschluß (Bild 4.25b) lassen sich die Größen R und L bestimmen, wenn man den Spannungszeiger $\underline{U}_{1k}$ in die Komponenten $\underline{U}_R$ und $\underline{U}_L$ zerlegt. Es gilt dann

$$U_R = I_{1N} R = U_{1k} \cos \varphi_{1k} \quad \text{und} \quad U_L = I_{1N}\, \omega L = U_{1k} \sin \varphi_{1k}$$

Hieraus folgt

$$R = U_R/I_{1N} \quad \text{und} \quad L = \frac{U_L}{I_{1N}\,\omega} \tag{4.26}$$

4.2.1.3 Betriebsverhalten

Das Verhalten des Transformators bei Belastung läßt sich aus dem vereinfachten Ersatzschaltbild (Bild 4.26a) herleiten. Es vernachlässigt den Leerlaufstrom, der besonders auf die Höhe der Ausgangsspannung U_2 praktisch ohne Einfluß ist.

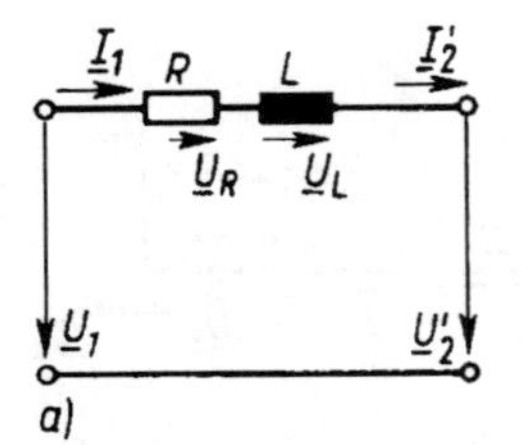

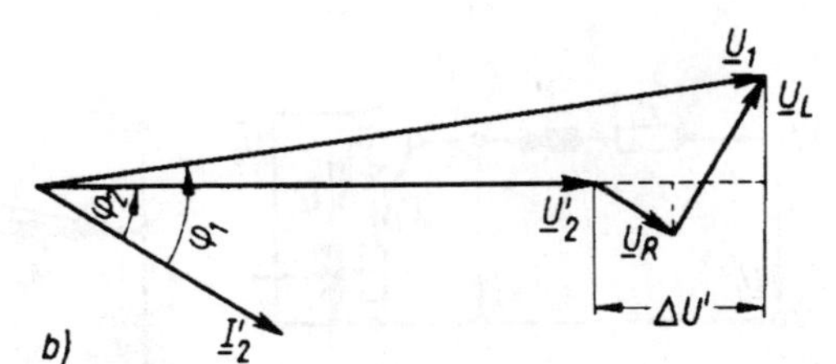

Bild 4.26
a) Vereinfachtes Ersatzschaltbild des Transformators
b) Zeigerbild bei Belastung

Spannungsänderung bei Belastung. Bei konstanter Primärspannung U_{1N} tritt bei Leerlauf mit $I_2 = 0$ an der Sekundärwicklung die Spannung U_{2N} auf. Wird der Transformator mit dem Sekundärstrom I_2 belastet, dann ändert sich die Sekundärspannung um ΔU auf U_2. Die prozentuale Spannungsänderung des Transformators ist dann wie folgt definiert

$$u_v = 100\,\frac{U_{2N} - U_2}{U_{2N}}\,\% = 100\,\frac{\Delta U}{U_{2N}}\,\% \tag{4.27}$$

Aus Bild 4.26b folgt hinreichend genau für den Spannungsunterschied $\Delta U' = U_1 - U_2'$

$$\Delta U' = U_R \cos \varphi_2 + U_L \sin \varphi_2 = I_2' R \cos \varphi_2 + I_2'\, \omega L \sin \varphi_2$$

$$= \frac{I_{2N}' R}{U_{1k}} \cos \varphi_2\, U_{1k} \frac{I_2'}{I_{2N}'} + \frac{I_{2N}'\, \omega L}{U_{1k}} \sin \varphi_2\, U_{1k} \frac{I_2'}{I_{2N}'}$$

$$= U_{1k} \frac{I_2'}{I_{2N}'} (\cos \varphi_{1k} \cos \varphi_2 + \sin \varphi_{1k} \sin \varphi_2)$$

Erweitert man beide Seiten obiger Gleichung mit $100\,\%/U_{1N}$, so ergibt sich, da

$$\frac{\Delta U'}{U_{1N}} = \frac{\Delta U}{U_{2N}} \quad \text{und} \quad \frac{I_2'}{I_{2N}'} = \frac{I_2}{I_{2N}}$$

ist
$$\boldsymbol{u_v = u_k \frac{I_2}{I_{2N}}(\cos\varphi_{1k}\cos\varphi_2 + \sin\varphi_{1k}\sin\varphi_2)} \tag{4.28}$$

Beispiel 4.5 Mit Gl. (4.28) läßt sich die Spannungsänderung für jeden Belastungsfall errechnen. Man erhält z.B. für

reine Wirklast $\cos\varphi_2 = 1$, $\sin\varphi_2 = 0$

$$u_v = u_k \frac{I_2}{I_{2N}} \cos\varphi_{1k}$$

rein induktive Belastung, $\cos\varphi_2 = 0$, $\sin\varphi_2 = 1$:

$$u_v = u_k \frac{I_2}{I_{2N}} \sin\varphi_{1k}$$

rein kapazitive Belastung, $\cos\varphi_2 = 0$, $\sin\varphi_2 = -1$

$$u_v = -\,u_k \frac{I_2}{I_{2N}} \sin\varphi_{1k}$$

In Bild 4.27 sind diese drei Belastungsfälle im Schaltplan und Zeigerbild dargestellt. Dabei ist zunächst $U_2' =$ konst. angenommen und die Belastungen sind so gewählt, daß $I_R' = I_L' = I_C'$ wird. Setzt man an den Zeiger $\underline{U}_2'$ die an R, C und L auftretenden Spannungen an, so erhält man durch die Spitzen der drei sich ergebenden gleich großen Spannungsdreiecke die Zeiger für die an den Primärklemmen erforderlichen Spannungen $\underline{U}_{1R}$, $\underline{U}_{1L}$ und $\underline{U}_{1C}$. In Wirklichkeit ist aber nicht $U_2' =$ konst. anzunehmen, sondern vielmehr die konstante Bemessungsspannung U_{1N} an den Primärklemmen. Bei Leerlauf tritt an den Sekundärklemmen die Spannung U_{2N} auf. In den genannten drei Belastungsfällen treten folgende sekundäre Spannungen auf

$$U_{2R} = U_{2N}\frac{U_2'}{U_{1R}} \qquad U_{2L} = U_{2N}\frac{U_2'}{U_{1L}} \qquad U_{2C} = U_{2N}\frac{U_2'}{U_{1C}}$$

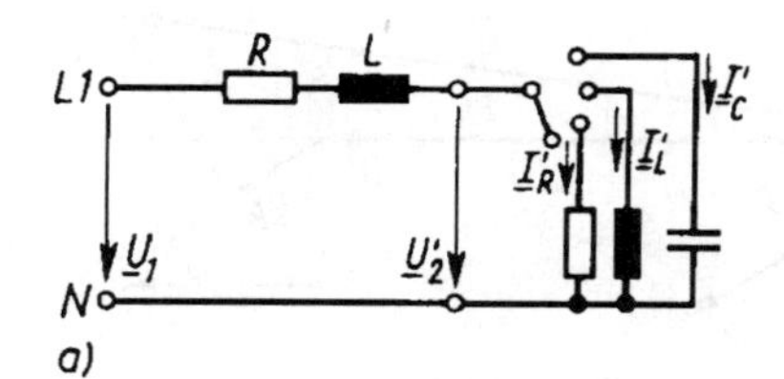

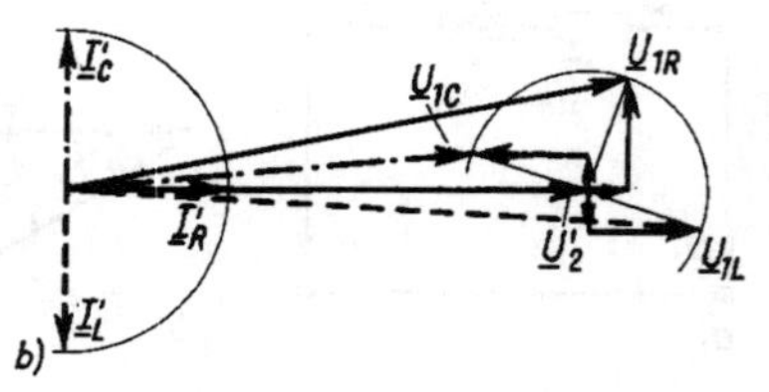

Bild 4.27 Schaltplan (a) und Zeigerbild (b) bei reiner Wirklast sowie rein induktiver und kapazitiver Belastung nach dem vereinfachten Ersatzschaltbild 4.26a

Während also bei Wirklast $U_2'/U_{1R} < 1$ und bei induktiver Last $U_2'/U_{1L} < 1$ ist, die Sekundärspannungen also mit der Belastung absinken, wird bei kapazitiver Last nach Bild 4.27b $U_2'/U_{1C} > 1$, d.h., die Sekundärspannung ist bei kapazitiver Belastung größer als bei Leerlauf. Dieses Ergebnis ergibt sich für diesen Belastungsfall auch Gl. (4.28), denn ein negativer Wert für u_v bedeutet nach Gl. (4.27) Spannungserhöhung gegenüber Leerlauf.

Verluste und Wirkungsgrad. Bleibt die Primärspannung $U_1 = U_{1N}$ und deren Frequenz $f = f_N =$ konst., dann sind die im Transformator auftretenden Eisenverluste P_{Fe} konstant. Ihre Größe wird durch die Leerlaufmessung festgestellt. Die Stromwärmeverluste in den Wicklungen, also die Kupferverluste treten in den Ersatzschaltbildern (Bild 4.26) im Widerstand R auf und betragen $P_{Cu} = I_2'^2 R$. Die Kupferverluste werden bei den Strömen I_{1N} und I_{2N} durch die Kurzschlußmessung zu $P_{CuN} = I_{2N}'^2 R$ bestimmt. Es wird somit

$$P_{Cu} = P_{CuN}\left(\frac{I_2}{I_{2N}}\right)^2$$

Der gesamte Leistungsverlust P_v eines Transformators wird somit

$$P_v = P_{Fe} + P_{CuN}\left(\frac{I_2}{I_{2N}}\right)^2 \tag{4.51}$$

Trägt man die Verluste über dem Belastungsstrom I_2 in einem Schaubild auf (Bild 4.28), so kann P_v ohne Aufzeichnen des Zeigerbildes auf einfache Weise für jeden Belastungsfall entnommen werden. Die Angabe eines Wirkungsgrades nach

$$\eta = \frac{P_2}{P_1} = \frac{P_2}{P_2 + P_v}$$

hat dagegen bei Transformatoren nur einen Sinn, wenn man als Abgabeleistung $P_{2N} = U_{2N} \cdot I_{2N} \cdot \cos\varphi_2$ mit $\cos\varphi_2 = 1$ reine Wirklast wählt. In diesem Fall ist er sehr gut und beträgt bei einem 10 MVA-Drehstromtransformator ca. 99 %.

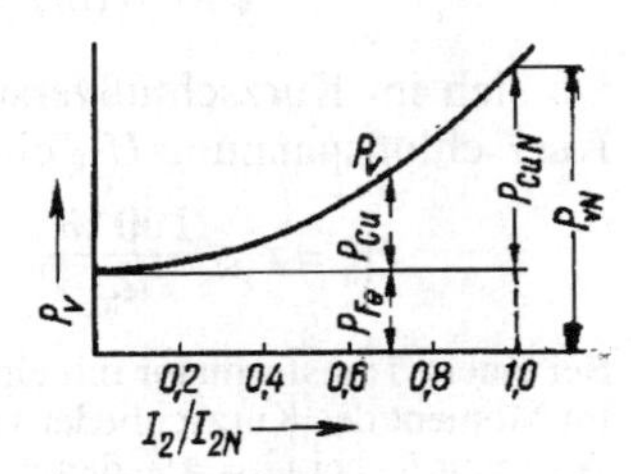

Bild 4.28
Verlustleistung P_v des Transformators in Abhängigkeit vom Belastungsstrom I_2

Beispiel 4.6 Für einen Betrieb mit rein ohmscher Belastung ist mit den vorstehenden Gleichungen die relative Abgabeleistung P_2/P_{2N} zu bestimmen, bei welcher der Wirkungsgrad eines Transformators seinen Höchstwert besitzt. Es darf dazu $I_2 \sim P_2$ angenommen werden.

Mit $$\eta = \frac{P_2}{P_2 + P_v} = \frac{1}{1 + P_v/P_2}$$

und P_v aus Gl. (4.29) sowie $I_2/I_{2N} = P_2/P_{2N}$ erhält man für den Wirkungsgrad

$$\eta = \frac{1}{1 + P_{Fe}/P_2 + P_{CuN} \cdot P_2/P_{2N}^2}$$

Zur Bestimmung des Hochpunktes der Funktion $\eta = f(P_2)$ ist sie zu differenzieren und die Ableitung Null zu setzen.

$$d\eta/dP_2 = -\frac{P_{CuN}/P_{2N}^2 - P_{Fe}/P_2^2}{(1 + P_{Fe}/P_2 + P_{CuN} \cdot P_2/P_{2N})^2}$$

Eine sinnvolle Lösung ergibt sich nur, wenn der Zähler des Bruches Null ist.

$$0 = P_{CuN}/P_{2N}^2 - P_{Fe}/P_2^2$$

Der höchste Wirkungsgrad entsteht bei der Abgabeleistung

$$P_2 = P_{2N} \cdot \sqrt{\frac{P_{Fe}}{P_{CuN}}}$$

Da Transformatoren mit einem Verlustverhältnis $P_{Fe}/P_{CuN} = 0{,}17$ bis $0{,}25$ ausgeführt werden, tritt der höchste Wirkungsgrad bei $P_2 \leq 0{,}5\ P_{2N}$ auf. Dies ist sinnvoll, da Transformatoren in Netzen in der meisten Zeit im Teillastbetrieb arbeiten.

Überlastbarkeit. Die Belastung eines Transformators wird durch Art und Größe der angeschlossenen Verbraucher bestimmt. Der Transformator kann dauernd mit der auf dem Leistungsschild angegebenen Bemessungs-Scheinleistung belastet werden, wobei die Umgebungstemperatur maximal 40 °C betragen darf. Liegen Verbraucher mit größerem Blindleistungsbedarf vor, so kann durch Blindstromkompensation mit Kondensatoren eine Entlastung erreicht werden. Dadurch lassen sich außerdem die Spannungshaltung und der Wirkungsgrad verbessern. Durch die herbeigeführte Entlastung besteht die Möglichkeit, weitere Verbraucher ohne Erhöhung der verfügbaren Transformatorenleistung anzuschließen.

Die in Industriegebieten meist vorhandenen, für eine Scheinleistung ab 20 kVA genormten Öltransformatoren können kurzzeitig bis 50% überlastet werden, wenn sie vor Eintritt der Überlastung längere Zeit nicht voll belastet waren. Die Überlastungsdauer ist naturgemäß um so geringer, je größer die vorangegangene Belastung war. Sie kann z.B. 15 min bei 50%, 4 min bei 90% Vorbelastung betragen.

Kurzschluß. Werden die sekundären Stromzuführungen des Transformators, die Sammelschienen, kurzgeschlossen, so stellt sich bei $U_1 = U_{1N}$ ein Kurzschlußstrom ein, der sich aus dem vereinfachten Ersatzschaltbild 4.26a ergibt

$$I_{1k} = \frac{U_{1N}}{\sqrt{R^2 + (\omega L)^2}}$$

Da sich im Kurzschlußversuch nach Bild 4.24b die Bemessungsströme bereits bei der geringen Kurzschlußspannung U_{1k} einstellen, ist der Dauerkurzschlußstrom um so größer, je kleiner u_k ist

$$\boldsymbol{I_{1k} = I_{1N} \frac{100\,\%}{u_k} \qquad I_{2k} = I_{2N} \frac{100\,\%}{u_k}} \tag{4.30}$$

Bei einem Transformator mit einer Kurzschlußspannung $u_k = 4\,\%$ fließen also die 25fachen Bemessungsströme. Im Moment des Kurzschließens tritt eine Stromspitze, der Stoßkurzschlußstrom auf. Er kann fast den doppelten Wert von I_k, bei $u_k = 4\,\%$ demnach rund das 50fache von I_{1N} erreichen. Die Wicklungen werden dann durch die von den Kurzschlußströmen hervorgerufenen magnetischen Kräfte dynamisch und durch die auftretende Stromwärme auch thermisch stark beansprucht. Es muß daher dafür gesorgt werden, daß der Transformator kurzschlußfest, d.h. diesen Beanspruchungen gewachsen ist. Schließlich muß der Transformatorschalter oder die Sicherung in der Lage sein, genügend schnell und sicher abzuschalten.

Parallelbetrieb. Transformatoren können nur dann, ohne daß unzulässige Ausgleichsströme entstehen, parallelgeschaltet werden, wenn die nachstehenden Voraussetzungen erfüllt sind:

1. Die Bemessungsspannungen und die Frequenz müssen übereinstimmen.
2. Die relativen Kurzschlußspannungen müssen innerhalb der Toleranzen gleich sein.
3. Das Verhältnis der Bemessungsleistungen sollte nicht größer als 3:1 sein.

Sind diese Bedingungen erfüllt, dann beteiligen sich die parallelen Transformatoren im Verhältnis ihrer Einzelleistungen an der Gesamtlast.

4.2.1.4 Sondertransformatoren

Unter dem Begriff Sondertransformatoren faßt man in der Regel alle Ausführungen auf, die normalerweise nicht der Energieverteilung in elektrischen Netzen dienen. Es sind dies

- Stromrichtertransformatoren mit erhöhter Phasenzahl
- Kleintransformatoren und Meßwandler
- Schutz- und Sicherheitstransformatoren
- Spartransformatoren.

Einige Ausführungen sollen nachstehend kurz besprochen werden.

Schutztransformatoren. Ein an geerdeten Metallkonstruktionen (z.B. Dampfkesseln) und in feuchten Räumen Arbeitender ist wegen des meist geringen Isolationswiderstandes zwischen ihm und der Erde, z.B. bei feuchtem Schuhwerk, stark gefährdet, wenn er mit schadhaften Elektrowerkzeugen, Handleuchten, Kabeln und dgl. in Berührung kommt. Da ein Leiter meist geerdet ist, fließt dann nämlich ein oft tödlicher Strom auf dem Wege: schadhaftes spannungsführendes Gerät-Körper-Erde-Leiter-Gerät (s. Abschn. 6). Diese Gefahr wird sicher ausgeschaltet, wenn man Schutztransformatoren verwendet, die die Spannung des Verteilungsnetzes auf die in VDE 0551 festgelegten Schutzspannungen (meist 24 V oder 42 V) herabsetzen. Durch besondere Vorschriften für die Isolierung der beiden Wicklungen können so die Forderungen des Unfallschutzes auch in schwierigen Fällen berücksichtigt werden.

Spartransformator. Er hat im Gegensatz zu normalen Transformatoren nur eine Wicklung (Bild 4.29), die durch eine Anzapfung in die für Primär- und Sekundärseite gemeinsame Wicklung G und für die Sekundärseite allein wirksame Zusatzwicklung Z unterteilt ist. Da beide Wicklungen leitend miteinander verbunden sind, ist der Anwendungsbereich aus Sicherheitsgründen beschränkt. Man verwendet den Spartransformator z.B. dann, wenn eine zur Verfügung stehende Spannung U_1 um geringe Beträge (in der Regel nicht mehr als um ± 15%) nach oben oder unten verändert werden soll. Will man z.B. bei Anschluß eines Gerätes an ein Netz eine konstante Sekundärspannung U_2 trotz der im Laufe des Tages unvermeidlichen Schwankungen der Netzspannung U_1 zur Verfügung haben, so kann die Sekundärspannung durch Verstellen des Abgriffes an der Wicklung Z nachgestellt werden, wobei sich $\underline{U}_Z$ und $\underline{U}_2$ addieren: $\underline{U}_1 = \underline{U}_2 + \underline{U}_Z$.

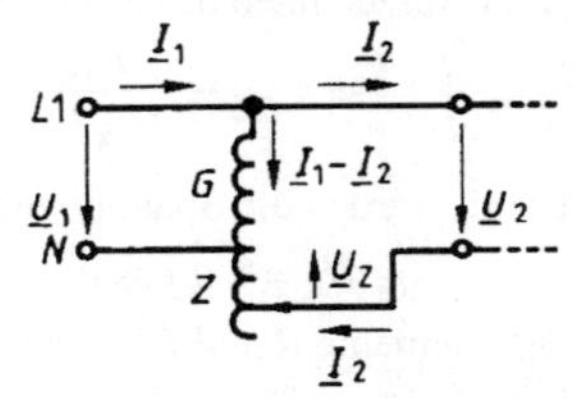

Bild 4.29 Spartransformator

Die Schaltung (Bild 4.29) ähnelt der eines ohmschen Spannungsteilers, jedoch spielen bei dem hier besprochenen induktiven Spannungsteiler Wirkwiderstände und damit die Verluste nur eine untergeordnete Rolle. Es kommt hinzu, daß die gemeinsame Wicklung G nur vom Differenzstrom $\underline{I}_1 - \underline{I}_2$ durchflossen wird und deshalb im Gegensatz zu einem Transformator mit zwei getrennten Wicklungen auch nur für diesen Strom bemessen zu werden braucht. Es können also Betriebs- und Anschaffungskosten gespart werden.

4.2.1.5 Zahlenbeipiele

Beispiel 4.7 An einem Wechselstromtransformator mit den Leistungsschildangaben 3 kVA, 230 V/115 V, 13,05 A/26,1 A, 50 Hz, $u_k = 9{,}5\,\%$ wurden Leerlauf- und Kurzschlußmessung durchgeführt.

a) Die Angaben auf dem Leistungsschild sollen rechnerisch nachgeprüft werden.

$$S_N = U_{1N}\,I_{1N} = 230\text{ V} \cdot 13{,}05\text{ A} = 3002\text{ VA} = 3\text{ kVA}$$
$$S_N = U_{2N}\,I_{2N} = 115\text{ V} \cdot 26{,}1\text{ A} = 3002\text{ VA} = 3\text{ kVA}$$

b) Im Leerlaufversuch wurden bei $U_{1N} = 230$ V, 50 Hz gemessen: der primäre Leerlaufstrom $I_{10} = 1{,}5$ A, die primär aufgenommene Leistung $P_{10} = 40$ W, die sekundäre Leerlaufspannung $U_{20} = U_{2N} = 115$ V. Es sollen hieraus bestimmbaren Größen und das Zeigerbild ermittelt werden.

Der Leerlaufstrom beträgt in Prozent vom primären Strom I_{1N}

$$100\,\frac{I_{10}}{I_{1N}}\,\% = 100\,\frac{1{,}5\text{ A}}{13{,}05\text{ A}}\,\% = 11{,}5\,\%$$

Die Übersetzung ist nach Gl. (4.22)

$$\ddot{u} = \frac{U_{1N}}{U_{2N}} = \frac{230\text{ V}}{115\text{ V}} = 2$$

Zum Aufzeichnen des Zeigerbildes (4.30a) bei Leerlauf benötigt man noch den Phasenverschiebungswinkel φ_{10}

$$\cos\varphi_{10} = \frac{P_{10}}{U_{1N}I_{10}} = \frac{40\text{ W}}{230\text{ V} \cdot 1{,}5\text{ A}} = 0{,}1159 \qquad \varphi_{10} = 83{,}34° \qquad \sin\varphi_{10} = 0{,}9933$$

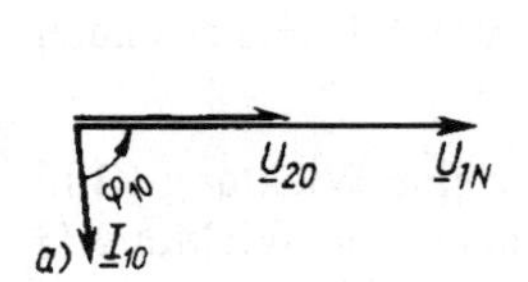

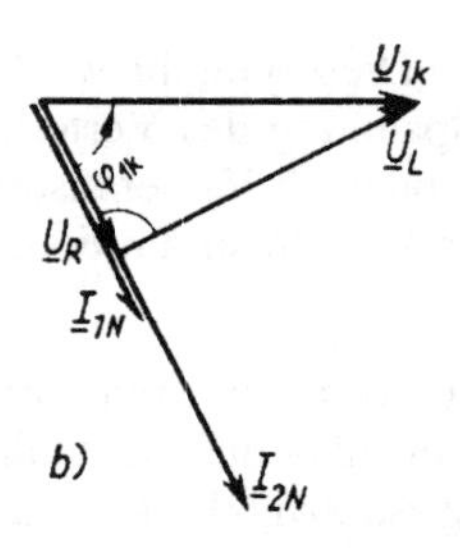

Bild 4.30
Zeigerbild für Leerlauf (a) und Kurzschluß (b) eines Transformators

c) Bei der Kurzschlußmessung wurden bei $I_{2N} = 26{,}1$ A die primäre Kurzschlußspannung $U_{1k} = 21{,}9$ V und die primär aufgenommene Leistung $P_{1k} = 125$ W gemessen. Welche Größen lassen sich hieraus errechnen? Das Zeigerbild ist zu entwerfen.

Die prozentuale Kurzschlußspannung ist nach Gl. (4.23)

$$u_k = 100\frac{U_{1k}}{U_{1N}}\,\% = 100\frac{21{,}9\text{ V}}{230\text{ V}}\,\% = 9{,}52\,\%$$

Zum Aufzeichnen des Zeigerbildes (4.30b) bei Kurzschluß benötigt man noch

$$\cos\varphi_{1k} = \frac{P_{1k}}{U_{1k}I_{1N}} = \frac{125\text{ W}}{21{,}9\text{ V}\cdot 13{,}05\text{ A}} = 0{,}4374 \qquad \varphi_{1k} = 64° \qquad \sin\varphi_{1k} = 0{,}899$$

Damit werden die Spannungen an R und L in Bild 4.30b

$$U_R = U_{1k}\cos\varphi_{1k} = 21{,}9\text{ V}\cdot 0{,}4374 = 9{,}58\text{ V} \qquad U_L = U_{1k}\sin\varphi_{1k} = 21{,}9\text{ V}\cdot 0{,}899 = 19{,}7\text{ V}$$

Die Elemente R und L im Ersatzschaltbild sind dann nach Gl. (4.26)

$$R = \frac{U_R}{I_{1N}} = \frac{9{,}58\text{ V}}{13{,}05\text{ A}} = 0{,}734\,\Omega \qquad L = \frac{U_L}{\omega I_{1N}} = \frac{19{,}7\text{ V}}{314\text{ s}^{-1}\cdot 13{,}05\text{ A}} = 4{,}81\cdot 10^{-3}\text{ H}$$

Um die Kupferverluste P_{CuN} bei den Bemessungsströmen im betriebswarmen Zustand zu ermitteln, werden die im Kurzschlußversuch bei 20 °C ermittelten Verluste P_{1k} auf 75 °C umgerechnet.

$$P_{CuN} = P_{1k}\left[1 + \frac{0{,}004}{°\text{C}}(75-20)\,°\text{C}\right] = 125\text{ W}\cdot 1{,}22 = 152\text{ W} \approx 150\text{ W}$$

Beispiel 4.8 Für den im vorstehenden Beispiel behandelten Transformator sollen Verluste, Wirkungsgrad sowie Spannungsänderung bei verschiedenen Belastungen ermittelt werden.

a) Die Verluste des Transformators sollen zwischen Leerlauf ($I_2 = 0$) und Volllast ($I_2 = I_{2N}$) dargestellt werden.

Die Verluste P_v des Transformators sind nach Gl. (4.29) $P_v = P_{Fe} + P_{CuN}(I_2/I_{2N})^2$. Mit $P_{Fe} = 40$ W und $P_{CuN} = 150$ W ergibt sich für diese Funktion der in Bild 4.31a gezeichnete parabelförmige Verlauf.

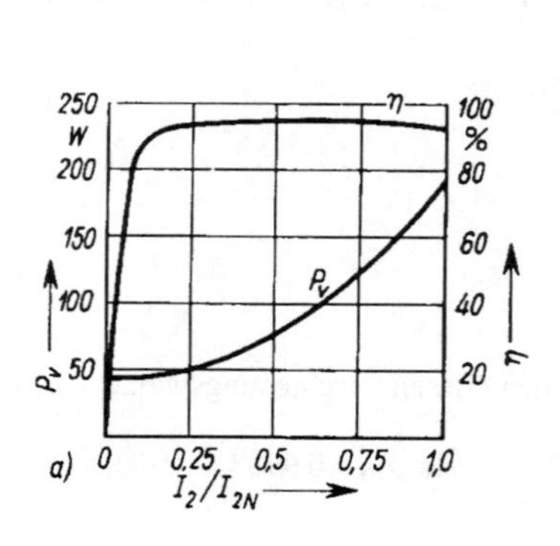

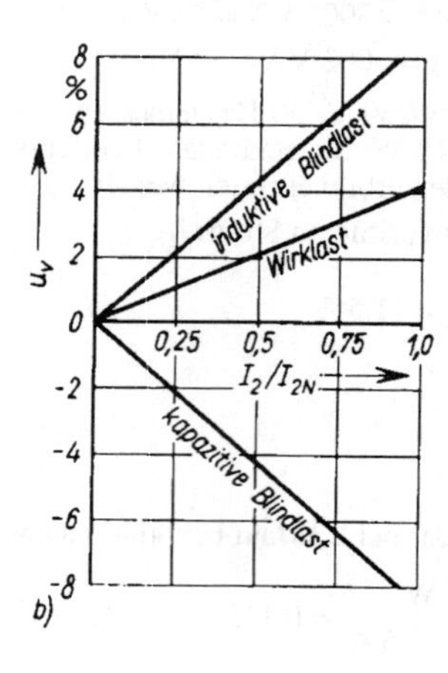

Bild 4.31
Verlustleistung und Wirkungsgrad (a) sowie Spannungsänderung (b) eines Transformators

b) Der Wirkungsgrad des Transformators ist bei reiner Wirklast zwischen Leerlauf und Volllast zu bestimmen.
In Tabelle 4.32 sind die Verluste $P_v = f(I_2)$ bei $U_{2N} = 115$ V errechnet. Aus der aufgenommenen Leistung $P_1 = P_2 + P_v$ ergibt sich dann der Wirkungsgrad $\eta = P_2/P_1$. Sein Verlauf ist in Bild 4.31a in Abhängigkeit von der Belastung eingezeichnet.

Tabelle 4.32

I_2/I_{2N}	0	0,1	0,25	0,5	0,75	1
I_2 in A	0	2,6	6,53	13,05	19,58	26,1
P_{Cu} in W	0	1,5	9,4	37,5	84,5	150
P_v in W	40	41,5	49,4	77,5	124,5	190
P_2 in W	0	300	750	1500	2250	3000
P_1 in W	40	341,5	800	1577	2375	3190
η in %	0	87,8	93,8	95	94,8	94

c) Die Spannungsänderung u_v des Transformators bei reiner Wirklast sowie bei induktiver und kapazitiver Blindlast ist für $I_2 = I_{2N}$ zu errechnen.
Nach Gl. (4.28) werden bei

reiner Wirklast $\quad u_v = u_k \cos \varphi_{1k} = 9{,}52\,\% \cdot 0{,}437 = 4{,}16\,\%$

rein induktiver Belastung $\quad u_v = u_k \sin \varphi_{1k} = 9{,}52\,\% \cdot 0{,}899 = 8{,}6\,\%$

rein kapazitiver Belastung $\quad u_v = -u_k \sin \varphi_{1k} = -8{,}6\,\%$

In Bild 4.31b sind die sich hiermit ergebenden Spannungsänderungen graphisch dargestellt.

4.2.2 Drehstromtransformatoren

4.2.2.1 Bauart und Schaltung

In der elektrischen Energietechnik werden Drehstromtransformatoren zur Erzeugung der verschiedenen Übertragungsspannungen bei der Verteilung der Energie von den Kraftwerken über die Umspannwerke bis zu den Transformatorenstationen der öffentlichen Stromversorgung und der Industrie verwendet.

Bauart. Die an Höchstspannungsnetze (380 kV, 220 kV)angeschlossenen Transformatoren haben Leistungen bis zu etwa 1500 MVA. Ihre Baugröße ist praktisch nur durch die beschränkten Möglichkeiten des Transports (Bahnprofil) begrenzt. In kleineren, mittleren und großen Industriebetrieben stehen Transformatoren mit Leistungen von etwa 50 kVA an bis zu 10 MVA und mehr. Die Spannung auf der Primärseite ist in den meisten Fällen 10 oder 20 kV (selten 30 kV), auf der Sekundärseite meist 400 V, seltener 660 V oder 500 V. Für Großmotoren mit Spannungen von meist 3 kV oder 6 kV sind besondere Transformatoren erforderlich.

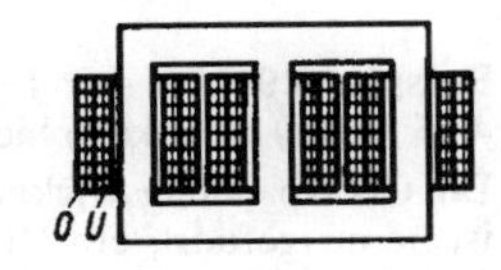

Bild 4.33
Drehstromkerntransformator
Unterspannungswicklung *U* innen,
Oberspannungswicklung *O* außen

Die üblichen Drehstrom-Öltransformatoren genormter Baugrößen zwischen 20 und 1600 kVA sind Kerntransformatoren (Bild 4.33) mit drei Schenkeln in einer Ebene. Auf jedem Schenkel ist ein Strang der Primär- und Sekundärwicklung untergebracht. Die Stränge der Wicklungen können auf verschiedene Weise zusammengeschaltet werden.

Anschlußbezeichnungen. In Abschn. 1.3.3.2 wurden die bei Drehstrom vorherrschenden Stern- und Dreieckschaltungen von Strängen, die hier bei den Ober- und Unterspannungswicklungen auftreten, besonders besprochen. Als dritte Verbindungsart kommt hier noch die Zickzackschaltung, für die Unterspannungswicklungen von Netztransformatoren, hinzu. Bild 4.34 zeigt die einheitliche Anordnung der 3 Wicklungsstränge in den Schaltplänen mit der vollständigen Bezeichnung der Anschlüsse.

Bei der 1. Ziffer gilt 1 für die Oberspannungswicklung, 2 für die Unterspannungswicklung. Die folgenden Buchstaben U, V, W gelten für die 3 Stränge auf beiden Seiten. Bei der 2. Ziffer bedeutet 1 Anfang und 2 Ende des Stranganschlusses. Bei der Zickzackschaltung besteht jeder Strang der Unterspannungswicklung aus 2 Hälften (Bild 4.34c), so daß als 2. Ziffer auch 3 und 4 für Anfang bzw. Ende einer Hälfte auftreten. In den Schaltplänen (Bild 4.35a) werden meist nur die an das Anschlußbrett führenden Anschlüsse bezeichnet; bei den Schaltkurzzeichen (Bild 4.35c) werden die Ziffern meist weggelassen.

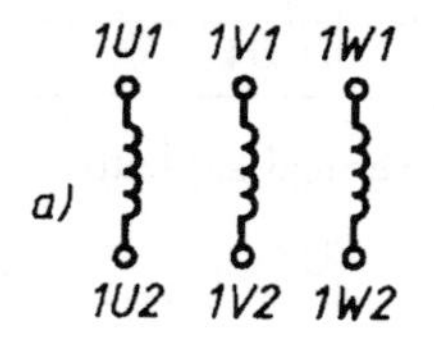

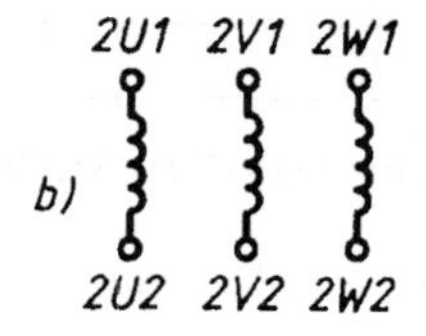

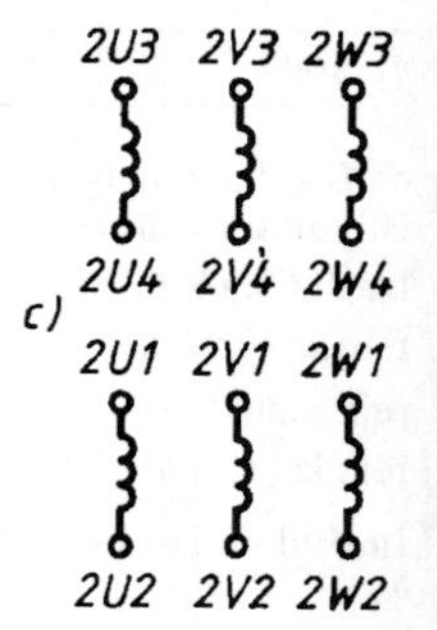

Bild 4.34 Anschlußbezeichnung von Drehstromtransformatoren
a) Oberspannungswicklung
b) Unterspannungswicklung
c) dto. bei Zickzackschaltung

Schaltgruppe, Kennzahl und Zeigerbild. Die Schaltgruppe wird durch eine Kurzbezeichnung angegeben, wobei gilt für die

Oberspannungswicklung: D-Dreieckschaltung, Y-Sternschaltung, Z-Zickzackschaltung

Unterspannungswicklung: d-Dreieckschaltung, y-Sternschaltung, z-Zickzackschaltung.

Ist ein Sternpunkt an das Anschlußbrett geführt, wird zusätzlich zu den vorstehenden Buchstaben noch N bzw. n hinzugesetzt, z.B. YNd; Dyn 4 und Yzn 5 (Bild 4.35a). In den Bildern 4.35a sind auch die Leiter der Netze mit ihren Bezeichnungen angedeutet.

Schließlich gibt in der Kurzbezeichnung die Kennzahl z.B. 5 an, welche Lage der Ausgang des V-Strangs einnimmt (2V2 in Bild 4.35a), wenn der Eingang 1V1 des V-Strangs auf 0, in der Bezifferung der Uhr auf 12, in einem Zeigerbild gebracht wird. Bei der Aufzeichnung des Zeigerbildes (Bild 4.35b) ist davon auszugehen, daß die Phasenfolge U, V, W auf der Oberspannungsseite vorliegt und die Spannungszeiger in gleichnamigen Strängen gleiche Phasenlage haben. Kommen auf beiden Seiten nur Stern- und/oder Zickzackschaltungen vor (Yzn 5, rechts in Bild 4.35), gibt z.B. die Zahl 5 an, daß die Unterspannungen den entsprechenden Oberspannungen um 5 Ziffern des Ziffernblattes, also um $5 \cdot 30° = 150°$ nacheilen.

Beispiel 4.9 Auf dem Leistungsschild eines Drehstromtransformators ist die Schaltung Yzn 5 angegeben (Bild 4.35 rechts). Was kann hieraus entnommen werden?

Die Oberspannungswicklung ist in Stern, die Unterspannungswicklung in Zickzack geschaltet, der Sternpunkt *n* ist herausgeführt, ein Vierleiternetz wird gespeist (z.B. 10 kV/400 V/230 V). Die Zeiger entsprechender Spannungen der Ober- und Unterspannungswicklung sind, der Kennzahl gemäß, um 150° gegeneinander versetzt. Die zickzackförmige Zusammensetzung der Zeiger für die unter verschiedenen Schenkeln untergebrachten Stranghälften nach Bild 4.35b rechts ist zu kontrollieren.

Die Auswahl der Schaltung von Drehstromtransformatoren richtet sich nach dem Verwendungszweck. Von den in VDE 0532 angegebenen 12 verschiedenen Schaltungen sind zu bevorzugen:

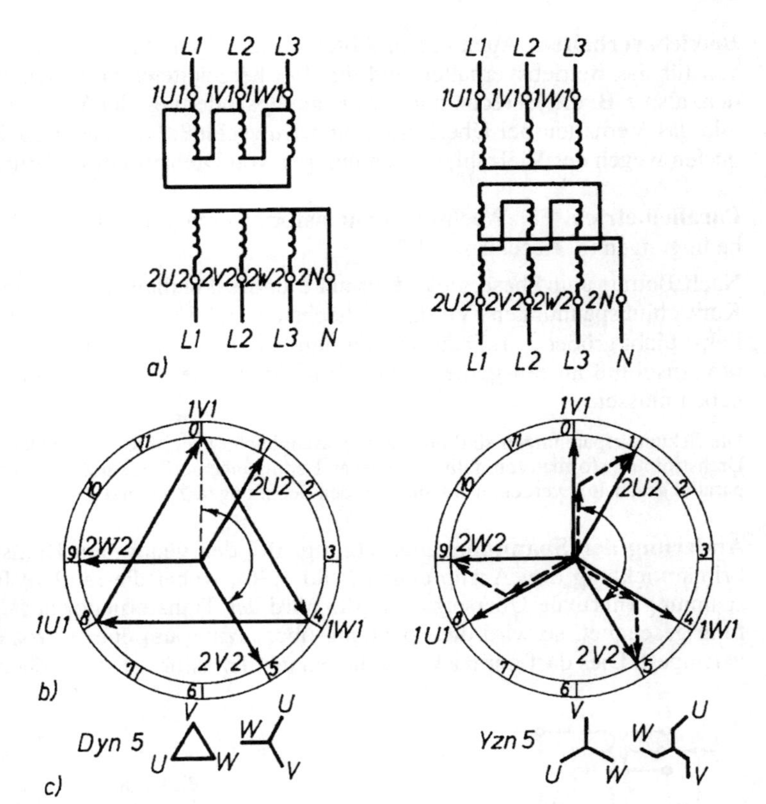

Bild 4.35
Drehstromtransformatoren für Verteilungsnetze
links: Dreieck-Sternschaltung (Schaltgruppe Dyn 5)
rechts: Stern-Zickzackschaltung (Schaltgruppe Yzn 5)
jeweils mit Schaltplan (a), Zeigerbild (b) zur Festlegung der Kennzahl, Schaltkurzzeichen (c)

Schaltung Yzn 5 für kleinere, Dyn 5 für größere Netztransformatoren (> 400 kVA), wenn infolge unsymmetrischer Belastung des Vierleiternetzes der Sternpunktleiter voll, d.h. mit dem Bemessungsstrom der Außenleiter belastbar sein soll.
Schaltung Yy 0 und Yd 5 für Transformatoren in den Umspannwerken von Hoch- und Mittelspannungsnetzen, die durchweg als Dreileiternetze ausgeführt sind.

4.2.2.2 Kenngrößen und Betriebsverhalten

Kenngrößen. Die Bemessungsleistung (Scheinleistung) von Drehstromtransformatoren ist

$$S_N = \sqrt{3}U_{1N} I_{1N} = \sqrt{3} U_{2N} I_{2N} \tag{4.31}$$

Die Leerlaufmessung wird in der Regel von der Unterspannungseite aus durchgeführt. Für die Messung der Oberspannung ist dann meist ein Spannungswandler erforderlich. Die Kurzschlußmessung wird zweckmäßig meist von der Oberspannungsseite aus durchgeführt. Die Leistungen werden z.B. mit der Zwei-Wattmeter-Methode (s. Abschn. 1.3.3.3) gemessen. Mit Hilfe des Ersatzschaltbildes können nun, den Ausführungen in Abschn. 4.2.1.2 entsprechend, weitere Kenngrößen des Transformators ermittelt werden. Das für den Wechselstromtransformator aufgestellte Ersatzschaltbild (Bild 4.26) gilt auch für die Strangspannung und den Strangstrom eines beliebigen Stranges des Drehstromtransformators. Da die Verhältnisse in den beiden übrigen Strängen grundsätzlich gleich, jedoch zeitlich um 120° bzw. 240° versetzt sind, genügt diese Darstellung. Entsprechend gilt für einen Strang bei Drehstrom auch das Zeigerbild des Wechselstromtransformators bei Belastung (Bild 4.26b).

Betriebsverhalten. Auch die in Abschn. 4.2.1.3 aus dem Ersatzschaltbild gezogenen Folgerungen für das Betriebsverhalten und die dort hergeleiteten Gleichungen können übernommen werden, also z.B. die Berechnung der Spannungsänderung, der Verluste und des Wirkungsgrades sowie das Verhalten bei Überlastung und Kurzschluß. Nur die Verhältnisse bei Parallelbetrieb bedürfen wegen der Vielzahl der Schaltungen von Drehstromtransformatoren einer Ergänzung.

Parallelbetrieb. Für Wechselstromtransformatoren gelten für das Parallelschalten folgende Vorbedingungen (s. Abschn. 4.2.1.3):

Nach Betrag und Phase gleiche primäre und sekundäre Spannungen, gleiche Frequenz, gleiche Kurzschlußspannungen (Verhältnis höchstens 1,1:1), Verhältnis der Bemessungsleistungen möglichst nicht größer 3:1. Dazu kommt nun bei Drehstromtransformatoren noch die Bedingung, daß bei Anschluß an ein gemeinsames Primärnetz die Sekundärwicklungen die gleiche Kennzahl haben müssen.

Die Sekundärspannungen sind nur dann phasengleich, wenn ihre Kennzahlen gleich sind. Es können demnach Drehstromtransformatoren, falls die übrigen Bedingungen erfüllt sind, z.B. mit den Schaltungen Yz 5 und Dy 5 parallel geschaltet werden, nicht aber mit den Schaltungen Yy 0 und Yd 5.

Änderung der Spannungsübersetzung. Bei den genormten Drehstromtransformatoren hat die Primärwicklung drei Anzapfungen (Bild 4.36), wobei die mittlere für die primäre Bemessungsspannung (normale Übersetzung) gilt. Wird der Transformator auf die obere oder untere Anzapfung geschaltet, so wird die Spannungsübersetzung um einige Prozent (4 oder 5 %) erhöht oder verringert. Dies darf nur nach Abschalten des Transformators geschehen.

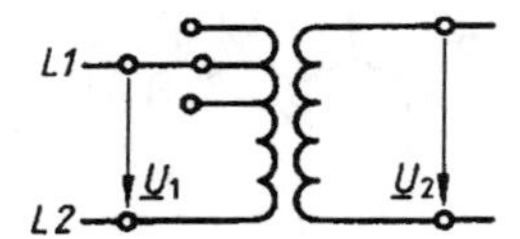

Bild 4.36
Änderung der Spannungsübersetzung durch Stufenschalter

Für die Einhaltung der Spannung auf der Hochspannungsseite sind an sich die Elektrizitätswerke zuständig. Die Änderung der Spannungsübersetzung geschieht unter Last durch Stufenschalter an den in den Umspannwerken aufgestellten Stelltransformatoren. Ergibt sich aber z.B. in einem Industriebetrieb, daß infolge hoher Belastung des Hochspannungsnetzes in den Wintermonaten die mittlere Sekundärspannung im Betrieb unterhalb der Bemessungsspannung liegt, dann besteht die Möglichkeit, in diesem Betrieb die Spannungsübersetzung zu verringern (Winterschaltung), im umgekehrten Fall zu erhöhen (Sommerschaltung).

Überwachung und Schutz. Je nach Art und Größe der Transformatoren sind für die Überwachung und den Schutz besondere Einrichtungen erforderlich.

Über dem Ölkessel ist ein Ausdehnungsgefäß angeordnet (Bild 4.37), das die Volumenänderungen des Öls aufnimmt, die durch die unterschiedlichen Temperaturen (Grenzwerte zwischen – 30 °C im Winter und + 96 °C im Sommer) entstehen. Zur Überwachung dienen Thermometer und Ölstandsanzeiger. Große Transformatoren haben Fernüberwachung mit einem Gefahrenmelder, der bei Überschreiten einer einstellbaren Öltemperatur oder bei Unterschreitung des tiefsten zulässigen Ölstandes ein Warnsignal auslöst. Die Reinheit des Öls, das sich im Laufe der Zeit durch die aus der Luft aufgenommene Feuchtigkeit und durch Alterung zersetzt und dadurch an Isoliervermögen verliert, wird in größeren Zeitabständen durch Probeentnahmen kontrolliert und u.U. erneuert.

Elektrische Fehler in Transformatoren (Isolationsmängel, Windungsschluß u.a.) rufen durch Zersetzung des Öls Gasbildung hervor. Diese wirkt auf die Schwimmer des Buchholz-Schutzes, der zwischen Ölkessel und Ausdehnungsgefäß eingebaut ist. Hierdurch wird ein Warnsignal ausgelöst oder der Transformator sofort abgeschaltet, so daß ein Fehler bereits im Entstehen festgestellt und größerer Schaden (Brand, Explosion) verhütet wird.

Schließlich muß auch für gute Lüftung der Transformatorenkammern, die mit Brandschutzmauern und Fanggruben im Fundament für ausfließendes Öl auszurüsten sind, gesorgt werden.

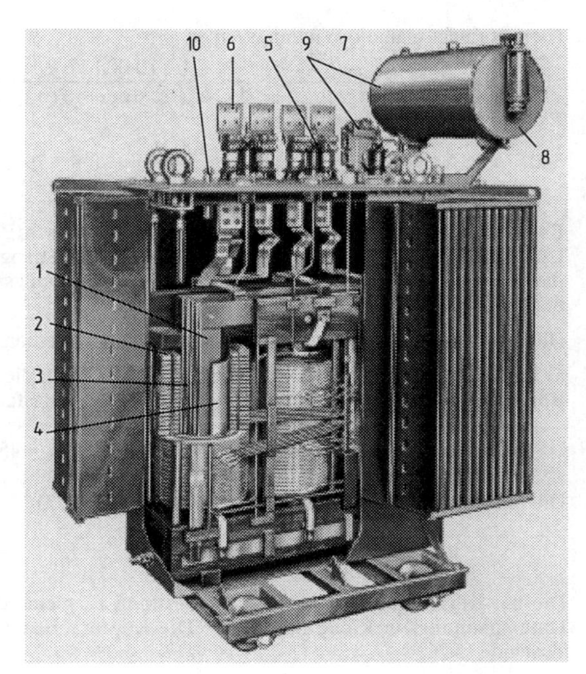

Bild 4.37
Aufbau eines Öltransformators
1600 kVA, 10 kV + 5%/0,4 kV
1 Kern
2, 3 Ober- und Unterspannungswicklung
4 Hartpapierzylinder (Isolation)
5, 6 Ober- und Unterspannungsdurchführung
7 Ölausdehnungsgefäß
8 Ölstandsanzeiger
9 Buchholz-Relais
10 Thermometertasche

4.2.2.3 Zahlenbeispiele

Beispiel 4.10 Von einem Drehstrom-Öltransformator 50 kVA, 10 000 V ± 4%/400 V, Schaltung Yy 0 sollen die wichtigsten Größen ermittelt werden.

a) Aus Gl. (4.31) erhält man den primären und sekundären Bemessungsstrom

$$I_{1N} = \frac{S_N}{\sqrt{3}\,U_{1N}} = \frac{50\text{ kVA}}{\sqrt{3}\cdot 10\text{ kV}} = 2{,}89\text{ A} \qquad I_{2N} = \frac{S_N}{\sqrt{3}\,U_{2N}} = \frac{50\text{ kVA}}{\sqrt{3}\cdot 0{,}4\text{ kV}} = 72\text{ A}$$

b) Eine allgemeine Funktion für die in einer Transformatorwicklung, die von dem magnetischen Wechselfeld $\Phi = \Phi_{max} \sin \omega t$ durchsetzt wird, erzeugte Spannung ist nach dem Induktionsgesetz [s. Gl. (1.53)]

$$u_q = N\frac{d\Phi}{dt} = N\,\omega\,\Phi_{max} \cos \omega t = \sqrt{2}\,U_q \cos \omega t$$

Hieraus folgt

$$U_q = \frac{\omega}{\sqrt{2}}\,N\,\Phi_{max} = \frac{2\pi}{\sqrt{2}}\,f\,N\,\Phi_{max}$$

oder $$\mathbf{U_q = 4{,}44\,f\,N\,\Phi_{max}} \qquad (4.32)$$

c) Man ermittle die Windungszahlen N_1 und N_2 der drei Primär- und Sekundärstränge des Drehstromtransformators, wenn seine Schenkel und Joche einen wirksamen Eisenquerschnitt $A = 97\text{ cm}^2$ haben und die höchstzulässige Flußdichte im Eisen $B_{max} = 1{,}37$ T betragen soll.

Nach Gl. (1.46) ist der magnetische Fluß

$$\Phi_{max} = B_{max}\,A = 1{,}37\text{ T}\cdot 97\cdot 10^{-4}\text{ m}^2 = 0{,}0133\text{ Tm}^2 = 0{,}0133\text{ Vs}$$

Bei Leerlauf ist $U_{1N} \approx U_{10}$ und $U_{2N} = U_{20}$. Somit werden die in einem Strang auf der Primär- und Sekundärseite erzeugten Spannungen, da die beiden Wicklungen in Stern geschaltet sind, nach Gl. (4.32)

$$U_{1N}/\sqrt{3} = 4{,}44\,f\,N_1\,\Phi_{max} \quad \text{und} \quad U_{2N}/\sqrt{3} = 4{,}44\,f\,N_2\,\Phi_{max}$$

Hieraus findet man die Windungszahlen

$$N_1 = \frac{U_{1N}/\sqrt{3}}{4{,}44\, f\, \Phi_{max}} = \frac{10\,000\ \text{V}}{\sqrt{3} \cdot 4{,}44 \cdot 50\ \text{s}^{-1} \cdot 0{,}0133\ \text{Vs}} = 1970$$

und
$$N_2 = N_1 = \frac{U_{20}}{U_{1N}} = 1970 \frac{400\ \text{V}}{10\,000\ \text{V}} = 78{,}8 \approx 79$$

Beispiel 4.11 An dem Drehstromtransformator nach Beispiel 4.10 wurde eine Leerlaufmessung von der Unterspannungsseite aus durchgeführt und bei einer Strangspannung von 231 V die Strangleistung 125 W gemessen. Die Kurzschlußmessung, von der Oberspannungsseite aus durchgeführt, ergab bei einer Strangspannung von 220 V die Strangleistung 450 W.

Hieraus sollen Verluste und Wirkungsgrad ermittelt werden.

a) Im Leerlauf braucht der Transformator praktisch nur die Eisenverluste $P_{Fe} = 3 \cdot 125$ W = 375 W zu decken. Bei Kurzschluß ($U_2 = 0$) wird entsprechend der Leistungsfaktor eines Stranges

$$\cos \varphi_{1k} = \frac{450\ \text{W}}{220\ \text{V} \cdot 2{,}89\ \text{A}} = 0{,}707 \qquad \varphi_{2k} = 45°$$

Die prozentuale Kurzschlußspannung ist nach Gl. (4.23)

$$u_k = 100\ \frac{\sqrt{3} \cdot 220\ \text{V}}{10\,000\ \text{V}}\ \% = 3{,}8\,\%$$

Die bei Kurzschluß gemessene Strangleistung ist gleich den Kupferverlusten eines Stranges der Ober- und Unterspannungswicklung bei 20 °C. Die Kupferverluste des Transformators betragen im betriebswarmen Zustand (75 °C)

$$P_{CuN} = 3 \cdot 450\ \text{W} \left[1 + \frac{0{,}004}{°\text{C}} (75 - 20)°\text{C} \right] = 1350\ \text{W} \cdot 1{,}22 = 1{,}65\ \text{kW}$$

b) Um den Wirkungsgrad bei Volllast $I_{2N} = 72$ A, $\cos \varphi_2 = 1{,}0$ errechnen zu können, müssen zuvor bestimmt werden

Spannungsänderung aus Gl. (4.28)

$$u_v = 3{,}8\,\% \cdot 0{,}707 \approx 2{,}7\ \%$$

Sekundärspannung

$$U_2 = 0{,}973 \cdot U_{2N} = 0{,}973 \cdot 400\ \text{V} = 389\ \text{V}$$

abgegebene Leistung bei Wirklast ($\cos \varphi_2 = 1{,}0$)

$$P_2 = \sqrt{3}\, U_2\, I_2 \cos \varphi_2 = \sqrt{3} \cdot 389\ \text{V} \cdot 72\ \text{A} \cdot 1{,}0 = 48\,500\ \text{W} = 48{,}5\ \text{kW}$$

aufgenommene Leistung

$$P_1 = P_2 + P_{vN} = (48{,}5 + 0{,}375 + 1{,}65)\ \text{kW} = 50{,}525\ \text{kW}$$

Dann ist der Wirkungsgrad

$$\eta = 100 \frac{P_2}{P_1}\ \% = 100\ \frac{48{,}5\ \text{kW}}{50{,}525\ \text{kW}}\ \% = 96\,\%$$

4.3 Drehstrom-Asynchronmaschinen

4.3.1 Aufbau und Wirkungsweise

4.3.1.1 Ständer und Drehstromwicklung

Ständer (Stator). In ein Gehäuse aus Stahlguß mit Kühlrippen entlang des Außenmantels wird ein aus 0,5 mm dicken, isolierten Elektroblechen geschichtetes Blechpaket eingepreßt. Es besitzt längs seiner Bohrung gleichmäßig verteilte Nuten zur Aufnahme einer dreisträngigen Wicklung.

Diese Drehstromwicklung, deren drei Stränge in Stern- oder Dreieckschaltung an das Drehstromnetz angeschlossen werden, hat die Aufgabe, in der Maschine ein umlaufendes Magnetfeld, Drehfeld genannt, zu erzeugen. Wie nachstehend erläutert, verlangt dies räumlich versetzte Wicklungsteile oder Stränge, die von phasenverschobenen Strömen gespeist werden.

Drehstromwicklung. In Bild 4.38a ist als Beispiel für den Aufbau einer zweipoligen Drehstromwicklung die heute allgemein verwendete Ausführung mit konzentrischen Spulen gezeigt. Bei angenommenen $Z_n = 24$ Nuten im Blechpaket entfallen auf jeden der drei Stränge acht Nuten, in denen jeweils eine Spulenseite untergebracht ist. Jeder Strang erhält somit 8 : 2 = 4 Spulen, deren Stirnverbindungen = Wickelköpfe in drei Ebenen gleichmäßig am Umfang verteilt sind und die vier Spulen/Strang in Reihe schalten. Für den Strang U ist mit den Pfeilen eine angenommene Stromrichtung eingetragen. Die Anfänge der drei Stränge U1, V1 und W1 sind räumlich 120° zueinander versetzt.

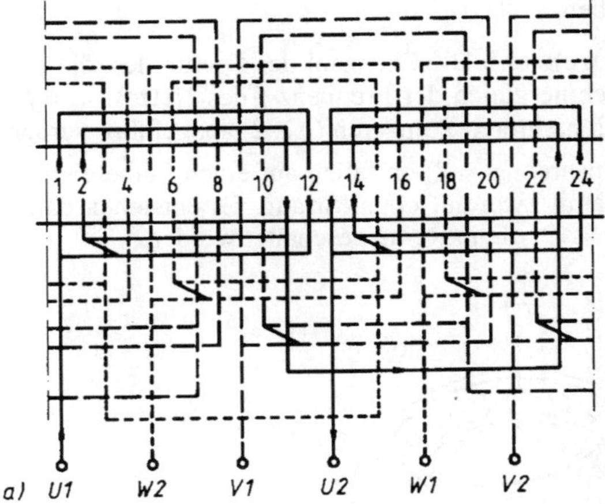

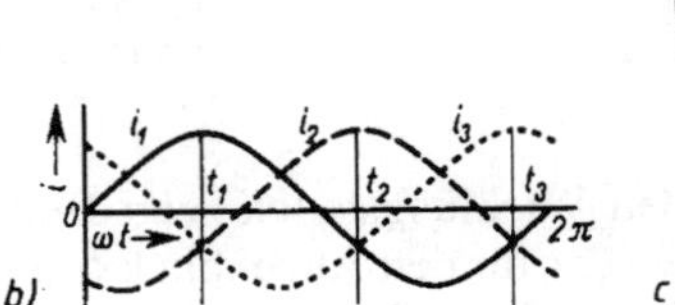

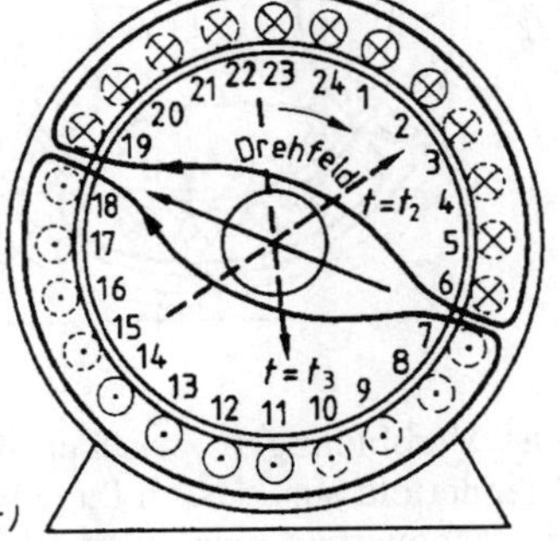

Bild 4.38
Ständerwicklung einer zweipoligen Maschine mit 24 Nuten
a) Wicklungsschema (Dreietagen-Wicklung)
b) Zeitschaubild der drei Strangströme i_1, i_2 und i_3
c) Darstellung der Stromrichtungen und des Drehfeldes zum Zeitpunkt t_1

Entstehung des Drehfeldes. Verbindet man nun für Sternschaltung der Ständerwicklung die Enden U2, V2 und W2 der drei Stränge miteinander und schließt deren Anfänge an die Leiter L1, L2, L3 des Drehstromnetzes an, dann fließen in den Strängen drei gleichgroße, aber zeitlich um 120° gegeneinander versetzte Wechselströme (Bild 4.38b). Zur Zeit t_1 hat der Strom i_1 im Strang U1–U2 seinen positiven Maximalwert und tritt bei den Spulenseiten 23 ··· 2 in die Zeichenebene ein (Bild 4.38c) und bei den Spulenseiten 11 ··· 14 aus der Zeichenebene aus. Die Ströme i_2 im Strang V1–V2 und i_3 im Strang W1–W2 führen im gleichen Augenblick je den halben negativen Maximalwert des Stromes. Sie treten bei V2 und W2, somit bei den Spulenseiten 19 ··· 22 und 3 ··· 6 in die Zeichenebene ein und bei den Spulenseiten 7 ··· 10 sowie 15 ··· 18 aus der Zeichenebene aus.

Mit den in Bild 4.38c gegebenen Stromrichtungen ergibt sich mit Hilfe der Korkenzieherregel, daß von den Durchflutungen der drei Wechselströme zur Zeit t_1 ein zweipoliges Magnetfeld in der dort gekennzeichneten Richtung erzeugt wird, die senkrecht zur Spulenfläche des Stranges U1–U2 mit dem positiven Maximalwert des Stromes liegt. Nun läßt sich unschwer folgern, daß sich im Zeitpunkt t_2 dasselbe Magnetfeld senkrecht zur Spulenfläche des zweiten Stranges V1–V2 ausbildet, sich also räumlich um 120° in der in Bild 4.38c eingezeichneten Drehrichtung gedreht hat. Im Zeitpunkt t_3 hat sich das Magnetfeld um weitere 120° gedreht und steht dann senkrecht zur Spulenfläche des dritten Stranges W1–W2. Nach der Periodendauer T, zur Zeit $t_1 + T$, erreicht das Magnetfeld wieder die hier gezeichnete Ausgangslage usf.

Die vorstehende Betrachtung zeigt, daß man mit Drehstrom, d.h. mit drei zeitlich um 120° phasenverschobenen Wechselströmen in drei räumlich um 120° versetzten Wicklungssträngen ein umlaufendes Magnetfeld, ein Drehfeld erzeugen kann. Dieser Effekt hat dem Drehstrom seinen Namen gegeben.

Synchrone Drehzahl. Die Drehzahl des Drehfeldes, die synchrone Drehzahl n_s, ist bei der zweipoligen Maschine gleich der Frequenz f des Netzes: $n_s = f$. Die Ständerwicklung der Maschinen kann auch mit mehreren Polpaaren ($p \geq 2$) ausgeführt werden.

Bei zwei Polpaaren ($p = 2$) entfallen auf einen Polbereich (Polteilung) nur noch $Z_n/2p = 24/4 = 6$ Nuten und damit zwei auf einen Strang. Es entstehen dann die konzentrischen Spulen 1–8, 2–7 und 13–20, 14–19, die in Reihe geschaltet werden.

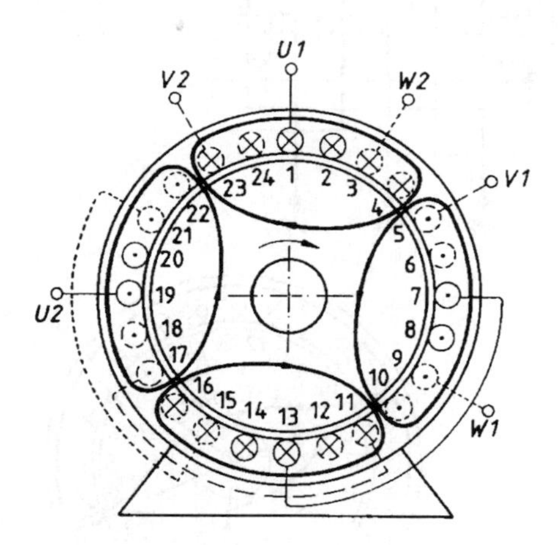

Bild 4.39
Ständerwicklung einer vierpoligen Maschine und Drehfeld zum Zeitpunkt t_1

Die Verbindungen zwischen den Wicklungsteilen zeigt Bild 4.39. Es bildet sich ein vierpoliges Magnetfeld aus, dessen Lage wieder für den Augenblick t_1 nach Bild 4.38b gezeichnet ist. Da sich das Magnetfeld hier innerhalb einer Periodendauer nur bis zum nächsten gleichnamigen Pol, also nur um eine halbe Umdrehung in der eingezeichneten Richtung fortbewegt, ist die synchrone Drehzahl in diesem Fall $n_s = f/2$.

Allgemein gilt für eine Maschine mit p Polpaaren bei der Netzfrequenz f für die synchrone Drehzahl des Drehfeldes

$$n_s = \frac{f}{p} \tag{4.33}$$

Am 50 Hz-Netz ergibt sich damit für $p = 1$ die größte synchrone Drehzahl 50/s = 3000/min, bei 60 Hz-Netzen (USA, Brasilien u.a.) 60/s = 3600/min.

4.3.1.2 Läufer

Der Läufer oder Rotor erhält wie der Ständer ein aus Elektroblechen geschichtetes Blechpaket, das bis zu mittleren Leistungen auf die Welle gepreßt wird. In der Ausführung der Läuferwicklung unterscheidet man dann zwei Varianten.

Kurzschluß- oder Käfigläufer. Die Nuten des Blechpaketes werden mit Aluminium oder einer Al-Legierung ausgegossen. Im gleichen Arbeitsgang verbindet man diese massiven Läuferstäbe beidseitig mit angegossenen Kurzschluß- oder Stirnringen aus dem gleichen Material. Dadurch entsteht als „Wicklung" die Form eines Käfigs, dessen Stäbe alle untereinander verbunden sind. An die Kurzschlußringe werden häufig gleich Lüfterflügel angegossen (Bild 4.40b).

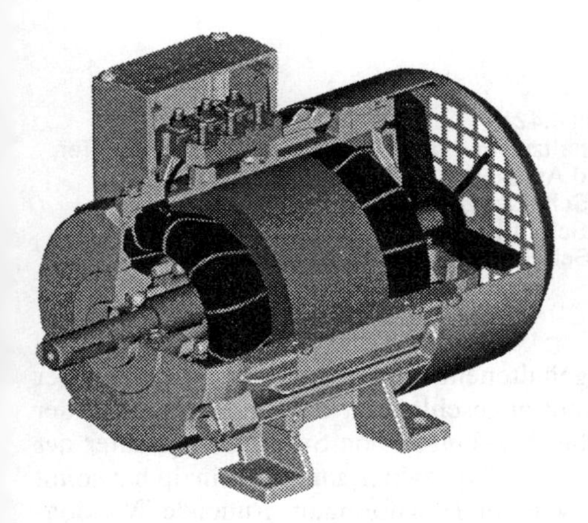

Bild 4.40a Schnittzeichnung eines Drehstrom-Käfigläufermotors (IEC-Normmotor)

Bild 4.40b Ständerblechpakete mit Drehstromwicklung und Käfigläufer von Drehstrommotoren

Wegen seines einfachen Aufbaus ist der Drehstrommotor mit Kurzschlußläufer, meist nur Drehstrommotor oder Kurzschlußläufer- bzw. Käfigläufermotor genannt, der betriebssicherste, billigste und in der Wartung anspruchloseste aller Elektromotoren. Mehr als 70% aller Elektroantriebe über 1 kW sind Kurzschlußläufermotoren. Dazu zählen auch die im Haushaltsbereich sehr häufig verwendeten Spaltpol- und Kondensatormotoren (s. Abschn. 4.5.2). Durch die Entwicklung der Frequenzumrichter hat der Käfigläufermotor zudem seinen Nachteil, nur mit einer nach Gl. (4.33) von der Netzfrequenz bestimmten Drehzahl laufen zu können, verloren und ist wie ein Gleichstrommotor steuerbar. Bild 4.41 zeigt Schaltpläne eines Motors mit Käfigläufer.

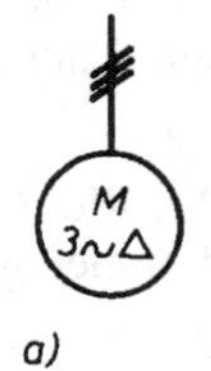

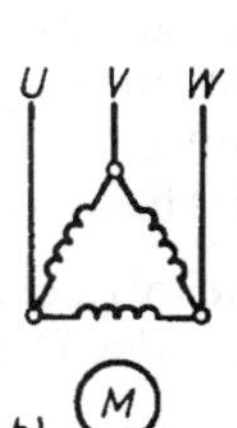

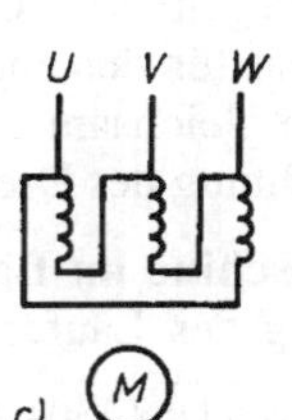

Bild 4.41
Schaltzeichen des Motors mit Kurzschlußläufer
a) Schaltkurzzeichen (einpolig)
b) Schaltzeichen für Dreieckschaltung (wahlweise)

Schleifringläufer. Beim Motor mit Schleifringläufer liegt in den Nuten des Läufers eine Drehstromwicklung, ähnlich der des Ständers. Die Enden der drei Stränge der Wicklung sind im Läufer miteinander zu einer Sternschaltung verbunden. Ihre Anfänge sind zu drei auf der Welle angebrachten Schleifringen geführt, an die über Bürsten Widerstände zum Zwecke des Anfahrens oder zur Drehzahlsteuerung angeschlossen sind (Bild 4.42). Bei normaler Betriebart ohne Drehzahlsteuerung sind die Anfänge K, L, M der drei Stränge nach erfolgtem Hochlauf direkt miteinander verbunden, kurzgeschlossen. Die Wirkungsweise beim Schleifringläufermotor ist dann die gleiche wie beim Kurzschlußläufermotor.

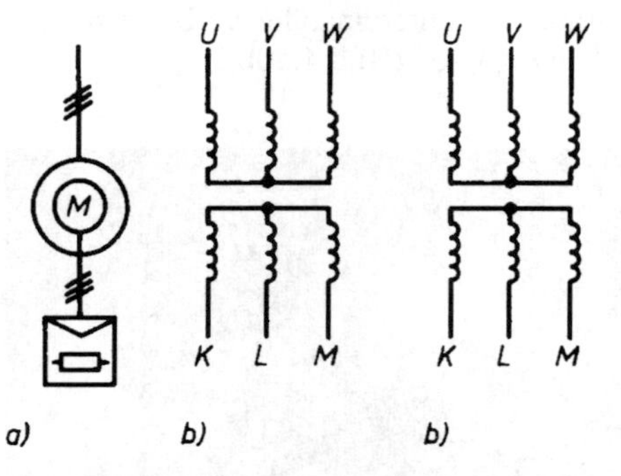

Bild 4.42
Schaltzeichen des Motors mit Schleifringläufer und Anlasser
a) Schaltkurzzeichen (einpolig)
b) Schaltung der Stränge (⅄/⅄)
c) Schaltung mit handbetätigtem Anlasser

4.3.1.3 Asynchrones Drehmoment

Maschine im Stillstand. Denkt man sich bei festgehaltenem Läufer, also bei Stillstand der Maschine, die Ständerwicklung an das Drehstromnetz angeschlossen, dann bildet sich in der Maschine ein Drehfeld aus. Dieses Feld durchsetzt die Wicklungen von Ständer und Läufer der Maschine und läuft nach Gl. (4.33) stets mit der synchronen Drehzahl n_s um. Im Prinzip hat somit im Stillstand die Maschine die gleichen Verhältnisse wie ein Transformator. Ruhende Wicklungen sind von einem gemeinsamen magnetischen Wechselfluß durchsetzt. Die Primär- und Sekundärwicklung des Transformators entspricht der Ständer- und Läuferwicklung der Maschine. Die magnetischen Feldlinien verlaufen beim Transformator ganz in Eisen, bei der Maschine ist ein geringer Luftspalt von meist unter 1 mm zwischen Ständer und Läufer vorhanden.

Wie beim Transformator wird nach dem Induktionsgesetz durch den magnetischen Wechselfluß bzw. durch das Drehfeld in der Läuferwicklung eine Spannung, die Läuferstillstandspannung U_{ro}[1]) erzeugt. Ihre Frequenz f_r ist bei Stillstand gleich der Netzfrequenz: $f_{ro} = f$.

Beim Schleifringläufer kann die Läuferstillstandspannung bei offenem Läuferkreis mit einem Spannungsmesser zwischen zwei Schleifringen gemessen werden. Ihre Größe ist auf dem Leistungsschild der Maschine angegeben. Sie ruft in der kurzgeschlossenen Läuferwicklung den Läuferstillstandstrom I_{rk} hervor.

Auf die stromdurchflossenen Leiter der Läuferwicklung im magnetischen Drehfeld werden nach Abschn. 1.2.3.1 Kräfte ausgeübt. Hierdurch kommt ein Drehmoment zustande, das nach der Lenzschen Regel seiner Ursache, d.h. der für den induzierten Läuferstrom erforderlichen Flußänderung entgegenwirkt. Um dies zu erreichen, muß der Läufer in Drehrichtung des Drehfeldes anlaufen, da so für den Induktionsvorgang nur noch die Relativdrehzahl wirksam ist. Das Drehfeld sucht also gleichsam den Läufer mitzunehmen. Läßt man den festgebremsten Läufer los, so wird er in Richtung des Drehfeldes beschleunigt.

Maschine im Lauf. Beim Hochlauf des Motors wird mit steigender Drehzahl die Relativbewegung des Läufers gegen das Drehfeld immer geringer. Würde schließlich der Läufer genau so

[1]) Nach DIN 1304 T7 sind für den Ständer (Stator) bzw. den Läufer (Rotor) die Indizes s und r festgelegt.

schnell wie das Drehfeld umlaufen (synchroner Lauf, $n = n_s$), so würde im idealen Leerlauf im Läufer keine Spannung, somit also auch kein Strom und kein Drehmoment erzeugt werden können. Da aber auch beim unbelasteten Motor im Leerlauf Reibungsverluste vorhanden sind, zu deren Deckung ein geringes Drehmoment erforderlich ist, kann der Läufer die synchrone Drehzahl des Drehfeldes nicht ganz erreichen. Der Motor läuft mit $n < n_s$ immer asynchron.

Den Unterschied zwischen der synchronen Drehzahl n_s und der Motordrehzahl n, bezogen auf n_s, nennt man den Schlupf s des Motors

$$s = \frac{n_s - n}{n_s} = 1 - \frac{n_s}{n_s} \tag{4.34}$$

hieraus $\quad n = n_s(1 - s) \qquad (4.35)$

Der Schlupf wird meist in Prozent angegeben

$$s = 100(1 - n/n_s)\ \%$$

Beispiel 4.12 Bei einem Drehstrom-Asynchronmotor, 50 Hz, $p = 1$ läuft das Drehfeld stets mit der synchronen Drehzahl $n_s = 50/\text{s} = 3000/\text{min}$ um. Bei Stillstand des Läufers ist $n = 0$, $s = 1$ oder 100%, bei synchronem Lauf (idealer Leerlauf) ist $n_0 = n_s = 3000/\text{min}$, s = 0. Beträgt z.B. bei Volllast die Drehzahl $n_N = 2850/\text{min}$, dann ist der Schlupf $s_N = 1 - n_N/n_s = 1 - (2850/3000) = 0{,}05$ oder 5%. Dies bedeutet, daß der Läufer gegenüber dem Drehfeld zurückbleibt (schlüpft), und zwar z.B. in einer Sekunde um $0{,}05 \cdot 50 = 2{,}5$ Umdrehungen oder bei einer vollen Umdrehung des Drehfeldes um $0{,}05 \cdot 360° = 18°$.

4.3.1.4 Linearmotoren

Ordnet man die Nuten mit der Drehstromwicklung doppelseitig in einem ebenen Blechpaket an, so entsteht die kammartige Konstruktion in Bild 4.43a. Anstelle des Läufers erhält diese Linearmotor genannte Sonderbauform der Drehstrommaschine eine leitfähige Schiene aus Kupfer, Aluminium oder Eisen. Ihre Länge muß der Wegstrecke entsprechen, welche der Motor oder die Schiene zurücklegen soll.

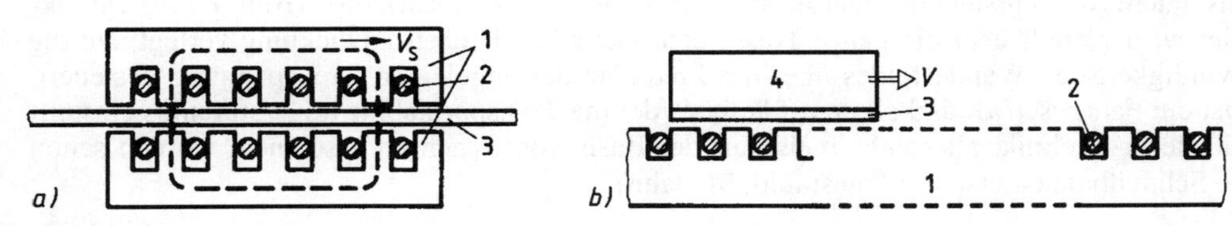

Bild 4.43 Bauformen von Linearmotoren
a) Kurzständermotor, b) Langständermotor
1 Ständerblechpaket, 2 Drehstromwicklung, 3 leitende Schiene, 4 Läuferblechpaket

Die Drehstromwicklung des Linearmotors bildet ein Wanderfeld aus, das sich entsprechend der Umfangsgeschwindigkeit v_s des Drehfeldes einer rotierenden Maschine gleicher Daten entlang des Luftspaltes bewegt. Der Feldverlauf ist in Bild 4.43a durch eine Feldlinie gezeigt, die zweimal über den Luftspalt und die Schiene führt. Durch die örtliche Flußänderung bei der Bewegung werden dort über die Fläche verteilte Wirbelströme induziert und damit wie bei der normalen Maschine Kräfte entlang des Luftspaltes erzeugt. Je nachdem, welcher Maschinenteil festmontiert ist, bewegt sich als Folge dieser Kräfte entweder die Schiene in Richtung des Wanderfeldes oder bei fester Schiene der Ständer in entgegengesetzter Richtung (Lenzsche Regel).

Die Synchrongeschwindigkeit v_s des Wanderfeldes läßt sich aus der Umfangsgeschwindigkeit des Drehfeldes einer Maschine mit dem Bohrungsdurchmesser D_i berechnen. Bei einer Polzahl $2p$ der Ständerwicklung ist der Umfangsanteil pro Pol, d.h. die Polteilung

$$\tau_p = \frac{D_i \cdot \pi}{2p}$$

und damit

$$v_s = D_i \cdot \pi \cdot n_s = 2p \cdot \tau_p \cdot n_s$$

Mit Gl. (4.33) wird daraus

$$v_s = 2p \cdot \tau_p \cdot \frac{f}{p}$$

$$\mathbf{v_s = 2\tau_p \cdot f} \tag{4.36}$$

Die Betriebsgeschwindigkeit des Linearmotors ist wieder um den Schlupf geringer als v_s, d.h. es gilt

$$\mathbf{v = v_s(1 - s)} \tag{4.37}$$

Im allgemeinen liegt die Synchrongeschwindigkeit bei 4 m/s bis 12 m/s.

Die mit einem Linearmotor erreichbaren Zugkräfte können über

$$\boldsymbol{F = \frac{P_2}{v}} \tag{4.38}$$

aus der elektrischen Leistung berechnet werden. Als Richtwert sei $F_N = (2 \text{ bis } 5) \cdot G$ genannt, d.h. Linearmotoren entwickeln Kräfte, die im Bereich ihrer Gewichtskraft liegen.

In der Bauform als Kurzständer-Linearmotor (Bild 4.43a) wird die Maschine in zwei Varianten eingesetzt. Für die Förder- und Lagertechnik wählt man die bewegte Schiene, die man als Rohr ausführt und damit Schubbewegungen realisiert. Bei fester Schiene hat man mit dem beweglichen Ständer einen Transportschlitten.

Eine besondere Verkehrstechnik wurde mit dem Langständer-Linearmotor (Bild 4.43b) entwickelt. Hier wird verteilt über die ganze Trasse eine vielteilige Drehstromwicklung verlegt und die Geschwindigkeit des Wanderfeldes über die Frequenz der angelegten Drehspannung gesteuert. Damit ist die Fahrgeschwindigkeit des „Läufers", der die Transportkabine trägt, stufenlos einstellbar. Mit dieser Technik, allerdings meist auf der Basis von Synchronmaschinen, wurden schon mehrere Schnellbahnen erstellt (Transrapid, M-Bahn).

4.3.2 Betriebsverhalten und Drehzahlsteuerung

4.3.2.1 Kennlinien und Kenngrößen

Berechnung der Drehmomentkurve. Die wichtigste Kennlinie eines Motors ist der Verlauf des Drehmomentes an der Welle über der Drehzahl also die Kurve $M = f(n)$.

Während diese für eine Gleichstrommaschine mit Gl. (4.7) sehr leicht zu bestimmen ist, verlangt dies bei der Asynchronmaschine einigen Aufwand und wird nachstehend etwas vereinfacht vorgenommen.

In Bild 4.44 ist die Ersatzschaltung eines Wicklungsstrangs des kurzgeschlossenen Läufers angegeben. Im Stillstand wird im Stromkreis mit dem ohmschen Widerstand R_r und dem Blindwiderstand $X_{r0} = 2\pi f L_r$ die netzfrequente Läuferstillstandsspannung U_{r0} induziert. Die Maschine verhält sich hier wie ein Drehstromtransformator und das Verhältnis der Klemmenspannung U zu U_{r0} entspricht dem der wirksamen Windungszahlen von Ständer- und Läuferwicklung.

Dreht sich der Läufer, so verringert sich die Relativdrehzahl des Ständerdrehfeldes zur Läuferwicklung und entsprechend werden induzierte Spannung U_r und deren Frequenz f_r geringer. Beim Schlupf $s = (n_s - n)/n_s$ nach Gl. (4.34) gilt dann

$$\boldsymbol{U_r = s\,U_{r0}} \quad \text{und} \quad \boldsymbol{f_r = s\,f} \tag{4.39}$$

Gleichzeitig sinkt der für die Netzfrequenz f berechnete Blindwiderstand des Läufers auf den Wert $X_r = s\,X_{r0}$.

Bild 4.44
Ersatzschaltung des Läuferstrangs eines Asynchronmotors
a) Werte im Betrieb mit dem Schlupf s
b) Werte auf die Stillstandsspannung U_{r0} bezogen

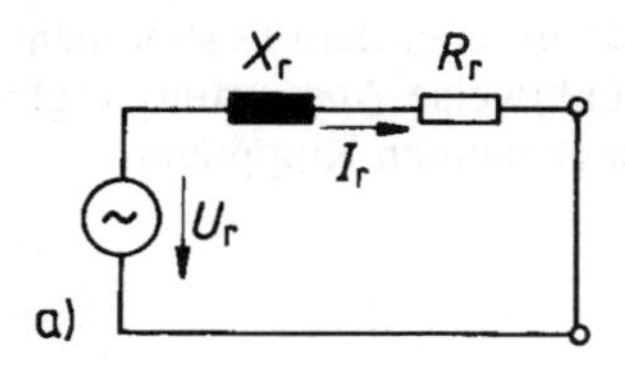

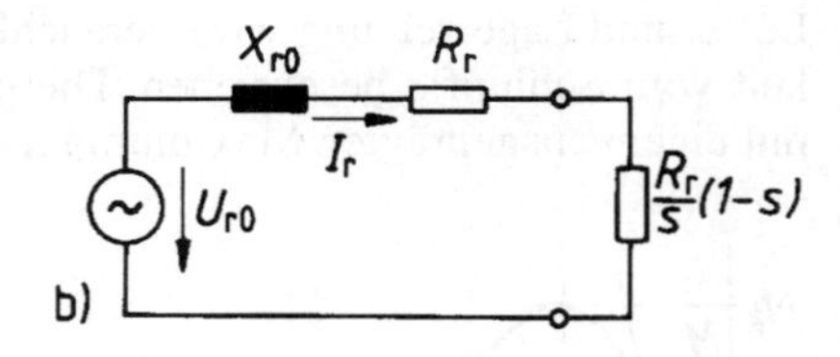

Aus Bild 4.44a läßt sich in komplexer Schreibweise nach den Regeln in Abschn. 1.3.2.4 die Spannungsgleichung

$$U_r = I_r(R_r + jX_r)$$

angeben. Setzt man die obigen Werte für einen beliebigen Schlupf ein, so wird daraus die Gleichung

$$s\,U_{r0} = I_r(R_r + jsX_{r0})$$

Dividiert man diese durch s, so erhält man schließlich

$$U_{r0} = I_r(R_r/s + jX_{r0})$$

Aus dieser Gleichung erhält man den Effektivwert des Läuferstromes mit

$$I_r = \frac{U_{r0}}{\sqrt{(R_r/s)^2 + X_{r0}^2}}$$

Die Rechengröße R_r/s läßt sich nun nach Bild 4.44b mit

$$\frac{R_r}{s} = R_r + \frac{R_r}{s}(1-s) = R_r + R_L$$

in den eigentlichen Wicklungswiderstand eines Läuferstrangs und einen Wert R_L aufteilen.

$$R_L = \frac{R_r}{s}(1-s)$$

Dieser erfaßt als ohmscher Verbraucher in der elektrischen Ersatzschaltung die an der Welle mechanisch abgegebene Wirkleistung incl. der Reibungsverluste.

$$P_2 = 3\frac{R_r}{s}(1-s)\,I_r^2$$

Für $s = 0$ wird $R_L = \infty$ und damit der Läuferkreis wie es sein muß stromlos. Bei $s = 1$ ist $R_L = 0$, da der Motor im Stillstand keine Leistung abgibt.

Mit obiger Stromgleichung erhält man für die Abgabeleistung

$$P_2 = 3\frac{R_r}{s}(1-s)\cdot\frac{U_{r0}^2}{(R_r/s)^2 + X_{r0}^2}$$

Für das Drehmoment der Maschine gilt allgemein

$$M = \frac{P_2}{2\pi\, n}$$

und damit nach Einsetzen obiger Beziehung für P_2 und mit $n = n_s(1 - s)$

$$M = \frac{3\, U_{r0}^2}{2\pi\, n_s} \cdot \frac{R_r/s}{(R_r/s)^2 + X_{r0}^2} = f(s)$$

Mit dieser Gleichung wird das Drehmoment der Asynchronmaschine – der Verlustanteil M_v für Lüfter und Lagerreibung wird vernachlässigt oder dem Lastmoment zugeschlagen – in Abhängigkeit vom Schlupf s beschrieben. Die punktweise Auswertung ergibt den Verlauf nach Bild 4.45 mit einem ausgeprägten Maximum im sogenannten Kipppunkt.

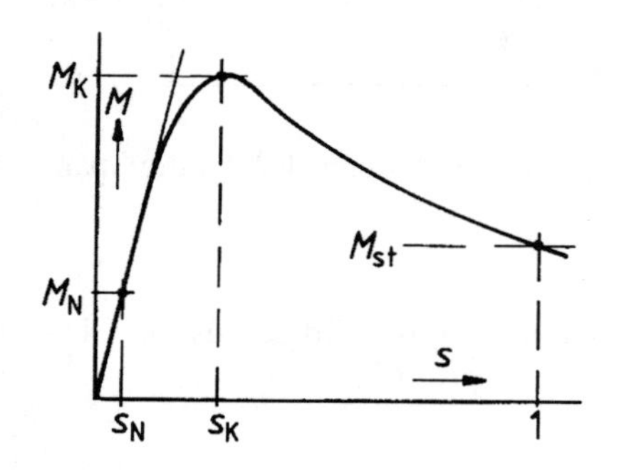

Bild 4.45
Drehmoment-Schlupf-Kennlinie
M_K Kippmoment
M_{st} Stillstandsmoment
M_N Bemessungsmoment

Die Daten des Maximums erhält man durch Differenzieren der Funktion $M = f(s)$ und Nullsetzen der ersten Ableitung. Die Berechnung ergibt die Werte

$$M_K = \frac{3\, U_{r0}^2}{4\pi\, n_s \cdot X_{r0}} \quad \text{und} \quad s_K = \frac{R_r}{X_{r0}} \tag{4.40}$$

Setzt man diese Daten für Kippmoment M_K und Kippschlupf s_K in die Gleichung $M = f(s)$ ein, so erhält man eine bezogene Drehmomentbeziehung, die als Klosssche Gleichung bekannt ist. Sie lautet

$$\frac{M}{M_K} = \frac{2}{s_K/s + s/s_K} \tag{4.41}$$

Sind die Daten des Kipppunktes einer Asynchronmaschine bekannt, so kann mit dieser Gleichung das Drehmoment für jeden beliebigen Schlupf s und damit die Drehzahl $n = n_s(1 - s)$ berechnet werden. Die Gleichung liefert allerdings keine genauen Werte, da z.B. bei der Ableitung der Ständerwicklungswiderstand R_s nicht berücksichtigt wurde.

Motorkenngrößen. Ausgehend von den Daten für den Bemessungsbetrieb mit M_N und dem Schlupf s_N gilt für Maschinen mit Leistungen über 1 kW etwa

$$M_K/M_N = 2 \text{ bis } 3{,}5 \quad \text{und} \quad s_K/s_N = 3 \text{ bis } 6 \tag{4.42a}$$

Für sehr kleine Schlupfwerte erläuft das Drehmoment nach der Anfangstangente in Bild 4.45, so daß für den Bereich zwischen Leerlauf mit $s = 0$ und dem Bemessungspunkt mit s_N die Beziehung

$$M/M_N = s/s_N \tag{4.43}$$

gilt. Je nach Größe des Motors beträgt der Schlupf s_N etwa 2% für sehr große und 10% für kleine Motorleistungen.

Für $s = 1$ liefert die Klosssche Gleichung (4.41) das Anlauf- oder Stillstandsmoment M_{st} der Asynchronmaschine. Bezogen auf den Bemessungswert M_N gilt etwa

$$M_{st}/M_N = 1{,}6 \text{ bis } 2{,}5 \tag{4.42b}$$

wobei der hohe Wert mit der Bauform des später besprochenen Stromverdrängungsläufer erreicht wird.

Nach Gl. (4.40) ist das Kippmoment dem Quadrat der Läuferstillstandsspannung U_{r0} proportional. Da diese über das Windungszahlverhältnis direkt mit der Klemmenspannung U verbunden ist, gilt für das Kippmoment M_K der Asynchronmaschine bezogen auf die Bemessungswerte die Beziehung

$$M_K = M_{KN}\left(\frac{U}{U_N}\right)^2 \tag{4.44}$$

Der Kippschlupf ist ebenfalls nach Gl. (4.40) proportional zum Läuferwiderstand R_r. Bei Verwendung eines Schleifringläufers kann man damit durch Zuschalten eines Vorwiderstandes R_v pro Strang den Kippschlupf auf den höheren Wert

$$s_K = s_{KN}\frac{R_r + R_v}{R_r} \tag{4.45}$$

einstellen. Diese Technik wird zum Anlassen und zur Drehzahlsteuerung eingesetzt.

Drehmoment-Drehzahlkennlinie. Bild 4.46 zeigt den Verlauf der mechanischen Kennlinie $M = f(n)$ eines Motors mit Rundstabläufer. Wie später gezeigt wird, kann besonders der abfallende Ast der Kennlinie bis zum Stillstandsmoment M_{st} beim Käfigläufermotor durch die Formgebung der Läufernuten stark beeinflußt werden.

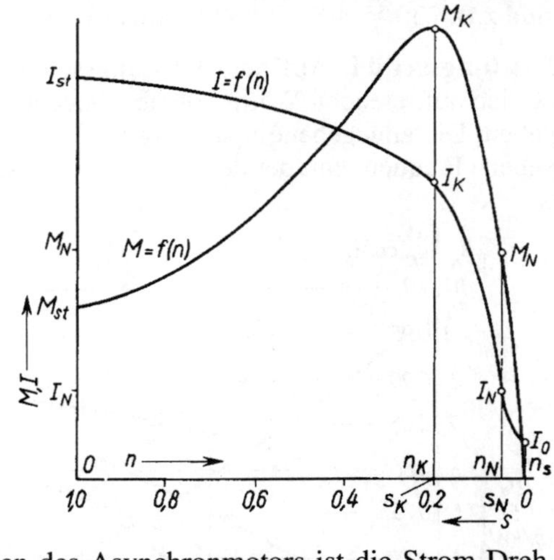

Bild 4.46
Kennlinien $M = f(n)$ und $I = f(n)$ eines Drehstrom-Asynchronmotors (gültig für Kurzschlußläufer und Schleifringläufer mit kurzgeschlossenem Anlasser $R_v = 0$)

Elektrische Kennlinien. Besonders für das Anlassen des Asynchronmotors ist die Strom-Drehzahlkennlinie $I = f(n)$ von Bedeutung, die ebenfalls in Bild 4.46 eingezeichnet ist. Charakteristisch ist der relativ hohe Leerlaufstrom I_0, der bei größeren Motoren 20 bis 30 %, bei kleinen Motoren bis 50 % und mehr des bei Volllast auftretenden Bemessungsstromes I_N beträgt. Der Strom nimmt bis zum Kipppunkt (Kippstrom I_K) zu und wächst auch trotz Abnahme des Drehmomentes zwischen Kipppunkt bis zum Stillstand weiter an. Bei Stillstand erreicht er seinen größten Wert, den Stillstandsstrom I_{st}, der je nach Motorart etwa den 4- bis 6- bis 8fachen Wert von I_N betragen kann. Die weiteren Kennlinien für den Leistungsfaktor $\cos \varphi = f(n)$ und den Wirkungsgrad $\eta = f(n)$ interessieren in der Regel nur im normalen Betriebsbereich zwischen Leerlauf und Volllast. Der Strangstrom eilt der Strangspannung um den Phasenwinkel φ im ganzen Drehzahlbereich nach, d.h. der Motor benötigt beim Anfahren und im Betrieb induktive Blindleistung.

Frequenzwandler. Besonders einfach sind die Kennlinien für die Läuferspannung U_r und deren Frequenz f_r. Beide Größen nehmen nach Gl. (4.39) linear von ihren Stillstandswerten U_{r0} und $f_{r0} = f$ bis zum Leerlauf auf Null ab, so daß die in Bild 4.47 angegebenen Geraden entstehen.

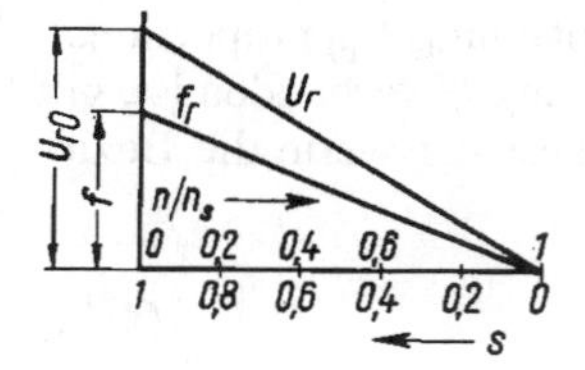

Bild 4.47
Läuferspannung U_r und Läuferfrequenz f_r in Abhängigkeit vom Drehzahlverhältnis n/n_s bzw. vom Schlupf s (f Netzfrequenz)

Ein Schleifringläufermotor kann damit als rotierender Frequenzwandler eingesetzt und an den läuferseitigen Anschlüssen K, L und M eine Drehspannung der Frequenz $f_r = s\,f$ abgenommen werden. Vor Entwicklung der Leistungselektronik wurde diese Technik gerne z.B. zur Erzeugung eines 60 Hz-Netzes verwendet. Der Motor muß dazu mit der Drehzahl $n = 0{,}2\,n_s$ entgegen seiner Drehfeldrichtung angetrieben werden, womit der Schlupf $s = 1{,}2$ und die Läuferfrequenz $f_r = 1{,}2$ 50 Hz = 60 Hz entstehen.

Kennwerte ausgeführter Drehstrommotoren. Für Schlupf, Leistungsfaktor und Wirkungsgrad bei Volllast kann man, abhängig von der Größe der Bemessungsleistung, die in Bild 4.48 dargestellten Richtwerte für die Planung zugrunde legen. Darin gelten die kleineren Werte für synchrone Drehzahlen von 750 min^{-1}, die höheren Werte für 3000 min^{-1}. Die genormten Spannungen sind z.B. 230 V, 400 V, 500 V sowie 3 und 6 kV.

Leistungsschild. Auf dem Leistungsschild von Asynchronmotoren sind die bei Bemessungsbetrieb auftretenden Werte von abgegebener Leistung, Drehzahl und Leistungsfaktor $\cos \varphi$ angegeben. Die angegebene Spannung muß mit der Dreieckspannung des Drehstromnetzes, die angegebene Frequenz mit der des Netzes übereinstimmen. Schließlich bedeutet die angegebene Schal-

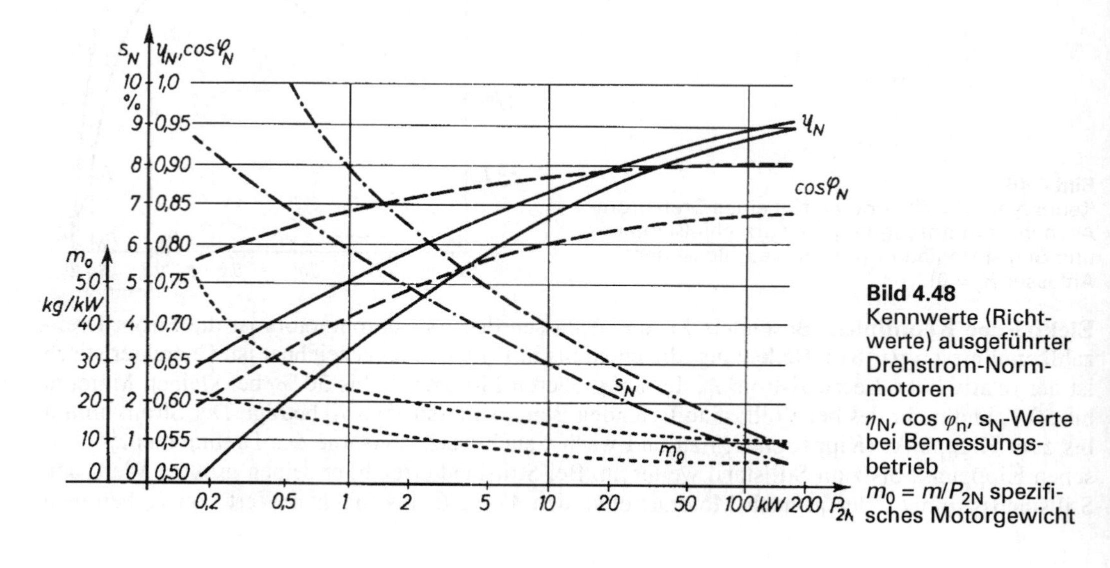

Bild 4.48
Kennwerte (Richtwerte) ausgeführter Drehstrom-Normmotoren

η_N, $\cos \varphi_n$, s_N-Werte bei Bemessungsbetrieb

$m_0 = m/P_{2N}$ spezifisches Motorgewicht

tungsart (⅄ oder △) die Betriebsschaltung des Motors, der angegebene Strom den Strom in jedem der Hauptleiter bei Bemessungsbetrieb.

In den Listen der Hersteller findet man meist noch Angaben über den Wirkungsgrad des Motors und das Trägheitsmoment des Läufers, bei Kurzschlußläufermotoren zusätzlich Werte über die Größe von Stillstandsstrom, Stillstandsmoment, Kippmoment und Kippdrehzahl.

Drehstrommotor am Wechselstromnetz. Asynchronmotoren für die Bemessungsspannungen 230 V/400 V in D/Y-Schaltung und Leistungen bis etwa 1,5 kW können in Dreieckschaltung D nach Bild 4.49 auch am Wechselstromnetz betrieben werden. Sie erhalten dabei mit einer nach Steinmetz benannten Schaltung mit Hilfe eines Kondensators C eine allerdings unsymmetrische Drehspannung und können damit das erforderliche umlaufende Ständerfeld aufbauen. In der Regel wird nur ca. 80% der Bemessungsleistung des Drehstrombetriebs erreicht und auch das Anzugsmoment ist mit ca. 0,3 M_N deutlich reduziert. Ohne Beweis soll mit

$$C = \frac{1}{\pi \cdot f} \sin \varphi_N \cdot \left(\frac{I}{U}\right)_{NStr} \tag{4.46}$$

die Gleichung zur Bestimmung der erforderlichen Kondensatorkapazität angegeben werden. Alle erforderlichen Daten können unmittelbar dem Leistungsschild entnommen werden. Der Wert von C liegt im Bereich von etwa 60 µF/kW. Eine Drehrichtungsumkehr erhält man durch Vertauschen der Anschlüsse des Kondensators am Netz.

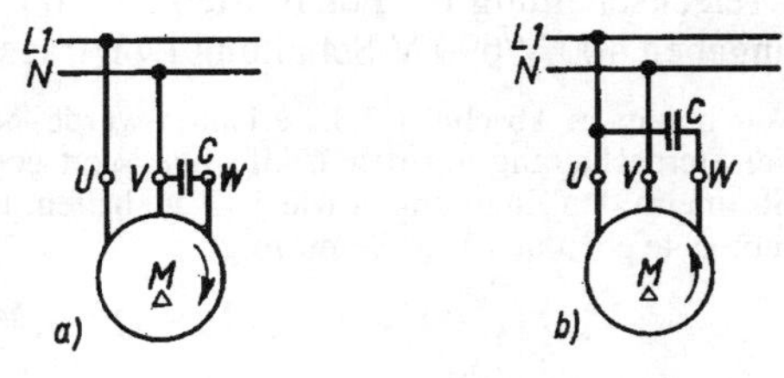

Bild 4.49
Schaltpläne eines Drehstrommotors mit Kurzschlußläufer am Wechselstromnetz 230 V für beide Drehrichtungen

Drehstrommotoren in Steinmetzschaltung werden mitunter für Pumpen-, Lüfter- und Kleinwerkzeuge eingesetzt, wenn anstelle des eigentlich üblichen Kondensatormotors ein sehr preiswerter Drehstrom-Kleinmotor zur Verfügung steht.

Beispiel 4.13 Auf dem Leistungsschild eines Drehstrom-Käfigläufermotors stehen die Daten $P_N = 370$ W, $n_N = 1410$ min^{-1}, $U_N = 400$ V Sternschaltung, $I_N = 1{,}1$ A, cos $\varphi_N = 0{,}75$. Mit welcher Kondensatorkapazität C kann der Motor am Wechselstromnetz mit $U = 230$ V betrieben werden?

Nach Gl. (4.46) gilt

$$C = \frac{1}{\pi \cdot 50\,\text{Hz}} \cdot 0{,}6614 \cdot \frac{1{,}1\,\text{A}}{230\,\text{V}} = 20\,\mu\text{F}$$

Drehstrom-Asynchrongeneratoren. Treibt man eine auf ein Netz konstanter Spannung und Frequenz geschaltete Asynchronmaschine mit $n > n_s$, d.h. $s < 0$ über die Leerlaufdrehzahl hinaus an, so gibt die Maschine im Generatorbetrieb elektrische Energie an das Netz ab. Wie im Motorbetrieb muß sie jedoch zur Magnetisierung ihres Drehfeldes nach wie vor induktive Blindleistung aufnehmen, kann also nicht wie eine Synchronmaschine auch zur Blindleistungslieferung verwendet werden.

Soll ein Asynchrongenerator ohne Netz eine Verbrauchergruppe versorgen, so kann die erforderliche Blindleistung durch eine parallele Kondensatorbatterie geliefert werden. Man bezeichnet dies als selbsterregten Generatorbetrieb. Asynchrongeneratoren sind preiswert und einfach in Wartung und Steuerung. Sie werden daher mitunter für kleine Wasserkraft- und Blockheizkraftwerke vorgesehen.

4.3.2.2 Anlassen

Direktes Einschalten von Kurzschlußläufermotoren. Bei Motoren mit Kurzschlußläufer beträgt der Netzstrom im Augenblick des Einschaltens ein Vielfaches des Bemessungsstroms, und zwar je nach Motorart etwa 4- bis 8 mal so viel. Dieser relativ hohe, wenn auch nur kurz andauernde Anfahrstrom ist unerwünscht. Der Stromstoß ruft in den Leitungen des Verteilungsnetzes, an das außer dem Motor ja noch weitere Verbraucher angeschlossen sind, erhöhte Spannungsverluste hervor. Die entsprechende kurzzeitige Spannungsabsenkung kann sich z.B. durch eine unangenehm empfundene Helligkeitsminderung von Glühlampen bemerkbar machen.

Deshalb schreiben die Elektrizitätswerke in ihren Anschlußbedingungen vor, daß in öffentlichen Netzen nur kleine Motoren mit Kurzschlußäufer (meist bis 5 kW) direkt eingeschaltet werden dürfen. Geschieht der Motorschutz durch vorgeschaltete Sicherungen, so können diese beim Anlassen durchschmelzen, obwohl der Motor durch den kurzdauernden Anlaufvorgang keine unzulässige Erwärmung erfährt. Abhilfe ist entweder durch Einbau träger Sicherungen oder besser durch Verwendung eines Motorschutzschalters anstelle von Sicherungen möglich.

Stern-Dreieck-Umschaltung. Der hohe Anfahrstrom kann durch einen Stern-Dreieck-Umschalter (Bild 4.50) für die Ständerwicklung vermieden werden. Bei Benutzung eines solchen Umschalters wird die Ständerwicklung aus dem Stillstand (1. Schalterstellung 0) in Stern geschaltet (2.Stellung ⅄). Nach erfolgtem Hochlauf wird auf Dreieckschaltung umgeschaltet (3. Stellung △). Das Verfahren kann deshalb nur bei Motoren angewandt werden, deren Betriebsschaltung die Dreieckschaltung ist. Für Betrieb am 400 V-Netz muß das Leistungsschild damit die Spannungsangaben 400 V/690 V Schaltung D/Y tragen.

Wie bereits in Abschn. 1.3.3.2 erläutert wurde, betragen die Strangspannungen und damit auch die Strangströme bei Sternschaltung nur den $1/\sqrt{3}$fachen Wert gegenüber Dreieckschaltung, so daß sich die Leistungen und die Ströme in den Zuleitungen wie 1 : 3 verhalten. Damit ist aber bei gleicher Drehzahl das Verhältnis der Motormomente ebenfalls 1 : 3. Somit folgt

$$P_{\curlywedge} : P_{\triangle} = 1:3 \qquad I_{\curlywedge} : I_{\triangle} = 1:3 \qquad M_{\curlywedge} : M_{\triangle} = 1:3$$

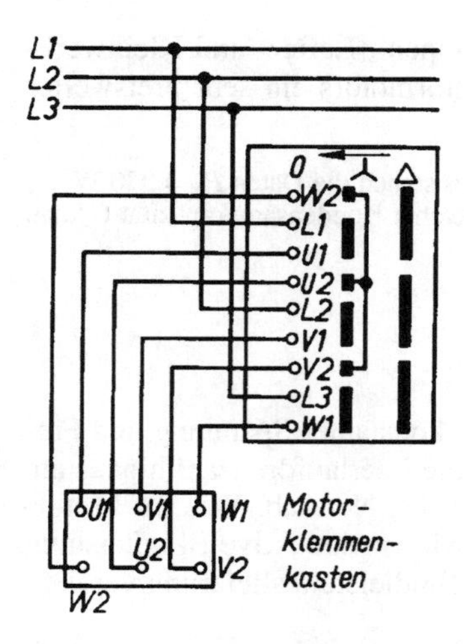

Bild 4.50 Stern-Dreieck-Schalter. Die beweglichen Schaltstücke (rechts) befinden sich auf einer Schaltwalze (Walzenschalter) oder werden als einzelne Schaltelemente durch eine Nockenwelle bewegt (Nockenschalter)

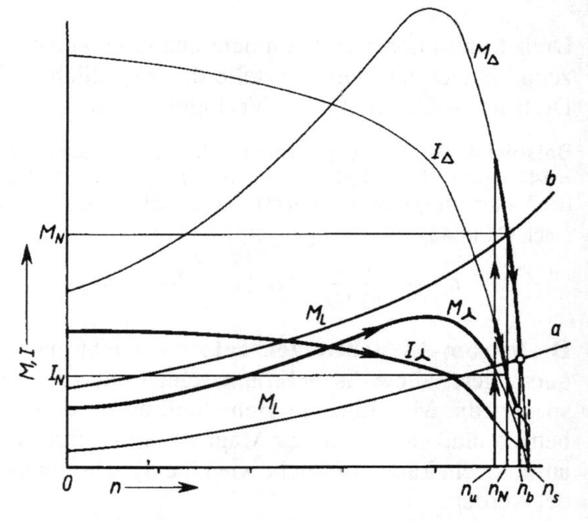

Bild 4.51 Anfahrkennlinien eines Kurzschlußläufermotors mit Stern-Dreieck-Umschaltung der Ständerwicklung

Durch das Herabsetzen von Netzstrom I und Motormoment M auf ein Drittel bei Sternschaltung gegenüber Dreieckschaltung werden zwar die hohen Anfahrströme vermieden, jedoch kann infolge der Minderung des Motormoments das Verfahren nur dann angewandt werden, wenn der Motor während des Anlaufs durch die Arbeitsmaschine noch nicht oder nur schwach belastet ist.

Die Verhältnisse während des Hochlaufens gehen aus Bild 4.51 hervor. Außer den aus Bild 4.46 bekannten Kennlinien in der Betriebsschaltung, also bei Dreieckschaltung I_Δ, $M_\Delta = f(n)$, sind diejenigen bei Sternschaltung $I_\perp$, $M_\perp = f(n)$ eingetragen. Verläuft das Lastmoment M_L der Arbeitsmaschine nach der Kurve a, so kann mit Stern-Dreieck-Schaltung angefahren werden. Der dann gegebene Verlauf von Strom $I_\perp$ und Motormoment $M_\perp$ sind dick ausgezogen. Von Stern- auf Dreieckschaltung wird bei so hoher Drehzahl umgeschaltet, daß die bei der Umschaltung (Drehzahl n_u) auftretende Stromspitze den größten Anfahrstrom, der im Stillstand auftritt, nicht wesentlich übersteigt. Während des ganzen Anlaufvorganges ist das Motormoment größer als das Lastmoment ($M_\perp > M_L$), so daß der Antrieb dauernd beschleunigt wird. Schließlich stellt sich die Betriebsdrehzahl n_b ein, die sich durch den Schnittpunkt der beiden Momentenkennlinien ergibt ($M_\Delta = M_L$).

Verläuft dagegen das Lastmoment nach der Kurve b, dann genügt das Drehmoment des Motors bei Sternschaltung nicht, um die Arbeitsmaschine zu beschleunigen, da $M_\perp < M_L$ ist. Es wäre allerdings unwirtschaftlich, lediglich wegen dieser Anlaufverhältnisse einen größeren Motor zu verwenden. In diesem Falle wird man eine der nachstehend beschriebenen Sonderbauformen des Käfigläufers mit einer günstigeren Momentenkennlinie wählen.

Sonderbauformen des Käfigläufers. Der einfache Käfigläufer mit einem Läuferkäfig aus Rundstäben (Bild 4.52a, Teilbild R) wird wegen seiner ungünstigen Anlaufverhältnisse (im Stillstand bis zu 8fachem Bemessungsstrom, Anzugsmoment meist kleiner als 0,5 M_N, s. Bild 4.52b) nur noch selten gebaut. Meist trifft man bei kleineren Motorleistungen die Tropfenform T der Stäbe an, die diese Nachteile nicht hat. Wie die Ausführungen zum Schleifringläufer aber zeigen, können die Verhältnisse durch eine Widerstandserhöhung im Läuferkreis wesentlich verbessert werden, indem während des Anlaufs der Läufervorwiderstand R_V immer mehr verringert und schließlich

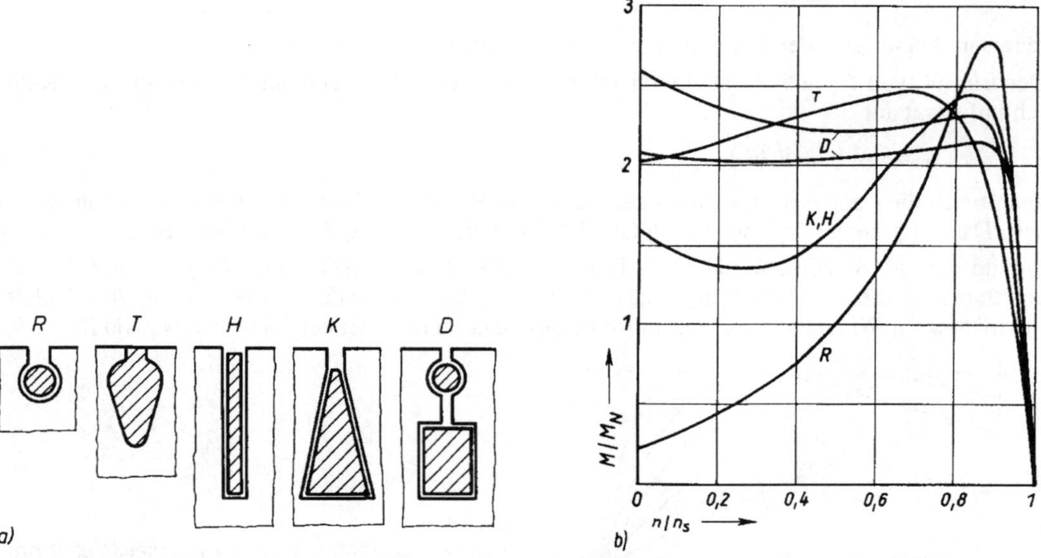

Bild 4.52 Nut- und Läuferstabformen (a) von Kurzschlußläufermotoren und zugehörige Drehmomentkennlinien (b)

kurzgeschlossen wird. Bei den Sonderbauformen des Käfigläufers wird durch die verschiedenen Ausführungen der Nut- und Stabformen des Läufers (Bild 4.52a) während des Anlaufs automatisch eine Verringerung des wirksamen Läuferwiderstandes von einem größten Wert bei Stillstand bis zu einem kleinsten Wert im Betriebsbereich erzielt.

Die Widerstandsänderung während des Anlaufs kommt bei den Hochstabläufern *H* mit ihren hohen, schmalen Läuferstäben bzw. den Keilstabläufern *K*, erst recht aber bei den Doppelkäfigläufern *D* mit zwei Läuferkäfigen dadurch zustande, daß im Stillstand der Läuferstrom fast ganz im oberen Teil an der Nutöffnung der Läuferstäbe bzw. in dem äußeren Läuferkäfig (Anlaßkäfig) fließt. Der Läuferstrom wird also gewissermaßen auf einen relativ kleinen Querschnitt verdrängt (Stromverdrängungsläufer) und findet daher relativ hohen Widerstand vor. Mit steigender Drehzahl nimmt diese Erscheinung immer mehr ab. Am Ende des Hochlaufs verteilt sich im üblichen Betriebsbereich der Drehzahl der Läuferstrom gleichmäßig über den ganzen Querschnitt der Hochstäbe bzw. entsprechend den Widerständen des äußeren Anlaufkäfigs und des inneren Betriebskäfigs. Dadurch ergibt sich im Betrieb ein niedriger wirksamer Läuferwiderstand und guter Wirkungsgrad. Die Anlaufströme dieser Motoren liegen etwa beim 4–5fachen Bemessungsstrom; das Anfahrmoment liegt bei Hochstabläufern beim 1,5fachen Bemessungsmoment, weist aber eine für Schweranlauf ungünstige Einsattelung in der Kennlinie auf. Bei Doppelkäfigläufern ergeben sich Werte etwa bis zum 3fachen Bemessungsmoment. Soweit es die Anschlußbedingungen zulassen, werden solche Motoren direkt, anderenfalls durch Stern-Dreieck-Schaltung angefahren.

Anlassen von Schleifringläufermotoren. Bei diesen Motoren kann durch Einschalten von Anlaßwiderständen R_V in den Läuferkreis (Bild 4.42) der Anfahrstrom herabgesetzt und gleichzeitig das Anfahrmoment, verglichen mit dem Moment bei direkter Einschaltung, erhöht werden.

Die Wirkung dieses Verfahrens kann unmittelbar der Ersatzschaltung des Läuferkreises in Bild 4.44 entnommen werden. Durch einen Vorwiderstand ist im Stromkreis der Gesamtwiderstand $R_r + R_v$ vorhanden, womit sich der Läuferstrom bei $n = 0$ also $s = 1$ auf

$$I_{rst} = \frac{U_{r0}}{\sqrt{(R_r + R_V)^2 + X_{r0}^2}}$$

reduziert. Damit geht der Ständerstrom ebenfalls zurück.

Der Einfluß von R_v auf die Drehmomentkurve kann Gl. (4.40) entnommen werden. Der Kippschlupf steigt auf

$$s_K = s_{KN}\,(1 + R_v/R_r)$$

womit sich die Lage des Maximums der Kennlinie $M = f(n)$ in Richtung kleinere Drehzahl verlagert. Das Kippmoment selbst ist nach Gl. (4.40) von R_v unabhängig und bleibt konstant.

In Bild 4.53 ist zunächst wieder – als Kurve *a* – die Momentenkennlinie $M = f(n)$ aus Bild 4.46 übertragen worden ($s_N = 0{,}05$, $s_K = 0{,}2$). Wird nun jedem Strang der Läuferwicklung des Schleifringmotors ein Widerstand $R_V = R_r$ in Reihe geschaltet und damit der Läuferwiderstand $R_L = 2R_r$,

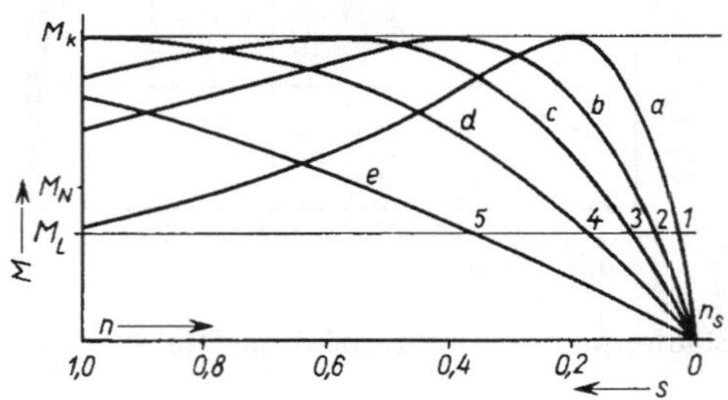

Bild 4.53
Drehmomentkennlinien $M = f(n)$ eines Drehstrommotors mit Schleifringläufer bei verschiedenen Widerständen im Läuferkreis

also verdoppelt, dann verdoppelt sich nach obiger Gleichung auch der Kippschlupf s_K auf 0,4, während das Kippmoment M_K unverändert erhalten bleibt (Kurve *b*). Das Moment M_N tritt jetzt etwa beim doppelten Schlupf auf; d.h. die Drehzahl sinkt zwischen Leerlauf und Bemessungsmoment stärker ab. Im Stillstand ergibt sich dabei ein Anfahrmoment, das fast doppelt so groß wie beim direkten Einschalten ist. Vergrößert man R_V um den doppelten Wert von R_r, dann wird $R_L = 3\ R_r$, der Kippschlupf liegt bei 0,6 (Kurve *c*). Es ist sogar möglich, daß das Anfahrmoment gleich dem Kippmoment wird (Kurve *d*). Durch weiteres Vergrößern von R_V sinkt das Anfahrmoment wieder ab (Kurve *e*). Der Motor mit Schleifringläufer ist für schwerste Anlaufbedingungen (Schweranlauf) geeignet. Während des Anfahrens wird der Anlaßwiderstand R_V stufenweise abgeschaltet. Nach erfolgtem Hochlauf ist $R_V = 0$. Das vorhandene Lastmoment M_L der Arbeitsmaschine bestimmt die erforderliche Größe des Motormoments M im stationären Betrieb: $M = M_L$.

4.3.2.3 Drehzahlsteuerung

Aus Gl. (4.34) ergibt sich mit Gl. (4.33) für die Motordrehzahl

$$n = \frac{f}{p}(1 - s) \qquad (4.47)$$

Somit stehen grundsätzlich drei Möglichkeiten der Drehzahlsteuerung, nämlich durch Änderung von s, p und f zur Verfügung.

Änderung des Schlupfes *s*. Beim Schleifringläufer kann die zum Anfahren mit Vorwiderständen R_V herangezogene Schaltung (Bild 4.42) auch zur Drehzahlsteuerung nach Bild 4.53 im Betrieb angewandt werden, wenn anstelle der Anlasserwiderstände ein für Dauerbetrieb geeigneter Anlaßsteller verwendet wird. Beim Kurzschlußläufer kann die Schlupfänderung durch Herabsetzen der Motorspannung ($U < U_N$) erreicht werden, da das Kippmoment $M_K \sim U^2$ ist.

In Bild 4.53 sei das Lastmoment M_L einer Arbeitsmaschine konstant. Die Betriebsdrehzahl kann vom Schnittpunkt 1 dieser Kennlinie mit der normalen Betriebskennlinie (a) durch Verändern der Motorkennlinien nach unten gesteuert werden (Schnittpunkte 2 bis 5). Zum Nachteil der relativ hohen Stromwärmeverluste im Anlaßsteller kommt die meist unerwünschte Lastabhängigkeit der Drehzahl hinzu, da der Motor bei Entlastung ($M_L = 0$) immer auf die Drehzahl n_s hochläuft. Wegen dieser Nachteile wird die hier beschriebene Drehzahlsteuerung nur selten, z.B. kurzdauernd in einem Arbeitsprozeß, angewendet.

Änderung der Polpaarzahl *p*. Mit der kleinstmöglichen Polpaarzahl $p = 1$ läßt sich bei der Netzfrequenz $f = 50$ Hz nach $n_s = f/p$ die größtmögliche Drehzahl 3000/min erreichen. Bei Ausführung der Ständerwicklung mit 2/3/4 usw. Polpaaren erhält man Motoren mit den Drehzahlstufen $n_s = 1500/1000/750\ \text{min}^{-1}$ usw.

Für viele Zwecke, häufig im Zusammenhang mit Getrieben an Werkzeugmaschinen, werden Käfigläufermotoren mit Polumschaltung, sogenannte polumschaltbare Motoren, verwendet. Es sind entweder zwei getrennte Ständerwicklungen verschiedener Polpaarzahlen vorhanden, oder es können die Stranghälften der Ständerwicklung auf verschiedene Weise zusammengeschaltet werden, so daß sich in beiden Fällen eine Änderung der Polpaarzahl p und damit eine Drehzahlsteuerung in Stufen erreichen läßt (Bild 4.54).

Üblich sind meist zwei, aber auch drei, selten vier Stufen bei Motoren bis etwa 20 kW. Die Leistungen in den einzelnen Stufen sind nicht gleich und betragen z.B. bei einem polumschaltbaren Motor mit den drei Drehzahlstufen 1500/1000/750 min^{-1} in derselben Reihenfolge 9,5/8,0/6,3 kW. Gegenüber einem Motor mit nur einer Drehzahl erhöhen sich Preis und Gewicht wesentlich, Wirkungsgrad und Leistungsfaktor werden schlechter.

Für langsam laufende Maschinen und Apparate aller Art mit Drehzahlen bis unter 1/min wird anstelle von Transmissionen, Ketten- oder Zahnradvorgelegen für die Untersetzung der Getriebemotor verwendet. Außer den Vorteilen der geringeren Abnutzung, des besseren Wirkungsgrades

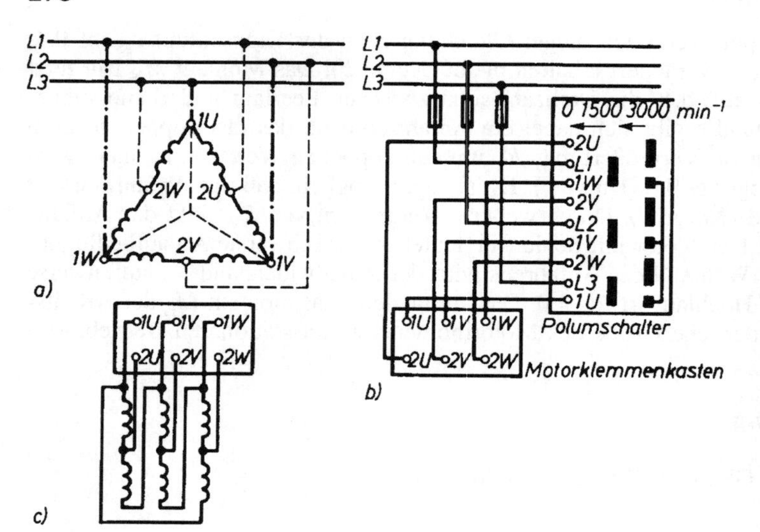

Bild 4.54
Schaltplan für polumschaltbaren Drehstrommotor (Dahlanderschaltung)
a) –·–·– Reihen-Dreieckschaltung für $p = 2$, $n = 1500/\text{min}$
– – – Doppelsternschaltung für $p = 1$, $n = 3000/\text{min}$
b) Polumschalter (Walzenschalter) mit 3 Schaltstellungen
c) Ergänzung des Schaltplans b)

und geringeren Raumbedarfs bedeutet dies die vollkommen staubdichte und spritzwassersichere Ausführung in Schutzart IP54, s. Abschn. 5.1.1, in einer Konstruktionseinheit. Die Verwendung dieses Antriebes ist auch unter den ungünstigen Betriebsverhältnissen wie im Bergbau oder der Stahlindustrie möglich.

Änderung der Frequenz *f*. Betreibt man eine Asynchronmaschine mit einer Drehspannung einstellbarer Frequenz f, so wird nach Gl. (4.33) mit $n_s = f/p$ die Synchron- und damit auch die Betriebsdrehzahl $n = n_s(1 - s)$ proportional geändert. Dieses Verfahren hat mit der Entwicklung von Frequenzumrichtern (s. Abschn. 2.3.2.3) die gesamte elektrische Antriebstechnik entscheidend beeinflußt und den fremderregten Gleichstrommotor als klassischen drehzahlgeregelten Antrieb weitgehend abgelöst. So werden heute in Werkzeugmaschinen, Förderanlagen und der Bahntechnik meist frequenzgesteuerte Drehstrommaschinen eingesetzt.

Der in Beispiel 4.10 für einen Transformator mit Gl. (4.32) abgeleitete Zusammenhang zwischen der Spannung an einer Wicklung mit der Windungszahl N und dem magnetischen Fluß, nämlich

$$\Phi_{\max} = \frac{U}{4{,}44 \cdot f \cdot N}$$

gilt grundsätzlich auch für rotierende Maschinen. Will man danach die magnetische Ausnutzung und damit das volle Drehmoment erhalten, so muß man bei einer Frequenzänderung mit $U \sim f$ im gleichen Maße die Spannung nachstellen. In diesem Proportionalbereich bleibt mit der aus Gl. (4.40) abgeleiteten Beziehung

$$M = M_{\mathrm{KN}} \left(\frac{U}{U_{\mathrm{N}}}\right)^2 \left(\frac{f_{\mathrm{N}}}{f}\right)^2 \tag{4.48}$$

das Kippmoment mit seinem Bemessungswert M_{KN} konstant.

Mit Erreichen der Werte U_{N} bei f_{N}, welche man als Eckpunkt der Frequenzumrichter-Kennlinie bezeichnet, wird nur noch die Frequenz erhöht. Dies führt nach obiger Gleichung zu einem quadratisch abfallenden Kippmoment und damit zu einer Höchstdrehzahl $n_{\max}$ für den Betrieb mit der Bemessungsleistung P_{N}.

Das Drehzahl-Drehmomentfeld ist in Bild 4.55 dargestellt. Es stimmt sehr weitgehend mit dem entsprechenden Diagramm in Bild 4.14 für die fremderregte Gleichstrommaschine überein. Noch

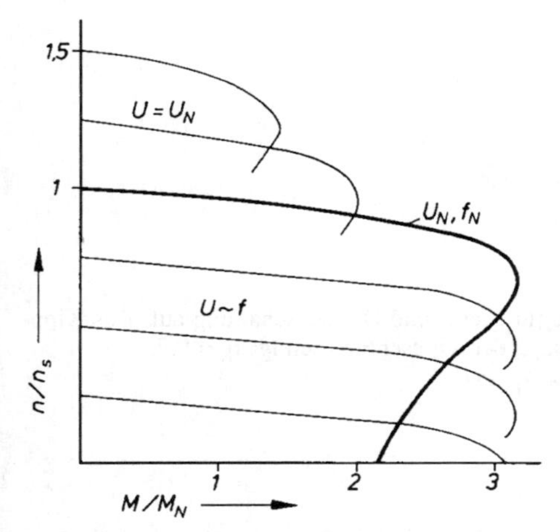

Bild 4.55 Drehzahl-Drehmomentkennlinien eines Drehstrom-Asynchronmotors bei Betrieb mit variabler Frequenz

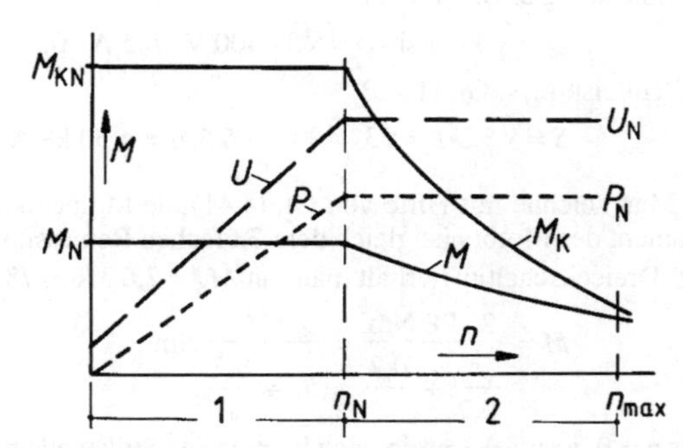

Bild 4.56 Betriebskennlinien einer Asynchronmaschine bei Speisung mit veränderlicher Frequenz
1 Proportionalbereich mit $U \sim f$
2 Feldschwächbereich mit $U = U_N$

deutlicher wird dies im Betriebsdiagramm der frequenzgesteuerten Asynchronmaschine nach Bild 4.56, das mit Bild 4.16 zu vergleichen ist. Wie dort kann im unteren Stellbereich der Motor mit seinem vollen Bemessungsmoment betrieben werden. Will man im Feldschwächbereich die Bemessungsleistung fahren, so sinkt das erforderliche Drehmoment mit $1/n$. Die Grenze ist erreicht, wenn das quadratisch abfallende Kippmoment in die Nähe des Betriebsmomentes kommt.

Umsteuerung. Die Drehrichtung des Drehfeldes bestimmt die Richtung des im Motor erzeugten Drehmoments und damit die Drehrichtung des Motors. Sie kann durch Vertauschen zweier beliebiger Zuführungen vom Drehstromnetz zur Ständerwicklung umgekehrt werden.

4.3.2.4 Zahlenbeispiele

Beispiel 4.14 Ein Drehstrom-Asynchronmotor mit Käfigläufer hat auf dem Leistungsschild folgende Angaben: 3 kW, 400 V, 6,5 A, $\cos \varphi = 0{,}84$, 955 min^{-1}, 50 Hz, Schaltung Δ

a) Man berechne alle Größen des Motors, die sich aus den Angaben des Leistungsschildes bestimmen lassen.

Im Bemessungsbetrieb mit Anschluß an das 400 V/230 V-Netz sind

aufgenommene Leistung, s. Gl. (1.111)

$$P_1 = \sqrt{3}\, U I \cos \varphi = \sqrt{3} \cdot 400\ \text{V} \cdot 6{,}5\ \text{A} \cdot 0{,}84 = 3{,}783\ \text{kW}$$

Gesamtverluste

$$P_V = P_1 - P_2 = (3{,}783 - 3)\ \text{kW} = 0{,}783\ \text{kW}$$

Wirkungsgrad

$$\eta = P_2/P_1 = 3\ \text{kW}/3{,}783\ \text{kW} = 79{,}3\ \%$$

Strangspannung 400 V Strangstrom 6,5 A/$\sqrt{3}$ = 3,75 A Außenleiterstrom 6,5 A
synchrone Drehzahl $n_s = 1000$ min^{-1} Polpaarzahl $p = 3$

Bemessungsschlupf s. Gl. (4.34)

$$s_N = \frac{(1000 - 955)\ \text{min}^{-1}}{1000\ \text{min}^{-1}} = 0{,}045 = 4{,}5\%$$

Bemessungsmoment s. Gl. (1.18)

$$M_N/\text{Nm} = \frac{3000}{0{,}1047 \cdot 955} = 30 \quad \text{somit} \quad M_N = 30\ \text{Nm}$$

Blindleistung s. Gl. (1.112)

$$Q = \sqrt{3}\, U\, I \sin\varphi = \sqrt{3} \cdot 400\ \text{V} \cdot 6{,}5\ \text{A} \cdot 0{,}542 = 2{,}443\ \text{kvar}$$

Scheinleistung s. Gl. (1.113)

$$S = \sqrt{3}\, U\, I = \sqrt{3} \cdot 400\ \text{V} \cdot 6{,}5\ \text{A} = 4{,}50\ \text{kVA}$$

b) Man zeichne mit Hilfe von Gl. (4.41) die Momentkennlinie für Stern- und Dreieckschaltung auf. Das Kippmoment des Motors ist gleich dem 2,6fachen Bemessungsmoment, der Kippschlupf beträgt $s_K = 0{,}2$.

Bei Dreieckschaltung erhält man mit $M_K = 2{,}6\ M_N = 78$ Nm und $s_K = 0{,}2$

$$M = \frac{2 \cdot 78\ \text{Nm}}{\dfrac{s}{0{,}2} + \dfrac{0{,}2}{s}} = \frac{156}{5s + \dfrac{0{,}2}{s}}\ \text{Nm}$$

Für $n = 0$, also $s = 1$ ergibt sich hieraus das Stillstandsmoment

$$M_{st} = \frac{156}{5 + 0{,}2}\ \text{Nm} = 30\ \text{Nm}$$

für $n = 500\ \text{min}^{-1}$ ($s = 0{,}5$) wird

$$M = \frac{156}{2{,}5 + 0{,}4}\ \text{Nm} = 53{,}8\ \text{Nm}$$

für $n_s = 1000\ \text{min}^{-1}$ ($s = 0$) wird

$$M = 0$$

Mit Hilfe der so gefundenen fünf bekannten Punkte kann $M_\Delta = f(n)$ gekennzeichnet werden (Bild 4.57).

Bei Sternschaltung (Anfahrvorgang) gilt nach Gl. (4.47) $M_\perp = M_\Delta/3$. Die Kennlinie $M_\perp = f(n)$ für Sternschaltung ist ebenfalls in Bild 4.57 eingetragen.

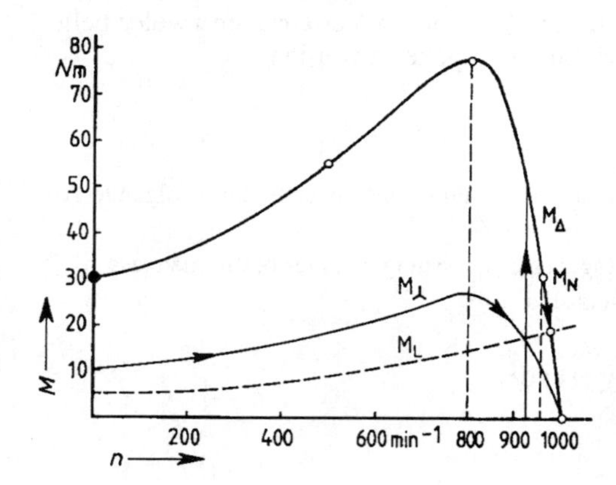

Bild 4.57
Drehmomentkennlinien $M_\perp = f(n)$ und $M_\Delta = f(n)$ eines Motors mit Käfigläufer sowie Lastmomentkennlinie $M_L = f(n)$ einer Arbeitsmaschine

c) Bei welcher Drehzahl sollte beim Anfahren die Umschaltung von Stern- auf Dreieckschaltung erfolgen, wenn der Motor durch die Arbeitsmaschine mit dem in Bild 4.57 eingetragenen Lastmoment M_L belastet wird? Welche stationäre Betriebsdrehzahl stellt sich ein?

Bei Sternschaltung ergibt sich die Umschaltdrehzahl n_u aus dem Schnittpunkt der Kennlinien $M_\perp$ und M_L bei $n_u \approx 920\ \text{min}^{-1}$. Die stationäre Betriebsdrehzahl n_b ergibt sich aus dem Schnittpunkt der Kennlinien M_Δ und M_L bei $n_b \approx 975\ \text{min}^{-1}$.

d) Wie groß sind im Stillstand die Außenleiter- und Strangströme bei direktem Einschalten und bei Stern-Dreieck-Anlauf, wenn der Stillstandsstrom des Motors 6 I_N beträgt?

Direkter Anlauf (Dreieckschaltung)

Außenleiterstrom $I = 6\,I_N = 6 \cdot 6{,}5\text{ A} = 39\text{ A}$

Strangstrom $I_{st} = 6 \cdot 6{,}5\text{ A}/\sqrt{3} = 22{,}5\text{ A}$

Stern-Dreieck-Anlauf (Sternschaltung)

Außenleiterstrom $I = 2\,I_N = 13{,}0\text{ A}$

Strangstrom $I_{st} = 13{,}0\text{ A}$

Beispiel 4.15 Ein Drehstrom-Asynchronmotor mit Schleifringläufer hat folgende Angaben auf dem Leistungsschild: 63 kW, 1440 min^{-1}, 400 V, Schaltung ⅄, 50 Hz, 118 A, cos $\varphi = 0{,}88$; Läufer $U_{rSt} = 230$ V, $I_{rN} =$ 171 A. Er wird an einem Drehstromnetz 400 V/230 V betrieben.

a) Es sind weitere Größen zu ermitteln.

Für die Maschine mit $n_s = 1500$ min^{-1} und 2 Polpaaren ($p = 2$) ergibt sich für Bemessungsbetrieb

Schlupf

$$s_N = \frac{(1500 - 1440)\text{ min}^{-1}}{1500\text{ min}^{-1}} = 0{,}04 = 4\,\%$$

Moment

$$M_N/\text{Nm} = \frac{63\,000}{0{,}1047 \cdot 1440} = 418\text{ Nm} \qquad M_N = 418\text{ Nm}$$

aufgenommene Leistung

$$P_{1N} = \sqrt{3}\,U_N\,I_N \cos\varphi_N = \sqrt{3} \cdot 400\text{ V} \cdot 118\text{ A} \cdot 0{,}88 = 71{,}94\text{ kW}$$

Verlustleistung

$$P_{vN} = P_{1N} - P_{2N} = (71{,}94 - 63)\text{kW} = 8{,}94\text{ kW}$$

Wirkungsgrad

$$\eta_N = P_{2N}/P_{1N} = 63\text{ kW}/71{,}94\text{ kW} = 0{,}876 = 87{,}6\,\%$$

b) Die im Läufer auftretenden Größen bei Volllast sind zu ermitteln.

Läuferfrequenz

$$f_{2N} = s_N f = 0{,}04 \cdot 50\text{ Hz} = 2\text{ Hz}$$

Läuferspannung

$$U_{2N} = s_N\,U_{2St} = 0{,}04 \cdot 230\text{ V} = 9{,}2\text{ V}$$

Vernachlässigt man bei Volllast den induktiven Widerstand im Läuferkreis, dann ergibt sich, da cos $\varphi_2 \approx 1$ wird

$$P_{Cu2} = \sqrt{3}\,U_{2N}\,I_{2N} \cdot 1 = \sqrt{3} \cdot 9{,}2\text{ V} \cdot 171\text{ A} = 2720\text{ W} = 2{,}72\text{ kW}$$

Widerstand eines Stranges der Läuferwicklung (Sternschaltung)

$$R_r = \frac{U_{2N}}{\sqrt{3}\,I_{2N}} = \frac{9{,}2\text{ V}}{\sqrt{3} \cdot 171\text{ A}} = 0{,}031\,\Omega$$

c) Wie groß ist der Widerstand R_1 eines Stranges der Ständerwicklung, wenn bei Volllast die Kupferverluste im Ständer so groß wie im Läufer angenommen werden können? Es ist

$$P_{Cus} = P_{Cur} = 2{,}72\text{ kW} = 3\,I_N^2\;R_s \text{ hieraus } R_s = \frac{2720\text{ W}}{3 \cdot (118\text{ A})^2} = 0{,}065\,\Omega$$

4.4 Drehstrom-Synchronmaschinen

In den Kraftwerken der Elektrizitätswerke und der Industrie wird elektrische Energie in Drehstrom-Synchrongeneratoren erzeugt.

In Kernkraftwerken sind vierpolige Generatoren mit Einheitsleistungen bis ca. 1700 MVA im Einsatz und in modernen Kohlekraftwerken meist zweipolige Maschinen im Bereich 100 MVA bis ca. 700 MVA. In Wasserkraftwerken sind die Generatorleistungen bei Drehzahlen bis 500 min^{-1} kleiner. In den Laufkraftwerken an Staustufen von Flüssen betragen die Drehzahlen zwischen 100 min^{-1} und 200 min^{-1}, d.h. zur Erzeugung einer 50 Hz-Spannung benötigt man nach Gl. (4.33) hohe Polzahlen $2p = 60$ bei $n = 100$ min^{-1}. Bei Antrieb der Generatoren durch Dieselmotoren kommen Drehzahlen bis unter 100 min^{-1} vor. In Schienenfahrzeugen wie auch im Kfz werden Drehstromgeneratoren als Lichtmaschinen verwendet.

Synchronmaschinen werden aber auch in einem weiten Leistungsbereich als Motoren eingesetzt. Er reicht vom Kleinantrieb für Uhren und die Feinwerktechnik über Stellantriebe in der Automatisierungstechnik (AC-Servomotoren) bis zu Einheiten von MW für Förderanlagen, Mühlen und Schiffsantriebe. Durch die Technik der Frequenzumrichter sind heute auch Synchronmaschinen drehzahlsteuerbar und damit in Konkurrenz zum Gleichstrom- und Asynchronmotor.

4.4.1 Aufbau und Wirkungsweise

4.4.1.1 Ständer und Läufer

Ständer. Der Ständer einer Drehstrom-Synchronmaschine ist wie der eines Asynchronmotors aufgebaut und besteht damit aus einem geschweißten Gehäusemantel, dem Blechpaket aus isolierten Dynamoblechen und der Drehstromwicklung in den Nuten entlang der Bohrung. Zur Beherrschung der bei der hohen Leistung im Kurzschlußfall auftretenden Stromkräfte nach Abschn. 1.2.3 werden die Wickelköpfe durch Stützringe und Preßplatten fixiert (Bild 4.58).

Bild 4.58
Ständer mit fertigmontierter Wicklung einer Synchronmaschine, 40 MVA, 300 min^{-1} (ABB)

Läufer. Der Läufer wird bei zwei- und vierpoligen Maschinen wegen der großen Zentrifugalkräfte infolge der Drehzahlen von 3000 min^{-1} bzw. 1500 min^{-1} als massiver Volltrommelläufer (Turboläufer) mit Nuten am Umfang ausgebildet (Bild 4.59a). Bei Drehzahlen bis 1000 min^{-1} wird

a) b)

Bild 4.59 a) Turboläufer einer Synchronmaschine, 64 MVA, 3000 min^{-1} (ABB)
b) Polrad eines Wasserkraftgenerators, 8 MVA, 125 min^{-1} (ABB)

der Polradläufer verwendet, bei dem sich am Umfang $2p$ mit Gleichstrom erregte Pole befinden (Bild 4.59b). In den Polschuhen erhalten sie häufig eine zusätzliche Käfigwicklung zur Dämpfung unsymmetrischer Belastungen.

Erregung. Die Läufer- oder Erregerwicklung, die in den Nuten des Volltrommelläufers bzw. auf den Polen des Polradläufers untergebracht ist, wird mit Gleichstrom gespeist. Die Erregerleistung $P_E = U_E \cdot I_E$ beträgt bei den Großgeneratoren einige 1000 kW bei Erregerströmen I_E von mehreren kA. Sie werden heute meist durch eine Stromrichterschaltung erzeugt und dem Läufer über Kohlebürsten und zwei Schleifringe zugeführt (Bild 4.60a). Sowohl bei Kraftwerksgeneratoren wie auch bei Industriemotoren setzt man aber auch die bürstenlose Erregung ein. Hier erzeugt ein angekuppelter eigener Drehstrom-Erregergenerator in der Bauform der Außenpolmaschine mit der Drehstromwicklung auf dem Läufer eine Drehspannung, die in mitrotierenden Dioden gleichgerichtet und über eine Hohlwelle dem Läufer der Hauptmaschine zugeführt wird (Bild 4.60b). Die Einstellung des erforderlichen Erregerstromes I_E erfolgt über eine Änderung der Drehspannung des angekuppelten Generators mit dessen Erregerstrom I_{E2}.

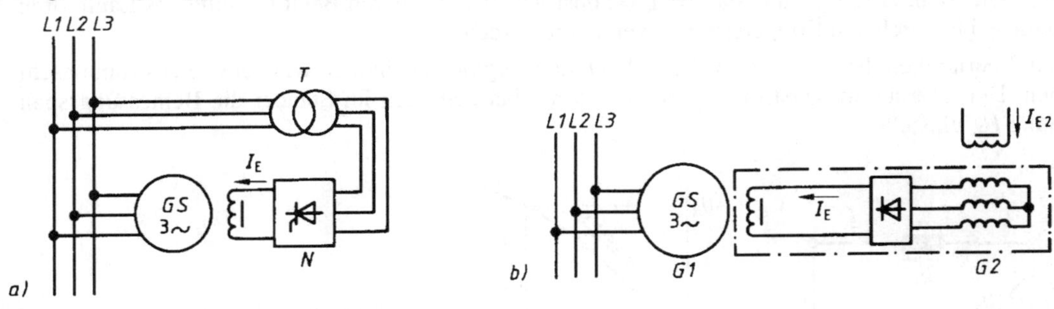

Bild 4.60 Erregertechniken für Synchronmaschinen
a) Erregung über Schleifringe mit Stromrichter N und Transformator T
b) Schleifringlose Erregung mit Außenpolgenerator G2 und rotierendem Diodengleichrichter, –·–·– rotierender Teil

4.4.1.2 Kennlinien und Ersatzschaltung

Leerlauf. Der Läufer einer Synchronmaschine stellt einen $2p$-poligen mit Gleichstrom erregten Elektromagneten dar, dessen Feldverlauf an den einzelnen Polen durch die Form der Polschuhe möglichst sinusförmig angestrebt wird. Das Gleichfeld schließt sich über das Ständerblechpaket (Bild 4.61) und durchsetzt dabei die drei Stränge der Drehstromwicklung.

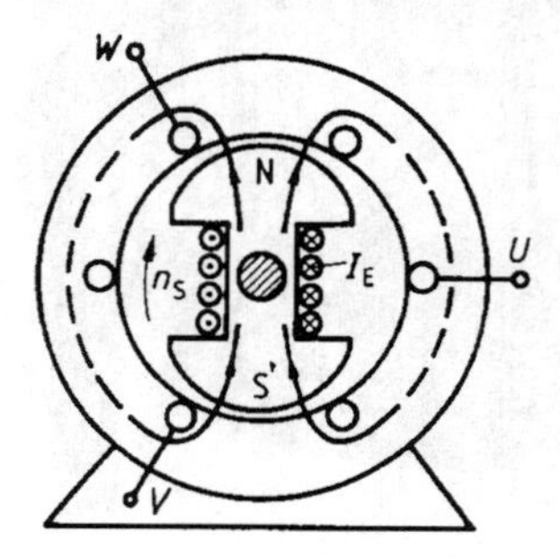

Bild 4.61
Drehfeld des gleichstromerregten Läufers einer Synchronmaschine

Treibt man den Läufer durch die Turbine oder eine Kolbenmaschine mit der Drehzahl n an, so dreht sich das Läufergleichfeld synchron mit und wird damit zu einem Drehfeld.

Es erzeugt nach dem Induktionsgesetz in jedem Strang der ruhenden Ständerwicklung eine sinusförmige Wechselspannung, insgesamt also eine Drehspannung. Der Effektivwert dieser Spannung berechnet sich nach derselben Beziehung in Gl. (4.32) wie bei einem Transformator zu

$$U_q = 4{,}44\, f\, N\, k_w\, \Phi_{max} \tag{4.49}$$

Dabei muß lediglich die Windungszahl N pro Strang mit einem sogenannten Wicklungsfaktor $k_w \approx 0{,}96$ multipliziert werden, um die Verteilung der Windungen auf mehrere Nuten am Bohrungsumfang zu berücksichtigen.

Die Frequenz f der im Ständer induzierten Wechselspannung ist

$$f = p\, n \tag{4.50}$$

Ist die Frequenz f vorgeschrieben, dann liegt damit die synchrone Drehzahl

$$n_s = \frac{f}{p} \tag{4.51}$$

fest. Die Spannung U_q kann, da $n = n_s$ = konst. ist, also nur durch Beeinflussung des Läuferdrehfeldes, d.h. durch den Erregerstrom I_E verändert werden.

Die Leerlaufkennlinie $U_0 = U_q = f(I_E)$ (Bild 4.62) ergibt sich ähnlich wie bei Gleichstrommaschinen. Der Leerlauferregerstrom I_{E0} ist der Strom, bei dem sich im Ständer die Bemessungsspannung U_N einstellt.

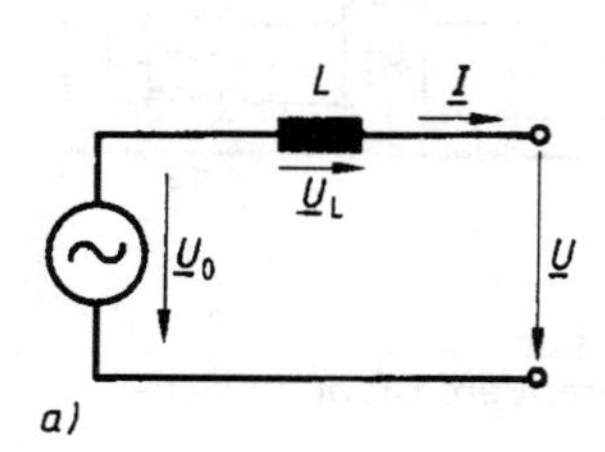

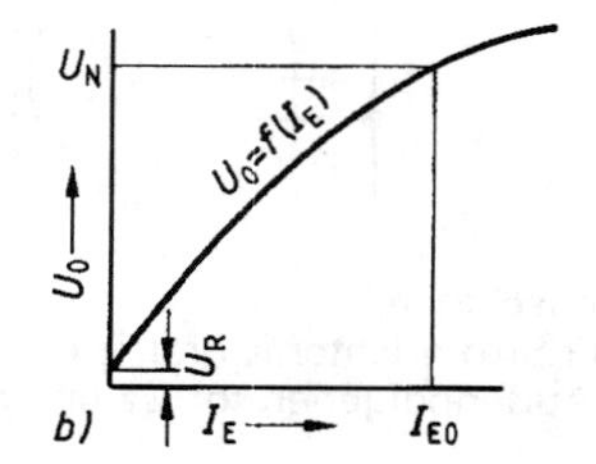

Bild 4.62
Synchronmaschine
a) Ersatzschaltung
b) Leerlaufkennlinie

Ersatzschaltung. Es sei zunächst angenommen, daß eine mit konstanter Drehzahl n_s angetriebene Synchronmaschine als Generator allein, d.h. im sogenannten Inselbetrieb eine symmetrische Verbrauchergruppe versorgt. Die drei Stränge der in Stern oder Dreieck geschalteten Ständerwicklung nehmen dann Wechselströme I auf, die untereinander 120° phasenverschoben sind. Es entsteht damit wie bei einer Asynchronmaschine ein Ständerdrehfeld, das nach Gl. (4.51) synchron mit dem Läuferfeld rotiert und sich mit diesem zu einem resultierenden Drehfeld addiert. In den eigenen Wicklungssträngen induziert das Ständerdrehfeld eine Spannung der Selbstinduktion $\underline{U}_L$. Die Klemmenspannung des Generators ergibt sich dann als Differenz von Leerlaufspannung $\underline{U}_0$ und innerem Spannungsverlust $\underline{U}_L$.

Für eine Synchronmaschine erhält man daher ohne Berücksichtigung des ohmschen Widerstandes der Ständerwicklung, dessen Spannungsfall sehr klein ist, die einfache Ersatzschaltung nach Bild 4.62. Der Strompfeil $\underline{I}$ ist im Sinne eines Generatorbetriebs eingetragen, so daß eine abgegebene Wirkleistung positiv gezählt wird.

Inselbetrieb. Aus der Ersatzschaltung kann das Verhalten des Synchrongenerators im Inselbetrieb leicht abgeleitet werden. Durch eine konstante Drehzahl und eine fest eingestellte Erregung erhält man eine konstante Leerlaufspannung $\underline{U}_0$. Je nach Art der Belastung hat der Ständerstrom eine vor- oder nacheilende Phasenlage und der Zeiger $\underline{U}_L$ als Spannung an einer Induktivität dazu eine 90° Voreilung. Die Klemmenspannung $\underline{U}$ ergibt sich dann aus der Differenz nach $\underline{U} = \underline{U}_0 - \underline{U}_L$ wie in Bild 4.63 für eine gleichgroße Belastung aber unterschiedlicher Phasenlage gezeigt ist.

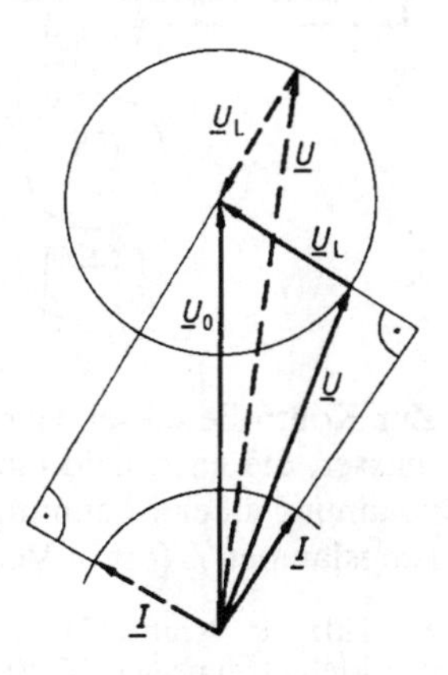

Bild 4.63
Spannung der Synchronmaschine bei Belastung im Inselbetrieb

Das Ergebnis stimmt mit dem schon bei der Belastung eines Transformators in Abschn. 4.2.1.3 beobachtenden Verhalten überein. Bei einer stark induktiven Last sinkt die Klemmenspannung wesentlich ab, während sie bei mehr kapazitiven Verbrauchern ansteigt. Da für die Versorgung des Inselbetriebes z.B. das Bordnetz eines Schiffes eine gleichbleibende Spannung verlangt wird, muß der Erregerstrom I_E nachgestellt werden. Dies besorgt ein Spannungsregler, der bei induktiver Belastung I_E erhöht und bei kapazitiver absenkt. Die Drehzahl wird immer auf ihrem Synchronwert n_s gehalten, da sie die Frequenz f bestimmt.

4.4.2 Betriebsverhalten im Netzbetrieb

4.4.2.1 Synchronisation

Soll eine Synchronmaschine an das vorhandene Drehstromnetz angeschlossen werden, so ist zu beachten, daß dessen Spannung durch die bereits im Verbundbetrieb arbeitenden Kraftwerksgeneratoren nach Frequenz und Betrag fest vorgegeben ist. Das Aufschalten verlangt daher einen „synchronisieren" bezeichneten Ablauf, mit dem erreicht wird, daß im Zuschaltaugenblick keine unzulässigen Stromstöße auftreten. In Bild 4.64 ist als einfaches Beispiel die Synchronisation eines Drehstromgenerators mit der Dunkelschaltung vorgestellt. Damit der Leistungsschalter stromlos geschlossen werden kann, ist Voraussetzung, daß zwischen einander gegenüberliegenden Schaltstücken des Generatorschalters keine Spannung vorhanden ist, so daß im Moment des Aufschaltens mit $u_G = u_N$ die Augenblickswerte der Spannungen von Generator und Netz gleich sind. Zwei sinusförmige Wechselspannungen sind nur dann gleich, wenn sie gleiche Frequenz, gleichen Effektivwert und gleiche Phasenlage haben. Damit dies für alle drei Wechselspannungen an dem dreipoligen Schalter gilt, muß auch die Reihenfolge der drei Stränge der Drehstromsysteme auf beiden Seiten, also die sogenannte Phasenfolge, gleich sein.

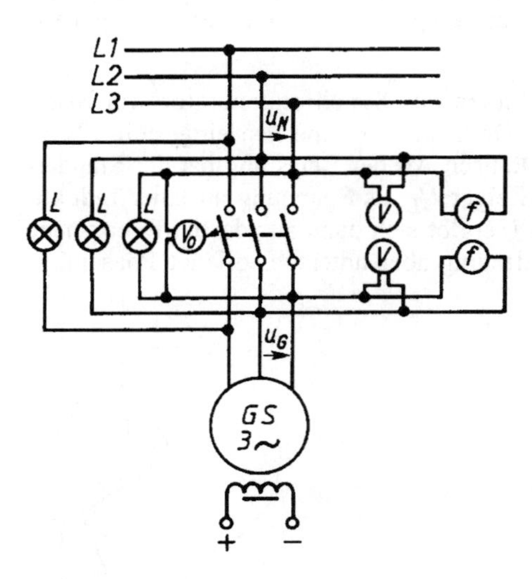

Bild 4.64
Parallelschalten eines Drehstrom-Synchrongenerators mit einem Drehstromnetz (Dunkelschaltung)

Zur Kontrolle dieser vier Bedingungen dienen zunächst Doppelfrequenz- und Doppelspannungsmesser, die nach Bild 4.64 an das Netz bzw. an den Generator angeschlossen werden, bei Hochspannung über Spannungswandler. Die Phasenbedingung wird dann durch drei Synchronisierungslampen L (oft in Verbindung mit einem Nullspannungsmesser V_0) kontrolliert.

Mit Hilfe des Kraftschiebers der Turbine und des Feldstellers für die Erregung des Generators lassen sich an den Meßinstrumenten (f, V) gleiche Spannungen nur angenähert einstellen. Der verbleibende Frequenzfehler bewirkt eine Schwebung zwischen den Spannungen von Netz und Generator. Die Frequenz dieser Schwebung läßt sich als rhythmisches Hell- und Dunkelwerden der Lampen bzw. an den entsprechenden Ausschlägen des Nullspannungsmessers erkennen.
Durch Nachstellen von Kraftschieber und Feldsteller können Generatorspannung und Frequenz nun weiter angenähert und schließlich kann erreicht werden, daß die Schwebungsfrequenz immer kleiner wird. Die Lampen leuchten und erlöschen dann in immer längeren Zeitabständen. Bei der Dunkelschaltung nach Bild 4.64 kann jetzt bei dunklen Lampen oder Nullanzeige des Nullspannungsmessers der Generatorschalter geschlossen werden, da in diesem Augenblick auch gleiche Phasenlage der beiden Spannungen u_G und u_N vorhanden ist. Der Generator läuft nach dem Aufschalten auf das Netz mit diesem synchron weiter. Wird erheblich zu früh oder zu spät aufgeschaltet, treten Betriebsstörungen auf, da große Ausgleichsströme zwischen Netz und Generator entstehen, die eine selbsttätige Abschaltung bewirken.

4.4.2.2 Wirk- und Blindlaststeuerung

Steuerung der Wirkleistung. Nach der Synchronisation führt die Maschine mit $\underline{U}_0 = \underline{U}_N$, d.h. $\underline{U}_L = 0$ keinen Strom I und befindet sich damit im Leerlauf. Die beiden Drehspannungssysteme von Netz und Maschine sind deckungsgleich und rotieren mit Netzfrequenz.

Wird nun an der Welle bei unveränderter Erregung und damit konstanter Zeigerlänge $\underline{U}_0$, z.B. durch Öffnen des Dampfventils der Antriebsturbine ein Drehmoment eingeleitet, so will der

Läufer seine Drehzahl erhöhen. Dies beginnt damit, daß der zuvor mit $\underline{U}_N$ deckungsgleiche Zeiger $\underline{U}_0$ eine voreilende Phasenlage annimmt und sich der sogenannte Polradwinkel ϑ einstellt (Bild 4.65a). Damit entsteht aber die Spannungsdifferenz $\underline{U}_L$ und nach der Ersatzschaltung Bild 4.62 der Strom $I = U_L/\omega L$, der in Bezug auf die Netzspannung $\underline{U}_N$ fast reiner Wirkstrom ist.

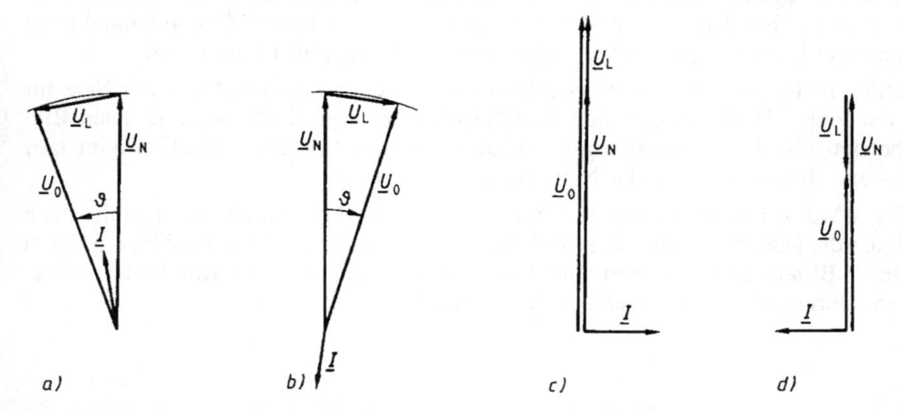

Bild 4.65 Betriebsverhalten der Synchronmaschine im Netzbetrieb
a) Generatorbetrieb, b) Motorbetrieb, c Übererregung, d) Untererregung

Bei der gewählten Zählpfeilrichtung von $\underline{I}$ bedeutet dies die Abgabe einer Wirkleistung an das Netz, d.h. Generatorbetrieb. Der Wirkleistung entspricht ein Bremsmoment auf die Antriebsmaschine, so daß der Läufer nicht weiter beschleunigt wird, sondern sich ein Gleichgewicht einstellt. Durch das Drehmoment an der Welle wird der Synchronbetrieb des Läufers mit dem netzfrequenten Drehfeld also nicht verändert. Es kommt lediglich zu einer lastabhängigen Voreilung der Läuferlage um den Winkel ϑ, der bei Bemessungsleistung etwa 25° beträgt.

Wird die Synchronmaschine aus dem Leerlauf heraus mechanisch belastet, so versucht der Läufer seine Drehzahl zu vermindern. Dies beginnt nach Bild 4.65b diesmal mit einer Nacheilung der vom Läuferfeld erzeugten Spannung $\underline{U}_0$ um den Winkel ϑ. Die Lage des Zeigers $\underline{U}_L$ ergibt jetzt einen Strom $\underline{I}$, der fast in Gegenphase zur Netzspannung liegt, was Aufnahme einer Wirkleistung bedeutet. Die Synchronmaschine befindet sich also im Motorbetrieb und entwickelt ein Drehmoment, das dem Lastmoment das Gleichgewicht hält. Es bleibt wieder beim Synchronbetrieb des Läufers, der jedoch gegenüber seiner Leerlaufstellung um den Polradwinkel ϑ nacheilt.

Steuerung der Blindleistung. Leitet man nach der Synchronisation kein Drehmoment ein, sondern verstärkt mit $I_E > I_{E0}$ die Erregung des Läufers, so wird $\underline{U}_0 > \underline{U}_N$ und man erhält das Zeigerbild 4.65c. Die Spannungszeiger bleiben in gleicher Phasenlage, doch entsteht mit $\underline{U}_L$ wieder eine Spannungsdifferenz, die einen reinen Blindstrom $\underline{I}$ zur Folge hat. Die Maschine liefert damit induktive Blindleistung in das Netz und wirkt bei dieser Übererregung wie ein Kondensator.

Reduziert man die Erregung mit $I_E < I_{E0}$ unter den Leerlaufwert, so kehrt sich mit $\underline{U}_L$ auch wieder der Stromzeiger $\underline{I}$ um. In das Netz wird diesmal ein rein kapazitiver Strom geliefert, d.h. das Netz versorgt die Maschine mit induktivem Blindstrom. Sie wirkt jetzt wie eine Induktivität und verstärkt über die Ständerwicklung ihre für das Drehfeld zu schwache Erregung. Den Einsatz der Synchronmaschine zur Lieferung von Blindströmen durch Änderung ihrer Erregung bezeichnet man allgemein als Phasenschieberbetrieb.

Netzbetrieb. Nach den Ergebnissen in Bild 4.65 kann eine Synchronmaschine, die auf das Netz synchronisiert wurde, über zwei Stellgrößen gesteuert werden:

1. Durch Eingriff an der Welle wird im wesentlichen die Wirkleistung der Maschine beeinflußt. Durch Einleiten eines Drehmomentes z.B. mit einer Turbine oder Dieselmotor erhält man Generatorbetrieb mit Abgabe von Wirkleistung an das Netz. Eine mechanische Belastung an der Welle führt zu einem Motorbetrieb mit Wirkleistungsaufnahme.

2. Eine Änderung der Erregung beeinflußt hauptsächlich die Blindleistungsbilanz. Verstärkt man den Erregerstrom $I_E > I_{E0}$ über den Leerlaufwert (Übererregung), so gibt die Maschine induktiven Blindstrom ab, bei einer Untererregung mit $I_E < I_{E0}$ nimmt sie dagegen Blindstrom auf.

In der Praxis werden meist beide Einflußmöglichkeiten gleichzeitig angewandt. Da das Netz für die Versorgung der vielen Drehstrommotoren Blindleistung benötigt, fährt man z.B. nach Bild 4.66 Generatorbetrieb mit dem Bemessungsstrom und $\cos \varphi_N = 0{,}8$. Die Maschine gibt hier gleichzeitig Wirk- und Blindleistung an das Netz ab.

Auch im Betrieb als Motor ist der Einsatz als Phasenschieber möglich. Innerhalb des zulässigen Ständerstromes kann die Maschine neben der Wirkstromaufnahme zur Drehmomentbildung durch Übererregung wieder Blindleistung abgeben und damit z.B. die Aufgabe einer Kondensatorbatterie in der Transformatorenstation eines Werksnetzes übernehmen.

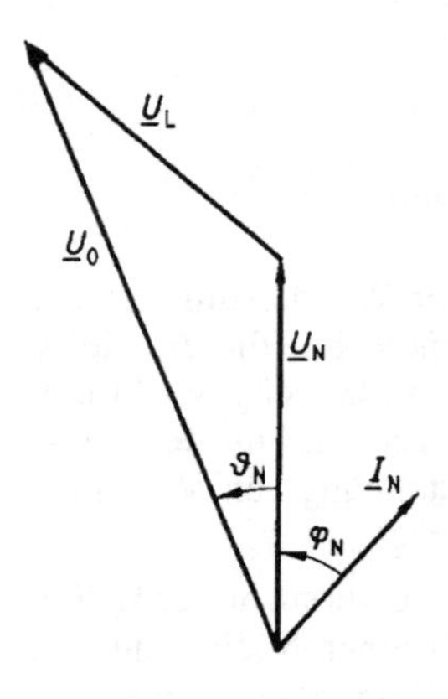

Bild 4.66
Zeigerbild eines übererregten Synchrongenerators

4.4.2.3 Drehzahlsteuerung

Durch die Entwicklung der Frequenzumrichtertechnik innerhalb der Leistungselektronik (s. Abschn. 2.3) kann auch eine Synchronmaschine mit einer Drehspannung variabler Frequenz gespeist und damit nach Gl. (4.51) als drehzahlgeregelter Antrieb verwendet werden. Je nach Leistungsbereich kommen dazu entweder Zwischenkreisumrichter oder für langsamlaufende Großmaschinen auch Direktumrichter zum Einsatz.

Als Ausführungsform des Synchronmotors haben sich zwei typische Techniken bewährt: Im Leistungsbereich bis zu einigen kW verwendet man fast immer Maschinen mit dauermagneterregtem Läufer. Als Beispiele seien Gruppenantriebe in der Textilindustrie und Stellmotoren für Werkzeugmaschinen genannt. Im Bereich mittlerer Leistungen kommt meist eine Synchronmaschine mit bürstenloser Erregung zum Einsatz. Ein integrierter Erregergenerator mit der Drehstromwicklung im Läufer liefert eine einstellbare Spannung, die unmittelbar über mitrotierende Dioden der Erregerwicklung des Synchronmotors zugeführt wird.

4.4.2.4 Positionierantriebe

Werkzeugmaschinen benötigen neben dem Hauptantrieb, der die Zerspanungsarbeit leistet zur Bewegung des Werkzeugs in allen Achsen auch eine Anzahl von Hilfsantrieben. Hierzu werden ebenso wie in Montageanlagen aller Art sogenannte Servomotoren, Vorschub- oder Positionierantriebe mit Leistungen bis zu einigen kW eingesetzt. Neben Gleichstrom- und Asynchronmotoren haben hier vor allem dauermagneterregte Synchronmotoren den Hauptmarktanteil.

Drehstromsynchronmotoren mit Dauermagneterregung (AC-Servomotoren) erhalten fast immer das moderne rechteckige Gehäuse zur Aufnahme des Ständerblechpakets mit der Drehstromwicklung. Zur Minderung der Rastmomente, Geräusche und Zusatzverluste wird das Blechpaket in axialer Richtung um eine Nutteilung gedreht. Die Läuferbleche besitzen zur Verringerung des Trägheitsmomentes nach Bild 4.67 große Aussparungen und tragen auf ihrer Oberfläche eine Schicht mit Dauermagneten. Diese auf der Basis von Samarium–Kobalt oder Neodym–Eisen–Bor hergestellten sogenannten Selten-Erde-Magnete mit einer hohen Remanenz-Flußdichte bis ca. 1,2 T sind aufgeklebt und mit einer Glasfaserbandage gesichert.

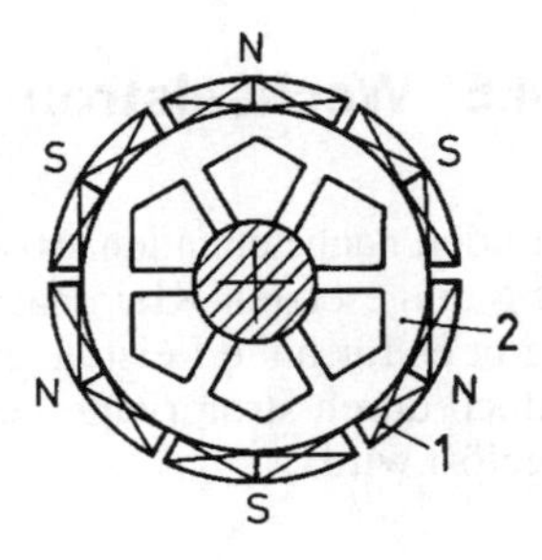

Bild 4.67
Läufer eines AC-Servomotors mit Dauermagneten
1 Magnetplättchen
2 Läuferblechschnitt

Da die Motoren nicht im Dauerbetrieb arbeiten, gibt man zu ihrer Kennzeichnung in der Regel keine Leistung, sondern neben der Drehzahl das Bemessungsdrehmoment an. Die Werte liegen im Bereich $n_N = 1000\ \text{min}^{-1}$ bis $6000\ \text{min}^{-1}$ und $M_N = 0{,}1$ Nm bis 150 Nm.

AC-Servomotoren werden stets über die in Abschn. 2.3 besprochenen Frequenzumrichter versorgt und geregelt. Um die Wicklungsströme im richtigen zeitlichen Bezug zu den rotierenden Läufermagneten einspeisen zu können, benötigt man einen Lagegeber für die ständige Läuferstellung. Mit einem hochauflösenden Linearmeßgeber wird die Position des Werkstücks erfaßt und der Motor entsprechend angesteuert.

Linear-Positionierantrieb. Die rotierenden Servoantriebe haben den Nachteil, daß eine Umwandlung der rotatorischen in eine Linearbewegung erfolgen muß. Wie in Bild 4.68a angedeutet, läßt sich dies z.B. durch eine Kugelgewindespindel mit Mutter realisieren. Die mechanische Konstruktion bedeutet aber stets zusätzliche Massen und begrenzt die Stellgenauigkeit wegen des unvermeidlichen Spiels.

In den letzten Jahren wurden hier auf der Basis der schon in Abschn. 4.3.1.4 besprochenen Linearmotoren Antriebsysteme geschaffen, welche unmittelbar eine geradlinige Bewegung erzeugen. Es sind dies Kurzstatormotoren mit einer Schiene aus Selten-Erd-Dauermagneten. Die Staffelung der abwechselnd Nord- und Südpolmagnete ist der Polteilung τ_p der Drehstromwicklung im kammartigen Ständerblechpaket angepaßt, so daß eine kraftschlüssige Verbindung entstehen kann (Bild 4.68b). Wird über den Umrichter die Frequenz des Drehstromsystems langsam erhöht,

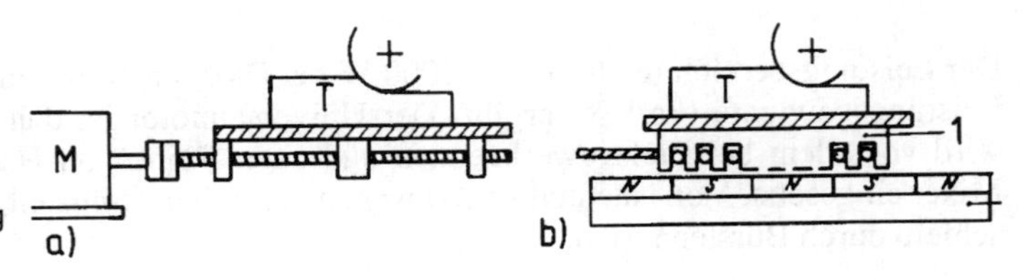

Bild 4.68
Technik von Positionierantrieben
a) Antrieb durch rotierenden Motor und Kugelgewindespindel
b) Antrieb mit Linearmotor
1 Ständer mit Drehstromwicklung
2 Läufer mit Dauermagneten

so daß z.B. eine Wanderfeldbewegung nach links entsteht, so bewirken die Feldkräfte eine Schubkraft nach rechts, womit die stationäre Zuordnung Ständernordpol mit Schienensüdpol usw. erhalten bleibt. Der Ständer bewegt sich mit der bereits in Gl. (4.36) abgeleiteten Geschwindigkeit

$$v = 2\tau_p f$$

Der Linear-Positionierantrieb wird mit einer rampenartig ansteigenden Frequenz auf seine Endgeschwindigkeit von ca. $v = 3$ m/s gebracht und mit abfallender Rampe positioniert. Dabei können Beschleunigungen bis $a = 100$ m/s^2 und Schubkräfte von über 10 kN erreicht werden. Bei Einsatz entsprechender linearer Meßgeber sind Positioniergenauigkeiten von einigen µm erzielbar werden. Auch hinsichtlich der Stellgeschwindigkeit sind diese Antriebssysteme den rotierenden Motoren deutlich überlegen.

4.5 Wechselstrommotoren

In den nachstehenden Abschnitten werden die wichtigsten im Haushalt und Gewerbe sehr vielfältig eingesetzten Kleinmaschinen für den Anschluß an die Steckdose besprochen. Darüberhinaus gibt es für hohe Leistungen noch den Antriebsmotor für die 16 2/3 Hz- und 50 Hz-Bahnen, der jedoch durch stromrichtergespeiste Gleichstrommotoren oder neuerdings Drehstrommaschinen abgelöst wird.

4.5.1 Universalmotoren

4.5.1.1 Schaltung und Einsatz

Universalmotoren sind nach ihrem Aufbau Gleichstrom-Reihenschlußmotoren, die grundsätzlich mit Gleich- oder Wechselspannung universell betrieben werden können. Der Ständer besteht meist aus einem einteiligen Blechpaket mit einer zweipoligen Erregerwicklung (Bild 4.69a). Da die Maschine ohne Wendepole gebaut wird, entwickelt sie deutliches Bürstenfeuer und erzeugt damit hochfrequente Störspannungen, die den Funkbetrieb und so den Radio- und Fernsehempfang beeinträchtigen. Die Erregerwicklung wird daher nach Bild 4.69b symmetrisch zum Anker geschaltet, so daß sie mit einem Entstörkondensator einen LC-Tiefpaß bildet (s. Abschn. 2.2.1), der die Funkstörspannungen vom Netz fernhält.

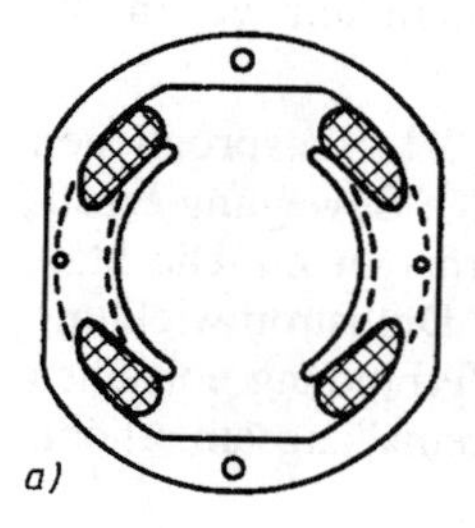

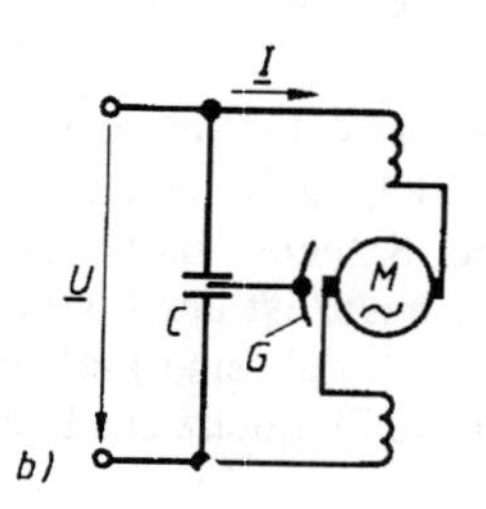

Bild 4.69
Universalmotoren
a) Ständerblechschnitt
b) Schaltung mit Funkentstörung
C Entstörkondensator
G Gehäuseanschluß

Der Leistungsbereich reicht bis ca. 2000 W bei Drehzahlen bis zu 20 000 min^{-1}, was sehr niedrige Leistungsgewichte (kg/kW) ergibt. Der Universalmotor ist daher ideal für tragbare Geräte und wird vor allem bei Elektrowerkzeugen und einer Reihe von Haushaltsgeräten wie Staubsauger, Mixer eingesetzt. Von Nachteil ist das wegen der hohen Drehzahl deutliche Geräusch und der Verschleiß durch Bürstenabrieb.

4.5.1.2 Betriebsverhalten

Nach Gl. (4.17) gilt für das Drehmoment eines Reihenschlußmotors $M \sim I^2$. Ändert sich bei Wechselstrombetrieb der Motorstrom mit $i = \sqrt{2} \cdot I \sin \omega t$ sinusförmig, so pulsiert damit das Moment nach

$$\boldsymbol{M_t = M_{max} \cdot \sin^2 \omega t = M_m \cdot (1 - \cos 2\omega t)} \tag{4.52}$$

mit doppelter Netzfrequenz (Bild 4.70a).

Das Drehmoment pendelt also mit 100 Hz um den nutzbaren Mittelwert M_m, was zusätzliche mechanische Schwingungen und Geräusche verursacht.

Drehzahlsteuerung. Grundsätzlich kann die Drehzahl mit allen vom Gleichstrommotor her bekannten Verfahren variiert werden. Bei Elektrowerkzeugen wählt man fast nur die Spannungsabsenkung mit einer Triacschaltung nach Abschn. 2.3.2 und erhält damit das Kennlinienfeld nach Bild 4.70b.

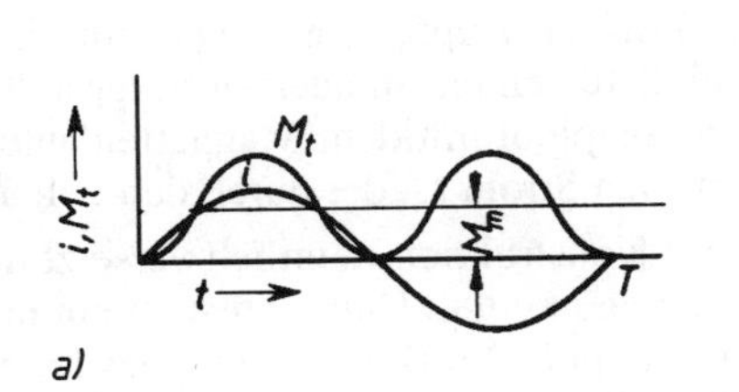

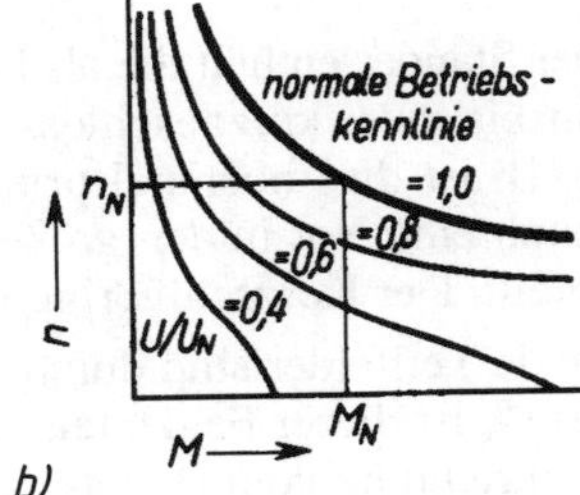

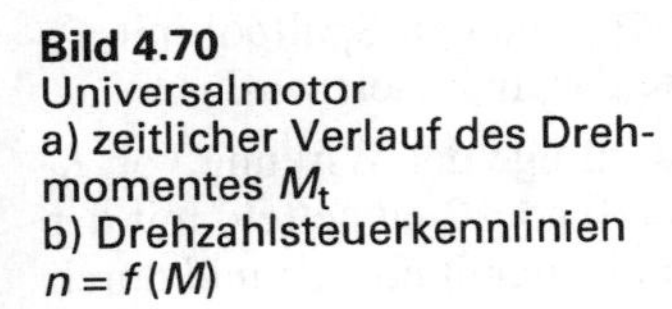

Bild 4.70
Universalmotor
a) zeitlicher Verlauf des Drehmomentes M_t
b) Drehzahlsteuerkennlinien $n = f(M)$

Bei Haushaltsgeräten wie Mixern wird gerne eine Erhöhung der Drehzahl durch Feldschwächung angewandt. Dies geschieht meist durch eine Anzapfung der Erregerwicklung des Ständers mit einem mehrstufigen Schalter. Damit wird die wirksame Erregerdurchflutung $N_E \cdot I$ verändert und das Ständerfeld entsprechend reduziert.

4.5.2 Wechselstrommotoren mit Hilfswicklung

Wird ein Asynchronmotor für den Anschluß an eine Wechselspannung mit nur einem Wicklungsstrang im Ständer ausgeführt, so entwickelt er kein Stillstandsmoment und kann damit nicht selbständig anlaufen. Wird er jedoch in einer beliebigen Drehrichtung angeworfen, so entsteht durch die Wirkung der induzierten Läuferströme ein resultierendes Drehfeld in der Drehrichtung und der Motor kann als sogenannte Einphasenmaschine belastet werden.

Für den Selbstanlauf benötigen Wechselstrommotoren dagegen eine zweite räumlich zur Haupt- oder Arbeitswicklung versetze Hilfswicklung, die außerdem einen gegenüber dem Strom in der Hauptwicklung phasenverschobenen Strom führen muß. Die verschiedenen Bauformen des Motors unterscheiden sich dann dadurch, wie diese Hilfswicklung geschaltet und die Phasenverschiebung erreicht wird.

4.5.2.1 Spaltpolmotoren

Spaltpolmotoren werden in sehr großer Stückzahl und meist gerätebezogen z.B. für den Antrieb von Gebläsen (Heizlüfter) und Pumpen (Laugenpumpe der Waschmaschine) bis zu Leistungen von ca. 150 W gebaut. Sie sind wegen ihres einfachen Aufbaus sehr robust und kostengünstig. Bild 4.71a zeigt eine Ausführung mit einem zweipoligen unsymmetrischen Ständerschnitt und dem Läufer mit Käfigwicklung.

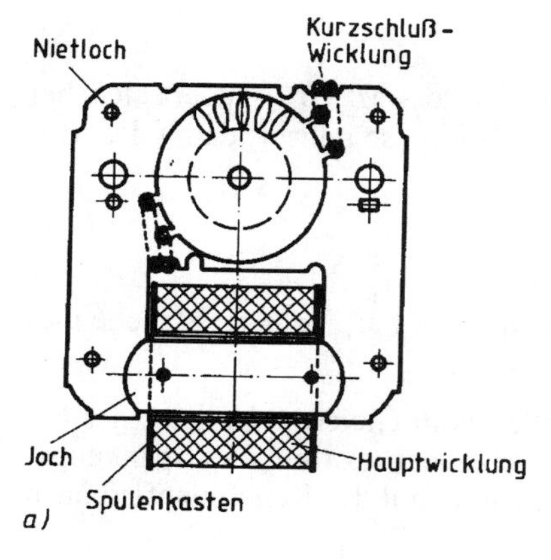

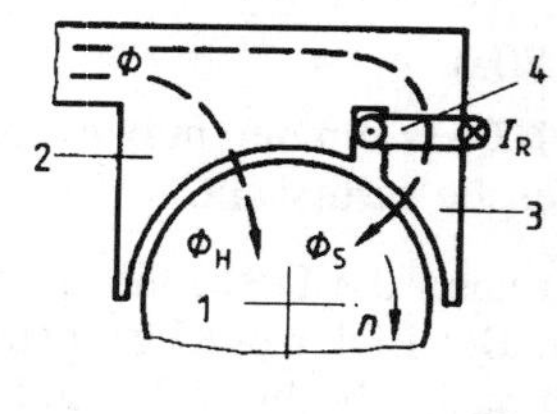

Bild 4.71
Spaltpolmotoren
a) Aufbau mit unsymmetrischem Schnitt
b) Haupt- und Spaltpol
1 Anker
2 Hauptpol
3 Spaltpol
4 Kurzschlußring

Der Ständer enthält die als konzentrische Spule ausgeführte Hauptwicklung und als Hilfswicklung ein bis zwei kurzgeschlossene kräftige Kupferwindungen um einen Teil der Polbogen. In Bild 4.71b ist dies nochmal prinzipiell für einen Ständerpol dargestellt. Der gesamte Polbogen wird durch eine Nut in den größeren Hauptpol mit dem Magnetfeldanteil Φ_H und den Spaltpol mit Φ_s geteilt. Der Kurzschlußring führt den Strom I_R, der durch den Feldanteil Φ_s induziert wird.

Beide Teilfelder sind durch diese Konstruktion räumlich versetzt und infolge der Wirkung von I_R auf Φ_s ist dieser Feldanteil nacheilend zu Φ_H. Damit entsteht ein umlaufendes Magnetfeld mit der Drehrichtung vom Haupt- zum Spaltpol. Die Drehrichtung des Läufers ist damit ebenso und durch die Konstruktion des Motors (Spaltpol rechts oder links vom Hauptpol) festgelegt.

Spaltpolmotoren haben eine Drehmoment-Drehzahlkennlinie mit einem Kipp- und Anlaufmoment von etwa $M_K/M_N = 1{,}5$ bis 2 und $M_{st}/M_N = 0{,}5$ bis 1. Der Anlaufstrom beträgt meist nur etwa das Doppelte des Bemessungsstromes, der Wirkungsgrad liegt nicht über 40%.

4.5.2.2 Kondensatormotoren

In den Schaltungen nach Bild 4.72 enthält der Ständer zwei um 90° versetzte Wicklungen, die beide an der Netzspannung U_N liegen. Damit der Strom $\underline{I}_Z$ in der Hilfswicklung gegenüber dem Strom $\underline{I}_U$ in der Arbeitswicklung die für den selbständigen Anlauf und gute Belastbarkeit erforderliche Phasenverschiebung erreicht, muß hier ein Wirk- oder Blindwiderstand zugeschaltet werden. In den meisten Ausführungen wählt man dafür einen Kondensator, so daß $\underline{I}_Z$ dem Strom $\underline{I}_U$ voreilt. In der Schaltung des Betriebskondensatormotors (Bild 4.72a) kann man mit der Kapazität C_B z.B. bei Volllast sogar die optimale Phasenverschiebung von 90° erreichen.

Aus der Drehmoment-Drehzahlkennlinie des Betriebskondensatormotors (Bild 4.73) ist zu entnehmen, daß diese Ausführung nur ein geringes Anlaufmoment hat. Reicht dies für den vorgesehenen Einsatzfall nicht aus, so kann man einen Anlaufkondensatormotor (Bild 4.72b) wählen, der

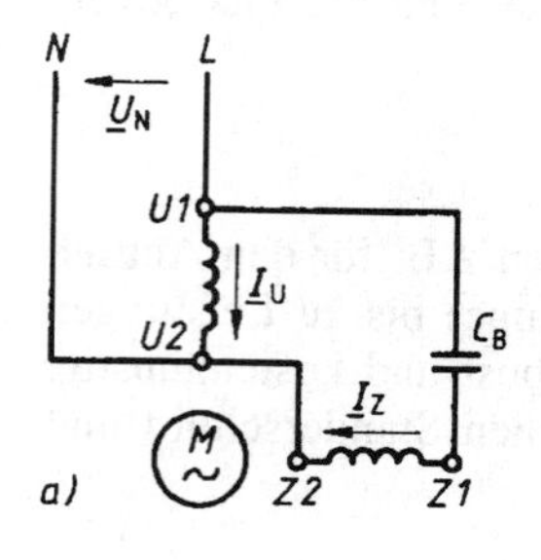

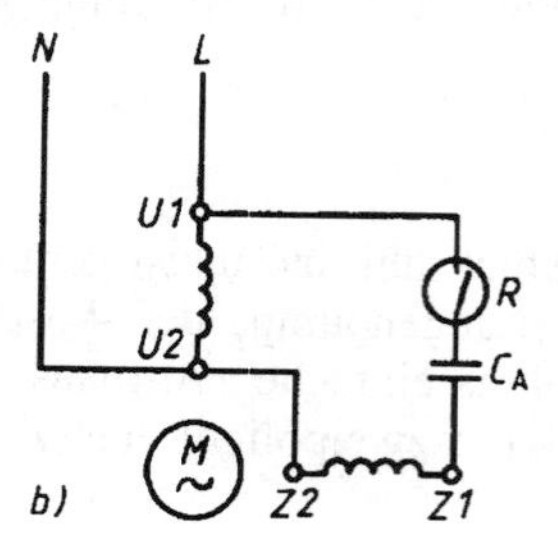

Bild 4.72
Kondensatormotoren
a) mit Betriebskondensator
b) mit Anlaufkondensator und Schaltrelais *R*

mit einer wesentlich größeren Kapazität C_A ($C_A/C_N \approx 4$) ausgerüstet ist. Mit Rücksicht auf die Erwärmung der Hilfswicklung muß diese aber nach erfolgtem Anlauf durch ein Relais oder einen Fliehkraftschalter vom Netz getrennt werden. Der Motor läuft dann als Einphasenmaschine mit entsprechend geringerer Belastbarkeit weiter.

Eine Kombination beider Ausführungen ist der Doppelkondensatormotor, bei dem nach erfolgtem Hochlauf nur ein Teil der Kapazität abgeschaltet wird und der Motor dann mit C_B weiterläuft. Zur Drehrichtungsumkehr muß die Hilfswicklung mit Kondensator mit vertauschten Anschlüssen an die Netzspannung gelegt werden.

Kondensatormotoren werden in Haushaltsgeräten (Waschmaschine, Kühlschrank) als Pumpen- und Lüftermotoren und Kleinantriebe im Gewerbe sehr vielfältig eingesetzt. Der Leistungsbereich reicht bis ca. 2000 W, danach ist ein Drehstrommotor schon mit Rücksicht auf die Netzbelastung günstiger.

Die für den Anlauf erforderliche Phasenverschiebung des Stromes in der Hilfswicklung kann auch durch einen erhöhten ohmschen Widerstand in diesem Stromkreis erreicht werden. Motoren mit Widerstands-Hilfswicklung werden mitunter in Haushaltsgeräten eingesetzt, wobei die Hilfswicklung wie beim Anlaufkondensatormotor nach dem Hochlauf vom Netz getrennt werden muß. Die Motoren haben einen hohen Anlaufstrom ($I_{st}/I_N = 6$) und entwickeln ein gutes Anzugsmoment ($M_{st}/M_N = 1{,}5$). Sie werden bis zu Leistungen von etwa 300 W gebaut.

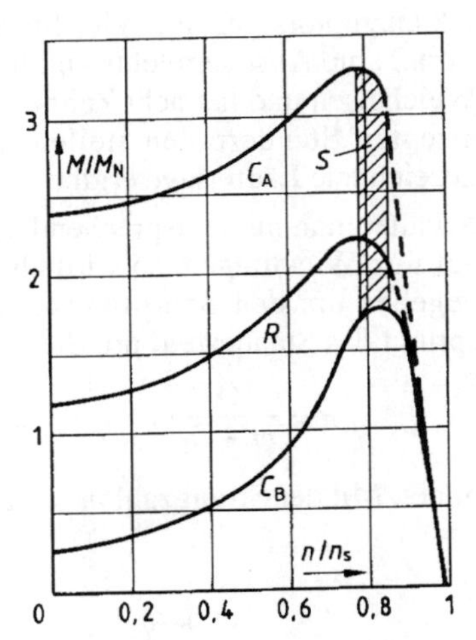

Bild 4.73
Kennlinien von Wechselstrommotoren
C_A Anlaufkondensatormotor
C_B Betriebskondensatormotor
R Motor mit Widerstandshilfswicklung
S Schaltbereich des Relais

4.5.3 Schrittmotoren

4.5.3.1 Aufbau und Wirkungsweise

Schrittmotoren sind nach ihrem Aufbau Synchronmaschinen mit ausgeprägten Ständerpolen. Der Läufer besteht entweder aus einem Weicheisenzahnrad (Reluktanzschrittmotor) oder hat einen Dauermagnetkern. Im Unterschied zur kontinuierlich umlaufenden Maschine werden die Wicklungen des Schrittmotors nicht ständig an eine Betriebsspannung gelegt, sondern nur zyklisch durch Stromimpulse erregt. Sie bilden dadurch ein Magnetfeld aus, das sich im Takt der Ansteuerimpulse sprungförmig weiterdreht. Der Läufer stellt sich dann jeweils in die neue Feldachse ein und dreht die Welle dabei um den Schrittwinkel α. Nach n Steuerimpulsen hat die Welle somit den Drehwinkel $\varphi = n \cdot \alpha$ zurückgelegt (Bild 4.74).

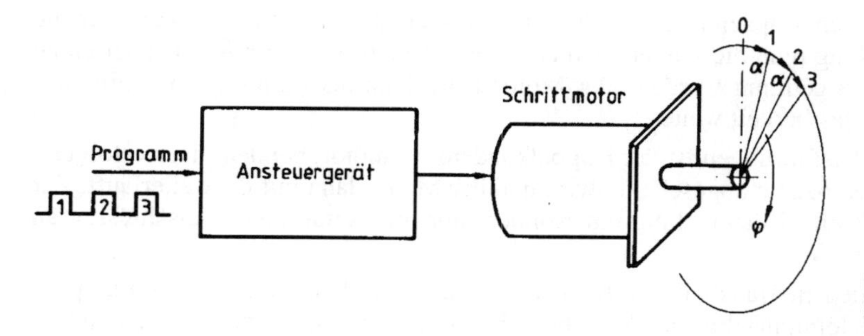

Bild 4.74
Schrittmotorantrieb

Schrittmotorantriebe benötigen außer dem Motor immer eine zugehörige Ansteuerelektronik, die entsprechend einem Steuerprogramm die Stromimpulse auf die einzelnen Ständerwicklungen verteilt. Aufgrund der eindeutigen Zuordnung zwischen der Anzahl der Steuerimpulse und dem zurückgelegten Drehwinkel der Welle ist der Schrittmotor ein typischer Positionierantrieb. Er benötigt keine Rückmeldung der Läuferstellung und damit keine Positionsregelung, sondern kann in einer offenen Steuerkette betrieben werden.

Die Bildung des Schrittwinkels ist in Bild 4.75 am Beispiel eines dreisträngigen vierpoligen Reluktanzmotors gezeigt. Vier Ständerpole mit ihren Wicklungen im Abstand von 90° bilden einen Strang, die Ansteuerelektronik liefert jeweils die Strangströme I_1, I_2 und I_3. Der Läufer besteht aus Weicheisen und hat acht Zähne, die sich immer auf kürzestem Wege in Übereinstimmung mit den erregten Ständerpolen stellen. In Bild 4.75a sei der zweite Strang bestromt, womit sich die gezeichnete Läuferlage ergibt.

Schaltet man nun entsprechend dem Diagramm in Bild 4.75 die Impulsströme I_1 bis I_3 fortlaufend auf ihre Wicklungen, so wird als nächster der Strang 3 erregt und der Läufer bewegt sich wie angegeben um den Schrittwinkel α im Uhrzeigersinn. Nach dem vorgegebenen Stromdiagramm springt das Ständerfeld pro Steuertakt um eine Polteilung, während der Läufer den Schrittwinkel

$$\alpha = \frac{360°}{m - Z_L} \qquad (4.53)$$

bildet. Mit der Strangzahl $m = 3$ und $Z_L = 8$ Läuferzähnen ergibt sich $\alpha = 15°$

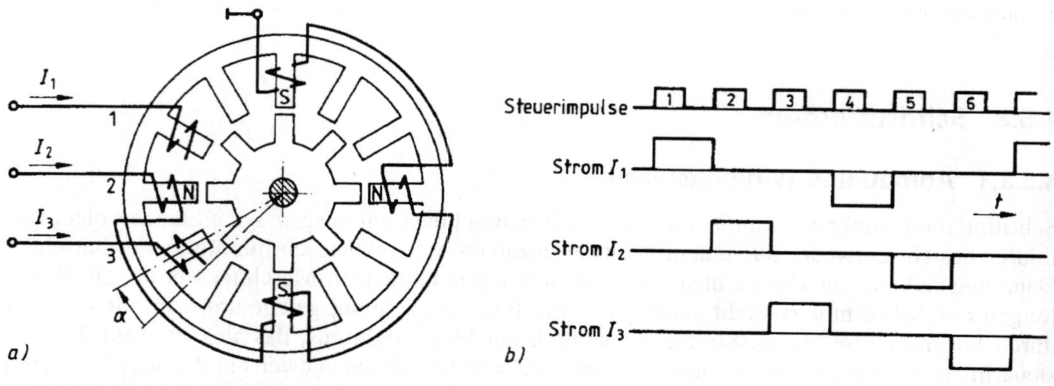

Bild 4.75 Dreisträngiger Reluktanz-Schrittmotor
a) Aufbau, b) Impulsdiagramm der Strangströme

4.5.3.2 Betriebsdaten

Schrittmotoren werden heute von sehr einfachen einsträngigen Ausführungen z.B. für Uhren bis zu fünfsträngigen Antrieben mit Leistungen von einigen 100 W gebaut. Um kleine Schrittwinkel zu realisieren, erhalten auch die Ständerpole eine Zahnung, deren Teilung aber von Pol zu Pol zu der des Läufers versetzt ist. Auf diese Weise lassen sich Schrittwinkel von weniger als 1° erreichen. Mit z.B. $\alpha = 0{,}72°$ ergibt sich dann erst nach 500 Steuerimpulsen eine Umdrehung der Welle und so eine feine Positioniereinstellung.

Die Drehmomente von Schrittmotoren betragen bis einige Nm, doch liegt der Schwerpunkt des Einsatzes bei $M \leq 1$ Nm, da darüberhinaus meist DC- oder AC-Servomotoren als Positionierantriebe gewählt werden.

Typische Einsatzgebiete sind in der Datentechnik die Antriebe für Schreibmaschinen, Drucker, Plattenspeicher, ferner Antriebe in Programmschaltern, Automaten oder Schreibern.

Die zulässige maximale Taktfrequenz f_s, mit der die Positioniergeschwindigkeit bestimmt wird, ist dadurch begrenzt, daß in den immer kürzer werdenden Stromflußzeiten nicht mehr der Stromsollwert erreicht wird. Der Strangstrom kann nämlich nach Aufschalten der Gleichspannung nur mit der Zeitkonstanten $\tau = L/R$ der Wicklungen ansteigen. Damit sinkt das Drehmoment und ist nicht mehr sichergestellt, daß der Läufer ohne Winkelfehler anläuft, d.h. mit dem ersten Steuerimpuls auch den ersten Schritt durchführt.

In den Datenblättern eines Schrittmotors wird daher eine Start/Stopp-Kennlinie angegeben, der man in Abhängigkeit vom erforderlichen Drehmoment die höchstens zulässige Anlauftaktfrequenz enthehmen kann. In Bild 4.76 ist diese Charakteristik für einen Motor mit $M_N = 2$ Nm und einem Schrittwinkel von $\alpha = 0{,}36°$ angegeben. Es ist abzulesen, daß ohne Belastung, d.h. bei $M = 0$ eine maximale Startfrequenz von $f_s = 5{,}3$ kHz zulässig ist. Die obere Kurve ist die Betriebsgrenzmoment-Kennlinie, welche die höchste Taktfrequenz bei schon laufendem Motor angibt. Bei einem Schrittwinkel $\alpha = 0{,}36°$ und der Taktfrequenz f_s erhält man für die Drehzahl der Welle

$$n = \frac{\alpha}{360°} \cdot f_s \cdot \frac{60\ \text{s}}{\text{min}}$$

Bei $f_s = 1$ kHz bedeutet dies $n = 60\ \text{min}^{-1}$.

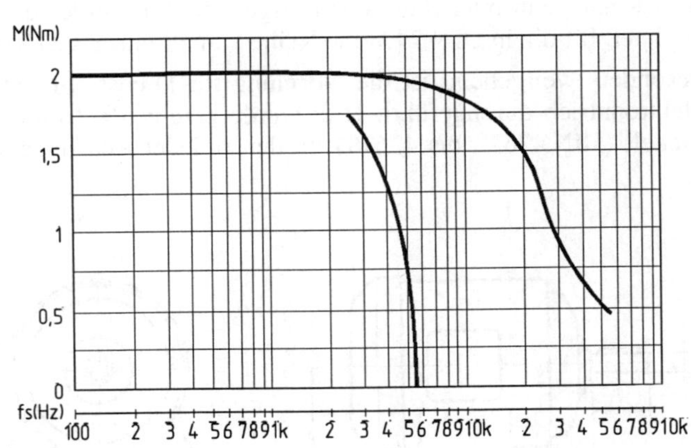

Bild 4.76
Start/Stopp-Kennlinie und Betriebsmoment-Kennlinie eines Schrittmotors

5 Elektrische Antriebe und Steuerungen

Die elektrische Antriebstechnik ist heute in Haushalt, Gewerbe und vor allem in den vielen Bereichen industrieller Produktion präsent. Besonders hier steigt ihre Bedeutung mit dem fortschreitenden Grad der Automation einer Fertigung. Kernstück des elektrischen Industrieantriebs ist der Elektromotor als Energiewandler zwischen dem elektrischen Netz und der Arbeitsmaschine, die mechanische Energie benötigt. Daneben gehören zur Funktion der Anlage Schaltgeräte, Schutzeinrichtungen und eine Steuerungstechnik.

In diesem Abschnitt des Buches werden für die Projektierung eines Industrieantriebs wichtige Voraussetzungen behandelt. Es sind dies zunächst die Normvorschriften elektrischer Maschinen, dann Planungsunterlagen für die Bemessung des Antriebs und schließlich Grundlagen der Schalt- und Steuerungstechnik.

5.1 Standardisierung und Normvorschriften

Die sehr vielseitige Anwendung elektrischer Maschinen verlangt eine möglichst weitgehende Normung mechanischer Abmessungen und technischer Daten. Damit werden für die Konstruktion einer Anlage verläßliche Anbaumaße garantiert und die Austauschbarkeit gesichert. Auf dem Gebiet des Elektromaschinenbaus ist die Normung daher weit vorangeschritten.

5.1.1 Äußere Gestaltung

5.1.1.1 Baugrößen

Von Sonderkonstruktionen für spezielle Anwendungen abgesehen, werden Elektromotoren nach einer Reihe genormter Baugrößen hergestellt. Sie werden durch die Achshöhe h (Bild 5.1) gekennzeichnet, für die in DIN 747 eine Reihe von 56 mm bis 315 mm festgelegt ist.

Besonders weitgehend ist die Normung für Drehstrom-Asynchronmotoren als dem wichtigsten Elektroantrieb durchgeführt. Hier wurde bereits 1971 eine Normmotorenreihe (IEC-Motor) entwickelt (DIN 42672 bis 42679), in der zu jeder Achshöhe die Anbaumaße und je nach Drehzahl

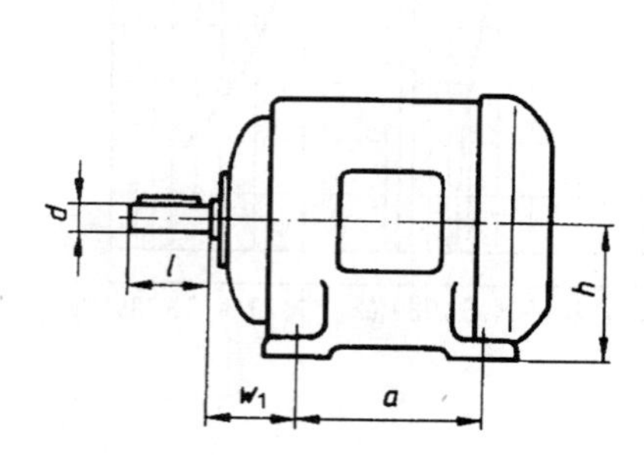

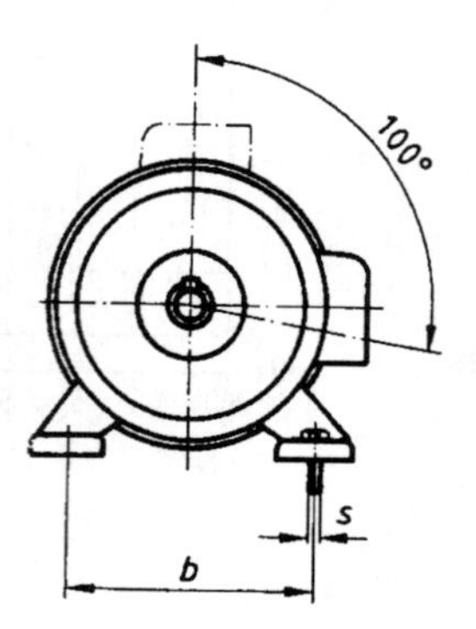

Bild 5.1
Anbaumaße für IEC-Normmotoren in Bauform IM B3

auch die Bemessungsleistung verbindlich zugeordnet sind. Um pro Achshöhe nicht nur eine Leistung zu erhalten, führt man die Maschinen mit verschiedener Länge aus und kennzeichnet dies durch die Zusätze S (short), M (medium) oder L (long) also z.B. Baugröße 112 M oder 132 S.

5.1.1.2 Bauformen

Um in einer Anlage für den Anbau definierte Möglichkeiten zu erhalten, werden Elektromotoren in bestimmten Bauformen geliefert. Diese sind heute in der internationalen Norm DIN IEC 34-7 (IEC-Internationale Elektrotechnische Kommission) zusammengestellt und durch einen Code gekennzeichnet. Tabelle 5.2 zeigt eine Auswahl besonders häufig eingesetzter Bauformen, wobei wieder die Standardausführung IM B3 am wichtigsten ist.

Folgende Beispiele sind dem Code I entnommen, der die Mehrzahl aller Maschinen erfaßt. Nach den Buchstaben IM (International Mounting) kennzeichnet ein B die Ausführung mit waagrechter, ein V die mit senkrechter Welle. Durch die Ziffern werden Varianten wie Anzahl der Lagerschilde und Füße unterschieden.

Tabelle 5.2 Bauformen elektrischer Maschinen nach DIN IEC 34-7 (Auswahl)

Kurzzeichen	Sinnbild	Erläuterung (*AS* = Antriebsseite; *NS* = Nichtantriebsseite)
IM B 3	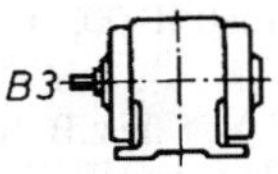 B3	mit Lagerschilden *AS* + *NS*; Gehäuse mit Füßen; freies Wellenende; Befestigung auf Unterbau
IM B 5	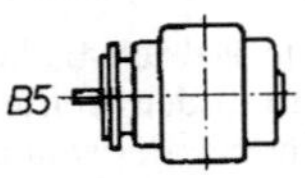 B5	mit Lagerschilden *AS* + *NS*; Gehäuse ohne Füße; freies Wellenende; Befestigungsflansch auf *AS*
IM B 9	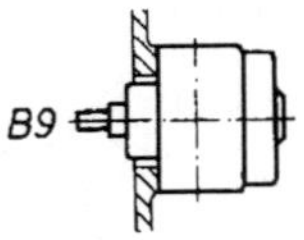 B9	ohne Lagerschild *AS*; Gehäuse ohne Füße; freies Wellenende; Befestigung an Gehäusestirnfläche *AS*
IM B 10	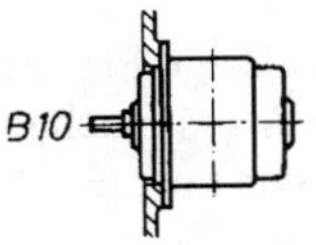 B10	mit Lagerschilden *AS* + *NS*; Gehäuse ohne Füße; freies Wellenende; Befestigung an Flanschfläche *AS*
IM V 2	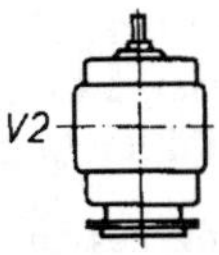 V2	mit Lagerschilden *AS* + *NS*; Gehäuse ohne Füße; freies Wellenende oben; Befestigungsflansch auf *NS*

5.1.1.3 Schutzarten

Die Schutzart einer elektrischen Maschine bestimmt die Ausführung von Gehäuse und Lagerschilden hinsichtlich eines Berührungsschutzes und des Eindringens von Fremdkörpern. Nach DIN VDE 0530, Teil 5 wird zur Kennzeichnung des Schutzgrades je eine Ziffer verwendet, der die Buchstaben IP (International Protection) vorangestellt sind.

Die erste Kennziffer (0, 1, 2, 4 und 5) gilt dem Schutz von Personen gegen Berührung unter Spannung stehender oder sich bewegender Teile sowie dem Schutz von Maschinen gegen Eindringen von festen Fremdkörpern (s. Tabelle 5.3).

Die zweite Kennziffer (0 bis 8) bezieht sich auf den Schutz von Maschinen gegen Eindringen von Wasser (Wasserschutz). Es gilt:

kein Schutz (0), Schutz gegen Tropfwasser (1 oder 2), Sprühwasser (3), Spritzwasser (4), Strahlwasser (5), Schutz bei Überflutung (6), beim Eintauchen (7), beim Untertauchen (8).

Tabelle 5.3 Schutzumfang bei Berührungs- und Fremdkörperschutz

Erste Kennziffer	Berührungsschutz	Fremdkörperschutz
0	kein Schutz	kein Schutz
1	großflächige Handberührung	große feste Fremdkörper (Ø > 50 mm)
2	Berührung mit den Fingern	mittelgroße Fremdkörper (Ø > 12 mm)
4	Berührung mit Werkzeugen o.ä.	kleine Fremdkörper (Ø > 1 mm)
5	Berührung mit beliebigen Hilfsmitteln	Staubablagerungen im Innern

Vorzugsweise ausgeführte Schutzarten. Die in Deutschland häufig verwendeten Schutzarten für elektrische Maschinen sind mit ihren Kurzzeichen in folgender Aufstellung angegeben; davon sind die im internationalen Bereich meistgebrauchten Schutzarten durch Fettdruck gekennzeichnet: IP 00, **IP 11**, IP 12, **IP 21**, **IP22**, **IP 23**, **IP 44**, **IP 54**, **IP 55**, IP 56.

Für schlagwettergeschützte und für explosionsgeschützte Maschinen, wie sie z.B. für die chemische Industrie und den Bergbau in Betracht kommen, sind die besonderen Vorschriften des VDE (0170/0171), der zuständigen Betriebsgenossenschaften und der Arbeitsschutzämter zu beachten. Die für diesen Sonderschutz festgelegten Kennbuchstaben EEx sind mit weiteren Angaben ebenfalls auf dem Leistungsschild der Maschine anzugeben.

Isolierung. Auch die Isolation elektrischer Maschinen muß auf die Betriebsbedingungen Rücksicht nehmen. Normalisolation kann nur verwendet werden, wenn die Atmosphäre in den Betriebsräumen keine aggressiven Staubteile, Gase oder Dämpfe enthält. In allen anderen Fällen ist eine Sonderisolation, bei extrem hoher Feuchtigkeit oder häufigem Wechsel der Temperaturen und des Feuchtigkeitsgrades ist die höchstwertige Tropenisolation erforderlich.

5.1.2 Betriebsbedingungen

5.1.2.1 Betriebsarten

Die Belastungsgrenze eines Elektromotors wird durch die zulässige Erwärmung seiner Wicklungen bestimmt, deren Endtemperatur ab Leistungen von einigen kW erst nach einigen Stunden Betriebszeit erreicht ist. Besteht die Belastung des Motors dagegen nur kurzzeitig oder wechselt sie periodisch, so können häufig mit der Wahl einer kleineren Baugröße Kosten gespart werden.

In DIN VDE 0530, Teil 1 werden nun mit den Betriebsarten S1 bis S10 typische Betriebsweisen der Praxis definiert, denen die Motorenhersteller die jeweils zulässige Leistung zuordnen können. Auf diese Weise ist für jede Anwendung die richtige Motorauswahl leicht möglich.

Dauerbetrieb S1 ist der Betrieb der Maschine mit konstanter Belastung, dessen Dauer ausreicht, um den thermischen Beharrungszustand zu erreichen.

Kurzzeitbetrieb S2 liegt vor, wenn der Betrieb mit konstantem Belastungszustand so kurz ist (empfohlen werden die Werte 10, 30, 60 und 90 min), daß der thermische Beharrungszustand nicht erreicht wird. In der sich anschließenden Pause, während der die Maschine nicht unter Spannung steht, kühlt sie sich auf die Temperatur des Kühlmittels ab. Beispiel S2-60 min.

Aussetzbetrieb ist ein Betrieb, der sich aus einer dauernden Folge von gleichartigen Spielen zusammensetzt. Jedes dieser Spiele umfaßt

bei S3 eine Zeit mit konstanter Belastung und eine Stillstandszeit (die Erwärmung beim Anlauf kann unberücksichtigt bleiben),
bei S4 eine Anlaufzeit, eine Zeit mit konstanter Belastung und eine Stillstandszeit,
bei S5 eine Anlaufzeit, eine Zeit mit konstanter Belastung, eine Bremszeit (mit elektrischem Bremsen) und eine Stillstandszeit.
Diese Zeiten genügen nicht, um den thermischen Beharrungszustand innerhalb eines Spiels zu erreichen.
Allgemein gilt für die Spielzeit
Spielzeit t_s = Anlaufzeit t_A + Belastungszeit t_B + Bremszeit t_{Br} + Stillstandszeit t_{St}
und für die relative Einschaltdauer

$$100 \frac{t_A + t_B + t_{Br}}{t_S} \%$$

Bei S3 beträgt die Spieldauer, falls nicht anders vereinbart, 10 min; für die relative Einschaltdauer werden die Werte 15, 25, 40 und 60% empfohlen. Beispiel S3-45 min–25%.

Durchlaufbetrieb mit Aussetzbelastung S6 liegt vor, wenn das Spiel eine Zeit mit konstanter Belastung und eine Leerlaufzeit umfaßt.

Die übrigen Betriebsarten S7 bis S10 erfassen Belastungen mit teils nichtperiodischen Last- und Drehzahländerungen.

5.1.2.2 Leistungsschild

Jede elektrische Maschine muß an ihrem Gehäuse ein Leistungsschild tragen, das in bis zu 23 Feldern Angaben über alle wichtigen Betriebsgrößen enthält. Besonders von Bedeutung ist neben der Betriebsspannung die Bemessungsleistung, welche die Maschine an der Welle abgeben kann, ohne die zulässige Erwärmung zu überschreiten. Für alle übrigen Betriebswerte wie Drehzahl, Leistungsfaktor oder Ströme gelten nach VDE 0530 Toleranzen. Der Wirkungsgrad wird grundsätzlich nicht auf dem Leistungsschild angegeben, er muß aus den dort eingetragen Werten berechnet werden.

Beispiel 5.1 Auf einem Elektromotor ist das Leistungsschild in Bild 5.4 angebracht. Es sind die Angaben zu erläutern und der Wirkungsgrad bei Volllast zu bestimmen.

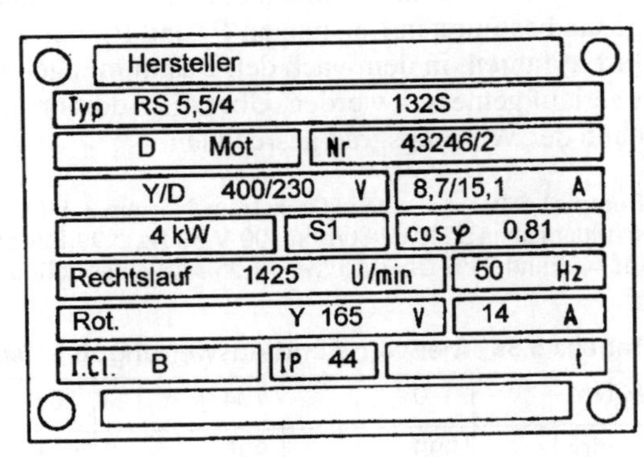

Bild 5.4
Leistungsschild eines Drehstrommotors

Es handelt sich um einen Drehstrom-Asynchronmotor mit Schleifringläufer mit einer Achshöhe von 132 mm entsprechend Bild 5.1. Bei Anschluß an das 400 V-Drehstromnetz ist für die Ständerwicklung eine Sternschaltung erforderlich. Im Dauerbetrieb S1 kann der Motor ohne die zulässige Erwärmung der Isolierstoffklasse B zu überschreiten, an der Welle die Bemessungsleistung von 4 kW abgeben. Dabei fließt in der Zuleitung der Strangstrom von 8,7 A und es besteht Rechtslauf mit einer Drehzahl von 1425 min⁻¹. Die Phasenverschiebung zwischen der Strangspannung von 230 V und dem Strom ergibt einen Leistungsfaktor cos $\varphi = 0{,}81$.

Die Läuferwicklung ist im Stern geschaltet, sie führt bei 4 kW Abgabeleistung einen Strom von 14 A und besitzt zwischen den Schleifringen im Stillstand eine Spannung von 165 V. Hinsichtlich Fremdkörper- und Wasserschutz gelten die Angaben zu IP44.

Bei größeren Maschinen wird noch das Gewicht in t angegeben und im untersten Feld evtl. das Trägheitsmoment und/oder die Luftmenge in m³/s bei Fremdkühlung.

Aus den Angaben des Leistungsschildes erhält man die

Aufnahmeleistung $P_1 = \sqrt{3}\, U_N\, I_N \cos\varphi = \sqrt{3} \cdot 400\ \text{V} \cdot 8{,}7\ \text{A} \cdot 0{,}81 = 4882\ \text{W}$

Abgabeleistung $P_2 = 4000\ \text{W}$

Damit wird der Wirkungsgrad

$$\eta = P_2/P_1 = 4882\ \text{W}/4000\ \text{W} = 0{,}819 = 81{,}9\ \%$$

5.1.2.3 Prüfung elektrischer Maschinen

Will sich der Anwender einer elektrischen Maschine davon überzeugen, daß die Leistungsschilddaten stimmen, so kann dies nur über einen mehrstündigen Belastungsversuch erfolgen. In der Regel ist dabei das Hauptinteresse, ob die angegebene Bemessungsleistung ohne Überschreiten der zulässigen Erwärmung abgegeben werden kann. Gelegentlich will man auch den Wirkungsgrad oder Leistungsfaktor überprüfen.

Für den Belastungsversuch muß der Elektromotor mit einer Bremseinheit wie Wirbelstrom- oder hydraulische Bremse, Gleich- oder Drehstromgenerator gleicher Leistung gekuppelt werden. Die vom Prüfling abgegebene Energie wird entweder wie bei Bremsen in Wärme umgesetzt (Wasserkühlung) oder kann im Generatorbetrieb an das Netz zurückgegeben werden (Nutzbremsung). Die Motorleistung läßt sich aus Drehmoment und Drehzahl, die beide nach den in Abschn. 3.4.1 beschriebenen Verfahren gemessen werden können, leicht berechnen.

Bei Maschinen großer Leistung stehen Belastungseinheiten für einen Prüfbetrieb nicht zur Verfügung, so daß z.B. auf die direkte Überprüfung des Wirkungsgrades verzichtet werden muß. Man wählt hier auch aus Gründen der besseren Genauigkeit ($\eta = 0{,}95$ bedeutet, daß sich die max. 0,2 % genau bestimmten Leistungen P_1 und P_2, nur um ca. 5% unterscheiden) das sogenannte Einzelverlustverfahren, in dem nach den Bestimmungen in VDE 0530 alle Einzelverluste errechnet oder im Leerlauf gemessen werden. Über die Addition zu den Gesamtverlusten P_v und $P_1 = P_2 + P_v$ läßt sich dann der Wirkungsgrad ausrechnen.

Beispiel 5.2 An einem Drehstrom-Normmotor (Asynchronmotor mit Kurzschlußläufer) mit den Leistungsschildangaben 55 kW 980/min 400 V 50 Hz △99,7 A $\cos\varphi = 0{,}86$ wurden 6 Belastungspunkte zwischen Leerlauf ($M = 0$) und 25% Überlast ($M = 1{,}25\ M_N$) eingestellt und die Größen n, I, P_1 nach Tabelle 5.5a gemessen.

Tabelle 5.5a Meßwerte und Auswertung zu Beispiel 5.2

M/Nm	0	194	268	402	536	670
n/min^{-1}	999	995	991	986	980	972
I/A	33,2	48,5	55,7	70,5	99,7	117,2
P_1/kW	2,3	16,8	31,1	45,3	59,4	74,5
P_2/kW	0	14,0	27,8	41,5	55,0	68,2
η/%	0	83	89,4	91,6	92,6	91,5
$\cos\varphi$	0,10	0,50	0,72	0,85	0,86	0,84

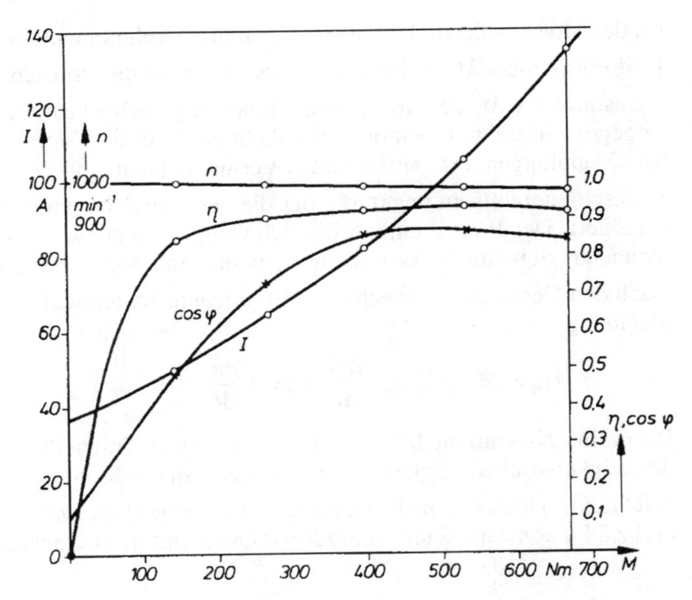

Bild 5.5b
Betriebskennlinien des Asynchronmotors in Beispiel 5.2

Man ergänze rechnerisch die Tabelle um P_2, η und $\cos\varphi$ und zeichne die Größen $n, I, \eta, \cos\varphi = f(M)$ maßstäblich auf (Bild 5.5b).
Bei Volllast ist

$$M_N = \frac{55\,000 \cdot 60}{2\pi \cdot 980}\ \text{Nm} = 536\ \text{Nm}; \qquad P_{1N} = \sqrt{3} \cdot 400\ \text{V} \cdot 99{,}7\ \text{A} \cdot 0{,}86 = 59{,}4\ \text{kW};$$

$$\eta = 55/59{,}4 = 92{,}6\%; \quad S_N = \sqrt{3} \cdot 400\ \text{V} \cdot 99{,}7\ \text{A} = 69{,}1\ \text{kVA};$$

$$Q_N = \sqrt{69{,}1^2 - 59{,}4^2}\ \text{kvar} = 35{,}3\ \text{kvar}.$$

5.2 Planung und Berechnung von Antrieben

5.2.1 Stationärer Betrieb

5.2.1.1 Momentengleichung des elektrischen Antriebs

Jeder aus Elektromotor *EM* und Arbeitsmaschine *AM* bestehende elektrische Antrieb kann schematisch nach Bild 5.6 dargestellt werden.

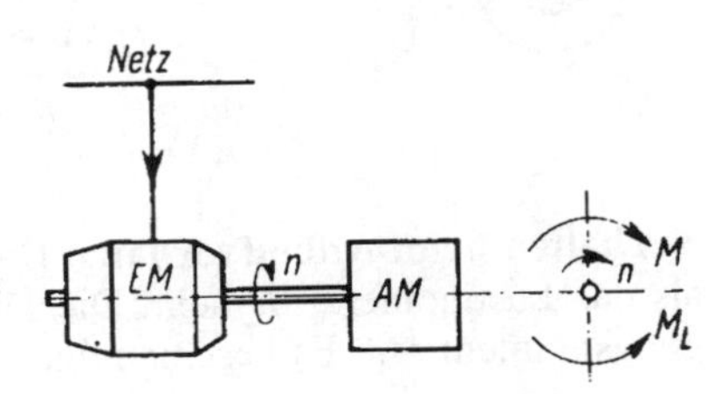

Bild 5.6
Aufbau eines elektrischen Antriebs (schematisch)

An der Motorwelle sind im allgemeinen drei Drehmomente wirksam:

1. Motormoment M des Elektromotors, in der für den Antrieb gewünschten Drehrichtung wirkend.

2. Lastmoment M_L der Antriebsmaschine, umgerechnet auf die Motorwelle, das dem Motormoment entgegenwirkt. Das Lastmoment schließt die zwischen Motorwelle und Arbeitsmaschine in Getrieben, Kupplungen usw. auftretenden Verlustmomente mit ein.

3. Beschleunigungsmoment M_B, das die gesamte Schwungmasse J des Antriebs beschleunigt oder verzögert. Der Wert J enthält die Schwungmasse des Motors und die auf die Motorwelle umgerechneten Schwungmassen der übrigen drehend oder geradlinig bewegten Teile des Antriebs.

Nach den Gesetzen der Mechanik gilt in jedem Augenblick für die Drehbewegung die Momentengleichung

$$M_B = M - M_L = J\frac{d\omega}{dt} = 2\pi J\frac{dn}{dt} \tag{5.1}$$

Darin sind J das auf die Motorwelle umgerechnete Trägheitsmoment aller bewegten Teile, $\omega = 2\pi n$ die Winkelgeschwindigkeit und n die Drehzahl der Motorwelle.

Mit Gl. (5.1) lassen sich alle Bewegungsvorgänge elektrischer Antriebe erfassen. Ist z.B. die Motordrehzahl n konstant, dann ist $dn/dt = 0$ und somit im stationären Zustand

$$M = M_L$$

An einer typischen Antriebsaufgabe soll der durch Gl. (5.1) beschriebene Zusammenhang zwischen den drei Drehmomenten erläutert werden.

Beispiel eines einfachen Antriebs. Ein Lüfter L wird von einem Asynchronmotor mit Kurzschlußläufer direkt angetrieben (Bild 5.7a). Der Motor M wird mit Hilfe eines Handschalters S über Sicherungen Si direkt an das Netz geschaltet. Das Motormoment M hat in Abhängigkeit von der Motordrehzahl n nach Abschn. 4.3.2.1 beim direkten Einschalten den in Bild 5.7b gezeigten Verlauf (normale Betriebskennlinie). Das Lastmoment M_L des Lüfters setzt sich aus einem kleinen, etwa drehzahlunabhängigen Lagerreibungsmoment M_a und dem etwa quadratisch mit der Lüfterdrehzahl anwachsenden Luftreibungsmoment zusammen. Das im Stillstand vorhandene Losreißmoment M_b (in Bild 5.7b gestrichelt) kann u.U. erheblich größer als M_a sein.

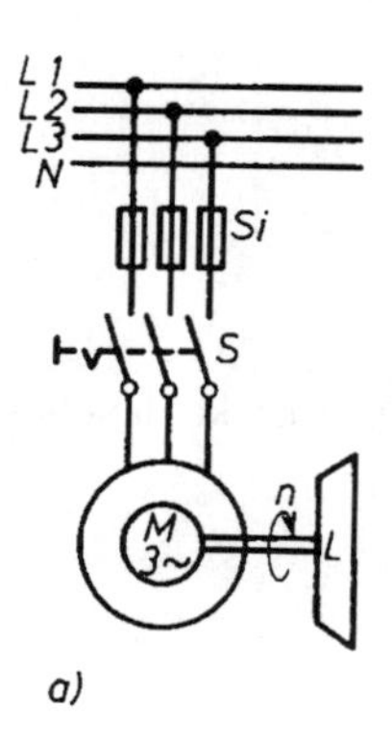

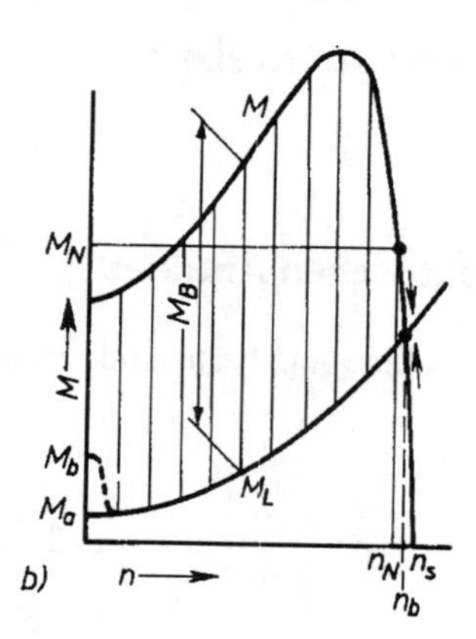

Bild 5.7 Lüfterantrieb (a) und zugehörige Betriebskennlinien (b) von Motor und Lüfter

Verhalten beim Anlaufvorgang. Damit der Antrieb hochläuft, muß das Motormoment M größer als das Lastmoment M_L sein. Die Differenz beider Momente ist nach Gl. (5.1) das Beschleunigungsmoment M_B. Es beschleunigt beim Hochlaufen die Schwungmassen von Motor und Lüfter.

Der Anlaufvorgang $n = f(t)$ kann nach Gl. (5.1) berechnet werden, wenn die Gleichungen der Betriebskennlinien $M = f(n)$ und $M_L = f(n)$ als mathematische Funktionen vorliegen. Da dies nur sehr selten der Fall ist, wird der Anlaufvorgang $n = f(t)$ und die Anlaufzeit meist durch ein graphisches Verfahren ermittelt (s. Abschn. 5.2.2.1).

Verhalten im stationären Betrieb. Übersteigt die Motordrehzahl während des Anlaufs die beim Kippmoment vorhandene Drehzahl, so sinkt das Beschleunigungsmoment bei weiterer Drehzahlerhöhung stark ab und wird schließlich beim Schnittpunkt der beiden Kennlinien (Bild 5.7b) Null, so daß gilt:

$$M_B = 0 \qquad M = M_L \qquad n = n_b$$

Die sich im stationären Betrieb einstellende Betriebsdrehzahl n_b liegt damit fest.

Dieser Betriebspunkt ist hier stabil, da bei geringer Überschreitung der Betriebsdrehzahl n_b, das Lastmoment überwiegt ($M_L > M$), bei geringer Unterschreitung dagegen das Motormoment ($M > M_L$), so daß in beiden Fällen der Antrieb wieder der Betriebsdrehzahl n_b zustrebt. Bei einem labilen Gleichgewichtszustand wird die Drehzahlabweichung immer größer, so daß der Antrieb entweder zum Stillstand kommt oder weiter hochläuft.

Verhalten beim Auslaufvorgang. Wird der Motor abgeschaltet, so wird $M = 0$. Nach Gl. (5.1) ergibt sich der Auslaufvorgang $n = f(t)$ aus

$$M_B = -M_L = 2\pi J \, dn/dt$$

Das bremsende Lastmoment verzögert den Antrieb bis zum Stillstand. Auch dieser Auslaufvorgang $n = f(t)$ und die sich ergebende Auslaufzeit können selten rechnerisch, immer aber graphisch ermittelt werden (s. Abschn. 5.2.2.2).

Für die Berechnung des stationären Zustandes wie auch der Anlauf- und Auslaufvorgänge müssen die Betriebskennlinien der Elektromotoren und der Arbeitsmaschinen bekannt sein. Hierauf wird deshalb in weiteren Abschnitten näher eingegangen.

Motorgröße. Ist der Lüfter (Bild 5.7) nach dem Hochlauf längere Zeit in Betrieb (Dauerbetrieb), dann darf mit Rücksicht auf die Erwärmung des Motors das bei der Betriebsdrehzahl n_b vorhandene Motormoment höchstens gleich dem Bemessungsmoment M_N des Motors sein. Dies bedeutet, daß die Bemessungsleistung des Motors mindestens gleich der bei der Betriebsdrehzahl auftretenden Lüfterleistung sein muß.

Diese Forderungen sind erfüllt, wenn die Betriebsdrehzahl n_b im Bereich zwischen der Drehzahl n_N und der synchronen Drehzahl n_s liegt. Ist die Bemessungsleistung des Motors wesentlich größer als die Ventilatorleistung im stationären Betrieb, so ist der Motor zu groß gewählt und wird nicht ausgenützt. Umgekehrt ist ein zu klein gewählter Motor unbrauchbar, da er im Dauerbetrieb thermisch überlastet wäre und frühzeitig selbsttätig abgeschaltet werden müßte.

5.2.1.2 Betriebskennlinien von Elektromotoren

Die normalen Betriebskennlinien $n = f(M)$ der wichtigsten Elektromotoren, die den Zusammenhang von Motordrehzahl und Motormoment in der normalen Betriebsschaltung, also ohne Hilfsmittel zur Drehzahlsteuerung, bei konstanter Netzspannung und Netzfrequenz beschreiben, sind in Abschn. 4 behandelt. Dort sind auch die Möglichkeiten zur Drehzahlsteuerung dieser Motoren besprochen und die Hilfsmittel angegeben, mit denen durch Änderung der normalen Betriebsschaltung die Betriebskennlinien verändert werden können. Das aus den normalen Betriebskennlinien erkennbare Drehzahlverhalten und die Drehzahlsteuerung der Elektromotoren sind für die Planung von elektrischen Antrieben von grundlegender Bedeutung.

Drehzahlverhalten. Nach dem Drehzahlverhalten unterscheidet man die folgenden drei wichtigen Kennlinienarten (Bild 5.8):

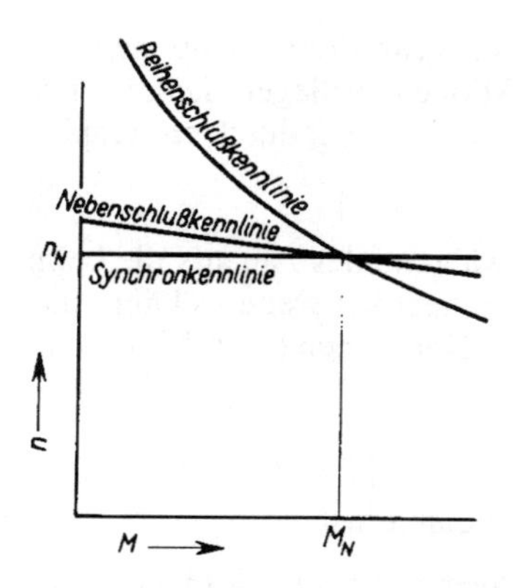

Bild 5.8
Normale Betriebskennlinien von Elektromotoren

1. Synchronkennlinie oder starre Kennlinie von Motoren mit belastungsunabhängiger Drehzahl. Die Motordrehzahl ist unabhängig von der Belastung konstant. Zu diesen Motoren sind die Drehstrom- und Wechselstrom-Synchronmotoren an einem Netz mit konstanter Frequenz zu zählen.

2. Nebenschlußkennlinie oder harte Kennlinie von Motoren mit nahezu belastungsunabhängiger Drehzahl. Die Drehzahl dieser Motoren ändert sich also nur wenig mit der Belastung. Sie sinkt zwischen Leerlauf und Volllast, je nach ihrer Größe, bei Drehstrom-Asynchronmotoren und Drehstrom-Nebenschlußmotoren um etwa 2 bis 8%, bei Gleichstrom-Nebenschlußmotoren um etwa 3 bis 15% und bei Gleichstrom-Doppelschlußmotoren, sowie Induktionsmotoren für Wechselstrom um etwa 10 bis 25% ab.

3. Reihenschlußkennlinie oder weiche Kennlinie von Motoren mit stark belastungsabhängiger Drehzahl. Die Drehzahl dieser Motoren fällt rasch mit wachsender Belastung, bei Entlastung steigt sie entsprechend an. Vollkommene Entlastung (Gefahr des Durchgehens) muß u.U. verhütet werden. Zu dieser Gruppe gehören Gleichstrom-, Wechselstrom-, Drehstrom-Reihenschlußmotoren, kurz alle Motoren, deren Drehzahl sich zwischen Volllast und Leerlauf um mehr als 25% ändert.

Drehzahlsteuerung. Nach der Möglichkeit der Drehzahlsteuerung unterscheidet man die drei folgenden Arten von Motoren:

1. Motoren ohne Drehzahlsteuerung. Die normale Betriebskennlinie der Motoren kann nicht verändert werden wie bei den Synchronmotoren und den normalen Drehstrom-Asynchronmotoren mit Kurzschlußläufer bei Betrieb an einer festen Netzspannung.

2. Motoren mit mehreren Drehzahlstufen können mit einigen bestimmten Drehzahlen laufen, hauptsächlich die polumschaltbaren Drehstrom-Asynchronmotoren.

3. Motoren mit stufenloser Drehzahlsteuerung. Die Drehzahl dieser Motoren kann innerhalb eines gewissen Bereiches stufenlos gesteuert werden. Durch die Leistungselektronik trifft dies inzwischen für alle Maschinenarten zu. Bei Gleichstrommotoren werden dazu meist Gleichrichter mit Anschnittsteuerung und für Drehstrommotoren die Frequenzumrichter eingesetzt.

5.2.1.3 Betriebskennlinien von Arbeitsmaschinen

Die Betriebskennlinien der Vielzahl von Arbeitsmaschinen, die heute in Industrie, Gewerbe und Haushalt von Elektromotoren angetrieben werden, lassen sich kaum systematisch darstellen. Erschwerend kommt hinzu, daß sich bei den meisten Arbeitsmaschinen u.U. mehrere Betriebsgrößen ändern können, so daß sich für ein- und dieselbe Arbeitsmaschine mehrere Betriebskennlinien ergeben. An zwei Beispielen der Bearbeitung von Werkstücken auf abspanenden Werkzeugmaschinen (Drehmaschinen, Fräs-, Bohr- und Schleifmaschinen) soll dies näher erläutert werden.

Drehmaschine. An der Schneide des Werkzeugs (Bild 5.9a) einer abspanenden Werkzeugmaschine, z.B. einer Drehmaschine, ist eine Schnittkraft F erforderlich, die vom Werkstoff des Werkstückes abhängt und dem Spanquerschnitt A aus Schnitttiefe × Vorschub etwa proportional ist. Um bei einer minimalen Abnutzung des Werkzeugs eine optimale Güte der Werkstückoberfläche zu erhalten, müssen Schneide und Werkstück mit einer bestimmten Schnittgeschwindigkeit v gegeneinander bewegt werden. Diese günstigste Schnittgeschwindigkeit hängt vom Werkstoff des Werkstücks und des Werkzeugs ab. Die erforderliche mechanische Leistung der Spindel ist somit $P_L = F \cdot v$.

Greift die Schnittkraft F im Abstand r von der Drehachse an, so ist das erforderliche Drehmoment an der Spindel $M_L = F r$. Aus $v = r\,\omega = 2\pi\, r\, n_L$ ergibt sich die Drehzahl $n_L = v/(2\pi\, r)$ der Spindel. Die für den Antrieb maßgebenden mechanischen Größen P_L, M_L und n_L werden also durch den Werkstoff von Werkstück und Werkzeug, durch Spanquerschnitt A und Drehradius r bestimmt.

Soll für eine Kombination von Werkstück- und Werkzeugmaterial bei fester Schnittgeschwindigkeit v ein bestimmter Spanquerschnitt A mit veränderlichem Drehradius r abgespant werden, so ist der Verlauf dieser Größen in Abhängigkeit von der Drehzahl n_L der Spindel gegeben (Bild 5.9b). Da in diesem Fall F und v konstant sind, ist

Leistung $P_L = F \cdot v = \text{konst.}$ Drehmoment $M_L = P_L/\omega \sim 1/n_L \sim r$ Drehzahl $n_L \sim 1/r$

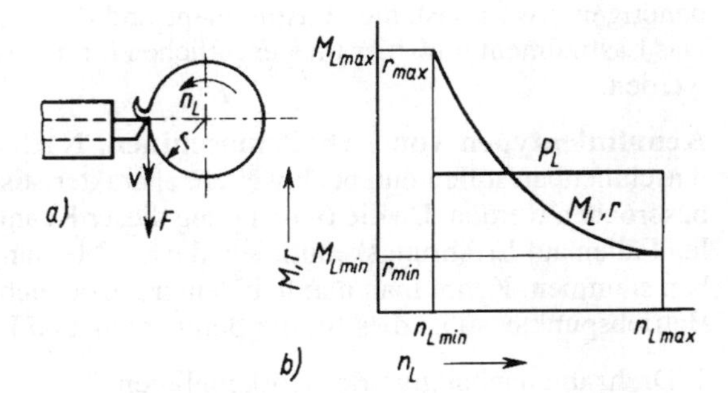

Bild 5.9
a) Abspanungsvorgang beim Drehen
b) Betriebskennlinien einer Drehmaschine

Größter und kleinster Drehradius bestimmen untere und obere Drehzahl der Spindel und damit den für diesen Zweck erforderlichen Drehzahlsteuerbereich der Drehmaschine. Entsprechend ergibt sich aus Bild 5.9b der erforderliche Drehmomentbereich, die erforderliche Leistung bleibt konstant. Infolge Reibung in den verschiedenen Stufen eines meist zwischen Motor und Spindel vorhandenen Getriebes muß besonders bei kleinen Drehmaschinen noch ein Reibungsmoment berücksichtigt werden, so daß sich der Leistungsbedarf mit steigender Drehzahl tatsächlich etwas erhöht.

Hobelmaschine. Andere Verhältnisse ergeben sich, wenn der Span bei geradliniger Bewegung des Werkstückes oder des Werkzeugs (Bild 5.10) abgenommen wird, wie es z.B. bei Hobel- und Stoßmaschinen der Fall ist. Es gilt zwar für Schnittkraft F und Schnittgeschwindigkeit v während des Arbeitshubes dasselbe wie bei der Drehmaschine, so daß die erforderliche mechanische Leistung $P_L = F \cdot v$ wie beim Drehen vom Werkstoff des Werkstücks und des Werkzeugs sowie vom Spanquerschnitt abhängig ist. Da aber die an der Zahnstange wirkende Schnittkraft F stets an derselben Stelle im Abstand r (Radius des antreibenden Zahnrades) angreift, sind das Drehmoment $M_L = F\,r$ und die Drehzahl $n_L = v/(2\pi\, r)$ nur noch von je zwei Größen abhängig. Zwei Fälle sind zu unterscheiden:

a) Soll wieder für eine bestimmte Kombination von Werkstück- und Werkzeugmaterial, also bei fester Schnittgeschwindigkeit v ein bestimmter Querschnitt A abgespant werden, so sind sowohl F als auch v konstant, damit ebenfalls P_L, M_L und n_L.

b) Wird andererseits auf einer Hobelmaschine von einem Werkstück ein konstanter Querschnitt bei veränderlicher Schnittgeschwindigkeit v abgespant, so ist $F = \text{konst.}$, und es werden

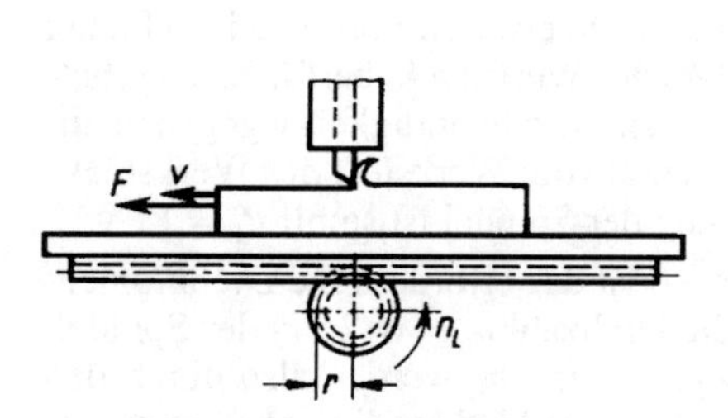

Bild 5.10 Abspanungsvorgang beim Hobeln

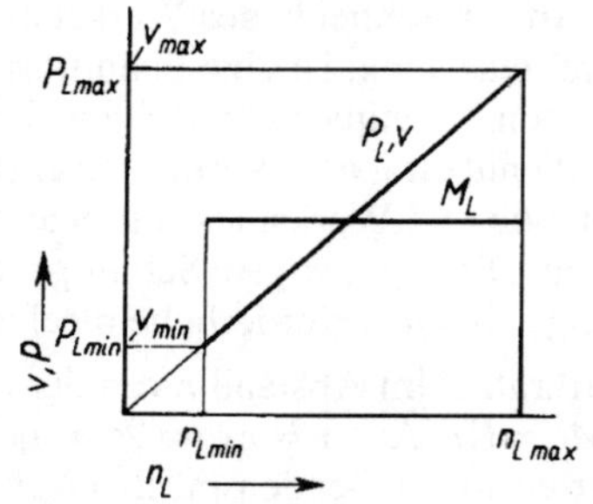

Bild 5.11 Betriebskennlinien einer Hobelmaschine

Leistung $P_L = F \cdot v \sim n_L$ Drehmoment $M_L = F_r = \text{konst.}$ Drehzahl $n_L \sim v$

Nach Bild 5.11 bestimmen minimale und maximale Schnittgeschwindigkeit den Drehzahlsteuerbereich und damit auch die Leistung, da das Lastmoment konstant ist.

Auch die Antriebe für den Vorschub von Werkzeugmaschinen bei drehender Schnittbewegung benötigen etwa konstantes Lastmoment und damit linear mit der Drehzahl ansteigende Leistung. Das Lastmoment muß hier im wesentlichen für die Reibung von Spindel und Schlitten aufgewendet werden.

Kennlinientypen von Arbeitsmaschinen. Nach den beiden Beispielen aus dem Werkzeugmaschinenbau sollen nun noch weitere charakteristische Betriebskennlinien von Arbeitsmaschinen besprochen werden. Da die Berechnung dieser Kennlinien meist unsicher ist, stützt man sich in vielen Fällen auf Erfahrungskennlinien, die aus Messungen an ähnlichen, bereits ausgeführten Antrieben stammen. Kennt man nämlich den grundsätzlichen Verlauf einer Betriebskennlinie und einige Betriebspunkte, so ist dies für die Berechnung und Planung oft ausreichend.

1. Drehzahlunabhängige Betriebskennlinien

Bei reiner Hub-, Reibungs- und Formänderungsarbeit ist das Lastmoment von der Drehzahl weitgehend unabhängig, die Leistung steigt proportional der Drehzahl an: Kennlinien 1 in Bild 5.12

$$M_L = \text{konst.} \quad P_L \sim n_L$$

Beispiele Fördermaschinen (Förderbänder und Fließbänder) bei geringer Fördergeschwindigkeit und konstanter Fördermenge; Hebezeuge (Aufzüge, Krane, Winden) bei konstanter Last; Kolbenpumpen und -verdichter bei Förderung gegen konstanten Druck (mittleres Moment); Lager, Getriebe und dgl.; abspanende Werkzeugmaschinen mit annähernd geradliniger Schnittbewegung (z.B. Hobelmaschinen bei konstantem Spanquerschnitt und beliebiger Schnittgeschwindigkeit oder – bei drehender Schnittbewegung – Langdrehmaschinen bei konstantem Spanquerschnitt und etwa gleichbleibendem Drehdurchmesser); Vorschubantriebe bei drehender Schnittbewegung.

2. Drehzahlabhängige Betriebskennlinien

a) Bei Überwindung von Luft- oder Flüssigkeitswiderständen steigt das Lastmoment mit der 2. Potenz, die Leistung mit der 3. Potenz der Drehzahl bzw. Geschwindigkeit an: Kennlinien $2a_1$ in Bild 5.12

$$M_L \sim n_L^2 \quad P_L \sim n_L^3$$

Beispiele Lüfter, Gebläse, Rauchgasabsauger, Propeller; Zentrifugen, Rührwerke; Kreiselpumpen und -kompressoren, Schiffschrauben, Luftwiderstand von Fahrzeugen, Bahnen, Förderanlagen bei hohen Geschwindigkeiten. Meist kommt bei diesen Arbeitsmaschinen noch ein drehzahlunabhängiges, durch Reibung verursachtes Lastmoment M_{L0} hinzu, so daß sich die Betriebskennlinien $2a_2$ ergeben.

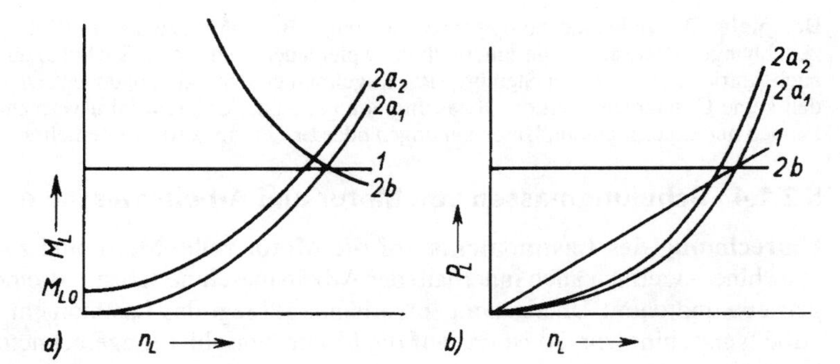

Bild 5.12
a) Drehmomentkennlinien $M_L = f(n_L)$
b) Leistungskennlinien $P_L = f(n_L)$ von Arbeitsmaschinen

b) Das Lastmoment ist umgekehrt proportional der Drehzahl, die Leistung damit konstant: Kennlinien 2*b* in Bild 5.12

$$M_L \sim \frac{1}{n_L} \qquad P_L = \text{konst.}$$

Beispiele Plandrehmaschinen bei konstantem Spanquerschnitt und sich änderndem Drehradius, Aufwickelmaschinen, Papierumrollmaschinen und dgl., bei denen Materialgeschwindigkeit und Materialzug beim Auf- und Abwickeln konstant zu halten sind.

3. Wegabhängige Betriebskennlinien

$$M_L = f(s)$$

Beispiele Bei Bahnen, Fahrzeugen, Schrägaufzügen und dgl. treten von der Fahrstrecke s abhängige, durch das Streckenprofil bedingte Steigungs- und Krümmungswiderstände auf.

4. Winkelabhängige Betriebskennlinien

Das Lastmoment M_L von einigen Maschinen, z.B. von Kolbenarbeitsmaschinen, ist von der Stellung des Kolbens im Zylinder und damit vom Kurbelwinkel α abhängig

$$M_L = f(\alpha)$$

Das Lastmoment ändert sich periodisch um ein mittleres Moment. Der periodisch sich ändernde Anteil verursacht periodische Änderungen der mechanischen und elektrischen Größen des Antriebs.

Beispiele Winkelabhängige Betriebskennlinien treten z.B. bei Kolbenpumpen, Kurbelpressen, Metallscheren und Schmiedemaschinen auf.

5. Zeitabhängige Betriebskennlinien

$$M_L = f(t)$$

Bei vielen Arbeitsprozessen liegt der zeitliche Ablauf und damit die zeitabhängige Belastung der Arbeitsmaschine fest. Dies gilt ebenso bei selbsttätigem (automatischem) Ablauf und angenähert auch, wenn ein bestimmter Arbeitsplan mit einer Arbeitsmaschine, z.B. einer Drehmaschine oder einer Stanzmaschine (Bild 5.13) manuell durchgeführt wird.

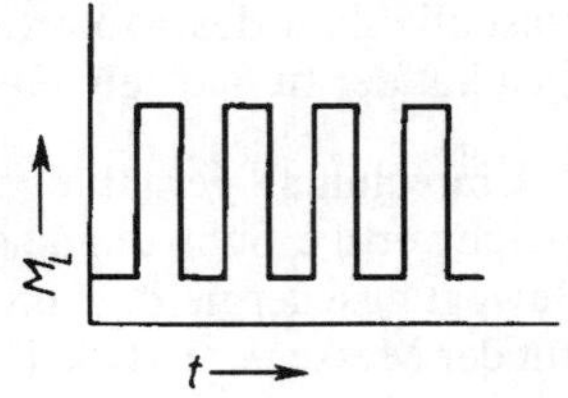

Bild 5.13
Zeitabhängige Belastungskennlinie $M_L = f(t)$

Beispiele Bei vielen technologischen Arbeiten, z. B. beim Walzen eines Blockes auf einer Walzenstraße, ist die zeitabhängige Belastung, die innerhalb der Spieldauer nach einem Stichplan auftritt, bekannt. Es kommen aber auch Antriebe vor, z. B. für Steinbrecher, Kugelmühlen und dgl., bei denen sich die Belastung zufällig ändert, so daß keine Gesetzmäßigkeit der Belastung von der Zeit, der Drehzahl usw. mehr gegeben ist. In solchen Fällen können nur experimentelle Untersuchungen oder Erfahrungswerte weiterhelfen.

5.2.1.4 Schwungmassen von Motor und Arbeitsmaschine

Umrechnung des Lastmoments auf die Motorwelle. Meist sind zwischen Motor und Arbeitsmaschine – vielfach auch innerhalb der Arbeitsmaschine selbst – Riemen-, Reibrad- oder Zahnradgetriebe und damit Übersetzungen vorhanden. Liegt das Lastmoment M'_L bei der Drehzahl n_L der Arbeitsmaschine vor, so ist das auf die Motordrehzahl n umgerechnete, in Gl. (5.1) einzusetzende Lastmoment M_L

$$M_L = M'_L \frac{n_L}{n} \tag{5.2}$$

Umrechnung von Schwungmassen auf die Motorwelle. Um das dynamische Verhalten des Antriebs beim Übergang von einem stationären Betriebszustand zum anderen berechnen zu können, z. B. beim Anlaufen, Stillsetzen, Bremsen, bei Drehrichtungs- und Belastungsänderungen, müssen die Schwungmassen aller bewegten Teile der Arbeitsmaschine auf die Motordrehzahl umgerechnet werden. Hierbei sind sowohl die rotierenden als auch die geradlinig bewegten Massen (z. B. in Förderanlagen, Hebezeugen, Hobelmaschinen) zu berücksichtigen.

1. Umrechnung rotierender Schwungmassen. Das axiale Trägheitsmoment einer Schwungmasse ist

$$J = \int r^2 \, \mathrm{d}m \tag{5.3a}$$

wobei r der Abstand eines Massenteilchens dm von der Drehachse ist. Denkt man sich die gesamte Masse m des rotierenden Körpers in einem Punkt mit dem Abstand r_0 (Trägheitsradius) von der Drehachse vereinigt, dann erhält man aus Gl. (5.3a)

$$J = m\, r_0^2 \tag{5.3b}$$

Mit dem Trägheitsdurchmesser $D = 2\, r_0$ und $m = G/g$ wird hieraus

$$J = G\, D^2/4\, g \tag{5.3c}$$

Wenn in der Praxis noch das Schwungmoment $G\, D^2$ einer Schwungmasse angegeben wird, rechnet man nach Gl. (5.3c) sofort auf das Trägheitsmoment J um.

Bewegen sich bei einer Motordrehzahl n in einer Arbeitsmaschine Schwungmassen, deren Trägheitsmomente J_1, J_2, J_3 ... bekannt sind, infolge vorhandener Übersetzungen mit den Drehzahlen n_1, n_2, n_3 ..., so ist das auf die Motordrehzahl n umgerechnete Trägheitsmoment J, das man in Gl. (5.1) einzusetzen hat

$$J = J_0 + J_1 \left(\frac{n_1}{n}\right)^2 + J_2 \left(\frac{n_2}{n}\right)^2 + J_3 \left(\frac{n_3}{n}\right)^2 + \cdots \tag{5.4}$$

Hierin ist J_0 das Trägheitsmoment aller mit der Motordrehzahl n umlaufenden Schwungmassen einschließlich des Motorläufers (J_{Mot}). Die einzelnen Trägheitsmomente werden also mit dem Quadrat der für sie geltenden Übersetzungen auf die Motorwelle umgerechnet.

2. Umrechnung geradliniger bewegter Massen. Die Umrechnung geradlinig bewegter Massen auf gleichwertige Schwungmassen an der Motorwelle ergibt sich aus einer Energiebetrachtung. Die Bewegungsenergie des mit der Geschwindigkeit v längs einer Bahn geradlinig bewegten Körpers mit der Masse m_g und die Drehenergie der mit der Winkelgeschwindigkeit $\omega = 2\pi\, n$ des Motors sich

drehenden Ersatzschwungmasse mit dem Trägheitsmoment J_e müssen gleich sein

$$\frac{J_e \omega^2}{2} = \frac{m_g v^2}{2}$$

Hieraus folgt das Trägheitsmoment der Ersatzschwungmasse

$$J_e = m_g \left(\frac{v}{\omega}\right)^2 \tag{5.5}$$

Dieses Trägheitsmoment muß gegebenenfalls mit den weiteren vorhandenen Massenträgheitsmomenten nach Gl. (5.4) zum Gesamtträgheitsmoment J zusammengefaßt werden.

Beispiel 5.3 Das gesamte Trägheitsmoment für alle bewegten Teile einer Förderanlage nach Bild 5.14a ist zu ermitteln.

Da $v = r\,\omega$ ist, erhält man einfach mit Gl. (5.5) als Ersatzträgheitsmoment der geradlinig bewegten Teile

$$J_e = m_g\, r^2 = \frac{G}{g}\, r^2$$

Hierin ist m_g die Masse sämtlicher geradlinig bewegter Teile (Fahrkorb *FK*, Gegengewicht *GG*, Seil *S*). Das gesamte Trägheitsmoment wird dann

$$J = J_0 + m_g\, r^2$$

mit J_0 als dem Trägheitsmoment aller mit der Motordrehzahl n umlaufenden Teile, s. Gl. (5.4).

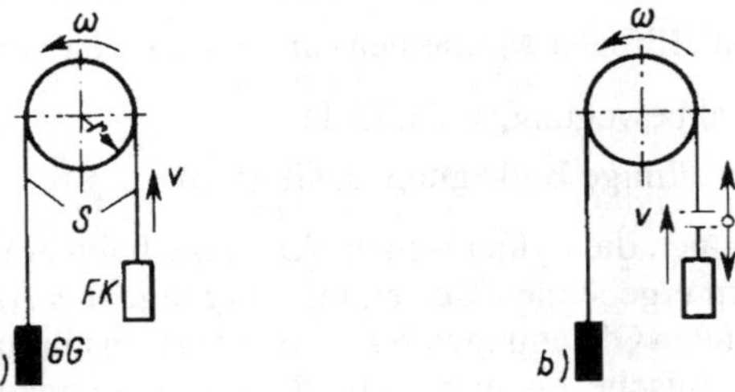

Bild 5.14 Förderanlage

Umrechnung einer Drehbewegung auf geradlinige Bewegung. Für die Berechnung des Antriebes von Fahrzeugen, Bahnen, Förderanlagen und dgl. ist der Verlauf der Betriebskennlinien $n = f(t)$ des Antriebsmotors zunächst weniger wichtig als das sogenannte Fahrdiagramm $s = f(t)$, das beispielsweise unmittelbar den Bewegungsvorgang des Fahrzeugs oder des Fahrkorbs darstellt.

An die Stelle der Momentengleichung (5.1) für die Drehbewegung tritt dann die entsprechende Kräftegleichung für geradlinige Bewegung

$$F_B = F - F_L = m\,\frac{dv}{dt} \tag{5.6}$$

Hierin bedeuten F die Zugkraft des Antriebsmotors, F_L die Lastkraft und F_B die Beschleunigungskraft. Im stationären Betrieb sind $dv/dt = 0$, d.h. $v =$ konst. und $F_B = 0$, dann gilt

$$F = F_L$$

Ist $F_B \neq 0$, so muß zur Erzielung der für den Betrieb zu fordernden Geschwindigkeitsänderungen der Antrieb mit der Gesamtmasse m beschleunigt oder verzögert werden. Zur Gesamtmasse m gehört die Masse m_g der geradlinig mit der Geschwindigkeit v bewegten Teile und die Ersatzmasse m_e der mit der Winkelgeschwindigkeit ω rotierenden Körper mit dem Trägheitsmoment J_0, die sich entsprechend Gl. (5.5) ergibt

$$m_e = \frac{J_0}{(v/\omega)^2} \tag{5.7}$$

Die in Gl. (5.6) einzusetzende Gesamtmasse m wird dann

$$\boldsymbol{m = m_g + m_e} \tag{5.8}$$

Beispiel 5.4 Man bestimme die Lastkraft F_L und die Gesamtmasse m für die Berechnung der geradlinigen Bewegung des Fahrkorbes aus Beispiel 5.3.

Denkt man sich in Bild 5.14b das Seil S an der bezeichneten Stelle durchschnitten, so wirkt an der Schnittstelle die Motorkraft $F = M/r$ in der Fahrtrichtung nach oben. Die resultierende Lastkraft F_L entgegen der Fahrtrichtung nach unten ergibt sich aus der Summe des Fahrkorbgewichtes einschließlich Nutzlast und der vorhandenen Reibungskräfte, aber abzüglich dem Gegengewicht und der Differenz der beiden Seilgewichte

$$F_L = F_{FK} + F_{Rbg} - F_{GG} - \Delta F_S$$

In Beispiel 5.3 ist m_g die Masse der geradlinig bewegten Teile. Die Ersatzmasse m_e der rotierenden Teile ergibt sich aus ihrem Trägheitsmoment J_0 nach Gl. (5.7), da $v = r\,\omega$,

$$m_e = \frac{J_0}{r^2}$$

Die in Gl. (5.6) einzusetzende Gesamtmasse m ergibt sich damit nach Gl. (5.8)

$$m = m_g + \frac{J_0}{r^2}$$

5.2.2 Dynamik des Antriebs

Mit Hilfe der Momenten- und Kräftegleichung für

Drehbewegung, s. Gl. (5.1) $\quad M_B = M - M_L = \sim J\,d\omega/dt$

geradlinige Bewegung, s. Gl. (5.6) $\quad F_B = F - F_L = m\,dv/dt$

können die dynamischen Vorgänge beim Anlauf, Bremsen, Umsteuern usw. ermittelt werden. Die sich ergebenden Bewegungsvorgänge $n = f(t)$ bzw. $v = f(t)$ und $s = f(t)$ konnten aus den vorstehenden Gleichungen bisher rechnerisch nur in einfachen Fällen ermittelt werden. Deshalb wurde die graphische Lösungsmethode vielfach angewandt. Nun ist durch den Einsatz programmierbarer Taschenrechner auch die Lösung komplizierter Antriebsprobleme mit vertretbarem Zeitaufwand durch den Spezialisten möglich.

5.2.2.1 Anlauf

Rechnerische Behandlung. Während des Anlaufs eines elektrischen Antriebs, bestehend aus Elektromotor und Arbeitsmaschine, sei ein konstantes Beschleunigungsmoment M_B angenommen, das gleich dem Bemessungsmoment des Motors ist: $M_B = M_N$. Die Momentengleichung lautet dann

$$M_N = J\,d\omega/dt \quad \text{hieraus} \quad d\omega = \frac{M_N}{J}dt \quad \text{oder} \quad \int_0^{\omega} d\omega = \frac{M_N}{J}\int_0^{t} dt$$

Durch Integrieren ergibt sich $\omega = \frac{M_N}{J}t$ oder in normierter, auf die Bemessungsdrehzahl n_N bezogener Darstellung mit $\omega/\omega_N = n/n_N$

$$\frac{n}{n_N} = \frac{M_N}{J\,\omega_N}t$$

Der entsprechenden Bewegungsvorgang $n = f(t)$ ist in Bild 5.15 eingezeichnet (Gerade1). Die Drehzahl n_N wird nach der Anlaufzeitkonstanten τ_a des Antriebs erreicht. Man erhält sie aus obiger Gleichung für $t = \tau_a$, $n = n_N$

$$\boldsymbol{\tau_a = \frac{J\,\omega_N}{M_N}} \tag{5.9}$$

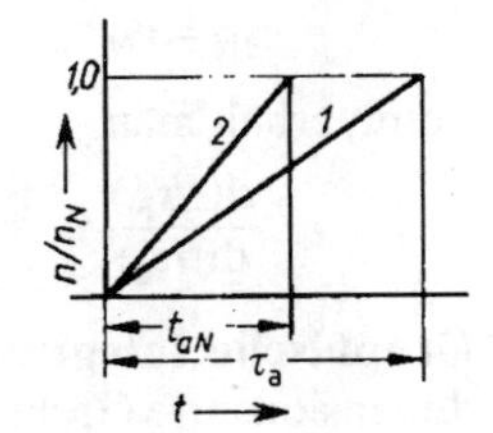

Bild 5.15
Anlaufzeitkonstante τ_a des Antriebs und Normal-Anlaufzeit t_{aN} des Elektromotors

Läuft der Motor allein ohne Arbeitsmaschine unter denselben Bedingungen ($M_B = M_N$) bis zur Bemessungsdrehzahl n_N hoch, so ist in Gl. (5.9) J_{Mot} statt J einzusetzen. Der Bewegungsvorgang verläuft dann nach Bild 5.15 (Gerade 2). Die Anlaufzeit des Motors bis zum Erreichen der Drehzahl n_N nennt man die Normalanlaufzeit t_{aN} des Motors, für die sich entsprechend Gl. (5.9) ergibt

$$t_{aN} = \frac{J_{Mot}\,\omega_N}{M_N} \tag{5.10}$$

Graphische Methode. Drehbewegung. Es gilt die Momentengleichung (5.1) $d\omega/dt = M_B/J$. Hieraus ergibt sich

$$\frac{d(\omega/\omega_N)}{dt} = \frac{M_B}{J\,\omega_N} = \frac{M_B/M_N}{J\,\omega_N/M_N} = \frac{M_B/M_N}{\tau_a}$$

oder, da $\omega/\omega_N = n/n_N$ ist, wird

$$\frac{\mathbf{d}(\boldsymbol{n}/\boldsymbol{n}_\mathbf{N})}{\mathbf{d}(\boldsymbol{t}/\boldsymbol{\tau}_\mathbf{a})} = \frac{\boldsymbol{M}_\mathbf{B}}{\boldsymbol{M}_\mathbf{N}} \tag{5.11}$$

Für den Drehwinkel α der Motorwelle gilt $d\alpha/dt = \omega$. Bezeichnet man den Drehwinkel, der bei konstanter Winkelgeschwindigkeit ω_N in der Zeit τ_a zurückgelegt wird, mit α_N, so folgt $\alpha_N = \omega_N\,\tau_a$. Somit erhält man

$$\frac{d(\alpha/\alpha_N)}{d(t/\tau_a)} = \frac{\omega\,\tau_a}{\alpha_N} \quad \text{oder} \quad \frac{\mathbf{d}(\boldsymbol{\alpha}/\boldsymbol{\alpha}_\mathbf{N})}{\mathbf{d}(\boldsymbol{t}/\boldsymbol{\tau}_\mathbf{a})} = \frac{\boldsymbol{\omega}}{\boldsymbol{\omega}_\mathbf{N}} = \frac{\boldsymbol{n}}{\boldsymbol{n}_\mathbf{N}} \tag{5.12}$$

Geradlinige Bewegung. Es gilt die Kräftegleichung (5.6) $dv/dt = F_B/m$. Bezeichnet man die bei der Drehzahl n_N des Motors auftretende Geschwindigkeit mit v_N und die beim Drehmoment M_N des Motors auf die geradlinige Bewegung umgerechnete Motorantriebskraft mit F_N, dann gilt

$$\frac{d(v/v_N)}{dt} = \frac{F_B}{m\,v_N} = \frac{F_B/F_N}{m\,v_N/F_N}$$

Ist $F_B = F_N$, so wird $dv/dt = F_N/m$. Hieraus folgt $v = \frac{F_N}{m}\,t$. Bezeichnet man wieder die Zeit, in der die Masse m mit der Beschleunigungskraft F_N auf die Geschwindigkeit v_N beschleunigt wird, als Anlaufzeitkonstante τ_a des Antriebs, so sind

$$\boldsymbol{v}_\mathbf{N} = \frac{\boldsymbol{F}_\mathbf{N}}{\boldsymbol{m}}\,\boldsymbol{\tau}_\mathbf{a} \quad \text{oder} \quad \boldsymbol{\tau}_\mathbf{a} = \frac{\boldsymbol{m}\,\boldsymbol{v}_\mathbf{N}}{\boldsymbol{F}_\mathbf{N}} \tag{5.13}$$

Aus obigen Gleichungen erhält man weiter allgemein

$$\frac{d(v/v_N)}{dt} = \frac{F_B/F_N}{\tau_a} \quad \text{oder} \quad \frac{\mathbf{d}(\boldsymbol{v}/\boldsymbol{v}_\mathbf{N})}{\mathbf{d}(\boldsymbol{t}/\boldsymbol{\tau}_\mathbf{a})} = \frac{\boldsymbol{F}_\mathbf{B}}{\boldsymbol{F}_\mathbf{N}} \tag{5.14}$$

Für jede Bewegung ist $ds/dt = v$. Bezeichnet man die Wegstrecke, die bei geradliniger Bewegung in der Zeit τ_a mit der konstanten Geschwindigkeit v_N zurückgelegt wird, mit s_N, so ist

$$s_N = v_N \tau_a \quad (5.15)$$

Somit erhält man

$$\frac{d(s/s_N)}{d(t/\tau_a)} = \frac{v\,\tau_a}{s_N} \quad \text{oder} \quad \frac{d(s/s_N)}{d(t/\tau_a)} = \frac{v}{v_N} \quad (5.16)$$

Graphische Integration. Die obigen Gleichungen haben die Form $dy/dx = z$, wobei x, y und z dimensionslose Größen sind. Die Funktion $z = f(y)$ ist bekannt. Die gesuchte Funktion $y = f(x)$ kann durch graphische Integration gefunden werden. Das graphische Verfahren kann damit zur Ermittlung der Bewegungsvorgänge $n = f(t)$ aus Gl. (5.11) und $\alpha = f(t)$ aus Gl. (5.12), $v = f(t)$ aus Gl. (5.14) und $s = f(t)$ aus Gl. (5.16) angewandt werden, wie sie beim Anlauf, Bremsen, Reversieren usw. auftreten.

Beispiel 5.5 Die graphische Integration soll nun zur Ermittlung des Anfahrvorganges für den in Abschn. 5.2.1.1 und Bild 5.7 behandelten Lüfterantrieb angewandt werden.

In Bild 5.16 ist ein Koordinatensystem mit gleich großen Einheiten auf der x-, y- und z-Achse gezeichnet. Nach Gl. (5.11) sind

$$x = t/\tau_a \qquad y = n/n_N \qquad z = M_B/M_N$$

Die Kurve $z = f(y)$ entspricht der Kurve $M_B/M_N = f(n/n_N)$ und kann Bild 5.7b entnommen werden. Zu ermitteln ist der Linienzug $y = f(x)$, der dem gesuchten Anlaufvorgang $n/n_N = f(t/\tau_a)$ entspricht.

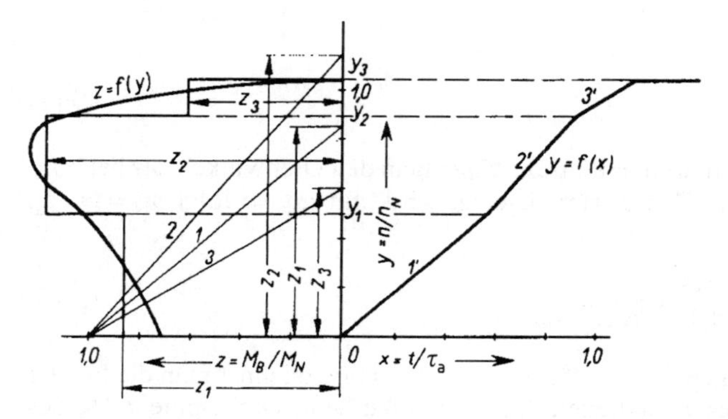

Bild 5.16
Graphisches Integrieren zur Ermittlung des Anlaufvorganges

Zunächst zeichnet man die vorgegebene Funktion $z = f(y)$ in das y-z-Koordinatensystem ein und ersetzt dann die Kurve durch eine Treppenkurve mit gleichem Flächeninhalt. In den entstehenden Abschnitten 0–y_1, y_1–y_2 sowie y_2–y_3 hat die Ersatztreppenkurve die konstanten Werte z_1, z_2 und z_3. Im ersten Abschnitt lautet deshalb die Differentialgleichung $dy/dx = z_1$ mit der Lösung $y = z_1 x$, einer Geraden. Diese Gerade erhält man graphisch, wenn man auf der y-Achse den Wert z_1 aufträgt, diesen Punkt mit dem Punkt $z = 1{,}0$ verbindet und zu der so gefundenen Geraden 1 die Parallele 1′ durch den Ursprung bis zum Ordinatenwert y_1 zieht.

Zwischen y_1 und y_2 ergibt sich im y-x-System entsprechend eine Gerade 2′, die parallel zur Geraden 2 liegt, und weiterhin eine Gerade 3′ für den Abschnitt y_2-y_3 parallel zu 3. Der auf diese Weise erhaltene Linienzug $y = f(x)$ stellt die graphische Lösung der Funktion $dy/dx = z$ dar; die Anlaufzeit t_a des Antriebs beträgt in Bild 5.16 etwa $1{,}15\ \tau_a$.

Durch die Vergrößerung der Stufenzahl der Treppenkurve und des Zeichenmaßstabs läßt sich die Genauigkeit dieser Methode steigern.

5.2.2.2 Bremsen

Beim freien Auslauf erfolgt die Stillsetzung eines Antriebs durch Abschalten des Motors. Das antreibende Moment M wird Null und der Antrieb kommt lediglich durch den Einfluß des Lastmoments M_L zum Stillstand. Somit gilt nach Gl. (5.1)

$$M_B = -M_L = J\frac{d\omega}{dt}$$

Bild 5.17 zeigt, wie die in Abschn. 5.2.2.1 behandelte graphische Integration nun zur Ermittlung des Auslaufvorganges und der Auslaufzeit für den Lüfterantrieb (Bild 5.7) angewendet wird. Die Kurve $z = f(y)$ in Bild 5.17 entspricht der Gleichung $-M_L/M_N = f(n/n_N)$ aus Bild 5.7 und liegt, da das Beschleunigungsmoment negativ ist, im 1. Quadranten. Daher sind die Werte z_1, z_2, z_3 des Ersatztreppenzuges negativ und müssen auf der Ordinate nach unten aufgetragen werden. Die Konstruktion der Kurve $y = f(x)$ geht von der Betriebsdrehzahl bei $t = 0$ aus und wird dann absatzweise, wie in 5.2.2.1 besprochen, bis zum Stillstand durchgeführt.

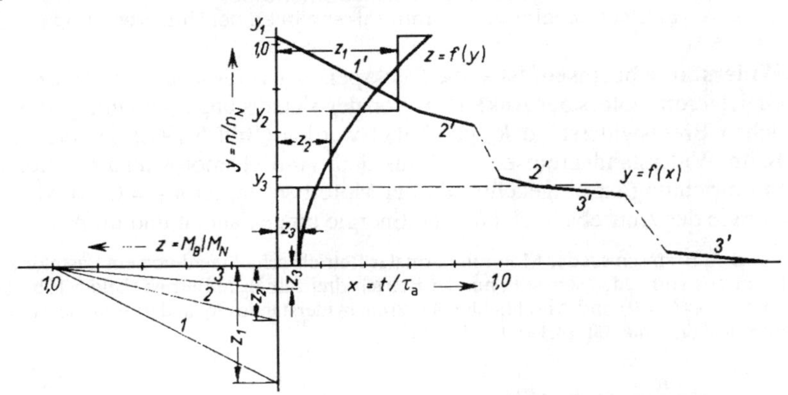

Bild 5.17
Graphisches Integrieren zur Ermittlung des Auslaufvorganges

Durch mechanisches oder elektrisches Bremsen können Bremszeit und Bremsweg verkürzt werden. Mechanisches Bremsen bedeutet eine Vergrößerung des Lastmomentes. Beim elektrischen Bremsen muß die Grundgleichung (5.1) herangezogen werden, da die elektrischen Maschinen ein Bremsmoment erzeugen ($M < 0$).

Zur Ermittlung der Bremsvorgänge, Bremszeiten und Bremswege werden bei den verschiedenen Bremsmethoden – sowohl bei drehender als auch bei geradliniger Bewegung – die geeigneten Verfahren aus Abschn. 5.2.2.1 ausgesucht.

Zunächst werden die üblichen Bremsmethoden mit Gleichstrom- und Drehstrommotoren erläutert.

Nutzbremsung bei Gleichstrommaschinen. Da Gleichstrommaschinen praktisch stets über Stromrichterschaltungen versorgt und gesteuert werden, führt man diese so aus, daß ein Bremsbetrieb durch Rückspeisung der Bewegungsenergie in das Netz möglich ist. In Bild 5.18 ist dafür ein sogenannter Umkehrstromrichter (s. Abschn. 2.3.1) vorgesehen, bei dem Ankerspannung U_A und Ankerstrom I_A beide Richtungen annehmen können.

Mit den eingetragenen Zählpfeilen für den Motorbetrieb gilt bei konstanter Erregung $U_q \sim n$ und für den Ankerstrom

$$I_A = \frac{U_A - U_q}{R_A}$$

Während also im Motorbetrieb für positiven Ankerstrom stets $U_A > Uq$ eingestellt werden muß, ist im Bremsbetrieb $U_A < U_q$ erforderlich, womit sich der Ankerstrom umkehrt und Energie ins Netz rückgespeist wird. Die Ankerspannung ist laufend dem mit sinkender Drehzahl kleineren U_q nachzuführen, so daß z. B. der Bemessungsstrom und das Bemessungsmoment zur Bremsung erhalten bleiben (Bild 5.18b). Die Gleichstrommaschine arbeitet bei dieser Nutzbremsung im zweiten Quadranten von Bild 5.18 und kann bis zum Stillstand gebracht werden.

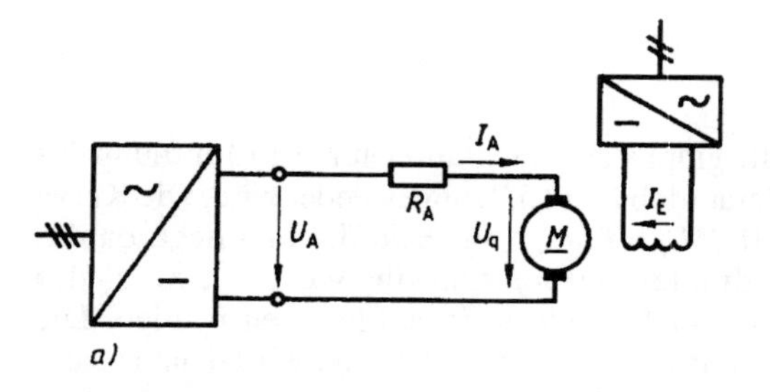

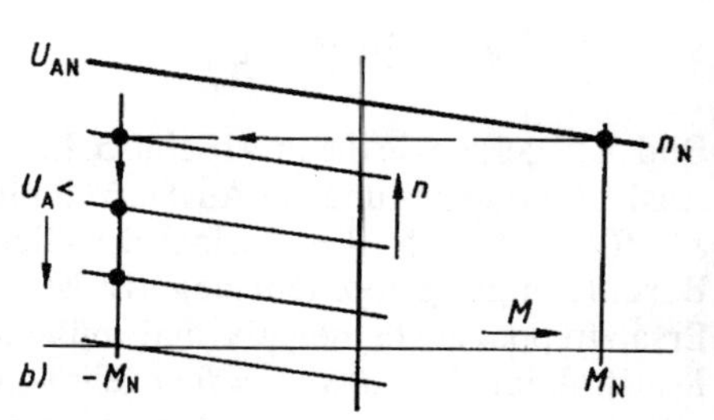

Bild 5.18 Stromrichtergespeister Gleichstromantrieb
a) Ersatzschaltung, b) Drehzahlkennlinien bei Nutzbremsung

Widerstandsbremsen. Ist keine Rückspeisung vorgesehen, so kann zum schnellen Stillsetzen des Gleichstrommotors der Ankerkreis von der Versorgungsspannung getrennt und auf einen veränderlichen Bremswiderstand R_b geschaltet werden (Bild 5.19a); der Erregerkreis bleibt unverändert. Beim Widerstandsbremsen wird aus dem Antriebsmotor also ein fremderregter Generator. Die Stromrichtung ist umgekehrt wie bei Motorbetrieb. Ist $M_L = 0$, so wird die gesamte Bewegungsenergie des Antriebs in elektrische Energie umgewandelt und im Ankerkreis in Wärme umgesetzt.

Vor dem Bremsen sei der Motor in normaler Betriebsschaltung durch ein Lastmoment M_L, das auch während des Bremsens vorhanden sein soll, mit der Betriebsdrehzahl n_b in Betrieb (Bild 5.19b). Durch Abschalten des Ankers vom Netz ($U = 0$) und Anschließen des Bremswiderstandes R_b ändert sich die Motorkennlinie von der normalen Betriebskennlinie, Gl. (4.14), bei $U_A = U_{AN}$

$$\frac{n}{n_{0N}} = 1 - c_M\, M/M_N$$

Bild 5.19
Widerstandsbremsen beim Gleichstrom-Nebenschlußmotor
a) Schaltplan
b) Bremskennlinien

in Bremskennlinien, die man aus Gl. (4.16) mit $U_A = 0$ und $R_b = R_{Anl}$ erhält

$$\frac{n}{n_{0N}} = -c_M \left(1 + \frac{R_b}{R_A}\right)\frac{M}{M_N}$$

In Bild 5.19b sind einige Bremskennlinien für verschiedene Werte des Bremswiderstandes R_b gezeichnet. Beim Auslauf ist das (negative) Beschleunigungsmoment $M_B = M - M_L$ wirksam (M wird negativ für positive Werte von n). Mit abnehmender Drehzahl kann R_b zur Erzielung eines ausreichenden Bremsmomentes stufenweise verkleinert werden. Die Bremskennlinie für $R_b = 0$ zeigt, daß bei Annäherung an den Stillstand das elektrische Bremsen nahezu wirkungslos ist.

Gleichstrombremsen bei Drehstom-Asynchronmaschinen. Zum raschen Stillsetzen des Antriebs wird die Ständerwicklung vom Drehstromnetz getrennt und an die Spannung eines Gleichrichters angeschlossen (Bild 5.20).

Durch das mit Gleichstrom erregte, ruhende Magnetfeld wird im Läufer ein Bremsmoment hervorgerufen. Die Maschine arbeitet als Generator, die kinetische Energie der bewegten Massen wird im

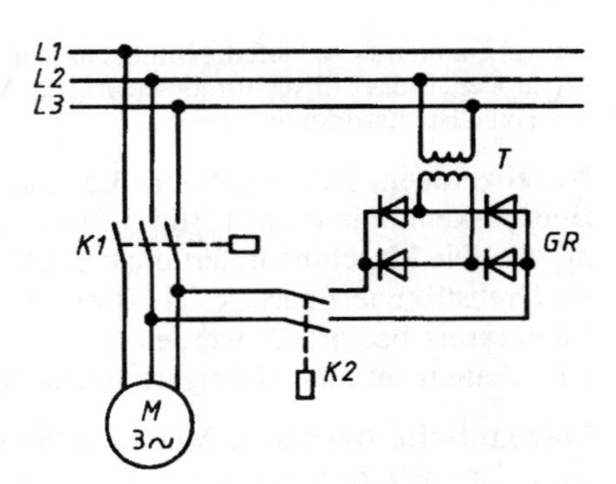

Bild 5.20
Gleichstrombremsung von Drehstrom-Käfigläufermotoren
k1 Schütz für Motorbetrieb
k2 Gleichstromschütz

Läufer in Wärme umgesetzt. Beim Schleifringläufermotor lassen sich durch Verstellen der an die Schleifringe angeschlossenen Bremswiderstände verschiedene Bremskennlinien einstellen (Widerstandsbremsen).

Widerstandsbremsen wird zum besonders schnellen Stillsetzen von Antrieben angewandt. Da das elektrische Bremsmoment aber auch hier bei Annäherung an den Stillstand klein ist, wird häufig kurz vor dem Stillstand noch eine mechanische Bremse betätigt, die meist elektrisch gesteuert wird.

Gegenstrombremsen. Vertauscht man zwei beliebige Anschlüsse des Drehstrommotors am Netz (Bild 5.21a), dann ändert sich bekanntlich die Drehrichtung des Drehfeldes in der Maschine; hierdurch kommt eine momentane Bremswirkung zustande.

In Bild 5.21b sind die normalen Bremskennlinien *a* und *b* für beide Drehrichtungen des Drehfeldes zwischen $+n_s$ und $-n_s$ eingezeichnet. Beim Gegenstrombremsen aus der Betriebsdrehzahl n_b ist das (negative) Beschleunigungsmoment $M_B = M - M_L$ wirksam. Im Stillstandspunkt muß die Maschine vom Netz (selbsttätig durch Bremswächter) getrennt werden, da sonst der Antrieb in entgegengesetzter Drehrichtung hochläuft. Gegenstrombremsen wird vorzugsweise zum Reversieren (s. Abschn. 5.2.2.3) angewendet.

Senkbremsen. Beim Schleifringläufer lassen sich durch Einschalten von verstellbaren Bremswiderständen im Läuferkreis verschiedene Bremskennlinien c_1 bis c_3 einstellen (Bild 5.21b). Hierdurch kann auch Senkbremsen wie bei Gleichstrommaschinen durchgeführt werden. Gehört z. B. zu einem bestimmten Bremswiderstand die

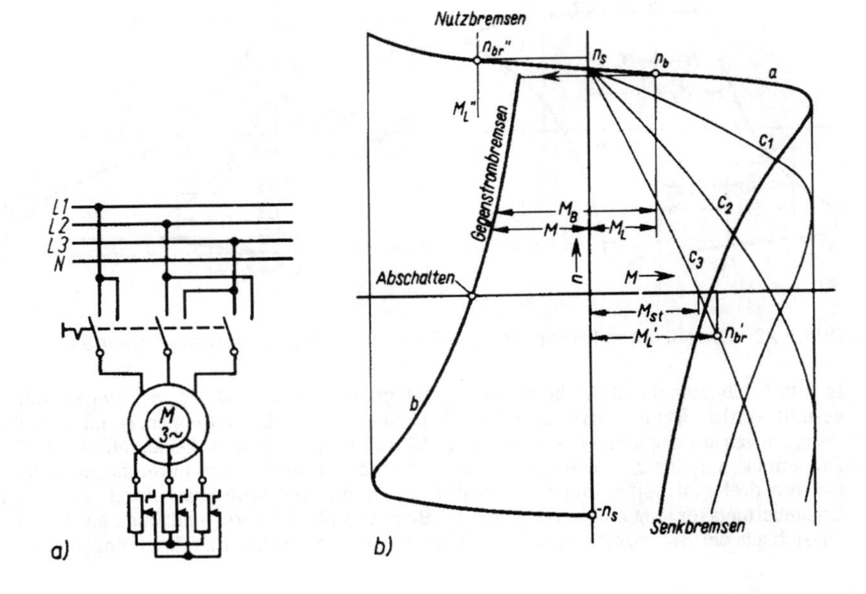

Bild 5.21
a) Schaltplan des Schleifringläufermotors für Gegenstrom- und Senkbremsen
b) Bremskennlinien von Drehstrommotoren

Bremskennlinie c_3, so läuft der Motor aus dem Stillstand rückwärts auf die Bremsdrehzahl n'_{br}, da das Lastmoment M'_L größer als das Stillstandsmoment M_{st} des Motors ist. Auf dem abfallenden Ast der Kennlinie c_1 läßt sich dagegen keine Bremswirkung erzielen.

Nutzbremsen. Bei negativem Lastmoment M''_L stellt sich auf der über n_s hinaus verlängerten Betriebskennlinie *a* nach Bild 5.21b ein Gleichgewichtszustand ($M = M''_L$) bei der Bremsdrehzahl n''_{br} ein. Die Maschine liefert ohne Schaltungsänderung als Asynchrongenerator elektrische Energie ins Drehstromnetz zurück. Die Bremsdrehzahl eines Schleifringläufers kann durch Widerstände im Läuferkreis beeinflußt werden. Bei polumschaltbaren Motoren erzielt man Nutzbremsen durch Umschalten auf eine niedrigere Drehzahl.

Mechanische Bremsen. Mechanische Bremsen werden bei elektrischen Antrieben meist durch einen Bremslüftermagneten betätigt, dessen Anker die Bremse bei stromdurchflossener Magnetspule lüftet. Damit wird erreicht, daß bei Betriebsstörungen (Ausfallen der Spannung oder Unterbrechung des Stromkreises) auf jeden Fall die Bremse in Tätigkeit tritt.

5.2.2.3 Umsteuern

Das Umsteuern oder Reversieren, d.h. die Umkehr der Drehrichtung eines Antriebs, setzt sich nach Bild 5.22b aus einem Abbremsvorgang – von der Betriebsdrehzahl n_{b1} bis zum Stillstand – und einem Beschleunigungsvorgang in entgegengesetzter Drehrichtung – von $n = 0$ bis zur Betriebsdrehzahl n_{b2} – zusammen. Beim Gegenstrombremsen spielen sich beide Vorgänge unmittelbar aufeinanderfolgend ab, wenn der Motor nicht – wie beim reinen Bremsen – abgeschaltet wird. Die Gegenstrom-Bremsschaltungen werden deshalb zum Reversieren fast ausschließlich verwendet.

In Bild 5.22 wird der Umsteuervorgang bei Gegenstrom-Bremsschaltung für einen Antrieb mit Drehstrom-Kurzschlußläufermotor nach dem in Abschn. 5.2.2.1 behandelten graphischen Verfahren ermittelt. Nach Bild 5.22a läuft der Motor vor dem Umsteuern (Kennlinie *a*) beim Lastmoment M_L mit der Betriebsdrehzahl n_{b1}. Durch Gegenstrombremsung (Kennlinie *b*) ist zunächst beim Abbremsvorgang bis zum Stillstand das eingezeichnete (negative) Beschleunigungsmoment M_B wirksam. Wechselt M_L mit Umkehr der Drehrichtung des Motors auch seine Richtung, wirkt es also auch beim Rücklauf bremsend, dann ergibt sich vom Stillstand bis zum Hochlauf auf die Betriebsdrehzahl n_{b2} das ebenfalls eingezeichnete (negative) Beschleunigungsmoment M_B.

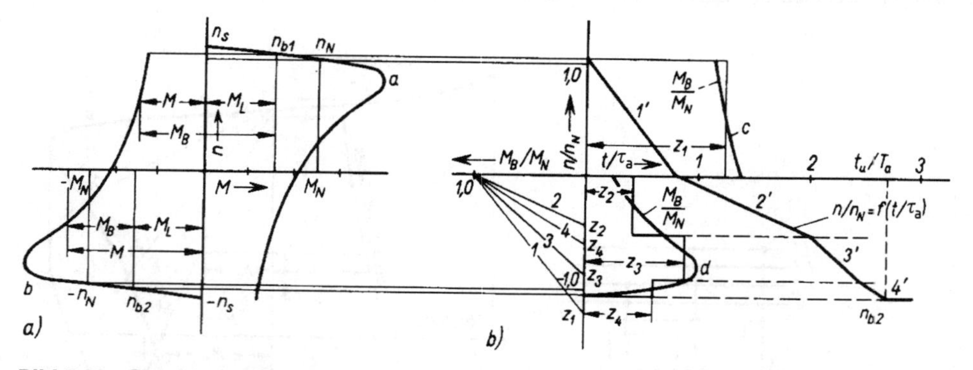

Bild 5.22 Graphisches Integrieren zur Ermittlung des Umsteuervorganges

In Bild 5.22b kann damit für die graphische Integration zunächst $M_B/M_N = f(n/n_N)$ durch die Kurven *c* und *d* dargestellt werden. Beide Kurven und die aus ihnen gebildeten Ersatztreppen, somit auch die Treppenabschnitte z_1 bis z_4, liegen im negativen Gebiet der M_B/M_N-Achse (im 1. bzw. 4. Quadranten), da M_B durchweg negativ ist. Die Strecken z_1 bis z_4 müssen daher auf der Ordinate nach unten aufgetragen werden. Ausgehend von der Betriebsdrehzahl n_{b1}/n_N bei $t = 0$ ergibt sich damit abschnittweise durch das graphische Verfahren der Umsteuerungsvorgang $n/n_N = f(t/\tau_a)$ bis zur Betriebsdrehzahl n_{b2}/n_N und damit aus t_u/τ_a auch die Umsteuerzeit t_u, die sich aus der Bremszeit und der Anlaufzeit in entgegengesetzter Drehrichtung zusammensetzt.

5.2.3 Bemessung des Motors

5.2.3.1 Zulässiges Motormoment

Die dynamischen Vorgänge bei Anlauf, Bremsen, Umsteuern und dgl. laufen im Betrieb in verschiedener Reihenfolge ab, je nach Art und Betriebsweise des Antriebs, und ergeben den zeitlichen Verlauf der Motordrehzahl und des Motormoments.

Beispiele Beim einfachen Lüfterantrieb (s. Abschn. 5.2.1.1) kommen Anlauf, normaler Betrieb mit bestimmter Betriebsdauer und freier Auslauf vor. Bei Förderanlagen, Lastaufzügen und dgl. wird nach dem Anlauf eine bestimmte Fahrstrecke mit konstanter Geschwindigkeit zurückgelegt; hieran schließt sich Auslauf mit Bremsen bis zum Stillstand an. Bei einer Stanzmaschine wechseln Belastung und Leerlauf in fast regelmäßiger Folge. Bei Antrieben mit Drehzahlsteuerung kommen zusätzlich Bewegungsvorgänge mit höheren und niedrigeren Drehzahlen hinzu.

Es erhebt sich nun die Frage, ob der zunächst für die rechnerische oder graphische Untersuchung der dynamischen Vorgänge zugrunde gelegte Motor hinsichtlich seiner Bemessungsleistung P_{2N} auch richtig gewählt wurde. Ein zu großer Motor ist unwirtschaftlich, andererseits darf der Motor weder mechanisch noch thermisch überlastet werden. Es ist demnach zu prüfen, ob das nach dem Momentenverlauf $M = f(t)$ auftretende maximale Motormoment das zulässige Motormoment nicht übersteigt und ob der Motor im Hinblick auf seine Lebensdauer, die eng mit der Wärmebeständigkeit der Isolation zusammenhängt, im Betrieb nicht zu heiß wird. Die auftretende maximale Motortemperatur darf die zulässige Motortemperatur nicht überschreiten.

Bei allen Gleichstrommotoren wird die kurzzeitige Überlastungsfähigkeit durch die Kommutierung, d.h. durch das Auftreten von starkem Bürstenfeuer begrenzt. Bei normalen Ausführungen liegt diese Grenze auch bei Überlastungen von kurzer Dauer etwa beim doppelten Bemessungsmoment. Sonderausführungen (mit Kompensationswicklungen) sind bis zum 3- bis 5fachen Bemessungsmoment überlastbar.

Bei Drehstrommotoren ist das zulässige Motormoment äußerstenfalls durch das Kippmoment gegeben. Es liegt bei Asynchronmotoren mit Kurzschlußläufer, je nach Ausführung des Läufers, und bei Schleifringläufern beim 2- bis 3fachen Bemessungsmoment. Bei normalen Synchronmotoren erreicht das Kippmoment etwa die gleichen Beträge. Kollektormotoren für Drehstrom und Wechselstrom sind in der Regel mit dem 1,5fachen, höchstens mit dem 2fachen Bemessungsmoment überlastbar.

5.2.3.2 Berechnung der Erwärmung

Die Bemessungsleistung P_{2N} eines Elektromotors ist die Leistung, die er entsprechend der auf dem Leistungsschild angegebenen Betriebsart ohne die zulässige Erwärmung zu überschreiten, abgeben kann. Größere Motoren erreichen dabei die Beharrungstemperatur meist erst nach einer Betriebsdauer von mehreren Stunden.

Die Erwärmung des Motors gegenüber seiner Umgebung (bei Fremdkühlung gegenüber der Kühlluft) wird durch die im Motor auftretenden Verluste P_v verursacht, die sich aus Kupfer-, Eisen- und Reibungsverlusten zusammensetzen. Bei Motoren mit Synchron- und Nebenschlußkennlinie (s. Abschn. 5.2.1.2) können die Eisen- und Reibungsverluste konstant angenommen werden, während die Kupferverluste vom Strom und damit von der Belastung der Motoren abhängen. Zur Ermittlung der Motorerwärmung $\vartheta = f(t)$ sollte daher der zeitliche Verlauf aller im Motor auftretenden Verluste $P_v = f(t)$ bekannt sein.

Erwärmungskurve bei konstanten Verlusten. Der Motor wird hier vereinfachend als homogener Körper betrachtet. Wird einem solchen Körper eine konstante Heizleistung P_v und damit in der Zeit dt die Wärme $P_v\,dt$ zugeführt, so wird hiervon ein gewisser Anteil in dem Körper gespeichert, so daß sich seine Temperatur ϑ um $d\vartheta$ erhöht. Ist C die Wärmekapazität des Körpers, so ist die gespeicherte Wärme $C\,d\vartheta$. Der Rest der zugeführten Wärme wird in der Zeit dt an die Umgebung mit der Umgebungstemperatur ϑ_u abgegeben. Ist A die Wärmeabgabefähigkeit des Körpers, die von seiner Oberfläche und den Kühlverhältnissen abhängt, dann ist die in der Zeit dt abgegebene Wärmeenergie $A(\vartheta - \vartheta_u)dt$. Nach dem Energieprinzip ist zugeführte Wärme = gespeicherte Wärme + abgegebene Wärme

$$\boldsymbol{P_v\,\mathrm{d}t = C\,\mathrm{d}\vartheta + A(\vartheta - \vartheta_u)\mathrm{d}t} \tag{5.17}$$

Durch Umformen erhält man die Differentialgleichung

$$\frac{C}{A}\frac{\mathrm{d}\vartheta}{\mathrm{d}t} + \vartheta - \vartheta_u = \frac{P_v}{A}$$

mit der allgemeinen Lösung

$$\vartheta = \vartheta_u + \frac{P_v}{A} + K e^{-t/\tau_\vartheta}$$

Hierbei ist die Erwärmungszeitkonstante

$$\tau_\vartheta = \frac{C}{A} \tag{5.18}$$

Zur Zeit $t = 0$ ist somit die Anfangstemperatur ϑ_a des Körpers

$$\vartheta_a = \vartheta_u + \frac{P_v}{A} + K$$

und somit die Integrationskonstante

$$K = \vartheta_a - \vartheta_u - P_v/A$$

Weiterhin folgt für $t \to \infty$ die Endtemperatur im stationären Erwärmungszustand

$$\boldsymbol{\vartheta_e = \vartheta_u + \frac{P_v}{A}} \tag{5.19}$$

Damit ergibt sich für den gesuchten zeitlichen Verlauf der Temperatur $\vartheta = f(t)$

$$\boldsymbol{\vartheta = \vartheta_e - (\vartheta_e - \vartheta_a)\,e^{-t/\tau_\vartheta}} \tag{5.20}$$

Bei konstanten Verlusten (P_v = konst.) und konstanten Kühlungsverhältnissen (A = konst.) verläuft die Temperatur des Körpers nach einer Exponentialkurve. In Bild 5.23 ist Gl. (5.20) für einen Erwärmungsvorgang ($\vartheta_a < \vartheta_e$) dargestellt.

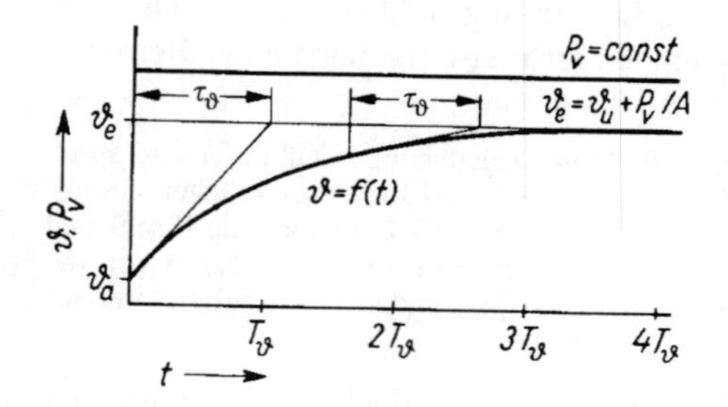

Bild 5.23
Erwärmungskurve einer elektrischen Maschine bei konstanter Verlustleistung P_v

Gl. (5.20) gilt auch für einen Abkühlungsvorgang ($\vartheta_a > \vartheta_e$). In diesem Fall verläuft die Temperatur exponentiell von einer Anfangstemperatur ϑ_a auf die niedrigere Endtemperatur ϑ_e. Nur bei Abkühlung stillstehender, eigenbelüfteter Maschinen ist infolge geringerer Wärmeabgabefähigkeit A nach Gl. (5.18) die Subtangente τ_ϑ dieser Kurve größer als beim Erwärmungsvorgang.

Erwärmungskurven bei verschiedenen Belastungen. Nimmt man im Betrieb bei verschiedener Belastung für Erwärmung und Abkühlung dieselbe Wärmeabgabefähigkeit A an, was für fremdbelüftete Motoren immer und bei dem viel häufigeren Fall eigenbelüfteter Motoren mit etwa konstanter Drehzahl zutrifft, dann verhalten sich nach Gl. (5.19) die Endübertemperaturen $\vartheta_e - \vartheta_u$ wie die Motorverluste P_v. Bei Bemessungsbetrieb tritt durch die Bemessungsverluste P_{vN} die Grenztemperatur ϑ_g, somit die Grenzübertemperatur $\vartheta_g - \vartheta_u$ des Motors auf. Es gilt dann die Proportion

$$\frac{\vartheta_e - \vartheta_u}{\vartheta_g - \vartheta_u} = \frac{P_v}{P_{vN}} \tag{5.21}$$

In Bild 5.24 sind (bei $\vartheta_a = \vartheta_u$) die Erwärmungskurven für einen Motor bei Bemessungslast (ϑ_1), bei Teillast (ϑ_2) und bei Überlast (ϑ_3) gezeichnet. Nach einer Betriebszeit von (3 bis 4) $\cdot \tau_\vartheta$ erreicht die Erwärmung bei Bemessungslast etwa die Grenztemperatur ϑ_g. Bei Teillast liegt die Endtemperatur nach Gl. (5.21) tiefer, bei Überlast erreicht der Motor bereits nach einer Betriebsdauer t_b die Grenztemperatur ϑ_g.

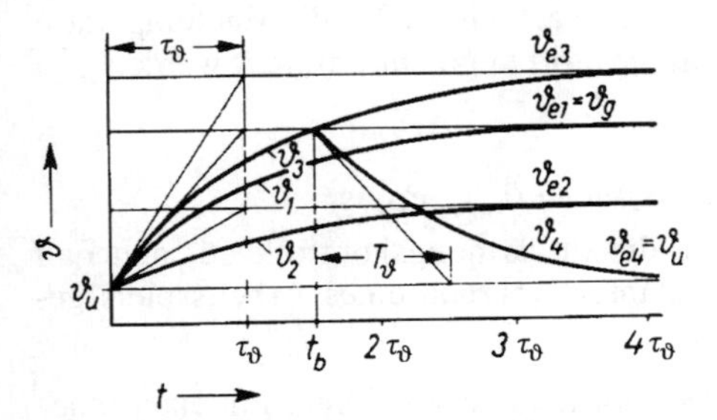

Bild 5.24 Erwärmungskurven ϑ_1, ϑ_2, ϑ_3 bei verschiedenen Belastungen; Abkühlungskurve ϑ_4

Tabelle 5.25 Grenzübertemperaturen von Wechselstromwicklungen luftgekühlter Maschinen

Isolierstoffklasse	A	E	B	F	H
Übertemperatur in K	60	75	80	105	125

Aus wärmetechnischen Gründen kann demnach ein Motor durchaus überlastet werden, er muß aber nach Erreichen der Grenztemperatur ϑ_g sofort mindestens auf Bemessungslast entlastet werden, damit ϑ_g nicht überschritten wird. In Bild 5.24 stellt $\vartheta_4 = f(t)$ den Abkühlungsvorgang auf die Umgebungstemperatur ϑ_u dar, wenn der Motor bei Erreichen der Grenztemperatur ϑ_g von Hand oder selbsttätig, z. B. durch einen Motorschutzschalter (s. Abschn. 5.3.1.1), abgeschaltet wird. Hierbei ist $\vartheta_e = \vartheta_u$ und $\vartheta_a = \vartheta_g$ in Gl. (5.20) einzusetzen.

Die Erwärmungszeitkonstante τ_ϑ beträgt für Kleinstmotoren etwa 5 bis 20 min, für Motoren zwischen 1 kW und 100 kW etwa 0,75 bis 1,5 h. Bei eigenbelüfteten Maschinen ist die Abkühlungszeitkonstante bei stillstehender Maschine etwa 2 bis 4mal größer.

Die VDE-Bestimmung 0530 verlangt, daß je nach Isolierstoffklasse des Motors bestimmte Grenzübertemperaturen $\Delta\vartheta = \vartheta_g - \vartheta_u$ nicht überschritten werden. Dabei darf die maximale Kühlmitteltemperatur (Raumlufttemperatur) $\vartheta_u \leq 40$ °C betragen, anderenfalls gelten Sonderbestimmungen. Tabelle 5.25 zeigt eine Zusammenstellung der zulässigen Grenzübertemperaturen von normalen luftgekühlten Maschinen, wenn $\Delta\vartheta$ aus der Widerstandserhöhung der Wicklung berechnet wird.

Maximale Motortemperatur

Bei abschnittsweise konstanten Verlusten und den aus Gl. (5.21) entsprechenden Endtemperaturen (ϑ_{e1} bis ϑ_{e4}) setzt sich der Temperaturverlauf aus Teilstücken von Exponentialkurven zusammen, die sich rechnerisch aus Gl. (5.20) ergeben und in Bild 5.26 dargestellt sind. Der Motor reicht aus, wenn $\vartheta_{max} \overset{(}{\leq}{}^{)} \vartheta_g$ ist.

Für den Fall, daß die Spieldauer t_s sehr klein gegenüber der Erwärmungszeitkonstanten des Motors ist ($t_s \ll \tau_\vartheta$), braucht man den Temperaturverlauf weder rechnerisch noch graphisch zu ermitteln. Trägt man nach Bild 5.27 die innerhalb der Spieldauer t_s auftretenden Motorverluste P_v, bezogen

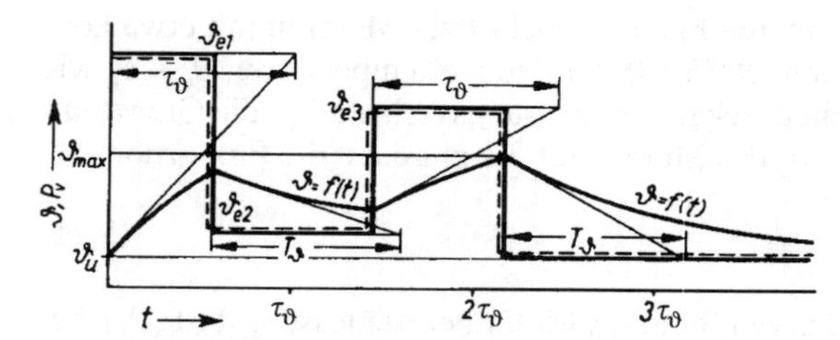

Bild 5.26 Erwärmungsverlauf $\vartheta = f(t)$ bei abschnittsweise konstanten Verlusten

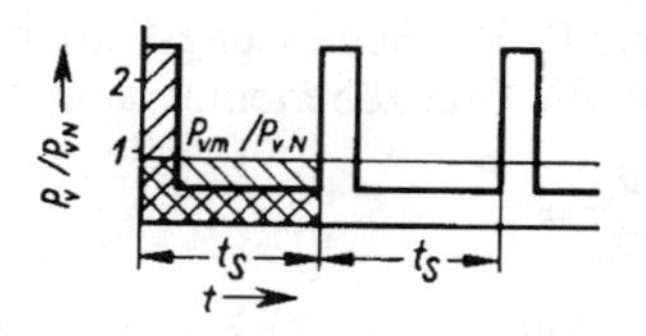

Bild 5.27 Mittlere Verluste innerhalb der Spieldauer t_s

auf die bei Bemessungsleistung auftretenden Verluste P_{vN}, also $P_v/P_{vN} = f(t)$ auf und stellt die mittleren Verluste P_{vm} während der Spielzeit fest, so kann hieraus nach Gl. (5.21) die Endtemperatur ϑ_e, die der Motor nach beliebig langer Betriebszeit annimmt, sofort ungefähr ermittelt werden

$$(\vartheta_e - \vartheta_u) / (\vartheta_g - \vartheta_u) \approx P_{vm}/P_{vN}$$

Die gewählte Motorgröße reicht in thermischer Hinsicht aus, wenn $P_{vm} \leq P_{vN}$ ist.

In Abschn. 5.2.3.4 wird am Beispiel einer Förderanlage die Erwärmungskontrolle für den Fall durchgeführt, daß mit verschiedenen Temperaturzeitkonstanten während eines Arbeitsspiels gerechnet werden muß.

Wärmequellennetz. Die bisherige Betrachtung des Motors als homogenen Körper mit einer inneren Verlustleistung P_v und der Wärmeabgabefähigkeit A ist natürlich eine starke Vereinfachung. Für genauere Berechnungen sind die einzelnen Verlustquellen in den Wicklungen, also alle Stromwärmeverluste P_{Cu} und die Eisenverluste P_{Fe} im Elektroblech gesondert zu betrachten. Ferner ist jeweils festzustellen, über welchen Weg die Wärmeströme die Maschine verlassen.

Für derartige Verfahren wird mit Vorteil die schon zur Berechnung der Erwärmung von Halbleitern eingeführte Größe des Wärmewiderstandes R_{th} verwendet. Vergleicht man die Angaben ab Gl. (5.17) mit dem Ergebnis in Abschn. 2.1.6.1, so ergibt sich für den Wärmewiderstand die Beziehung

$$\boldsymbol{R_{th} = \frac{1}{A} = \frac{1}{O \cdot \alpha}} \tag{5.22}$$

mit der

wärmeabgebenden Oberfläche O in m²

Wärmeabgabeziffer α in W/(m² K)

Damit wird aus Gl. (5.19)

$$\boldsymbol{\vartheta_e - \vartheta_u = \Delta\vartheta = P_v \cdot R_{th}} \tag{5.23}$$

welche der Gl. (2.10) entspricht.

Aus der Analogie zwischen obiger Beziehung und dem ohmschen Gesetz in der Form $\Delta U = I \cdot R$ lassen sich nun die Verlustquellen und Wärmewege als vermaschtes Widerstandsnetz darstellen. Die Fachliteratur kennt für alle Maschinenarten die passenden Wärmequellennetze, deren Berechnung zu einer Reihe gekoppelter linearer Gleichungen führt. Will man nicht nur die stationäre Erwärmung, sondern auch Übergangsvorgänge erfassen, so muß man durch Erweiterung des Netzwerks mit Kondensatoren C auch die Wärmekapazität der einzelnen Bauteile berücksichtigen.

Bild 5.28 zeigt einen Teil eines derartigen Wärmequellennetzes für den Ständer eines Drehstrommotors. In den Bauteilen Ständerwicklung und Blechpaket entstehen die Verlustleistungen P_{Cu} und P_{Fe}, die als Quellen dargestellt sind. Die Eisenverluste werden über die Verbindung zum Gehäuse-

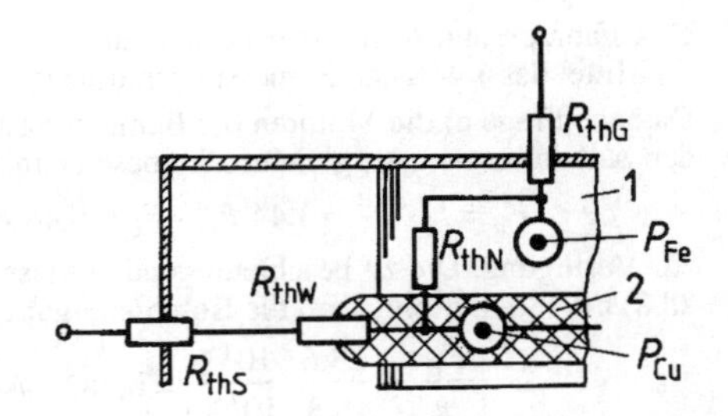

Bild 5.28
Teil eines Motor-Wärmequellennetzes
1 Ständer-Blechpaket mit Eisenverlusten P_{Fe}
2 Drehstromwicklung mit Stromwärmeverlusten P_{Cu}

mantel durch die Motoroberfläche abgegeben, was der Wärmewiderstand R_{thG} erfaßt. Die Stromwärmeverluste gehen zum Teil durch die Nutisolation in das Blechpaket über oder werden über den Wickelkopf an die Innenluft abgegeben, was die Werte R_{thN} und R_{thW} erklärt. Von der Innenluft nimmt die Wärme mit R_{thS} ihren Weg nach außen über die Lagerschilde.

5.2.3.3 Zahlenbeispiele

Beispiel 5.6 Eine Zahnradbahn wird von einem Motorwagen (12 Tonnen) und einem Anhängerwagen (8 Tonnen) in Bergfahrt (Steigung 10°) mit einer Geschwindigkeit v = 12 km/h befahren. Der Antrieb erfolgt durch zwei gleiche Gleichstrom-Reihenschlußmotoren für 600 V.

Jeder Motor arbeitet über ein Vorgelege auf einen Treibradsatz. Für die Kupferverluste sollen 10% angenommen werden, alle übrigen Verluste sowie die Sättigung des Eisens bleiben unberücksichtigt. Die Trägheitsmomente betragen

je Motor 7,5 kgm² je Vorgelege 250 kgm² je Treibradsatz 500 kgm²

Die Drehzahlübersetzungen sind bei einem Treibraddurchmesser d = 1,2 m

$$\frac{\text{Motorritzel}}{\text{Vorgelege}} = \frac{6}{1} \qquad \frac{\text{Vorgelege}}{\text{Treibzahnrad}} = \frac{3}{1}$$

Die Reibungswiderstände betragen insgesamt 10% des Zuggewichtes.

a) Bei Fahrt mit konstanter Geschwindigkeit 12 km/h arbeiten die Motoren mit Volllast. Die Bemessungsleistung der Motoren, ihr Bemessungsstrom und der Strom im Fahrdraht sind zu ermitteln.

Die Antriebskraft F bei konstanter Geschwindigkeit ist gleich der Lastkraft F_L, die sich aus der Kraft $G \sin \alpha$ zur Überwindung der Steigung und aus der gesamten Reibungskraft (0,1 × Gesamtgewicht) zusammensetzt

$$F_L = [(12 + 8)\,10^3 \text{ kg} \sin 10° + 0{,}1 \cdot 20 \cdot 10^3 \text{ kg}] \cdot 9{,}81 \text{ m/s}^2$$
$$= (3{,}47 + 2)10^3 \cdot 9{,}81 \text{ kgms}^{-2} = 53{,}6 \text{ kN}$$

da 1 N = 1 kgms^{-2} ist. Die abgegebene Leistung beider Fahrmotoren ist

$$P_2 = F_L\, v = 53{,}6 \text{ kN}\, \frac{12000 \text{ m}}{3600 \text{ s}} = 179 \text{ kNms}^{-1} = 179 \text{ kW}$$

Somit entfällt auf jeden Fahrmotor die Leistung P_N = 179 kW/2 = 89,5 kW. Der Fahrdrahtstrom beträgt also

$$I = \frac{P_2}{U\eta} = \frac{179 \text{ kW}}{600 \text{ V} \cdot 0{,}9} = 0{,}332 \text{ kA} = 332 \text{ A}$$

und somit der Bemessungsstrom je Motor $I_N = I/2$ = 332 A/2 = 166 A.

b) Wie groß ist die Ersatzmasse für die rotierenden Massenteile des Motorwagens?

Das Trägheitsmoment der rotierenden Massen eines Treibradsatzes ist, bezogen auf die Drehzahl des Treibzahnrades, nach Gl. (5.3c) und Gl. (5.4)

$$\frac{J_e}{2} = 500 \text{ kgm}^2 + 250 \text{ kgm}^2 \left(\frac{3}{1}\right)^2 + 7{,}5 \text{ kgm}^2 \left(\frac{3 \cdot 6}{1}\right)^2 = 5180 \text{ kgm}^2 = 5{,}18 \text{ tm}^2$$

und für beide Treibradsätze somit J_e = 10,36 tm². Die Ersatzmasse für beide Treibradsätze ist dann

$$m_e = \frac{J_e}{r^2} = \frac{10{,}36 \text{ tm}^2}{0{,}6^2 \text{ m}^2} = 28{,}8 \text{ t} \qquad \text{mit } r = d/2 = 0{,}6 \text{ m}$$

c) Anfahrzeit und Anfahrstrecke sind zu errechnen unter der Annahme, daß jeder Motor während des Anfahrens im Mittel das 1,44fache Bemessungsmoment entwickelt.

Da nach Frage a) die Motoren bei Bemessungsbetrieb eine Antriebskraft $F = F_L = 53{,}6$ kN entwickeln, steht für den Anfahrvorgang als gleichmäßig beschleunigte Bewegung eine mittlere Beschleunigungskraft

$$F_B = F - F_L = 1{,}44\,F_L - F_L = 0{,}44\,F_L = 0{,}44 \cdot 53{,}6 \text{ kN} = 23{,}6 \text{ kN}$$

zur Verfügung. Die zu beschleunigenden Massen des Zuges einschließlich der Ersatzmasse betragen $m = (20 + 28{,}8)$ t = 48,8 t. Somit wird die Beschleunigung

$$a = \frac{F_B}{m} = \frac{23{,}6 \cdot 10^3 \text{ N}}{48{,}8 \cdot 10^3 \text{ kg}} = 0{,}482 \text{ m/s}^2$$

Aus $v = a\,t$ ergibt sich die Anfahrzeit

$$t = \frac{v}{a} = \frac{12\,000 \text{ m} \cdot \text{s}^2}{3600 \text{ s} \cdot 0{,}482 \text{ m}} = 6{,}9 \text{ s}$$

aus $s = \frac{1}{2}\,a\,t^2$ die Anfahrstrecke

$$s = 0{,}5 \cdot 0{,}482 \frac{\text{m}}{\text{s}^2} (6{,}9 \text{ s})^2 = 11{,}5 \text{ m}$$

Beispiel 5.7 Von einer Förderanlage in einem Erzbergwerk (Bild 5.29) mit zwei gleichen Antriebsmotoren sind bekannt:

Tiefe 820 m; Nutzlast 6,5 Tonnen; Förderung 40 Förderzüge je Stunde bzw. 260 Tonnen/Stunde; Durchmesser der Treibscheibe 6,5 m; gesamtes Trägheitsmoment aller bewegten Teile, umgerechnet auf die Motorwelle, $J = 697$ tm².

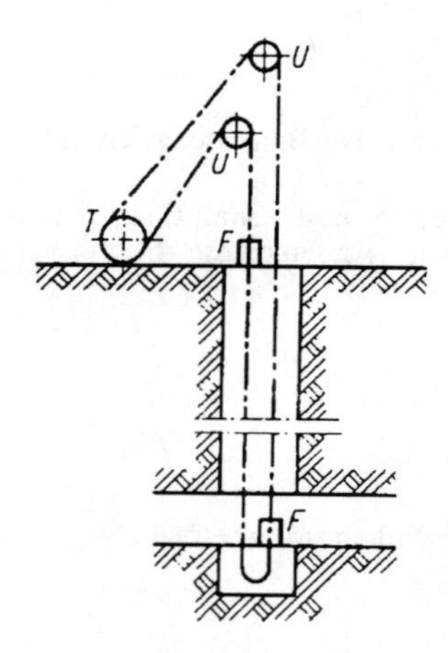

Bild 5.29
Förderanlage
F Fahrkorb, *T* Treibscheibe, *U* Umlenkscheibe

Die gesamte Reibung bei Fahrt kann angenähert durch eine konstante Reibungskraft von 15% der Nutzlast berücksichtigt werden.

Fahrdiagramm für Fördern (Last heben): Anfahren mit konstanter Beschleunigung 1,5 m/s² (1. Abschnitt), bis die konstant gehaltene Fördergeschwindigkeit 18 m/s erreicht ist (2. Abschnitt); daran anschließend konstante Verzögerung – 1 m/s² (3. Abschnitt) bis zum Stillstand (4. Abschnitt).

a) Für die Betriebsart Fördern sind die Wege s, Geschwindigkeiten v, Beschleunigungen a und Drehzahlen n der Antriebsmotoren in den vier Fahrabschnitten als Funktion der Zeit t in einem Schaubild darzustellen.

1. Abschnitt: Beschleunigen

$$t_1 = \frac{v}{a} = \frac{18 \text{ m/s}}{1{,}5 \text{ m/s}^2} = 12 \text{ s} \qquad s_1 = \frac{1}{2}\,a\,t_1^2 = 0{,}5 \cdot 1{,}5 \frac{\text{m}}{\text{s}^2} (12 \text{ s})^2 = 108 \text{ m}$$

Nun ist zunächst der Bewegungsvorgang im dritten Abschnitt zu berechnen.

3. Abschnitt: Verzögern

$$t_3 = \frac{v}{a} = \frac{18\ \text{m/s}}{1\ \text{m/s}^2} = 18\ \text{s} \qquad s_3 = \frac{1}{2}\, a\, t^2{}_3 = 0{,}5 \cdot 1\ \frac{\text{m}}{\text{s}^2}\,(18\ \text{s})^2 = 162\ \text{m}$$

2. Abschnitt: Fahrt mit konstanter Geschwindigkeit

$$s_2 = s - (s_1 + s_3) = 820\ \text{m} - (108 + 162)\ \text{m} = 550\ \text{m} \qquad t_2 = \frac{550\ \text{m}}{18\ \text{m/s}} = 30{,}6\ \text{s}$$

4. Abschnitt: Mit der gesamten Fahrzeit $t_f = t_1 + t_2 + t_3 = (12 + 30{,}6 + 18)\ \text{s} = 60{,}6\ \text{s}$ und der Spieldauer $t_s = 3600\ \text{s}/40 = 90\ \text{s}$ bei 40 Förderzügen je Stunde wird die Stillstandszeit

$$t_4 = t_s - t_f = (90 - 60{,}6)\ \text{s} = 29{,}4\ \text{s}$$

Die Motordrehzahl erhält man aus $v = r\,\omega = \pi\, d\, n$; mithin ist $n = v/\pi\, d$, also $n \sim v$. Bei Fahrt mit $v = 18$ m/s und dem Durchmesser $d = 6{,}5$ m der Treibscheibe ist dann die Motordrehzahl

$$n = \frac{18\ \text{m/s}}{\pi \cdot 6{,}5\ \text{m}} = 0{,}88/\text{s} = 52{,}8\ \text{min}^{-1}$$

Das Fahrdiagramm ist in Schaubild 5.30 dargestellt.

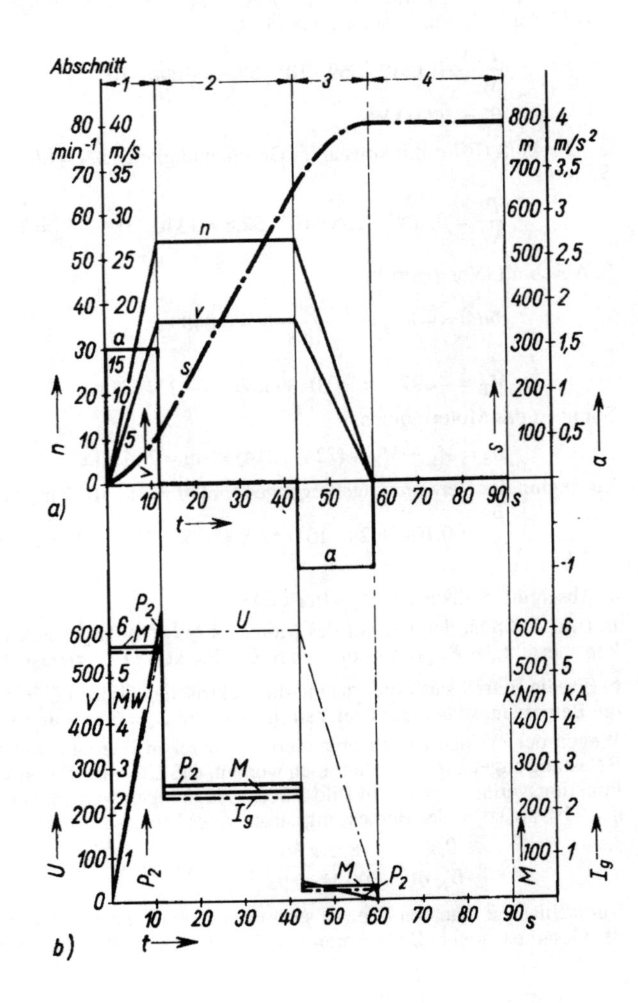

Bild 5.30
a) Fahrdiagramm $s, v, a, n = f(t)$
b) $P_2, U, I_g = f(t)$ für Betriebsart Fördern

b) Das erforderliche Drehmoment $M = f(t)$ und die Leistung $P_2 = f(t)$ der beiden Fahrmotoren sind zu bestimmen.

Da sich auf beiden Seiten der Treibscheibe die Gewichtskräfte der leeren Förderkörbe und der Seile für die Momentenbildung aufheben, ergibt sich als Umfangskraft die volle Nutzlast und die Reibungskraft von 15 % der Nutzlast, zusammen also eine Kraft von $1{,}15 \cdot 6{,}5\ \text{t} \cdot 9{,}81\ \text{ms}^{-2} = 73{,}4\ \text{kN}$. Mit dem Hebelarm von 3,25 m (Radius der Treibscheibe) erhält man somit für das Lastmoment

$$M_L = 73{,}4\ \text{kN} \cdot 3{,}25\ \text{m} = 238\ \text{kNm}$$

Nach Gl. (5.1) ist das Motormoment

$$M = M_L + M_B = M_L + J\,2\pi\,dn/dt$$

Die abgegebene Leistung $P_2 = f(t)$ der beiden Fahrmotoren in den einzelnen Abschnitten ergibt sich aus:

1. Abschnitt (Beschleunigen):

$$dn/dt = n/t_1 = \frac{0{,}88/\text{s}}{12\ \text{s}} = 0{,}0733\ \text{s}^{-2}$$

$$M_B = 697\ \text{tm}^2 \cdot 2\,\pi \cdot 0{,}0733\ \text{s}^{-2} = 321\ \text{kNm}$$

Somit ist das gesamte Motormoment

$$M = M_L + M_B = (238 + 321)\ \text{kNm} = 559\ \text{kNm}$$

Für $t = 0$ ist $n = 0$, somit auch $P_2 = 0$. Am Ende des Beschleunigungsvorganges ($t = t_1$) sind $M = 559 \cdot 10^3$ Nm und $n = 52{,}8\ \text{min}^{-1}$. Somit ist nach Gl. (1.18)

$$\frac{P_2}{\text{W}} = 0{,}1047 \cdot 559 \cdot 10^3 \cdot 52{,}8 = 3090 \cdot 10^3$$

$$P_2 = 3090\ \text{kW}$$

2. Abschnitt (Fahrt mit konstanter Geschwindigkeit): $M_2 = M_L = 238\ \text{kNm}$, $n = 52{,}8\ \text{min}^{-1}$.
Somit ist

$$\frac{P_2}{\text{W}} = 0{,}1047 \cdot 238 \cdot 10^3 \cdot 52{,}8 = 1310 \cdot 10^3 \qquad P_2 = 1310\ \text{kW}$$

3. Abschnitt (Verzögern):

$$dn/dt = -\,n/t_3 = -\,\frac{0{,}88\ \text{s}}{18\ \text{s}} = -\,0{,}0489\ \text{s}^{-2}$$

$$M_B = -\,697 \cdot 2\pi \cdot 0{,}0489\ \text{kNm} = -\,214\ \text{kNm}$$

Somit ist das Motormoment

$$M_3 = M_L + M_B = (238 - 214)\ \text{kNm} = 24\ \text{kNm}$$

Zu Beginn des Verzögerungsvorganges sind $M = 24 \cdot 10^3$ Nm und $n = 52{,}8\ \text{min}^{-1}$. Dann ist

$$\frac{P_2}{\text{W}} = 0{,}1047 \cdot 24 \cdot 10^3 \cdot 52{,}8 = 132 \cdot 10^3 \qquad P_2 = 132\ \text{kW}$$

4. Abschnitt (Stillstand): $M_4 = 0$, $P_2 = 0$.

In Bild 5.30b ist der Verlauf des Moments $M = f(t)$ dargestellt. Da sich innerhalb eines jeden Abschnittes $M =$ konst. ergibt, ist P_2 proportional zu n. Die Funktion $P_2 = f(t)$ ist ebenfalls in Bild 5.30b dargestellt.

c) Für die Betriebsart Fördern sind die elektrischen Größen $U = f(t)$ und $I = f(t)$ angenähert zu berechnen, wenn die Bemessungsdaten der Gleichstrommotoren $U_N = 600$ V und $P_{2N} = 835$ kW betragen.

Wegen der geringen Drehzahländerung zwischen Leerlauf und Volllast kann unabhängig von der Größe der Belastung angenähert angenommen werden, daß $U \sim n$ ist. Damit kann $U = f(t)$ in Bild 5.30b – entsprechend dem Funktionsverlauf $n = f(t)$ in Bild 5.30a – eingetragen werden. Nimmt man einen Wirkungsgrad der Motoren von $\eta = 93\%$ an, so ist der Bemessungsstrom eines Motors

$$I_N = \frac{P_{2N}}{U_N\,\eta} = \frac{835\ \text{kW}}{600\ \text{V} \cdot 0{,}93} = 1{,}5\ \text{A} = 1500\ \text{A}$$

Vernachlässigt man den Leerlaufstrom des Motors, dann ist $I \sim M$. Somit ergeben das Drehmoment $M = f(t)$ und der Gesamtstrom beider Motoren $I_g = 2\,I = f(t)$ einen ähnlichen Verlauf (Bild 5.30b).

5.3 Steuerungstechnik

Mit Steuerungen werden technische Anlagen oder Prozesse so geführt, daß sie die gewünschte Aufgabe erfüllen. Dazu nutzt man Stellglieder, wie Schütze, Ventile oder Stromrichter, welche in Abhängigkeit von den Signalen der Steuerung die Energiezufuhr zu der Anlage, z.B. einem Motor übernehmen. Insgesamt entsteht eine Struktur nach Bild 5.31.

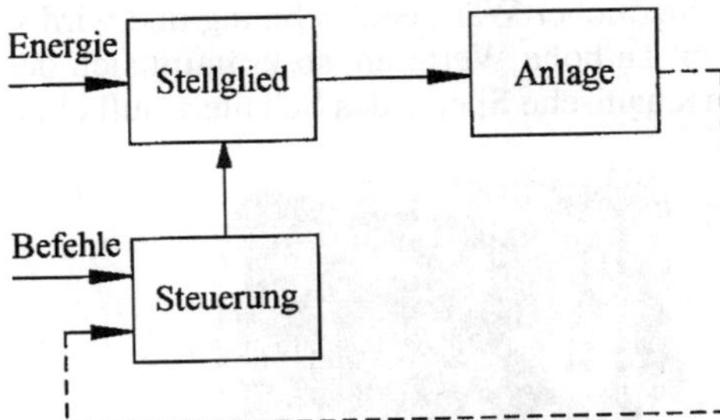

Bild 5.31
Struktur einer Steuerung
– – – – – Rückführung bei Ablaufsteuerung

Das Kennzeichen der Steuerung ist eigentlich der offene Wirkungsablauf mit Steuerbefehl → Stellglied → Anlage ohne Rückführung des erreichten Zustandes. Bei Steuerungen, in denen ein weiterer Schritt erst nach Erreichen eines zuvor definierten Ereignisses zulässig, also ein bestimmter Ablauf einzuhalten ist, wird dieses Prinzip durchbrochen. Aber erst wenn diese in Bild 5.31 gestrichelte Rückführung fortlaufend auf das Stellglied Einfluß nimmt, spricht man von einer Regelung.

In der klassischen Steuerungstechnik mit festverdrahteten Komponenten werden die Befehle der Taster, Endschalter oder sonstiger Signalgeber leitungsgebunden entsprechend der gewünschten Steuerlogik über Hilfskontakte oder z.B. Zeitrelais den Stellgliedern zugeführt. Die Verdrahtung legt damit die Wirkung der Eingangsbefehle auf die Anlage eindeutig fest.

Bei speicherprogrammierbaren Steuerungen, kurz SPS, sind Eingangsbefehle und Stellglieder dagegen über Anweisungen verknüpft, die man im Programm eines Prozessors ablegt. Es ersetzt die Verdrahtung entsprechend der Aufgabe durch logische Verknüpfungen der Schaltalgebra. Über ein Programmiergerät können die Anweisungen jederzeit neu formuliert und damit der Anlauf der Steuerung geändert werden.

5.3.1 Schaltgeräte und Kontaktsteuerungen

5.3.1.1 Schalter, Schütze und Sicherungen

Schalter. Sie haben die Aufgabe, Last- oder Steuerstromkreise zu öffnen oder zu schließen. Ihre Betätigung kann von Hand, durch Motorantrieb oder wie bei einem Schütz durch Magnetkräfte erfolgen. In den Bestimmungen nach VDE 0660 sind Festlegungen, Begriffe und Anforderungen an alle Niederspannungs-Schaltgeräte enthalten. Die zugehörigen Symbole und Schaltzeichen als Grundlagen für Schaltpläne sind in DIN 40900 Teil 1 bis 13 zusammengestellt. Die nachstehenden Bilder zeigen zwei Beispiele, wie sie in späteren Steuerungen verwendet werden.

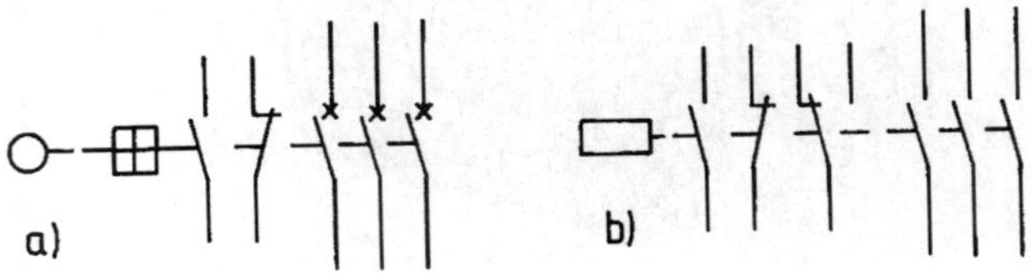

Bild 5.32
Schaltzeichen für Leistungsschalter
a) dreipoliger Schalter mit Motorantrieb und Hilfskontakten
b) dreipoliges Schütz mit Hilfskontakten

a) b)

Bild 5.32a kennzeichnet einen dreipoligen Leistungsschalter mit Motorantrieb. Für Aufgaben der Steuerung sind je ein Öffner und Schließer als Hilfskontakte vorhanden. Bei Bild 5.32b handelt es sich um ein dreipoliges Schütz mit zusätzlich je einem Öffner, Schließer und einem Wechsler mit Unterbrechung.

In Bild 5.33 ist ein Motorschalter für Handbetrieb angegeben. Zum Schutz des Motors vor unzulässiger Erwärmung enthält der Schalter eine elektrothermisch wirkende Überstromauslösung 1 auf der Basis von Bimetallstreifen. Er besteht aus zwei aufeinanderliegenden Metallen stark unterschiedlicher Wärmeausdehnung und wird vom Motorstrom aufgeheizt. Nimmt dieser über längere Zeit zu hohe Werte an, so krümmt sich der Streifen so stark nach einer Seite, daß er dadurch die mechanische Sperre des Schalters aufhebt und so den Stromkreis öffnet.

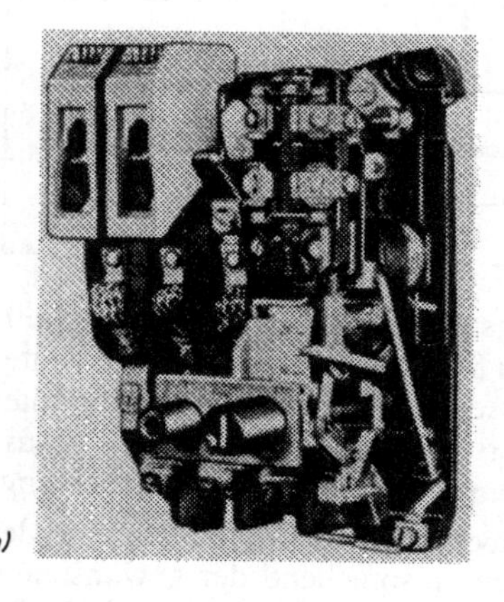

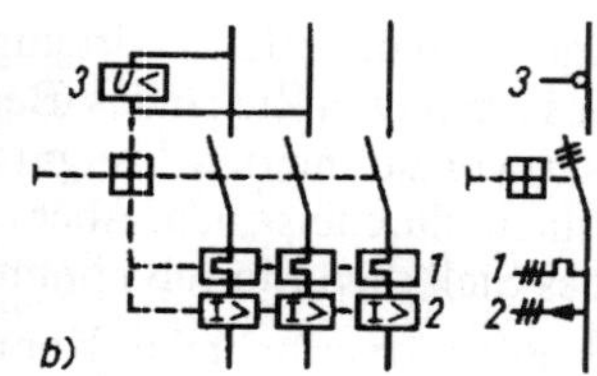

Bild 5.33
a) Motorschutzschalter 500 V, 25 A (AEG)
b) Schaltzeichen und Schaltkurzzeichen

Die Schnellabschaltung im Falle eines Kurzschlusses hinter dem Schalter erfolgt durch einen magnetisch wirkenden Überstromauslöser 2. Der in einem bestimmten Bereich einstellbare Strom fließt durch eine Magnetspule. Ihr Anker betätigt bei Erreichen des Einstellwertes ebenfalls die Schaltersperre. Um zu vermeiden, daß bei einem Netzausfall nach Wiederkehr der Spannung der Motor unkontrolliert anläuft, wird ein Unterspannungsauslöser 3 eingesetzt, der ebenfalls die Sperre löst und damit den Schalter öffnet.

Schütze. Im Rahmen von Steuerungen werden für die Verbindung zwischen Netz und Motor meist sogenannte Schütze verwendet. Diese sind elektromagnetisch wirkende Leistungsschalter, die durch

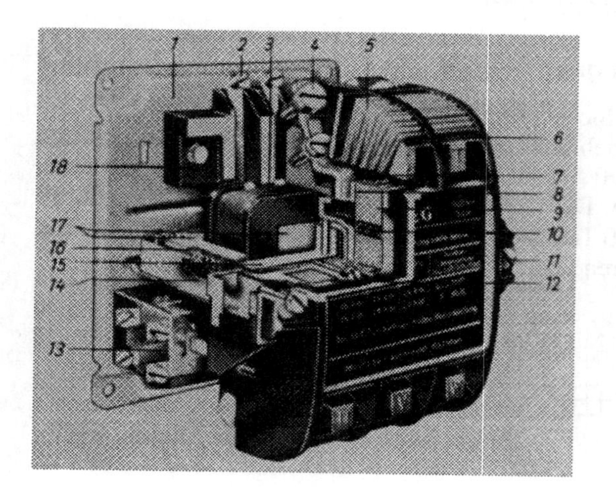

Bild 5.34
Drehstrom-Luftschütz 500 V, 50 A (AEG)

1 Grundplatte
2 Anschlüsse für Spule
3 Spule
4 Hauptanschlußklemmen
5 Löschbleche
6 Lichtbogenkammer
7 Hauptkontakt, fest
8 Kontaktbrücke, beweglich
9 Antiprelleinlage
10 Kontaktdruckfeder
11 Befestigungsschrauben für 6
12 Schaltkopf, beweglich
13 Hilfskontakte
14 Gleitführung
15 Magnetanker
16 Rückdruckfeder
17 Magnetkern
18 Kontaktträger, fest

Betätigung eines fernen Tasters aktiviert werden. Dieser versorgt die Spule des Schützmagneten mit der Betriebsspannung, wonach der Magnetanker anzieht und damit die Kontakte schließt. Die Spule bleibt durch die Steuerschaltung auch nach dem Tasten bestromt bis mit dem Taster AUS ein Abschalten erfolgt. Im allgemeinen übernimmt das Schütz mit Hilfe des eingebauten Bimetallrelais auch den Überlastungsschutz, während der Kurzschlußschutz mit vorgeschalteten Schmelzsicherungen realisiert wird.

Schütze haben im Vergleich zu handbetätigten Schaltern eine hohe Lebensdauer, die man mit ca. 10 Millionen Ein-Ausschaltungen annehmen kann. Die mögliche Schalthäufigkeit liegt je nach Ausführung bei etwa 600 bis 3000 Schaltspielen pro Stunde. Bild 5.34 zeigt als Beispiel ein Drehstrom-Luftschütz.

Elektronische Schalter. Die in Abschn. 2.1 vorgestellten Halbleiter kann man ebenfalls als Schalter einsetzen. So wird nach den Bildern 2.70 und 2.71 ein Leistungstransistor durch einen ausreichenden Basisstrom leitend und schließt damit den Stromkreis niederohmig. Ohne Basisstrom nimmt der Kollektor-Emitterwiderstand des Transistors dagegen Werte von einigen Megohm an, was praktisch einer Öffnung des Stromkreises gleichkommt. Die EIN/AUS-Funktion des Transistors wird damit über die Steuerung des Basisstromes erreicht.

Ebenso kann das gegenparallele Thyristorpaar in Bild 2.96 als Wechselstromschalter eingesetzt werden. Für den Zustand EIN erhalten die Thyristoren im Spannungs-Nulldurchgang ihre Zündimpulse, die danach bis zum AUS-Befehl beibehalten werden. Derartige Schalter sind als elektronische Relais auf dem Markt.

Schmelzsicherungen. Sie sind „Sollbruchstellen" in einem Stromkreis mit der Aufgabe, diesen beim Auftreten unzulässig hoher Ströme zu unterbrechen. Die Technik dazu ist sehr einfach und besteht aus einem entsprechend dünnen Schmelzleiter in einem Porzellanmantel mit Quarzsandfüllung. Letzterer übernimmt vor allem die Lichtbogenlöschung beim Öffnen des Stromkreises.

Niederspannungssicherungen werden als Schraubsicherungen (D-System) mit dem bekannten Aufbau nach Bild 5.35 und im NH-System mit Messerkontakt gefertigt. Bei den Schraubsicherungen wird durch eine Paßschraube mit abgestuftem Kontaktdurchmesser im Sockel erreicht, daß kein Sicherungseinsatz mit zu hoher Ansprechstromstärke verwendet wird.

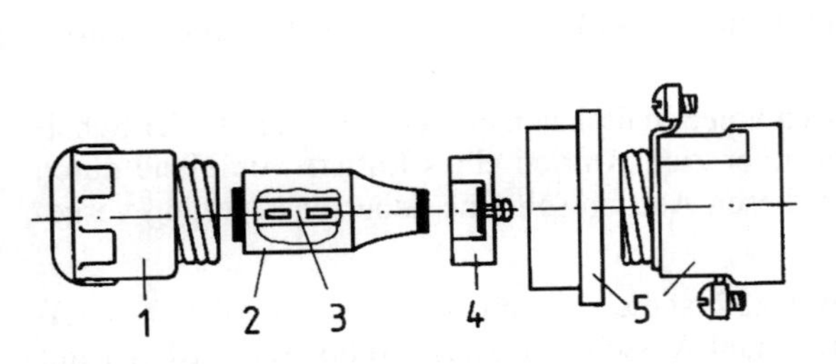

Bild 5.35 Aufbau einer Schraubsicherungseinheit (D-System)
1 Schraubkappe
2 Sicherungseinsatz mit Schmelzstreifen 3
4 Paßschraube
5 Sockel mit Abdeckung

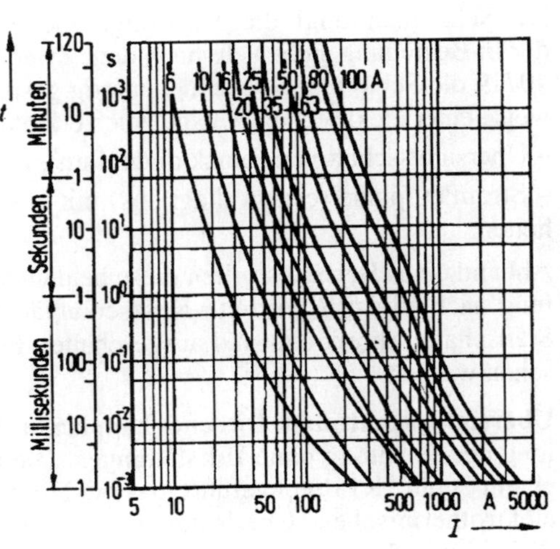

Bild 5.36 Mittlere Schmelzkennlinien für Sicherungen der Betriebsklasse gL

Die Ausschaltcharakteristik und der vorgesehene Einsatzbereich gehen aus der auf der Sicherung notierten Betriebsklasse hervor, die durch zwei Buchstaben definiert wird. So bedeuten z.B. die Angaben:

gL – Ganzbereichsschutz für Kabel und Leitungen

gR – Ganzbereichs-Halbleiterschutz

aM – Motor und Geräteschutz

Die Abhängigkeit der Schmelzzeit t vom durchflossenen Strom I wird nach VDE 0636 in einem für die Betriebsklasse typischen Diagramm $t = f(I)$ angegeben. Es definiert für jede Bemessungsstromstärke wie $I_N = 6$ A, 10 A, 16 A usw. eine untere und obere Grenzkurve und damit ein Toleranzband Tor genannt, innerhalb dessen der Hersteller seine Schmelzzeitkurve legen muß. Bild 5.36 zeigt die mittleren Schmelzkennlinien für Schmelzsicherungen der Betriebsklasse gL.

Schmelzsicherungen sind ein ausgezeichneter Kurzschlußschutz. Die hier vorhandenen Abschaltzeiten können weniger als 5 ms betragen, so daß im 50 Hz-Netz der Kurzschlußstrom garnicht erst seinen vollen Scheitelwert erreicht. Die Ansprechzeiten sind damit geringer als bei Motorschutzschaltern möglich. Der Überlastungsschutz ist wegen des großen Streubereichs nicht gerade hochwertig, so daß man z.B. bei Motoren zusätzlich einen Schutz durch eingebaute Thermokontakte oder Thermistoren vorsieht.

5.3.1.2 Schaltpläne

Arten von Schaltplänen. Unter einem Schaltplan versteht man nach DIN 40719 die Darstellung elektrischer Einrichtungen durch Schaltzeichen (oder Schaltkurzzeichen). So wie die Konstruktionszeichnung im Maschinenbau die wichtigste technische Unterlage von der Planung bis zum Bau einer Maschine oder eines Maschinenteils ist, sind die Schaltpläne für Entwicklung, Bau, Prüfung und Betrieb (Wartung, Fehlersuche und -beseitigung) einer elektrischen Anlage unentbehrlich. Alle Schaltpläne sollen im spannungs- bzw. stromlosen, ausgeschalteten Zustand der Anlage gezeichnet, die Geräte in ihrer Grundstellung dargestellt werden. Die Übersichtlichkeit wird erhöht, wenn alle Schaltglieder von links nach rechts schaltend dargestellt sind.

Der Schaltplan (engl. diagram) zeigt, wie die verschiedenen elektrischen Betriebsmittel miteinander in Beziehung stehen. Je nach dem Zweck und nach der Art der Darstellung können nach DIN 40719 die Schaltpläne verschiedenartig gestaltet werden. Schaltpläne zur Erläuterung der Arbeitsweise einer elektrischen Anlage, auch erläuternde Schaltpläne genannt, werden eingeteilt in:

- Übersichtsschaltplan (block diagramm), meist einpolige Darstellung und
- Stromlaufpläne (circuit diagrams) mit ausführlicher Darstellung der Schaltung in ihren Einzelheiten.

Anhand eines Beispiels sollen diese beiden Arten von Schaltplänen erläutert werden. In der Schaltung nach Bild 5.7 wird ein Kurzschlußläufermotor zum Antrieb eines Lüfters von Hand durch Stellschalter direkt ein- und ausgeschaltet. Für diesen Antrieb soll eine Schützensteuerung vorgesehen werden.

Übersichtsschaltplan. Dieser Schaltplan in Bild 5.37 ist die vereinfachte, meist einpolige Darstellung der Schaltung ohne Hilfsleitungen. Die Ein- und Ausschaltung des Motors M1 wird hier mit einem Schütz K1 durchgeführt, das mit Hilfe der Tastschalter S1 und S2 betätigt wird. Es wird mit elektrothermischem Überlastungsschutz (Überstromrelais F2) ausgerüstet, die vorgeschalteten Sicherungen F1 übernehmen den Kurzschlußschutz. Angaben über Netz, Leitungen, Sicherungen, Motor, Arbeitsmaschine usw. können, wie hier geschehen, in den Übersichtsschaltplan eingetragen werden.

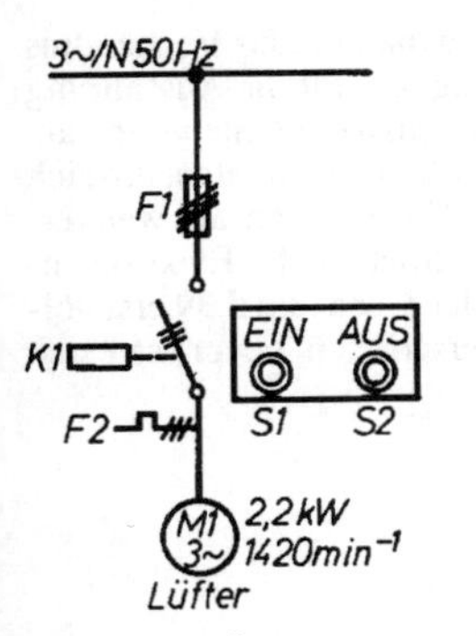

Bild 5.37 Übersichtsschaltplan für Lüfterantrieb

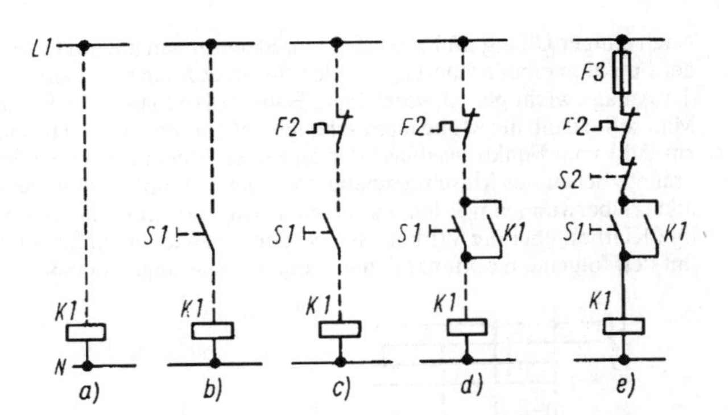

Bild 5.38 Entwurf des Steuerstromteils zu Bild 5.37 (Stromlaufschaltplan in aufgelöster Darstellung)

Stromlaufplan in aufgelöster Darstellung. Er enthält die nach Stromwegen für die Haupt-, Steuer- und Meldestromkreise aufgelöste Darstellung der Schaltung mit allen Einzelheiten und Leitungen, so daß jeder Stromweg leicht zu verfolgen ist. Alle Schaltglieder eines elektrischen Betriebsmittels erhalten die gleiche Bezeichnung. Die räumliche Lage und der Zusammenhang der einzelnen Teile bleiben unberücksichtigt. Anhand der Bilder 5.38a bis e wird nun gezeigt, wie man den Steuerstromkreis des Stromlaufplans für den Lüfterbetrieb in 6 Stufen entwirft.

1. Die Spule des Schützes K1 für 230 V ~ wird zwischen einen Außenleiter, hier L1 und den Neutralleiter N des Drehstromnetzes angeschlossen. Grundsätzlich legt man dabei einen Anschluß der Schützspule direkt an N (Bild 5.38a).
2. Das Einschalten erfolgt durch Drücken des Drucktasters S1. Hierdurch wird der Stromkreis der Schützspule geschlossen (Bild 5.38b).
3. Der Motor darf aber nicht eingeschaltet werden können, wenn das Überstromrelais F2 angesprochen hat, d.h. wenn der Motor infolge Überlastung vorher selbsttätig abgeschaltet wurde. Deshalb wird der Hilfsschalter (Öffner) des Überstromrelais F2 in den Stromkreis der Schützspule gelegt (Bild 5.38c). Ist dieser Öffner geschlossen, so wird beim Drücken des Drucktasters S1 der Stromkreis der Schützspule K1 geschlossen, der Magnetanker wird angezogen und die drei Hauptkontakte des Schützes schließen (Bild 5.37): der Motor läuft an.
4. Wird aber der Drucktaster S1 losgelassen, so geht er infolge der Rückzugskraft (Tastschalter) wieder in seine Ruhelage zurück, das Schütz fällt ab und der Motor wird wieder ausgeschaltet. Um dies zu verhindern, wird am Schütz K1 ein Hilfsschalter (Schließer K1) vorgesehen, der durch das Einschalten des Schützes geschlossen wird. Diesen Schließer K1 schaltet man parallel zum Drucktaster S1 (Bild 5.38d). Läßt man nun den Drucktaster S1 los, so bleibt die Schützspule und damit auch der Motor eingeschaltet: das Schütz hält sich selbst (Selbsthaltung).
5. Beim Ausschalten wird durch Drücken des Drucktasters S2 (Bild 5.38e) der Stromkreis der Schützspule unterbrochen, das Schütz fällt ab und der Selbsthaltekontakt K1 des Schützes öffnet wieder. Nach Loslassen des Drucktasters S2 bleibt also der Stromkreis der Schützspule geöffnet, der Motor läuft aus. Derselbe Vorgang spielt sich beim Ansprechen des Überlastungsschutzes mit dem Hilfsschalter F2 selbsttätig ab. – Der Drucktaster S2 wird nicht in den Strompfad des Hilfsschalters K1 gelegt, da bei gleichzeitigem Drücken von Ein- und Aus-Drucktaster das Aus-Kommando aus Sicherheitsgründen Vorrang haben muß.
6. Der Steuerteil wird durch eine Sicherung F3 geschützt (Bild 5.38e). Bei Ausfall des Netzes fällt das Schütz ab, da die Schützspule von einem Außenleiter des Netzes gespeist wird.

Man beachte, daß im Stromlaufplan die Spule und die Schaltglieder von Schützen oder Relais, obschon sie an verschiedenen Stellen in die Stromwege eingegliedert sind, dieselbe Bezeichnung haben; so ist z.B. K1 sowohl das Schütz in Bild 5.37 als auch die Schützspule und der Hilfsschalter (Schließer) in Bild 5.38.

Stromlaufplan in zusammenhängender Darstellung. In diesem Schaltplan (Bild 5.39) werden alle Schaltglieder eines elektrischen Betriebsmittels zusammenhängend und allpolig dargestellt. Da die Haupt- und Hilfsstromkreise in einem Plan erscheinen, ist die Wirkungsweise der Steuerung nur noch mit Mühe zu erkennen. Deshalb geht man beim Entwurf elektrischer Steuerungen den Weg vom Übersichtsschaltplan über den Stromlaufplan in aufgelöster Darstellung.

Nach einiger Übung im Entwerfen von Steuerungen und im Lesen von Schaltplänen wird man für das Verständnis der Funktion einer Steuerung auf den Stromlaufplan in zusammenhängender Darstellung, der für die Ausführung der Anlage wichtiger ist, verzichten. Häufig trifft man in der Praxis aber nur diesen Schaltplan einer Steuerung an. Man sollte dann die Mühe nicht scheuen, hieraus den Stromlaufplan in aufgelöster Darstellung abzuleiten, um sich ein Bild vom Funktionsablauf der einzelnen Steuerungsvorgänge machen zu können. Nur so kann die weitverbreitete Scheu des Maschinenbauers vor den „komplizierten und undurchsichtigen Schaltplänen der Elektrotechniker" überwunden werden. Es sei auch dringend empfohlen, sich hier an Hand der Bilder 5.38e und 5.39 erst völlige Klarheit über die Wirkungsweise der behandelten einfachen Lüftersteuerung zu verschaffen, bevor man sich mit den folgenden umfangreichen Kontaktsteuerungen befaßt.

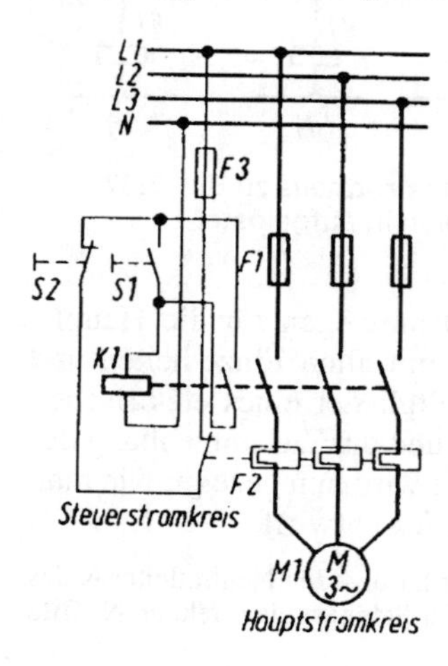

Bild 5.39
Stromlaufschaltplan in zusammenhängender Darstellung für Bild 5.37

Die Kennzeichnung der einzelnen Betriebsmittel in den Schaltplänen erfolgt nach DIN 40719 Teil 2 durch Großbuchstaben und eine fortlaufende Zahl. Als Beispiele seien genannt:

C - Kondensatoren
F - Schutzeinrichtungen
G - Generatoren und Stromversorgungen
K - Schütze und Relais
M - Motoren
R - Widerstände
S - Schalter
T - Transformatoren

5.3.1.3 Festverdrahtete Steuerungen

In diesen auch Kontaktsteuerungen genannten Schaltungen werden die einzelnen Stellglieder mit den Befehlsgebern drahtgebunden über Hilfskontakte und Zeitrelais verknüpft. Diese Technik war vor der Entwicklung der entsprechenden elektronischen Baugruppen über lange Jahre die alleinige Ausführung zum Betrieb von Antrieben und Prozessen jeder Art.

Nachstehend werden die festverdrahteten Schaltungen für einige typische Steueraufgaben gezeigt. Ihr Aufbau bleibt im Leistungsteil auch bei den modernen speicherprogrammierten Steuerungen unverändert.

Stern-Dreieck-Anlauf eines Käfigläufermotors. In Bild 5.40 ist die Schaltung für den Anlauf eines Drehstrommotors mit einem handbetätigten Walzenschalter angegeben. Für den selbsttätigen Stern-Dreieck-Anlauf benötigt man drei Schütze, nämlich das Hauptschütz K1, das Dreieckschütz K2 und das Sternschütz K3, die im Stromlaufplan in Bild 5.40a dargestellt sind. Zuerst wird das Sternschütz K3, dann das Hauptschütz K1 eingeschaltet; der Motor läuft in Sternschaltung hoch. Die selbsttätige Umschaltung auf Dreieck in der Nähe der Betriebsdrehzahl erfolgt heute fast nur noch zeitabhängig, kann aber auch strom- oder drehzahlabhängig geschehen. Im ersten Fall wird ein Zeitrelais verwendet, das nach einer einstellbaren Zeit zunächst das Sternschütz K3 abschaltet und dann durch Einschalten des Dreieckschützes K2 die Betriebsschaltung des Motors herstellt.

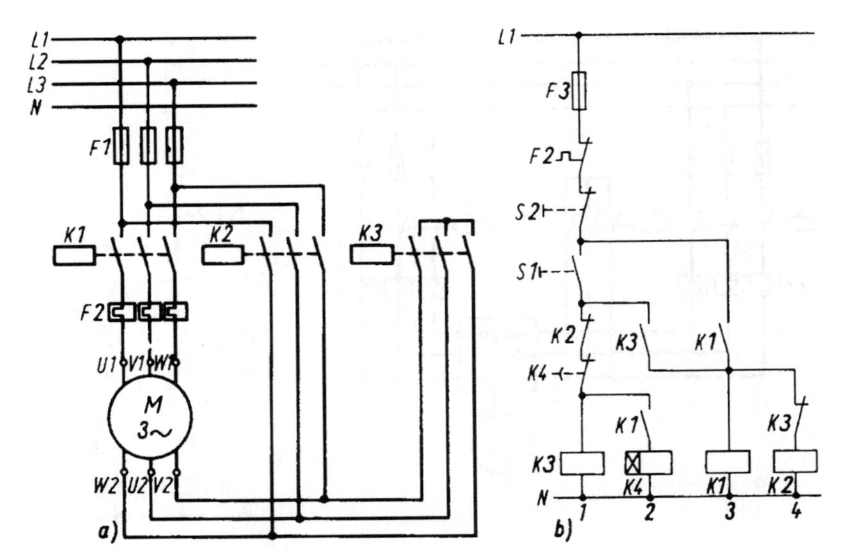

Bild 5.40 Selbsttätiges Stern-Dreieck-Anfahren des Kurzschluß-läufermotors a) Leistungsteil des Stromlaufplans b) Steuerteil des Stromlaufplans

Nach dem Stromlaufplan (Bild 5.40b) wird mit Hilfe des Drucktasters S1 (Stromweg Nr. 1) die Steuerung eingeleitet. Wenn das Dreieckschütz in Aus-Stellung ist (Öffner K2 in Nr.1), erhält zuerst die Schützspule K3 des Sternschützes Strom. Dadurch wird zuerst durch einen Öffner K3 (Nr. 4) der Stromkreis der Spule K2 des Dreieckschützes geöffnet, bevor durch den Schließer K3 (Nr. 2) der Stromkreis der Spule K1 (Nr. 3) des Hauptschützes geschlossen wird. Durch die Schließer K1 (Nr. 3) und K3 (Nr. 2) werden die Schütze K1 und K3 auch nach Loslassen des Drucktasters S1 gehalten; ein weiterer Schließer K1 (Nr. 2) schließt nach dem Zuschalten des Hauptschützes den Stromkreis des Zeitrelais K4. Nach der am Zeitrelais eingestellten Zeit, die sich nach der Größe des Lastmoments richtet, öffnet der Öffner K4 (Nr. 1) des Zeitrelais K4. Sternschütz K3 und Zeitrelais K4 werden abgeschaltet, während der Öffner K3 (Nr. 4) den Stromkreis der Spule K2 des Dreieckschützes schließt. Haupt- und Dreieckschütz (K1 und K2) sind im Betrieb eingeschaltet und fallen ab, wenn mit Hilfe des Drucktasters S2 (Nr. 1) der Antrieb stillgesetzt werden soll.

An Geräten sind für die Steuerung erforderlich:

- Schütz K1 mit zwei Schließern; Schütz K2 mit einem Öffner;
- Schütz K3 mit einem Öffner und einem Schließer; Zeitrelais K4 mit einem Öffner;
- Drucktaster S1 für Einschalten; Drucktaster S2 für Ausschalten;
- Bimetallrelais F2 mit einem Öffner; eine Sicherung F3; ein Satz Drehstromsicherungen F1.

Man beachte, daß die Schütze K1 und K2 nur für den $1/\sqrt{3} = 0{,}58$fachen Motorstrom auszulegen sind; auch das Motorschutzrelais F2 ist auf diesen Wert einzustellen.

Polumschaltung eines Drehstrommotors. In Bild 4.54 wird der Anschluß der Drehstromwicklung in Dahlander-Schaltung für zwei Drehzahlwerte an das Netz mit einem Walzenschalter realisiert. Eine Schützensteuerung erfordert nach Bild 5.41a drei Schütze. Bei der niedrigen Drehzahl erfolgt der Netzanschluß mit Schütz K1; bei Umschaltung auf die hohe Drehzahl muß erst Schütz K1 abschalten, dann ist das Schütz K2 und zuletzt das Schütz K3 einzuschalten, das die Motorwicklung an das Netz anschließt.

Der Steuerteil (Bild 5.41b) enthält die Doppeldrucktaster S2 und S3 für die beiden Drehzahlen, um eine gleichzeitige Betätigung der Taster unwirksam zu machen. Bei der niedrigen Drehzahl wird bei Betätigung des Drucktasters S2 Schütz K1 eingeschaltet, wenn die Schütze K2 und K3 ausgeschaltet sind (Öffner K2 und K3 im Stromkreis des Schützspule K1). Schütz K1 hält sich über Schließer K1 selbst. Bei direktem Übergang auf die hohe Drehzahl wird durch Betätigen des Drucktasters S3, erst nachdem Schütz K1 abgeschaltet ist (Öffner K1), das Sternschütz K2 und danach über den Schließer K2 das Schütz K3 eingeschaltet. Entsprechendes gilt für den Übergang von der hohen zur niedrigen Drehzahl. Erst wenn durch Betätigen des Drucktasters S2 die Schütze K2 und K3 abgeschaltet sind, kann Schütz K1 einschalten. Das Stillsetzen des Antriebs erfolgt in jedem Fall durch den Drucktaster S1.

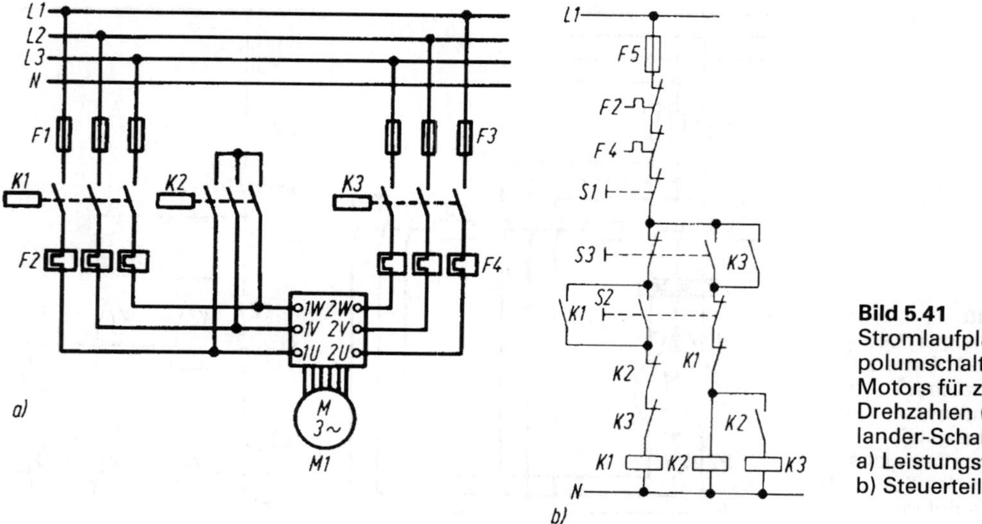

Bild 5.41 Stromlaufplan des polumschaltbaren Motors für zwei Drehzahlen (Dahlander-Schaltung)
a) Leistungsteil
b) Steuerteil

5.3.2 Grundlagen elektronischer Steuerungen

In drahtgebundenen Steuerungen werden durch die Leitungen und Hilfskontakte die zwei Zustände
1. Schalter auf, keine Spannung am Stellglied (Schütz)
2. Schalter zu, Spannung vorhanden

realisiert. Es wird also nur eine binäre Information verarbeitet, die sich durch die Zeichen

0 oder H (High)
und 1 oder L (Low)

darstellen lassen. Dieses System ist aber auch die Grundlage jeder Computertechnik, in die sich die elektronischen Steuerungen somit einordnen. In der meist eingesetzten positiven Logik bedeutet dies für das Signal:

0 – keine Spannung, bzw. unterhalb eines Grenzpegels
1 – Spannung hat den Betriebswert von z.B. 5 V

5.3.2.1 Logische Grundverknüpfungen

Logische Verknüpfungen sind elektronische Schaltungen, welche die Binärinformationen 0 und 1 nach den Regeln der Booleschen Algebra (George Boole, brit. Mathematiker, 1815–1864), die in der Anwendung auf Digitalkreise auch als Schaltalgebra bezeichnet wird, verarbeiten. Die einzelnen Gesetze sollen hier nicht behandelt werden, sind jedoch in ihren Grundlagen mit der Wirkung von Schalterkontakten erklärbar. Für den Aufbau von Steuerungen werden nur wenige Grundschaltungen benötigt. Für diese Gatter bezeichneten Bausteine hat man eigene Bezeichnungen und Zeichen geschaffen.

Nachstehend werden die drei Grundverknüpfungen und die daraus abgeleiteten Beziehungen vorgestellt. Neben den Schaltzeichen und der darin elektronisch realisierten Kontaktschaltung sind auch die jeweiligen sogenannten Funktionstabellen angegeben. Sie beschreiben den Zusammenhang zwischen den Eingangsgrößen E, die nur die Werte 0 und 1 annehmen können und dem entsprechend der inneren Logik möglichen Ausgangssignal A = 0 oder A = 1.

UND-Verknüpfung. Dieses auch als Konjunktion bezeichnete Gatter realisiert die Reihenschaltung von Schließkontakten – hier der zwei Schließer E1 und E2 – zur Versorgung eines Ausgangs A, z.B. einer Lampe. Ein betätigter Schalter E wird mit der Kennung 1, der offene Schalter mit 0 beschrieben. Liegt Spannung an der Lampe, so wird dies mit A = 1 gekennzeichnet. Insgesamt entsteht damit eine Schaltung nach Bild 5.42.

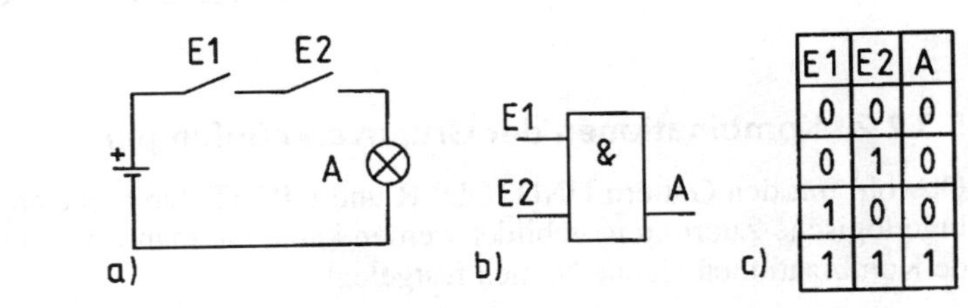

E1	E2	A
0	0	0
0	1	0
1	0	0
1	1	1

Bild 5.42
UND-Verknüpfung
a) Aufbau mit Schaltern
b) Symbol
c) Funktionstabelle

Aus dem Kontaktplan in Bild 5.42a geht leicht hervor, daß die Lampe nur dann Spannung erhält und damit A = 1 wird, wenn mit E1 = 1 und E2 = 1 beide Schalter betätigt werden. In den Fällen E1 = 1, E2 = 0 oder E1 = 0, E2 = 1 bleibt die Lampe jeweils spannungslos und damit A = 0. In der Schreibweise der Booleschen Algebra ergibt dies die Funktionsgleichung

$$A = E1 \wedge E2 \quad \text{oder} \quad A = E1 \times E2$$

Das Zeichen $\wedge$ (unten offen) kennzeichnet die UND-Verknüpfung der beiden Eingangsgrößen und entspricht mathematisch dem Malzeichen.

ODER-Verknüpfung. Dieses auch Disjunktion genannte Gatter erfaßt die Parallelschaltung von Schließkontakten zwischen Spannungsquelle und Lampe. Kontaktplan, Schaltzeichen und Funktionstabelle sind in Bild 5.43 angegeben.

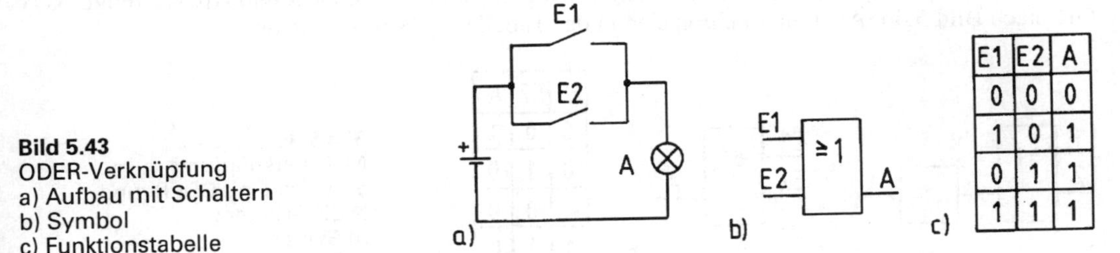

E1	E2	A
0	0	0
1	0	1
0	1	1
1	1	1

Bild 5.43
ODER-Verknüpfung
a) Aufbau mit Schaltern
b) Symbol
c) Funktionstabelle

Der Kontaktplan zeigt, daß bereits ein betätigter Schließer genügt, um Spannung an die Lampe zu legen und damit die Information A = 1 zu erzeugen. Die Funktionstabelle hat damit nur im Falle E1 = E2 = 0 den Wert A = 0. In der Funktionsgleichung wird dies mit

$$A = E1 \vee E2 \quad \text{oder} \quad A = E1 + E2$$

beschrieben. Das Zeichen $\vee$ (oben offen) kennzeichnet die ODER-Verknüpfung.

NICHT-Verknüpfung. Diese Negation kehrt das Eingangssignal E um und läßt sich im Kontaktplan nach Bild 5.44 durch einen Öffner zwischen Quelle und Lampe darstellen.
Wird der Schalter mit E = 1 betätigt, dann hat die Lampe keine Spannung und es gilt A = 0. Am Eingang darf für A = 1 damit keine Handlung vorgenommen werden – es darf kein Signal anliegen – was man mit $\overline{E}$ kennzeichnet. $\overline{E}$ wird als komplementäre Größe zu E bezeichnet. Die Funktionsgleichung lautet

$$A = \overline{E}$$

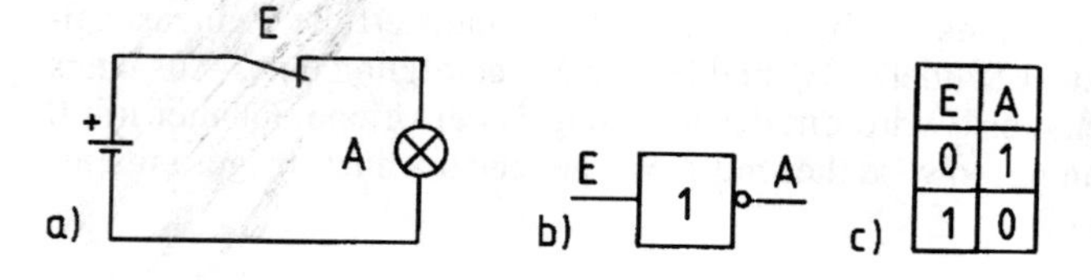

E	A
0	1
1	0

Bild 5.44
NICHT-Verknüpfung
a) Aufbau mit Schalter
b) Symbol
c) Funktionstabelle

5.3.2.2 Kombinationen der Grundverknüpfungen

Obwohl mit den Gattern UND, ODER und NICHT durch entsprechende Verknüpfung jede beliebige logische Zuordnung gebildet werden kann, hat man für einige besonders häufig vorkommende Kombinationen eigene Namen festgelegt.

NAND-Verknüpfung. Sie entsteht aus der Reihenschaltung der Gatter UND und NICHT (engl. NOT AND) mit Aufbau und Schaltzeichen nach Bild 5.45. In der Funktionstabelle kehren sich gegenüber dem UND-Glied lediglich alle Werte des Ausgangssignals um.

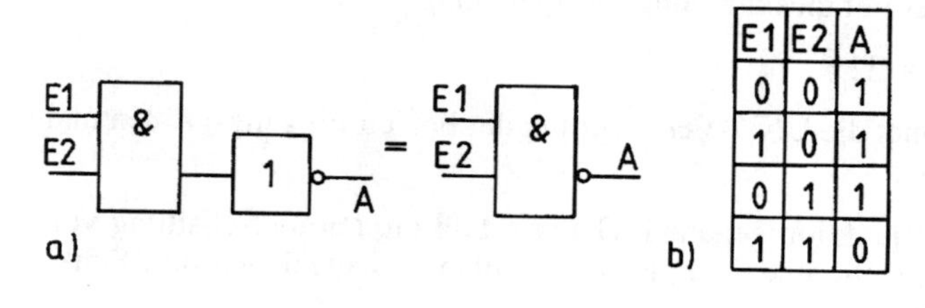

E1	E2	A
0	0	1
1	0	1
0	1	1
1	1	0

Bild 5.45
NAND-Verknüpfung
a) Aufbau mit UND- und NICHT-Gatter
b) Symbol
c) Funktionstabelle

NOR-Verknüpfung. Die realisiert die Reihenschaltung der Gatter ODER und NICHT (engl. NOT OR) nach Bild 5.46. Auch hier kehren sich in der Tabelle die Werte für A um.

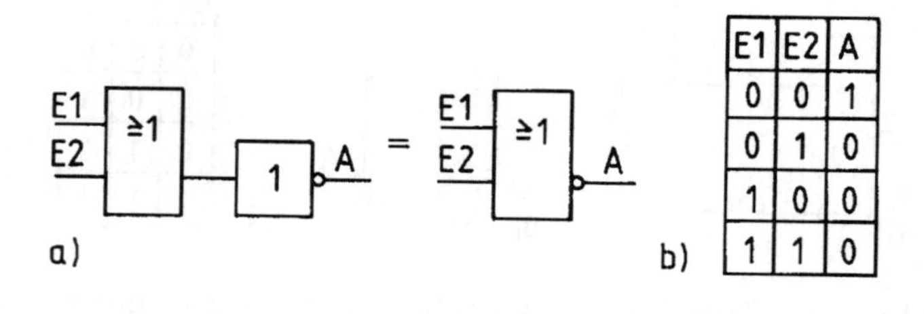

E1	E2	A
0	0	1
0	1	0
1	0	0
1	1	0

Bild 5.46
NOR-Verknüpfung
a) Aufbau mit ODER- und NICHT-Gatter
b) Symbol
c) Funktionstabelle

5.3.2.3 Speicherschaltungen

Mit Hilfe der vorstehenden logischen Verknüpfungen läßt sich mit dem Speicher ein weiteres wichtiges Element einer Steuerschaltung aufbauen. Der Speicher hat die Aufgabe, eine Eingangsgröße also ein 1-Signal aufzunehmen, es auch nach dessen Ende zu behalten und es bei Anforderung wieder zur Verfügung zu stellen.

RS-Kippglied. Bild 5.47a zeigt zwei NOR-Gatter, deren Ausgänge auf den Eingang des jeweils anderen Teils rückgekoppelt ist, wodurch ein sogenanntes RS-Kippglied oder RS-Flipflop gebildet wird. Eine Möglichkeit seiner schaltungstechnischen Gestaltung wurde bereits in Abschn. 2.2.4.2 auf der Basis bipolarer Transistoren gezeigt.

Beim RS-Flipflop wird mittels eines Eingangssignals 1 am Setzeingang S der Ausgang Q auf den Wert 1 gesetzt. Dieser Zustand bleibt erhalten, bis am Rücksetzeingang R (engl. reset) ein 1-Signal

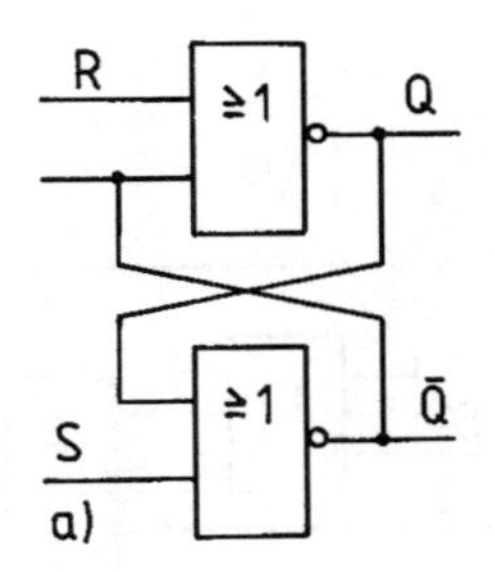

R	S	Q	$\bar{Q}$
0	0	Q_{-1}	$\bar{Q}_{-1}$
0	1	1	0
1	0	0	1
1	1	(0)	(0)

b)

Bild 5.47
RS-Kippglied
a) Aufbau mit NOR-Gattern
b) Funktionstabelle

erscheint. Der komplementäre Ausgang $\bar{Q}$ liefert jeweils das invertierte Signal Q. Der Zustand, daß mit R = S = 1 beide Eingänge ein Signal erhalten, ist zu verhindern. Führen beide Eingänge ein 0-Signal, so bleibt mit Q_{-1} und $\bar{Q}_{-1}$ der früher gesetzte Zustand erhalten. Insgesamt gilt für das RS-Flipflop die Funktionstabelle in Bild 5.47b.

Getaktetes Kippglied. In elektronischen Steuerungen erfolgt die Verarbeitung der Signale nach einem durch einen Quarzzähler vorgegebenen Takt (engl. Clock). Die am Eingang ankommenden Signale werden erst dann verwertet, wenn das nächste Taktsignal erscheint.Bild 5.48 zeigt dazu den Aufbau eines statisch getakteten D-Flipflops, das eine Eingangsgröße D speichern kann. Bei diesem Gatter auch Data Latch genannt, bleibt der ursprüngliche Zustand Q_{-1} in der Zeit fehlenden Taktsignals C = 0 erhalten. Erst bei C = 1 wird das Eingangssignal D = 1 auf den Ausgang übertragen.

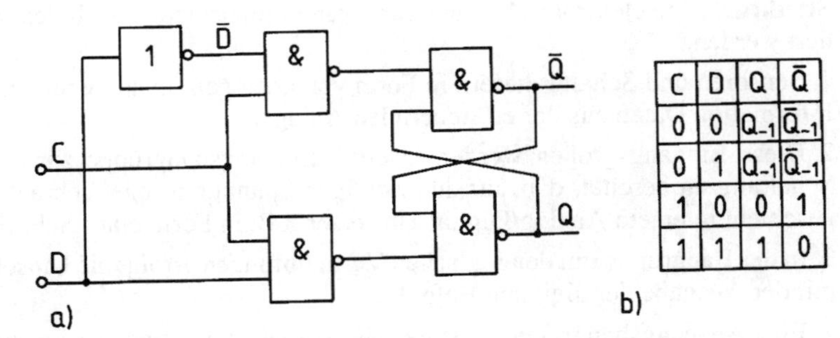

C	D	Q	$\bar{Q}$
0	0	Q_{-1}	$\bar{Q}_{-1}$
0	1	Q_{-1}	$\bar{Q}_{-1}$
1	0	0	1
1	1	1	0

Bild 5.48
Getaktetes Kippglied
a) Aufbau mit UND-Gattern
b) Funktionstabelle

Für den Einsatz in modernen Rechenanlagen und Steuerungen muß man die hier angesprochene Technik der Speicher weiter verfeinern. So wird z.B. anstelle der Amplitude die Flanke des Taktimpulses zur Steuerung verwendet. Ferner muß für die Fälle, bei denen gleichzeitig eine neue Information am Eingang aufgenommen und gesteuert durch den Takt die seither gespeicherte Größe weitergegeben werden muß, eine geeignete Technik eingesetzt werden. Sie liegt in der Zweispeichertechnik, in der ein erstes Flipflop Master (Herr) genannt, die Information aufnimmt und sie danach einem nachgeschalteten Slave-(Diener-)Flipflop übergibt. Auf Schaltung und Technik dieser Master-Slave-Flipflops sei auf die einschlägige Literatur verwiesen.

Beispiel 5.8 Eine Meldeleuchte H soll mit einem EIN-Taster S1 ein- und mit einem AUS-Taster S2 ausgeschaltet werden. Es sind eine Schaltung mit einem Schütz K und eine Steuerung mit logischen Bausteinen zu entwickeln.

In Bild 5.49a wird die Schützspule K direkt mit dem Taster S1 an Spannung gelegt, wonach der Hauptkontakt K1 den Hauptstromkreis mit der Lampe H schließt (Lampe leuchtet). Über den Hilfskontakt K2 und den AUS-Taster bleibt die Spule auch nach Loslassen von S1 an Spannung. Öffnet man S2, so fällt das Schütz ab, K1 öffnet und die Lampe erlischt.

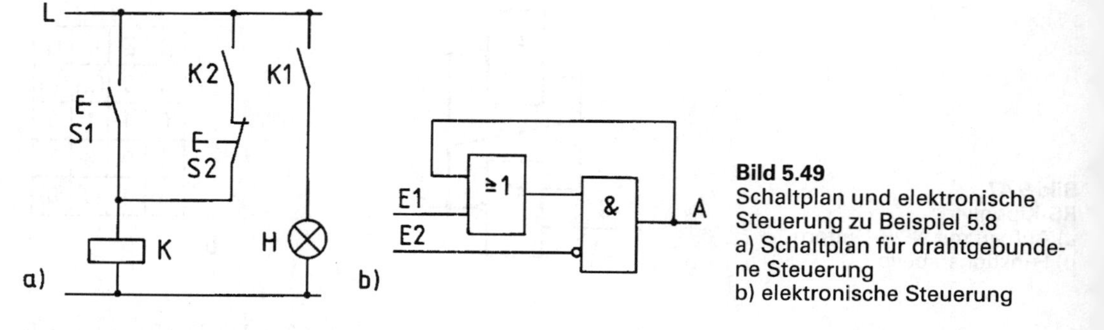

Bild 5.49
Schaltplan und elektronische Steuerung zu Beispiel 5.8
a) Schaltplan für drahtgebundene Steuerung
b) elektronische Steuerung

Bild 5.49b zeigt eine mögliche Steuerung mit logischen Bausteinen. Der Ausgang A versorgt die Schützspule mit Spannung, womit wieder über K1 die Lampe zugeschaltet wird. Die Eingänge E1 und E2 entsprechen den Tastern S1 und S2, die Rückführung vom Ausgang zum ODER-Gatter dem Haltekontakt. Der negierte Eingang für E2 gibt bei unbetätigtem AUS-Taster das Signal E2 = 1 an das UND-Gatter, so daß bei E1 = 1, also betätigtem Taster S1, das Signal A = 1 entsteht. Danach mit wieder E1 = 0 also losgelassenem Taster S1 genügt für das ODER-Gatter das 1-Signal der Rückführung. Wird mit betätigtem AUS-Taster E2 = 1, so wird wegen der Negierung ein Wert der UND-Verknüpfung Null und damit A = 0.

5.3.2.4 Schaltungstechnik

Struktur. Eine elektronische Steuerung kann grundsätzlich nach dem Schema in Bild 5.50 gegliedert werden.

1. Sensoren und Schalter liefern in Form von analogen Spannungen und Strömen oder als digitale Information Daten aus der zu steuernden Anlage.

2. Diese Eingangsgrößen werden in einer Eingangsbaugruppe zur Verwertung in der logischen Schaltung aufbereitet, d. h. auf den richtigen Spannungspegel gebracht und digitalisiert. Letzteres geschieht in einem Analog/Digital-Umsetzer z. B. in Form eines Schmitt-Triggers.

3. In der Baugruppe mit den logischen Verknüpfungen erfolgt die Umsetzung des Steuerprogramms mit der Ausgabe der digitalen Befehle.

4. Eine Ausgangsbaugruppe verstärkt die Ausgabewerte und bereitet sie zur Versorgung der Stellglieder auf.

5. Stellglieder werden nach den Anweisungen des Programms betätigt und steuern die Energiezufuhr für die Anlage.

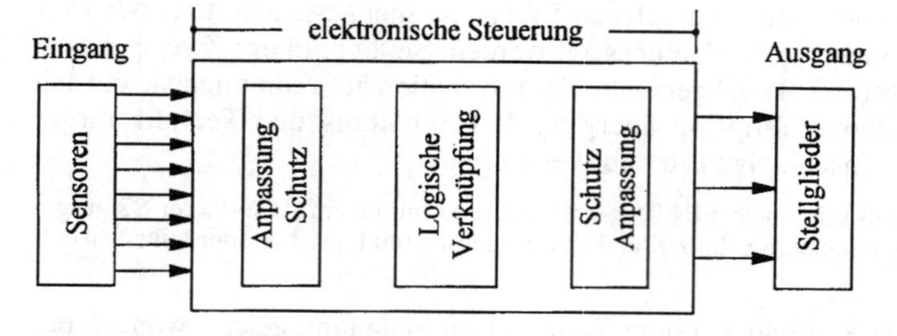

Bild 5.50
Struktur und Baugruppen einer elektronischen Steuerung

Ein- und Ausgangsbaugruppen. Neben den erwähnten Aufgaben der Digitalisierung von Eingangssignalen und der Pegelanpassung, muß die signalaufbereitende Baustufe mögliche Prellvorgänge der mechanischen Schalter und vor allem die Entstörung vornehmen.

Bild 5.51 zeigt beispielhaft eine Schaltung für die Eingangsbaugruppe, die obige Aufgaben übernehmen kann. Die Signalspannung wird gleichgerichtet und versorgt über ihren Strom die Leuchtdiode als Sender eines Optokopplers. Der galvanische getrennte Fototransistor am Ausgang übernimmt das Signal und steuert damit den Schmitt-Trigger aus. Damit steht die Eingangsgröße der Steuerung digitalisiert, störungsfrei und in richtiger Pegelhöhe zur Verfügung.

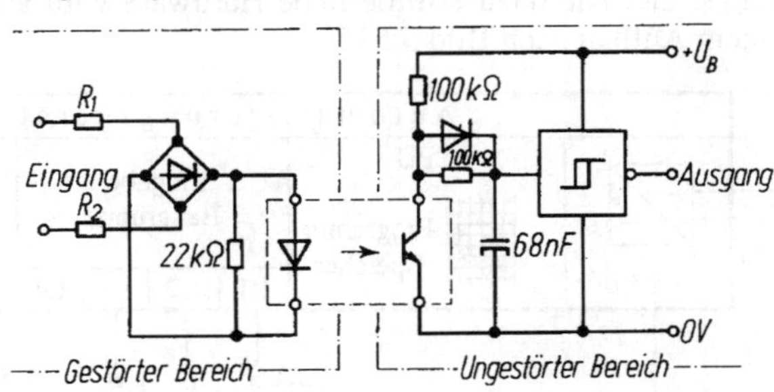

Bild 5.51
Eingangsbaugruppe

Logikfamilien. Sie umfassen Gatterschaltungen, Speicher und Sonderschaltungen bis hin zu hochintegrierten IC-Bausteinen. Der innere Aufbau kann jeweils mit dem Transistor als Basis mit unterschiedlichen weiteren Bauelementen realisiert werden. So gibt es prinzipiell eine

RTL – Widerstand-Transistor-Logik
DTL – Dioden-Transistor-Logik
TTL – Transistor-Transistor-Logik

Im wesentlichen wird heute nur noch die TTL-Technik eingesetzt und zwar insbesondere auf der Grundlage von komplementären MOS-FETs (CMOS-Technik). Bild 5.52 zeigt als Beispiele ein NOR- und ein NAND-Gatter aus den im Abschn. 2.1.4.3 besprochenen MOS-FETs.

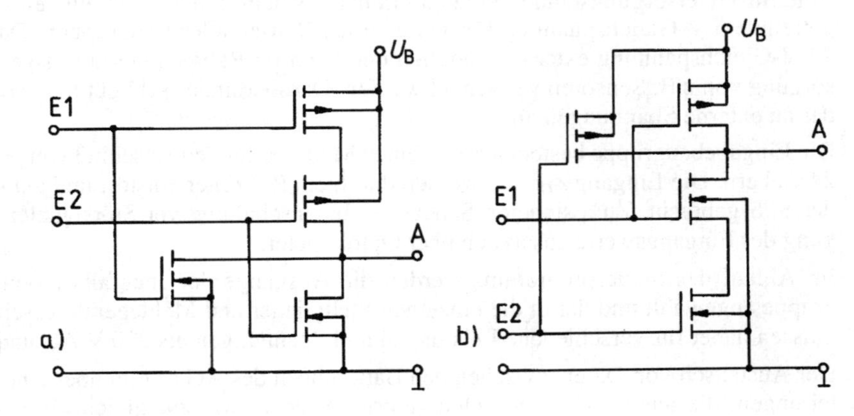

Bild 5.52
CMOS-Gatter
a) NOR-Verknüpfung
b) NAND-Verknüpfung

5.3.3 Grundlagen speicherprogrammierbarer Steuerungen

Dieser Abschnitt kann nur einen ersten Einblick in Aufbau, Wirkungsweise und Einsatz einer speicherprogrammierbaren Steuerung, abgekürzt SPS, geben. Für ein tieferes Eindringen in dieses für die Automatisierung sehr wichtige Fachgebiet muß auf die Vielzahl der einschlägigen Fachliteratur verwiesen werden (s. [11]–[13]).

5.3.3.1 Aufbau einer SPS

Struktur. Eine SPS ersetzt durch die rechnergesteuerte Verknüpfung der im vorherigen Abschnitt besprochenen logischen Gatter die Leitungsverbindungen zwischen den Signalgebern wie Sensoren und Schaltern auf der Befehlsseite einer Steuerung mit den Meldern und Stellgliedern der Ausgangsseite. Die dazu erforderliche Hardware wird als Automatisierungsgerät AG bezeichnet mit einem Aufbau nach Bild 5.53.

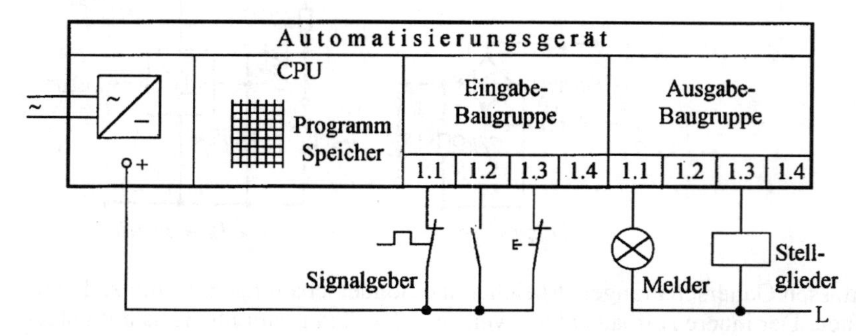

Bild 5.53
Aufbau einer SPS

Kernstück einer SPS ist die Zentraleinheit mit einem Mikroprozessor CPU (Central Prozessing Unit), dem Betriebssystem, dem Adressenzähler und einem Programmspeicher. Die zu letzterem eingesetzten Techniken werden in Abschn. 5.4 besprochen. Der Mikroprozessor wiederum enthält vor allem das Rechenwerk und eine Steuereinheit mit einem quarzstabilisierten Taktgenerator. Der gewünschte Steuerungsablauf wird in einer speziellen Programmiersprache z.B. STEP 7 in Form von Anweisungen erstellt, intern in einen Maschinencode umgewandelt und schließlich in den Programmspeicher des Automatisierungsgeräts geladen.

Eine Stromversorgungseinheit erzeugt einmal aus dem 230 V-Netz eine entstörte und galvanisch getrennte 5 V-Gleichspannung für den internen Betrieb aller Baugruppen. Daneben ist meist eine 24 V-Gleichspannung extern zugänglich und kann im Rahmen der zulässigen Belastung zur Versorgung von z.B. Sensoren verwendet werden. Darüberhinaus schließt man vor allem die Stellglieder an externe Spannungen an.

Die Eingabebaugruppe besteht aus einzelnen Modulen für den Anschluß von jeweils 8, 16 oder auch 24 Gebern. Die Eingangssignale werden durch ein RC-Filter entstört und auf die Systemspannung der SPS gebracht. Zum sicheren Schutz der Innenschaltung vor Störsignalen erfolgt die Übertragung der Eingangswerte zusätzlich über Optokoppler.

Im Ablauf des Steuerprogramms werden die Ausgänge der ebenfalls modularen Ausgangsbaugruppe angewählt und damit die einzelnen Stellglieder und Meldegeräte geschaltet. Die Ausgänge müssen daher für verschiedene Leistungen und Spannungen bis 230 V AC und DC ausgelegt sein.

Der Austausch von Daten zwischen den Baugruppen des AG erfolgt über eine Reihe von Sammelleitungen, die aus so viel parallelen Adern bestehen, wie zur gleichzeitigen Übertragung einer Anweisung nötig sind. Man bezeichnet so eine Leitungsleiste als Bus und unterscheidet je nach Nutzung zwischen Adreßbus, Steuerbus und Datenbus.

Programmbearbeitung. Zu Beginn jeder Programmausführung werden die Signalzustände der Ein- und Ausgänge in einem Zwischenspeicher abgelegt, der damit ein Abbild des momentanen Prozeßzustandes darstellt. Danach werden dem Programmspeicher nacheinander die eingegebenen Anweisungen entnommen und gemäß der Steueraufgabe miteinander verknüpft. Nach Bearbeitung aller Anweisungen mit Erreichen der Angabe BE (Bausteinende) wird das Ergebnis über die Ausgänge auf die Stellglieder übertragen. Danach beginnt mit der Bearbeitung der ersten Anweisung ein neuer Zyklus. Die Arbeitsweise einer SPS ist damit seriell, d.h. die im Programmspeicher

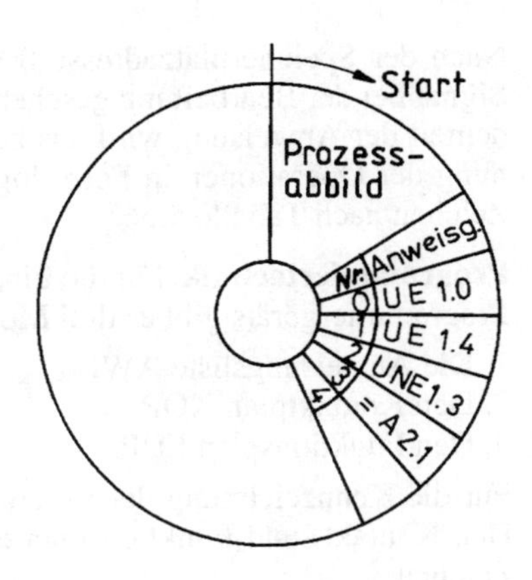

Bild 5.54
Ablauf der Programmbearbeitung

nach Bild 5.54 enthaltenen Anweisungen werden nacheinander und in ständiger Wiederholung bearbeitet.

Die für einen Durchlauf benötigte Dauer wird als Zykluszeit bezeichnet. Sie ergibt sich aus der Bearbeitungszeit für eine Anweisung multipliziert mit deren Anzahl. Nimmt man für die Bearbeitung einer Anweisung im Mittel 5 µs an und ein Programm mit 1000 Plätzen, so wird es in $10^3 \cdot 5$ µs = 5 ms durchlaufen. Addiert man dazu noch die Zeitverzögerung durch die RC-Filter an Ein- und Ausgang, so ergibt sich die Reaktionszeit. Mit ihr kann eine SPS auf einen Signalwechsel an einem Eingang reagieren. Durch die serielle Bearbeitung der einzelnen Anweisungen werden die Signale also maximal bis zur Reaktionszeit verzögert beachtet, was einen grundsätzlichen Unterschied zur klassischen leitungsgebundenen Steuerung bedeutet. Diese erfaßt alle Befehle und Informationen stets gleichzeitig und bearbeitet sie parallel.

5.3.3.2 Einführung in die Programmiertechnik

Struktur der Steueranweisung. In DIN 19239 ist der Aufbau einer Steueranweisung mit den Zeichen für die Art der Verknüpfung der Signale festgelegt. So hat eine Steueranweisung den prinzipiellen Aufbau nach Bild 5.55.

Adresse	Anweisung		
0008	U	E	0.1
	Operation (was ?)	Operand (womit ?)	

Bild 5.55
Aufbau einer Steueranweisung

Tabelle 5.56 Kennzeichen für Operationen und Operanden (Auswahl nach DIN 19239)

Operation	Zeichen	Operand	Zeichen
UND	U	Eingang	E
ODER	O	Ausgang	A
UND NICHT	UN	Merker	M
ODER NICHT	ON	Konstante	K (bei Simatic S5)
Ist gleich	=	Zähler	Z
Setzen	S	Zeitglied	T
Rücksetzen	R		
Laden einer Konstanten	L		
Nulloperation	NOP		
Programmende	BE		

Nach der Speicherplatzadresse 0008 ist im Operationsteil festgelegt, was mit dem betreffenden Signal bei der Bearbeitung geschehen soll. In Bild 5.55 ist es eine UND-Verknüpfung. Im Operandenteil der Anweisung wird das zu verarbeitende Signal, hier E 0.1, identifiziert. Zur Kennzeichnung der Operationen in Form logischer Verknüpfungen und der Operanden verwendet man die Zeichen nach Tabelle 5.56.

Programmiertechnik. Für die Eingabe eines Steuerprogramms über Tastatur und Bildschirm eines Programmiergeräts gibt es drei Möglichkeiten:

1. Die Anweisungsliste AWL
2. Den Kontaktplan KOP
3. Den Funktionsplan FUP.

Für die Kennzeichnung der Befehle in der AWL verwendet man die Symbole nach Tabelle 5.56. Den Kontakt- und Funktionsplan erstellt man mit den in den Bildern 5.57 und 5.58 angegebenen Zeichen.

Zeichen	Funktion
E 0.1 ---] [---	Direkte Abfrage. Ist an E 0.1 ein 1-Signal vorhanden? JA
E 0.2 ---]/[---	Negierte Abfrage. Ist an E 0.2 kein 1-Signal vorhanden? JA
A 0.1 ---( )---	Zuweisung des 1-Signals an Ausgang A 0.1
A 0.5 ---(S)---	Setzen eines Speichers
A 0.6 ---(R)---	Rücksetzen eines Speichers
E 0.1 E 0.2 ---] [-------] [---	UND-Verknüpfung
E 0.1 ---] [---+--- E 0.2 ---] [---+	ODER-Verknüpfung

Bild 5.57 Symbole für den Kontaktplan

Die Symbole im Kontaktplan stellen nicht die tatsächlich an die Eingänge angeschlossenen Melder wie Schließer und Öffner dar. Sie zeigen nur an, ob das durch die Melder gelieferte Signal direkt oder negiert abgefragt wird. So werden im nachstehenden Beispiel 5.9 sowohl der Schließer S1 wie auch der Öffner S2 durch das Symbol —] [— dargestellt.

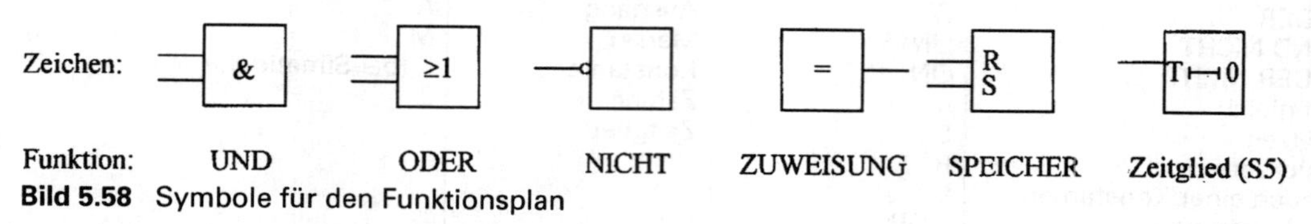

Bild 5.58 Symbole für den Funktionsplan

Die obigen Programmiertechniken sollen nachstehend an einem einfachen Beispiel gezeigt werden.

Beispiel 5.9 Ein Schütz K1 mit Hilfskontakt K1 wird über einen EIN-Taster S1 eingeschaltet und soll sich danach selbsthalten. Mit dem AUS-Taster S2 kann man wieder abschalten. Für diese Steueraufgabe gilt der Stromlaufplan in Bild 5.59.

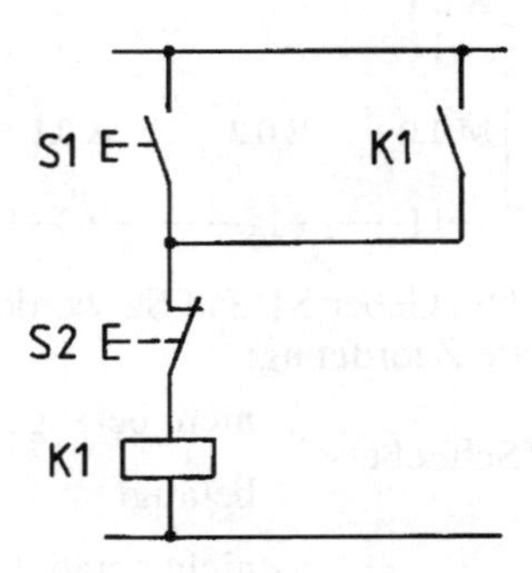

Bild 5.59
Stromlaufplan zu Beispiel 5.9

Anweisungsliste AWL. Zunächst werden den Befehlsgebern und dem Schütz im Automatisierungsgerät SPS nach Bild 5.60a Ein- und Ausgänge zugeordnet. In der AWL in Bild 5.60b erfolgt dann der Reihe nach die Umsetzung des Stromlaufplans in logische Verknüpfungen:

1. Im Stromlaufplan sind die Schalter S1 und K1 parallelgeschaltet. Die zugehörigen Operanden E0.1 und A 0.1 sind damit in einer ODER-Logik zu verbinden.

2. Das Ergebnis soll in einem Merker M 1.0, d.h. einem internen Speicher abgelegt werden.

3. Zur im Merker M 1.0 abgelegten Parallelschaltung ist der Öffner S2, jetzt der Operand E 0.2 in Reihe geschaltet. Zwischen M 1.0 und E 0.2 besteht damit eine UND-Verknüpfung. Das Ergebnis steuert den Ausgang A0.1.

4. Mit BE wird das Ende der Befehle angezeigt und damit verhindert, daß weitere ungenutzte Speicherplätze unnötigerweise abgefragt werden.

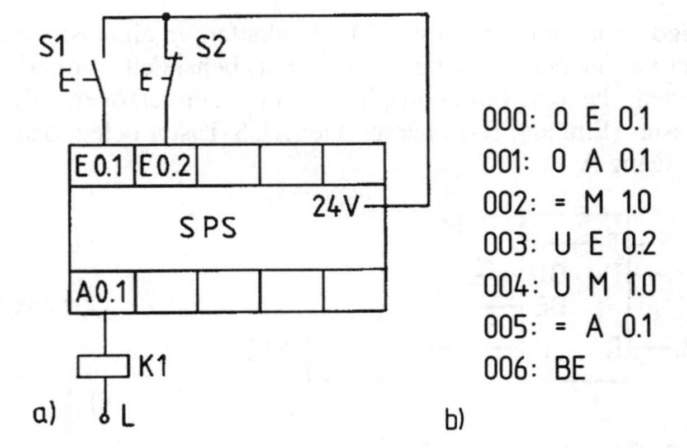

Bild 5.60
Automatisierungsgerät AG und AWL zu Beispiel 5.9
a) Beschaltung des AG für Beispiel 5.9,
b) Anweisungsliste AWL für Beispiel 5.9

Kontaktplan KOP. Er hat nach Bild 5.61 viel Ähnlichkeit mit einem um 90° gedrehten Stromlaufplan. Der linken Seite ist ständig 1-Signal zugeordnet und die einzelnen Kontakte und Ausgänge erscheinen waagrecht mit ihren Symbolen.

Zwischen dem EIN-Taster (E 0.1) und dem Hilfskontakt K1 (A 0.1) besteht eine ODER-Verknüpfung mit dem entsprechenden Symbol nach Bild 5.57. Das Signal ist im Merker M 1.0 abgelegt. Dieser wird anschließend mit dem AUS-Taster (E 0.2) in UND verknüpft. Das Ergebnis steuert den Ausgang A 1.0.

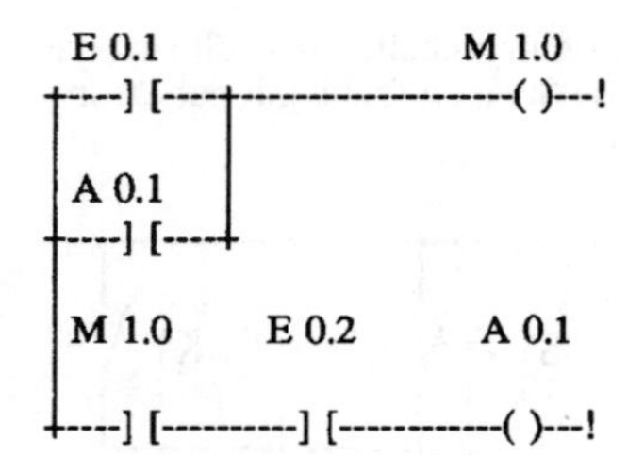

Bild 5.61
Kontaktplan zu Beispiel 5.9

Die Geber S1 und S2 werden durch die SPS auf den Signalzustand 1 abgefragt. Damit gilt folgende Zuordnung:

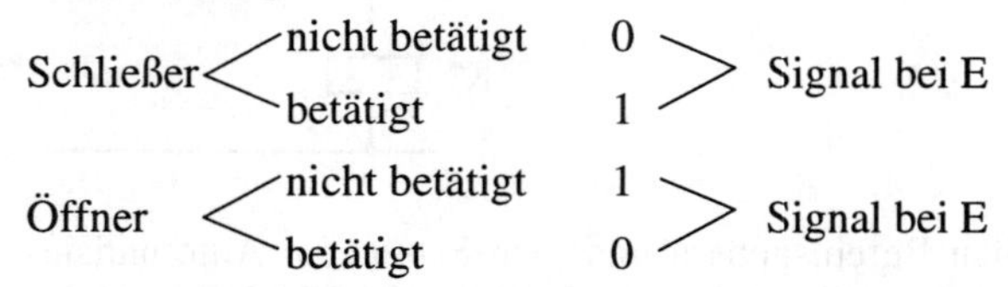

Nach Betätigen der EIN-Taste liegt sowohl an E 0.1 wie an E 0.2 ein 1-Signal an. In beiden Fällen muß daher das Zeichen —] [— verwendet werden.

Funktionsplan. Er verwendet die Symbole der logischen Verknüpfungen nach Bild 5.58. Für die gestellte Aufgabe ergibt sich Bild 5.62.

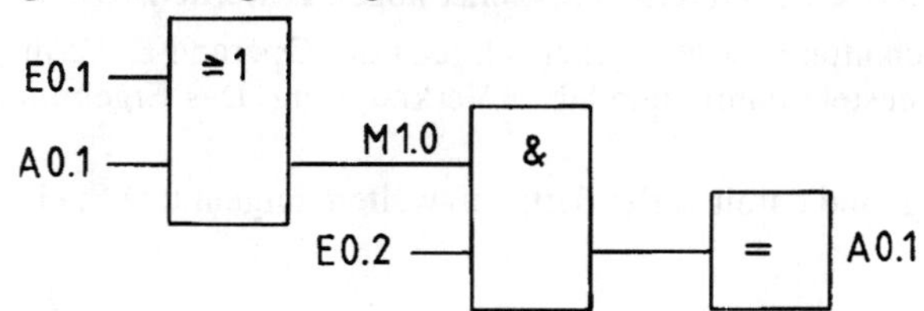

Bild 5.62
Funktionsplan zu Beispiel 5.9

Zeitglied. Von den vielfältigen Möglichkeiten, in einer SPS ein Zeitverhalten zu programmieren, soll hier nur die Nachbildung des Zeitrelais behandelt werden. Der Baustein hierfür ist in Bild 5.63 angegeben, das den Funktionsplan für eine zeitverzögerte Einschaltung einer Lampe durch den EIN-Taster (Eingang E 0.1) zeigt. Der AUS-Taster belegt den Eingang E 0.2 der SPS, die Lampe den Ausgang A 1.0.

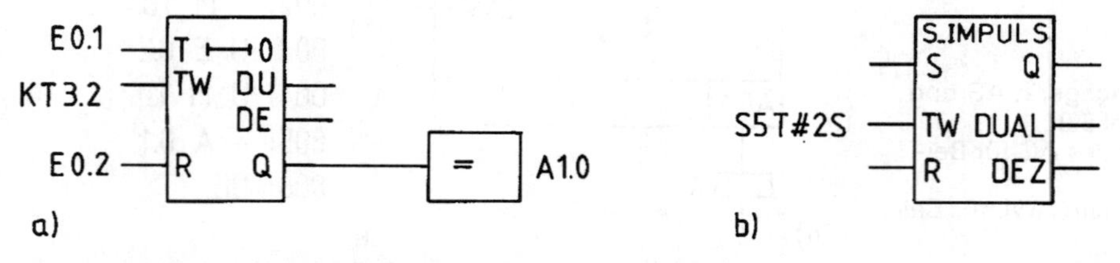

Bild 5.63 Darstellung eines Zeitgliedes
a) zeitverzögertes Schalten einer Lampe (A 1.), b) Zeitglied bei Simatic S7

Das Zeitglied besitzt die Anschlüsse

T Starteingang
TW Angabe des Zeitwertes
Q Ausgang
R Rücksetzeingang

DU, DE für codierte Zeitangaben

Die Laufzeit des Zeitgliedes wird bei SIMATIC S5 durch die Anweisung in Bild 5.64 bestimmt. Es gilt der Code:

Zeitbasis 0 = 0,01 s 1 = 0,1 s 2 = 1 s 3 = 10 s

Operation	Operand
L	kT 3. 2

Lade
konst. Zeitwert
cod. Zeitbasis
Faktor

Bild 5.64
Steueranweisung für ein Zeitglied (S5)

Die obige Anweisung ersetzt somit ein auf die Zeit 3 x 1 s = 3 s eingestelltes Zeitrelais.

5.3.3.3 Drehrichtungsumkehr eines Motors mit SPS

In Bild 5.65 ist eine Wendeschützschaltung angegeben, mit der durch Vertauschen zweier Zuleitungen über die Schütze K1 und K2 die Drehfeldrichtung und damit auch die Drehrichtung geändert wird [12].

Mit Betätigen der Taster S2 oder S3 ziehen die Schütze K1 oder K2 an, womit der Motor die Drehrichtungen Rechtslauf oder Linkslauf erhält. Eine Drehrichtungsumkehr ist nur über den AUS-

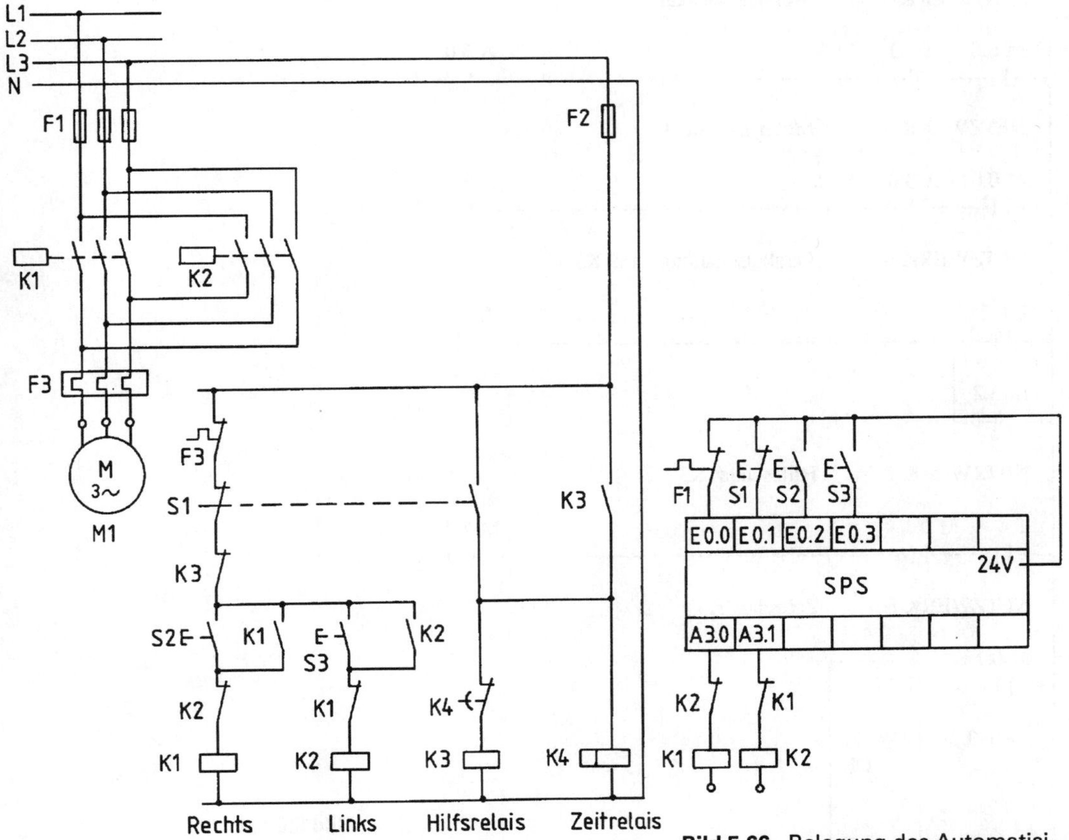

Bild 5.65 Schaltplan zur Drehrichtungsumkehr eines Motors

Bild 5.66 Belegung des Automatisierungsgeräts

```
NETZWERK 1          Reihenschaltung F3 + S1 + K3

 E 0.0      E 0.1   M 3.2                                        M 0.0
|----] [--------] [--------]/[--------------------------------------------( )---!

NETZWERK 2          Parallelschaltung S2 // K1

 E 0.2                                                            M 0.2
|----] [---+-----------------------------------------------------------( )---!
|          |
| A 3.0    |
|----] [---+

NETZWERK 3          Parallelschaltung S3 // K2

 E 0.3                                                            M 0.3
|----] [---+-----------------------------------------------------------( )---!
|          |
| A 3.1    |
|----] [---+

NETZWERK 4          Motor Rechtslauf

 M 0.0   A 3.1    M 0.2                                           A 3.0
|----] [--------]/[--------] [-----------------------------------------( )---!

NETZWERK 5          Motor Linkslauf

 M 0.0   A 3.0    M 0.3                                           A 3.1
|----] [--------]/[--------] [-----------------------------------------( )---!

NETZWERK 6          Parallelschaltung S1 // K3

 E 0.1                                                            M 0.1
|-----]/[---+----------------------------------------------------------( )---!
|           |
| M 3.2     |
|----] [----+

NETZWERK 7          Hilfsschütz K3

 T 4     M 0.1                                                    M 3.2
|----] [--------] [----------------------------------------------------( )---!

NETZWERK 8          Zeitrelais K4
                   T 4
 M 0.1          ----------
|----] [---------|T !--! 0 |
|                |         |
  KT 3.2---------|TW   DU  |---
                 |     DE  |---
                 |         |
             ----|R     Q  |---
                  ---------
```

Bild 5.67
Kontaktplan KOP zur Steuerung in Bild 5.65 (nach [12])

Taster S1 möglich, d.h. der Motor wird zunächst vom Netz getrennt. Gleichzeitig werden mit S1 das Hilfsschütz K3 und das Zeitrelais K4 eingeschaltet. Der Öffner von K3 verhindert das Anlaufen des Motors. Nach Ablauf der eingestellten Zeit wird K3 vom Öffner K4 abgeschaltet, wonach der Stromkreis zum Einschalten über S2 oder S3 wieder geschlossen ist. Ein Wechsel der Drehrichtung ist damit nur zeitverzögert möglich. Die Verriegelung der zwei Schütze durch die gegenseitigen Kontakte muß aus Sicherheitsgründen auch hardwaremäßig realisiert werden.

Die Steuerung nach Bild 5.65 soll durch eine SPS realisiert und dazu der Kontaktplan aufgestellt werden. Die Belegung des Automatisierungsgeräts mit den Meldern und Ausgängen erfolgt nach Bild 5.66.

Von den drei Möglichkeiten zur Programmierung dieser Steueraufgabe ist in Bild 5.67 der Kontaktplan gezeigt. Die Wirkungen der einzelnen Kontakte sind in einer Reihe von Merkern abgelegt, womit der Kontaktplan eine einfache, in Netzwerke strukturierte Gliederung erhält.

5.3.3.4 Feldbussysteme

Bei der Prozeßführung einer umfangreichen Anlage arbeiten eine Vielzahl von räumlich weit getrennten Sensoren und Stellgliedern zusammen. Sie bilden als sogenannte Feldebene die unterste Stufe einer Hierarchiepyramide in Bild 5.68.

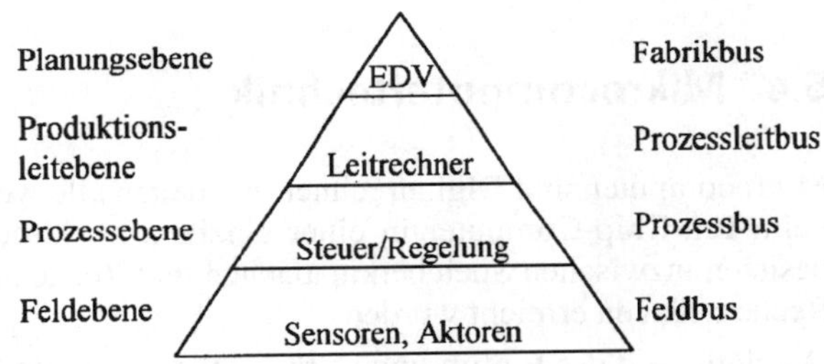

Bild 5.68
Hierarchie einer Prozeßsteuerung

Würde man nun alle Geräte der Steuerung über eigene Steuerkabel an die verschiedenen wiederum zu verbindenden Automatisierungsgeräte anschließen, so ergeben sich folgende Probleme:

- hohe Kosten für die Installation und Wartung der komplexen Verkabelung
- evtl. unzulässige Spannungsverluste auf langen Leitungen
- vielfältige Störeinflüsse durch die Umgebung.

Diese Probleme lassen sich weitgehend mit der Technik der Feldbussysteme vermeiden. Diese bestehen nur aus zweiadrigen Verbindungen in der Ausgestaltung als

- verdrillte Zweidrahtleitung
- Koaxialkabel
- Lichtwellenleiter.

Auf dem Feldbus werden alle Nachrichten als digitale Telegramme oder Protokolle aufgegeben und den gewünschten Empfängern zugeleitet. Die Telegramme haben einen bustypischen Aufbau (Format) mit Adresse und Steuerinformation, Datenkörper und Sicherungsteil.

Damit die Nachricht auf dem Bus die richtige Adresse erreicht, muß für alle Teilnehmer ein Zugriffsverfahren festgelegt werden. Von verschiedenen Techniken hierzu sei nur das „Token passing" erwähnt, bei dem die Berechtigung der Datenübertragung durch ein spezifisches Telegramm (Token) von einem Teilnehmer zum nächsten weitergereicht wird. Sobald ein Teilnehmer das Token empfangen hat, kann er für eine festgelegte Zeit den Bus zur Nachrichtenübertragung nutzen. Danach gibt er dieses Recht an seinen Nachfolger weiter.

Für den Einsatz in der Automatisierungstechnik sind mehrere, teils konkurrierende Feldbussysteme auf dem Markt.

BITBUS. Das System wurde im wesentlichen von der Firma INTEL entwickelt und von ihr bereits 1984 zur Vernetzung von Mikroprozessoren vorgestellt. Mit der Empfehlung IEEC 1118 hat es Eingang in die internationale Normung gefunden und ist inzwischen das weltweit am weitesten verbreitete Feldbussystem.

PROFIBUS. Seine Technik entstand aus einem vom BMFT bis 1990 geförderten Projekt zwischen Hochschulinstituten und verschiedenen Firmen der Automatisierungstechnik. Als Ergebnis liegt heute mit der Norm DIN 19245 eine Standardisierung hinsichtlich charakteristischer Eigenschaften wie Adreßumfang, Zugriff, Nachrichtenlänge usw. vor.

INTERBUS-S. Dieses Feldbussystem hat eine Ringstruktur mit einem zentralen Zugriffsverfahren. In einem Zyklus werden gleichzeitig alle Ein- und Ausgänge gelesen, was eine Reihe von Vorteilen hat. Der Anwendungsschwerpunkt liegt in der Automatisierungstechnik.

CAN. Dieses von der Firma BOSCH für den Einsatz in Fahrzeugen entwickelte Controller-Area-Network CAN wird heute auch als schneller Feldbus in der Produktionsautomatisierung und der Gebäudeleittechnik eingesetzt.

5.4 Mikrocomputertechnik

Mikrocomputer sind Digitalrechner, bei denen alle wesentlichen Baugruppen in wenigen oder wie beim Ein-Chip-Computer in einer einzigen hochintegrierten Schaltung untergebracht sind. Sie besitzen inzwischen Speicherkapazitäten und Rechenleistungen wie sie vor Jahren nur von ganzen Rechenanlagen erreicht wurden.

Durch die seit der Einführung stark gefallenen Preise für den Kernbaustein Mikroprozessor wurde sein Einsatz anstelle der Schaltung mit einzelnen TTL- und CMOS-Gattern wirtschaftlich. Mikrocomputer übernehmen heute in vielen technischen Bereichen vor allem Aufgaben der Steuerungstechnik. Aus den sich ständig ausweitenden Anwendungsfeldern seien genannt:

- Unterhaltungselektronik (Radio- und Fernsehgeräte, Recorder, Spielzeuge, Filmkameras)
- Kfz-Elektronik (Motorsteuerung, ABS, Bord-Computer)
- Meßtechnik (Oszilloskope, Analysatoren, P-U-I-Multimeter)
- Datenverarbeitung (Personal-Computer, Bürotechnik, Bankanlagen, Schriftleser).

Die folgenden Abschnitte sollen eine prinzipielle Übersicht über die Strukturen eines Mikrocomputers mit seinen wichtigsten Bausteinen, die Besonderheiten verschiedener Zahlensysteme und die Programmierung geben. Für eine weitergehende Einarbeitung in dieses sehr innovative Gebiet wird auf das Literaturverzeichnis ([14] bis [16]) am Ende des Buches verwiesen.

5.4.1 Informationsdarstellung und Speicherarten

5.4.1.1 Informationseinheiten und Zahlensysteme

Computer verarbeiten Daten in binärer Form, d.h. in Ziffernfolgen, bei denen jede Stelle nur zwei Werte annehmen kann. Dieses Zahlensystem läßt sich sehr einfach in elektrischen Stromkreisen mit den Grenzzuständen

0 = L (Low) – keine Spannung vorhanden

1 = H (High) – Spannung vorhanden

realisieren. Die kleinste Informationseinheit wird als 1 Bit (Binary digit = Binärziffer) bezeichnet. Zur Darstellung von Zahlen, Zeichen und Befehlen, allgemein Daten genannt, benötigt man jeweils eine ganze Reihe Bitstellen. Diese Bitketten sind in ihrer Länge an der Zahl 8 (4) orientiert und erhalten üblicherweise die in Bild 5.69 angegebenen Bezeichnungen. Eine Folge von 8 Bits wird also 1 Byte genannt.

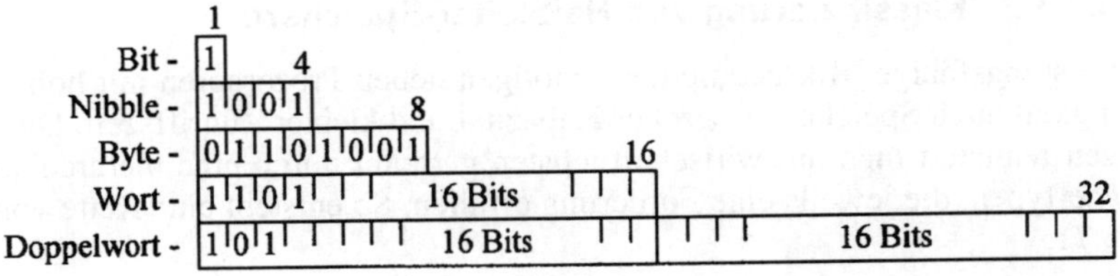

Bit - 1 (1)
Nibble - 1 0 0 1 (4)
Byte - 0 1 1 0 1 0 0 1 (8)
Wort - 1 1 0 1 … 16 Bits (16)
Doppelwort - 1 0 1 … 16 Bits … 16 Bits (32)

Bild 5.69
Kennzeichnung von

Die einzelnen Bits einer Kette werden gewöhnlich von rechts mit 0 beginnend durchnummeriert, ein Byte hat also die Bitstellen 0 bis 7.

Dualsystem. Es kennt nur die Ziffer 0 und 1, also nur zwei Zeichen und ist damit das zur Bearbeitung von Aufgaben im Computer geeignete Zahlensystem. Im Unterschied zum Dezimalsystem sind die Stellen von rechts nach links nicht nach Zehner- sondern nach Zweierpotenzen geordnet.

Beispiel $(105)_{10} = 64 + 32 + 0 + 8 + 0 + 0 + 1$
$= 1 \cdot 2^6 + 1 \cdot 2^5 + 0 \cdot 2^4 + 1 \cdot 2^3 + 0 \cdot 2^2 + 0 \cdot 2^1 + 1 \cdot 2^0$
$= (1 \quad 1 \quad 0 \quad 1 \quad 0 \quad 0 \quad 1)_2$

BCD-Code. Um die Lesbarkeit einer Dualzahl zu erleichtern, kann man sie so gliedern, daß die einzelnen Blöcke die Ziffern der Dezimalzahl angeben. Da für die höchste Ziffer $9 = (1001)_2$ eine 4-Bitkette = 1 Tetrade benötigt wird, bestehen binärcodierte Dezimalzahlen aus jeweils 4 Dual-stellen.

Beispiel $(625)_{10}$
$(0110 \; 0010 \; 0101)_{\text{BCD-Code}}$

Tabelle 5.70 Zusammenstellung von Zahlensystemen

Dezimal	Zahlensystem Dual	Hexadezimal
0	0000	0
1	0001	1
2	0010	2
3	0011	3
4	0100	4
5	0101	5
6	0110	6
7	0111	7
8	1000	8
9	1001	9
10	1010	A
11	1011	B
12	1100	C
13	1101	D
14	1110	E
15	1111	F

Hexadezimalzahlen. In diesem Code wird die Tetrade mit den Stellen $(0000)_2 = 0$ bis $(1111)_2 = 15$ dadurch voll ausgenutzt, daß die Zahlen 10 bis 15 durch Buchstaben dargestellt werden. Es gilt demnach die Zuordnung nach Tabelle 5.70.

Beispiel $(10980)_{10} = (2\ A\ D\ 4)_{16}$
$= 2 \cdot 16^3 + 10 \cdot 16^2 + 14 \cdot 16 + 4 \cdot 16^0$

Hexadezimalzahlen werden gerne bei der Programmierung von Mikrocomputern eingesetzt.

5.4.1.2 Klassifizierung von Halbleiter-Speichern

Leistungsfähige Mikrocomputer benötigen neben Prozessoren mit hoher Verarbeitungsgeschwindigkeit auch Speicher mit großer Kapazität und kleiner Zugriffszeit. Die beiden letzten Bedingungen realisiert man am wirtschaftlichsten getrennt durch eine hierarchische Zuordnung von Speichertypen, die jeweils eine Forderung erfüllen. So entsteht eine Kette von Speicherarten nach Bild 5.71.

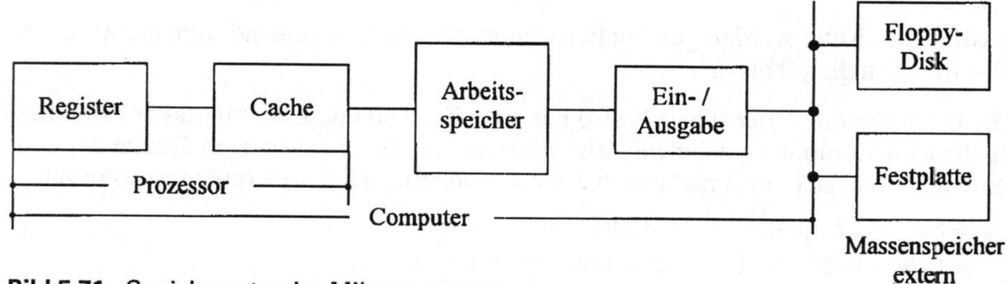

Bild 5.71 Speicherarten im Mikrocomputer

Die schnellsten Speicher mit Zugriffszeiten im Bereich von Nanosekunden sind die Register im Prozessor selbst, über die der Ablauf der Rechenoperationen und Verknüpfungen von Daten abläuft. Sie arbeiten unmittelbar mit der Arithmetik-Logik-Einheit ALU im Rechenwerk zusammen und übernehmen dabei die Operanden. Eines der Register in dieser Funktion wird auch als Akkumulator bezeichnet.

Die in den Registern speicherbare Informationsmenge ist allerdings sehr begrenzt. Um nun die Arbeitsgeschwindigkeit des Prozessors nicht mit der deutlich längeren Zugriffszeit zu den Daten des Hauptspeichers zu verringern, schaltet man sogenannte Caches als Pufferspeicher dazwischen. Sie nehmen jeweils die zuletzt benötigten Daten und Befehle auf, sodaß sie der Prozessor bei kleinen Programmschleifen rasch zur Verfügung hat. Er ist damit nicht gezwungen, sich die Informationen über das Bussystem aus dem Hauptspeicher zu besorgen.

Für den Aufbau des Hauptspeichers unterscheidet man zwischen den zwei grundsätzlichen Typen Festwertspeicher und Schreib/Lese-Speicher. Die ersteren dienen der Aufnahme von Programmen und werden in folgenden Varianten eingesetzt:

ROM. Dieser Nur-Lese-Speicher (Read Only Memory) erhält seinen Inhalt bereits bei der Herstellung, womit er auch bei einem Spannungsausfall erhalten bleibt. Die einmal eingebrachte Information kann zwar beliebig oft gelesen, aber nicht mehr verändert werden. Dieser Speichertyp wird bei Mikroprozessoren verwendet, die festliegende Steueraufgaben erledigen.

PROM. Will man den Dateninhalt nicht schon beim Herstellungsprozeß des Speichers einbringen, sondern erst danach, evtl. auch beim Anwender über ein Programmiergerät festlegen, so verwendet man einen programmierbaren Festwertspeicher (Programmable Read Only Memory).

EPROM. Hier handelt es sich um einen durch UV-Licht löschbaren Festwertspeicher (Erasable Programmable Read Only Memory). Die UV-Strahlung fällt durch ein Fenster im Gehäuse auf die Speicherplätze und löscht dabei den ganzen Inhalt. Anschließend kann der Speicher über ein Programmiergerät wieder neu beschrieben werden.

EEPROM. Dieser Nur-Lese-Speicher (Electrically Erasable...) wird nicht durch UV-Licht, sondern mit einem Stromimpuls gelöscht, ohne daß dazu der Prozessor ausgebaut werden muß. Ihr Vorteil ist also, daß sie in ihrem Steckplatz gelöscht und neu programmiert werden können.

Schreib/Lese-Speicher nehmen vor allem die Programmdaten auf und man unterscheidet die Bauformen:

SRAM. Dieses statische RAM (Random Access Memory) speichert die Information in Zellen, die durch Flipflops gebildet werden. Die Informationen werden über ein Programmiergerät eingeschrieben, können beliebig oft gelesen und danach überschrieben werden. Bei einem Ausfall der Versorgungsspannung geht die Information sofort verloren, d.h. der Speicherinhalt ist flüchtig.

DRAM. Dieses dynamische RAM speichert die Information als Ladung eines Kondensators. Da sich die Ladung mit der Zeit abbaut, muß sie in regelmäßigen Abständen und nach jedem Lesezugriff erneuert werden. DRAMs haben auf Grund ihres einfacheren Aufbaus etwa die zehnfache Integrationsdichte wie RAMs.

Externe Massenspeicher nehmen Dateien (files) mit Programmen und Daten auf, die vom Computer über Dateinamen verwaltet und nur bei Bedarf in den Hauptspeicher geladen werden. In der Rechnertechnik kommen vor allem zum Einsatz:

Floppy-Disk. Dieser Speichertyp besteht aus nur einer Kunststoffscheibe mit beidseitig magnetisierbarer Beschichtung. Die Aufzeichnung von Informationen erfolgt über Schreib/Lese-Köpfe, die in konzentrischen Spuren dauermagnetische Strukturen einprägen. Die Kapazität einer Scheibe liegt bei 1 bis 3 MByte bei einer Zugriffszeit von ca. 50 ms.

Festplatte. Bei diesem Magnetplattenspeicher bilden magnetbeschichtete Aluminiumscheiben und Laufwerk eine Geräteeinheit. Mit ca. 2 GByte pro Scheibe erhält man eine hohe Speicherkapazität bei gleichzeitig mit ca. 10 ms der geringsten Zugriffszeit aller Massenspeicher.

CD-ROM. Wie bei einer Musik-CD erfolgt die Speicherung der Informationen durch einen optischen Effekt. Die Daten werden durch eingepreßte Vertiefungen in die ebene, reflektierende Scheibe eingebracht. Das Lesen erfolgt dadurch, daß ein Laserstrahl von der Platte unterschiedlich reflektiert wird, je nachdem, ob er die ebene Platte oder eine Vertiefung erreicht. Die Speicherkapazität liegt bei ca. 700 MByte für eine 80 mm Scheibe.

5.4.1.3 Aufbau eines Mikrocomputers

Gliedert man einen Mikrocomputer in seine wesentlichen Funktionseinheiten, so entsteht eine Blockschaltung nach Bild 5.72.

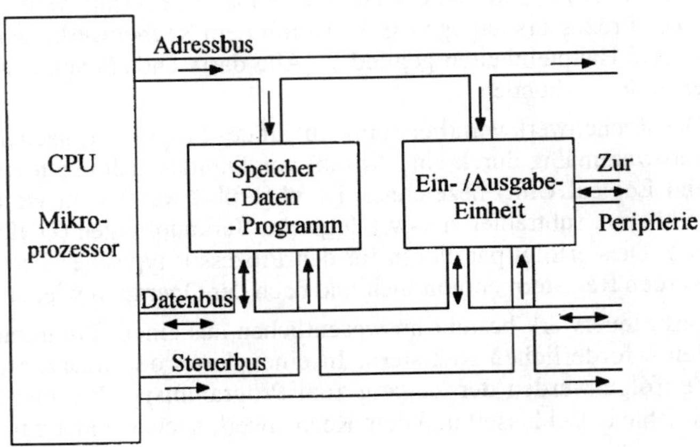

Bild 5.72
Aufbau eines Mikrocomputersystems

Zentralprozessor, Speicherbausteine und die Ein/Ausgabe-Einheit sind bei den leistungsfähigen Systemen getrennte integrierte Schaltungen, die nach Wunsch des Anwenders als „Einplatinen-Mikrocomputer" zusammengebaut werden. Es sind aber auch sogenannte „Ein-Chip-Mikrocomputer" auf dem Markt, bei denen alle Funktionseinheiten in einer integrierten Schaltung untergebracht sind.

1. Die wichtigste Baugruppe ist der Mikroprozessor, dessen Beschreibung im einzelnen bereits der Inhalt ganzer Lehrbücher ist. Er stellt die zentrale Steuereinheit dar und erledigt alle Rechnungen und Verknüpfungen. In Blockschaltbildern wird er mit CPU (Central Processing Unit) abgekürzt.
2. Im Programmspeicher sind alle Anweisungen für den Umgang mit den Daten, d.h. die Befehle enthalten. Man verwendet dazu meist ein EPROM, da hier auch nach einem Spannungsausfall das Programm erhalten bleibt. Zur Entwicklung eines Programms und damit häufiger Änderung der Befehle wird gerne ein RAM eingesetzt.
3. Der Datenspeicher nimmt die veränderlichen Prozeßdaten auf und wird als RAM ausgeführt.
4. Die Ein/Ausgabe-Baugruppe stellt die Verbindung zu den Peripheriegeräten wie Massenspeicher, Bildschirm oder Drucker her.

Bus-Struktur. Alle Funktionseinheiten des Computers sind untereinander und mit der Peripherie über Busse verbunden. Dies sind vieladrige, parallele Leitungen über die der Austausch von Daten und Befehlen zwischen Bausteinen erfolgt. Man unterscheidet:

1. Der Datenbus entspricht in seiner Aderzahl der Wortlänge, hat also bei einem 16-Bit-Prozessor 16 Leitungen. Auf ihnen werden die Daten zwischen der CPU und den Speicher- oder Ein/Ausgabe-Bausteinen in beiden Richtungen parallel, d.h. gleichzeitig übertragen.
2. Der Adreßbus wird in seiner Breite durch die Speicherkapazität bestimmt und erhält damit bei 32 Adreß-Bits ebensoviel Leitungen. Eine Ausnahme macht der Multiplex-Bus, bei dem eine Adresse in zwei Teile zerlegt und zeitlich nacheinander über dieselben Busleitungen geschickt wird, was deren Anzahl halbiert. Da mit dem Adreßbus nur Speicherplätze aufgerufen oder ein bestimmter E/A-Kanal angesprochen wird, erfolgt im Adreßbus nur eine Einweg-Datenübertragung.
3. Der Steuerbus übernimmt die Weiterleitung der Befehle und sorgt dadurch dafür, daß bei der Übertragung der Daten stets die gewünschte Einheit als Sender und Empfänger aktiviert wird.

5.4.2 Mikroprozessoren

5.4.2.1 Struktur eines Mikroprozessors

In Bild 5.73 ist, um die Übersicht zu erhalten, ein stark vereinfachtes Blockschaltbild vom Inneren eines Prozessors angegeben. Er ist mit dem Rechenwerk, dem Steuerwerk und dem Bus-Interface in drei Haupteinheiten gegliedert. Alle darin enthaltenen Baugruppen sind über Bussysteme miteinander verbunden.

Das Rechenwerk verarbeitet im Ablauf des Programms nacheinander alle binären Daten. Dies wird hardwaremäßig durch eine Anzahl von Digitalschaltungen erledigt, die man als ALU (Arithmetic and Logical Unit) bezeichnet. Durchgeführt werden im wesentlichen arithmetische Operationen (addieren, subtrahieren usw.), logische Verknüpfungen (UND, ODER usw.) und Schiebeoperationen. Dies erfolgt parallel in für den Prozessor typischen Datenlängen. Die beteiligten Operanden werden Registern entnommen und nach der Operation wieder dort abgelegt.

Das Steuerwerk besteht im wesentlichen aus einem Programmzähler, einem Befehlsdecoder und den erforderlichen Registern. In einer durch den quarzgesteuerten Taktgenerator bestimmten Zeitfolge werden der Zugang zum Programmspeicher und zum Datenspeicher organisiert, die Befehle entschlüsselt und dem Rechenwerk nacheinander zur Ausführung übergeben.

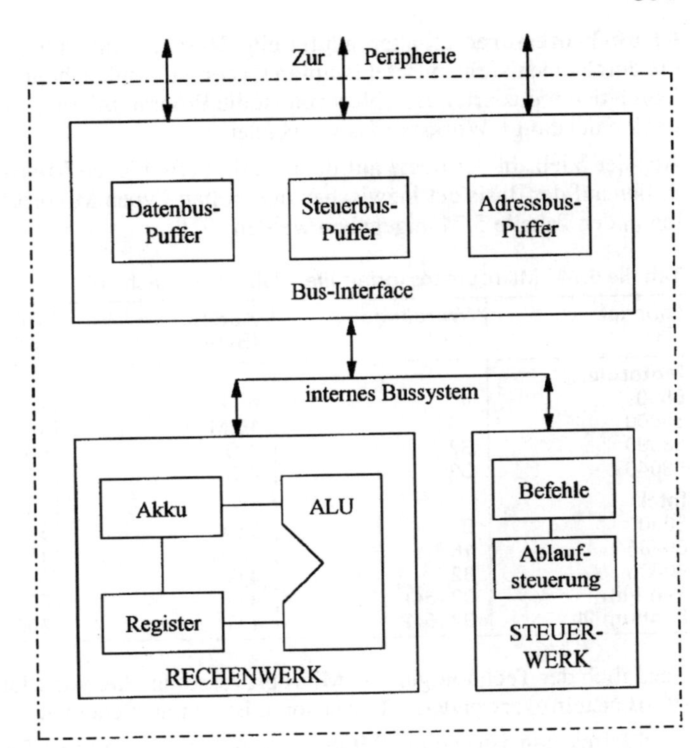

Bild 5.73
Aufbau eines Mikroprozessors

In der Bus-Schnittstelle (Interface) befinden sich Zwischenspeicher (Puffer) für die kurzfristige Aufbewahrung der Adressen des nächsten Befehls und des Operanden. Ein dritter Puffer nimmt die aktuell bearbeiteten Daten auf.

5.4.2.2 Ausführung von Mikroprozessoren

Mikroprozessoren charakterisiert man in erster Linie nach ihrer Wortlänge. Es ist dies diejenige Anzahl von Bits, welche die CPU in ihrem Rechenwerk auf einmal parallel verarbeiten kann. Zur Zeit sind die folgenden Typen auf dem Markt, denen man in Abhängigkeit von der Bitzahl im wesentlichen die angegebenen Eigenschaften zuordnen kann:

4-Bit-Prozessoren werden heute nur noch in einem kompletten Ein-Chip-Mikrocomputer eingesetzt. Ihr Befehlsvorrat, der adressierbare Speicherbereich und die Verarbeitungsgeschwindigkeit sind gering. Ihr Einsatz ist die preiswerteste Alternative zur festverdrahteten Schaltung mit Logik-Gattern.

8-Bit-Prozessoren haben bereits einen vielseitigen Befehlsvorrat und eine mittlere Befehlszykluszeit. Sie werden gerne in kleineren und mittleren Rechnern für Aufgaben in der Meß-, Steuer- und Regelungstechnik eingesetzt.

16-Bit-Prozessoren können bereits größere Datenmengen schnell und mit einem großen Befehlsvorrat verarbeiten. Als Einsatzbereiche kommen umfangreichere EDV-Systeme und Personal-Computer in Frage, für die bereits alle Compiler, d.h. Übersetzungs-Software für höhere Programmiersprachen wie z.B. C, verfügbar sind.

32-Bit-Prozessoren werden für leistungsstarke PCs und Workstations verwendet.

64-Bit-Prozessoren erhalten häufig eine RISC-Architektur (Reduced Instruction Set Computer), die durch einen kleinen Befehlsumfang, aber dafür mit sehr geringer Zykluszeit gekennzeichnet ist. Durch den reduzierten Befehlsvorrat ist die Programmierung aufwendig. Dieser Prozessortyp wird in Hochleistungs-Workstations verwendet.

Aus der Vielzahl der heute auf dem Markt befindlichen Mikroprozessoren sollen hier nur die Familien auf der Basis der inzwischen überholten Typen Motorola 6800 und Intel 8080 mit ihren Daten in der Tabelle 5.74 angegeben werden.

Tabelle 5.74 Mikroprozessorfamilien, Übersicht nach [10]

Fabrikat	Wortlänge (Bit)	Adreßraum (Byte)	Taktfrequenz (MHz) max.	Rechenleistung (MIPS)
Motorola				
6800	8	64 k	2	0,3
68000	16	16 M	16	1
68030	32	4 G	50	12
68040	32	4 G	50	20
Intel				
8080	8	64 k	3	0,2
80286	16	16 M	16	2
80486	32	4 G	35	18
Pentium	32 (64)	4 G	66	112
Pentium III	32 (64)	4 G	600	

Bezüglich der Technologie von Mikroprozessoren, d.h. vor allem der in der integrierten Schaltung (IC-Baustein) verwendeten Transistoren ist zu unterscheiden:

- Feldeffekttransistoren in CMOS-Technik mit sehr geringer Leistungsaufnahme
- bipolare Transistoren in ECL-Logik mit sehr kurzen Schaltzeiten.

5.4.2.3 Programmierung eines Mikrocomputers

Die Erstellung eines Rechnerprogramms erfolgt grundsätzlich in den Teilschritten

1. Formulierung der Aufgabe
2. Bestimmung des Lösungsverfahrens (Algorithmus)
3. Gliederung des Algorithmus in einen Programmablauf (Flußdiagramm)
4. Codierung der Programmschritte in einer problemorientierten Sprache
5. Testen und Korrigieren des Programms
6. Dokumentation.

Ein Mikrocomputer kann ein Programm nur dann unmittelbar verarbeiten, wenn es in seiner spezifischen Maschinensprache, dem Maschinencode, als Bitmuster aus den binären Elementen 0 und 1 vorliegt. In dieser Form ist es aber für den Programmierer sehr unübersichtlich und schwer lesbar. Man benutzt daher für die Befehle eine symbolische Schreibweise.

Assembler. Dem Maschinencode am nächsten ist die Assemblersprache, deren Befehle in Form von Worten den binären Anweisungen im Verhältnis 1:1 entsprechen. Sie ist bereits eine problemorientierte Sprache, wenn auch nicht in der Ausgestaltung wie z.B. BASIC oder C.

Die Angaben der problemorientierten Sprache müssen nun für den Computer in seinen Maschinencode übersetzt werden, so daß grundsätzlich eine Reihenfolge nach Bild 5.75 entsteht. Der Begriff Assembler wird dabei sowohl für die Programmiertechnik wie für das Übersetzungsprogramm benutzt. Für die Umsetzungs-Software der höheren Programmiersprachen in den Maschinencode verwendet man den Begriff „Compiler“.

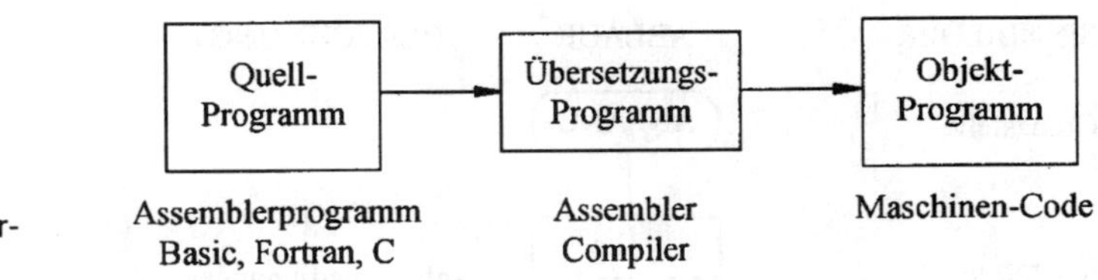

Bild 5.75
Struktur einer problemorientierten Programmierung

Befehlssatz eines Mikrocomputers. Die Funktionsweise eines Mikrocomputers wird durch die Anreihung von Befehlen bestimmt, die als Programm im Arbeitsspeicher abgelegt sind. Die Summe der möglichen Befehle eines Prozessors wird als sein Befehlssatz bezeichnet. In der Assemblersprache werden für die einzelnen Befehle sogenannte mnemonische, d.h. merkfähige Abkürzungen eingesetzt, die je nach Modell mehr als hundert Möglichkeiten umfassen.

Der Befehlssatz läßt sich in eine ganze Reihe von Gruppen gliedern, die jeweils Anweisungen ähnlicher Art zusammenfassen. Der Aufbau eines Befehls folgt dabei immer dem Schema:

MNEMONIC (Merkname), Ziel, Quelle

Nachstehend sind aus dem Befehlssatz des Intel-Prozessors 80486 einige Beispiele zusammengestellt:

Transferbefehl:	MOV AL,BH – übertrage BH nach AL
arithmetische Befehle:	ADD AL,BL – bilde AL: = AL + BL
	INC AX – bilde AX: = AX + 1
logischer Befehl:	AND AL,BL – verknüpfe AL: = AL UND BL bitweise

Beim Übergang auf die neueren Prozessoren INTEL-Typen 586, für den aus Namensschutzgründen die Bezeichnung PENTIUM (penta = griech. 5) gewählt wurde oder 686 (PENTIUM PRO), erhöht sich in der Regel die Anzahl der möglichen Befehle. Diese können sich zudem auf 32-Bit-Operanden und 32-Bit-Adressen beziehen.

Flußdiagramm. Bei umfangreicheren Aufgaben ist es günstig, den Ablauf des Programms in einer grafischen Darstellung zu strukturieren. Dazu bietet DIN 66001 eine Reihe von Sinnbildern an, deren Form die erforderliche Operation angibt. Diese Flußdiagramme gestatten es, den Programmablauf mit allen Berechnungen, Abfragen und Verzweigungen zu verfolgen.

In Bild 5.76 sind am Beispiel der Aufgabe, die Summe S aller geradzahligen Zahlen im Bereich von 0 bis 100 zu bilden, die wichtigsten Sinnbilder angegeben.

Assemblerprogramm. Die im Flußdiagramm 5.76 gestellte Aufgabe, nämlich die Summe S aller geradzahliger Zahlen im Bereich 0 bis 100 zu bilden, wird nachstehend für einen Mikrocomputer mit einem 80X86-Prozessor programmiert.

```
Start:    mov ax, 0      ; Anfangswert Variable X
          mov cx, 0      ; Anfangswert Summe S
          call Eingabe   ; Eingabe N und Binärwandlung
Schleife: add ax, 2      ; Variable um 2 erhöhen
          add cx, ax     ; neue Summe S = S + X
          cmp ax, bx     ; Endwert erreicht?
          jb Schleife    ; wenn Summe Endwert, wiederholen
          call Ausgabe   ; Summe in ASCII-Zeichen wandeln
```

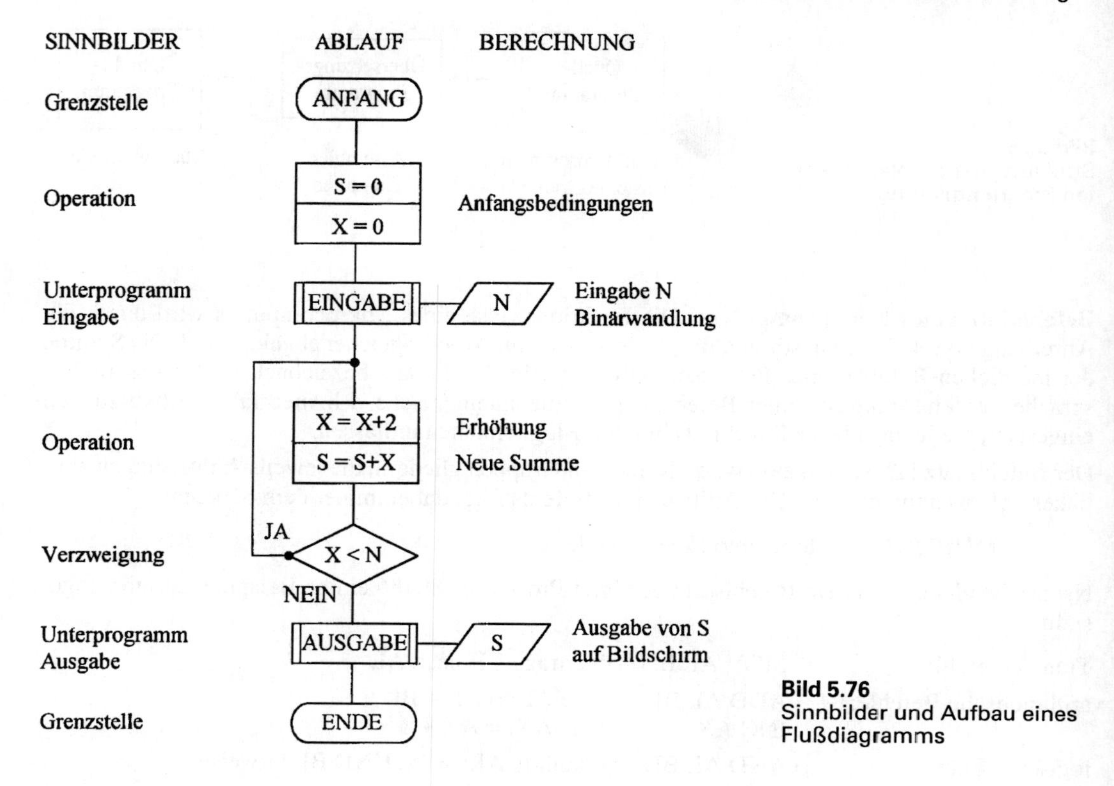

Bild 5.76
Sinnbilder und Aufbau eines Flußdiagramms

6 Schutzmaßnahmen in elektrischen Anlagen

6.1 Allgemeine Grundsätze

Verantwortlichkeit. In der Begründung zum „Gesetz zur Förderung der Energiewirtschaft" (Energiewirtschaftsgesetz) wird ausgeführt, daß die Energieversorgung so sicher und so billig wie möglich zu gestalten ist. In der 2. Verordnung zur Durchführung dieses Gesetzes heißt es:

1. Elektrische Energieanlagen und Energieverbrauchsgeräte sind ordnungsgemäß, d. h. nach den anerkannten Regeln der Elektrotechnik einzurichten und zu unterhalten.
2. Als solche Regeln gelten die Bestimmungen des VDE.

Aus dem einschlägigen Vorschriftenwerk des VDE sind vor allem die in den Bestimmungen für das Errichten von Starkstromanlagen mit Nennspannungen unter 1000 V (Normenreihe DIN 57100/VDE 0100) und dementsprechende Bestimmungen für Spannungen von 1000 V und darüber (VDE 0101) enthaltenen Sicherheitsvorschriften und Schutzmaßnahmen maßgebend. Der Abnehmer wird auch in den Technischen Anschlußbedingungen für Starkstromanlagen durch das EVU verpflichtet, seine elektrische Anlage nach den Vorschriften des VDE zu errichten und zu erhalten.

Rechtlich ergeben sich demnach folgende Verhältnisse:

Der Hersteller trägt die Verantwortung für die von ihm auf den Markt gebrachten elektrischen Betriebsmittel zum Erzeugen, Verteilen, Messen und Anwenden elektrischer Energie.
Der Betreiber ist für seine elektrischen Anlagen verantwortlich. Er bedient sich für Installationsarbeiten eines zugelassenen Installateurs, in Mittelbetrieben des werksangehörigen Elektrofacharbeiters oder -meisters. In Großbetrieben übernimmt zusätzlich der Sicherheitsingenieur überwachende und beratende Aufgaben.

Das Elektrizitätsversorgungsunternehmen überwacht die Einhaltung der Vorschriften, übernimmt aber keine Verantwortung für die ordnungsgemäße Beschaffenheit der abnehmereigenen Anlagen, weder durch sein Einverständnis mit ihrer Ausführung noch durch Vornahme oder Unterlassung von Prüfungen und dgl.

Die VDE-Vorschriften haben keine Gesetzeskraft. Geschieht aber durch Nichteinhalten der Vorschriften ein Unfall, Sachschaden und dgl., wird der Verantwortliche durch die ordentlichen Gerichte zur Rechenschaft gezogen.

Schutz des Menschen. Eine nach den VDE-Vorschriften fachgemäß aufgebaute elektrische Anlage mit einwandfreien Geräten stellt bei ordnungsgemäßer Bedienung und Instandhaltung keine Gefahrenquelle für den Menschen dar. Ist aber eine dieser Voraussetzungen nicht mehr erfüllt, z.B. durch normale Abnutzung der Isolation oder durch Isolationsfehler, durch unsachgemäße Behandlung usw., so besteht bei Berührung auch der im gesunden Zustand der Anlage nicht spannungsführenden Anlagenteile Gefahr für Gesundheit und Leben.

Bild 6.1 zeigt, wie elektrische Unfälle bei guter Leitfähigkeit des Standortes z.B. durch feuchte oder sogar metallische Fußböden am Arbeitsplatz und bei isolierendem Fußboden z.B. in Büros und Wohnungen entstehen können, wenn keine Schutzmaßnahmen getroffen sind. Dabei wird angenommen, daß durch einen Isolationsfehler ein Körper-schluß, d.h. eine leitende Verbindung zwischen einem spannungsführenden Leiter und dem Motorgehäuse (Bild 6.1a) bzw. dem metallischen Ständer einer Tischlampe (Bild 6.1b) auftritt.

In Bild 6.1a kann z.B. bei Körperschluß des Leiters L1 der von der Sternspannung U_{1N} über den Fehlerwiderstand, den Erdungswiderstand R_E am Standort und den resultierenden Erdungswiderstand R_B des Verteilungsnet-

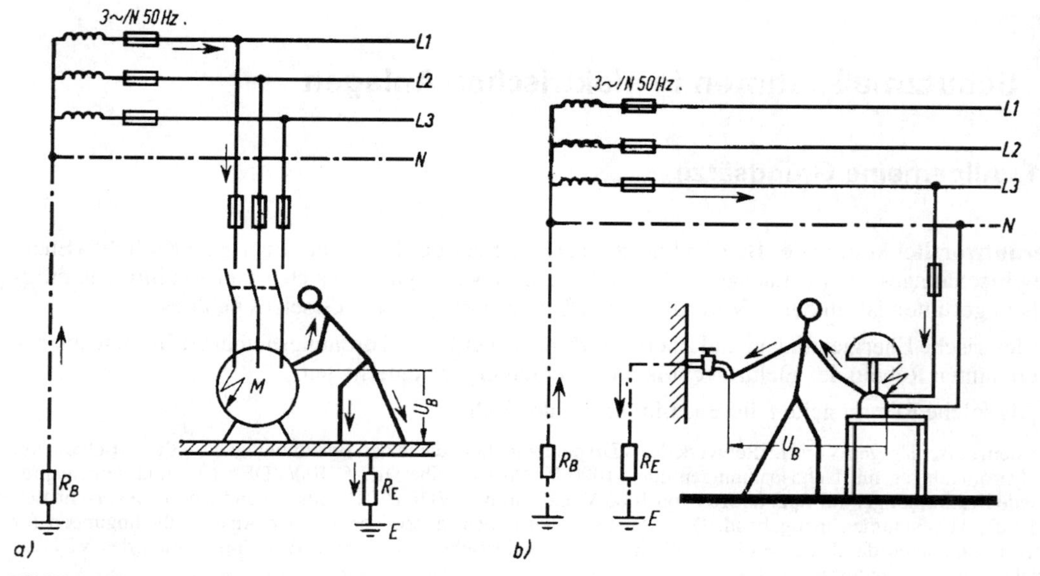

Bild 6.1 Netz ohne Schutzeinrichtung. Elektrische Unfälle durch Körperschluß in a) einem Motor, b) einer Tischlampe (nach VDE 0100)

zes zum Sternpunkt auf der Sekundärseite des Transformators fließende Fehlerstrom so klein sein, daß weder eine dem Strang vorgeschaltete Motorsicherung durchschmilzt noch der Motorschutzschalter auslöst. Berührt der Arbeiter das Motorgehäuse mit der Hand, so tritt zwischen dieser und seinen Füßen eine Berührungsspannung U_B auf, die einen lebensgefährlichen elektrischen Strom durch seinen Körper zu Folge haben kann.

Eine Tischlampe mit Körperschluß (Bild 6.1b) kann an einem Netz ohne Schutzeinrichtung jahrelang benutzt werden, ohne daß infolge des isolierenden Fußbodens ein Fehlerstrom fließt und sich ein Unfall ereignet. Hat aber eine Person eine Hand am Lampenständer und berührt gleichzeitig mit der anderen Hand einen geerdeten Gegenstand wie Wasserleitung, Gasrohr, Heizungskörper, so tritt zwischen den Händen eine Berührungsspannung U_B auf, da nun der Stromkreis geschlossen ist und durch den Körper ein lebensgefährlicher elektrischer Strom fließen kann.

Elektrischer Unfall. Beim Elektrisierungsversuch im Labor mit Wechselstrom 50 Hz, Stromfluß durch den Körper mittels Elektroden von Hand zu Hand (entsprechend Bild 6.1b) bemerkt man ab etwa 1 bis 1,5 mA leichtes Prickeln in den Fingern bis zu den Handgelenken, das bei weiterer Steigerung des Stromes bis etwa 5 mA in unangenehm empfundene Verkrampfungen der Muskulatur bis in die Unterarme übergeht. Die Gefahr, beim Unfall mit höheren Körperströmen einen umfaßten stromführenden Leiter nicht mehr loslassen zu können, ist deshalb groß.

Sachschutz. Ein weiterer Aspekt der elektrotechnischen Sicherheit ist der Sachschutz, der vor allem kostspielige Anlagenteile wie Generatoren, Motoren, Transformatoren und dgl. vor Beschädigung bzw. Zerstörung bewahrt. So wird z.B. durch Beachtung der VDE-Vorschriften zum „Schutz von Leitungen und Kabeln gegen zu hohe Erwärmung“ die bei Überlastung bestehende Brandgefahr so weit als möglich gebannt. Die wichtigsten Überstromschutzeinrichtungen und sonstigen technischen Maßnahmen, die gefährdete Anlagenteile zuverlässig schützen bzw. abschalten, sind an mehreren Stellen des Buches erwähnt.

6.2 Schutzmaßnahmen gegen gefährliche Körperströme

Die nun zu besprechenden Schutzmaßnahmen dienen zur Vermeidung von Unfällen in Niederspannungsanlagen. Elektrische Geräte sollen vom Benutzer gefahrlos verwendet werden können und ohne daß er sich über Unzulänglichkeiten, die nicht offensichtlich sind, Gedanken zu machen braucht. Ein absoluter Schutz gegen leichtfertiges oder versehentliches Berühren spannungsführender Teile läßt sich nicht in allen Fällen durchführen; hier kann nur Aufklärung als Schutzmaßnahme helfen.

Die Schutzmaßnahmen sollen das Entstehen oder Bestehenbleiben einer gefährlichen Berührungsspannung U_B (Bild 6.1) verhindern. Als gefährlich wurde für den Menschen eine Spannung von mehr als 50 V~ bzw. 120 V_ international festgelegt. In besonderen Fällen, z.B. für medizinisch benutzte Räume, gelten bereits die halben Grenzwerte.

Man unterscheidet nach den Normen den Schutz gegen direktes Berühren (soll das Berühren betriebsmäßig unter Spannung stehender Teile, aktive Teile genannt, verhindern) und den Schutz bei indirektem Berühren (Berühren von leitfähigen, nicht zum Betriebsstromkreis gehörenden Teilen, die im Fehlerfall Spannung gegen Erde annehmen können, kurz „Körper" genannt).

Hier können nur einige wichtige Kennzeichen der verschiedenen Schutzmaßnahmen erwähnt werden; maßgebend ist in jedem Einzelfall immer der Wortlaut der geltenden Vorschriften.

Schutzkleinspannung. Schutz bei beiden Berührungsarten gegen gefährliche Körperströme ist sichergestellt, wenn Stromkreise mit Nennspannungen nicht über 50 V Wechselspannung oder 120 V Gleichspannung (in Sonderfällen niedrigere Werte) ungeerdet betrieben werden. Die Kleinspannung, z.B. für Elektrowerkzeuge und Handleuchten in Kesseln, für elektromotorisch angetriebenes Spielzeug u.a., wird aus dem Wechselstromnetz mit Hilfe von Sicherheitstransformatoren nach VDE 0551 gegebenenfalls mit zusätzlicher Gleichrichterschaltung gewonnen. Galvanische Trennung der Stromkreise muß sichergestellt sein.

Schutzisolierung. Dieser sicherste Berührungsschutz – heute von Kleinstgeräten bis zu den größten gekapselten Schützen, Selbstschaltern und Verteilern (bis 1000 A) angewandt – wird durch Umpressung von Kleinmaschinen und -geräten (Rasierapparate, Staubsauger, Handbohrmaschinen) mit einem festen und dauerhaften Isolierstoff, durch isolierende Gehäuse und Abdeckungen durch vollisolierendes Installalationsmaterial u.a. erreicht.

Schutzisolierte Betriebsmittel müssen mit dem Zeichen der Schutzisolierung ⧈, dem Doppelquadrat, gekennzeichnet sein. Die Anschlußleitungen dürfen keinen Schutzleiter enthalten; die Stecker müssen in eine Schutzkontaktsteckdose passen, dürfen aber keine Schutzkontaktstücke haben. – Als Schutzisolierung gilt auch die Verwendung eines isolierenden Fußbodenbelags (Standortisolierung).

Weitere Schutzmaßnahmen bei verschiedenen Netzformen. Im Rahmen der Schutzmaßnahmen bei indirektem Berühren in Drehstromniederspannungsnetzen 3 × 400 V/230 V kommt dem vom Sternpunkt des Transformators ausgehenden Neutralleiter N, der die Abnahme von Wechselspannungen 230 V für Netzanschlußgeräte aller Art ermöglicht, eine weitere Bedeutung zu.

In den hier nun zu besprechenden TN-Netzen (Bilder 6.2 bis 6.4) weist der erste Buchstabe T aus, daß der Sternpunkt der Spannungsquelle direkt durch den sogenannten Betriebserder geerdet ist. Der zweite Buchstabe N sagt, daß die „Körper" der elektrischen Anlage mit dem Betriebserder verbunden sind, wobei drei Netzformen unterschieden werden:

TN-S-Netz (Bild 6.2a). Der Neutralleiter N für den Anschluß der 230 V-Geräte ist ebenso wie der (grün-gelb gekennzeichnete) Schutzleiter PE zum Anschluß der Körper an den Betriebserder im gesamten Netz getrennt verlegt. Im ungestörten Betrieb führt nur der Neutralleiter N Strom; bei Körperschluß wird durch den Schutzleiter PE ein Kurzschluß hergestellt, so daß der Überstromschutz die defekte Anlage sofort abschaltet.

TN-C-Netz (Bild 6.2b). Der PEN-Leiter faßt die Funktionen der beiden Leiter zusammen, d.h. er ist an den Betriebserder angeschlossen, führt nur den resultierenden Betriebsstrom der Wechselstromabnehmer, im Störungsfall den Kurzschlußstrom.

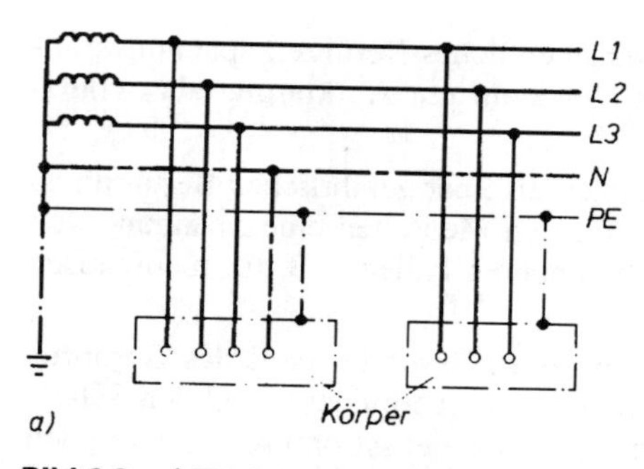

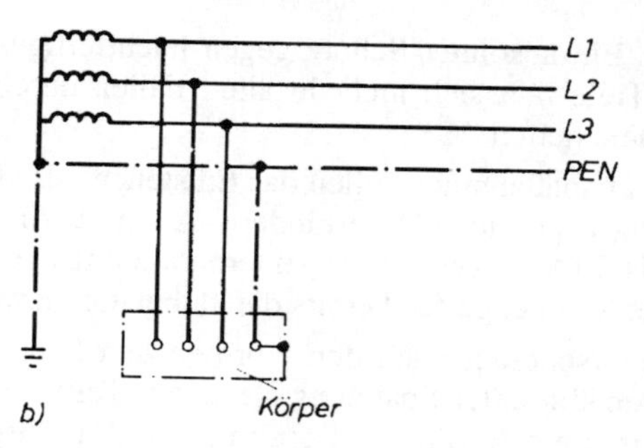

Bild 6.2 a) TN-S-Netz. Getrennte Neutralleiter und Schutzleiter
b) TN-C-Netz. Neutralleiter und Schutzleiter im PEN-Leiter zusammengefaßt

TN-C-S-Netz (Bild 6.3). In Deutschland ist diese Netzform bei Anlagen in Industrie, Gewerbe und Haushalt am häufigsten anzutreffen. Vom geerdeten Sternpunkt aus führt ein gemeinsamer PEN-Leiter im Netz bis zum Abnehmer. Innerhalb der abnehmereigenen Anlage werden die zu schützenden Anlagenteile (Körper)

a) bei Leiterquerschnitten ab 10 mm² Cu direkt an den PEN-Leiter angeschlossen („klassische Nullung"), Bild 6.3a

b) bei Leiterquerschnitten unter 10 mm² Cu über einen besonderen Schutzleiter PE angeschlossen, der vom Neutralleiter N getrennt, aber leitend mit ihm verbunden ist („moderne Nullung"), Bild 6.3b.

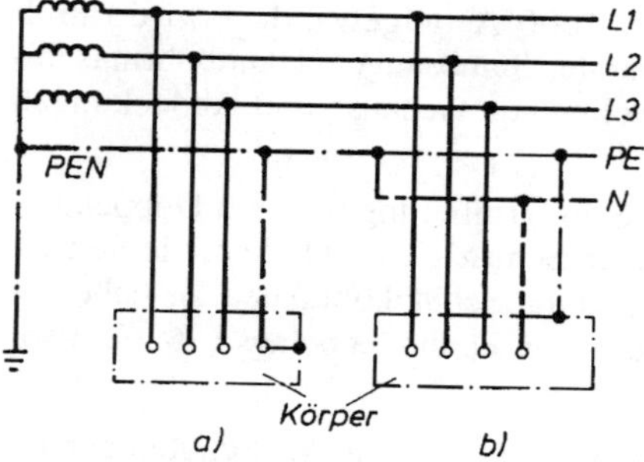

Bild 6.3
TN-C-S-Netz. Im Netz PEN-Leiter, beim Abnehmer sowohl PEN-Leiter (a) als auch getrennte Neutral- und Schutzleiter (b) möglich

Bild 6.4 zeigt als Anwendungsbeispiel den Anschluß eines Industriebetriebes an das TN-C-S-Netz mit einem Netzteil für größere Motoren und dem üblichen „Kraft- und Lichtnetz" für Drehstrom- und Wechselstromverbraucher, auch bei Anschluß über Steckvorrichtungen.

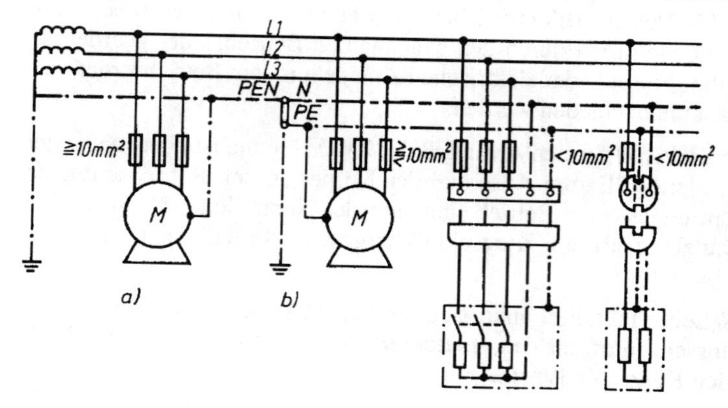

Bild 6.4
TN-C-S-Netz. Anwendungsbeispiel
a) Hauptverteilung, Netzteil mit Anschluß größerer Motoren
b) Unterverteilung für Kraft und Licht, Anschluß über Steckvorrichtungen

Der Vollständigkeit halber werden noch die beiden weiteren Netzformen erwähnt:

TT-Netz: Im TT-System ist ein Punkt direkt geerdet; die Körper der Betriebsmittel sind mit Erdern verbunden

IT-Netz: Das IT-System hat keine direkte Verbindung zwischen aktiven Leitern und geerdeten Teilen, die Körper der elektrischen Betriebsmittel sind geerdet.

Fehlerstrom-(FI-)Schutzschaltung. Im ungestörten Betrieb (Bild 6.5a) treibt die Spannung U_{3N} einen Wechselstrom durch den mit ausgefüllten Pfeilen gekennzeichneten Stromkreis. Bei Körperschluß bildet sich zusätzlich ein Parallelstromkreis von der Fehlerstelle bis zum Sternpunkt des Transformators aus (leere Pfeile), der zur Folge hat, daß sich die Ströme in den Durchführungen L3 und N (Bild 6.5b) des Stromwandlers (im Schaltplan 6.5a durch die beiden Primärwicklungen im FI-Schutzschalter dargestellt) nicht mehr wie im ungestörten Betrieb aufheben. Durch den deshalb im Eisenkern entstehenden magnetischen Wechselfluß wird in der Sekundärwicklung des Wandlers eine Wechselspannung erzeugt, die an die Spule des Auslöserelais gelegt wird, so daß mittels des hervorgerufenen Auslöserstromes das Schaltschloß entriegelt wird. Bei Anschluß eines Drehstromverbrauchers werden alle vier Zuleitungen durch den Wandler geführt, die im Störungsfall innerhalb von 0,2 s abgeschaltet werden (Bild 6.5c).

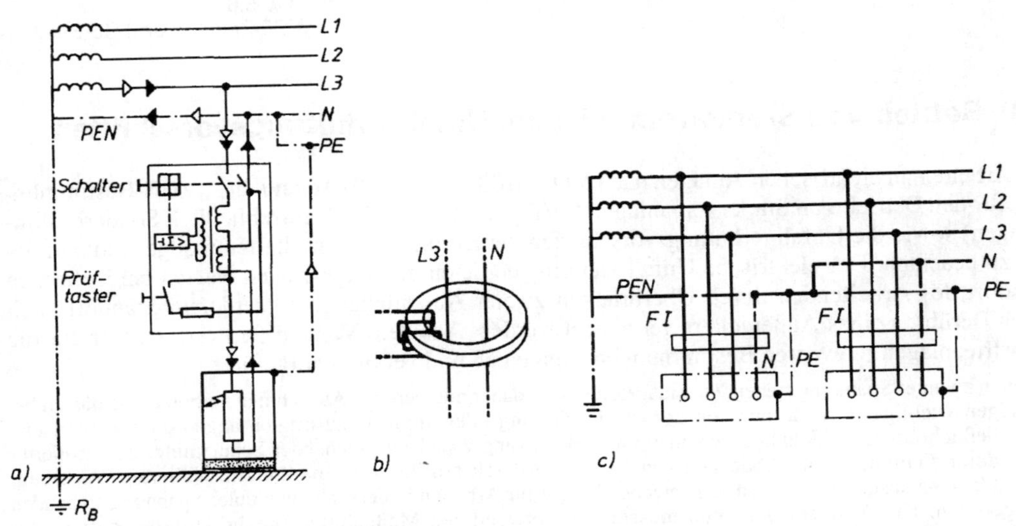

Bild 6.5 Fehlerstrom(FI-)Schutzschaltungen
a) Schaltplan. Betriebsstromkreis (ausgefüllte Strompfeile) und Fehlerstromkreise (leere Strompfeile) bei Körperschluß des Verbrauchers
b) Ringstromwandler mit Eisenkern; Durchführungen L3 und N, links Sekundärwicklung
c) Drehstrom-Fehlerstrom (FI)-Schutzschaltungen

Durch die Entwicklung von FI-Schutzschaltern mit Nennfehlerströmen bis 30 mA (auch 0,3 A, 0,5 A, und 1 A sind genormt) fallen gegenüber anderen vergleichbaren Schutzmaßnahmen die Vorteile des Schutzes bei indirektem und direktem Berühren ins Gewicht.

Sonstige Schutzmaßnahmen. Aus den Vorschriften VDE 0100 seien noch die folgenden Bestimmungen erwähnt:

In trockenen und feuchten Räumen muß der Isolationswiderstand der Anlagenteile (ohne Verbrauchsgeräte) zwischen zwei Leitern mindestens 1000 Ω je Volt Betriebsspannung betragen (z.B. 230 000 Ω bei 230 V Betriebsspannung), so daß der über die Isolation fließende Fehlerstrom einer

Teilstrecke nicht größer als 1 mA werden kann. Bei Längen nicht mit als 100 m darf sich der Fehlerstrom um 1 mA je weitere angefangene 100 Meter erhöhen.

Stecker und Steckdosen müssen so konstruiert sein, daß die Steckerstifte in nicht gestecktem Zustand nicht unter Spannung stehen. Steckvorrichtungen in Verbindung mit Fassungen sind unzulässig. Abzweigstecker jeglicher Art sind nicht zulässig; an einen Stecker darf also nur eine ortsveränderliche Leitung angeschlossen werden.

Das VDE-Zeichen (Bild 6.6) ist ein Sicherheitszeichen und bietet Gewähr für die vorschriftsmäßige Ausführung von elektrischen Erzeugnissen und Betriebsmitteln, die von der Prüfstelle des VDE (Offenbach/M.) auf Einhaltung der VDE-Vorschriften geprüft und überwacht werden. Soll besonders hervorgehoben werden, daß technische Arbeitsmittel dem Gerätesicherheitsgesetz (GSG) entsprechen, wird zusätzlich das GS-Zeichen („geprüfte Sicherheit") angebracht (Bild 6.6b).

a) b)

Bild 6.6
VDE-Zeichen und GS-Zeichen

6.3 Betrieb von Starkstromanlagen, Unfallverhütungsvorschriften

Für Arbeiten an elektrischen Anlagen nach VDE 0100 und VDE 0101 sind die „VDE-Bestimmungen für den Betrieb von Starkstromanlagen" (VDE 0105/DIN 57105 einschließlich Sonderbestimmungen) sowie die Unfallverhütungsvorschriften der Berufsgenossenschaften maßgebend und genau zu beachten. Der elektrische Unfall kann in geerdeten und ungeerdeten Netzen bei isoliertem Standort des Arbeitenden durch Überbrücken zweier Außenleiter, bei geerdetem Standort auch durch Berühren eines Außenleiters verursacht werden. Aus dem Vorschriftenwerk werden für die Industrieanlagen relevanten Bestimmungen sinngemäß und verkürzt aufgeführt.

Arbeiten an unter Spannung stehenden Anlageteilen sind daher mit wenigen Ausnahmen verboten. Sie dürfen bei Vorliegen wichtiger Gründe nur von der Betriebsleitung oder ihrem Beauftragten angeordnet werden und ausschließlich durch fachkundige Personen unter Benutzung zweckentsprechender Schutzmittel z.B. isolierter Stand durch Gummimatten, Abdecken von Leitungen durch profilierte Gummihülsen, isoliertes Werkzeug, Schutzkleidung ausgeführt werden. Entsprechendes gilt für Arbeiten in der Nähe von unter Spannung stehenden Anlageteilen. Die Aufsichtspersonen müssen die notwendigen Maßnahmen für die Unfallsicherung des Arbeitsplatzes treffen.

Für das Arbeiten bei ausgeschalteter Anlage sind folgende Sicherheitsregeln genau zu beachten:

1. Freischalten! Zur Herstellung des spannungsfreien Zustandes müssen alle Leitungen, welche die Arbeitsstelle mit unter Spannung stehender Teile einer Anlage verbinden, ausgeschaltet werden.

Die Gefahr von Rückspannung z.B. bei Ringnetzen, auch über Meßleitungen ist besonders zu beachten. In Niederspannungsanlagen sind die Sicherungen zu entfernen, das Herausnehmen von Hochspannungssicherungen geschieht mit Schaltzangen, Kondensatoren sind zu entladen.

2. Gegen Wiedereinschaltung sichern! An allen Schaltern, Trennstücken und dgl. ist sofort ein Warn- oder Verbotsschild mit einem Hinweis zuverlässig anzubringen. Einschraubbare Selbstschalter und Schmelzeinsätze sind sicher zu verwahren. Es sind Isolierstoffplatten an Trennschaltern einzuschieben und Steuerstromkreise fernbetätigter Schalter zu unterbrechen.

3. Spannungsfreiheit feststellen! Hat man sich anhand eines gültigen Schaltplans oder auf andere Weise zuverlässig über den Schaltzustand informiert, so muß vor Beginn der Arbeit der span-

nungsfreie Zustand der Anlage an der Arbeitsstelle mit geeigneten Geräten nochmals überprüft werden, da Irrtümer nie ausgeschlossen sind.

Bei Anlagen bis 1000 V verwendet man Spannungssucher mit sichtbarer oder hörbarer Anzeige z.B. mit Glimmlampe, Meßinstrument usw. Bei Anlagen von 1000 V und darüber werden auf Schaltstangen (Isolierstangen) aufgesteckte Spannungssucher mit Glimmlampen verwendet, die bei einpoligem Anlegen an unter Spannung stehenden Anlagen aufleuchten. Vor und nach dem Gebrauch des Spannungssuchers ist dieser zu prüfen, z.B. an einem unter Spannung stehenden Anlagenteil oder mit einer besonderen Prüfeinrichtung. Bei Arbeiten an Kabeln verwendet man Kabelsuchgeräte, in besonderen Fällen das Kabelschießgerät.

4. Erden und Kurzschließen! Vom Erden und Kurzschließen von Anlagen unter 1000 V darf nur bei Innenlagen abgesehen werden und wenn unbefugtes Wiedereinschalten sicher verhindert ist.

Bei Anlagen von 1000 V und darüber ist Erden und Kurzschließen an jeder Ausschaltstelle und an der Arbeitsstelle eine wichtige Schutzmaßnahme, vor allem gegen zufälliges oder versehentliches Wiedereinschalten.

Das dazu verwendete Seil ist immer zuerst mit der Erdungsleitung und dann mit dem zu erdenden Anlagenteil zu verbinden, damit auch kein Unfall eintreten kann, wenn die Anlage trotz der vorangegangenen Prüfung auf Spannungsfreiheit doch noch unter Spannung stehen sollte. Das geerdete Seil und seine Kontakte (z.B. Schraubklemmen) sind mit der Isolierstange an die Leitungen heranzubringen.

5. Benachbarte spannungsführende Teile abdecken und abschranken! Erst wenn die vorstehenden fünf Sicherheitsregeln erfüllt sind, kann die Arbeitsstelle von der aufsichtsführenden Person zum Arbeiten freigegeben werden.

Nach beendeter Arbeit sind alle getroffenen Schutzmaßnahmen wieder aufzuheben. Dann kann zunächst die Arbeitsstelle einschaltbereit gemeldet und schließlich die Anordnung zur Wiedereinschaltung getroffen werden.

Physikalische Größen, Gesetzliche Einheiten, Schreibweise von Gleichungen

Physikalische Größen. Es gilt nach DIN 1313, Physikalische Größen und Gleichungen:

Größenwert = Zahlenwert x Einheit

Die Benennung physikalischer Größen (z.B. Zeit, Leistung, elektrische Spannung) und ihre Formelzeichen (t, P, U) folgen in diesem Buch den Empfehlungen von DIN 1304, Allgemeine Formelzeichen. Die dort an erster Stelle genannten international vereinbarten Formelzeichen wurden bevorzugt. Die Einheitennamen (z.B. Sekunden, Watt, Volt) und Einheitenzeichen (s, W, V) sind DIN 1301, Einheiten, entnommen, ebenso die bei erweiterten Einheiten verwendbaren 16 Vorsätze[1]) mit Vorsatzzeichen für Vielfache und Teile der Einheiten (z.B. µs, MW, kV):

Deka da = 10^1	Giga G = 10^9	Dezi d = 10^{-1}	Nano n = 10^{-9}
Hekto h = 10^2	Tera T = 10^{12}	Zenti c = 10^{-2}	Piko p = 10^{-12}
Kilo k = 10^3	Peta P = 10^{15}	Milli m = 10^{-3}	Femto f = 10^{-15}
Mega M = 10^6	Exa E = 10^{18}	Mikro µ = 10^{-6}	Atto a = 10^{-18}

Gesetzliche Einheiten. Nach dem „Gesetz über Einheiten im Meßwesen" und der „Ausführungsverordnung zum Gesetz über Einheiten im Meßwesen" sind für den geschäftlichen und amtlichen Verkehr in der Bundesrepublik Deutschland Größen in gesetzlichen Einheiten anzugeben (s. Bild 6.7). Das Internationale Einheitensystem SI (Système International d'Unités, 1960 international festgelegt) ist Grundlage und wichtigster Bestandteil der gesetzlichen Einheiten; alle SI-Einheiten sind gesetzliche Einheiten. Es umfaßt das gesamte Gebiet von Naturwissenschaft und Technik und ist auf 7 Basisgrößen mit den 7 zugehörigen Basiseinheiten aufgebaut, s. auch Bild 6.7, Gruppe (1). Aus den Basisgrößen ergeben sich mit Hilfe von Verknüpfungsgleichungen (Definitionsgleichungen, Naturgesetze) alle weiteren physikalischen Größen. Werden die Verknüpfungsgleichungen als Größengleichungen geschrieben und nur die Basiseinheiten verwendet, erhält man alle weiteren Größen in kohärenten (zusammenhängenden) abgeleiteten SI-Einheiten, Gruppe (2); Tabelle 6.8 enthält eine Auswahl.

Die SI-Einheiten können mit den obigen 16 Vorsätzen erweitert werden, Gruppe (3). Zusätzlich zu den SI-Einheiten sind für 5 Größen auch systemfremde Einheiten in Gruppe (4) gesetzlich festgelegt: Grad (°), Liter (l), Tonne (t), Bar (bar) und für die Zeit Minute (min), Stunde (h), Tag (d), Jahr (a). Damit sind gesetzlich auch die aus diesen selbst oder mit den SI-Einheiten der Gruppen (1) und (2) gebildeten kombinierten systemfremden Einheiten der Gruppe (5), z.B. °/min, t/d, l/s, Wh, bar · s. Mit den obigen Vorsätzen erhält man schließlich auch die erweiterten systemfremden Einheiten der Gruppe (6), z.B. Mt, m bar, km/h, kWh, hl/a.

Temperaturen können außer durch die thermodynamische Temperatur (Formelzeichen T; Einheit Kelvin, Einheitenzeichen K) durch die Celsiustemperatur (Formelzeichen ϑ; Einheit Grad Celsius, Einheitenzeichen °C) angegeben werden. Es gilt $\vartheta = T - T_0$ mit $T_0 = 273{,}15$ K. Der Grad Celsius ist keine weitere SI-Einheit für die Temperatur, sondern lediglich ein „besonderer Name für die SI-Basiseinheit Kelvin". Temperaturdifferenzen können entsprechend durch $\Delta T = T_2 - T_1$ oder $\Delta \vartheta = \vartheta_2 - \vartheta_1$ angegeben werden; es gilt $\Delta\vartheta = \Delta T$ und nur dann ist auch 1°C = 1 K.

---

[1]) In Technik und Energiewirtschaft werden auch die Abkürzungen Tsd (Tausend), Mio (Million) und Mia oder Mrd. (Milliarde) in besonderen Fällen benutzt.

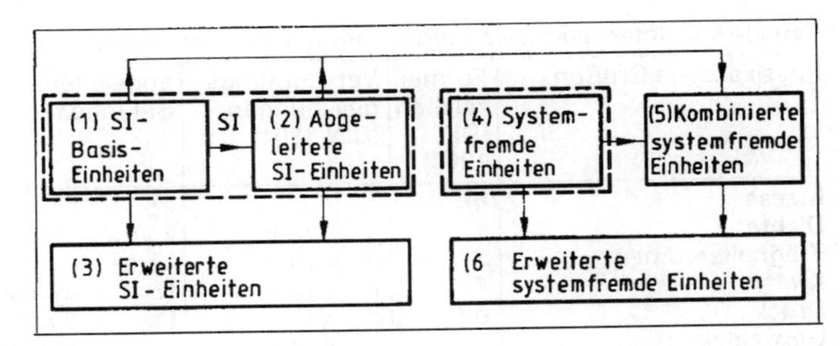

Bild 6.7
Aufbau der gesetzlichen Einheiten aus 6 Gruppen

Für Umrechnungen auf früher verwendbare Einheiten (rechts abgesetzt in nachfolgender Aufstellung) gelten folgende Gleichungen:

Masse:	1 kg	$= 0{,}102\ \text{kpm}^{-1}\text{s}^2$
Kraft:	$1\ \text{N} = 1\ \text{kg m/s}^2$	$= 0{,}102$ kp
Druck:	$1\ \text{Pa} = 1\ \text{N/m}^2$	$= 10^{-5}$ bar (bar ist gesetzliche Einheit)
Energie:	1 Ws = 1 J = 1 Nm	= 0,102 kpm = 0,239 cal
	1 kWh = 3,6 MJ = 3,6 MNm	= 367 Mpm = 860 kcal
		= 0,1228 kg SKE (Steinkohleneinheit)
Leistung:	1 W = 1 J/s = 1 Nm/s	= 0,102 kpm/s
	1 kW	= 1,36 PS = 102 kpm/s

Schreibweise von Gleichungen. In diesem Buch werden für die Darstellung von physikalischen Zusammenhängen ausschließlich Größengleichungen benutzt (DIN 1313). Wenn man beim Rechnen nur Größengleichungen benutzt und alle vorkommenden Größen in ihren SI-Einheiten nach Gruppe (1) und (2) in Bild 7.33 einsetzt, ergeben sich auch alle weiteren Größen von selbst in ihren SI-Einheiten. In Zahlenbeispielen wird dies bei der Rechnung durch das konsequente Mitführen der Einheiten laufend bestätigt, so daß prinzipielle Fehler im Rechnungsgang dadurch häufig schon frühzeitig erkannt werden können. Benutzt man dagegen in der Rechnung für eine oder mehrere Größen die erweiterten SI-Einheiten nach Gruppe (3) oder systemfremde Einheiten nach den Gruppen (4), (5) und (6), dann können die Einheiten weiterer Größen nicht mehr vorhergesagt und nur auf Grund der mitgeführten Einheitenrechnung bestimmt werden. Für beide Fälle werden in den zahlreichen Beispielen dieses Buches dem Leser damit optimale Lernhilfen an die Hand gegeben.

Tabelle 6.8 Internationales Einheitensystem SI (Basisgrößen und Basiseinheiten hervorgehoben)

Physikalische Größen	Formelzeichen (DIN 1304)	Verknüpfungsgleichungen (DIN 1301)	abgeleitete SI-Einheiten	Erläuterungen
Länge	l		**m**	m – Meter
Fläche	A	$A = l^2$	m^2	
Volumen	V	$V = l^3$	m^3	
ebener Winkel	α	$\alpha = l/r$	rad = m/m	rad – Radiant
Zeit	t		**s**	s – Sekunde
Frequenz	f	$f = 1/T$	Hz = 1/s	Hz – Hertz
Kreisfrequenz	ω	$\omega = 2\pi f$	1/s	
Drehfrequenz (Drehzahl)	n	$n = \omega/2\pi$	1/s	
Winkelgeschwindigkeit	ω	$\omega = \alpha/t$	rad/s	
Winkelbeschleunigung	ε	$\varepsilon = \omega/t$	rad/s^2	
Geschwindigkeit	v	$v = s/t$	m/s	$c = 0{,}3 \cdot 10^9$ m/s
Beschleunigung	a	$a = v/t$	m/s^2	

Fortsetzung s.nächste Seite

Tabelle 6.8 Internationales Einheitensystem SI, Fortsetzung

Physikalische Größen	Formelzeichen (DIN 1304)	Verknüpfungsgleichungen (DIN 1301)	abgeleitete SI-Einheiten	Erläuterungen
Masse	m		**kg**	kg – Kilogramm
Dichte	ρ	$\rho = m/V$	kg/m³	
Trägheitsmoment	J	$J = m r^2$	kgm²	
Kraft	F	$F = m a$	N = kg ms⁻²	N – Newton
Druck	p	$p = F/A$	Pa = N/m²	Pa – Pascal
Gewichtskraft	G	$G = m g$	N = kg ms⁻²	g = 9,81 m/s²
Wichte	γ	$\gamma = G/V$	N/m³ = kg m⁻² s⁻²	
Drehmoment	M	$M = F r$	Nm = kg m² s⁻²	
Arbeit, Energie, Wärme	W	$W = F s$	J = Nm	J – Joule
Leistung	P	$P = W/t$	W = J/s	W – Watt
elektrische Stromstärke	I		**A**	A – Ampere
elektrische Ladung	Q	$Q = I t$	C = As	C – Coulomb
elektrische Stromdichte	J	$J = I/A$	A/m²	
elektrische Spannung	U	$U = P/I$	V = W/A	V – Volt
elektrische Feldstärke	E	$E = U/l$	V/m	
elektrische Kapazität	C	$C = Q/U$	F = s/Ω	F – Farad
Permittivität	ε	$\varepsilon = C l/A$	F/m	$\varepsilon_0 = 8{,}85 \cdot 10^{-12}$ F/m
elektrischer Widerstand	R	$R = U/I$	Ω = V/A	Ω – Ohm
elektrischer Leitwert	G	$G = 1/R$	S = 1/Ω	S – Siemens
spezifischer elektrischer Widerstand	ρ	$\rho = R A/l$	Ωm	
elektrische Leitfähigkeit	γ	$\gamma = 1/\rho$	S/m	
magnetischer Fluß	Φ	$d\Phi = u\, dt$	Wb = Vs	Wb – Weber
magnetische Flußdichte	B	$B = \Phi/A$	T = Vs/m²	T – Tesla
magnetische Feldstärke	H	$H = I/l$	A/m	
Induktivität	L	$L = u\, dt/di$	H = Ωs	H – Henry
Permeabilität	μ	$\mu = B/H$	H/m = Ωs/m	$\mu_0 = 0{,}4\pi\, 10^{-6}$ Ωs/m
thermodynamische Temperatur	T		**K**	K – Kelvin
Celsiustemperatur	ϑ	$\vartheta = T - T_0$	°C	T_0 = 273,15 K
Temperaturdifferenz	$\Delta T, \Delta\vartheta$	$\Delta\vartheta = \Delta T$	°C = K	°C – Grad Celsius
Stoffmenge	n		**mol**	mol – Mol
Lichtstärke	I		**cd**	cd – Candela

Formelzeichen (Auswahl)

A Fläche, Querschnitt
A Wärmeabgabefähigkeit
a Abstand
a Beschleunigung

B Blindleitwert
B magnetische Flußdichte
B Gleichstromverstärkung
b Breite
b Bandbreite

C elektrische Kapazität
C Wärmekapazität
c Konstante

D Richtmoment
d Durchmesser

E elektrische Feldstärke
$e =$ 2,718 Basis der natürlichen Logarithmen
e Elementarladung

F Kraft
f Frequenz

G elektrischer Leitwert
G Gewicht
GD^2 Schwungmoment
g Fallbeschleunigung

H magnetische Feldstärke
h Höhe

I elektrische Stromstärke
i Augenblickswert des Stroms

J Massenträgheitsmoment
$\mathrm{j} = \sqrt{-1}$ imaginäre Einheit

K Kosten, Preis
k spezifische Kosten

L Induktivität
l Länge

M Drehmoment
M_{i} inneres Moment
m Masse

N Windungszahl
n Drehzahl (Drehfrequenz)

P Leistung
P_{t} Augenblickswert der Leistung
P_{v} Leistungsverlust
P_1 aufgenommene Leistung
P_2 abgegebene Leistung
p Polpaarzahl
p Prozentzahl
p_{v} prozentualer Leistungsverlust

Q Blindleistung
Q Elektrizitätsmenge
q Augenblickswert der Ladung

R elektrischer Widerstand (Wirkwiderstand)
R_{N} Normalwiderstand
R_{th} Wärmewiderstand
R_{V} Verbraucherwiderstand
R_{i} innerer Widerstand
R_{ϑ} Widerstand bei der Temperatur ϑ
r differentieller Widerstand
r Radius

J Stromdichte
$\vec{S}$ Poynting-Vektor
S Scheinleistung
s Schlupf
s Siebfaktor
s Weglänge

T Periodendauer
t Zeit

U elektrische Spannung
U_{i} innerer Spannungsverlust bei Maschinen
U_{q} Quellenspannung
U_{v} Spannungsverlust bei Leitungen
u Augenblickswert der Spannung
u_{K} prozentuale Kurzschlußspannung
u_{p} prozentuale Spannungsänderung bei Transformatoren
u_{v} prozentualer Spannungsverlust bei Leitungen
$ü$ Spannungsübersetzung

V Volumen
V Spannungsverstärkung
v Geschwindigkeit

W Arbeit, Energie, Wärme
w Welligkeit
W_e elektrische Feldenergie
W_m magnetische Feldenergie
W_q Blindarbeit
W_s Scheinarbeit
W_v Energieverlust

X Blindwiderstand
X_C kapazitiver Blindwiderstand
X_L induktiver Blindwiderstand
x Stellung eines Abgriffs

Y Scheinleitwert
$\underline{Y}$ komplexer Leitwert

Z Scheinwiderstand
$\underline{Z}$ komplexer Widerstand
z Anzahl

α Winkel
α_{20} elektrischer Temperaturbeiwert bei 20 °C
β Stromverstärkungsfaktor
γ elektrische Leitfähigkeit
γ Wichte
ε Permittivität
ε_0 elektrische Feldkonstante
η Wirkungsgrad
ϑ Temperatur
μ Permeabilität
μ_r Permeabilitätszahl
μ_0 magnetische Feldkonstante
ρ spezifischer elektrischer Widerstand
τ Zeitkonstante
Φ magnetischer Fluß
Φ_s Spulenfluß
φ Phasenverschiebungswinkel

$\omega = 2\pi f$ elektrische Kreisfrequenz
$\omega = 2\pi n$ Winkelgeschwindigkeit

Indizes

a Anoden
A Anker
B Beschleunigung
B Basis
C Kollektor
d Dioden
E Emitter
E Erregung
e Ersatz
g Gitter
g Gleichstrom, -spannung
K Kathoden
k Kipp
K Kurzschluß
L Last
m magnetisch
N Bemessung
q Blind
r Rotor
s Synchron, Stator
ss von Scheitel zu Scheitel, d.h. doppelte Amplitude
st Strang
st Stillstand
st Steuer
v Verlust
Z Z-Diode
⅄ Stern
△ Dreieck

Literatur

[1] Moeller/Frohne/Löcherer/Müller: Grundlagen der Elektrotechnik. B.G.Teubner, Stuttgart/Leipzig 1996

[2] Duyan/Hahnloser/Traeger: PSpice für Windows. B.G.Teubner, Stuttgart/ Leipzig 1996

[3] Führer/Heidemann/Nerreter: Grundgebiete der Elektrotechnik. Band 1 und 2. Carl Hanser Verlag, München

[4] Goerth, J.: Bauelemente und Grundschaltungen. B.G.Teubner, Stuttgart/ Leipzig 1999

[5] Borucki, L.: Digitaltechnik. B.G.Teubner, Stuttgart/ Leipzig 1999

[6] Schrüfer E.: Elektrische Meßtechnik. Carl Hanser Verlag, München

[7] Fischer, R.: Elektrische Maschinen. 10. Aufl. Carl Hanser Verlag, München 1999

[8] Stölting, H. D./Beisse, A.: Elektrische Kleinmaschinen. B.G.Teubner, Stuttgart/ Leipzig 1987

[9] Riefenstahl, U.: Elektrische Antriebstechnik. B.G.Teubner, Stuttgart/ Leipzig 1996

[10] Tietze, U./Schenk, Chr.: Halbleiter-Schaltungstechnik. 11. Aufl. Springer Verlag, Berlin 1999

[11] Krätzig, J.: Speicherprogrammierbare Steuerungen. Carl Hanser Verlag, München

[12] Kaftan, J.: SPS-Grundkurs 1. Vogel Buchverlag

[13] Wellenreuther, G./Zastrow, D.: Steuerungstechnik mit SPS. 2. Aufl. Verlag Friedrich Vieweg, Braunschweig 1993

[14] Flik, Th./Liebig, H.: Mikroprozessortechnik. 5. Aufl. Springer Verlag, Berlin 1998

[15] Fredershausen, M.: Mikrocontroller-Technik. Franzis-Verlag, Poing 1995

[16] Schief. R.: Einführung in die Mikroprozessoren und Mikrocomputer. 15. Aufl. Attempto-Verlag, Tübingen 1997

[17] Knies, W./Schierack, K.: Elektrische Anlagentechnik. 2. Aufl. Carl Hanser Verlag, München 1998

[18] Dittmann, A./Zschernig, J.: Energiewirtschaft. B.G.Teubner, Stuttgart/Leipzig 1998

[19] Nelles, D./Tuttas, Ch.: Elektrische Energietechnik. B.G.Teubner, Stuttgart/Leipzig 1998

[20] VDE 01000, T410: Schutzmaßnahmen gegen gefährliche Körperströme. VDE-Verlag, Berlin

Sachverzeichnis

Verwendete Abkürzungen: AsM Asynchronmaschine, GM Gleichstrommaschine, SM Synchronmaschine, Tr Transformator, UM Universalmotor

Abkühlung 319
Ablenksystem 146
Abschirmung 48
Achshöhe el. Maschinen 296
Akkumulator 34
Akzeptor 123
Ampere (A) 16
Analogtechnik 197
Analog/Digitalumsetzer 213
Anfahrvorgang 310
Anker GM 230
– umschaltung 184
– vorwiderstände 243
– wicklung 230
Anlasser GM 243
– AsM 274, 276
Anlauf AsM 310
– steuerung 330
– zeitkonstante 310
Anpassung 35
Anschlußbezeichnungen GM 235
– AsM 265, 274, 278
– Tr 258
Anschnittsteuerung 142, 181
Anweisungsliste 340
Anzeigefehler 198
Arbeit, Blind- 83, 86
–, elektrische 17, 86
Arbeitsmaschine 304
Aron-Schaltung 113
Assembler 352
Arbeitspunkteinstellung 161
Arbeitspunktstabilisierung 162
Astabile Kippstufe 168
Atom 14
Aufbau AsM 262
– GM 229
– Tr 248
– SM 282
Auslauf 303
asynchrones Drehmoment 266
Außenleiter 108
Aussetzbetrieb 298
Automatisierungsgerät 338

Bahnmotor 290
Bahnnetz 77
Basis 135
– schaltung 160
Bauformen 27
Baugrößen elektrischer Maschinen 296
BCD-Code 347
Beleuchtungsstärke 128, 133, 219, 225
Bemessungsleistung Tr 249
Berührungsspannung 356
Berührungsschutz 298
Betriebsarten 298
Betriebskennlinien 303
– AsM 272
– GM 238
Bimetallauslöser 326
Bipolarer Transistor 134
Bistabile Kippstufe 169
Blindarbeit 83, 86
Blindleistung 83, 85
Blindleitwert 83, 79
Blindstromkompensation 94
Blindwert 79, 83
Blockierkennlinie 142
Braunsche Röhre 145
Bremssteuerungen 312
Bremskennlinien 312
Brennstoffzellen 34
Brückenschaltung 41, 152, 182
BUS-Arten 346, 350

Candela 362
Codierung 314
cos φ 85, 193
Coulomb (C) 13
Crestfaktor 199, 218

Dahlanderschaltung 278
Dauerbetrieb 298
Dauergrenzstrom 142
Dauermagnet 61, 204, 232
Dezimalanzeige 197, 216
Dielektrikum 46
Differenzierglied 158
Differenzverstärker 164
Diffusionsspannung 124
Digitalmeßtechnik 213
Digitaltechnik 197
Dimmerschaltung 189
Diode 125, 131
Direktumrichter 190
Dissosiation 17
Donator 123
Doppelkäfigläufer 275
Drain 138
Dreheiseninstrument 199, 203
Dreheisenmeßwerk 199, 203
Drehfeld 106, 263
Drehkondensator 122
Drehmoment AsM 268
– GM 234
– UM 291
Drehmoment 27, 233
– aufnehmer 222
– messung 221
Drehspulmeßwerk 199, 204
Drehspulinstrument 209
Drehstrom 106
–, Asynchrongenerator 273
–, Asynchronmotor 262
–, leistung 111
–, leitung 109
– messung 113
– -Nebenschlußmotor GM 244
– netz 106
– steller 188
– Transformator 257
Drehstromwicklung 263
Drehzahl 220
Drehzahlsteuerungen AsM 277
– AsM 277
– GM 239, 245
– SM 288
– UM 291
Dreieckschaltung 30, 108, 111
Dreileiternetz 113
Drift 164
Druckmessung 219, 223
Dünn- und Dickschichttechnik 172
Dunkelschaltung 286
Durchbruchspannung 125
Durchflutungsgesetz 59
Durchlaufbetrieb 299
Durchlaßkennlinie 131, 142

Effektivwert 78, 199
Eigenleitfähigkeit 123

Eigenverbrauch 201
Eingangsverstärker 337
Einheiten 364
Einleiterkabel 73
Einquadrantenbetrieb 183
Einschaltdauer 299
Eisenverluste 73, 249
elektrische Feldenergie 47
– Felder 15, 17, 45
– Feldkonstante 47
– Feldstärke 15, 23, 45
– Ladung 13
– Leitfähigkeit 20
– Spannung 16
– Spannungsquellen 32
– Stromstärke 16
– Uhren 227
elektrischer Leitwert 20, 83
– Unfall 356
Elektrizitätsmenge 13
Elektrizitätszähler 207
Elektroblech 73, 121
elektrodynamisches Meßwerk 206
Elektrolyse 17
Elektrolytkondensator 122
Elektromagnet 64
elektromagnetisches Feld 73
Elektrometerverstärker 176
Elektronen 13
– gas 14
– leitung 16
– röhre 144
– strahlröhre 145, 210
elektronischer Schalter 166, 185
Elementarladung 13
Elementarmagnete 61
Emitter 135
– schaltung 160
Energie 74
– umwandlung 19, 32
– verluste 19
Entstörung 194
Eprom 348
Erdung 357
Erregung GM 235
– SM 283
Erregerwicklung GM 235
Ersatzschaltbild GM 237
– Tr 251
– SM 284
Ersatzschaltung GM 238
Ersatzspannungsquelle 38
Ersatzwiderstand 29
Erwärmung 20, 148
Erwärmungskurve 319
Erwärmungskonstante 149, 319
Eisenverluste 72
– Tr 249

Farad (F) 46
Farbcode für Widerstände 120
Fehlerstrom-Schutzschaltung 359
Feldbussysteme 345
Feldeffekttransistor 138
Feld, elektrisches 15, 17, 45
Feldplatte 130
Feldschwächung GM 242
Feldstärke, elektrische 15, 17, 45
–, magnetische 55
Feldumkehr 184
Ferritkernspule 121
Festplatte 349
Flipflop 169
Floppy-Disk 349
Flußdiagramm 353
Flüssigkristallzelle 130
Formelzeichen 367
Formfaktor 197
Fotodiode 133
Fotoelement 133
Fototransistor 140
Fotovoltaik 35
Fotowiderstand 128
Freilaufdiode 167
Freiwerdezeit 143
Fremderregung 237
Fremdkörperschutz 298, 357
Frequenz 77, 100
– messung 100
– umrichter 190
– wandler AsM 272
Füllstandmessung 127
Funkstörung 194
Funktionsplan 340

Galvanische Elemente 33
Gasentladungsröhre 147
Gate 138
gedruckte Schaltung 171
Gegenparallelschaltung 184
Gegenstrombremsen 315
Genauigkeitsklassen 198
Generator 33, 107
– betrieb AsM 273
– – GM 233
Geräuschmessung 228
Gitterstruktur 123
Glättungsdrosselspule 155
Gleichrichter 151, 180, 181
– diode 131
– schaltungen 151, 181
Gleichstrom 13
– bremsen 314
– generator 236
– –, fremderregt 237
– –, selbsterregt 237
– kreis 28
– maschine 229
– motor, fremderregt 237
– -Nebenschlußmotor 244
Gleichstrom-Reihenschlußmotor 244
– steller 185
Glimmlampe 148
Grenzfrequenz 164
GTO-Thyristor 143
Güteklasse 212

Halbgesteuerte Schaltung 184
Halbleiter 14
Hallsonde 129
Hallspannung 129
Haltestrom 142
Heißleiter 126
Hexadezimalzahl 347
Hochvakuumröhre 143
Hufeisenmagnet 52
Hysterese 60
– schleife 61
– verluste 61

IC-Bausteine 173
IGBT-Baustein 139
Induktionsgesetz 66
Induktionsmeßwerk 207
induktive Erwärmung 73
Induktivität 69
Influenz 47
Innenwiderstand 200
Inselbetrieb 285
Integrierer 176
Integrierglied 159
integrierte Schaltung 171
Internationales Einheitensystem 363
Ion 14
Ionenleitung 17
Ionenröhre 147
Ionisation 17
Isolationsmesser 208
Isolierschicht-FET 139
Isolierstoffe 46

Joule 17

Käfigläufer 265
Kaltleiter 127
Kapazität 46
Kelvin (K) 363
Kennlinien von Arbeitsmaschinen 304
Kennbuchstaben von Betriebsmitteln 330
Kernmagnetmeßwerk 205
Kippglied 178, 215, 334
Kippmoment 270

Kippschaltungen 166
Kippschlupf 249, 270
Kirchhoffsche Regeln 24, 87
Kloßsche Gleichung 270
Knotenregel 24, 87
Koerzitivfeldstärke 60
kohärente Einheiten 363
Kollektor GM 230
– -(Elektrode) 135
– schaltung 160
Kommutator 230
Komparator 177
Kompensationsschreiber 210
Kompensationswicklung 230
komplexe Rechnung 95
Kondensator 45, 121
–, Entladung 52
–, Glättung 154
–, Kapazität 46
–, Ladung 50
–, Mikrophon 228
– motor 292
–, Schaltungen 48
–, verlustbehaftet 52
–, Zeitkonstante 50
kontaktlose Steuerungen 332
Kontaktplan 340
Kontaktsteuerungen 325
Körperschluß 356
Kraftmessung 223
Kräfte, elektrische 15
–, magnetische 65
Kreisfrequenz 77
Kreisstrom 185
Kühlkörper 149
Kurbelinduktor 208
Kurzschluß Tr 250
– läufer 265
– spannung Tr 250
– strom Tr 254
Kurzzeitbetrieb 298

Ladungsdichte 47
Ladungsträger 13
Läufer AsM 265
– SM 283
– frequenz 272
– spannung 266
–, Stabformen 275
Leerlaufkennlinie GM 236
– SM 284
Leistung 17, 73, 84
–, Augenblickswert 84
Leistungsbilanz GM 294
Leistungsdichte 73
Leistungsdreieck 85
Leiszungsfaktor 85
Leistungsmesser 206
Leistungsmessung 40, 113
Leistungsschild 299
Leistungsverlust 74
Leiter 14
Leiterplattentechnik 171
Leitfähigkeit, elektrische 20
Leitungsschutzschalter 325
Leitungsschutzsicherung 327
Lenzsche Regel 66
Leonard-Umformer 241
Leuchtdiode 134
Leuchtstofflampe 147
Leuchtstoffröhre 147
Linearmotor AsM 267
– SM 289
Linienschreiber 209
Logikfamilien 172
logische Grundfunktionen 332
Lüfter 302
Luftspule 121

Magnet 53
–, Dauer- 53, 233, 289
–, Elektro- 65, 229
– feld 53
–, Hufeisen- 53
magnetische Energie 62, 69
– Feldkonstante 57
– Feldlinien 54
– Feldstärke 54
– Flußdichte 56
– Induktion 56
– Kraft 64
– Sättigung 61
magnetische Werkstoffe 58
magnetischer Fluß 58
magnetisches Erdfeld 53
Magnetisierungskennlinie 57
Maschengleichungen 36
Maschenregel 25, 87
Master-Slave-Flipflop 335
Meßbereichserweiterung 201, 202
Meßgrößenumformer 219
meßtechnische Begriffe 198
Messung, Dehnung 222
–, Drehzahl 220
–, Druck 223
–, Kraft 223
Meßverfahren 219
Meßwandler 212
Mikrocomputer 349
Mikroprozessor 351
Monolithtechnik 172
monostabile Kippstufe 168
MOS-FET 139
Motorschutzschalter 326
Multimeter 217

Nandgatter 334
–, CMOS 337
–, TTL 337
Nebenschlußkennlinie 304
Netzbetrieb 287
Netzgerät 157
Netzarten 357
Netzrückwirkung 191
Netzumwandlung 30
Neutralleiter 107, 357
Neutron 13
Nichtleiter 14
N-Leitung 124
Normmotor 296
NTC-Widerstand 126
Nullphasenwinkel 78
Nullung 358
Nutzbremsen GM 313

Oberschwingungen 192
Ohm (Ω) 18, 20
– meter 40, 208
Ohmscher Widerstand 18
Ohmsches Gesetz 18
Operationsverstärker 173
Optokoppler 140
Oszilloskop 210

Parallelbetrieb Tr 254, 260
Parallelschaltung 29
Parallelschwingkreis 92
Pendelmaschine 221
Periodendauer 77
Permeabilität, magnetische 57
Permittivitätszahl 46
Phasenfolge 107, 260
Phasenlage 80
Phasenschieberbetrieb 287
Phasenverschiebungswinkel 80
Phasenwinkel 78
piezoelektrischer Effekt 170, 219
Plattenkondensator 46
P-Leitung 124
PN-Übergang 124
Polarisation 47
polumschaltbarer Motor 277, 331
Positionierantrieb 288
Potentiometer 32
Poynting Vektor 73
Primärelemente 34
Programmierung 338, 352
Proton 13
PTC-Widerstand 126
Punktschreiber 209

Quarzoszillator 170
Quarzuhr 227
Quecksilberhochdrucklampe 148
Quellenspannung 18

Raumladungszone 124
Rechtsschraubenregel 55
Register 348
Reihenschaltung 29
Reihenschlußkennlinie GM 245
Reluktanzmotor 294
Remanenz 60
Remanenzspannung 234
Resonanzkreis 93
Reversieren 316
ROM 348
Röntgenröhre 145
Schalldruckpegel 228
Schallwandler 227
Schaltalgebra 332
Schaltgeräte 325
Schaltgruppe Tr 258
Schaltnetzteil 157
Schaltplan GM 235, 328
Schalttransistor 166
Schaltvermögen 327
Schaltzeichen 22
– GM 235
– AsM 265
Scheinleistung 85
Scheinleitwert 83
Scheinwiderstand 83
Schleifringläufer 266
Schleusenspannung 142
Schlupf 267
Schmelzeinsatz 327
Schreiber 209
Schrittmotorenantrieb 292
Schutzarten 297
Schutzerdung 357
Schutzisolierung 357
Schutzkontaktstecker 357
Schutzleiter 357
Schutzleitungssystem 358
Schutzmaßnahmen 356
Schütz 326
Schwingkreis 92
Schwingungsmessung 223
Schwungmasse 308
Schwungmoment 308
Sekundärelemente 34
Selbsterregung GM 236
– AsM 290
Selbstinduktion 68
Senkbremsen 315
Setzeingänge 169, 334
Sicherung 327
Siebschaltung 156
sinusförmige Wechselgrößen 77
Sinusgenerator 169
SMD-Technik 171
Solaranlage 35
Solarzelle 35, 134
Source 138
Spaltpolmotor 291
Spannung 16
Spannung, Klemmen- 26, 237
Spannungsänderung Tr 251
Spannungsdreieck 109
Spannungserzeugung 70, 233
Spannungsmessung 40
Spannungsquellen 32
Spannungsregler 165
Spannungsstern 107
Spannungsteiler 31
Spannungsverlust 26, 237
Spannungswandler 212
Spartransformator 255
Speicher 215, 334, 348
Speicheroszilloskop 218
Sperrkennlinie 131, 142
Sperrichtung 125
Sperrschicht-FET 139
Sperrstrom 125, 142
spezifischer Widerstand 20
Spice 39
Spitzensperrspannung 142
Spule 120
Ständer GM 229
– AsM 262
– SM 282
Steinmetzschaltung 273
Steller 180, 185, 188
Stellglieder 336
Stern-Dreieck-Anlauf 274, 330
Stern-Dreieck-Schaltung 274
Sternpunkt 107
Sternschaltung 30, 107
Sternspannung 108
Steuerblindleistung 191
Steuerwinkel 182
Störimpulse 194
Störsicherheit 337
Störstellenleitfähigkeit 123
Stoßionisation 147
Strang 107
– leistung 111
– spannung 107, 112
– strom 112
Stroboskop 221
Strom 16
– dichte 23
– kreis 18
– laufplan 329
– messer 39
– richterkaskade 189
– stärke 16
– verdrängungsläufer 275
– verstärkung 136
– wandler 212
– wärme 22
– wender 230
– wirkungen 19
Synchrondrehzahl 264
Synchronkennlinie 304
Synchronisation 285

Tachodynamo 221
Takteingang 335
Tastschalter 329, 341
Temperaturkoeffizient 20
Temperaturmessung, elektrische 225, 126
Tesla (T) 57
thermisches Ersatzschaltbild 149
Thermistor 126
Thermoelement 225
Thermoemission 144
Thermoumformer 199, 206
Thomsonsche Formel 94
Thyristor 140
Trägheitsmoment 308
Transformator 70, 248
–, Drehstrom- 257
–, Eisenverluste 249
–, Kenngrößen 249
–, Kennzahl 258
–, Kern- 249
–, Kupferverluste 250
–, Kurzschlußspannung 250
–, Mantel- 249
–, Parallelbetrieb 254
–, Schaltgruppe 258
–, Spar- 255
–, Übersetzung 249
–, Überwachung 260
–, Wechselstrom- 248
–, Zeigerbild 251, 259
Transient-Recorder 218
Transistor 134
–, Arbeitspunkt 161
–, Grundschaltungen 160
–, Kennlinien 137
– steller 185
Triac 143, 188
Turboläufer 283

Übersetzung Tr 249
Überspannungsschutz 151
Überstromschutz 150
Universalmotor 290
Uhr, elektrische 227
Umkehrantrieb 184
Umkehrstromrichter 184
Umkehrverstärker 175
Umrichter 180
Umsteuern 316
Unfall, elektrischer 356
– verhütungsvorschriften 360
Uran 14

Varistor 127
VDE-Vorschriften 355
VDE-Zeichen 360
Verstärker 160
Vielfachinstrument 209
Vierleiternetz 107
Vierquadrantenbetrieb 184, 243
Volt (V) 16

Wärmewiderstand 149
Wahrheitstabelle (= Funktionstabelle) 333
Wanderfeld 267
Watt (W) 17
Weber (Wb) 59
Wechselgrößen 77
Wechselrichter 180, 181
Wechselspannung 77
Wechselspannungsverstärker 164
Wechselstrom 77
– maschine 290
– steller 188
– transformator 248
Weitwinkelphasenschieber 159
Welligkeit 151
Wendepolwicklung 230
Wheatstonesche Brückenschaltung 41
Widerstand 17, 19, 119
–, Ohmscher 18
Widerstand, spezifischer 20
–, Stoffkonstanten 21
–, verstellbarer 22, 32, 120
–, Wechselstrom- 85
Widerstandsbremsen 314
Widerstandsdreieck 31
Widerstandsformel 20
Widerstandsmeßgerät 40, 208
Widerstandsmessung 40, 208
Widerstandsstern 31
Widerstandsthermometer 226
Wirbelstrom 72
– bremse 221
– tachometer 221
– verluste 72
Wirkarbeit 86
Wirkleistung 84
Wirkungsgrad 19
– AsM 272
– GM 234
– Tr 252

Zahlensysteme 347
Zähler 207, 216
Zählschaltung 215
Zangenstromwandler 208
Z-Diode 132
Zeiger 82, 87
Zeitkonstante 50
Zeitmessung 226
Zeitschaubild 77, 80
Zickzackschaltung 258
Ziffernanzeige 130, 216
Zündstrom 143
Zugkraftformel 65
Zungenfrequenzmesser 100
Zweiquadrantenbetrieb 183
Zweiwattmeter-Methode 113

H. Linse / R. Fischer

Elektrotechnik
für Maschinenbauer